炼油装置应急知识问答丛

催化裂化装置应急知识问答

张 杨 编著

中国石化出版社

内 容 提 要

本书是“炼油装置应急知识问答”丛书之一，共分为十二章，主要内容：装置基础知识，反应-再生系统应急操作，分馏系统应急操作，吸收稳定系统应急操作，热工系统应急操作，产品精制系统应急操作，装置机械设备应急操作，公用工程系统故障应急处理，开停工过程应急操作，仪表、计算机、电气知识及应急处理，安全环保知识及应急处理及一些装置事故案例分析。本书注重实际操作，浅显易懂，实用性强。

本书可供催化裂化装置的管理人员、技术人员、操作人员使用。

图书在版编目(CIP)数据

催化裂化装置应急知识问答 / 张杨编著 .
—北京：中国石化出版社，2012(2023.4重印)
炼油装置应急知识问答丛书
ISBN 978-7-5114-1460-1

Ⅰ. ①催… Ⅱ. ①张… Ⅲ. ①流化催化裂化装置-问题解答 Ⅳ. ①TE966-44

中国版本图书馆 CIP 数据核字(2012)第 030815 号

中国石化出版社出版发行

地址：北京市东城区安定门外大街 58 号
邮编：100011 电话：(010)57512500
发行部电话：(010)57512575
http://www.sinopec-press.com
E-mail：press@sinopec.com
北京科信印刷有限公司印刷
全国各地新华书店经销

*

850×1168 毫米 32 开本 22.5 印张 544 千字
2023 年 4 月第 1 版第 4 次印刷
定价：58.00 元

前　言

催化裂化装置是炼油厂中重要的二次加工装置，其原料适应性强，轻油收率高，在我国是加工重油量最大的装置和生产运输燃料最重要的装置，并且为下游化工装置提供大量的原料。可以说，催化裂化装置是我国原油加工企业的核心装置，是目前炼油企业的主要利润来源。随着清洁燃料生产和环保要求的严格，炼油厂中工艺结构做出了大量调整，但是催化裂化装置的核心地位仍未动摇。

催化裂化装置的生产过程中，存在许多的危险介质，如高温催化剂、高温重油、汽油、液化气、H_2S 等，泄漏出来容易发生火灾、爆炸、中毒等恶性事故；催化裂化装置由于采用流化床进行反应和再生，操作难度要大于其他加工装置；催化裂化装置作为二次加工装置的龙头，其生产波动还会对上下游装置的生产造成重大影响。因此，催化裂化装置对操作人员技术水平的要求更加严格，一定要避免在紧急情况下出现人身、设备等生产安全事故。

本书由张杨主编，参与编写的人员还有范江涛、刘孟德、彭国峰、王晓明、宋春峰、申元鹏等。编者在催化裂化装置有着多年的实际生产经验，本着从实用角度出发，对催化裂化装置生产中积累的大量经验进行了总结，参考了一些单位的操作规程和相关经验。本书是对催化裂化装置在实际生产操作中，可能遇到的紧急情况如何进行应急处理加以叙述，相应补充了一些应知应会的基础知识。

由于编写人员的水平有限，时间仓促，书中难免有错误和遗漏的地方，敬请各位读者朋友批评指正。

目　　录

第一章　催化裂化装置基础知识

第二章　反应-再生系统应急操作

第四章　吸收稳定系统应急操作

第五章　热工系统应急操作

第六章　产品精制系统应急操作

第七章　催化裂化装置机械设备应急操作

第八章　公用工程系统故障的应急处理

第九章　开停工过程应急操作

第十章　仪表、计算机、电气知识及应急处理

第十一章　安全环保知识及应急处理

第十二章　催化裂化装置事故案例分析

第一章　催化裂化装置基础知识

☞ **1. 催化裂化装置在炼油工业中的地位和作用是怎样的?**

我国催化裂化装置目前有130多套，加工能力超过100Mt/a，居世界第二。大多数装置掺炼常压渣油和减压渣油，其蜡油大多都含有溶剂(丙烷、C_4或C_5作溶剂)、脱沥青油、缓和热裂化油、焦化蜡油等，属重油催化裂化装置。以2003年度计，中国石化、中国石油两大公司的催化裂化装置加工原料为80.355Mt，其中折合成减压渣油为35%，达28.155Mt之多，远远超过当年的焦化能力，是我国加工重油第一位的装置。

☞ **2. 催化裂化装置由哪几个系统组成?各系统的组成是怎样的?**

催化裂化装置主要由反应-再生系统、分馏系统、吸收稳定系统、产品精制系统、主风及烟气能量回收系统等组成。

反应-再生系统是催化裂化装置的核心所在，反应和再生过程是连续进行的。该系统由反应部分和再生部分组成。

催化裂化分馏系统主要由分馏塔、柴油汽提塔、原料油缓冲罐、回炼油罐以及塔顶油气冷凝冷却系统、各中段循环回流及产品的热量回收系统组成。其主要任务是将来自反应系统的高温油气脱过热后，根据各组分沸点的不同切割为富气、汽油、柴油、回炼油和油浆等馏分，通过工艺因素控制，保证各馏分质量合格；同时可利用分馏塔各循环回流中高温位热能作为稳定系统各重沸器的热源。部分装置还合理利用了分馏塔顶油气的低温位热源。

吸收稳定系统的任务是加工来自分馏塔顶油气分离器的粗汽油和富气，以分离出干气，并回收汽油和液化气。吸收稳定系统包括气压机、吸收嗒、解吸塔、再吸收塔、稳定塔和油气分离器及相应的冷换设备。

产品精制系统的任务是将催化裂化装置的干气、液化气、汽油、柴油处理后符合产品规格要求。设置因工艺不同而异，有的同催化装置是一体的，有的则分立。该系统主要有干气脱硫塔及碱洗设施、液化气脱硫塔及碱洗脱硫醇设施、汽油碱洗及脱硫醇设施、柴油碱洗罐及化学精制设施。

主风及烟气能量回收系统的设备主要包括主风机、增压机、烟气轮机以及余热锅炉等，其主要任务：为再生器提供烧焦用的空气及催化剂输送提升用的增压风、流化风等；回收再生烟气的能量，降低装置能耗。

☞ 3. 什么是一次加工和二次加工？

石油加工过程按工序分为一次加工和二次加工。一次加工为原油蒸馏；二次加工指以一次加工产品为原料的炼油厂其他加工过程。

☞ 4. 原油的一般性质是什么？

原油一般是指地下开采出来的未经加工的石油。

原油通常是淡黄色到黑色的流动或半流动的，带有浓烈气味的黏稠液体，密度一般都小于1000kg/m^3。但世界各地所产原油从外观到性质都有不同程度的差异。从颜色看，绝大多数原油都是黑色的，但也有暗黑、暗绿、暗褐色的；从凝点来看也有很大差异，我国沈北混合原油高达54℃，而新疆克拉玛依原油则低于-50℃。

☞ 5. 原油是由哪些元素组成的？

组成原油的主要元素是碳、氢、硫、氮、氧，其中碳的含量占83.0%~87.0%，氢含量占11.0%~14.0%，两者合计达95%以上。其余的硫含量为0.05%~8.00%、氮含量为0.02%~2.00%、氧含量为0.05%~2.00%，硫、氮、氧及微量元素一般总共不超过5%。微量元素包括金属元素与非金属元素，在金属元素中最重要的是钒(V)、镍(Ni)、铁(Fe)、铜(Cu)、铅(Pb)，在非金属元素中主要有氯(Ci)、硅(Si)、磷(P)、砷(As)等。这些元素虽然含量极微，但对原油的炼制工艺过程影响很大。

☞ 6. 原油中的元素是以什么形式存在的？

组成原油中化合物的主要是碳元素和氢元素，是以烃类化合物的形式存在。含硫、氮、氧元素的化合物统称为非烃类化合物，以碳氢化合物的衍生物形态存在于石油中。

☞ 7. 碳、氢含量与氢碳比有何不同？

碳、氢含量为碳、氢元素的质量百分数，氢碳比为氢、碳原子数之比。

在石油加工过程中，氢碳比是一个重要指标，更能反映原油的属性，一般来说，轻质原油或石蜡基原油，氢碳比较高，如大庆原油约为1.9，重质原油或环烷基原油，氢碳比较低，如欢喜岭原油为1.5。氢碳比还反映了原油的结构信息，它是一个与原油化学结构有关的参数。对于不同系列的烃类，在相对分子质量相近的情况下，其氢碳比大小顺序：烷烃>环烷烃>芳香烃。

☞ 8. 原油的烃类组成是什么？

原油中的烃类主要是烷烃、环烷烃、芳香烃以及在分子中兼有这三类烃结构的混合烃，一般不含烯烃，只有在原油的二次加工产品中含烯烃，这些烃类组成是以气态、液态、固态化合物存在。

☞ 9. 原油烃类组成有几种表示方法？

原油烃类组成表示方法有三种：单体烃组成、族组成和结构族组成。

☞ 10. 原油气体的烃类组成是什么？

原油气体主要由气态烃组成，根据气体来源，可分为天然气和炼厂气两类。

天然气主要是甲烷及其低分子同系物组成的，因组成不同可分为干气(贫气)及湿气(富气)。在干气中，含有大量的甲烷和少量的乙烷、丙烷等气体，而在湿气中，除含有较多的甲烷、乙烷外，还含有少量易挥发的液态烃(如戊烷、己烷直至辛烷蒸气)，还可能有少量的芳香烃及环烷烃。

天然气中还经常含有非烃气体，其中最主要的是二氧化碳、氮气，在含硫原油产地的原油伴生气中，常有硫化氢的存在。

炼厂气的组成因加工条件和原料不同，有很大差别，除含烷烃外，普遍含有烯烃。

☞ 11. 原油液体的烃类组成是什么?

原油含的液体状态烃按其沸点不同，可分为低沸点馏分、中间馏分以及高沸点馏分。低沸点馏分如在汽油馏分中含有 $C_5 \sim C_{11}$ 的正构烷烃、异构烷烃、单环环烷烃、单环芳香烃(苯系)。

中间馏分如在煤油、柴油馏分中含有 $C_{11} \sim C_{20}$ 的正异构烷烃、带侧链的单环环烷烃、双环及三环环烷烃、双环芳烃、环烷-芳香的混合烃。

高沸点馏分如润滑油馏分中含有 $C_{20} \sim C_{36}$ 的正异构烷烃、环烷烃和芳香烃。环烷烃包括从单环直到六环甚至高于六环的带有环戊烷或环己烷的环烷烃，其结构主要是以稠环类为主。芳香烃除包含单环、双环、三环芳香环外，还含有四环的甚至多于四个芳香环的芳烃。此外，在芳香环中还含有数量不等，多至 5~6 个环的环烷-芳香混合烃，它们主要是呈稠合型的。

☞ 12. 原油固态烃的化学组成是什么?

原油中还含有一些高熔点、在常温下为固态的烃类，它们通常在原油中是处于溶解状态，但如果温度降低到一定程度，其溶解度降低就会有一部分结晶析出，这种从原油中分离出来的固体烃在工业上称之为“蜡”。它们主要是由相对分子质量很大的正构烷烃，少量的异构烃、环烷烃及极少量芳香烃组成。

☞ 13. 原油中非烃类组成是什么?

原油中含有相当数量的非烃化合物，尤其在原油重馏分中其含量更高，非烃化合物的存在对原油的加工及产品的使用性能具有很大的影响。在原油加工过程中，绝大多数的精制过程都是为了解决非烃化合物的问题。

原油中的非烃化合物主要包括含硫、含氧、含氮化合物以及胶状、沥青状物质。

☞ **14. 什么是不饱和烃?**

不饱和烃：分子结构中碳原子间有双键或三键的开链烃和脂环烃。与相同碳原子数的饱和烃相比，分子中氢原子要少。烯烃(如乙烯、丙烯)、炔烃(如乙炔)、环烯烃(如环戊烯)都属于不饱和烃。不饱和烃几乎不存在于原油和天然气中，而存在于石油二次加工产品中。

☞ **15. 什么是原油中的灰分?**

灰分是石油和石油产品在规定条件下燃烧后，所剩下的不燃物质，以质量百分数表示。灰分是溶于油品中的矿物盐，主要是环烷酸盐类。对于含有添加剂的润滑油脂来说，灰分还包括金属氧化物，填充物和机械杂质等。

☞ **16. 硫在原油中的存在形态是什么?**

硫在原油中的存在形态已经确定的有：单质硫、硫化氢及硫醇、硫醚、二硫化物、噻吩等类型的有机含硫化合物，此外尚有其他类型的含硫化合物。

☞ **17. 含硫化合物按性质可划分为几类?**

含硫化合物按性质划分，可分为活性硫化物和非活性硫化物。活性硫化物主要包括单质硫、硫化氢和硫醇等，它们的共同特点是对金属设备有较强的腐蚀作用；非活性硫化物主要包括硫醚、二硫化物和噻吩等对金属设备无腐蚀作用的硫化物，一些非活性硫化物经受热分解可以转化为活性硫化物。

☞ **18. 硫在原油馏分中的分布规律是什么?**

硫在原油馏分中的分布一般是随着馏分沸程的升高而增加，大部分硫集中在重馏分和渣油中。

直馏轻组分中的有机含硫化合物有硫醇、硫醚以及少量二硫化物和噻吩，硫醇硫含量占其轻馏分总硫含量的40%~50%。直馏中间馏分中的硫化物主要是硫醚类和噻吩类。高沸馏分中含硫化合物大部分是稠环化合物，硫原子也多在环结构上。

☞ 19. 原油中的氧元素的存在形式是什么？如何进行分类？

原油中的氧元素都是以有机化合物的形式存在的。这些含氧化合物，可分为酸性氧化物和中性氧化物两类。酸性氧化物包括环烷酸、芳香酸、脂肪酸以及酚类，总称为石油酸。中性氧化物有醛、酮等，它们在原油中含量极少，因此石油中含氧化合物以酸性含氧化合物为主。

☞ 20. 酸性含氧化合物的含量如何表示？

原油中酸性含氧化合物的含量一般借助酸度(或酸值)表示。

☞ 21. 什么是油品的酸度和酸值？

酸度是指中和 100mL 试油所需的氢氧化钾毫克数[mg(KOH)/100mL]，该值一般适用于轻质油品；酸值是指中和 1g 试油所需的氢氧化钾毫克数[mg(KOH)/g]，该值一般适用于重质油品。测试方法是用沸腾的乙醇抽出试油中的酸性成分，然后再用氢氧化钾乙醇溶液进行滴定。根据氢氧化钾乙醇溶液的消耗量，算出油品的酸度或酸值。

☞ 22. 环烷酸在原油中的分布规律是什么？

在原油的酸性氧化物中，以环烷酸为最重要，它约占原油酸性氧化物的 90%左右，环烷酸的含量，因原油产地不同而异，一般多在 1%以下。

环烷酸在原油馏分中的分布规律很特殊，在中间馏分中(沸程约为 250~350℃左右)环烷酸含量最高，而在低沸馏分以及高沸重馏分中环烷酸含量都比较低。

☞ 23. 原油中的氮含量一般为多少？

原油中氮含量一般在 0.05%~0.5%范围内，仅有约 4%原油的氮含量超过 0.6%，我国大多数原油含氮量均低于 0.5%。

☞ 24. 原油中氮的分布规律是什么？

原油中氮的分布随着馏分沸点的升高，其氮含量迅速升高，约有 80%的氮集中在 400℃以上的重油中。我国原油中氮含量偏高，且大多数原油的渣油中浓集了约 90%的氮。

☞ 25. 原油中的含氮化合物分为几类？

原油中的含氮化合物按其酸碱性通常分为碱性含氮化合物和非碱性含氮化合物两类。碱性含氮化合物是指在冰醋酸和苯的样品溶液中能够被高氯酸（$HCiO_4$）-冰醋酸滴定的含氮化合物，非碱性含氮化合物则不能。

原油馏分中碱性含氮化合物主要有吡啶系、喹啉系、异喹啉系和吖啶系；弱碱性和非碱性含氮化合物主要有吡咯系、吲哚系和咔唑系。

☞ 26. 原油中的微量元素分为几类？

原油中的微量元素按其化学属性可划分为三类：①变价金属，如 V、Ni、Fe、Mo 等。②碱金属和碱土金属，如 Na、Ca、Mg 等。③卤素和其他元素，如 Cl、Al、Si 等。

☞ 27. 原油中的微量元素的存在形态有哪些？

在原油中，一部分微量金属以无机的水溶性盐类形式存在。如钾、钠的氯化物盐类，这些金属盐类主要存在于原油乳化的水相里，在脱盐过程中可以通过水洗除去。另一些金属是以油溶性的有机化合物或络合物形式存在，这类金属经原油蒸馏后，大部分浓集在渣油中，此外一些金属还可能以极细的矿物质微粒悬浮于原油中。

☞ 28. 原油评价包括哪些内容？

原油评价是对原油的一般性质及特点进行一系列化验分析得出的数据和结论，可根据实际需要进行简单评价和综合评价。为了确定炼油厂加工总流程及产品方案，必须进行原油的综合评价，特别是在我国原油日趋变重和加工多种原油混合油时，更有重要意义。

为确定原油类别和特点，并为炼厂设计和制定加工方案提供数据而进行的原油分析研究工作，通常包括如下内容：

① 原油的一般性质分析，如密度、黏度、凝点；含蜡量、沥青质、胶质、残炭、水分、含盐量、灰分、机械杂质、元素分析、微量金属及馏程等。

② 常规评价。除了原油的一般性质外，还包括原油的实沸点蒸馏数据和窄馏分性质。

③ 综合评价。除了上述两项内容外，还包括直馏产品的产率和性质。将原油切割成汽油、煤油、柴油馏分以及重整原料、裂解原料和裂化原料等馏分，并测定其主要性质，提出原油的不同切割方案。进行汽油、柴油和重馏分油的烃族组成分析，进行润滑油、石蜡和地蜡的潜含量测定。有时为了得到复杂混合物的气液间的平衡数据，还须进行平衡气化，并作出平衡气化时馏出物的产率与温度的关系曲线。

☞ 29. 原油有哪几种分类法?

原油的组成极为复杂，对原油的确切分类是很困难的。原油性质的差别，主要在于化学组成不同，所以一般倾向于化学分类法，但有时为了应用方便，也采用商品分类法。

原油的化学分类法以它的化学组成为基础，但因为有关原油化学组成的分析比较复杂，所以通常利用原油的几个与化学组成有直接关联的物理性质作为分类基础。在原油的化学分类法中，最常用的有特性因数分类法及关键馏分特性分类法。

☞ 30. 按特性因数原油如何分类?

按特性因数(K)大小，原油分为三类：特性因数 K 大于 12.1 为石蜡基原油，特性因数 K 在 11.5~12.1 为中间基原油，特性因数 K 在 10.5~11.5 为环烷基原油。

石蜡基原油烷烃含量一般超过 50%，其特点是密度小，凝点高，含硫、含胶质低。环烷基原油一般密度大，凝点低。中间基原油的性质则介于上述二者之间。

☞ 31. 原油按关键馏分的特性如何分类?

原油在实沸点蒸馏装置馏出约 250~275℃作为第一关键馏分，残油用没有填料柱的蒸馏瓶在 40mmHg(5.332kPa)残压下蒸馏，切取 275~300℃馏分(相当于常压 395~425℃)作为第二关键馏分。测定以上两个关键馏分的密度，对照表 1-1 中的密度分类标准，决定两个关键馏分的属性，最后按照表 1-2 确定该原油的性质。

表 1-1　关键馏分的分类指标

关键馏分	石蜡基	中间基	环烷基
第一关键馏分（轻油部分）	$d_{20}^{4}<0.8210$ 比重指数>40 $K>11.9$	$d_{20}^{4}=0.8210\sim0.8562$ 比重指数 33~40 $K=11.5\sim11.9$	$d_{20}^{4}>0.8562$ 比重指数<33 $K<11.5$
第二关键馏分	$d_{20}^{4}<0.5723$ 比重指数>30 $K>12.2$	$d_{20}^{4}=0.8723\sim0.9305$ 比重指数 20~30 $K=11.5\sim12.2$	$d_{20}^{4}>0.9305$ 比重指数<20 $K<11.5$

表 1-2　关键馏分特性分类

编号	轻油部分的类别	重油部分的类别	原油的类别
1	石蜡(P)	石蜡(P)	石蜡(P)
2	石蜡(P)	中间(I)	石蜡~中间(P~I)
3	中间(I)	石蜡(P)	中间~石蜡(I~P)
4	中间(I)	中间(I)	中间(I)
5	中间(I)	环烷(N)	中间~环烷(I~N)
6	环烷(N)	中间(I)	环烷~中间(N~I)
7	环烷(N)	环烷(N)	环烷(N)

32. 原油商品分类有几种？各按什么原则进行？

原油的商品分类法可以作为化学分类法的补充，在工业上也有一定的参考价值，分类的根据包括：按密度分类、按含硫量分类、按含氮量分类、按含蜡量分类、按含胶质量分类等。

(1) 按原油的密度分类：

轻质原油：API 度大于 34，密度<852kg/m³(20℃)；

中质原油：API 度为 20~34，密度 852~930kg/m³(20℃)；

重质原油：API 度为 10~20，密度 931~998kg/m³(20℃)；

特稠原油：API 度大于 10，密度>998kg/m³(20℃)。

(2) 按原油的含硫量分类：

低硫原油硫含量<0.5%，含硫原油硫含量 0.5%~2.0%，高

硫原油硫含量>2.0%。

但世界各国都按本国所使用原油性质规定互不相同，以上所列的数据可看作是分类的参考标准。

(3) 按含蜡量分类：

低蜡原油蜡含量0.5%~2.5%，含蜡原油蜡含量2.5%~10%，高蜡原油蜡含量>10%。

☞ 33. 大庆原油的性质是什么？

大庆原油是一种低硫、低胶、高含蜡、凝点高的石蜡基原油。由于含烷烃多，所以在其各个馏分中，烷烃的相对含量高，所生产汽油抗爆性较差，小于180℃馏分，马达法辛烷值仅40左右。喷气燃料的密度较小，结晶点较高，故只能符合2#喷气燃料规格。由于硫含量很低，因此，轻质燃料油不需精制。同时，在加工中设备腐蚀问题不大。大庆原油的馏分组成较重，故须采取二次深度加工，以提高轻质透明燃料收率。润滑油馏分的黏温特性好，但凝点高，加工时需要脱蜡。

☞ 34. 胜利原油的性质是什么？

胜利原油密度较大，含硫较多，胶质、沥青质含量较高，属于含硫中间基原油。由于是含硫中间基原油，因此汽油馏分的辛烷值较大庆汽油馏分要高，催化重整原料中的芳香烃潜含量也比大庆催化重整原料要高。喷气燃料馏分密度大，结晶点低。减压馏分油可作为裂化原料，其金属镍含量较大庆油高10倍，因此减压馏分拔出深度受到限制。润滑油馏分经过脱蜡后，其黏度指数较相应的大庆润滑油馏分低。含硫多，对设备腐蚀严重，需要采取合适的防腐措施。直馏产品、二次加工产品都需要进行精制。由于胶质、沥青质含量多，经蒸馏深拔渣油，可以得到质量较好的沥青。

☞ 35. 孤岛混合原油的性质是什么？

孤岛混合原油是胜利油田中比较特殊的原油，其特点是含硫、氮、胶质较高，酸值大，黏度大，凝点较低，属环烷-中间基原油。孤岛原油的馏分较重，200℃以前的馏分占原油的

5.8%，300℃以前的馏分占原油的15.8%，500℃以前的总拔出率为45.8%。初馏~130℃馏分环烷烃含量约60%，但需要精制，以除去含硫、含氮化合物才适合作重整原料。喷气燃料密度大、结晶点低(<-65℃)，环烷烃含量高达64%，体积发热值高，但芳香烃含量高，对燃烧性能不利。直馏柴油的凝点低，柴油指数为38~39，十六烷值为41~43，能满足轻柴油要求，但实际胶质太高。减压馏分中润滑油组分的黏度指数低，为50~70，500℃以上馏分收率约为53%，含有大量的胶质、沥青质，尤其是胶质的含量更高，可以直接作为道路沥青，还可以用来制取各种高质量的沥青产品。

☞ 36. 克拉玛依原油的性质是什么?

克拉玛依原油是低硫中间基原油，特点是含硫量很低，约为0.04%~0.07%，含蜡少，凝点低，是生产喷气燃料和低凝点轻柴油的良好原料，但直馏馏分的酸度较高，需碱洗。

☞ 37. 中原混合原油的性质是什么?

中原混合原油密度小，黏度、胶质和硫、氮含量均较低，属低硫石蜡基原油。小于350℃馏分占47.9%，小于500℃馏分占73.2%。宽、窄重整原料杂质含量低，可生产芳烃和高辛烷值汽油。柴油馏分有较高的十六烷值，为55~56，颜色安定性较好，只是酸度较高，需要进一步精制。减压馏分油比大庆、胜利油有较高的饱和烃含量和更低的芳烃含量，是很好的裂化原料。350~500℃馏分中四环环烷烃含量占环烷烃总量的35%，如果作为润滑油的原料，可能会影响黏温性能。大于500℃渣油中饱和烃和芳烃含量高，胶质只占总量的1/3左右，金属含量不高，可作为深度加工的较好原料。

☞ 38. 辽河曙光原油的性质是什么?

辽河曙光首站原油密度大，黏度大，含蜡量低，属低硫环烷-中间基原油。小于200℃馏分收率为7.93%，小于350℃馏分收率为29.05%，小于565℃馏分收率为69.97%。350~565℃催化裂化原料油饱和烃含量不高，裂化性能不佳，酸值较高。润滑油馏分，适用浅度脱蜡，深度精制，适于生产润滑油。

☞ 39. 哈萨克斯坦原油的性质是什么？

哈萨克斯坦是世界上油气资源最丰富的国家之一。从理化性质(见表1-3)看，哈萨克斯坦原油的品质较好，具有密度相对较小，黏度低，非烃杂质含量低，凝点低，残炭少，酸值低，含盐低，含硫低等特点，其品质明显优于以阿曼原油为代表的中东含硫中间基原油，也优于俄罗斯及国内西部地区的含硫中间基原油，更适宜于我国炼油企业加工。

表1-3 哈萨克斯坦原油基本理化性质和加工收率一览表

项　目	哈萨克斯坦原油	阿曼原油	国内西部某原油	俄罗斯原油
密度/(t/m^3)(20℃)	0.8283	0.852	0.8724	0.8379
硫含量/%	0.09	1.15	0.53	0.66
酸值/(mg/g)	0.05	0.47	0.09	0.05
凝点/℃	-14.4	-29		-20
盐含量/(mg/L)	6.8			28
残炭/%	1.28		5.76	1.85
实沸点累计收率/%				
0~130℃	23.2	12.5	10	21.07
130~175℃	48.6	20	35.5	27.62
175~330℃	62.7	45.1	51.5	59.02

☞ 40. 中东原油的二次加工性能如何？

由于我国对石油及其产品需求量的不断增长，国内原油产量已不能满足国民经济发展的需要，进口原油成为不可避免的趋势。沙特轻质原油(以下简称沙特轻)与阿曼原油(以下简称阿曼)是我国进口原油数量较大的两种中东原油。

沙特轻与阿曼的减压渣油与大庆、辽河这两种不同基属的原油的减压渣油比较，两种进口原油的性质差别较大，沙特轻减压渣油的密度、残炭、金属、硫含量均高于阿曼减压渣油，H/C原子比则明显较小。从族组成上看，沙特轻减压渣油的饱和烃含量和胶质含量较阿曼减压渣油低，但芳香烃含量较高，沥青质含量(7.3%)显著高于阿曼减压渣油(2.0%)。可以说这是造成沙特轻减压渣油整体性质劣于阿曼减压渣油的根本原因。

与大庆及辽河的减压渣油相比，在杂原子、金属含量及族组成方面，沙特轻与阿曼减压渣油具有明显的特点：硫与钒的含量均比大庆及辽河的减压渣油高出数倍至数十倍；芳香烃含量较高，达40%~50%，而大庆及辽河的减压渣油的芳香烃含量在30%左右；胶质含量低，仅与大庆减压渣油相当，远低于辽河减压渣油，此外，辽河与沙特轻减压渣油的物性，如H/C比、密度、残炭等相仿，但辽河减压渣油的黏度明显高于其余三者，这可能是与其胶质含量高有关。大庆减压渣油属于二次加工性能较好的类别，阿曼减压渣油归于第二类，辽河与沙特轻减压渣油属于加工性能较差的类别。炼油厂在加工沙特轻与阿曼原油的减压渣油时，应重视原料的预处理。

沙特轻减压渣油的总体性质类似于我国的辽河减压渣油，因此在制定其加工方案时，可参照辽河减压渣油的加工方案。同时兼顾沙特减压渣油自身的特点。阿曼减压渣油的总体性质介于大庆、辽河减压渣油之间，是一种加工性能属中上等的原料。

☞ 41. 催化裂化原料的来源有哪些？

催化裂化原料的来源很广，从流化催化裂化发展之初的全蜡油进料，已拓展到掺炼部分渣油或全常压渣油进料。催化裂化的原料，有的来自蒸馏装置，有的则来自二次加工装置。一般有：

(1) 直馏减压馏分油。减压塔侧线350~550℃馏出油(VGO)是最常用的原料。石蜡基原油的VGO较好，环烷基原油的VGO较差。含硫原油的VGO通常先经过加氢脱硫或缓和加氢裂化得到低硫且裂化性能好的VGO作为裂化原料。

(2) 延迟焦化馏出油。焦化分馏塔侧线的320~500℃馏出油(CGO)也以催化裂化为主要加工途径。这种原料氮含量和芳烃含量高，不属于理想的原料，通常其掺炼比例为15%~25%。有条件时宜经过加氢处理，这样不仅掺炼比例可以提高，而且产品收率和质量能得到改善。

(3) 常压渣油。硫、重金属含量和残炭低的蒸馏装置常压塔底渣油(AR)可直接作为原料，如大庆原油、中原原油和东南亚地区一些原油的常压渣油。反之，则需用经过加氢脱硫得到的ARDS重油为原料，如中东地区多种原油。

(4) 减压渣油。除某些原油外，常减压蒸馏装置减压塔底渣油(VR)一般不单独作为原料，而是与馏分油掺合在一起或者经过加氢脱硫(VRDS)方能作为进料。后者适用于含硫原油如孤岛油或中东地区的多种原油。

(5) 脱沥青油。为满足原油深度加工的要求并避免直接加工AR或VR带来的不利因素，采用丙烷或丁烷的溶剂脱沥青工艺，从减压渣油中提取60%以上的脱沥青油(DAO)作为原料，已成为炼油厂加工流程的一个组成部分。DAO的重金属含量和沥青质含量远低于VR，改善了原料质量。含硫原油的DAO最好经过加氢脱硫(可与VGO合并处理)。我国还成功开发了溶剂脱沥青-催化裂化组合工艺，将催化裂化油浆也作为脱沥青原料，可回收其中的饱和烃，获得较高的产品收率。

(6) 其他。我国开发成功的芳烃抽提-催化裂化组合工艺，把催化裂化装置产生的重循环油经过双溶剂抽提除去重芳烃后返回作为回炼油，可明显提高轻质油产率和装置处理量。

☞ 42. 怎样判断原料轻重？

一般先从原料残炭、馏程、黏度上来判断，其他根据再生温度、烟气氧含量等参数来断定。

☞ 43. 直馏馏分油的特点？

一般来讲常压重馏分和减压馏分油是常用的原料。不同原油直馏馏分油性质差别很大，总的来说，直馏馏分油饱和烃含量高(>65%)、芳烃含量低(<30%)，因而易裂化，转化率和轻质油收率高。该类原料的特点：

(1) 含氢量高。国内主要原油的直馏馏分油，如大庆、胜利等，含氢量在13%以上。因其含蜡量高，特性因素K高(一般在11.8~12.5)。

(2) 含硫低。除孤岛原油外，一般国内原油的减压馏分油硫含量<0.47%。加工含硫的进口原油时，其减压馏分油通常经过加氢脱硫变成低硫的催化裂化原料。

(3) 残炭和重金属含量低。其康氏残炭<0.18%，镍和钒含量<1μg/g。

☞ 44. 常压渣油(AR)的特点？

大庆原油的常压渣油残炭、重金属和硫、氮含量较低(残炭约4%，重金属含量约5μg/g)，可直接作重油催化裂化装置的原料。国内其他原油的常压渣油因残炭高或重金属含量高等，多数不能直接作为催化裂化原料。如中东地区的含硫原油，其常压渣油需要通过加氢脱硫(ARDS)，所得到的重油可作催化裂化原料。

☞ 45. 减压渣油(VR)的特点？

原油中的金属污染物、高相对分子质量的沥青质和胶质以及硫、氮等杂原子化合物多集中在VR中。有数据表明我国原油中70%以上的硫、80%以上的氮和90%以上的金属都富集在VR中。VR一般与常减压馏分油掺混或经过加氢脱硫(VRDS)作为催化裂化原料。

VR通过加氢处理，其残炭、硫、氮含量及重金属含量大幅度降低，在其他相同条件下，催化裂化装置干气和焦炭产率以及催化汽油的烯烃含量和硫含量降低，液态烃中饱和烃含量升高。

☞ 46. 焦化蜡油(CGO)的特点？

与直馏馏分油相比，CGO密度、干点和残炭相差不大，但含氮量，特别是碱性氮含量很高；其芳烃含量高，不能单独作催化裂化原料，可与直馏馏分油掺合作催化裂化原料。

☞ 47. 脱沥青油(DAO)的特点？

溶剂脱沥青是渣油深度加工的一个预处理手段，也是从VR中获取催化裂化原料的重要途径之一。采用丙烷或丁烷溶剂(或两者的混合溶剂)脱沥青工艺，可从VR中得到60%以上的DAO。DAO的重金属含量和沥青质含量远低于VR，可改善催化裂化原料的质量。含硫原油的DAO最好经过加氢脱硫处理。我国还成功开发了溶剂脱沥青–催化裂化组合工艺，以催化裂化油浆作脱沥青原料，利用其中的饱和烃，提高目的产品的收率。

☞ 48. 渣油的性质是怎样的？

（1）金属。渣油中的金属含量大大高于减压瓦斯油。其中Ni、V的影响特别重要，因为Ni、V能以高浓度存在并且对催化剂性能有害。沉积于催化剂上的Ni引起非选择性裂化，导致较高的氢和$C_1 \sim C_4$气体产率，并使催化剂上沉积较多的焦炭。V会进入分子筛中，并起破坏性反应。Ni、V通常以环烷酸盐状分子存在。另外，渣油中的Na通常是由于脱盐不好而存在。Na中和催化剂的酸性中心，并在高温时使晶体结构倒塌。

（2）硫。硫以硫醇、硫化物、噻吩和其他有机硫化物状态存在。重油催化裂化使烟气中的SO_x含量增加。瓦斯油裂化时，总硫中5%的硫转化为催化剂的焦炭。原料中含硫1%将使烟气中含$SO_2$100μg/g。渣油催化裂化时，烟气中的SO_2含量很大。许多国家已限制硫的排放。

（3）氮和氧。重质原料油中的氮多于减压瓦斯油。碱性氮化合物有吡啶、喹啉，极易吸附于酸性中心，使活性降低、生焦增加。中性氮化物有咔唑、吲哚、吡咯。它们不那么牢固地吸附于酸性中心，因此，对催化剂的裂化性影响不大。和硫、氮一样，氧含量随沸点的上升而增加，多在胶质中出现。

（4）沥青质。沥青质是含有多环芳烃和几种类型官能团的聚合体，其尺寸在25~30mm。因为分子筛的孔太小不能接受沥青质，需要有孔结构大得多的催化剂才能裂化沥青质。

（5）胶质。胶质是含氧、氮的极性分子。其相对分子质量通常在500~1000之间，微溶于烷烃中。

（6）氢含量。一般说来，轻质馏分的含氢量高于重质馏分。在同种馏分中，石蜡基馏分的含氢量高于中间基或环烷基馏分。氢含量是制约原料油裂化性质的一个重要参数，氢含量越低，转化率就越低。

☞ **49. 催化裂化原料的性质指标有哪些?**

催化裂化原料的物理和化学性质包括密度，沸程，特性因数，相对分子质量，烃类组成，氢、硫、氮含量等，其对催化裂化的转化率、产品产率和产品质量影响很大。但这些性质是相互联系的，可由某些性质推测另外一些性质。

☞ **50. 催化裂化原料的特性因数对催化裂化装置有什么影响?**

特性因数(*K*)常用于划分石油和石油馏分的化学组成，在评价催化裂化原料上普遍使用，其高低最能说明该原料生焦倾向和裂化性能。原料的 *K* 值可由密度和平均沸点计算得到，也可用密度和苯胺点查图得到。该值越高，其越易于进行裂化反应，且生焦倾向越小。反之，原料的 *K* 值越低，其难以进行裂化反应，且生焦倾向越大。

大多数催化裂化原料 *K* 值约为 11.5~12.5。在其他相同条件下，*K* 值每升高 0.1，转化率提高 1%~1.5%。但 *K* 值不能全面反映原料油的裂化能力，由于组成的差别(特别是极性化合物)，即使两种原料 *K* 值相同，其裂化能力也会有较大的差别。

☞ **51. 原料的密度、相对分子质量、平均沸点和馏程对催化裂化装置的影响是什么?**

密度是石油馏分最基本的性质之一。在同一沸点范围内，原料密度越大，组成中烷烃越少，在裂化性能上越趋于具有环烷烃或芳烃的性质。

原料的相对分子质量、馏程和平均沸点是决定催化裂化产品分布和产品质量的重要指标。一般来说，对于直馏原料，其相对分子质量(平均沸点)增大，可裂化性增加，焦炭和汽油产率升高。进料中实沸点<360℃的直馏馏分增多，在其他相同条件下，轻柴油收率增大、反应转化率下降。但在某些情况下，由于烃类组成变化使相对分子质量增大，使其裂化性能改变，往往超过相对分子质量单独的影响。

☞ **52. 催化裂化原料的族组成对催化裂化装置的影响是什么?**

族组成是决定催化裂化原料性质的一项最本质最基础的数

据，以往都以PONA(烷烃、环烷烃、烯烃和芳烃)分析。20世纪70年代以来，以质谱法测定高沸点石油馏分的烃类组成进展很快，已被美国材料试验协会(ASIM)修订为标准方法。

在同一裂化强度下，环烷烃和单环芳烃汽油产率最高；环烷烃和异构烷烃最容易生成C_4组分；单环芳烃裂化时汽油产率高、焦炭产率低，而多环芳烃反之。多环芳烃不仅难以裂化，其本身也是碱性物质，对催化剂表面的活性中心有很强的亲合力，影响其他烃类在活性中心上的吸附。

原料油的质谱分析是获取烃类组成数据的有利手段。催化裂化原料质量可用“转化率前身物”的量、“轻柴油前身物”的量、“焦炭和澄清油前身物”的量来评价。“转化率前身物”包括饱和烃和单环芳烃，最终可裂化成汽油、气体和少量焦炭。催化轻柴油含有相当多的双环芳烃，其为原料中双环芳烃脱烷基的产物，双环芳烃视为轻柴油的前身物。三环以上的芳烃在催化裂化中脱烷基生成焦炭和油浆，视为焦炭和油浆的前身物。在相同的裂化强度下，转化率前身物高的原料转化率高。

☞ 53. 加工重油时，为什么焦炭和氢气的产率会升高？

答：重油中的有机金属化合物，残炭硫及氮的含量均比直馏蜡油高，当重油进行催化裂化时，重油在催化剂的作用下进行脱碳和脱重金属，并堆积于催化剂的表面，这些重金属本身就是脱氢反应的催化剂，加速了脱氢生焦过程，使氢气、焦炭产率上升，轻质油的产率降低。

☞ 54. 催化裂化原料的残炭对催化裂化装置的影响是什么？

原料康氏(或兰氏)残炭是实验室进行破坏蒸馏后剩余的炭质残渣，可用来衡量催化进料中非催化焦生成倾向的一个特性指标。对于蜡油催化裂化，原料残炭一般<0.5%，对于重油催化裂化原料残炭一般在3%~7%。

随着进料中胶质、沥青质含量升高，原料残炭升高。由于进料残炭在催化裂化反应中大部分生成焦炭，所以原料残炭高，反应生焦趋势大。对于再生烧焦能力受限制的装置，原料残炭升高会降低装置处理能力。

☞ **55. 原料分析中的残炭在原料中表现是什么?**

答：沥青质和胶质。

☞ **56. 原料中的Na沉积在催化剂上有什么危害? 催化原料中Na含量有什么要求?**

答：会影响催化剂的热稳定性、活性和选择性。一般控制在5μg/g以下。

☞ **57. 原料中的硫对催化裂化加工过程有何影响?**

原料中的硫会污染催化剂，使催化剂的活性和选择性变差，产品分布变坏，产品质量下降，气体产率增加。在提升管反应器内，伴随催化裂化反应一起发生的脱硫反应产生的大量硫化氢气体，混入干气和液化石油气(LPG)中。硫化氢一直影响后续加工装置(如干气制乙苯、气体分馏、聚丙烯等)的正常生产。再生器内随焦炭和吸附在催化剂上带入的硫氧化生成SO_x，使主风耗量增加，能耗增大。

☞ **58. 原料中的硫对产品收率有何影响?**

原料油中的含硫化合物对催化剂活性和选择性有不利影响，使催化裂化产品分布发生变化。原料油中硫含量增加，不仅干气产率增加，干气中硫含量也显著增加。随着干气收率的增加，汽油和轻柴油产率下降，焦炭产率增加。

裂化气体中的硫化氢产率主要取决于原料中的硫含量、转化率以及催化剂类型。在转化率70%左右的情况下，原料中的硫大致有40%~60%转化成硫化氢，在使用降SO_x催化剂或降SO_x添加剂的情况下，硫化氢的收率比上述数值还高一些。

☞ **59. 原料中的硫对产品质量有何影响?**

硫含量是催化裂化产品的一个重要质量指标。由于硫及其衍生物的存在，将导致产品中一些重要指标达不到要求。干气中硫化氢超标，将严重影响产品质量。LPG中硫化氢超标，则严重影响下游装置的正常生产。

在相同的原料转化率和温度下，原料硫从 0.5%增加到 2.0%，将会引起汽油辛烷值(RON)2.0 个单位的损失。提高含硫原料裂化温度还能增加汽油硫醇含量。原料油中硫含量上升，还会降低汽油抗爆指数。催化裂化汽油的馏程越宽，含硫越多。大约半数的硫来自汽油中最重的 10%馏分，降低其终馏点是降低汽油硫含量较为经济的方法。催化裂化汽油中的硫占原料油中硫的 4%~10%。如果原料油含硫少于 0.15%，则汽油中的硫不会超标。

概括地讲，原料油中硫含量上升，汽油辛烷值呈下降趋势，表明汽油抗爆性能变差；胶质、硫醇、酸度、碘值上升，烯烃组分增加，表明安定性下降。

重油催化裂化工艺的发展带来了柴油中硫、氮等非烃类杂质增多，芳烃含量增加，十六烷值降低，油品安定性更差的问题，特别是对中间基油和环烷基油的深度加工，重油催化裂化柴油质量进一步下降。以辽河重油催化裂化柴油为例，十六烷值低于 25，通过加氢精制，与直馏柴油调和，十六烷值也难以达到规格要求。如何提高产率及合理利用重油催化裂化柴油是当今国内外炼油厂关注的问题。

在含硫减压馏分油裂化时，汽油和柴油的密度比较高。低硫原料产品的凝点均高于含硫原料产品的凝点。

重油催化裂化轻柴油硫含量和胶质含量高，安定性差，是因裂化条件苛刻，产品中烯烃和异构烃含量高，十六烷值低。美国和日本的环保部门规定柴油含硫不大于 0.05%，十六烷值不低于 40。我国规定柴油硫含量指标不大于 0.2%，十六烷值：0 号柴油不低于 40；-10 号柴油不低于 45。

☞ 60. 原料中的硫对设备的腐蚀有何影响？

加工硫含量高的原料油时，生成的大量硫化氢与液相水共存(或共存物流在露点以下)时，对金属产生湿硫化氢腐蚀($Fe+H_2S \longrightarrow FeS+H_2\uparrow$)。

分馏、吸收、解吸和稳定系统的设备在运行中金属表面生成腐蚀产物 FeS 膜。FeS 膜是一种松散的腐蚀产物，易脱落，无保护作用。温度越高，腐蚀越快。装置停工和用蒸汽吹扫过程中，FeS 与湿空气中的氧反应生成过多硫酸，从而腐蚀速度加快。硫醇也能直接与铁生成松散的硫醇铁($2RSH+Fe \longrightarrow (RS)_2Fe+H_2\uparrow$)。二硫化物、噻吩与金属不直接作用，但受热分解生成的硫化氢同样对设备造成腐蚀。因此，重油催化裂化装置的分馏塔顶油气冷却系统、吸收稳定系统的设备腐蚀严重。由于再生烟气中含有二氧化硫和三氧化硫，所以各炼油厂催化裂化装置反应-再生系统的烟气管线膨胀节和余热锅炉省煤器管束都受到了不同程度的腐蚀。

☞ 61. 原料中的硫对环境有什么影响？

催化裂化原料中的硫对环境的影响是多方面的。与馏分油催化裂化相比，重油催化裂化原料中硫化物增加 1~2 倍，加工过程中含硫污水排放量增加 1~2 倍，液体产品精制过程中碱渣排放量增大。

催化裂化生成的焦炭中的硫在再生器中氧化生成 SO_2 和 SO_3，随再生烟气排进大气，造成环境污染。再生烟气中的硫含量与原料硫含量有关(约为总硫量的 15%)。我国尽管没有限制催化裂化再生排烟的 SO_x 含量，但对大气质量有要求($SO_x \ngtr 0.25mg/m^3$)。1990 年美国和日本规定催化裂化再生烟气中 $SO_2 \ngtr 0.9g/m^3$。因此，当原料硫含量>0.5%时，就必须采用硫转移催化剂或采用烟气洗涤等技术，以减轻 SO_x 造成的大气污染。

☞ 62. 原料的氮含量对催化裂化装置有什么影响？

催化裂化原料中的碱性氮化物主要是吡啶、苯并吡啶(喹啉)、二苯并吡啶等多环氮化物。碱性氮化合物约占总氮的 1/3，其吸附在催化剂酸性中心上，造成催化剂暂时失活，降低催化剂的活性和选择性，使反应转化率降低。一般来说，渣油中氮含量高，重油比轻油氮含量高。催化裂化进料中氮含量每增加 150μg/g，转化率约降低 1%。普遍的规律是随着氮含量的升高，在相同转化率下，轻柴油和焦炭产率升高，汽油和澄清油以及丙烯和丁烯产率降低，汽油辛烷值降低。

事实上，进料中的碱性氮最终都会形成焦炭。焦炭中的氮在裂化催化剂再生过程中主要转化为 N_2(约占原料氮的 30%～40%)，其余转化成 NO_x，随再生烟气排进大气。原料中 15%～30%的氮化物进入催化裂化液体产品中(大部分存在于重馏分澄清油和轻柴油中)，影响产品的安定性。

☞ 63. 原料的氢含量对催化裂化装置有什么影响？

氢含量可区别不同原料的相对裂化性能。催化裂化原料氢含量通常在 11%～14%，催化裂化产品包括从氢含量 100%的氢气到氢含量很低的油浆和焦炭。焦炭的氢含量主要取决于沉降器汽提效率和高含氢产品夹带到再生器中的量，根据再生烟气奥氏分析计算通常在 6%～8%。

对于重质原料，通过加氢处理，可除去其大部分硫、氮和金属，还使部分多环芳烃饱和，原料氢含量升高，可大大改善催化裂化的产品分布和产品质量。

☞ 64. 催化裂化产品产率一般是多少？

由于各类催化装置的不同，产品产率差异较大，下面是国内某大庆减压渣油为原料的重油催化裂化装置运行数据，各产品质量产率为：干气 2.5%～5%；液态烃 10%～20%，平均约 16%；汽油 32%～47%，平均约 40%；轻柴油 19%～35%，平均约 26%；外甩油浆 3%～8%；焦炭 6.5%～10%，平均约 7.4%。

☞ 65. 催化裂化产品一般是什么？

答：催化裂化装置的主要产品是汽油、轻柴油，其次有裂化气体(液态烃、干气)、焦炭、油浆。

☞ 66. 什么是汽油的辛烷值？

汽油辛烷值是汽油在与空气组成稀混合气情况下抗爆性的表示单位。在数值上等于在规定条件下与试样抗爆性相同的标准燃料中所含异辛烷的体积分数。

辛烷值的测定是在专门设计的可变压缩比的单缸试验机中进行。标准燃料由异辛烷和正庚烷的混合物组成。异辛烷用作抗爆性优良的标准，辛烷值定为 100；正庚烷用作抗爆性低劣的标准，辛烷值为 0。将这两种烃按不同体积比例混合，可配制成辛烷值由 0 到 100 的标准燃料。混合物中异辛烷的体积百分数愈高，它的抗爆性能也愈好。在辛烷值试验机中测定试样的辛烷值时，提高压缩比到出现标准爆燃强度为止，然后，保持压缩比不变，选择某一成分的标准燃料在同一试验条件下进行测定，使发动机产生同样强度的爆燃。当确定所取标准燃料如恰好是由 70%异辛烷和 30%正庚烷组成的，则可评定出此试油的辛烷值等于 70。

☞ 67. 什么叫研究法辛烷值、马达法辛烷值和抗爆指数？

汽油的抗爆性用辛烷值表示。评定辛烷值的方法有马达法和研究法两种，评定用的发动机转速分别为以 900r/min 和 600r/min。马达法辛烷值(*MON*)表示高转速时汽油的抗爆性，研究法辛烷值(*RON*)表示低转速时汽油的抗爆性。上述两种辛烷值都不能全面地反映车辆运行中燃料的抗爆性能，因此提出了计算车辆运行中抗爆性能的经验关系通式：抗爆指数 $= K_1 \cdot RON + K_2 \cdot MON + K_3$。$K_1$、$K_2$、$K_3$ 为系数，对不同类型的车辆是不同的，这与发动机的运转特性和运转条件有关，它们都是通过典型的道路试验来确定的。一般简化式，采用总车辆的平均抗爆性能。通常，$K_1 = 0.5$、$K_2 = 0.5$、$K_3 = 0$。即：

$$抗爆指数 = (RON + MON) \div 2。$$

☞ 68. 什么叫初馏点和干点？

当油品在恩氏蒸馏设备中进行加热蒸馏时，最先汽化蒸馏出来的是一些沸点低的烃类分子。流出第一滴冷凝液时的气相温度称为初馏点。

蒸馏过程烃类分子按其沸点高低的次序逐渐蒸出，气相温度也逐渐升高，蒸馏到最后，达到的最高气相温度称为终馏点或干点。

☞ 69. 汽油的初馏点和 10% 馏出温度说明了什么？

汽油的初馏点和 10%馏出温度说明了汽油在发动机中的启动性能。如 10%馏出温度过高，在冬季严寒地区使用这种汽油时，汽车启动就有困难。

☞ 70. 汽油的50%馏出温度说明了什么?

汽油的50%馏出温度说明了汽油在发动机中的加速性能。若这一馏出温度过高，当发动机由低速骤然变为高速而需要加大油门增加进油量时，燃料就会来不及完全汽化，使燃烧不完全，甚至燃烧不起来，发动机就不能发出需要的功率。50%点温度对发动机的启动，预热也有较大的影响。

☞ 71. 汽油的90%馏出温度和干点说明了什么?

90%馏出温度和干点说明了汽油在发动机中蒸发完全的程度。这个温度过高，说明重质成分过多，其结果是降低发动机的功率和经济性。

☞ 72. 催化裂化汽油辛烷值比热裂化汽油辛烷值高的原因是什么?

由于蒸馏过程没有裂化反应发生，故直馏汽油中，长直链烃较多，辛烷值一般约为50~60，尤其石蜡基原油的直馏汽油辛烷值最低。催化汽油因为含有较多的烯烃和芳烃，辛烷值约为66~78。

将烃类的催化裂化与热裂化进行比较，可知前者属正碳离子反应，后者属自由基反应，故前者的异构化反应及氢转移反应与后者相比尤其突出。因此，催化汽油与热裂化汽油中，前者含有较多异构烷烃及不带侧链的芳烃；而后者虽然烯烃较多，但异构物少，芳烃更少，即使有芳烃，也是苯环上留有1~2个C的短侧链。所以催化汽油辛烷值要比热裂化汽油的高，催化汽油辛烷值(加铅前)约为66~78，而热裂化汽油的辛烷值在55左右。

☞ 73. 催化裂化汽油的质量主要存在哪几个问题?

(1) 辛烷值低；(2)烯烃含量高；(3)硫含量高。

☞ 74. 原料性质对汽油辛烷值敏感度有何影响?

原料性质的变化是造成辛烷值敏感度范围增大的主要原因。烷烃敏感性虽好，但大部分烷烃辛烷值相当低。烯烃，特别是芳烃，*RON* 高，是高辛烷值汽油的重要组成部分。从辛烷值的观点看，理想的催化汽油组分是多支链烷烃和烯烃。从敏感性的观点看，多支链、相对分子质量低的烷烃，敏感性好。要改进汽油的敏感度同时保持高的辛烷值，就要除去低辛烷值组分和烯烃，有选择性地增加异构烷烃和芳烃组分。

☞ 75. 什么叫闪点、凝点？

闪点(或称闪火点)是指可燃性液体(如烃类及石油产品)的蒸气同空气的混合物在接近火焰时，能发生短暂闪火的最低温度。闪点常用来划定油品的危险等级，例如闪点在45℃以上称为可燃品，在45℃以下称为易燃品。汽油的闪点相当于爆炸上限温度，煤油、柴油等相当于下限浓度的油温。闪点与油品蒸发性有关，与油品10%馏出温度关联极好。

油品的凝点是在一定的仪器中，在一定的试验条件下，油品失去流动性时的温度。而所谓丧失流动性，也完全是条件性的。当油品冷却到某一温度，并将储油的试管倾斜成45°，若1min后，肉眼看不出管内液面位置有所移动，此时油品就被看作是凝固了。产生这种现象的最高温度，就称为此油品的凝点。

☞ 76. 什么叫油品的燃点和自燃点？

燃点又叫着火点，是指可燃性液体表面上的蒸气和空气的混合物与火接触而产生火焰，并能继续燃烧不少于5s时的温度。

如果将油品预先加热到很高温度，然后使之与空气接触，则无需引火，油品即可能因剧烈的氧化而产生火焰，自行燃烧，这就是油品的自燃。能产生自燃的最低油温，称为自燃点。

☞ 77. 什么是铜片腐蚀试验？

铜片腐蚀试验是检查发动机燃料、喷气燃料或润滑油是否含有活性硫化物或游离硫的定性方法。按规定方法将铜片浸入试油，根据铜片表面颜色的变化判为试验合格或不合格。

☞ 78. 单体烃的辛烷值有什么规律？

烃类的 *RON* 一般按下列顺序增加，即：饱和烃<异构饱和烃<正构烯烃<异构烯烃<芳烃。

芳烃的 *MON* 最高，其次是支链烯烃和支链烷烃。直链烷烃只有≤C_4的烃才有较高的 *MON*，从 C_5 开始当碳的数目增加时 *MON* 急剧降低。

任何一个汽油组分对汽油辛烷值的贡献，与单一组分的实测辛烷值是有区别的。这和基础油对辛烷值的敏感度有关。正构烷烃和烯烃的调合辛烷值随碳数增加而急剧下降，支链有助于提高辛烷值，支链烯烃和芳烃有高的调和辛烷值。

提高汽油辛烷值的传统办法是减少氢转移反应。随着汽油中烯烃含量的增加，辛烷值(*RON*)提高很快，而 *MON* 略有增加，但在高烯烃含量时，*RON* 的提高速率下降，*MON* 的增加更少。异构化(支链)和芳构化对提高汽油辛烷值也很重要。

☞ 79. 汽油中各种烃类辛烷值大小有什么规律?

对同一族烃类来说，相对分子质量愈小，或者说其沸点愈低，则辛烷值愈高；对相对分子质量大小相近的同族烃类，支化度越高、分子结构越紧凑，则辛烷值越高。

对不同族烃类来说，它们各自的辛烷值大致按芳烃、环烷烃、烯烃及链烷烃的顺序递减。

烃族组成及单体结构与辛烷值的具体关系如下：

(1) 链烷烃：①直链烷烃随碳数增加、辛烷值快速降低。②支链烷烃的支化度愈高，则辛烷值愈高。③对于同样支化度的链烷烃则支链愈接近分子的中心，即分子越紧凑辛烷值愈高。

(2) 烯烃：同样随着碳数的增加，直链烯烃的辛烷值下降，随支化度提高而增加。对于支化度及碳数相同的分子，双键越接近分子的中心，辛烷值愈高。

(3) 环烷烃：①随着环数值增大，辛烷值减小。②除环丙烷外，辛烷值随环上侧链增长而降低。③在侧链上导入支链可以改正辛烷值，取代基愈不对称、愈密集辛烷值愈高。

(4) 芳烃：在汽油沸程范围内的芳烃辛烷值都很高，研究法辛烷值都在 100 以上，马达法辛烷值都在 90 以上。但在苯环上导入直链将使辛烷值降低，直链越长，降低越多。

☞ **80. 汽油中丁烷含量对汽油蒸气压有什么影响?**

汽油中丁烷含量直接影响汽油的蒸气压。汽油的 *MON* 及 *RON* 均随着蒸气压的升高而增加，其中 *RON* 增加的幅度更为显著。丁烷不仅本身具有高的 *RON* 及 *MON*，而且有高的调和辛烷值。过去，商品汽油的蒸气压都接近规格指标的最高值，这样既能提高辛烷值又能增加汽油产率。然而蒸气压却是影响挥发性有机物(VOC)的最主要参数，而挥发性有机物(VOC)则是汽油发动机排气中的主要污染物之一，故国外新配方汽油已对此加以限制。

☞ **81. 什么是实际胶质？它对油品质量有何影响?**

实际胶质是指 100mL 油品在规定条件下蒸发后残留的胶状物质的毫升数。实际胶质用以测定汽油、煤油和柴油在发动机中生成胶质的倾向，也是表示安定性好坏的一项指标。

☞ **82. 什么是十六烷值?**

十六烷值是评定柴油抗爆性的指标。它采取与标准燃料对比的办法，以纯正十六烷的十六烷值为 100，纯 α-甲基萘的十六烷值为 0，按不同的比例混合起来，可以得到十六烷值为 0~100 的不同抗爆性等级的标准燃料，并在一定结构的单缸试验上与待测柴油作对比。

☞ **83. 什么是柴油的安定性?**

柴油的安定性是指柴油的化学稳定性，即在储存过程中抗氧化性能的大小。柴油中有不饱和烃，特别是二烯烃，发生氧化反应后颜色变深，气味难闻，产生一种胶质物质。

☞ **84. 轻柴油中各种烃类的十六烷值规律是怎样的?**

（1）正构烷的十六烷值在各族烃中最高，并随链长的增长而增加。

（2）异构烷的十六烷值比正构烷低，链的分支越多，其十六烷值越低。

（3）正构烯烃的十六烷值仅略次于正构烷，支链的影响与烷烃类似。

(4) 无侧链的环烷烃的十六烷值低于正构烷和正构烯。无侧链的芳烃，尤其是稠环芳烃，其十六烷值在各族烃中最低。

(5) 环烷和芳烃带有长侧链时可以提高其十六烷值。当侧链有分支时，其十六烷值相应降低一些。

☞ 85. 催化轻柴油的性质是怎样的？

催化裂化轻循环油(LCO)，一般与直馏柴油混合使用，我国习惯上称为轻柴油。催化裂化原料掺入渣油后，使得轻柴油中硫、氮含量增加，产品质量及安定性变差。油品颜色随催化进料中渣油量增加而变深，胶质增加，十六烷值下降。

催化裂化轻柴油的十六烷值随着芳烃含量的上升而下降，随着C/H比的上升而下降。催化裂化轻柴油组分十六烷值很低，安定性差，靠催化裂化本身无法解决，需与直馏柴油调和或精制。

随着催化裂化原料的变重和操作条件越来越苛刻，使得催化柴油中不安定性因素也随之增加，质量变差，胶质、沉渣增多，颜色变深。为改善柴油的质量，必须除去其中不安定组分。一般的精制方法有加氢精制、深度加氢饱和和碱精制。

☞ 86. 催化轻柴油的十六烷值比直馏柴油低的原因是什么？

由轻柴油中各族烃类十六烷值的规律可知，直馏柴油的十六烷值最高，而催化柴油中含有较多的多环芳烃，所以其十六烷值较低。石蜡基原油的柴油十六烷值比环烷基柴油高。

☞ 87. 掺炼渣油对轻柴油质量有什么影响？

随着催化裂化进料中渣油量的增加，轻柴油质量变差。主要表现在：胶质升高，油品安定性差，颜色变深，十六烷值降低等几方面。

☞ 88. 催化气体产品的特点是什么？

催化裂化装置干气和液化气的产率分别为3%~5%和8%~15%。因此催化裂化装置不仅是生产汽油、柴油的重要二次加工装置，而且也生产大量可供石油化工综合利用的气体产物。

干气中除富含乙烷、乙烯、甲烷及氢气外，还含有在生产过程中带入的氮气和二氧化碳等。干气中还有一定量的丙烷、丙烯和少量较重的烃类。

馏分油催化裂化装置，干气中含氢量一般小于0.1%(对原料质量)；以渣油作原料时，含氢量成倍增长，但一般也不超过0.5%(对原料质量)。

渣油的重金属含量在催化裂化时会污染催化剂表面，导致氢气产率升高和摩尔比增加。以大庆馏分油为原料时，该比值为0.3；若以大庆常压渣油为原料时，该比值超过2；而以任丘直馏馏分油掺80%常压渣油为原料时，该比值高达5.4以上。使用金属钝化剂可以降低Ni、V等金属的脱氢活性，相对提高催化剂平衡活性，从而降低干气中的H_2含量和H_2/CH_4，液化气产率有所提高。

随着进料中掺渣油比例的增加，$i\text{-}C_{40}/\sum C_4$比下降，而$C_4^{=}/\sum C_4$比上升。

液化气的主要组分是C_3和C_4，还含有少量的C_2以下组分和C_5以上组分，其中C_3约占30%~40%，C_4约占55%~65%。在C_3中，丙烯约占60%~80%。在C_4中，总丁烯约占50%~65%，异丁烷约占30%~40%。液化气中烯烃与烷烃之比与氢转移反应有关，而氢转移反应又与沸石晶胞大小有关，随着沸石晶胞尺寸降低，烯烃、烷烃增加。

89. 掺炼渣油对气体和汽油产品的质量有什么影响？

随着催化裂化进料中掺入减压渣油量的增加，催化剂上重金属含量增多，催化裂化气体中氢气增加，氢气/甲烷增大，为避免过多的氢气生成，需加入一定量的金属钝化剂，以减少催化裂化催化剂被金属镍污染所产气体中氢气含量。

随着催化裂化进料中渣油的增加，从理化指标看汽油质量变化不大。由于Y型分子筛催化剂的应用，汽油组成发生了变化，烯烃减少，烷烃、芳烃增加(与X型分子筛催化剂相比)，这一现象有利于汽油诱导期的增长。所以，凡是催化裂化采用Y型分子筛催化剂的炼油厂，汽油中可不加入抗氧剂，就能满足规格中对诱导期的要求。另外随着催化裂化进料掺入渣油量的增加，密度增加，汽油辛烷值相应增加。

☞ 90. 催化剂对催化裂化反应的影响如何？

催化剂是一种能影响化学反应速度，但其本身并不因化学反应的结果而消耗，也不会改变反应的最终热力学平衡位置的物质。在工业催化裂化装置中，催化剂不仅对处理能力、产品分布和产品质量起着主要影响，而且对生产成本也有重要影响。催化剂还对操作条件、工艺过程和设备形式的选择有重要影响，催化裂化工艺技术的发展对催化剂的发展提出了新的要求，而催化剂的发展又促进了催化裂化工艺技术的发展。

☞ 91. 催化裂化催化剂的主要性能是什么？

催化裂化催化剂性能评定主要包括催化剂的活性、比表面积、选择性、稳定性、抗重金属能力、粒度分布和抗磨损性能这六个方面。

☞ 92. 重油催化裂化催化剂应具备哪些性能？

一种良好的重油催化裂化催化剂应具备以下性能：

(1) 好的重油裂解性能；(2)抗 Ni、V、Na、N 等污染能力强；(3)焦炭选择性好；(4)良好的汽提性能；(5)水热稳定性高等。

☞ 93. 催化裂化催化剂的化学组成是怎样的？

催化裂化催化剂是一种热稳定性良好的固体酸催化剂。从最初的天然白土、合成硅铝到分子筛催化剂，都是以硅酸铝为基础的固体酸材料。各类催化剂化学组成的主体均为 SiO_2 和 Al_2O_3。催化剂主要由分子筛、担体和黏结剂组成。分子筛是由氧化硅和氧化铝相互结合形成的具有特殊晶体构造及作用的 Si-Al 氧化物，其中 X 型和 Y 型分子筛中 Si 与 Al 的比例为 2~5。Si 与 O、Al 与 O 均以四面体的形式立体排列。

由于分子筛的裂化活性太高，为减少过裂化，分子筛催化剂并不是纯分子筛。还需要大量的“稀释剂”，这就是分子筛催化剂的基质。分子筛是催化剂裂化活性的主要来源，基质往往也有部分裂化性能。此外，基质还担负起分散、支撑分子筛，提高成型强度，充当反应热载体，富集污染金属等功能。基质由胶态的氧化铝和氧化硅构成，初期主要是合成的无定形硅酸铝，20 世纪 70 年代后期，采用天然白土代替合成的无定形硅酸铝作为催化剂基质。

黏结剂是一种“胶”，所有的催化剂组分如分子筛和基质借助黏结剂结合在一起，催化剂颗粒的物理完整性是由黏结剂提供的。目前通用的黏结剂主要有硅溶胶黏结剂和铝溶胶黏结剂，从催化剂性能上看，铝溶胶的磨损强度和水热稳定性较好，硅溶胶的焦炭选择性较好。

☞ 94. 什么叫催化剂的孔体积？

单位质量催化剂所含有的空隙体积称为孔体积。通常是以 1g 催化剂上所有孔隙的体积来表示。测定方法有水滴测定法和四氯化碳吸附法两种。水滴测定法的测定值大于四氯化碳吸附法测定值，其关系为：

$$V_{孔\,CCl_4}=0.833V_{孔\,H_2O}-0.0766$$

式中 $V_{孔\,CCl_4}$——以四氯化碳吸附法测得的孔体积；

$V_{孔\,H_2O}$——以水滴定法测得的孔体积。

☞ 95. 什么叫催化剂的比表面积？

单位质量催化剂内外表面积之和，叫作催化剂的比表面积，以 m^2/g 为单位来表示。新鲜催化剂的比表面积一般为 $300m^2/g$，有的甚至高达 $500\sim700m^2/g$；平衡催化剂的比表面积约为 $100m^2/g$ 左右。催化剂的表面积又可分为分子筛表面积和基质表面积，分子筛表面积大，分子筛含量增加则比表面积变大。裂化催化剂的比表面积一般采用低温氮吸附方法来测定。

☞ 96. 什么叫催化剂的平均孔径？

催化剂的孔体积与比表面积的比值称为平均孔径。

$$平均孔径=V_{孔}/S_A$$

式中 $V_{孔}$——催化剂的孔体积，mL/g；

S_A——催化剂的比表面积，m^2/g。

新鲜催化剂的孔径约为$(4.0\sim8.0)\times10^{-9}$m。在使用过程中，催化剂受高温及水蒸气的影响，孔径增大到$(9.0\sim12.5)\times10^{-9}$m。

97. 催化裂化的催化剂外观是怎样的？

最早出现的催化裂化催化剂为小颗粒状或小球状，早期的流化催化裂化催化剂是粉状剂，由于粒度不均匀、外形不规则、强度差、流化性能差，逐步被微球催化剂所替代。目前所使用的分子筛催化剂为白色或浅灰黄色微粒，显微镜下可观察为大小不一的球形颗粒，一般无明显棱角，采用喷雾干燥成型技术生产的催化剂，球形度更佳，流化性能好。

催化剂的外观，特别是球形度，对催化剂流化有较大影响。通过用显微镜观察催化剂颗粒形状，有助于判断装置操作是否正常。

98. 什么是催化剂的骨架密度？

由于催化剂是内部布满微孔的球状颗粒，因此其密度也有多种表达方式。骨架密度也称作真实密度，即颗粒的质量与骨架实体所占体积之比，范围一般在2.2~2.8g/mL。它只与催化剂的材料有关，由于催化剂的化学组成都以氧化硅和氧化铝为主，因此催化剂的真实密度与催化剂中的氧化铝含量关系密切，氧化铝含量越高，真实密度也越大。

99. 什么是催化剂的堆积密度？

堆积密度指催化剂颗粒堆积在一起，包括催化剂颗粒和颗粒间空隙体积的密度。

100. 什么是催化剂的充气密度、沉降密度和压紧密度？

堆积密度除了和催化剂的骨架密度、颗粒大小分布关系密切外，与颗粒的堆积状态有很大关系，因此根据催化剂的堆积状态又可分为：充气密度、沉降密度和压紧密度。充气密度是将已知质量的催化剂装入量筒中，并颠倒摇动，然后将量筒直立，待样品刚刚全部落下时读取其体积，这时所测得的密度称为充气密度。沉降密度是依上述方法，将量筒静置，待样品全部落下后，再静置 2min，读其体积，此时所测得的密度称为沉降密度。压紧密度是将上述已知质量催化剂的量筒在特定操作仪上振动数次，直至体积不变为止，此时所测得密度称为压紧密度。

☞ 101. 什么是催化剂的表观松密度？

表观松密度简称 ABD，是由颗粒密度、筛分组成和自然堆积性能决定的参数。ABD 测定结果与沉降密度较为接近，目前催化剂的 ABD 范围通常在 0.6~0.8g/mL。通常测定一个“表观松密度”已经能够提供给使用者足够的信息。

☞ 102. 什么是催化剂的颗粒密度？

颗粒密度在测量时扣除催化剂颗粒之间的间隙，即得包括微孔在内的催化剂颗粒体积，在该体积内催化剂质量即为催化剂颗粒密度。其值用下式表达：

$$\rho_{颗粒}=\rho_{骨架}/(1+\nu_{孔}\rho_{骨架})$$

式中 $\rho_{颗粒}$——颗粒密度，g/mL；

$\rho_{骨架}$——骨架密度，g/mL；

$\nu_{孔}$——催化剂孔体积，mL/g。

☞ 103. 什么是灼烧减量？

催化剂是吸水能力很强的物质，通常含有 13%~15% 的水分，无论是自由水还是结晶水都不应当过高，否则在向再生器加剂时，催化剂会出现热崩现象，使催化剂损失增大，影响装置平稳操作。目前催化剂的灼烧减量指标通常不大于 13%。

☞ 104. 什么叫催化剂的磨损指数？

在反应器、再生器和输送管道中，催化剂颗粒之间以及催化剂颗粒与器壁之间经常发生激烈碰撞，为避免催化剂的过度粉碎，以保证良好的流化质量和减少磨损，要求催化剂具有一定的机械强度和耐磨性。目前采用磨损指数来评价催化剂的机械强度，将一定量的催化剂放在特制的容器中，用高速气流冲击 4h，所产生的小于 15μm 的细粉占试样中大于 15μm 催化剂的质量百分数，为催化剂磨损指数。催化剂磨损指数一般在2~5范围内。裂化催化剂的磨损指数测定方法有两种：鹅颈管法和直管法，通常直管法测得的数据要大于鹅颈管法。

☞ 105. 什么叫催化剂的微反活性？

采用微型反应器来评价分子筛催化剂的活性，称为微反活性测定法，它测得的活性数据就是分子筛催化剂的微反活性。

☞ 106. 什么叫催化剂的污染指数？其意义是什么？

污染指数表示催化剂被重金属污染的程度。其定义是：

$$污染指数=0.1(w_{Fe}+w_{Cu}+14w_{Ni}+4w_{V})$$

式中 w_{Fe}——催化剂上的铁含量，μg/g；

w_{Ni}——催化剂上的镍含量，μg/g；

w_{Cu}——催化剂上的铜含量，μg/g；

w_{V}——催化剂上的钒含量，μg/g。

污染指数越大，表明催化剂的重金属污染程度越高。通常控制催化剂上镍+钒含量不高于10000μg/g，钠含量不大于10000μg/g。

☞ 107. 减少催化剂的重金属污染的措施有哪些？

(1) 提高常减压装置电脱盐效率，降低催化原料中Na含量，对于劣质原料还需要采取加氢处理。通过注入缓蚀剂等手段，减少由于腐蚀原因带入系统的重金属。

(2) 用好干气预提升、金属钝化剂等工艺措施。

(3) 针对高的重金属含量，开发专用催化剂，如抗钒催化剂等。

(4) 控制适宜的新鲜剂加入量，如有必要可人为加快催化剂置换率。

☞ 108. 什么叫催化剂的选择性？

将进料转化为目的产品的能力，称为选择性。一般常用目的产物产率(汽油或汽油加柴油)和转化率之比，或以目的产物与非目的产物(焦炭)的产率之比来表示。

☞ 109. 什么叫催化剂的水热稳定性？如何测定它？

催化裂化催化剂在再生器中，在高温下接触到少量水蒸气(10%~15%左右)，会逐渐失去活性，因而存在催化剂耐高温水热处理的问题。我们把催化剂耐高温水蒸气处理的能力叫催化剂的水热稳定性。它的测定方法是在实验条件下，将催化剂在高温下经水蒸气处理，使其性能近似于装置中平衡催化剂的水平，然后用与反应装置相接近的条件，通入标准原料油，测定产物中汽油加气体的收率。分子筛催化剂是在800℃，通水蒸气处理4h或17h。

☞ 110. 催化裂化新鲜催化剂的化学组成分析有哪些？

催化裂化新鲜催化剂的化学组成分析包括：灼烧减量、Al_2O_3含量、Na_2O 含量、SO^{2-}含量、Fe_2O_3含量和 Re_2O_3含量。

☞ 111. 催化裂化平衡催化剂的化学组成分析有哪些？

催化裂化平衡催化剂的化学组成分析包括：Ni 含量、Cu 含量、V 含量、Fe 含量、Na_2O 含量和碳含量。

☞ 112. 催化裂化新鲜催化剂的物理性质分析有哪些？

催化裂化新鲜催化剂的物理性质分析包括：粒度、比表面积、孔体积、密度和磨损指数。

☞ 113. 催化裂化平衡催化剂的物理性质分析有哪些？

催化裂化平衡催化剂的物理性质分析包括：粒度、比表面积、孔体积和密度。

☞ 114. 催化裂化对催化剂有什么要求？

一个良好的催化剂应当满足流化催化裂化工艺过程的全部需要，对催化剂的要求至少包括以下几个方面：

（1）能够正常循环流化操作。流化性能好，筛分分布适宜，耐磨损。

（2）对原料油有足够的裂化能力及良好的产品分布。裂化活性高、活性稳定性好、产品选择性好。

（3）抗污染能力强，能适应不同性质原料要求。

(4) 是良好的热载体，能满足两器热循环的需要。决定催化剂使用性能的主要项目有催化剂的物理性质和反应性能等。

☞ 115. 什么叫催化剂的重金属污染？

重金属如 Fe、Ni、Cu、V 等沉积在催化裂化催化剂表面上，降低催化剂的选择性，使焦炭产率增大、液体产品产率下降、产品的不饱和度增加、气体中的 C_3 和 C_4 的产率降低，特别明显的是使氢气产率增加，这就是催化剂的重金属污染。

☞ 116. 重金属污染的原理是什么？

在催化裂化过程中，原料中的重金属镍、钒等几乎全部沉积在催化剂上。镍主要起脱氢作用，而钒主要通过在催化剂颗粒内和颗粒间的迁移，与沸石发生多种形式的物理-化学作用，破坏沸石的晶体结构。镍、钒的中毒作用使催化剂选择性变差、活性下降，导致干气产率上升，轻质油收率下降。

抑制重金属污染有许多方法，如原料油预处理、催化剂脱金属、使用金属钝化剂等，其中使用金属钝化剂已被证明是最经济、便利和有效的方法。

☞ 117. 钒使催化剂中毒的主要影响因素是什么？

(1) 平衡催化剂上钒的浓度。平衡催化剂上钒的浓度愈大，催化剂的中毒也愈严重。

(2) 再生器燃烧方式。钒的流动性直接影响到催化剂的活性，催化剂再生时，采用 CO 完全燃烧方式会增大钒的流动性，从而使新鲜催化剂一起受到污染，活性降低。

(3) 再生器温度。V_2O_5 在 690℃下熔化，如果再生器温度超过了钒氧化物的熔点，会增强钒的流动性，使得钒占据更多的催化剂活性中心。

(4) 催化剂类型。沸石的类型和数量、稀土金属含量、铝含量以及载体的设计等都会影响催化剂的抗钒性。

(5) 钠。新鲜催化剂中的钠会影响沸石的水热稳定性。另外，原料中的钠对催化剂也有毒性，像钒一样破坏催化剂的活性。当原料中的钠与钒结合起来时，会急剧加大对催化剂的危害。

(6) 水蒸气。水蒸气与V_2O_5反应形成挥发性的钒酸$VO(OH)_3$，使新补充的催化剂迅速失活。

(7) 催化剂上的炭。催化剂表面少量的炭(0.15%~0.20%)不会引起明显的孔封闭，并且有助于缓和重金属造成的危害。

(8) 催化剂的补充速率。催化剂的补充速率高(每天3%催化剂床层藏量)，可降低催化剂上的重金属浓度，控制由此造成的危害。

☞ 118. 催化剂的储存和运输有什么注意事项？

催化剂的主要成分是氧化硅和氧化铝，属无毒、不燃、不爆的无机材料，其运输和储存都是安全的。但是催化剂的流动性好、吸水性强，因此催化剂在储存和运输过程中要注意防潮、防污染、防流失。其中最重要的是防潮，严禁露天存放，因为催化剂受潮后容易结块，影响催化剂的输送，受潮的催化剂加入系统遇到高温后会产生热崩，造成催化剂大量损失，装置正常操作被打乱。催化剂还不宜存放时间过长，应尽快加入系统，长期放置的催化剂，其活性保持率明显下降。

☞ 119. 平衡催化剂如何再利用？

平衡剂的再利用途径主要有：废催化剂的综合利用和脱重金属处理。如利用废催化剂作吸附剂处理炼油厂污水，也可用于制造钒土水泥等建筑材料。

平衡剂的脱重金属处理主要指催化裂化催化剂磁分离技术，通过高梯度强磁场处理卸出的废催化剂，将其中重金属污染较轻的部分加以回收，返回装置加入系统继续使用。通过不断置换，将装置中污染严重的一部分平衡剂从系统中卸出，从而减少了系统平衡剂的重金属含量，使系统平衡剂的活性和选择性得以有效提高，改善产品分布，提高高附加值产品收率，并降低加工成本。

☞ 120. 什么是流态化技术？

流态化是一种使微粒固体通过与气体或液体接触而转变成类似流体状态的操作。借助于固体流态化完成某种过程的技术，称之为流态化技术。在催化裂化装置中，主要是微粒固体(催化裂化催化剂颗粒)与气体(工业风或蒸汽)接触并转变成类似流体状态的情况，我们称之为气-固流态化。

☞ 121. 什么是催化剂的流化？

催化剂等固体颗粒与气体或油气等流体接触，使固体颗粒具有流体的性质，该操作过程称为固体流态化，简称为流态化或流化。

☞ 122. 流化状态一般有几种？

在实验室中，在一个圆筒形容器底部设置一块分布板，将催化剂颗粒堆放在分布板上，形成一层固体层，称之为床层或床；如果将有一定流速的气体引入分布板下，并通过分布板的分配使流体均匀地通过床层，这时，床层就发生变化，而随着流体流速的不同，将会出现固定床、流化床和输送床三种不同的流化状态。

☞ 123. 什么叫颗粒的休止角？

颗粒的休止角(ϕ_r)：休止角也称堆角、安息角，自然堆放颗粒时，颗粒与水平面之间形成的最小夹角就叫休止角，用ϕ_r表示。小于ϕ_r时颗粒不能自然流动，反之颗粒能自然流动，直到等于休止角时停止滑动。

☞ 124. 什么叫颗粒的塌角和差角？

颗粒的塌角(ϕ_a)：在粉体颗粒定性测量仪上堆积一定数量的颗粒，形成休止角后，再用一定质量、一定高度的重物自由落下振动颗粒后形成的角叫塌角。

差角(ϕ_0)：$\phi_0=\phi_r-\phi_a$。

☞ 125. 什么叫颗粒的滑动角？

滑动角(ϕ_f)：在一块平板上堆放一定数量的细粉颗粒，抬高平板一端，当达到某一角度时，平板上的催化剂可以自然向下流动，该平板与水平面的夹角叫做滑动角(用 ϕ_f表示)，$\phi_f>\phi_r$。

☞ 126. 催化裂化催化剂的流化性质是怎样的?

流化催化裂化催化剂属于粉体颗粒，同样具有粉体颗粒的各种流化角度。一般来说，小密度催化剂休止角小于大密度催化剂的休止角，前者一般为 32°，后者为 34°~36°(大密度平衡剂的休止角有时高达 38°)。工程设计中，再生器锥体的锥底线与水平的夹角、催化剂循环线路的斜管与水平的夹角等都要大于休止角，即达到滑动角的范围，在正常生产时利于下料，停工时利于卸出平衡剂。加料线或卸料线的弯头一般采用 6*D*(管子直径)以上弯头，也与催化剂的这些性质有关。

☞ 127. 催化剂颗粒的粒径与粒度分布对流化有什么影响?

实验表明：较小颗粒的粉体颗粒比大颗粒的粉体颗粒易流动，但如果颗粒太细，表面积大，黏附性强，易产生团聚，自然流动性变差；窄粒度分布的颗粒容易流动，宽粒度分布的颗粒有黏附倾向(一般大颗粒会吸附一些小颗粒形成颗粒团)，流动性差。一般易流化的颗粒就不易自由流动。因此，在选择或制作催化剂时，要对催化剂的粒度分布进行控制，平均粒径不宜过大，尤其要控制粒径大于 149μm 的大颗粒催化剂的含量，一般不应大于 5%，最高不应超过 8%。

☞ 128. 催化剂的筛分组成对装置生产有什么影响?

筛分组成是影响装置流化操作的主要因素之一。催化剂是大小不一的颗粒混合体，小颗粒夹在大颗粒之间，可以起到润滑作用，有利于流化；但小颗粒在装置中不易保留，损失大。目前催化剂颗粒直径范围一般在 20~240μm 之间，平均粒径一般为 60μm 左右。其中 40~80μm 为主要区间，小于 40μm 的称之为细粉，大于 80μm 的称之为粗粉。平衡剂中 40~80μm 的颗粒通常达到 60%~80%，细粉约占 5%~15%。粗颗粒与细颗粒含量之比，叫粗度系数。由于粗颗粒太多不利于流化，因此粗度系数太大将影响装置流化，平衡剂的粗度系数一般不大于3。由于催化装置反应-再生系统形式、流化状况、细粉回收效率各不相同，因此各装置适宜的筛分组成也不完全相同。

☞ 129. 固体颗粒湿度对流化有什么影响?

固体颗粒湿度过大时易黏附而不易流动，一般要求颗粒表面湿度$\ngtr$1%。但是，颗粒在运动过程中由于相互间的摩擦、与管壁摩擦等都会产生静电，在静电作用下，颗粒发生团聚会降低流动性能。而保持一定的湿度会减小静电的产生。因此，颗粒表面还应保持一定的湿度。在实际生产中，由于事故切断反应进料后，催化剂长时间流化干烧，会降低催化剂表面附着的重组分油气含量，从而降低了催化剂表面湿度，会对流化造成影响，但一般进料几个小时后就会恢复正常。

☞ 130. 什么叫固定床?

固体粒子处于堆紧状态，颗粒静止不动的床层叫做固定床。床层的压降随流体速度的增加而增加。催化裂化装置的催化剂储罐内就是这种状态。

☞ 131. 什么叫移动床?

流体和固体颗粒同时进入反应器，它们互相接触，一面进行反应，一面颗粒移动。这种反应床层叫做移动床。

☞ 132. 什么叫流化床?

床层颗粒之间脱离接触，颗粒悬浮在流体中，往各个方向运动的床层叫做流化床。床层高度和空隙率随流速增大而增大，但床层压降基本不随流速而变。在流化床内又可分为散式流化床、鼓泡床、腾涌床、湍流床、快速床等。

☞ 133. 什么叫散式流化床?

固体颗粒脱离接触，但颗粒均匀分布，颗粒间充满流体，无颗粒与流体的集聚状态，此时已具有一些流体特性。这种反应床层叫做散式流化床。在催化裂化装置上几乎看不到散式流化床，典型的散式流化床为液固系统。

☞ 134. 流化床的优点是什么？

流化催化裂化采用了先进的流化技术，相对固定床和移动床具有不可比拟的优越性。

（1）由于流化床的传热效率高和返混，床层各部分温度比较均匀一致，避免了局部的高温现象，因此对高放热反应（如再生器的催化剂再生反应）可采取较高的反应温度，以提高反应速度和烧焦效果。

（2）流化床中气体和固体颗粒激烈运动，而且固体颗粒很小，因此，气固之间传质速率高，提高了反应过程中各步骤的扩散速率。

（3）流态化使固体颗粒具有像流体那样的流动性，所以便于装卸和输送；同时，由于床层激烈搅动，有利于热传递，便于通过取热管中冷却介质将过剩热量的取出。

（4）催化剂在反应器和再生器之间大量循环，简化了设备，又传送了热量，且可进行自动控制。

☞ 135. 流化床的缺点是什么？

（1）流化床中气泡的存在，会导致部分区域气体和固体颗粒间接触不充分，对反应不利，这里指的反应主要是再生器的烧焦反应。油气反应已经很少采用床层反应，目前降低汽油烯烃含量而采取的 MIP 工艺存在一定的床层反应。

（2）流化床的返混造成催化剂在床层中停留的时间不均一，有的催化剂没有充分反应就离开了床层，对再生器而言就会造成烧焦效果下降，对反应器而言就会导致转化率降低；而有的则较长时间停留在床层中，对再生器而言因其高温环境会造成催化剂的失活和损坏，对反应器而言会导致催化剂表面大量生焦，同样也会因油气在床层停留时间过长而导致气体和焦炭产率的增加。

（3）催化剂在床层中剧烈搅动，造成催化剂磨损加剧，并导致催化剂颗粒的破碎，增加催化剂的损失，并对设备产生磨损。

（4）在生产负荷很低的情况下，流化床操作难以控制，操作波动大。

☞ 136. 什么叫鼓泡床？

随着气速增长，固体颗粒脱离接触，但流化介质气体出现集聚相——称为气泡。此时由于气泡在床层表面处破裂，将部分颗粒带到表面稀相空间，从而出现床界面以下的密相床和以上的稀相床，此时稀相床内含颗粒量较少。老Ⅳ型催化裂化装置中的再生器和反应器基本上属于鼓泡床范围；提升管催化裂化的汽提段严格讲也是鼓泡床，因为操作时的气体线速为0.15~0.25m/s。

☞ 137. 什么叫腾涌床？

当床径较小时，气泡直径达到与床直径相等时出现气柱，而气柱与气柱之间的固体颗粒呈固定床流动，这种床型叫腾涌床或节涌床。流化催化裂化装置床径一般很大，一般不会出现腾涌床。

☞ 138. 什么叫湍流床？

湍流床是一种特殊的床型，它介于鼓泡床和快速床之间。气速增大到一定限度时，由于气泡不稳定性而使气泡分裂产生更多小气泡，床层内循环加剧，气泡分布较前均匀，床层由气泡引起的压力波动减小，表面夹带颗粒量大增。床层表面界面变得模糊不清，但床层密度与固体循环量无关。在稀相空间的稀相区内由于颗粒浓度增大，在细粉颗粒较多时出现固体颗粒聚集现象也称絮团。工业上流化床再生器属此种。

☞ 139. 什么叫快速床？

气速再增大使密相床层要靠固体循环量来维持，若无固体循环量，密相床层就全被气体带走。气体夹带固体达到饱和夹带量，此时已达到快速床。在快速床阶段密相出现大量絮团的颗粒聚集体，密相床层密度与循环量有密切关系。催化裂化装置中的烧焦罐操作就属于快速床。

☞ 140. 快速床的特点是什么？

快速床的特点是稀密相界面消失，床层密度存在上稀下浓状态，随着催化剂循环强度的增加床层密度也不断加大，这时床层虽然曾密相，但其状态却与鼓泡床、湍流床有很大差别。在快速床中，不连续的气泡相转化为连续的气相，而连续的乳化相逐渐变为组合松散的颗粒群，类似絮状，时聚时散，因此气固接触良好，传递速度快，气固返混小，设备利用率高。

☞ 141. 什么叫输送床？

靠循环量也无法维持床层，已达到气力输送状态，称为输送床。提升管反应器就属于输送床流化。

☞ 142. 什么叫起始流化速度？

当流速增加到流体经过床层的压降和床层单位面积的质量相等时，整个床层的固体颗粒就变为被流体所支承，不再是静止状态，床层开始流化。这时的流体速度，叫做起始流化速度（U_{mf}）。

☞ 143. 什么叫起始气泡速度？

流化床中，当流速增加到床层开始出现气泡，进入鼓泡床流化状态时的流体速度，叫做起始气泡速度（U_{mb}）。

☞ 144. 什么叫颗粒带出速度？

当流体的速度增大到超过颗粒的自由沉降速度时，如果没有固体颗粒补充进去，则床层内的固体颗粒将逐渐被流体全部带走。与固体颗粒自由沉降速度相等的流体速度，就叫做颗粒带出速度，也称终端速度。

☞ 145. 什么叫噎塞速度？它和什么有关？

气-固悬浮物在管道中垂直向上流动时，管道中密度太大，气流已不足以支持固体颗粒，因而出现腾涌的最大气体速度叫做噎塞速度。

噎塞速度的数值主要决定于催化剂的筛分组成、颗粒密度等物性。此外，管内固体质量速度或管径越大，噎塞速度也越高。

☞ 146. 什么叫稀相输送？

当流化介质速度较大时，固体颗粒开始带出。随着流化介质速度增大，颗粒夹带增多。这时空隙率增大，压降减小，固体颗粒在流体中形成悬浮状态的稀相，并与流体从流化床中一起夹带出去，这个阶段就叫气流输送阶段，也称之为稀相输送。

气-固输送通常分为密相输送和稀相输送两种形式。一般认为输送系统气固混合密度小于 100kg/m^{3}或者空隙率大于 90%叫做稀相输送，反之为密相输送。

☞ 147. 密相输送的原理是什么？

密相输送的原理：密相输送时，颗粒是在少量气体松动的流化状态下进行集体运动，并不靠气体使它加速，固体的移动是靠静压差来推动的。在高低并列式提升管催化裂化装置中，利用斜管进行催化剂输送，就是依靠静压差。催化剂流动的推动力由斜管内料柱的静压头形成，以克服催化剂在斜管中的流动阻力和两器的压差。

☞ 148. 什么叫催化剂滑落？什么叫滑落系数？

对于一个气-固垂直管道输送系统，催化剂颗粒是被流化介质带上去的，它的上行速度总是比气体的速度低，这种现象叫做催化剂的滑落。而气体线速与催化剂线速之比，叫做滑落系数。当催化剂颗粒被加速完成以后，催化剂颗粒速度应等于气体速度与自由沉降速度(亦即终端速度)之差，因此超过加速段后，其滑落系数为：

滑落系数=气体速度/(气体速度-自由沉降速度)

从上式可以看出：随着气体速度的增加滑落系数下降，当气体速度增大到一定数值后，滑落系数接近 1，也就是固体颗粒速度趋近于气体速度，即没有滑落现象。有研究表明，当气速增加到 20m/s 以后催化剂的滑落系数几乎变化不大，而且其值趋近为 1。

☞ 149. 催化剂颗粒大小有何利弊？

颗粒越小，越易流化，表面积越大，则气流夹带损失大。颗粒越大，流化性能差；表面积小，则气流夹带损失小，此外粒度太大，对设备磨损较严重。

☞ **150. 催化裂化催化剂为什么要有一定的筛分组成？**

催化剂的粒度分布应满足三个条件：①易流化；②气流夹带损失小；③反应与传热面积大。

颗粒小，易流化，反应和传热面积大，但夹带损失大；颗粒大，流化性能差，比表面积小；但气流夹带损失小，因此对催化剂筛分组成有一定要求。

☞ **151. 什么是沉积速度？特点是什么？**

当水平输送时，降低气速会使固体颗粒沉积于管底，气体则由沉积层上部至管顶的通道中通过，此时对应的线速叫做沉积速度。沉积的固体颗粒在水平管中发生沉积后，管线压降会突然上升，催化剂输送减少。如果气体速度继续降低，管底固体颗粒沉积层不断增厚，直到完全堵塞管路。沉积于管底部的固体流动情况与气速有密切关系，如气速足够高，沿整个水平管可维持较均匀输送固体。当气速较低时，固体流态可呈沙丘状、齿状及节涌状态。对于均匀颗粒，沉积速度与噎塞速度大约相等，对于粒度分布不均的固体颗粒，其沉积速度大约是噎塞速度的 3~6 倍。

☞ **152. 什么是密相输送的黏滞流类型？**

当气固同时向下流动，气体向下流动时与固体颗粒的相对速度不足以使固体颗粒流化起来，固体颗粒间呈压紧状态，颗粒呈跳动状向下流动，处于管路中央的固体颗粒流速较大，而四周的固体颗粒流速较低，这种流动状态叫做黏滞流。一般黏滞流的速度<0.6m/s。移动床催化裂化两器内的催化剂运动就属于黏滞流。

☞ **153. 什么是密相输送的松动流类型？**

如果固体颗粒与气体的相对速度足以使固体颗粒流化起来，此时固体颗粒呈流化或悬浮状，可以向任意方向流动，这种流动形态叫做松动流或充气流。松动流的线速较高，一般>0.6~0.75m/s。同高并列式和提升管催化裂化装置各段循环管路中的流动都属于松动流，但如果固体颗粒流动速度低于 0.6m/s，则在立管和斜管中有可能出现黏滞流，特别是使用大堆比催化剂时，更容易出现黏滞流，因此更换催化剂种类时应提前做好催化剂的流化性能分析，防止出现生产波动。

☞ 154. 催化裂化反应过程的 7 个步骤是什么？

（1）原料分子由主气流中扩散到催化剂表面。

（2）原料分子沿催化剂微孔向催化剂的内部扩散。

（3）原料分子被催化剂内表面吸附。

（4）被吸附的原料分子在催化剂内表面上发生化学反应。

（5）产品分子自催化剂内表面脱附。

（6）产品分子沿催化剂微孔向外扩散。

（7）产品分子扩散到主气流中去。

整个催化反应的速度取决于这 7 个步骤进行的速度，而速度最慢的步骤对整个反应速度起着决定性的作用而成为控制因素。

☞ 155. 烃类分子吸附能力次序及反应速度的快慢次序是怎样的？

同碳原子数的烃类分子，其吸附强弱次序：稠环芳烃>稠环环烷烃>烯烃>单烷基侧链的单环芳烃>环烷烃>烷烃。

若按反应速度的快慢大致为：烯烃>大分子单烷基侧链的单环芳烃>异构烷烃和环烷烃>小分子单烷基侧链的单环芳烃>正构烷烃>稠环芳烃。

吸附在催化剂表面上各类烃类分子的数量，除吸附能力外，还与进料中该烃类的含量有关。若原料中芳烃含量高，尤其是稠环芳烃和小分子单烷基侧链的单环芳烃，其吸附能力强而化学反应慢，使其长时间吸附在催化剂表面上，又不易脱附，容易缩合生焦，造成催化剂失活。

☞ 156. 催化裂化过程中烃类的化学反应类型有哪些？

（1）裂化（分解）反应。催化裂化反应以裂化反应为主，裂化反应是 C—C 键的断裂。

（2）异构化反应。异构化反应是在烃类相对分子质量不变的情况下，烃类分子发生结构和空间位置的变化。

（3）氢转移反应。氢转移主要发生在有烯烃参与的反应，其结果生成富氢的饱和烃和贫氢的产物。

（4）芳构化反应。芳构化反应是烷烃、烯烃环化生成环烷烃和环烯烃，再进行氢转移反应，不断放出氢原子最终生成芳烃的反应过程。

（5）环化反应。烯烃通过连续的脱氢反应，环化生成芳烃。

☞ 157. 烃类分子的裂化反应速度顺序是怎样的？

裂化反应是C—C键的断裂，同类烃相对分子质量越大，反应速度越快。一般来说：

（1）C—C键的断裂速度次序：叔碳>仲碳>伯碳。（2）正构烷烃和异构烷烃裂化成烯烃和小分子的烷烃。（3）正构烯烃和异构烯烃裂化成两个小分子的烯烃。（4）烯烃比烷烃易裂化。环烷烃裂化时既能断侧链也可开环变成烯烃。（5）烷基芳烃可脱烷基变成芳烃和烯烃，其烷基侧链也可断裂变成带烯烃侧链的芳烃和烷烃。（6）不带取代基的芳烃因芳环稳定，在典型的催化裂化条件下反应很慢。（7）环烷-芳烃裂化时，环烷烃可开环断裂或从环烷环与芳环连接处断裂。

☞ 158. 各烃类分子的裂化反应是什么样的？

（1）烷烃（正构烷及异构烷）：裂化生成烯烃及较小分子的烷烃。

（2）烯烃（正构烯及异构烯）：裂化生成两个较小分子的烯烃。

（3）烷基芳烃脱烷基，生成一个芳烃和一个烯烃。

（4）烷基芳烃的烷基侧链断裂，生成一个带烯烃侧链的芳烃和一个烷烃。

（5）环烷烃裂化生成两个烯烃。

（6）环烷-芳烃裂化时可以环烷环开环断裂，或环烷环与芳烃连接处断裂。

（7）不带取代基的芳烃由于芳环稳定，在典型的催化裂化条件下裂化反应很缓慢。

☞ 159. 催化裂化过程异构化反应具体有哪些?

（1）烯烃异构化有双键转移和链异构化。

（2）芳烃异构化。

（3）烷烃和环烷烃在催化剂上有少量的异构化反应。

☞ 160. 如何解释催化裂化的反应机理?

正碳离子理论可解释催化裂化的各种反应。所谓正碳离子是指表面缺少一对价电子的碳原子形成的烃离子，要生成正碳离子，必须具备如下条件：一是要有烯烃(烯烃来源于原料或热裂解生成的)，二要有给出质子的酸性催化剂。

☞ 161. 热裂化的反应机理是什么样的?

热裂化的反应机理一般用自由基理论来解释。自由基学说认为：烃类分子在热转化时先分解成带活化能的自由基，其中较小的自由基(如 H·、CH_3·、C_2H_5·等)在短时间内能独立存在。较大的自由基与别的分子碰撞又生成新的自由基，形成一种连锁反应。反应后的生成物在离开反应系统时终止反应，自由基之间结合成烷烃。故断裂反应最终生成较进料分子小的烯烃和烷烃，也包括气体烃类。

总之，热裂化产物特点是乙烯含量高、含有部分甲烷和 α-烯烃、高的烯烃/烷烃比、无异构烃类。

☞ 162. 热裂化反应的类型有哪些?

石油馏分的热裂化反应很复杂。热裂化反应可以归纳为两个类型，即裂解与缩合(包括叠合)。裂解反应产生较小的分子，直至成为气体，即大分子转化为小分子的链断裂吸热反应，而缩合则朝着分子变大的方向进行，高度缩合的结果，便是生成稠环芳烃，以至生成碳氢比很高的焦炭，该过程为放热过程。

☞ 163. 如何衡量热裂化程度?

（1）$C_4/(C_3+C_4)$：用液化气中 $C_4/(C_3+C_4)$ 比值来判断热裂化反应程度，比值为 0.65~0.7 时以催化裂化为主，比值 <0.5 时则有较强的热裂化反应。

(2) $(C_1+C_2)/i\text{-}C_4^\circ$：$C_1$和$C_2$是热裂化反应的特征产物，异丁烷($i\text{-}C_4^\circ$)是催化裂化的特征反应——氢转移反应的产物。催化裂化反应过程中，$(C_1+C_2)/i\text{-}C_4^\circ$一般为0.6~1.2。对于ReY型催化剂此比值较小，对于USY型催化剂此比值较大。该比值<0.6以催化裂化为主，比值>1.2则热裂化反应过于强烈。

(3) 丁二烯含量：丁二烯含量是衡量热裂化程度的另一个指标，丁二烯含量上升，则热裂化反应加剧。它与($\leqslant C_2/i\text{-}C_4$)比值有很好的对应性，随着反应温度的升高，$C_4$馏分中丁二烯含量急剧升高，对于常规催化裂化，当反应温度由520℃提高到540℃时，丁二烯含量可由4000μg/g升高到约10000μg/g。

☞ 164. 热裂化反应的影响因素是什么？

(1) 提升管反应器内

在提升管反应器中发生热裂化反应将使干气和焦炭产率升高，液体产品收率降低、质量变差。热裂化程度的主要影响因素：①反应温度。②裂化油气在沉降器内的停留时间。③进料性质。④催化剂类型和剂油比等。

(2) 提升管出口区

对于重油催化裂化，提升管出口温度约500℃。裂化油气在从提升管出口进入分馏塔之前，停留时间越长，温降越大，热裂化倾向越大。

☞ 165. 减少热裂化反应的措施有哪些？

治本措施：(1)改善提升管内原料油和催化剂的接触；(2)原料油和回炼油浆的质量要控制；(3)选取合适的操作条件；(4)合理选用催化剂；(5)减少油气在提升管出口后的二次反应。

治标措施：(1)改善反应器和油气管线的保温，避免从法兰、阀门等处大量散热；(2)向反应器或旋分器内通入过热蒸汽；(3)尽量缩短油气管线长度，为冷凝下来的液体自动流入分馏塔提供坡度；(4)管线中采用较高的油气流速(35~45m/s)；(5)在反应器出口处使用大曲率半径弯头，在分馏塔入口处用小曲率半径弯头，并使弯头与分馏塔入口间距离最短；(6)防止循环油浆与分馏塔入口油气大管线中的油气在管线出口端直接接触，造成油气急冷管壁结焦。

☞ 166. 如何提高氢利用率？

催化裂化是一个重油脱碳的过程，即由低 H/C 的重油生产高 H/C 的轻油。在催化裂化产品中，柴油、油浆和焦炭氢含量比原料低，是授氢体；气体和汽油是受氢体。

对于催化裂化过程，总希望有较高的轻质油收率和(或)液体收率。从氢平衡的角度看，希望原料中的氢尽量转向液态烃、汽油、柴油这些目的产品中，追求好的氢分布。

对于重油催化裂化装置，提高氢利用率，关键在于：(1)降低干气产率和干气中氢气含量。主要是减少重金属污染和热裂化反应，如采用抗金属污染能力强的裂化催化剂和(或)性能优良的金属钝化剂，优化反应进料性质和工艺操作条件等。(2)降低焦炭产率，控制适宜的油浆外甩量。在其他相同条件下，外甩油浆可降低焦炭产率，但油浆外甩量过大，又会降低目的产品的收率，使产品的氢分布变差。因此，采用焦炭选择性好、用抑焦剂，适当外甩油浆重油转化能力强的裂化催化剂，将有利于产品氢分布的改善。

☞ 167. 什么叫空速？反应时间和哪些因素有关？

每小时进入反应器的原料油量与反应器催化剂藏量之比叫空间速度，简称空速。

原料在反应器内的反应时间 τ 与进料体积流量 V 及反应器体积 V_R 有如下关系：

$$\tau = V_R / V$$

☞ 168. 什么叫转化率？

催化裂化反应的反应深度以转化率表示，若以原料油量为 100，则：

$$转化率 = [(100 - 未转化的原料)/100] \times 100\%$$

式中“未转化的原料”指沸程与原料相当的那部分油料。但实际上，已不同于原来的原料。转化率的表达式还有一种形式：

转化率=[(气体+汽油+焦炭)/100]×100%

式中，分子是各产物的产率，其中汽油的恩氏蒸馏干点为205℃(或实沸点蒸馏终馏点为221℃)。很明显，如果原料是柴油馏分，则以上两个公式计算的结果在数值上是相等的。但是，当原料是重质馏分油，而且柴油是产品之一时，以上两式就不一致了。从原理上来讲，第一个公式反映了反应的实质，但是习惯上常用第二个公式来表示转化率，即使是采用重质馏分油，也是如此。

☞ 169. 什么叫单程转化率？什么叫总转化率？

单程转化率是指总进料(包括新鲜原料、回炼油和回炼油浆)一次通过反应器的转化率。

单程转化率=[(气体+汽油+焦炭)/总进料]×100%

总转化率是以新鲜原料为基准计算的转化率。

总转化率=[(气体+汽油+焦炭)/新鲜原料]×100%。

☞ 170. 什么叫剂油比？剂油比的大小对催化裂化反应有什么影响？

剂油比(C/O)=催化剂循环量(t/h)/总进料量(t/h)

由于催化剂活性中心的存在，大大提高了反应速度。因此，提高剂油比就是相对增加了活性中心，相应提高了反应速度，使原料油和催化剂接触更充分。同时，由于催化剂循环量的增加，使待生剂和再生剂的炭差减小，相应提高了催化剂有效活性中心，使反应的转化深度提高。当剂油比提高时，转化率增加，气体、汽油和焦炭都增加。特别是焦炭与转化率的比值增加显著。这是由于剂油比增加使待生剂上的烃类吸附量增加，汽提时间短而造成焦炭产率增加。

☞ 171. 剂油比大对催化裂化反应一定好吗？

增大剂油比对催化裂化反应主要有三个好处：

(1) 使原料油和催化剂接触更充分，有利于原料中胶质团的裂化；

(2) 减少待生与再生剂的炭差，提高催化剂的有效活性中心；

(3) 增加单位原料油接触的催化剂活性中心数，相应提高反应速度，有利于裂化、异构化和氢转移等催化反应。

但剂油比不可过高，否则缩合反应大幅度增加，剂油比焦也增加，导致焦炭产率增加。同时操作中应注意适当增加汽提蒸汽量或提高汽提温度，以防止剂油比焦增加过多。

☞ 172. 什么叫回炼比？回炼比的大小对催化裂化装置的操作有些什么影响？

$$回炼比 = 总回炼油量(t/h) \div 新鲜原料油量(t/h)$$
$$= (总转化率单 \div 程转化率) - 1$$

式中总回炼油量是指回炼油和回炼油浆的总和。

回炼比本身并不是独立变量，在一定的总转化率下，它只是单程转化率的反映。单程转化率高，回炼比就小。

(1) 随着单程转化率的增加，柴油收率和单程转化率之比值迅速下降。因此，为了提高柴油收率，应该降低单程转化率，增加回炼比。这样，一方面反应深度较浅，柴油不易二次裂化；另一方面回炼比增加后，降低了催化裂化所生成的柴油的分压，从而进一步降低柴油的二次裂化的程度。

(2) 降低单程转化率，增加回炼比，可以降低轻柴油的凝点，增加轻柴油的十六烷值。

(3) 回炼比增加后，反应所需热量大大增加，原料预热系统的负荷、反应器和分馏塔等的负荷都会随之增加。由于反应所需热量增加，反过来又会使再生温度降低，再生催化剂含碳量增加，使单程转化深度进一步降低，有时不得不降低处理量或生产柴油以减少回炼比。所以回炼比的增加是有限度的。

☞ 173. 原料组成对催化裂化汽油辛烷值有什么影响？

原料中的烷烃会使汽油辛烷值降低，而环烷烃及芳烃能使汽油辛烷值增加；原料中的粗汽油也会使产品辛烷值下降。

☞ 174. 原料油性质对汽油烯烃含量有什么影响？

一般认为，催化裂化主要是正碳离子反应，汽油中烯烃主要来自于原料油中烷烃的裂化。直链烷烃裂化一次生成一个烯烃和一个正碳离子，正碳离子二次裂化又生成一个烯烃和一个正碳离子。烷烃分子越大，裂化次数越多，汽油中烯烃含量越高；环烷烃开环裂化生成两个小分子烯烃，但环烷烃也能够氢转移缩合芳构化。因此，原料油中链烷烃含量高、链烷烃分子大时，汽油中烯烃含量较高。

实验数据表明：氢含量高、*K* 值大的原料油，裂化转化率高，汽油产率高，汽油中烯烃含量也较高。对于同一种类型的原油，如果进料中渗入渣油，或将减压蜡油的终馏点提高，原料的 *K* 值降低，在工业生产中将导致再生温度升高，剂油比减少，汽油烯烃含量增加。

☞ 175. 催化剂活性对催化裂化汽油辛烷值有什么影响？

一般来说，随着分子筛含量增高，氢转移活性也相应增加。因此，产品中的烯烃含量相对减少，而使汽油辛烷值有所下降。

☞ 176. 催化剂活性对汽油烯烃含量有什么影响？

实验数据表明：在相同的反应条件下随着催化剂平衡活性的提高，汽油中烯烃含量逐渐下降，当平衡剂的微反活性从 50 提高到 60. 8 时，汽油烯烃由 67. 46% 下降至 55. 33%。

工业生产操作中平衡剂活性过高也会引起汽油选择性变差、气体和焦炭增多等问题，大量的气体会增加气压机、吸收稳定系统以及气体处理装置的负荷，大量的焦炭使催化剂再生受主风机功率和再生温度的限制。因此，工业装置应寻找最佳的平衡活性，既达到降烯烃目的，又不影响产品分布，从而取得最佳的经济效益。

☞ 177. 反应温度对汽油辛烷值有什么影响？

温度一定时，转化率越大，汽油辛烷值越高。转化率一定时，汽油辛烷值随反应温度的升高而增加。因为随着反应温度升高，氢转移速度和裂解速度的比值下降，烯烃含量随温度的升高而增加。

☞ 178. 反应温度对汽油烯烃含量有什么影响?

实验数据表明：随反应温度的提高，汽油烯烃含量增加。

催化裂化过程中主要发生热裂化和催化裂化反应，催化反应主要有裂化、氢转移、异构化、芳构化等。裂化和芳构化反应是吸热反应，裂化反应生成烯烃，芳构化反应消耗烯烃；氢转移和异构化反应是放热反应，消耗烯烃。提高反应温度，有利于裂化反应和芳构化反应，不利于氢转移反应和异构化反应。此外，随反应温度的提高，热裂化反应速度提高的幅度大于催化裂化反应速度提高的幅度，不利于汽油烯烃含量的降低；当反应温度提高时，汽油转化为气体的反应速度加快最多，原料转化为汽油的反应加快次之，原料转化为焦炭的反应加快最少，因此，在相同转化率下反应温度的提高，导致气体产率增加，汽油产率下降，焦炭产率不变或有所下降。

☞ 179. 反应时间对汽油辛烷值有什么影响?

缩短反应时间可减少二次反应。烯烃饱和为二次反应，因此，缩短接触时间可得到高质量的含烯烃汽油，使辛烷值增加。

☞ 180. 反应时间对汽油烯烃含量有什么影响?

催化裂化生成的汽油烯烃进行二次反应需要一定时间，延长反应时间是汽油烯烃组分氢转移反应的必要条件。氢转移反应的速度一般较快，因此适当延长反应时间即可满足要求。

实验数据表明：增加提升管反应时间，液化气、汽油产率提高，干气和焦炭产率增加。汽油辛烷值变化不大，汽油烯烃含量下降，芳烃含量提高，链烷烃和环烷烃含量几乎不变。

☞ 181. 剂油比对汽油辛烷值有什么影响?

增加剂油比或减少空速，都增加了反应强度，而使裂化转化率增加。随着转化率增加，*RON* 及 *MON* 均成直线增加。在转化率 65% ~ 80% 范围内，转化率每上升 10%，*RON* 可增加 0.6~2.0。

☞ 182. 剂油比对汽油烯烃含量有什么影响?

实验数据表明：随剂油比的提高，转化率提高，液化气产率提高，汽油收率先增加后略有下降，焦炭产率增加，氢转移反应指数提高，汽油烯烃含量下降，剂油比平均每提高 1 个单位，FIA 法烯烃含量下降 2.9%~3.4%(以剂油比 4.8 为基准)。

☞ 183. 再生剂含碳量对汽油辛烷值有什么影响?

在其他操作参数不变，将再生催化剂含碳量从 0.07%增加到 0.5%时，转化率下降，但汽油辛烷值增加。再生剂含碳量每增加 0.1%，汽油的 *RON* 约增加 0.5。

☞ 184. 催化裂化焦炭有哪些种类?

焦炭的组成大致分为四部分。

(1) 催化炭：这是一种正碳离子反应生成的高度缩合物，数量取决于转化率。馏分油裂化时，催化炭占总炭量的 90%~95%，重油裂化时此值下降到 40%~50%。

(2) 可汽提炭：它是由反应器携带到再生器的烃类转化而成的，其数量随催化剂循环量和剂油比而变，约占炭量的 2%~4%。

(3) 附加炭：即由原料中的易缩合物质即形成康氏残炭的物质，在高温下沉积在催化剂上生成的。馏分油裂化时占 1%~3%，重油裂化时占 40%。

(4) 污染炭：裂化催化剂上重金属起催化脱氢作用生成的炭。馏分油裂化时，这部分为零，渣油裂化时占 15%~50%。渣油裂化时由于附加炭和污染炭的增加，所以总的焦炭产率增加。氢气的生成也是与催化剂的污染相联系的，污染金属的严重脱氢，使裂化气中氢含量增加。

也有说法称几种焦炭为催化焦、可汽提焦(剂油比焦)、原料焦(附加焦)和污染焦。

对于重油催化裂化，进料中的重组分未完全汽化而黏附在催化剂表面，被带入再生器中，成为焦炭的一部分，称为未汽化油(液焦)。

☞ 185. 焦炭产率过高对催化裂化有什么影响？如何减少生焦？

焦炭产率过高，再生器床层超温，催化剂活性和比表面积下降，严重时会烧坏设备，系统热量过剩。减少生焦的措施：(1)用蒸汽、干气预提升提升管底部再生剂。(2)提高原料雾化效果。(3)适当提高再生温度。(4)改进汽提。(5)提升管出口装设快速分离设施。(6)排油浆。

☞ 186. 催化剂汽提的作用是什么？

用水蒸气将催化剂颗粒之间和颗粒的孔隙内充满的油气置换出来，以减少焦炭产率，提高油品产率。

☞ 187. 重油催化裂化为改善操作，可在反应部分采取哪些措施？

（1）改善提升管底部起始区催化剂的分布，使催化剂与原料充分混合。

（2）原料预混合、采用多个高分散度喷嘴进料，有利于进料雾化，提高反应选择性。

（3）增加提升管反应器中水蒸气量，改善雾化效果，降低生焦，提高轻烃收率。

（4）提升管反应器按高温短停留时间进行设计和操作。

（5）提升管出口安装快速分离器。

（6）低压操作，降低焦炭产率。

（7）外排油浆，降低焦炭产率，降低装置能耗。

☞ 188. 渣油催化裂化采用高反应温度有什么优点？

（1）可以弥补由于催化剂受金属污染和水蒸气作用而失去的活性。

（2）有利于进料汽化和改善汽提效果。

（3）有利于提高汽油辛烷值和气体中烯烃产率。

（4）可以维持较高的苛刻度，特别是渣油与催化剂接触瞬间的较高温度，有利于部分沥青质裂解，减少生焦。

☞ 189. 渣油催化裂化采用高反应温度有什么缺点？

提高反应温度也有不利的一面，使用高活性催化剂时，在高温下，会使过度裂化加剧，不但裂化重油，同时还相当快地裂化新生成的汽油，使焦炭和气体产率增加。

☞ 190. 反应－再生系统三大平衡是什么？

反应-再生系统的三大平衡是物料平衡、压力平衡和热量平衡。对于催化裂化装置，搞好平稳生产的关键在于控制好三大平衡。在实际生产中，影响三大平衡的因素在不断变化，时而打破平衡。只有正确分析出现不平衡的原因，因势利导，及时合理地调整运行参数，才能使系统尽快达到新的平衡。

☞ 191. 什么是反应－再生系统的物料平衡？

物料平衡主要指进出反应-再生系统的所有物料的平衡，如：原料与产品、单程转化率与回炼比、反应生焦与再生烧焦、供氧和需氧、裂化催化剂损失与补充、气体产量与气压机压缩能力的平衡等。

☞ 192. 单程转化率与回炼比的关系是怎样的？

$$单程转化率=[(气体+汽油+焦炭)/总进料量]\times100\%$$

$$总进料量=新鲜进料量\times(1+回炼比)$$

计算单程转化率时应采用细物料平衡，其中汽油是指实沸点221℃以前的组分。

由此可见，单程转化率和回炼比的关系反映了装置处理能力与产品产率的关系。

判定原料转化与回炼是否匹配一般是观察回炼油罐液位的变化。回炼油罐液位的上升或下降表明该平衡被破坏，其主要原因是反应深度发生了变化。一般通过调节反应温度和新鲜催化剂的补充速率控制反应深度。正常生产时应根据生产方案，控制适宜的回炼比。只有在回炼油罐液位急剧下降或升高时，为避免回炼油泵抽空或避免回炼油满罐溢流影响分馏塔正常操作，才适当调节回炼油量。

☞ 193. 反应生焦与再生烧焦、供氧和需氧的平衡是怎样的？

在催化裂化反应过程中生成的焦炭，在再生器中烧掉，才能使再生催化剂含碳量控制在适宜的范围内。用于焦炭燃烧所需要的氧气由主风机(和增压机以及单独的氧气系统)供给。

若因原料变重、待生催化剂带油等使反应生焦量突增或主风量骤降(或氧气供应突然中断)等造成烧焦供氧不足，催化剂烧焦不完全，催化剂上的积炭越来越多，催化剂活性、选择性急剧下降，汽油和气体产率降低，极易造成催化剂炭堆积，严重时装置将被迫切断进料处理。

若烧焦供氧过多，再生烟气中氧含量过高，采用常规再生的装置会发生二次燃烧，影响装置安全运行，也会浪费主风，增加装置能耗。

☞ 194. 催化剂损失与补充的平衡是怎样的？

反应-再生系统中的催化剂在高温输送流化过程中由于磨损变细和粉碎，再生器旋风分离器未能回收的催化剂细粉随再生烟气带出再生器；反应系统未能回收的催化剂细粉随裂化油气进入分馏塔，被循环油浆洗涤下来，进入油浆系统。当外甩油浆时，外甩油浆中的催化剂被带出装置。对于重油催化裂化，还要间断卸出部分活性较低的平衡催化剂以维持适宜的催化剂平衡活性。在正常情况下，催化剂损失一般包括上述三部分。为了维持相对稳定的系统催化剂藏量，需按一定速率补充新鲜催化剂。

当裂化催化剂强度变差或反应-再生系统催化剂回收系统发生故障时，如旋风分离器磨漏、旋分器料腿堵塞、翼阀阀板脱落等，将造成催化剂大量跑损。当油浆固体含量长时间超高处理无效或加大催化剂补充量仍不能维持正常生产时，必须停工处理。

☞ 195. 气体产量与气压机压缩能力的平衡是怎样的？

富气压缩机的工况直接影响到反应-再生两器的压力平衡，其压缩能力要留有余量。富气量的大小取决于反应的气体产量和分馏塔顶油气的冷凝冷却效果。若分馏塔顶油气的冷后温度偏高，会使部分汽油组分进入气压机，从而增大气压机入口富气流量和功率消耗。使用干气预提升的装置也会影响气压机入口质量。

对于重油催化裂化，若催化剂重金属污染严重又未及时调整生产操作，富气中氢气含量升高，富气相对分子质量低于气压机的设计参数，在反应、分馏系统相同的操作条件下，只有适当提高气压机转速或酌情降低吸收解吸系统的操作压力，才能维持正常的反应压力。

此外，若分馏塔顶油气的冷后温度较低，也会影响富气组成(富气相对分子质量偏低)，从而影响气压机的正常运行，此时应及时调节油气的冷后温度，使其控制在适宜的范围内。

☞ 196. 什么是反生－再生系统的热量平衡?

热量平衡是指反应需热和供热的平衡。反应过程所需要的热量，除反应进料带入的热量外，主要是通过两器催化剂循环由高温的再生催化剂提供。反应需热包括进料的升温汽化热、注入反应系统水蒸气的升温热、裂化反应热和散热损失等。反应生成的焦炭在再生器中燃烧放出的热量，除通过再生催化剂供给反应系统的热量外，主要用于进入再生器的主风(或氧气)的升温热、焦炭升温热和散热损失等。对于重油催化裂化，再生器需设置内、外取热器取走两器过剩热，才能维持两器热量平衡。

☞ 197. 如何维持反应－再生系统的热量平衡?

实际生产中，反应温度是独立操作变量，再生器设有取热器且其取热量能够调节时再生温度才是独立操作变量，可根据再生温度的变化来判断两器热量是否平衡。若再生温度偏低，说明两器供热不足；再生温度偏高，则表明两器热量过剩。正常情况下，再生器设有取热器且取热量可调节的装置，可适当调整取热器的取热量；再生器无取热设施或取热器取热量不能调节的装置，可采取其他手段，如调节反应进料量、催化剂循环量、回炼油量和进料预热温度等，控制适宜的再生温度。两器供热不足，特殊情况下可使用再生器喷燃烧油来维持两器热平衡。出现异常情况时，如待生催化剂带油、待生或再生单动滑阀控制失灵全开或全关等，处理要准确果断及时，否则将酿成严重的生产事故。

☞ 198. 什么是反应－再生系统的压力平衡？

催化裂化装置反应–再生系统之间的压力平衡是维持催化剂正常循环、保证装置安全生产的关键。反应–再生系统压力平衡的计算，按再生、待生和循环线路分别进行。

在实际生产中，要严格控制反应–再生两器差压在安全操作范围之内，避免压空两器催化剂藏量或油气互窜。

☞ 199. 催化裂化装置常见的类型有哪些？

反应–再生系统有各种不同的组合形式。到目前为止，我国已有三种床型（鼓泡床、湍动床、快速床）、两种方式（完全和不完全燃烧）以及单段和两段（单器两段和两器两段）等各种组合形式的反应–再生系统。一般常见的类型有：

（1）同高并列式提升管催化裂化；

（2）高低并列式提升管催化裂化；

（3）同轴式提升管催化裂化；

（4）带烧焦罐的提升管催化裂化；

（5）后置烧焦罐式提升管催化裂化；

（6）两再生器串联的两段再生的提升管催化裂化。一再和二再可以是并列式或同轴式布置。

同高并列式和后置烧焦罐式装置反应–再生系统，都是由同高并列式床层反应器改造而成，目前已很少看到。

☞ 200. 什么是前置烧焦罐？什么是后置烧焦罐？

待生催化剂先进入烧焦罐，后进入再生器的形式叫做前置烧焦罐。第二段（通称二密相）再生烧焦是辅助性的，一般烧焦量不超过10%。

待生催化剂先进入再生器，后进入烧焦罐的形式叫做后置烧焦罐。

☞ 201. 前置烧焦罐如何操作？

前置烧焦罐操作方法：

（1）高温完全再生。将烧焦罐温度控制在675~700℃，使催化剂上的积炭大部分烧去，并在烧焦罐上部开始燃烧 CO。在稀相管中，除了进行 CO 的燃烧外，也烧去少量的焦炭。稀相管出口温度一般在 730~750℃。烟气在稀相管中停留时间约 2~3s，催化剂上残留不容易烧去的炭可在高温下烧去，催化剂含碳量可烧到 0.1%以下。高温完全再生关键是控制好烧焦罐的温度在 683℃以上，使 CO 在烧焦罐中烧起来，稀相管温度大于 700℃，这样操作才会平稳。否则，催化剂含碳量降不下来，CO 燃烧不完全，产生后燃现象。

(2) 常规再生。当第一密相床温 620~630℃，处于常规再生操作，再生催化剂含碳量在 0.5%~0.6%，未能充分发挥分子筛催化剂的特性，因此导致转化率低。第一密相温度低于 600℃ 时，处于炭堆操作状态。根据介绍，待生定炭达 3.62%，再生含炭 1.37%，由于原料生焦少，故滚雪球速度很慢，仍能维持操作。烟气中 CO 含量在 7.8%左右，稀相经常发生二次燃烧。由于炭堆积和二次燃烧事故交替发生，操作很不稳定。

(3) 加助燃剂完全再生。不少炼油厂都采用加 CO 助燃剂完全再生，CO 在烧焦罐及稀相管中可全部烧去，再生器中稀相不发生二次燃烧，稀密相温差经常在 15℃左右，再生催化剂含碳量可在 0.2%以下。

☞ 202. 后置烧焦罐如何操作？

后置烧焦罐操作方法：

(1) 完全再生。加 CO 助燃剂，富氧操作。烟气总氧含量不小于 2.5%(体)。完全再生的关键是使再生器的主风量在密相温度不超过的情况下尽可能大些，以防稀相产生 CO 尾燃。密相温度 660~680℃，烧焦罐稀相温度 700~725℃，再生催化剂含碳量 0.2%左右，半再生催化剂含碳量 0.4%~0.6%，待生催化剂含碳量 1.0%左右。

(2) 部分再生。再生器烟气氧含量为 0~0.2%，烧焦罐氧含量 1%~3%，不加 CO 助燃剂，再生催化剂含碳量 0.2%~0.4%。关键是烧焦罐的氧含量不能过高，防止 CO 尾燃。

☞ **203. 两器同高并列式催化裂化装置的特点是什么？**

(1) 两器框架标高相同，再生器和反应器的总高度相近，操作压力相近。装置的总高度较低，一般约 32~36m。

(2) 用较长的内溢流管保证再生器内催化剂的料面，用增压风的流量调节催化剂循环量，待生和再生单动滑阀只在事故状态时作切断用，正常操作时滑阀全开，滑阀使用寿命长，不易磨损。

(3) 由于采用床层反应器，有返混现象，对收率和产品质量有一定的影响。

(4) 催化剂采用U形管密相输送。U形管同时还起到防止空气或反应油气倒窜的料封作用。U形管内由于受到床层和主管中催化剂的静压，为保持流化状态，需要蒸汽或空气松动。

☞ **204. 两器高低并列式催化裂化装置的特点是什么？**

两器高低并列式催化裂化装置的特点：

(1) 由于反应器位置较高，两器压力不同，一般再生器比反应器的压力高 20~40kPa。

(2) 催化剂的循环量用滑阀调节。一般用反应温度控制再生滑阀的开度，用汽提段的藏量控制待生滑阀的开度。由于滑阀经常处于节流状态，滑阀的材质能满足耐磨要求，以保证开工周期。

(3) 不像两器同高并列式的U形管能吸收膨胀量，在再生和待生斜管上应增设波形膨胀节。

(4) 斜管内催化剂的输送一般都不需要松动。仅在需要降低滑阀压降时，才在滑阀上游补入松动气。

☞ **205. 两器同轴式催化裂化装置的特点是什么？**

两器同轴式催化裂化装置的特点：

同轴式催化裂化装置就是把两器重叠在一条轴线上，因此称为同轴式。

按同轴的方式布置两器可省掉反应器的框架，布置紧凑，占地面积小，节省投资，钢材消耗少。同轴式催化裂化装置的环量可用塞阀调节，亦可用滑阀调节。

由于反应器和再生器重叠在一起，因此必须采取各种措施，来降低总高度，以便施工和检修。

☞ 206. 高低并列式提升管催化裂化有哪些结构特点?

为了提高再生压力并满足提升管反应的要求，新建催化裂化装置多为高低并列式，反应器比再生器高。这样布置，允许再生压力比反应压力高20~40kPa，提升管多为直提升管，即提升管从沉降器汽提段底部伸进沉降器，并与之同轴。两器间催化剂循环采用斜管输送，催化剂循环量由再生单动滑阀控制。此外，待生催化剂从沉降器进入再生器的方式为上进式，再生催化剂从再生器底部的淹流管引出。这样再生催化剂脱气效果好，由再生催化加带进反应系统的烟气减少；再生线路蓄压高，催化剂不易倒流。

☞ 207. 同轴式提升管催化裂化有哪些结构特点?

反应器和再生器布置在同一轴线上。反应沉降器在上部，再生器在下部，提升管反应器采用折叠式外提升管。沉降器汽提段从再生器顶部进入再生器内，待生催化剂线路为立管输送，沉降器料位由待生塞阀控制，待生催化剂经过待生立管进入再生器内的一个套筒中，用少量的主风，使催化剂在流化状态下进入再生器密相床底部。待生立管较长，蓄压高，其静压一般比待生斜管大20~30kPa，再生催化剂经再生塞阀以流化状态进入再生斜管。再生斜管有两种形式：一种是下流式斜管，与高低并列式装置相同，依靠催化剂重力向下流动。另一种为上流式斜管，与再生斜管呈45°向上倾斜，又称J形斜管；J形斜管内催化剂呈密相流化状态，与U形管上升段相似。

☞ 208. 烧焦罐式提升管催化裂化有哪些结构特点?

为了提高催化剂的烧焦强度，使再生催化剂含碳量尽量降低到0.1%以下，以充分发挥分子筛催化剂高活性、高选择性的性能，20世纪70年代末出现了烧焦罐式高效再生技术。该类装置反应部分与高低并列式差别不大，但再生部分却明显不同。再生部分由烧焦罐、稀相管和再生器三部分组成。

烧焦罐位于再生器下部，两者同轴，由稀相管将其连在一起。待生催化剂进入烧焦罐底部与主风混合，气固相并流向上，以1.3～1.8m/s(可达3m/s)的线速经过烧焦罐。在烧焦罐中无明显的稀密相分界面，气相是连续相，呈活塞流；固相是分散相，为颗粒集团。在此流化状态下，烧焦罐内氧气传质阻力小，烧焦强度高。烧焦采用CO完全燃烧的操作方式，操作温度一般在700℃左右，烧焦罐出口氧含量约3%～5%(体)，烧焦强度可达680kg/(t催化剂·h)。

烧焦罐出口的催化剂与烟气一并经稀相管进入再生器稀相段。稀相管出口设有气、固分离装置，在稀相段线速较高时可保证再生器旋分器入口催化浓度不致于过高。

再生催化剂在再生器底部形成一个密相床，习惯称第二密相床。为保持流化，有少量主风通入该床层(其线速约0.2m/s)，密相密度约500kg/m^3。

为保持烧焦罐内有一定的催化剂藏量，提高烧焦速度，从第二密相床引出部分再生催化剂返回烧焦罐底部。采用外循环管的称外循环式，采用内循环管的称内循环式。

在催化剂烧焦过程中，约90%的焦炭在烧焦堆中烧掉，其余分别在稀相管和第二密相床中烧掉。

☞ 209. 两再生器串联的两段再生提升管催化裂化有哪些结构特点?

一再和二再可以是并列式或同轴式布置。采用两段再生，一段烧掉催化剂上焦炭中绝大部分氢和部分炭，操作温度较低；二段烧焦基本上没有水生成，可采用高温操作，减少了催化剂在高温下的水热失活。采用两个再生器串联的两段再生的装置，再生催化剂含碳量可降到0.1%以下。该类装置的主要特点是第一段CO不完全燃烧，第二段再生温度较高(一般为690～750℃)。两段出口烟气可分流，第一段烟气进烟气轮机回收烟气能量，再烧掉其中的CO回收CO燃烧的化学能。两段出口烟气也可并流，在混合烟道中通入适量的主风，使烟气中的CO充分燃烧，高温烟气通过高温取热炉与除氧水换热产生中压蒸汽，烟气温度降到约650℃后，再进烟气轮机回收烟气能量。由于第二段再生器操作温度高，多采用外部旋风分离器。对于重油催化裂化，在第一段再生器设有外取热器，使生产操作更为灵活。

☞ 210. 单段逆流再生技术特点是什么？

单段逆流再生技术特点：

(1) 设备及流程简单。单容器再生的主风和烟气都只有一路，为简化操作、减少故障创造了条件。

(2) 再生效果好。再生催化剂炭含量可以稳定在0.1%以下，主要措施是采用了特殊设计的待生催化剂分配器与主风分布器，使空气与催化剂更均匀地接触。待生催化剂进入密相床上部然后向下流动与主风形成气固逆流接触烧焦的良好条件。整个烧焦过程化学动力学速度比较均一，有利于提高总的烧焦强度。

(3) 水热失活较轻。催化剂水热失活是再生温度、水蒸气分压、催化剂在再生条件下停留时间的函数。由于再生效率的提高，新设计的再生温度一般低于700℃，比较缓和。待生催化剂在密相床中上部进入再尘器的密相床，降低了再生床层的水蒸气分压。较高的烧焦强度减少了催化剂在再尘器的停留时间。上述三方面的改进，使新设计的再生催化剂维持较好的活性。

(4) 能耗低。主要指主风机组的能耗。它决定于烟气利用程度(进烟气轮机的量)、主风机出口到烟气轮机入口的压力降、烟气进烟气轮机的温度。因此，单段逆流再生技术较所有的两段再生技术均有优势。即主风量不随烧焦量变化，烟气除少量泄漏外均进入烟气轮机。烟机可在最佳工况下运行，不存在二段烟气不能回收或回收效率低的问题。由于单段床层主风系统压降较低，烟气轮机入口压力较高，烟气离开再生器时接近床层温度，较逆流两段ROCC-V型温度要高。主风机可以在额定工况运行，此时与烟气轮机是最合理的匹配。所以，设计好的系统，主风机组可以全年处于发电状态，这是两段再生所不及的。因此，本技术虽然耗风指标大，但能耗却低。

(5)操作简单。由于流程简单，操作参数较少，操作简单。

主要表现在以下方面：主风量在烟气过剩氧不低于可能引起炭堆积的条件下可以不调节；再生器藏量不需调节；没有两段再生主风、藏量、烧焦比例等要调节的弊端。两器调节已简化为两器压力、取热器调再生温度、汽提段料面、反应温度的调节，大大降低了操作难度和调节失当引起的故障。

☞ 211. 快速床、湍流床主风串联两段再生技术的特点是什么？

快速床、湍流床主风串联两段再生技术的特点：

(1) 很高的总烧焦强度。快速床-湍流床主风串联两段再生技术是我国催化裂化工艺方面第一项专利技术，已有十多年的运行经验。该技术第一段采用快速床(烧焦罐)再生。由于烧焦罐流化状况改善了气体传质条件，使其具有很高的烧焦强度。第一段利用一段再生后的富氧烟气通过低压降大孔分布板形成湍流床，大大改善了二段再生床层的气体扩散，从而提高了二段的烧焦强度，这样使总的烧焦强度达到很高，是已有各种再生方式中最高的。高的烧焦强度意味着低的系统催化剂藏量和高的催化剂置换率，即高的平衡催化剂活性，这也是催化裂化再生技术所追求的主要目标之一。

(2) 良好的再生效果。由于其具有很高的烧焦强度，即使在较缓和的再生温度下(低于700℃)，再生催化剂定炭也可达0.05%以下的水平。在较低的再生温度和藏量下不仅满足了定炭要求，而且为降低催化剂水热失活及提高剂油比创造了有利的条件。

(3) 合理的催化剂输送系统。为确保装置催化剂循环量调节自如，为大剂油比操作创造条件，在催化剂循环系统(特别是再生线路系统)采取了一系列有效技术措施，主要体现在以下方面：改进再生剂抽出口型式，使催化剂进入再生立管前充分脱气；提高再生立管催化剂密度，从而提高再生线路的输送力。

(4) 操作较简单。由于采用完全燃烧，主风量可以不随处理量及原料变化而调整，使再生器及主风机组总处于最佳工况下运行，操作简单。正常生产时的控制参数最少，开工最容易，事故恢复快。由于完全燃烧，没有 CO 尾燃的顾虑。

(5) 系统催化剂藏量低，可达 1t 催化剂/(10kt/a 处理量)。

☞ 212. 三器连体逆流两段再生技术特点是什么？

三器连体逆流两段再生技术(ROCC-V 型)特点：

(1) 耗风指标少，再生剂定炭低，适应大比例掺炼渣油的要求。二再含氧烟气通过特殊设计的管线全部进入一再床层，二再烟气中的氧参与一再烧焦，氧得到了充分利用。总烟气中氧含量很低，可彻底消除 CO 尾燃的可能性。一再采用常规再生，可使总耗风指标与常规再生相近，耗风指标低。主风机组、再生器、三旋等再生系统的投资可以大幅度降低，为降低重油催化裂化装置投资的一个重要途径。再生剂定炭可达到 0.05%，甚至更低。

(2) 有效的保持催化剂的活性。第一再生器采用常规再生方式，第二再生器采用完全再生方式。整个再生系统的水热失活条件相对缓和，有利于保护催化剂的活性。对于重金属含量较高的劣质原料油可减少重金属污染催化剂带来的催化剂失活。特别是对于钒含量高的原料，一再采用常规再生，使在钒污染的催化剂上保留一定量的炭，即使在高温水蒸气的作用下，催化剂失活也较慢。另外，在缺少过剩氧的情况下，钒不易迁移。CO 部分燃烧的再生方式可限制钒的毒害作用。

(3) 采用合理的技术，提高烧焦强度。在一再通过加高待生套筒使待生催化剂进入一再密相床上部，然后向下流动与主风形成气固逆流接触烧焦的良好条件。通过合理利用高含氧的二再烟气使得高含氧的气体首先和低含炭的催化剂相遇，低含氧气体则同高含炭的催化剂接触，因此，整个烧焦过程化学动力学速度比较均一，有利于提高总的烧焦强度，降低总藏量。在待生套筒出口配置特殊设计的待生催化剂分配器，使待生剂比较均匀地分布于再生器密相床上部，为形成逆流再生提供基本的条件。采用结构特殊的分配器，将二再烟气及携带的少量再生催化剂经均匀分布后进入一再密相床的适当位置，与一再密相床中的待生均配器、半再生催化剂抽出位置及一再主风分布器位置三者合理搭配，保证一再密相床流化均匀，并合理地利用二再含氧烟气中的过剩氧。

（4）二再用风量不受操作线速的制约。二再采用湍流床，并采用大小筒结构，使二再风量可在较大范围内变化。大小筒结构可减少二再烟气携带的催化剂，避免大量催化剂在一再、二再之间反复循环的缺点。

（5）与其他两段再生技术相比，操作灵活。一再、二再烧焦比例调节灵活，调节范围大；通过控制一再、二再的主风流量和控制一再温度可以在一定范围内调节再生烟气中 CO/CO_2 的比例和两段烧焦比例；二再烧焦比例可在较大范围内变化。当装置生焦率低或处理量小时，大部分焦炭可在一再中烧掉，二再烧焦量仅作为维持一定的再生温度，再生温度降低有利于增加催化剂循环量，提高反应的剂油比，可优化反应的操作条件；当装置生焦率增加时，可将烧焦转移至二再进行，可通过调节二再主风量改变一再、二再之间的循环催化剂量，与其他型式的两段再生相比，二再的烧焦比例可在 0~40%的大范围内变化。

（6）与其他两段再生相比，烟气系统流程简单可靠。两个再生器仅设一套旋风分离器系统。全部含 CO 烟气自一再顶部直接进烟机、CO 锅炉，可以充分回收全部再生烟气的压力能、化学能和热能，同时也提高了烟机运行的安全可靠性，大大简化了再生烟气能量回收系统的流程及操作。

☞ 213. 富氧再生有什么优点？

富氧再生有以下优点：

（1）在氧气供应有保障时，采用富氧再生技术能大幅度提高减压渣油的处理能力，特别适合于老装置的原料重质化或扩能改造。

（2）富氧再生技术不仅减少了设备投资，缩短了改造周期，而且再生催化剂烧焦强度可提高 20%，提高了装置的操作弹性和催化剂再生效果。

☞ 214. 如何保证富氧再生工艺的安全？

为保证富氧再生工艺的安全，需注意以下几点：

（1）氧气的输送管道、储罐以及附件(控制阀、过滤器、垫片、禁油压力表等)选材全部执行国家标准，以减少氧气腐蚀，保证安全。每个阀门法兰之间接跨接导线，并保证跨接电阻小于0.03Ω。

（2）氧气输送管道上设有控制压力和流量的设施，以便使纯氧流量能随意调节。

（3）在主风管里增加了一个氧气分布器，使氧气混入点到辅助燃烧室入口的距离达到6m以上，同时还将辅助燃烧室接长了2m，使氧气与主风混合均匀。

（4）设有特殊的安全报警及联锁系统。一般认为氧气安全浓度的上限在27%~30%。在富氧与主风混合管道上分别增设了两台氧浓度在线分析仪和三个混合温度指示，为安全起见，氧浓度超高联锁采用二选一，混合温度超高联锁采用三选二。当富氧主风中的氧浓度达到26%时，ESD会紧急报警；当氧浓度达到27%，混合温度超过290℃，氧气流控阀前压力低于0.23MPa或主风自保动作时，氧气自保联锁都会动作。此时氧气放空阀打开，氧气流控阀后切断阀关闭。

（5）氧气管道在安装前全部经过脱脂处理，清除焊渣和毛刺。

☞ 215. 催化剂质量是如何影响催化剂损耗的?

催化剂质量中几个主要项目对催化剂损耗的影响如下：

（1）粒度组成的影响。颗粒越小，越易流化，表面积越大，但气体夹带损耗量也加大。新鲜催化剂中小于40μm的细粉含量在15%~20%时，流化和再生性能好，气体夹带损失也不大。细粉过多，会大大增加损失。粗粒过多，流化性能差，且本身破碎和对设备磨损加大。

（2）颗粒密度的影响。颗粒密度越低，催化剂带出量越大。新鲜催化剂颗粒密度约为800~900kg/m^3，平衡催化剂颗粒密度为1100~1300 kg/m^3。新开工的装置加入平衡剂比加入新鲜剂的损耗量少，其原因就在此。

（3）催化剂湿度影响。湿度大，催化剂加入系统易热崩溃碎裂，增大其损耗量。因此，不仅要求制造催化剂过程中含水分不能大，而且在储备运输过程中，不能受潮而使湿度增加。

（4）圆度影响。由于喷雾干燥成型时圆度较差，在显微放大镜下观察时，呈棱角较多，或大颗粒外粘有小颗粒较多，这样磨损指数较大，使用时损耗就大。

☞ 216. 操作变化对催化剂损耗有什么影响？

操作变化对催化剂损耗的影响如下：

（1）操作压力。如果压力操作不稳定或突变，会加大烟气中催化剂夹带量，使催化剂损耗增加。因此，在正常操作中应保持两器差压及再生器压力平衡。

（2）主风及各项蒸汽。若主风量或水蒸气量加大或发生大幅度变化，则会增加床层线速及旋风分离器入口线速，使催化剂带出量增加。尤其是水蒸气大量带水或喷入事故降温水，则不仅增加线速，而且使催化剂严重破碎，增加细粉，使催化剂损失更大。操作中，在保证再生器烧焦最佳条件，使再生剂含碳量最低的前提下，尽量减少主风量及各种蒸汽和松动风量。除在万不得已的情况下，绝不能喷事故降温水。

（3）燃烧油及 CO 助燃剂。燃烧油燃烧的烟风比为 1.13，加上燃烧速度快以及燃烧后的高温造成气体膨胀。因此喷入燃烧油后，即使主风量不变，也会造成气量突增，再生器压力剧烈变化。双动滑阀猛开猛闭，造成催化剂大量跑损。另一方面，由于燃烧油是局部方位喷入，故造成整个床层的不均匀性（如雾化不好，更加剧之）。因此，尽量不用燃烧油。若要使用，必须缓慢调节燃烧油量，同时使燃烧油雾化良好。

使用助燃剂后，可停喷燃烧油。同时，又大大减少二次燃烧的发生，减少了使用各种冷却蒸汽、冷却水的机会，这对降低催化剂损耗具有很好的作用。

（4）新鲜催化剂的补充。由于新鲜剂中 40μm 以下的细粉约占 18%～20%，所以为避免这部分细粉在进入再生器后被气流夹带损失掉，在补充新鲜剂时应控制量要小一些，采用细水长流的补充原则。同时，要使两器操作保持平稳。

若启用大型加料，一方面使催化剂进入再生器后的跑损量增加，另一方面如生焦量增加后不及时调整操作，会导致炭堆的发生，操作发生剧烈变化，催化剂损耗增加。

(5) 原料油性质。若原料油性质变化过于频繁，过于剧烈，则会使整个操作发生变化而不平稳，对降低催化剂损耗极为不利。原料油带水时，操作影响尤其大。

(6) 平稳操作。如果工艺条件和操作不当，造成炭堆或尾燃以及两器压力大幅度变化，破坏了系统八大平衡，严重时甚至被迫切断进料以及其他类型事故发生，造成装置被迫停工等，都会引起催化剂损耗成倍增加。因此必须平稳操作，安全生产。

(7) 选择适宜的床层线速和催化剂藏量，以减少旋风分离器入口浓度。

☞ 217. 催化剂单耗越低越好吗？

对于蜡油催化裂化装置，催化剂单耗一般小于 0.5kg/t 原料。

对于重油催化裂化装置，催化剂单耗一般在 0.6~1.2kg/t 原料(包括卸剂损失)。

在早期，由于催化装置原料较好，而由于催化剂强度差、旋风分离器效率低等原因，使得催化剂的自然跑损量较大，因此炼油厂通常将催化剂单耗作为重要的控制指标。随着催化剂质量的改进和旋风分离器效率的提高，催化剂自然跑损量大幅度下降。而由于催化装置原料的劣质化，为维持适宜的催化剂平衡活性，大多数重油催化装置需要定期从再生器内卸出平衡剂，以人为提高催化剂置换率。催化剂的自然跑损占装置催化剂单耗的比例下降，在这种情况下，单纯控制催化剂单耗指标并不科学，往往造成催化剂平衡活性过低，催化反应减弱而热裂化反应加强，不利于产品分布。对于同一套装置，因原料和催化剂性质、生产方案与原设计发生较大的变化，催化剂单耗往往相差很大。所以催化剂单耗并非越低越好，应根据原料的性质、所采用的工艺技术以及对产品质量、产品分布的不同要求，控制适宜的消耗量，以维持适宜的催化剂平衡活性，从而取得最佳的经济效益。因此炼油厂应将催化剂平衡活性而不是催化剂单耗作为主要控制指标。

☞ 218. 影响催化装置加工损失的主要因素有哪些？

影响加工损失的主要因素有以下几方面。

（1）反应进料中硫、氮的含量。反应进料中的硫、氮部分进入污水、烟气、废渣中，对于加工硫、氮含量较高的原料的装置，应考虑进料中硫、氮含量对加工损失的影响。

（2）装置停工检修或设备检修。油品管线、设备、油泵检修需要排掉其中的物料。装置停工检修因吹扫、排放的残油更多。

（3）计量损失。反应生焦量一般用再生烟气进行奥氏分析计算得到，若烟气分析不准、进再生器的烧焦空气量未校正等，将造成较大的计算误差。

☞ 219. 催化裂化装置的综合能耗的主要因素有哪些？

一般催化装置能耗主要由焦炭(和燃料气)、动力能耗(主要指水、电、汽的消耗)和输出热等构成。装置综合能耗与装置负荷率、原料性质、催化剂类型、所采用的生产工艺以及能量的有效利用情况等有关。

☞ 220. 催化裂化装置如何降低蒸汽消耗？

（1）根据原料加工量(和重油掺炼率)，适当调整进料雾化蒸汽量和汽提蒸汽量。

（2）实现柴油闪点的卡边控制，以降低汽提蒸汽量。若催化柴油去加氢精制，可适当降低柴油的闪点。

（3）采用干气提升取代提升蒸汽。不仅节约了蒸汽，还减少了催化剂的高温失活。

（4）采用蒸汽透平驱动的主风机、气压机，在机组安全运行的前提下，应适当提高动力蒸汽的温度和压力，尽可能减少主风放空，降低气压机反飞动流量。

☞ 221. 催化裂化装置如何降低电耗？

降低电耗有很多方法，以下几种方法较常用：

（1）在保证电动主风机不喘振的前提下，出口主风尽量不放空。

（2）有增湿空冷的装置，夏天可多用空冷喷水而少开空冷风机。

（3）对于负荷变化较大的机泵，可采用变频技术。

（4）加强装置内照明灯和空调的管理。根据天气情况，及时打开和关闭室内外照明灯。对于装置高处平台的夜间照明灯，巡检时打开，检查完关闭。

☞ 222. 催化裂化装置节约水耗的办法有哪些？

根据用途，催化裂化用水包括循环水、除盐水、除氧水和新鲜水。

循环水用于大机组的冷油器、凝汽式气压机复水器、运行机泵以及采用循环水冷却的水冷器等。在保证安全生产的情况下，应根据设备冷却负荷的变化和回水温度，合理调整冷却水量。

富气注水使用除盐水的装置，可考虑改用制硫净化水，做到一水多用。

对于使用新鲜水冷却的原料、回炼油和油浆采样器，采样时再给冷却水（冬季为防冻可适当关小冷却水）。

杜绝装置内水系统的跑、冒、滴、漏现象。

☞ 223. 催化裂化工艺现今最大的挑战是什么？

催化裂化加工原料越来越杂、越来越重，最大的挑战主要是装置结焦难以防治。结焦的部位从喷嘴、提升管内壁、粗旋入口、沉降器内部、顶旋、集气室、油气大管线、分馏塔底，一直到油浆循环系统，由于结焦造成装置降负荷甚至停工检修屡见不鲜。防治的主要措施：一是切实搞好原料雾化。选择高效雾化喷嘴、用足雾化蒸汽、确定适应的预热温度是关键。二是为催化剂和油气创造最优的接触环境。主要是采用催化剂预提升技术和较高的剂油混合温度。三是尽量缩短油气停留时间。可采用直连式快分（VSS、VDS、VQS 等）、粗旋与顶旋软连接等措施来实现。四是防止油气冷凝结焦。开工时，要待沉降器及油气管线温度升高后再进料，平时注意提升管出口温度不要过低，用足防焦蒸汽等。五是用好终止剂，防止裂化缩合生焦。六是加强油气管线保温减少温降，防止油气冷凝。七是严控分馏塔塔底温度和循环油浆密度，加大油浆返塔量，用好油浆阻垢剂等，控制分馏系统结焦。八是加强管理，确保平稳操作。

☞ 224. 为什么说催化裂化是我国生产运输燃料最重要的装置？

我国汽车工业飞速发展，专家预测2020年汽车保有量将超过1亿辆，此外还有1亿辆摩托车。在调整车型结构和提高燃油经济性的前提下，汽油需求量将超过74Mt，按柴油∶汽油＝2∶1计，届时柴油需求量将达到150Mt左右，我国约80%的汽油和30%的柴油来自催化裂化，催化裂化是我国生产运输燃料最重要的装置。

☞ 225. 我国催化装置面临的主要问题是什么？

目前，催化裂化装置面临的主要问题是汽油、柴油清洁化生产问题。

（1）汽油。汽油质量遇到的问题：第一是2005年7月1日起，汽油硫含量从<0.08%降至欧Ⅱ的<0.05%标准；第二是2010年前实施符合欧Ⅲ汽油标准，即烯烃<18%、硫含量<150μg/g，上海等大城市提前到2005～2006年实施；第三是2010～2015年实施欧Ⅳ标准的汽油，硫含量<50μg/g。如何最大限度地降低汽油中的烯烃和硫含量成为了首选课题。

汽油降烯烃采取的主要措施：一是采取优化操作条件，可降烯烃8%～10%；二是采取新技术，如MGD、MIP、FDFCC等可降烯烃8%左右；三是采用新型催化剂可降烯烃10%左右。

汽油降低硫含量难度较大：一是应用脱硫催化剂和助剂，降硫幅度在15%～50%不等；二是应用选择性加氢脱硫技术，汽油硫含量可降到<300μg/g；三是应用非选择性加氢脱硫技术，汽油硫含量可降至20μg/g；四是应用临氢吸附或膜分离脱硫技术，均可有效降低硫含量。

（2）柴油。对柴油而言，主要问题是面临降低硫含量和提高十六烷值。2005年7月1日全国实施符合欧Ⅱ标准的车用柴油，硫含量由<0.2%降至<0.05%。北京等大城市要求<0.035%。所采取的措施大多是采用加氢技术，如中国石化抚顺石油化工研究院的MCI技术，中国石化石油化工科学研究院的RICH技术等均可有效脱除硫化物还可提高十六烷值。

☞ 226. 催化装置为什么要采用汽油降烯烃工艺？

我国车用无铅汽油GB 1790—1999标准，要求汽油烯烃含量≯35%(体)。随着我国汽油质量升级的步伐加快，陆续有省市开始执行国Ⅲ、国Ⅴ排放限值的汽油标准，要求汽油烯烃含量≯30%(体)(国Ⅲ标准)或≯25%(体)(国Ⅴ标准)。

由于催化裂化汽油约占我国车用汽油的74%，生产符合新标准汽油的关键在于降低催化汽油的烯烃含量。对于现有常规催化裂化装置，通过优化工艺操作条件、使用降烯烃催化剂或助剂可明显降低催化汽油的烯烃含量，但最经济合理的方法是对其进行降烯烃工艺的技术改造。常用降烯烃工艺有MGD工艺、MIP工艺、FDFCC工艺等工艺技术。

☞ 227. 什么是MIP工艺？

MIP工艺是中国石化石油化工科学研究院开发的最大量生产异构烷烃的催化汽油降烯烃工艺。该工艺采用新型提升管反应器，将反应器分成两个反应区。第一反应区以裂化反应为主，即采用较高的反应温度、较大的剂油比和较短的停留时间。用该反应区出口温度控制反应温度。第二反应区主要增加氢转移和异构化反应，抑制二次裂化，即采用较低的反应温度和较长的反应时间，可在降低催化汽油烯烃含量的同时，减小汽油辛烷值损失，见图1-1所示。

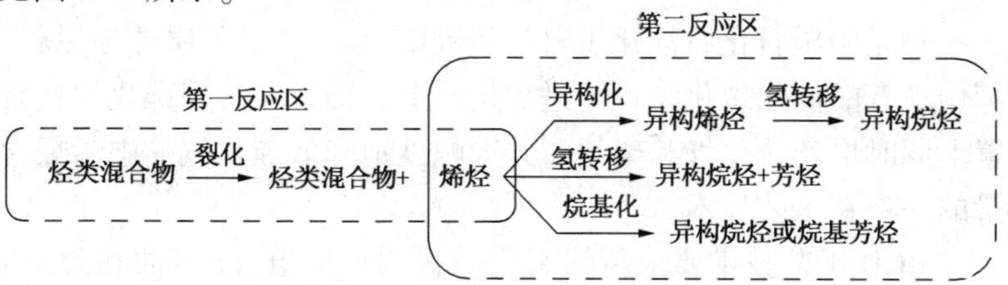

图1-1 烃类催化裂化与转化生成异构烷烃和芳烃反应途径

☞ 228. MIP 工艺有什么特点?

MIP 是一种多产异构烷烃，降低汽油烯烃含量的催化裂化工艺。该工艺保留了提升管反应器高反应强度，又能够促进某些二次反应多产异构烷烃和芳烃。MIP 反应器特点：(1)将反应器分为两个反应区。第一反应区类似于现有的提升管，油气和催化剂接触后，在较短反应时间、较高的反应温度和较高的剂油比条件下发生一次裂化反应，达到预期的转化率。随后注入急冷油降低温度进入第二反应区。扩大第二反应区设备直径，降低油气流速、增加催化剂密度、延长油气停留时间，增加异构化和氢转移反应。从而使汽油中异构烷烃和芳烃含量增加，烯烃含量降低。采用 MIP 技术后汽油烯烃含量可降低 10~20 个百分点，辛烷值基本不降低。

与常规催化裂化相比，在处理量、掺渣率等相近的情况下，MIP 装置使用专用催化剂，精制汽油烯烃含量降低了 14.1 个体积百分点，*MON* 提高 0.2 个单位，*RON* 降低 1 个单位，硫分布由 2.56%降低到 1.98%；总液体收率提高 1.17 个质量百分点，其中汽油产率和液态烃产率分别提高了 2.14 和 0.3 个质量百分点；干气产率和油浆产率分别降低了 0.41 和 0.99 个质量百分点；焦炭产率升高。总之，MIP 工艺生产灵活，可满足现阶段低烯烃汽油的生产要求。从近几年应用 MIP 技术改造的装置反映出来的主要问题是随反应热降低带来的反再系统热平衡问题与热工系统负荷不足的问题。

☞ 229. 什么是 MGD 工艺技术?

多产液化气和柴油工艺技术(MGD-Maximizing Gas and Diesel)是中国石化石油化工科学研究院(RIPP)以重质油为原料，利用现有的催化裂化装置经过少量改造，即可在常规催化裂化装置上同时增产液化气和柴油，并大幅度地降低催化汽油中烯烃含量的一项新工艺技术。

MGD 工艺技术要求新鲜裂化原料的轻重组分(蜡油和常渣)采用不同进料方式，进行选择性裂化反应。重质原料油要求在高苛刻度下进行反应，轻质原料油在低苛刻度下进行反应，以增加重质原料油的一次裂化深度并协调柴油馏分的生成和保留率。为调节产品结构，MGD 工艺技术采用粗汽油进料，通过粗汽油在密相上行床的二次反应，一方面使其裂化成低碳烯经，另一方面通过调节新鲜裂化原料的反应环境和苛刻度，增加柴油馏分的生成率。

☞ 230. MGD 工艺的特点是什么？

MGD 工艺技术具有以下特点：

（1）采用粗汽油控制裂化工艺技术。通过粗汽油在密相上行床的二次反应，一方面使其汽油中低碳烯烃裂化及部分烯烃芳构化，达到降低汽油烯烃含量及提高汽油辛烷值的双重目的；另一方面通过调节裂化原料的反应环境和反应苛刻度，可较大幅度增加柴油馏分的生成量和保留度。

（2）重质原料油在高苛刻度下反应，轻质原料油在低苛刻度下反应，新鲜裂化原料的轻重组分采用不同的进料方式进行选择性裂化，可增加重质原料油的一次裂化深度和柴油馏分的生成与保留率。

（3）常规催化裂化装置只要按 MGD 工艺技术的要求进行少量的改造，即可使原催化裂化装置灵活地增产液化气和柴油，液化气和柴油产率明显大于常规的催化裂化工艺技术，同时汽油中烯烃含量有较大幅度的降低。

（4）高价值产品产率（液化气+汽油+柴油）与常规催化裂化工艺技术相当。

（5）MGD 工艺技术专用催化剂 RGD-1 具有优良的重油转化能力和抗重金属污染能力，产品选择性特别是干气和焦炭选择性优异。

（6）MGD 工艺技术其有高度的操作灵活性和产品灵活性，可以进行汽油方案、柴油方案、液化气+柴油方案和液化气等方案的操作，各操作方案的调整十分方便而且调整时间很短。

（7）MCD 工艺技术的反应机理表明，本工艺技术降低汽油烯烃和损失辛烷值不是一对矛盾。在 MGD 的汽油裂化反应中，在汽油烯烃含量最大幅度降低的同时，芳烃和异构烷烃含量大量增加，使 *RON* 和 *MON* 明显提高，这是 MCD 工艺技术在生产清洁燃料方面的重要特点。

☞ 231. 什么是 FDFCC 工艺？

灵活多效催化裂化(FDFCC)工艺是由中国石化集团洛阳石油化工工程公司开发。采用双提升管反应器，一是重油提升管反应器，二是汽油改质提升管反应器。汽油提升管反应器采用高活性的催化剂和大剂油比等，为汽油理想的二次反应(如汽油异构化、氢转移、环化、芳构化反应)提供独立的改质空间和充分的反应时间，避免了汽油改质与重油裂化的相互影响。该工艺在降低汽油烯烃含量和硫含量的同时，可提高柴汽比和汽油的辛烷值，增产液态烃和丙烯。根据实际情况灵活控制汽油改质反应器的操作条件：当以降低汽油烯烃含量和硫含量生产清洁汽油为主要目的时，可控制较低的反应温度(一般为 400～450℃)，使异构化、氢转移、芳构化、烷基化等理想反应占绝对优势；若多产液态烃和丙烯，可控制较高的反应温度(一般为 550～600℃)，使烷烃和烯烃裂化反应等占主导，同时达到提高柴汽比、降低汽油烯烃含量和硫含量生产高辛烷值清洁汽油的目的。

☞ 232. 灵活多效催化裂化(FDFCC)有什么工艺特点？

(1) 原料适应性强。两根提升管反应器均可以在各自的最优化的反应条件下单独加工不同原料油。重油提升管的原料油可以是各种馏分油、常压重油或掺炼部分减压渣油；第二提升管反应器原料可以是催化裂化汽油，也可以掺入部分焦化汽油、热裂化汽油、直馏汽油和油田凝析油等劣质汽油。这对平衡全厂原料和汽油产品辛烷值至关重要。

(2) 产品方案灵活，装置操作弹性大。由于汽油改质提升管操作条件相对独立，可通过改变反应温度灵活调节产品结构(提高反应温度可提高 LPG 产率，并可大幅度降低汽油烯烃含量)。

(3) 催化剂适应能力强，该工艺对催化剂没有特殊要求，使用常规催化剂就可以多产 LPG 和汽油降烯烃。典型汽油提升管操作条件：反应温度500～630℃、剂油比25～30、反应时间2～3s。重油提升管操作条件：反应温度500～530℃、剂油比4～5、反应时间约3s。由于汽油改质过程需要汽油的二次汽化和冷凝，能耗较高。

☞ 233. 什么是MGG工艺？

MGG工艺是以蜡油掺炼渣油为原料，采用RMG系列催化剂和相应的工艺条件，通过提升管或床层反应器，最大量生产富含低碳烯烃的液态烃和高辛烷值汽油的新型催化裂化工艺技术。

该工艺具有如下特点：

（1）油气兼顾。以石蜡基原油的VGO为原料，反应温度约535℃，反应压力约0.14MPa(表压)，再生催化剂活性约70。液态烃产率35%，汽油产率超过45%，汽油*RON*92～94。

（2）原料广泛。可加工蜡油、掺炼渣油。

（3）催化剂活性高、选择性好、抗金属污染能力强。该催化剂配合适宜的工艺操作条件，在转化率远高于常规催化裂化的情况下，汽油安定性好，干气、焦炭产率无明显增加。

（4）操作灵活。通过改变工艺操作条件可调整产品分布。

☞ 234. 什么是ARGG工艺？

ARGG工艺是以掺炼渣油的重质油为原料、多产液化气(尤其是丙烯、丁烯)和高辛烷值汽油的工艺技术。

从已采用ARGG工艺的炼油厂来看，该工艺具有如下特点：

（1）采用全常压渣油进料、油浆全回炼和苛刻的反应条件。剂油比8～10，反应温度520～540℃。

（2）汽油辛烷值高、液化气(尤其是丙烯和丁烯)收率高。汽油*RON*在90～94、*MON*在80～83；液化气产率可达25%～30%，其中丙烯+丁烯收率可达15%以上。

（3）采用RAG系列催化剂。因Y型分子筛的孔径仅为0.8mm，重油大分子无法靠近其活性中心发生裂化反应，为此，通过对载体改性，增加了载体中的中孔和大孔比例，提高了载体的裂化活性。使该类催化剂具有较强的一次裂化能力和适宜的二次裂化能力以及适当的氢转移反应活性。

☞ 235. 什么是辅助提升管改质降烯烃工艺?

催化裂化装置增设一个单独的汽油改质提升管反应器，对FCC汽油进行改质，促进异构化、氢转移、环化、芳构化等反应，抑制初始裂化和缩合反应，从而达到降烯烃、维持或提高汽油辛烷值的目的。工艺特点：(1)烯烃转化率可达60%，*RON*不损失或略有提高。(2)改质汽油的收率为85%~95%，总液体(LPG+汽油+轻柴油)收率达98.5%，加工损失小。(3)辅助提升管反应器可有机地结合在工业FCC装置中。(4)改质提升管反应器可采用单独优化的工艺条件。(5)虽然对FCC过程的氢进行了重新分配，但过程不耗氢，没有额外的催化剂损耗。典型汽油提升管操作条件：反应温度380~450℃、剂油比2.7~3、提升管长度约31m。由于汽油改质过程需要汽油的二次汽化和冷凝，装置能耗上升。

☞ 236. 为什么越来越多的催化装置增设烟气脱硫系统?

催化装置是炼油厂空气污染的主要来源。催化裂化装置可以散发大量的颗粒物(催化剂粉末)、SO_x和NO_x，由于高硫原料的比重不断增加，其在烟气中的浓度不断增加，因此必须加以控制。美国的烟气排放标准为每燃烧1000kg的焦炭允许排放25g二氧化硫和1kg颗粒。随着国家对环境保护要求日益严格，炼油厂都面临越来越严的烟气污染控制的问题，为了去除烟气中的颗粒物和SO_x，现阶段催化裂化装置逐步增设烟气脱硫系统。有些装置还增加了去除NO_x的设备。烟气脱硫技术主要分为干法、半干法烟气脱硫技术和湿法烟气脱硫技术。

☞ 237. 烟气脱硫系统如何去除烟气中的颗粒物和SO_x?

烟气中的颗粒物大部分是粉尘、炭和烟灰。有时，一些可冷凝的物质，像硫酸和碳氢化合物当气体冷却的时候也可能产生颗粒物。烟气进入洗涤器(罐、塔)与雾状的碱性洗涤水逆向接触，颗粒物被洗涤下来。SO_2和SO_3被氢氧化钠、碳酸钠、氢氧化镁或其他碱性吸收剂吸收，净化烟气则排放入大气。

☞ 238. 什么是干法、半干法烟气洗涤脱硫技术？

干法工艺使用某干粉作吸收剂，半干法工艺使用某种湿的吸收剂但做成干粉来用，吸收剂通过颗粒回收系统进行回收。干法和半干法工艺优点是不降低排气温度，扩散效果好，没有水污染处理问题。缺点是其吸附反应仅在固体表面进行，而内部反应时间长，要求具备大型吸附塔，并需要大量吸附剂。

Engelhard公司开发的脱SO_x工艺(ESR)是一种干法工艺，采用干燥固体流化床，SO_x脱除率达95%以上。固体物料可完全再生，ESR吸附器为一稀相提升管，其中烟气与再生固体吸附剂接触，待生固体吸附剂在鼓泡床中用燃料气进行再生。ESR工艺的优点是投资较低，操作费用低。

☞ 239. 湿法烟气脱硫技术有哪些？

常见的湿法烟气脱硫技术有Belco公司的EDV烟气脱硫技术、UOP公司的THIOPAQ生物法工艺、Exxon公司的WGS烟气脱硫技术、Lurgi公司的EP-Absorber技术、美国杜邦公司的动力波(Dyna-wave)洗涤技术。

☞ 240. 什么是EDV烟气脱硫技术？

Belco公司开发的EDV湿法洗涤技术。从1994年开始工业应用以后，已显示出其优异的操作性和可靠性。EDV技术由洗涤系统和洗涤液处理系统组成，洗涤系统由喷淋塔、过滤器和液滴分离器组成。再生器出来的烟气进入喷淋塔，立即被急冷至饱和温度，而后与含有脱硫剂的喷射液滴接触，脱除颗粒物和SO_x。饱和气体离开喷淋塔后直接进入过滤器，通过饱和、浓缩和过滤除去细颗粒。为保证烟气中没有液滴，烟气进入液滴分离器。从洗涤系统排出的洗涤液包括悬浮的细小颗粒及溶解的亚硫酸钠和硫酸钠，洗涤液处理系统可以将固体悬浮物分离，并且将亚硫酸钠氧化为硫酸钠降低*COD*值，从而可以进入炼油厂水处理系统或直接排放。系统包括一个澄清池脱除悬浮固体，还有一个过滤器。空气进入氧化系统，将亚硫酸钠氧化为硫酸钠。

☞ 241. EDV 烟气脱硫系统的操作原则是什么？

（1）生产中要平稳操作，调节参数幅度要小，防止系统的波动，尤其是对余热锅炉的影响。

（2）对影响生产的参数必须准确判断，对操作的调整必须准确迅速。

（3）对产生非正常工况的原因要正确分析及时处理，不得因误操作使事态扩大。

（4）严格监视急冷水泵出口压力和急冷喷淋喷嘴处压力，保证吸收塔急冷水泵正常。

（5）严格监视浆液 pH 值和浆液固含量，并采取相应措施，保证浆液循环正常。

（6）严格监视氧化罐排放污水 pH 值和 *COD* 情况，严禁超标排放。

第二章　反应-再生系统应急操作

☞ 1. 反应－再生部分的主要任务是什么？

反生-再生部分主要任务是完成原料油的转化。原料油通过反应器与催化剂接触并反应，不断输出反应产物，催化剂则在反应器和再生器之间不断循环，在再生器中通入空气烧去催化剂上的积炭，恢复催化剂的活性，使催化剂能够循环使用。烧焦放出的热量又以催化剂为载体，不断带回反应器，供给反应所需的热量，过剩热量由专门的取热设施取出加以利用。

☞ 2. 反应岗位的操作目标是什么？

在安全平稳的前提下取得最高的产品收率和最好的产品质量。掌握好压力、热量、物料三大平衡，维持良好的流化状态，选择适宜的反应条件，保证良好的再生效果，取得较低的能量消耗，使装置安、稳、长、满、优运行是反应岗位操作的首要目标。

☞ 3. 反应岗位的操作特点是什么？

反应岗位是催化裂化装置工艺生产的核心岗位，其操作参数的相互关系十分复杂，各变化因素又相互制约，且该岗位操作的好坏，直接影响到其他岗位操作的平稳。因此岗位操作难度大，要求高，在正常工况下要全面分析，精心调节，对于非正常工况，要做到准确判断，及时处理。

☞ 4. 反应岗位操作原则是什么？

(1) 生产中要平稳操作，调节参数要缓慢，幅度要小，防止系统的波动。

(2) 对影响生产的参数必须准确判断，对操作的调整必须准确迅速。

(3) 严格遵循工艺卡片要求，在调节过程中坚决执行工艺纪律。

（4）对产生非正常工况的原因要正确分析及时处理，不得因误操作使事态扩大。

（5）严格的压力平衡不得破坏，严禁油气倒窜，任何情况下都绝不允许催化剂倒流。

（6）严禁零藏量操作。

（7）切实执行岗位责任制。

☞ **5. 反应事故处理的一般原则是什么？**

反应事故处理的一般原则：

（1）一般不允许反应－再生系统两器内催化剂藏量压空。特殊情况，如反应系统供汽中断，为避免提升管噎塞和沉降器汽提段催化剂死床，要及时将反应部分的催化剂转到再生器，在保持单器流化的同时，控制反应压力高于再生压力，严禁热风串入反应器。只要反应－再生系统维持催化剂循环，就要保持油浆循环。若油浆循环长时间中断，应采取再生器单器流化。

（2）反应－再生系统两器只要有催化剂，就要通入流化介质，并保持反吹风和松动蒸汽不中断。一旦主风中断，应立即切断反应所有进料，再生器不可喷入燃烧油。若再生温度降到450℃主风仍未恢复，应卸催化剂。

（3）在反应进料情况下，蜡油催化裂化反应温度≮450℃，重油催化裂化反应温度≮480℃。

（4）反应－再生系统发生严重的超温、火灾事故或高温催化剂大量泄漏时，应酌情切断反应进料，迅速进行降压、降温操作。

（5）无论发生任何事故，都必须以保证现场人员生命安全和保全主要关键设备为原则。

☞ **6. 反应切断进料的原则是什么？**

发生下列事故，须切断进料，紧急停工：

（1）严重超温、超压状态；

（2）主风中断；

(3) 全装置水、电、汽、风中断，短时间无法恢复；

(4) DCS 大面积故障，短时无法恢复，操作无法进行；

(5) 催化剂循环流化失常，跑损过多，无法维持正常生产，或有油气互窜危险；

(6) 严重炭堆积；

(7) 反应提升管出口温度低于 480℃，采取措施仍无法维持；

(8) 重要设备发生故障或严重泄漏，危及安全生产；

(9) 发生严重火灾或爆炸事故；

(10) 系统发生物料供应故障或产品后路阻塞；

(11) 其他不可抗拒情况。

☞ 7. 反应切断进料后如何处理？

切断进料后，具体工作如下：

(1) 通知机组岗位，进行气压机降速工作。

(2) 反应内操手动关闭所有提升管进料控制阀门(包括提升管注干气阀门)。

(3) 开大提升管原料雾化蒸汽、预提升蒸汽等，保证提升管的提升能力，同时关闭提升管注干气手阀。

(4) 调整双动滑阀和分馏塔顶蝶阀，保证两器压力平衡。

(5) 相应关小再生、待生滑阀，尽可能地保证催化剂的两器流化，用急冷水控制提升管出口温度不超高。

(6) 在气压进入暖机转速后，关闭反飞动控制阀，防止蒸汽倒窜入气压机体产生积水。

(7) 外操应详细检查自保动作情况，并关闭所有提升管进料器壁阀门，如自保没有按规定动作应就地手动投用。

(8) 切断进料后可第一时间停提升管进料泵，停泵后及时关闭事故旁通前手阀，尽量减少混合原料进入分馏塔底量，保证分馏塔底温度不低于 250℃，避免后续开工时发生油浆泵抽空(如流程允许，事故旁通线平时应改为紧急时进原料油罐)。

(9) 一般情况下，调节阀会有漏量，先关闭低处的原料、油浆、回炼油总阀，再去关闭提升管喷嘴器壁阀，可减少低温时进入提升管的油量。

（10）联系生产管理部门，相应关小装置外来原料油量，维持原料罐液位不超高，给分馏改油浆紧急外甩线和建立原料开路循环提供时间。

（11）在操作过程中要随时注意两器压力平衡情况，一旦发现压力控制不住，催化剂出现单方向流动的危险时，立即启动两器差压低限自保，关闭待生、再生滑阀。

（12）启动两器差压低限自保后，要检查待生滑阀、再生滑阀动作情况，如滑阀动作不到位，立即改成现场手摇关闭。

（13）反应内操再次检查确认所有提升管进料控制阀门输出信号回零；确认关闭待生滑阀、再生滑阀，将滑阀输出信号回零；做好自保复位的准备。

（14）当两器差压控制平稳后，将两器差压低限自保复位，逐渐打开待生滑阀、再生滑阀，建立三器催化剂流化，为重新喷油，恢复生产做准备。

☞ 8. 启用反应器进料自保后，应注意哪些问题？

（1）自保动作后，操作人员应立即就地检查各自保阀动作是否正确，发现错误立即纠正。

（2）启用提升管进料自保后，应将提升管进料喷嘴第一道阀关严。

（3）自保启用后，应立即改为就地控制，再将自保开关复位。

（4）恢复生产时，应逐步关小或开大有关阀门。恢复正常后，再全面检查一下，是否恢复到自动位置。

☞ 9. 反应进料中断的现象及原因有哪些？

原料紧急中断时反应系统出现如下现象：原料流量仪表回零并报警；反应压力快速下降，反应温度迅速上升。造成新鲜进料中断的可能原因：原料供应中断，原料油泵出现机械或电气故障等造成原料油泵抽空或停运，新鲜进料流控阀失灵关闭，原料严重带水气阻等。

☞ **10. 原料供应中断如何处理？**

如原料供应中断，应联系相关部门尽快恢复原料供应，短时间内按原料泵停泵相应调整操作；长时间原料中断，按紧急停工处理。

☞ **11. 原料泵故障停运导致进料中断时，反应岗位怎样处理？**

（1）如原料泵因电气或机械故障停运而回炼油泵没停时，可提高回炼油量，开大原料雾化蒸汽、预提升蒸汽、预提升干气，关小再生滑阀、待生滑阀，尽可能保证提升管不噎塞。开大反飞动阀保证提升管温度和沉降器压力，维持操作，关小原料油进料控制阀。同时立即重新启动备用提升管进料泵，恢复提升管正常进料量。

（2）用终止剂控制提升管出口温度不超高。

（3）如气压机入口压力低可停气压机，同时调整双动滑阀和分顶蝶阀保证沉降器和再生器压力平衡。

（4）如长时间原料不能恢复或提升管噎塞、无法流化，按紧急停工处理。

☞ **12. 原料泵和回炼油泵同时停运，反应岗位怎样处理？**

（1）如原料泵和回炼油泵同时停运，此时提升管内气体量大幅度突减，极易发生噎塞，应立即开大提升管原料雾化蒸汽、预提升蒸汽、预提升干气，并关小再生滑阀，尽可能保证提升管的流化。同时立即重新启动提升管进料泵和回炼油泵，恢复提升管正常进料量。

（2）用终止剂控制提升管出口温度不超高。

（3）如气压机入口压力低可停气压机，同时调整双动滑阀和分顶蝶阀保证沉降器和再生器压力平衡。

（4）若提升管内催化剂无法维持流化或长时间原料中断，按紧急停工处理。

☞ **13. 提升管进料中断处理时有什么注意事项？**

在操作过程中要随时注意两器压力平衡情况，一旦发现压力控制不住时，催化剂出现单方向流动的危险时，立即启动两器差压低限自保，关闭待生、再生滑阀。

启动两器差压低限自保后，要检查待生滑阀、再生滑阀动作情况，如滑阀动作不到位，立即改成现场手摇关闭。反应内操要检查确认所有提升管进料控制阀门输出信号回零；确认关闭待生滑阀、再生滑阀，将滑阀输出信号回零；做好自保复位的准备；当两器差压控制平稳后，将两器差压低限自保复位，逐渐打开待生滑阀、再生滑阀，建立三器催化剂流化，为重新喷油，恢复生产做准备。

☞ 14. 再生器主风中断故障有什么危害？

再生器主风突然中断，将导致再生器压力突然降低，两器差压突然升高，轻则造成催化剂带油，再生器冒黄烟，重则将发生催化剂倒流的恶性事故。所以要求操作人员处理该项故障时要沉着果断，严防误操作。

☞ 15. 主风中断的事故现象是怎样的？

（1）各主风流量指示回零。

（2）主风分布管压降回零。

（3）再生器压力、温度急剧下降。

（4）二密藏量急剧下降，烧焦罐藏量急剧上升。对于两段重叠再生装置，一再藏量急剧下降，二再藏量急剧上升。

☞ 16. 主风中断的原因有哪些？

（1）主风机故障停机。

（2）主风机出口管道控制阀全关。

（3）主风机出口防喘振控制阀突开。

☞ 17. 主风中断后，反应岗位如何进行紧急处理？

（1）发现主风中断，立即手动确认主风低流量自保、原料自保、增压风自保投用。

（2）首先应关闭主风流控阀，防止催化剂倒流至主风机，调节气压机入口放火炬，保证两器差压保持在允许范围内(注：同时应检查烟机入口蝶阀是否关闭，如在主风中断后，烟机入口蝶阀没有随主风机自保动作而关闭，应立即手动关闭烟机入口蝶阀，防止烟机超转速。如手动无法关闭，立即联系主风机操作人员去现场关闭。

(3) 关闭主风流控阀后，应迅速手动打开双动滑阀，保证两器差压在正常范围内，防止催化剂倒流至沉降器。

(4) 关闭所有提升管进料调节阀和现场手阀。

(5) 在气压机进入暖机转速后，关闭反飞动控制阀，防止蒸汽倒窜入气压机体产生积水。

(6) 两器压力平衡控制住后，相应关小沉降器各点蒸汽注入量，防止汽提段内催化剂温度下降过快造成催化剂和泥。在两器差压控制平稳后，可将汽提段内催化剂全部转入再生器。

(7) 切断进料后尽早停提升管进料泵，相应关小装置外来原料量，维持原料罐液位不超高，给分馏改油浆紧急外甩线和建立原料开路循环提供时间。

(8) 为保证再生器催化剂温度不下降过快，要尽早将主风事故蒸汽切除。

(9) 将燃烧油改至待用状态，准备重新供风后及早恢复生产。燃烧油器壁阀要关闭，防止主风中断期间燃烧油大量串入再生器，造成并风时爆炸。

☞ 18. 主风机飞动原因及如何处理？

(1) 原因：①双动滑阀失控或其他原因造成再生器压力突然升高。②主风机入口过滤网堵或出口电动闸阀误动作等造成主风出口压力高，主风流量低。③主风机自身调节系统失灵，主风机超速等。

(2) 处理方法：①迅速检查双动滑阀、烟机入口蝶阀等开度，若失灵，则改手摇，使再生器压力迅速降低到正常值。②通知机组操作人员检查主风机组自身工况，使机组恢复正常运行。

☞ 19. 待生提升风中断有何现象？

有的催化裂化装置由于一再位置较高，汽提后待生催化剂需用增压风提升至一再。

当待生提升风中断后出现如下现象：

（1）汽提段料位上升，待生滑阀开大。

（2）待生斜管密度上升，压降增大。

（3）待生提升管密度上升，压降增大。

（4）一再料位、温度下降。

☞ 20. 待生提升风中断的原因是什么？

待生提升风中断一般是因为增压机故障或停电。

☞ 21. 待生提升风中断后，如何进行紧急处理？

当待生提升风中断后，可作如下处理：

（1）迅速投用待生提升故障蒸汽；关小再生滑阀，相应降处理量。

（2）调整流化，维持正常生产。

（3）如增压机故障，切换备机。

（4）如无法恢复正常流化，立即投进料低流量自保，切断两器。

☞ 22. 外取流化风中断时，反应岗位应如何紧急处理？

外取热流化风中断，会导致取热量突然减小，再生温度大幅度上升。

（1）若因增压机故障导致，及时联系启动备用增压机，同时降低处理量，以防再生器超温。

（2）若因控制阀故障导致，及时联系外操，将流化风控制阀改副线控制。

（3）若因流化风控制阀开度小、外取热器内密度过大造成犯憋中断，可调整外取热流化风控制阀，恢复供风。

（4）若有两台外取热器的装置，可通过提高另一台正常外取热器的取热量，来控制再生温度。

☞ 23. 气压机突然停机的原因、现象有哪些？

（1）原因：①气压机故障突然停机；②气压机入口富气量低，引起停机；③气压机量突然增加（反飞动失灵或操作员失误）引起超转速停机。

（2）现象：①气压机入口和反应压力都突然升高；②负两器压力差增加；③提升管出口温度大幅度下降；④沉降器藏量下降，烧焦罐藏量上升。

☞ 24. 气压机突然停机，反应、再生岗位如何处理？

（1）立即打开气压机入口放火炬阀。

（2）控制好两器压力。

（3）控制好两器温度，注意防止炭堆积和二次燃烧。

（4）必要时适当降低处理量。

（5）如果长时间停机，按紧急停工处理。

☞ 25. 发生气压机飞动时，有什么现象？

（1）反应压力上升且大幅度波动。

（2）气压机入口流量大幅度波动。

（3）压缩机转速大幅度晃动，机组本身发出时高时低的吼叫声，机体剧烈振动。

☞ 26. 发生气压机飞动主要原因是什么？

（1）气压机入口流量突降(反应产气量和反飞动量突降)。

（2）气压机出口压力突然上升。

（3）富气相对分子质量减少。

（4）进气压力下降。

（5）转速控制器故障。

☞ 27. 发生气压机飞动紧急情况时，反应岗位如何处理？

（1）气压机入口流量低，应开大反飞动量。

（2）如因蒸汽、循环水等原因引起气压机转速降低而导致气压机飞动，可开气压机出口放火炬。

（3）气压机出口压力高，应联系稳定、精制岗位查明原因。紧急情况下可启用气压机出口放火炬撤压，保证机组安全。

（4）气压机入口压力下降，应相应提高反飞动量，降低气压机转速。

（5）进气压机油气带汽油造成气压机飞动，应立即停气压机，用气压机入口放火炬控制反应压力。同时联系分馏岗位采取措施降低分馏塔顶油气分离器液面，当液面正常后，重开气压机恢复生产。

（6）转速控制器故障，可将转速控制改成手动，联系仪表处理。

（7）严重时紧急停气压机，反应岗位降处理量。

☞ 28. 气压机喘振现象、原因是什么？

（1）现象：①反应压力上升且大幅度波动；②气压机入口流量大幅度波动；③机组本身发出时高时低的声响，机体剧烈振动。

（2）主要原因：①入口压力过低或反喘振量突降，造成气压机入口流量突然降低；②气压机出口压力突然升高；③进汽轮机中压蒸汽压力下降、温度低、转速控制器故障等原因造成气压机转速降低；④进入气压机的油气严重带液。

☞ 29. 气压机喘振反应岗位如何处理？

（1）气压机入口流量低，应开大反喘振量，并查明原因，恢复入口气量。

（2）气压机出口压力高，应查明后部出口不畅的原因，紧急情况下可启用气压机出口放火炬撤压，保证机组安全。

（3）如因蒸汽压力低或转速控制器故障等原因引起气压机转速降低而导致气压机飞动，可开气压机出口放火炬，并迅速采取措施，恢复气压机转数。

（4）进气压机油气带液严重时，造成气压机飞动，应立即停气压机，用气压机入口放火炬控制反应压力。同时联系分岗位采取措施降低分馏塔顶油气分离器液面，当液面正常后，重开气压机恢复生产。

☞ 30. 原料带水的现象如何？

（1）原料预热温度突然下降。

（2）提升管反应温度下降，进料量波动。

（3）沉降器压力上升，甚至高于再生器压力，处理不及时，会造成汽提段藏量压空。

（4）原料换热器憋压、气阻。

（5）原料油泵抽空。

☞ 31. 原料带水怎样处理?

（1）视操作变化程度适当降低处理量，确定带水原料(冷渣油、冷蜡油)的供料来源，联系罐区脱水换罐。

（2）提高原料预热温度，使反应温度回升。

（3）反应温度下降时，再生滑阀改手动控制，防止带水消除后反应温度过高。

（4）若沉降器压力急剧上升，不能保证安全生产时，采取气压机入口放火炬，控制沉降器压力，防止沉降器藏量压空。

（5）在处理过程中，要注意再生器床温，并注意主风机组、气压机组工作状况，防止发生二次燃烧。

（6）视程度停冷油泵。

（7）原料严重带水，使提升管出口温度降到480℃以下，沉降器压力骤然上升，立即投入进料自保，打开进料事故旁通副线阀，关闭自保阀上下游阀，开大进料雾化汽调节阀，关闭油浆回炼手阀及回炼油、急冷油手阀，通入吹扫蒸汽，同时切断钝化剂注入，并继续进行紧急停工处理。

（8）原料油泵抽空时及时处理。

☞ 32. 反应进料严重带水如何处理?

当反应新鲜进料严重带水时，会出现进料温度突降、反应压力和反应温度以及进料量激烈波动、原料换热器憋压、原料油泵抽空等现象。当发生以上情况时，应大幅度降低反应进料量、适当降低新鲜进料温度、看管好原料换热器和原料油泵，并联系原料罐区加强切水或换罐。若无法维持生产，应酌情切断反应进料。

☞ 33. 反应进料量大幅度波动原因有哪些?

（1）原料带水。

（2）蜡油泵、油浆泵、回炼油泵不上量或发生机械、电气故障。

（3）蜡油、渣油、回炼油、回炼油浆等流控系统失灵或喷嘴进料流量控制失灵。

☞ 34. 反应进料量大幅度波动怎样处理？

（1）迅速判断原因。

（2）原料带水时，按原料带水处理。

（3）泵抽不上量时，若油罐抽空，迅速联系罐区处理，若机泵故障，立即启用备用泵。

（4）控制失灵后，迅速改手动或控制阀副线手阀控制，联系仪表处理。

（5）原料油短时间中断后，可适当提回炼油及油浆量，如短时无法恢复，启用进料自保。

☞ 35. 反应－再生系统超温如何处理？

（1）大幅度降主风量，通入主风事故蒸汽，切断进料，通入事故蒸汽；

（2）停喷燃烧油，开大外取热；

（3）活动待生、再生滑阀，防止卡坏；

（4）查明事故原因，做相应处理；

（5）检查反应-再生系统设备是否有损坏。

☞ 36. 当发生反应温度过低，无法提起的紧急情况时，反应岗位如何处理？

因提升管出口温度过低（重油催化低于480℃，蜡油催化低于450℃），无法提起时，应紧急切断进料，自动或手动启用反应温度低限自保。

☞ 37. 反应温度大幅度波动的原因有哪些？

（1）提升管总进料量大幅度变化，原料油泵或回炼油泵抽空。

（2）再生单动滑阀控制失灵。

（3）进料压力大幅度波动。

（4）原料的预热温度大幅度变化。

（5）二再温度大幅度波动。

（6）催化剂循环量大幅度变化（主风、增压风量变化、送风变化使流化不畅、两器压力突变、系统藏量突变等）。

（7）原料油带水，造成反应温度急剧下降。

（8）仪表热偶失灵。

☞ 38. 反应温度大幅度波动如何处理？

（1）迅速查清反应温度波动的原因，采取调整措施。

（2）仪表控制失灵时改手动或副线手阀控制，若机泵故障，迅速换泵。滑阀故障时迅速改手摇控制，联系仪表、钳工紧急处理。

（3）控制稳两器间差压。

（4）平稳油浆循环流量，调整原料油–油浆换热器三通阀的开度，控制温度。

（5）调整再生器烧焦效果、外取热器取热量，控制好再生器床温。

（6）控制平稳沉降器及再生器压力，调整各路主风、增压风量，稳定催化剂循环量。

（7）原料油带水按原料油带水的非正常情况处理（包括联系罐区切水或换罐；提高原料预热温度等）。

（8）以上处理过程中，若反应温度过高，可增大反应终止剂用量。

☞ 39. 反应压力大幅度波动的原因有哪些？

（1）原料带水或进料量大幅度波动。

（2）反应温度大幅度变化。

（3）急冷油启用过猛，沉降器压力突然升高。

（4）蒸汽带水或汽提蒸汽量、压力大幅度波动，预提升蒸汽量大幅度波动，防焦蒸汽控制失灵。

（5）分馏塔底液面过高，引起反应压力上升。

（6）分馏塔回炼污油量过大或冷回流量过大，反应压力升高。

（7）气压机入口压力变化大（反飞动控制阀失灵、气压机故障等）。

（8）装置内低压蒸汽压力及流量变化影响气压机转速。

（9）气压机故障停车。

（10）分馏塔冷凝冷却系统效果差，冷后温度高，反应压力上升。

（11）分馏塔各段回流取热分配不均，造成局部负荷过大或液泛现象，分馏塔压降增大造成反应压力升高。

（12）仪表失灵。

☞ 40. 反应压力大幅度波动的处理方法有哪些？

（1）迅速查明原因，采用相应处理措施。

（2）对于原料带水、反应温度波动、进料量波动要及时调整操作，加强系统间的联系。

（3）调节急冷油动作要缓慢，启用时，密切监视并控制好沉降器压力。

（4）搞好蒸汽的设备前脱水，控制平稳汽提蒸汽、雾化蒸汽、预提升蒸汽流量；控制阀失灵时，改手动或控制阀副线手阀控制。

（5）必要时，紧急排油浆降液面。

（6）反飞动控制阀失灵时，改手动或副线手阀控制，气压机低压蒸汽压力变化时，用低压汽出装置压控阀或联系锅炉岗位平稳压力。

（7）气压机因低压蒸汽中断或其他原因故障停车时，气压机入口放火炬维持反应压力，同时，反应岗位降量操作维持循环或停工处理。

（8）调整分馏塔顶冷凝冷却器负荷，检查冷凝冷却系统，发现故障及时处理，保证冷后温度不高于40℃。

（9）优化分馏塔各段回流取热分配，保证全塔热平衡。

（10）处理过程中，密切注意反应器-再生器差压变化情况，注意汽提段、再生器藏量，当任何一方有压空危险，启用气压机入口放火炬仍无法维持时，投进料自保，并关闭待生、再生滑阀，切断催化剂循环，防止油气互串。

(11) 仪表失灵，及时联系仪表岗位处理。

(12) 放火炬系统定期试验，确保畅通。

(13) 分馏打冷回流或回炼污油时要做好岗位间的联系。

☞ 41. 反应压力超高无法控制时如何处理？

答：在任何情况下，当反应压力超高无法控制时，应立即打开放火炬控制阀，防止反应压力超高。

☞ 42. 再生器压力大幅度波动的原因是什么？

(1) 再生器主风量，增压风量波动。

(2) 双动滑阀、烟机入口蝶阀或旁路双阀失灵。

(3) 再生器启用燃烧油过猛或燃烧油、雾化蒸汽带水。

(4) 外取热器取热管突然破裂。

(5) 余热炉入口蝶阀控制失灵。

(6) 烟道喷水、喷汽控制失灵。

(7) 待生催化剂大量带油。

(8) 仪表失灵。

☞ 43. 再生器压力大幅度波动的处理方法是什么？

(1) 迅速查明原因，采取相应措施及时处理，防止两器差压超限。

(2) 调整各路主风、增压风分配，控制各路主风量稳定在正常值。

(3) 双动滑阀及烟道蝶阀故障改手动控制，余热炉入口蝶阀关闭时，应先打开旁路蝶阀，再手动打开余热炉入口蝶阀。

(4) 启用燃烧油要缓慢，启用前，燃烧油雾化蒸汽要脱净水。

(5) 外取热器管束破裂时，及时处理。

(6) 烟道喷水、喷汽时要缓慢。

(7) 搞好待生剂汽提操作，保证汽提蒸汽流量、压力，确保汽提效果。

(8) 当采取以上措施无效，无法维持汽提段或再生器藏量，应启用进料自保，调整好两器流化，平稳后恢复进料。

(9) 仪表失灵时，及时联系处理。

(10) 余热炉旁路蝶阀要经常试验，确保室内控制灵敏；启用进料自保时，先将燃烧油脱水并引到器壁阀前再视再生器温度启用燃烧油。

☞ 44. 两器压力大幅度波动时，关键操作是什么?

答：最关键的是控制好两器差压。

☞ 45. 两器差压大幅度波动如何处理?

催化裂化的控制方案中，两器差压不是一项主要参数，反应压力、再生压力均为单独控制，两器差压对催化剂循环量、两器的流化等均直接相关，影响较大，所以操作中必须对其密切注视，严防差压超出指标。差压超标，可能引起催化剂倒流事故。

(1) 若再生器压力波动，应按再生压力控制方法迅速查明原因，予以处理。双动滑阀故障应及时派专人处理；

(2) 若反应压力波动，按反应压力大幅度变化来处理。迅速使压力平稳；

(3) 仪表失灵，应及时联系仪表岗位予以处理；

(4) 在处理过程中，密切注视反应器藏量，汽提段压降，脱气罐料位的变化情况，两器之间不得互相压空，若无法维持，应关闭再生和待生滑阀，切断两器循环。

☞ 46. 一再床层温度大幅度变化原因是什么?

(1) 待生催化剂汽提不好或带油。

(2) 外取热器取热负荷变化过快。

(3) 一再、二再烧焦比变化太大。

(4) 喷燃烧油量变化太大。

(5) 外取热器或内取热器泄漏。

(6) 进料量或进料组成大幅度波动。

(7) 再生器注入蒸汽窜油。

☞ 47. 一再床层温度大幅度变化如何处理?

(1) 适当降量，改善汽提效果。

(2) 缓慢调节外取热器取热负荷。

（3）调节一再、二再主风量、藏量时应缓慢。

（4）喷燃烧油时变化幅度应尽量小。

（5）若外取热器或内取热器泄漏，及时停止上水，并判明是哪一组泄漏，及时切除。

（6）平稳进料量或进料组成。

（7）再生器注入蒸汽窜油，温度上升太快，按紧急停工处理，查找窜油部位并切除。

☞ 48. 二再（或烧焦罐）出口温度大幅度变化原因是什么？

（1）待生滑阀失灵。

（2）燃烧油量突然变化。

（3）汽提蒸汽量太小，使待生剂带油。

（4）再生器注入蒸汽窜油。

☞ 49. 二再（或烧焦罐）出口温度大幅度变化如何处理？

（1）滑阀改手动控制或手摇控制。

（2）适当调节燃烧油用量。

（3）增加汽提蒸汽量。

（4）再生器注入蒸汽窜油，温度上升太快，按紧急停工处理，查找窜油部位并切除。

☞ 50. 外取热管束泄露反应、再生岗位如何处理？

（1）发现外取热器取热管泄漏，应降低外取热负荷。

（2）再生压力和温度无法控制时切除外取热器。

（3）迅速查明外取热器管束漏点，立即切除。

（4）如果外取热器泄漏严重时，应降处理量，停用外取热器。

（5）如果两器差压和热平衡无法控制时，应进行紧急停工。

☞ 51. 外取热器取热管爆管反应、再生岗位如何处理？

（1）外取热器管束严重泄漏时，应切除外取热器，降低进料量或掺渣量，调整反应-再生系统操作维持热平衡。

（2）判断泄漏的管子，该管温度比正常时高，然后将其切除（具体方法是：关闭一组取热管的出口阀，再关入口阀，如压力迅速上升，证明此管不漏，立即打开出入口阀以防超压，否则表明该管泄漏需切除）。

（3）如强制循环泵长期不能运行，应打开循环手阀，使之形成强制循环。

（4）如果两器差压和热平衡无法控制时，应进行紧急停工。

☞ 52. 外取热器断水汽包干锅反应岗位如何处理？

（1）关闭外取热器上、下滑阀，切断热源，增加外取热器流化风。同时降低油浆回炼量，加大油浆外甩量，减少生焦。

（2）查明干锅原因，准备重新启用外取热器。外取热器温度降至250℃以下时，外取热器管线缓慢由小到大进水，严禁在外取热器温度较高时进水，防止损坏设备。建立水循环时，用蒸汽加热，水循环正常后，缓慢向引外取热器引热源。

☞ 53. 内取热器泄漏如何处理，有哪些特点？

再生器内有内取热器的装置，如内取热器破坏，其处理方法基本如外取热器管束破坏时一样，但内取热器发生破坏时，其特点如下：①不管是水平式盘管还是垂直式盘管，其破坏点均在进水管端。水平式盘管距入口处约5~6m左右。垂直式盘管在水入口的水平段，并靠近弯头焊缝处。且两者大部分发生在管子上部表面；②管子的破裂一般先从管子内表面发生裂纹开始，并在管内高压蒸汽作用下，使裂纹逐渐形成穿孔；③母材和焊缝均有破坏，而以在母材上的点数为多；④盘管破坏均发生在饱和蒸汽管上。

☞ 54. 两器催化剂循环中断的原因有哪些？如何处理？

反应–再生系统两器的催化剂能否正常循环取决于两器压力平衡及催化剂的流化质量。

造成催化剂中断循环的可能原因、现象及处理方法：

（1）待生催化剂严重带油堵塞待生斜管（或待生催化剂出口隔栅）、待生滑阀阀板脱落或失灵全关、待生线路催化剂架桥、汽提段催化剂料位指示失灵造成待生滑阀自动关闭。

出现以上问题时，再生藏量和再生温度迅速降低，待生滑阀前压力升高。

处理时应迅速将待生滑阀改手动控制，滑阀开度稍大于正常位置，检查调整有关的松动点，同时大幅度降低反应进料量，并观察两器催化剂料位和操作温度的变化。如仪表失灵要尽快联系处理。若待生滑阀阀板脱落或待生线路催化剂架桥(或待生催化剂出口)堵塞，处理无效，应紧急停工。

(2) 对于两个再生器串联的装置，空气提升管噎塞或半再生立管噎塞也会造成催化剂中断循环。空气提升管噎塞多因增压机突停或增压风流控阀失灵关闭所致。半再生立管噎塞多因半再生滑阀失灵关闭(或一再催化剂藏量指示失灵造成半再生滑阀自动关闭)或立管失流化所致。发生上述事故时，若二再催化剂藏量不能维持，应及时切断反应进料，酌情关闭再生滑阀。

☞ 55. 催化剂循环中断常见现象、原因及如何处理?

(1) 现象：①反应温度迅速下降，再生温度上升，两器温差迅速增大；②反应压力下降，烟气氧含量上升。

(2) 原因：①再生或待生单动滑阀失灵自动关闭；②两器压力差过大，滑阀压降回零；③松动风、松动汽压力过低或带水严重。

(3) 处理方法：①滑阀改手动或手摇开，保持流化；②分别降低两个提升管的进料量，控制好两器温度和压力；③提高松动风和蒸汽的压力，加强脱水。

☞ 56. 提升管终止流化的现象有哪些?

提升管终止流化时，会出现如下状况：

(1) 再生斜管密度下降。

(2) 再生滑阀压降迅速变小、提升管压降迅速变小。

(3) 提升管温度直线下降。

(4) 待生汽提段料位下降或上升。

☞ 57. 提升管终止流化的原因有哪些?

提升管终止流化的原因：

(1) 进料量过小，提升能力差。

（2）再生器密度大，使再生器内催化剂流化不起来。此时待生汽提段催化剂料位下降。

（3）预提升蒸汽，原料雾化蒸汽堵塞。

（4）再生滑阀失灵。

☞ 58. 当发生提升管终止流化的紧急情况时，应如何处理？

当提升管终止流化时做如下处理：

（1）提进料量，开大预提升蒸汽和雾化蒸汽，并可向提升管注干气。

（2）适当提主风量，调节再生线路上的松动蒸汽量。

（3）如滑阀失灵，则改手动或手轮操作，并联系仪表工或钳工处理。

（4）上述调节无效时，立即切断进料。但需注意，如果蒸汽压力变小或阻塞，则立即切断进料，以防提升管结焦。蒸汽恢复正常后，重新组织进料。

☞ 59. 再生催化剂循环中断现象、原因及如何处理？

（1）现象：①再生滑阀压降突然降低。②提升管下部、出口温度急降。③反应压力降低，提升管出口粗旋压降急降。④二再藏量、密度上升，沉降器催化剂藏量密度突然下降，一再藏量、密度突然下降。⑤提升管下部密度、藏量、提升管下段密度回零。

（2）原因：①再生滑阀开度过小，或突然关闭，或是被前部脱落的衬里堵住。②二再外溢流管松动风中断。③再生立管松动风或蒸汽中断。④提升管底部的预提升介质中断。⑤二再藏量过低。⑥两器差压过小或负差压，造成推动力不足。

（3）处理：应立即切断进料，加大事故蒸汽量，查明循环中断的原因，并相应进行处理。当恢复流化时要缓慢，加大汽提蒸汽量，以免引起催化剂带油造成再生器超温或反应压力过高等事故或现象。

☞ 60. 待生催化剂循环中断现象、原因及如何处理？

（1）现象：①待生滑阀（塞阀）压降减小；②反应沉降器汽

提段藏量和密度上升，一再藏量降低；③待生管(套筒)密度降低，二再床温逐渐下降；④一再压力、温度下降。

(2) 原因：①反应沉降器与一再负差压过小；②待生立管内松动介质过大，或汽提段汽提蒸汽、锥体松动蒸汽量过大，产生气阻或松动；③介质中断，催化剂发生堆积阻塞；④待生滑阀(塞阀)开度过小或关闭。

(3) 处理方法：①待生滑阀(塞阀)改手动或手摇开，保持流化；②降低提升管的进料量，控制好两器温度和压力；③提高松动风和蒸汽的压力，加强脱水；④调节待生管(套筒内)介流量质，保证流化正常。

☞ 61. 两器催化剂流化不好如何处理？

由于两器催化剂流化不好而催化剂循环中断，反应温度快速下降。此时应立即关小提升管进料控制阀，降低进料量；同时应立即开大预提升介质控制阀，加大预提升介质量，频繁改变再生滑阀开度，控制反应温度不低于450℃。否则启用进料自保，紧急切断进料。

☞ 62. 再生斜管流化不正常现象、原因及如何处理？

(1) 现象：①再生斜管密度增大或减小；②提升管密度减小；③提升管出口温度降低；④汽提段藏量减少。

(2) 原因：①再生器藏量低；②再生滑阀关死；③斜管松动不正常；④两器差压低，催化剂推动力小。

(3) 处理方法：①提高再生器藏量；②滑阀该现场控制；③处理松动，使松动正常；④适当提高两器差压。

☞ 63. 提升管流化不正常现象、原因及如何处理？

(1) 现象：①提升管密度减小；②提升管出口温度降低；③气体段藏量减少。

(2) 原因：①预提升蒸汽、雾化蒸汽、汽油回炼量少；②两器差压低。

(3) 处理方法：①开大预提升蒸汽、雾化蒸汽、汽油回炼量；②适当提高两器差压。

☞ **64. 待生斜管流化不正常现象、原因及如何处理？**

（1）现象：①汽提段藏量高、密度大；②斜管密度大。

（2）原因：①斜管松动不正常；②两器差压高，催化剂推动力小；③汽提蒸汽量过大。

（3）处理方法：①处理斜管松动使之正常；②降低两器差压；③降低汽提蒸汽量。

☞ **65. 提升管噎塞现象、原因及如何处理？**

（1）现象：①反应温度急剧下降，沉降器压力下降；②汽提段藏量下降；③再生器藏量上升；④待生塞阀关，再生滑阀开大；⑤提升管差压、密度大幅度波动。

（2）原因：①提升管气体线速过低，形成噎塞。②催化剂循环量过大。③预提升干气、蒸汽中断。

（3）处理方法：①检查提升管预提升干气、预提升蒸汽是否正常，如果调节阀故障关，可用副线阀调节。②如果催化剂循环量过大，可适当降低反应温度或提高再生温度。

☞ **66. 待生立管阻塞现象、原因及如何处理？**

（1）现象：①汽提段藏量上升。②待生立管密度上升。③再生器藏量下降，再生温度下降。④再生烟气氧含量上升。⑤待生塞阀开大，压降降低。⑥反应温度低，并继而发生再生滑阀压降低。⑦沉降器压力下降。

（2）原因：①催化剂带油，引起再生器超温，待生催化剂结焦堵塞待生立管。②炭堆积处理不及时，再生器超温，待生立管急剧膨胀，待生塞阀卡住，造成催化剂在待生立管内结焦使循环中断。③待生立管松动点堵塞或松动介质压力、流量变化过大，引起待生立管或汽提段锥体处催化剂架桥。

（3）处理方法：①降低进料量，视发展情况决定是否切断进料，关闭再生单动滑阀，保持单容器流化。②待生塞阀由自动改手动，并适当开大。③检查待生立管各点松动情况，视具体范围采取由松动风改为松动汽，平稳介质流量。④若催化剂仍不流动，派专人看守两器藏量，反复改变两器差压，若催化剂开始流动，调整操作，达到喷油条件后重新进料。⑤若待生立管堵塞严重，长时间处理无效，可采取紧急停工卸催化剂。

☞ 67. 什么叫催化剂架桥？

催化剂循环量不稳，大幅度减少，甚至停止流化的现象称为架桥。催化剂架桥是指催化剂在斜管或再生器、沉降器锥体及在斜管内有气阻，流化不好，或流化进行不下去的情况。

☞ 68. 催化剂架桥的原因？

催化剂架桥一般原因如下：

（1）流化床的变化引起循环管线架桥。当再生器或沉降器中的表观气速降低时，循环管中催化剂可能会发生架桥；

（2）不正确的通入松动风或松动点设计不合理引起架桥；

（3）在斜管输送催化剂时，靠近提升管连接处以上一定范围内不能通入松动气，否则易引起架桥；

（4）循环系统压力波动，也就是说瞬间压力平衡遭到破坏，也是造成架桥的原因；

（5）循环管线设计不合理（如变径过大、拐弯多、管径小），在某一条件下产生了强约束流动，是引起架桥的条件之一；

（6）在一定通气量下，催化剂循环强度较低时，也容易发生架桥，这主要是因为催化剂循环强度改变了相对速度。

☞ 69. 催化剂架桥如何处理？

消除架桥现象是一个复杂的问题，在实际生产中无法准确地判断出设备内部流化状态，只好通过判别和操作经验来处理。当催化剂架桥故障发生时，一般可采取如下处理方法：

（1）如因流化床层变化引起架桥，应保持流化床平稳操作，确保压力平衡，无论降低或提高床层表观气速，应采取勤调节，逐步、慢速调节，切不可猛提猛降。

（2）如在变径或拐弯处架桥，应加大管线变径处或拐弯处松动风量，最好是在架桥处上方稍通气，当架桥疏通后必须尽快减小该处的给风量，以保持催化剂的正常流动。

（3）垂直管适宜的松动点间距为 4~4.5m，若中间多加一个

松动点且通气量较大则架桥，因此，应关掉该点。对立管松动点和松动风量进行适当调整

（4）如压力不平衡引起，应减小架桥点以下的压力，可采用在架桥点以下放出部分气体（要采取一些防护措施，防止高温催化剂引起火灾或烫伤操作人员），或关掉部分松动点，待架桥疏通后再投用。

（5）如湿的松动风或蒸汽引起，则平时应保证工业风的露点低于-40℃，蒸汽松动点前的管线保温良好，进喷嘴前为过热状态。

（6）如外来物或衬里脱落导致管路堵塞，应使用γ射线来检查确定堵塞，并使用高压蒸汽或氮气清除堵塞物，必要时停工清除。

（7）如催化剂颗粒太粗，细粉含量偏低引起，应检查最近使用的催化剂性质；检查催化剂铁含量；三旋细粉回收利用或增加油浆回炼量回收细粉；增加新鲜剂的补充；考虑更换催化剂。

（8）如催化剂脱流化，达到堆积密度，再生器压力低引起架桥，则提高再生器压力。

（9）如近期装置检修或改造后架桥，则应核对料斗和立管的设计；堵塞外部料斗的排气口；检查松动气喷嘴的数量和方向；装置检修后封人孔前所有松动点都需确认畅通。

☞ 70. 催化剂床层“塌方”原因有哪些？

（1）差压变化；

（2）主风量突降；

（3）循环量突然增加，藏量、密度猛增；

（4）汽提蒸汽突降，蒸汽压力突降；

（5）松动介质突变（包括预提升蒸汽、流化蒸汽、风等）。

☞ 71. 催化剂床层“塌方”如何处理？

（1）调稳双动滑阀；

（2）平稳主风量、压力，必要时通入事故蒸汽；

（3）立即降循环量，通入并加大吹扫介质（主风、蒸汽、松

动风)量;

(4) 立即调节汽提蒸汽，仪表改手动，提高蒸汽压力;

(5) 各吹扫点排凝，调节汽(风)量，切换松动介质。

☞ 72. 催化剂倒流的现象有哪些?

(1) 两器料位严重不正常，催化剂向某方集中;

(2) 待生滑阀、再生滑阀、温度、压降、藏量、密度变化异常;

(3) 如果催化剂向再生器集中，再生烟囱冒黄烟甚至起火，如果催化剂向沉降器中集中，则可能引起爆炸。

☞ 73. 催化剂倒流的原因是什么?

在催化裂化装置正常生产操作中，是通过对两器差压的严格控制来维持两器的压力平衡，从而保证催化剂的正常循环。若两器差压超限，催化剂容易产生倒流。

(1) 两器压力大幅度波动，压差超过极限值;

(2) 主风机突然停车，反应进料量突然增大;

(3) 两器系统各部藏量、密度急剧变化;

(4) 松动风(汽)、预提升蒸汽、流化蒸汽压力突然大幅度下降;

(5) 仪表失灵。

☞ 74. 催化剂倒流如何处理?

(1) 立即关闭待生、再生滑阀，切料进料;

(2) 如主风机事故，通入主风事故蒸汽;

(3) 提高松动、吹扫风压力，处理通松动、吹扫点，采取措施防止两器超温;

(4) 待恢复正常流化后，重新进料。

☞ 75. 发生主风倒流的紧急情况时，如何处理?

主风倒流的现象是再生器主风分布管压降回零，辅助燃烧室温度急剧上升。

其主要原因是因为再生器是一个体积很大的容器，当主风机因故紧急停机，出口压力跌落时，如主风机出口管线上的防逆流阀没动作或动作没关严，热烟气及催化剂就会倒流，严重时会倒流入主风机。

处理方法：(1)迅速关闭主风机出口电动阀，迅速开大双动滑阀，降低再生压力。(2)切断两器。(3)确认开大主风事故蒸汽。

☞ 76. 汽提段藏量大幅度变化的原因有哪些？

(1) 汽提蒸汽量突然变化；

(2) 两器压力变化，引起料位变化；

(3) 循环量突然变化；

(4) 待生管松动蒸汽(风)压力、流量突然变化；

(5) 待生阀失灵。

☞ 77. 汽提段藏量大幅度变化如何处理？

(1) 调整汽提蒸汽量，如仪表失灵，改手动，联系仪表工处理；

(2) 仪表改手动，使差压在控制范围内；

(3) 调整滑阀开度，如滑阀失灵，改手动控制；

(4) 平稳各部压力、流量；

(5) 手动待生滑阀，联系仪表工处理。

☞ 78. 原料带水引起催化剂跑剂，藏量降低很多如何处理？

(1) 首先要控制反应压力不要大幅度波动，控制不住时，可降低处理量。

(2) 通知罐区换罐，必要时可切断罐区进料。

(3) 原料带水会对反应器有影响，压力不稳忽高忽低，使催化剂大量跑损。

(4) 换罐时要缓慢进行，发现原料波动立即降量操作，大量的水进入反应器使反应压力立刻升高，水变成蒸汽体积增大5000倍，所以催化平稳生产罐区很重要。

(5) 每次换罐前先做含水检验，含水合格方可换罐。

☞ 79. 什么是炭堆积？发生炭堆积的原因有哪些？

炭堆积是由于反应生焦与再生烧焦的平衡被打破形成的。当生焦能力超过烧焦能力时，催化剂上的焦炭量的增加成为主要矛盾，就会形成炭堆积。此时催化剂上的焦炭量像滚雪球一样越积越多，催化剂活性不断下降。

造成炭堆积的可能原因：反应进料量突增或进料性质变化、反应深度过大，如回炼油或回炼油浆量增大，造成反应生焦量增大，而主风量(或氧气流量)偏小，烧焦能力不足，造成再生催化剂含碳量逐渐升高。

☞ 80. 炭堆积的现象是什么？

炭堆积时，在操作上会出现以下情况：

(1) 烟气中氧含量下降，甚至降到零。

(2) 再生催化剂颜色变黑(当严重时颜色呈亮灰色)。

(3) 再生温度下降。

(4) 炭堆初始阶段旋风分离器压降增大。

(5) 严重时系统藏量上升。

(6) 回炼油罐液面增加，回炼油增多。

☞ 81. 在处理炭堆积时，应掌握哪些原则？

一是迅速减少装置的生焦量，停止油浆回炼，降低回炼油量和原料量，必要时可切断进料流化烧焦。二是在烧焦恢复过程中要严格控制好反应器与再生器的热平衡，避免出现再生器超温而损坏设备。

☞ 82. 发生炭堆积如何处理？

当发生炭堆积时，通常采用降低生焦量的方法来处理。例如，降低反应器进料量，减少回炼油和回炼油浆量等。必要时甚至要切断进料，流化烧焦。在再生器材质允许范围内，可适当提高再生温度和主风量。在处理炭堆积时，要防止发生二次燃烧。现在大多装置采用了一氧化碳助燃剂完全再生、高温再生的办法，烟气是过剩氧操作的。因此，发生炭堆积情况不常见。

☞ 83. 待生催化剂带油的现象是什么？

(1) 再生器温度、压力上升。

(2) 烟气氧含量下降。

（3）再生器旋分器压降突然上升，烟气 CO 浓度增加。

（4）烟囱冒黄烟。

☞ 84. 待生催化剂带油的原因是什么？

（1）反应压力突然上升。

（2）原料油进料量猛然增多，油浆回炼量突然增大。

（3）原料性质突然变重。

（4）反应温度突降。

（5）汽提蒸汽量过小。

（6）待生滑阀失灵全开。

☞ 85. 待生催化剂带油如何处理？

（1）采用降处理量、提预热温度等方法尽快提高反应温度。

（2）控制好汽提蒸汽流量、压力，特别是下部分布环的流量、压力，保证良好的汽提效果，若自控失灵，改手动或副线控制。

（3）控制沉降器压力平稳，尽快恢复汽提段料位正常。

（4）因沉降器藏量过低导致待生剂带油时，应提高汽提段藏量，降低催化剂循环量。

（5）待生滑阀失灵时，改现场手动控制，同时联系仪表工处理。

（6）待生剂带油严重时，切断进料处理。

注意事项：烟囱冒黄烟时，及时处理，严重时启用主风自保，防止爆炸；严重带油时，提高外取热器取热量，防止再生温度大幅度升高；原因未查明时，为防止催化剂长时间带油，应切断进料。

☞ 86. 为什么样会发生二次燃烧（尾燃）？如何预防？

再生器密相上升烟气中含有的一氧化碳遇到高温及高过剩氧，便会发生二次燃烧。

预防二次燃烧的措施：（1）部分再生时，适当降低主风量，降低过剩氧，并降低再生温度，控制 CO 的燃烧速度；采取稀相和烟气管道喷蒸汽（水）降温措施，降低烟气温度，保护设备。

(2) 在使用一氧化碳助燃剂的情况下，首先补加一氧化碳助燃剂并适当提高主风量，使 CO 在密相床层中完全燃烧。

☞ 87. 二次燃烧的现象有哪些？

当装置发生二次燃烧时，一般表现为：

(1) 再生器稀相段、粗旋出口及再生器一级旋分器入口温度上升。

(2) 烧焦罐氧含量表回零，二氧化碳上升；二密稀相、旋分器出口、集气室温度上升，引起温度报警；稀密相温差在不正常增长。

(3) 三旋尾燃。

☞ 88. 发生二次燃烧的原因有哪些？

二次燃烧(尾燃)发生的原因：

(1) CO 不完全燃烧的装置，从再生器密相上升的再生烟气中含有的 CO，在遇到高温、高过剩氧后，便会发生二次燃烧。

(2) CO 完全燃烧的装置，再生烟气中含有 O_2，CO 没有在再生器床层内全部烧掉，便会带入稀相和后部烟道发生燃烧。

☞ 89. 如何处理二次燃烧？

当发生二次燃烧时，通常是采用降低主风量(降低过剩氧含量)和降低再生温度等措施，同时向稀相和旋风分离器注入冷却蒸汽以降低局部高温。在使用一氧化碳助燃剂的情况下，如果发生二次燃烧，首先应补加一氧化碳助燃剂和提高主风量，使一氧化碳在床层内烧掉。

☞ 90. 完全再生二次燃烧(尾燃) 现象、原因及如何处理？

现象：①烧焦罐出口有 O_2 和 CO，烟气中氧含量由上升突然下降甚至降到零；②二密稀相、旋风分离器入口或集气室的烟气温度突然上升；③再生稀相管出入口或粗旋出口与再生一级旋风分离器入口温度差迅速增大；④尾燃严重时水封罐变红，烟囱冒火。

原因：①氧含量过高，没有及时加 CO 助燃剂；②粗旋出口、集气室温度过高有大量的 CO 和 O_2 的存在；③燃烧油降量幅度过大；④烟气中催化剂粉尘过多；⑤总进料量突变幅度大。

处理方法：①降主风，此时要注意氧含量的变化情况，防止降量过多产生炭堆积；②适当开大旋风分离器级间冷却蒸汽；③根据温度情况可适量地启用三旋前的喷水和烟机前的喷汽来保护三旋和烟机；④使用稀相蒸汽；⑤在二密床温不高时，可喷燃烧油来暂时抑制住二次燃烧，但要防止炭堆积；⑥必要时可提回炼比，增加生炭量。

☞ 91. 部分再生尾燃现象、原因及如何处理？

部分再生尾燃又叫稀相二次燃烧，它是由于总风量太大、一再风量过大或待生剂定炭过少等原因造成一再氧浓度偏高，在大量 CO 存在且有一定温度的条件下，CO 在一再稀相或后部烟道中二次燃烧。由于稀相及后部烟道中催化剂浓度很低，热容量小，CO 放出的热量会使稀相的温度迅速上升，导致设备超温及损坏。

现象：①旋分器、烟道、三旋、一再稀相温度上升；②一再稀密相温差增大；③稀相催化剂经旋分器分离后进入床层，造成床层温度上升。

主要原因：①主风量太大，导致一再有过多的过剩氧；②总风量不变，一再、二再风配比不合适造成一再、二再烧焦比例不正确，从而导致一再含有较多的过剩氧；③生焦总量太少。

处理方法：①一再是贫氧操作，防止一再尾燃的关键是防止一再出现较多的过剩氧，所以一再尾燃时应降低一再风量；②调节一再、二再风的配比，降低一再过剩氧；③根据待生剂定炭少的原因进行处理，如原料太轻可适当加大回炼量，也可视情况喷少量的燃烧油，消耗过剩氧；④根据温度情况可适量地启用烟道喷水、喷汽来保护三旋和烟机。

☞ 92. 氧含量突然回零有几种原因？

（1）二次燃烧。

（2）反应进料突然增大。

(3) 主风中断。

(4) 氧表失灵。

(5) 汽提蒸汽太小，待生剂带油。

(6) 压力大幅度波动。

93. 氧含量突然回零如何处理？

(1) 加助燃剂使密相层完全燃烧。

(2) 调节反应进料，注意两器温度和压力。

(3) 立即启用主风自保，短时间恢复供风，要迅速恢复生产。

(4) 联系仪表工处理，并注意操作变化。

(5) 增加汽提蒸汽量，调整操作尽快处理。

94. 预提升蒸汽中断如何处理？

如提升管底部使用蒸汽作为预提升介质时，预提升蒸汽中断后，立即开大预提升干气控制阀，维持提升管的流化，并且注意提升管出口温度的波动。如因预提升蒸汽控制阀故障引起，改为控制阀副线控制，联系仪表工及时处理。

95. 预提升干气中断如何处理？

如提升管底部使用稳定干气作为预提升介质时，预提升干气中断后，立即开大预提升蒸汽控制阀，维持提升管的流化，并且注意提升管出口温度的波动。如因预提升干气控制阀故障引起，改为控制阀副线控制，联系仪表工及时处理；如因稳定系统原因，则关闭预提升干气控制阀，及时联系稳定岗位处理，待条件允许后，重新引入提升管。

96. 进料雾化蒸汽量如何控制？

雾化蒸汽总管设流量控制调节阀，总流量定值控制，每支路管道对称布置并设流量指示。某些种类的喷嘴要求恒定雾化蒸汽量操作，有的装置雾化蒸汽总管只设流量指示，每支路设限流孔板限定雾化蒸汽流量，这种做法要求蒸汽压力较高（1.2～1.5MPa以上），一般炼油厂低压蒸汽达不到要求或需要设计专用蒸汽系统，另外蒸汽压力变化会影响雾化蒸汽流量，故不推荐这种做法。

☞ 97. 原料雾化蒸汽中断如何处理?

原料雾化蒸汽中断后，会使原料油不能雾化成小油滴进入提升管反应器，从而使原料油与催化剂接触不均匀，使提升管内结焦加剧，反应分布变差，严重时还会造成待生剂带油。如发现原料雾化蒸汽量回零，确认仪表指示正确后，立即降低处理量，并调整雾化蒸汽控制阀开度，派外操到现场检查原因，及时做出针对性处理，尽早恢复雾化蒸汽。若同时有多组进料，而其他组原料雾化蒸汽正常，立即降低出故障的喷嘴原料油流量，提高正常工作喷嘴的流量，保证雾化效果不致下降过多。若原料雾化蒸汽中断后，造成反应温度下降过多、再生器超温等后果，达到切断进料条件，要及时切断进料。若短时间无法恢复，即使操作可以暂时维持，也要切断进料处理，防止提升管内大量结焦，影响后续生产。

☞ 98. 汽提蒸汽中断如何处理?

当仪表故障或反应供汽中断造成汽提蒸汽流量突降或中断时，应立即大幅度降量操作或酌情切断反应进料，以免发生催化剂死床，造成催化剂循环中断。

☞ 99. 再生滑阀故障全开时，应如何紧急处理?

再生滑阀故障全开会导致反应温度快速上升。此时改手动关小再生滑阀，若 DCS 控制失灵，快速到现场将再生滑阀关小；同时应关小提升管进料调节阀，降低总进料量，保证反应压力不超高，维持两器差压；控制反应温度至正常状态，此时应注意防止提升管发生噎塞。若长时间处理不好，操作无法维持或危及安全生产时，切断进料，按紧急停工处理。

☞ 100. 再生滑阀故障全关时，应如何紧急处理?

再生滑阀故障全关会导致反应温度快速下降，此时应立即关小提升管进料调节阀，降低总进料量；改手动开大再生滑阀，若 DCS 控制失灵，快速到现场将再生滑阀手动打开，控制反应温度不低于最低允许温度。一旦反应温度低于反应温度低限联锁值，反应温度低自保启动，按紧急停工处理。

☞ 101. 待生滑阀故障全关时，应如何紧急处理？

待生滑阀故障全关会导致沉降器藏量快速上升，此时应将待生滑阀改手动控制开大；若 DCS 手动控制失灵，应改为现场控制，快速到现场用液动或手轮将待生滑阀手动打开，并联系维护单位处理。在处理过程中，视反应温度，适当降低进料量和再生滑阀开度，要保证两器催化剂不压空。若长时间处理不好，操作无法维持或危及安全生产时，切断进料，按紧急停工处理。

☞ 102. 待生滑阀故障全开时，应如何紧急处理？

待生滑阀故障全开会导致沉降器藏量快速下降。此时应将待生循环滑阀改手动控制关小；若 DCS 手动控制失灵，应改为现场控制，快速到现场用液动或手轮，将待生滑阀手动关小，并联系维护单位处理。在处理过程中，适当降低反应压力，适当开大再生滑阀，维持沉降器藏量不压空。若长时间处理不好，操作无法维持或危及安全生产时，切断进料，按紧急停工处理。

☞ 103. 再生外循环滑阀故障全关时，如何紧急处理？

烧焦罐再生的装置，再生外循环滑阀故障全关会导致二密相藏量升高。此时应将外循环滑阀改手动控制开大；若 DCS 手动控制失灵，改为现场控制，快速到现场用液动或手轮，将外循环滑阀手动关小，并联系维护单位处理。视情况，调整主风量、进料量、外取热器取热量，维持烧焦效果。

☞ 104. 双动滑阀突开事故如何处理？

（1）首先要维持两器压力平衡，防止催化剂倒流；内操及时联系现场外操手摇关小全开的双动滑阀，同时关小烟机入口蝶阀提高再生器压力，在提高再生压力时要密切注意主风机工作点，防止风机出口憋压；相应降处理量提高气压机转速，以降低沉降器压力。

（2）尽可能保持流化正常，如流化难以维持，或发生催化剂倒流，应立即切断进料，切断两器，按紧急停工处理。

（3）及时调整各滑阀阀位，尽量保证两器料位在正常范围内，减少催化剂的跑损。

（4）及时调整再生器主风量，防止发生尾燃。

（5）分馏、稳定、精制岗位根据反应器与再生器降量情况相应调整操作，如反应器与再生器断进料则按紧急停工处理。

☞ 105. 双动滑阀突关事故如何处理？

（1）首先要维持两器压力平衡，防止催化剂倒流；内操及时降低主风量，防止再生器超压，并通知主风机岗位注意烟机转速的变化，防止烟机超速；注意主风机工作点的变化，防止主风机喘振。及时联系外操手动开大全关的双动滑阀，沉降器压力如果有余地，适当降低气压机转速，提高沉降器压力。

（2）尽可能保持流化正常，如发生流化难以维持、催化剂倒流、主风机组自保动作停止主风供应等情况，应立即切断进料，切断两器，按紧急停工处理。

（3）及时调整各滑阀阀位，尽量保证两器料位在正常范围内，减少催化剂的跑损。

（4）及时调整再生器主风量，防止发生尾燃。

（5）分馏、稳定、精制岗位根据反应器与再生器降量情况相应调整操作，如反应器与再生器断进料则按紧急停工处理。

☞ 106. 烟机入口蝶阀突开如何处理？

（1）先要维持两器压力平衡，防止催化剂倒流；内操及时关小双动滑阀，以提高再生器压力，在提高再生压力时要密切注意主风机工作点，防止风机出口憋压；相应降处理量提高气压机转速，以降低沉降器压力。

（2）尽可能保持流化正常，如流化难以维持，或发生催化剂倒流，应立即切断进料，切断两器，按紧急停工处理。

（3）及时调整各滑阀阀位，尽量保证两器料位在正常范围内，减少催化剂的跑损。

（4）及时调整再生器主风量，防止发生尾燃。

（5）分馏、稳定、精制岗位根据反应器与再生器降量情况相应调整操作，如反生器与再生器断进料则按紧急停工处理。

☞ 107. 烟机入口蝶阀突关如何处理？

（1）先要维持两器压力平衡，防止催化剂倒流；内操及时开大双动滑阀，降低主风量，防止再生器超压，并通知主风机岗位注意烟机停运后主电机电流的变化，防止超电流；注意机组振值和轴位移的变化，防止机组机械损坏；注意主风机工作点的变化，防止主风机喘振。联系外操到现场检查烟机入口蝶阀，及时处理蝶阀的故障。

（2）尽可能保持流化正常，如流化难以维持，或发生催化剂倒流，应立即切断进料，切断两器，按紧急停工处理。

（3）及时调整各滑阀阀位，尽量保证两器料位在正常范围内，减少催化剂的跑损。

（4）及时调整再生器主风量，防止发生尾燃。

（5）分馏、稳定、精制岗位根据反生器与再生器降量情况相应调整操作，如反生器与再生器断进料则按紧急停工处理。

☞ 108. 外取热滑阀故障全开时，反应岗位应如何紧急处理？

外取热滑阀故障全开，会导致取热量突然增大，再生温度大幅度下降，以至于反应温度下降。此时改手动关小外取热滑阀，若 DCS 控制失灵，快速派外操到现场将外取热滑阀关小；同时应关小外取热流化风，降低取热量，维持再生温度不过低，调整反应温度在正常范围。若有两台外取热器的装置，可通过减小另一台正常外取热器的取热量，来控制再生温度。

☞ 109. 外取热滑阀故障全关时，反应岗位应如何紧急处理？

外取热滑阀故障全关，会导致取热量突然减小，再生温度大幅度上升。此时改手动开大外取热滑阀，若 DCS 控制失灵，快速派外操到现场将外取热滑阀开大；同时应降低处理量和回炼量，降低生焦，维持再生温度不过高。若有两台外取热器的装置，可通过提高另一台正常外取热器的取热量，来控制再生温度。

☞ 110. 待生立管和塞阀不能对中的现象是什么？

（1）待生塞阀阀位开度超过正常开度。

(2) 塞阀不能关闭，实际行程仅数毫米。

(3) 汽提段藏量控制不住，待生立管密度大幅度波动。

☞ 111. 待生立管和塞阀不能对中如何处理？

(1) 适当增大两器压差，降低再生器床温，加大催化剂循环量。

(2) 增加待生立管松动蒸汽(风)量，增加汽提蒸汽量。

(3) 防止催化剂跑损，取样分析油浆固含量，注意反应-再生系统其他参数有无异常，并及时调节。

(4) 如上述措施效果不大，反应无法维持平稳操作，停工处理。

☞ 112. 反飞动阀失灵全开，反应岗位如何处理？

反飞动阀全开后，会使大量高压富气进入分馏塔顶油气系统，使反应压力突升，此时应及时关小反飞动阀，若控制失灵，外操及时到现场手动关小或副线控制。同时降低处理量，若反应压力持续过高，用气压机入口放火炬阀降低反应压力，维持两器差压在允许范围。

☞ 113. 烟机故障切除时如何控制再生压力？

答：烟机故障切除时，用双动滑阀控制，烟机投用时，用烟机入口蝶阀开度控制，一般应先保证最大程度回收烟气的能量，多余部分用双动滑阀调节。在事故状态下，两者可以共同调节。

☞ 114. 再生烟道膨胀节泄漏的原因是什么？如何处理？

再生烟道的膨胀节在装置开工前应详细检查，扫净膨胀节内的积水和杂物。再生烟道膨胀节泄漏，除设计制造质量因素外，多为疲劳性应力拉裂或烟气腐蚀泄漏。若漏点较小，可适当降压、降量操作，进行检修处理；如漏点较大，应酌情切断反应进料，尽可能降低再生压力，尽快消漏；必要时适当降低再生温度，切出主风进行闷床操作。紧急情况停工卸催化剂。

☞ 115. 分馏系统对反应系统操作有什么影响？

分馏塔顶温度的高低，塔顶油气冷凝冷却效果的好坏，直接影响富气量的多少。在气压机排量一定的情况下，直接影响分馏塔的压力，从而造成反应系统压力的变化。

塔顶冷回流的启用及流量的大小，也影响反应系统压力的变化。分馏系统重柴油的生产与否及抽出量的大小，直接影响回炼油的多少和质量，从而影响回炼比及反应操作条件的变化，甚至引起反应焦炭产率的改变，造成反应系统热平衡的变化。如果反应系统不及时调节，整个操作将会被打乱。

有时调节不当，造成回流油泵抽空的严重情况。当分馏系统出现冲塔现象或塔底液面过高时，可迫使反应系统停止进料。由此可见，分馏系统的平稳操作直接关系到反应系统的平稳生产。

☞ 116. 油浆循环中断，反应岗位如何处理？

油浆循环中断后，大量高温反应油气会携带催化剂粉末进入分馏塔上层塔板，造成塔板堵塞。油浆循环中断，在分馏岗位处理的同时，反应岗位要降低处理量，减少油气量。若短时间内油浆循环不能恢复，要手动切断进料，关闭再生、待生滑阀，维持再生器单容器流化，给分馏处理油浆循环中断故障创造条件。若油浆循环中断故障必须停工才能处理，则按紧急停工处理。

☞ 117. 分馏塔底液位过高，反应岗位如何处理？

当分馏塔底液位过高，超过反应油气入口时，会造成反应油气犯憋。若分馏塔底液位指示过高，反应压力上升，而气压机入口压力没有上升或反而下降时，说明反应油气犯憋严重，应降低处理量，及时联系分馏岗位降低分馏塔底液位。若反应压力超高，两器差压无法维持，有倒流危险时，及时切断进料，切断两器。待分馏塔底液位正常后，重新恢复进料。

☞ 118. 分馏塔顶油气分离器液位过高，反应岗位如何处理？

当分馏塔顶油气分离器液位过高，会造成富气犯憋，反应器超压。若分馏塔顶油气分离器液位指示过高，反应压力上升，而气压机入口压力没有上升或反而下降时，说明富气犯憋严重，应降低处理量，及时联系分馏岗位降低分馏塔顶油气分离器液位。若反应压力超高，两器差压无法维持，有倒流危险时，及时切断进料，切断两器。待分馏塔顶油气分离器液位正常后，重新恢复进料。

☞ 119. 分馏塔冲塔，反应岗位如何处理？

分馏塔冲塔，会造成反应压力波动上升。联系分馏岗位及时调整，并酌情降低处理量，以使分馏岗位尽快调整好分馏塔的操作。注意两器差压变化，及时调节反应器和再生器压力。

☞ 120. 粗汽油泵故障停运后反应及其他岗位的处理原则是什么？

（1）及时通知调度。操作人员头脑保持清醒，避免惊慌失措和手忙脚乱，要听从车间领导和班长指挥，正确果断处理。

（2）反应岗位降低处理量，减少粗汽油产量，为分馏系统操作创造条件。

（3）反应控制好反应－再生系统操作，注意因处理量降低后，再生器内温度的变化。

（4）分馏岗位通过降低塔顶和中部温度，减少塔顶粗汽油流量，控制分馏塔顶油气分离器液面上涨不要过快。

（5）将粗汽油由去吸收塔改直接去精制。

（6）压缩富气照常进入稳定，吸收剂完全由补充吸收剂代替。

（7）吸收稳定液化气、干气正常进入精制系统。

（8）机组岗位注意气压机和主风机操作，及时与班长和反应分馏岗位联系。

（9）精制和热工岗位根据实际情况调节操作。

☞ 121. 粗汽油泵故障停运后，反应岗位如何操作？

（1）降低处理量，适当提高掺渣比，增加回炼比，调节主风量，维持再生温度。

（2）如果再生系统为贫氧再生，则燃烧油改为备用状态，降低主风量，如果主风量已降至最低，尾燃较严重，集气室出口温度超过 700℃时，可以喷入少量燃烧油消耗过剩氧。同时根据情况喷入烟道降温蒸汽，注意喷入蒸汽不要过大，避免主风机出口憋压。

(3) 控制平稳反应-再生系统操作，控制好两器差压，其他操作条件正常控制。

☞ 122. 吸收稳定系统超压，反应岗位如何处理？

吸收稳定系统操作不好或干气后路憋压，会使吸收稳定系统超压，继而影响反应压力，使反应压力上升。及时联系稳定岗位加强操作，调节好吸收稳定系统压力，当反应压力过高时，适当降低处理量，或用气压机入口放火炬阀控制反应压力不超高。注意防止气压机飞动。

☞ 123. 烟机转速表指示失灵，反应、再生岗位应注意什么？

机组参与联锁的重要仪表，设计时为防止因仪表失灵导致误动作，一般设置多个监测点，同时达到多个条件，联锁才进行动作，常见的有三选二或四选三等。如果烟机转速表指示失灵，因涉及烟机超速保护联锁，必须及时处理。此自保应经车间及厂主管部门审批，仪表主管部门组织仪表人员进行烟机超速自保摘除后，处理转速表。自保摘除后烟机处于无超速保护状态，所以工艺操作人员在操作过程中必须认真操作，保证烟机在安全转速下运行。

在自保摘除前，反应、再生岗位视操作情况，提前降低再生系统压力0.02MPa。在处理期间要注意：必须保持平稳操作，严禁大幅度提降风量和处理量；在处理过程中，反应、再生岗位必须严密监视主风机运行情况，一旦出现风机安全运行情况则按紧急停工处理。

☞ 124. 催化剂跑损的原因是什么？

(1) 新鲜催化剂含细粉多和使用过程中不断运动摩擦碰撞，在高温下主风中少量水汽产生所谓“热崩”呈细粉状随烟气排出，叫“烟囱损失”。

(2) 再生器的旋风分离器翼阀故障，引起跑损，叫做“设备跑损”。

(3) 反应操作不好，油浆固含量增大，外甩出装置，叫做

“反应跑损”。

（4）催化剂污染，活性降低，需要卸出部分平衡剂，用新鲜剂置换，叫“人为损失”。

☞ 125. 两器催化剂大量跑损有何危害？

两器催化剂大量跑损，可能因操作波动引起，也可能因设备原因引起。催化剂大量跑损后，两器料位将很难控制，这样势必降低催化剂循环的推动力。由于跑损的首先是一些催化剂细粉，这样将给整个系统的流化带来困难。反应器催化剂大量跑损，将使油浆中固体含量升高，对管线和设备的磨损加剧，同时大量固体催化剂的存在更易诱导结焦；再生器催化剂大量跑损，将增大烟气中的固体含量，影响烟机的正常运行，降低余热锅炉负荷，污染环境。此外，两器的料位太低，还可能引起油气互窜，引发更为严重的事故。

☞ 126. 两器操作不平稳引起催化剂跑损现象及如何处理？

（1）两器操作不平稳引起催化剂跑损的现象特征：①两器料位、压力波动大、总藏量持续下降；②旋分器入口线速、压降波动大；③待生、再生滑阀开度大幅波动；④再生器稀相密度增加；⑤烟机入口烟气及烟囱粉尘增多；⑥油浆固体含量迅速上升。

（2）处理方法：①调整好反应进料量、主风量、料位、压力等参数，稳定反应-再生系统操作，防止因生产波动引起催化剂跑损；②加大或启用油浆紧急外甩，防止油浆系统堵塞；③结合烟机运行状况，关小烟机入口蝶阀或将烟机切出系统。

☞ 127. 催化剂本身性质变化引起催化剂跑损如何处理？

催化剂本身性质变化会引起催化剂跑损，如催化剂受潮、湿度大、新鲜剂加剂速度过快等原因。

（1）催化剂本身性质变化引起催化剂跑损的现象特征：①细粉含量高；②磨损指数高；③烟机入口烟气及烟囱粉尘增多。

（2）处理方法：①增加油浆回炼量和外甩量，控制好油浆固体含量；②控制好加剂速度，尽可能均匀加入；③选择磨损指数小、细粉含量适中的催化剂；④注意催化剂系统松动风、输送风脱水，催化剂存储时要防止受潮。

☞ 128. 旋风分离器故障引起催化剂跑损如何处理？

（1）旋风分离器故障引起催化剂跑损的现象特征：①系统总藏量持续下降；②烟机入口烟气及烟囱粉尘增多；③油浆固体含量迅速上升。

（2）处理方法：①采样分析油浆固体含量，如油浆固体含量迅速上升，应紧急启用紧急放空系统；②注意粉尘含量变化，粉尘含量迅速上升时，及时切出烟机；③如沉降器出现催化剂大量跑损且影响装置安全运行时，应启用切断进料或切断两器自保；④如再生器出现催化剂大量跑损且影响装置安全运行时，应启用主量自保。

☞ 129. 外取热器爆管引起催化剂跑损如何处理？

（1）外取热器爆管引起催化剂跑损的现象特征：①烟气大量冒蒸汽；②再生器藏量、压力大幅波动；③烟机入口烟气粉尘含量上升；④双动滑阀开度增大。

（2）处理方法：①查找确认故障取热管，必要时可切除故障取热管；②根据催化剂跑损及烟气粉尘情况，确定烟机是否切出运行。

☞ 130. 两器内部构件对催化剂损耗有什么影响？

（1）再生器分布器（分布板或分布管）。要求分布器能把进入床层的空气沿床截面分配均匀，不致发生涡流、沟流和偏流等。力求密相密度大，稀相密度小，以利于减少催化剂损耗。

（2）稀相沉降高度。适当增加沉降高度，降低稀相浓度，减轻旋风分离器负荷，对减少催化剂损耗是行之有效的措施。一般有增加稀相段高度和降低料位操作两种方法。再生器降低料位操作必须在满足催化剂再生的前提下进行，如果是溢流管，可降低溢流管高度。

（3）料腿、翼阀与床层的配合。旋风分离器回收的催化剂，经由料腿和翼阀返回床层。料腿、翼阀和床层之间的合理配合，对催化剂的回收，有决定性的影响。

（4）翼阀的制造和安装角度。安装角度一般为5°~8°较合理，同时料腿的拉紧固定极为重要。若固定不好，因受热而倾斜，使翼阀角度变化，就无法起到单向阀的作用，将造成催化剂损耗增加。翼阀板的开启方向一般朝向器壁，便于催化剂流出。对于旋转床，其翼阀板的开启方向应顺着床层的旋转方向，这样有利于床层旋转流化。

（5）设备内部结构的焊接及衬里。有些部位的焊缝容易裂开，裂开后严重影响旋风分离器效率。若裂缝大，催化剂可以从裂缝部位直接跑至烟囱，使催化剂大量跑损。旋风分离器及再生器器壁的耐磨衬里表面必须光滑。否则，也会影响旋风分离器效率，增加催化剂破碎量，从而使催化剂消耗增大。

（6）再生器锥体段。再生器采用分布管后，分布管下的锥体形成一死区。如1.2Mt/a的催化裂化装置的再生器的锥体段的死区，约存30t催化剂。该部位的催化剂在生产中不起任何作用，但是增加了开工装剂时间。由于当时料腿还未封住，因而就大大增加了开工装剂时的催化剂跑损量。有不少装置用珍珠岩保温材料填平死区，顶上铺一层钢板，其距分布管底约800mm，不仅减少开工催化剂损失，而且停工时，催化剂卸得较干净。

（7）旋风分离器的回收效率。由于带入旋风分离器的催化剂量很大，对旋风分离器效率的要求很高，一般要求在99.99%以上。对于0.6Mt/a的催化裂化装置，其旋风分离器效率如降低万分之一，则每天催化剂的损耗将增加2t左右。因此，只有旋风分离器的制造和安装的质量达到设计规范的要求，才能提高回收效率，降低催化剂损耗。如果由于旋风分离器入口线速过高或过低影响回收效率，则应调整线速。如无法调整则应增加或减少组数，减少组数的有效措施是采取堵的办法，但应注意防止偏流。

☞ 131. 影响催化剂损耗的因素有哪些?

催化剂损耗是一项综合指标，影响因素是多方面的。概括起来主要有：设备结构、操作因素和催化剂性能等三个主要方面的因素，而这三个方面又是互相影响的，操作因素在其中又起了重要作用。

影响因素：

（1）提升管进料量和性质的变化。分馏塔油浆洗涤催化剂效果的好坏，及回炼油浆量的大小(若有)。

（2）反应温度、再生温度和小型加料速度的变化。

（3）再生压力控制得是否平稳。

（4）二次燃烧和炭堆积的发生。

（5）再生器使用燃烧油。

（6）两器系统蒸汽用量的变化。

（7）主风总量的变化。

（8）再生滑阀、待生塞阀失灵，旋风分离器故障，两器藏量波动较大的影响。

（9）催化剂的种类。

（10）内外取热是否泄漏。

☞ 132. 催化剂损耗如何控制？

（1）保持提升管进料量和进料性质的稳定，达到平稳操作。反应温度、再生温度、加料速度的改变要均匀、缓慢。

（2）掌握好压力平衡，保持反应压力、再生压力恒定。

（3）避免炭堆积和二次燃烧的发生。

（4）尽量不使用再生器喷燃烧油。

（5）减少两器系统的蒸汽用量，平稳汽提蒸汽用量。

（6）调整主风量应缓慢、平稳。开工装剂时可适当降低主风量，等催化剂淹没住一级料腿之后方可加大风量。

（7）选择适宜的催化剂藏量和稀相线速，降低稀相催化剂浓度。

（8）在条件允许的情况下，选用大堆比而耐磨的催化剂。

（9）若再生滑阀、待生塞阀失灵，引起两器藏量波动，应迅速联系仪表工、钳工处理，尽快平稳住料位。

☞ 133. 催化裂化装置反应部分工艺有何特点？

一是在提升管下端设置预提升段，提升介质可用蒸汽或干气

(两者也可混合使用)，主要目的是将再生器来的催化剂提升和加速，使其径向分布均匀，为催化剂和原料充分接触和反应提供较为理想的环境；二是设置了多层进料喷嘴，根据原料油、回炼油、油浆的量和质的不同，选择适宜的喷嘴型式和喷入位置，对改善雾化状况、提高目的产品收率是十分重要的；三是设置了提升管温度控制系统，依靠调节催化剂循环量、原料预热温度或进料量使提升管中部多点温度可控，也可辅以提升管底部注入汽油，顶部注入终止剂(汽油或水)控制提升管出口温度和反应时间；四是在提升管出口安装油气快速分离装置，主要目的是使反应后的催化剂与油气尽快分离，减少二次反应，油气应尽快离开沉降器进入分馏塔；五是设置了汽提段，沉降器旋风分离器回收下来的催化剂，经汽提段用蒸汽将夹带的烃类置换后进入再生器；六是设置了金属钝化剂注入设施，根据原料中重金属的种类和数量，选择适宜的钝化剂，防止催化剂中毒。

☞ 134. 催化裂化装置再生部分工艺有何特点？

一是设有辅助燃烧室，开工时加热主风，用于再生器升温；二是再生器内设有主风分布器，用于再生器内合理布风，保证流化和再生效果；三是再生器设有旋风分离器，用于气、固分离，防止大量跑损催化剂；四是设有内外取热器，用于移出烧焦过程的过剩热量，控制再生温度；五是设有催化剂加入和卸出设施，以便开、停工和控制适宜的平衡活性；六是有的装置还设有 CO 助燃剂加入系统，使焦炭燃烧生成 CO 的化学热在再生器内得到很好的利用，实现完全再生，防止尾燃，降低装置能耗。

☞ 135. 影响催化裂化反应速度的主要因素有哪些？

(1) 反应温度。

(2) 反应压力。

(3) 催化剂活性。

☞ 136. 反应热量来源是什么？

大部分来自焦炭燃烧放热，一小部分来自原料预热。

☞ **137. 反应温度对催化裂化反应有什么影响?**

提高反应温度，则反应速度增大。温度每升高 10%～20%，反应速度约增加 10%～20%。当反应温度提高时，热裂化反应的速度提高得比较快。当反应温度提至很高时，热裂化反应渐趋重要，于是产品中表现出热裂化产品的特征。例如，气体中的 C_1、C_2增多，产品的不饱和度增大等。应当指出，即使在这样的高温下，主要的反应仍是催化裂化反应而不是热裂化反应。

当反应温度提高时，汽油→气体的反应速度加快最多，原料→汽油反应次之，而原料→焦炭的反应速度加快得最少。因此，当反应温度提高时，如果转化率不变，则汽油产率降低，气体产率增加，而焦炭产率略有下降。当反应温度提高时，分解反应(产生烯烃)和芳构化反应比氢转移反应增加得快，于是汽油中的烯烃和芳烃含量有所增加，汽油的辛烷值有所提高。

☞ **138. 反应温度的影响因素是什么?**

提升管装置反应温度指提升管出口温度。反应温度是催化裂化过程一个至关重要的独立变量，是生产中主要控制参数，对反应速度、产品收率及产品质量影响很大。反应温度主要影响因素有原料油流量、预热温度、催化剂循环量、再生剂温度等。原料油流量采用定值控制，原料油预热温度选定一合理值，也采用定值控制；再生器温度基本也恒温控制。反应温度通过改变再生滑阀(或再生塞阀)开度，调节再生催化剂的循环量来控制。

☞ **139. 反应温度如何控制?**

一般通过调节两器催化剂循环量和(或)反应进料温度控制反应温度。

(1) 调节催化剂的循环量。同轴式催化裂化利用再生塞阀(或再生滑阀)控制催化剂的循环量。高低并列式催化裂化和前置烧焦罐式催化裂化利用再生滑阀控制催化剂的循环量。

(2) 有原料加热炉的装置用炉出口温度控制反应进料温度。无原料加热炉的装置主要控制原料与循环油浆换热后的温度。

(3) 反应温度一般用提升管出口温度来表征。对于采用

VQS、VSS 或 VDS 等直连式分离系统的装置一般控制沉降器集气室出口温度。如果该控制点温度失灵，应立即用距该温度测点最近的温度点控制反应深度。

☞ **140. MIP 装置反应二区出口温度如何控制？**

正常操作时控制反应二区出口温度较一区出口温度低 10～20℃，以利于反应一区生成的烯烃进行异构化反应和芳构化反应，该温度由调节急冷剂流量来控制。视操作工况选择粗汽油(稳定汽油或顶循环)、轻柴油(一中)或急冷水作急冷剂。影响因素：急冷剂量下降，二区出口温度上升；反应一区出口温度上升，二区出口温度上升；待生滑阀至二反循环量大，二反出口温度低。降低急冷剂量，温度上升；反之，温度下降。提高汽提段至二反循环量，二反出口温度降低；反之，温度上升。

☞ **141. 为什么再生滑阀无法无限制开大？**

反应温度控制回路有再生滑阀压降低选和反应温度低选两个约束条件。一般当再生滑阀压降低到 0.015MPa 时发出报警，自动暂时性放弃反应温度控制，而保持再生滑阀差压控制，维持催化剂循环。当滑阀差压低到 0.01MPa 时为防止催化剂倒流，将自动切断再生滑阀。当再生滑阀差压恢复正常后，才能恢复反应温度控制回路。此外还设有反应温度下限报警，当反应温度急速下降到 460℃时，切断反应进料自保系统，防止原料油难以汽化引起待生剂带油和反应系统结焦。

☞ **142. 为什么现在催化裂化装置一般不设原料加热炉？**

早期的催化裂化多加工蜡油，原料油需和顶循油、轻柴油、中段循环油、循环油浆等换热及经加热炉加热，再进提升管。近期的催化裂化装置多加工重油，两器热量过剩，原料油预热温度大幅度降低。加热炉只在开工时使用。新建重油催化裂化装置一般不再设加热炉，装置的工艺流程也相应变化，尤其是开工流程。

☞ **143. 常见的新鲜进料预热流程是怎样的？**

冷、热原料经计量表、管道混合后进入原料缓冲罐，经原料油泵加压后与分馏部分的介质(一中回流、循环油浆等)换热，然后经原料流控阀和进料喷嘴进入提升管反应器。

催化裂化装置因加工原料不同，原料预热温度相差很大。对于蜡油催化裂化，原料预热温度350~380℃。重油催化裂化因生焦量大、再生温度高、剂油比大，新鲜进料温度180~275℃。新设计或新改造的重油催化裂化装置多取消了原料加热炉，开工时通过油浆蒸发器倒引中压或低压蒸汽加热以提供原料升温脱水的热量。

部分老装置设有原料加热炉，新鲜原料与分馏介质换热后分几路进入原料加热炉对流段，为保证进炉流量相同，每路都设有流控阀。在其对流室出口与回炼油合流经加热炉辐射段加热到一定温度后进入反应器。原料预热温度由加热炉燃料气(或燃料油)流控阀自动控制。

有的小型装置为简化流程不设原料油加热炉、原料油罐、原料油泵等设施。原料油自罐区直接用泵送进装置，经换热后进入提升管反应器。但要求罐区原料油泵出口压力足够高(不小于1.6MPa)及需设计一套相应的开工流程。

☞ 144. 事故旁通线和原料预热线是怎样设置的?

在原料油管道自保阀前设有去原料油罐或分馏塔底的分支管线并设有自保阀，称为事故旁通线。当提升管因故自保切断进料，同时自动打开事故旁通线自保阀，原料油通过事故旁通线返回原料油罐或分馏塔底。原料油喷嘴前(一般在集合管处)还有一分支管去原料油罐(或去事故旁通线)称为原料预热线，用于开工时预热喷嘴前这段原料油管道。

☞ 145. 为什么要控制适宜的原料油预热温度?

在进料量和反应温度等相同条件下，提高原料预热温度，催化剂循环量降低，再生温度升高，转化率和生焦率降低。在转化率等相同条件下，反应温度和再生温度升高，汽油和干气产率升高，焦炭产率降低。原料预热温度影响到进料的黏度，从而引起原料雾化效果和产品分布的变化。因此，催化裂化装置应根据原料油、催化剂和生产方案的变化，控制适宜的原料预热温度。对于重油催化裂化装置，原料预热温度一般不宜低于150℃。

☞ 146. 原料预热温度的影响因素有哪些？

（1）热原料量及回炼油返原料罐量的变化。

（2）原料换热温度的变化。

（3）原料油流量和性质的变化及带水。

（4）仪表控制系统失灵。

（5）换热器故障。

（6）有原料加热炉的装置：①燃料油或燃料气组成的变化，燃料气带油；②燃料油或燃料气流量、压力的变化；③燃料油雾化蒸汽带水。

☞ 147. 原料预热温度如何控制？

（1）回炼油返原料罐量越大原料抽出温度越高（原料换热流程不做调整情况下），原料预热温度也将越高，反之越低。

（2）调节原料-油浆及原料-一中换热器（若有），改变原料取热量，三通阀开原料预热温度也将越高；反之越低。应联系分馏岗位调稳回炼油量，尽量保证回炼油返原料缓冲罐的量稳定。

（3）控制好原料油流量，联系原料罐区加强脱水或换罐。

（4）仪表发生阀卡、全关、全开等情况时将直接影响原料预热温度，可联系仪表工处理故障，处理故障时可临时改走副线或手动控制流量。

（5）将故障换热器切除抢修。

（6）有原料加热炉的装置：①调节加热炉火嘴台数及燃料气阀的开度，加强缓冲罐排凝；②控制稳燃料油或燃料气流量、压力；③加强雾化蒸汽排凝。

☞ 148. 提升管总进料量的影响因素有哪些？

（1）原料油泵及回炼油泵的运行情况。

（2）反应深度、回炼油量、总进料量变化。

（3）原料带水情况。

（4）油浆回炼量的变化。

（5）急冷油量的变化。

（6）仪表、调节阀失灵。

（7）原料外来进装置原料量的变化。

☞ **149. 提升管进料量如何控制？**

（1）原则上根据生产计划而确定，不作为其他参数的调节手段。

（2）在做好三大平衡基础上保持长期稳定。

（3）事故状态情况下需降量处理根据具体情况进行调节，同时调节回炼量。

☞ **150. 为什么要控制适宜的反应压力？**

反应压力是指沉降器顶压力，对于采用 VQS、VSS 等直连式分离系统的装置，是指沉降器集气室内的压力。反应压力是生产中主要控制参数，对装置产品分布、平稳操作、安全运行有直接影响。降低反应压力，可降低生焦率、增加汽油产率，汽油和气体中烯烃含量增加，汽油辛烷值提高。反应、分馏、吸收稳定是一个相互关联的大系统，反应压力变化影响分馏、吸收稳定系统操作。反应压力还直接影响反应-再生系统压力平衡，大幅度波动会引起装置操作紊乱，并可能会引起催化剂倒流等事故。所以根据装置实际情况，选择适宜的反应压力进行固定控制，一般不作为频繁调节变量。重油催化裂化装置一般将压力检测点设在分馏塔顶，正常操作反应压力仅作为指示。

☞ **151. 正常生产过程中反应压力受哪些因素影响？**

（1）气压机转速和反飞动量的变化：转速下降或反飞动量增加，反应压力上升。

（2）原料带水，反应压力上升。

（3）总进料量的变化：进料量增加，反应压力上升。

（4）反应深度增加，反应压力上升。

（5）分馏塔底液面的影响：液面高，则反应压力上升。

（6）分馏塔顶油气分离器液位的变化：液位高，反应压力急剧上升。

(7) 分馏塔顶冷后温度的变化：温度高，反应压力高。

(8) 汽提蒸汽、预提升蒸汽、预提升干气、雾化蒸汽量的变化。

(9) 终止剂用量的变化：用量大，反应压力上升。

(10) 仪表控制失灵和气压机故障。

☞ 152. 反应压力控制手段有哪些？

反应压力控制手段有调控分馏塔顶油气管道蝶阀、富气压缩机转数、反飞动阀、压缩机入口放火炬阀等措施，根据装置的不同阶段加以选择控制。

☞ 153. 反应压力在装置生产的不同阶段如何控制？

开工拆油气管道大盲板前，两器烘干、升温及装催化剂期间，用沉降器顶放空阀控制反应器压力。拆除大盲板、沉降器和分馏塔连通之后，提升管进油之前，用分馏塔顶油气管道蝶阀控制反应压力。提升管进油后，开富气压缩机前，用压缩机入口放火炬阀控制反应器压力。正常操作分馏塔顶油气管道蝶阀和放火炬阀处于全关状态。对于变速运行的离心式富气压缩机用反应压力(或吸入压力)控制压缩机转数，当富气量减小到压缩机喘振线以下时，自动打开反喘振阀。当富气量增加到压缩机最大能力，压缩机转数达到最高允许转数时，自动打开放火炬阀。对于恒速运行的离心式富气压缩机用调节压缩富气循环量或吸入节流来控制反应压力。富气量增加循环量减少，当循环阀全关闭时，自动打开放火炬阀排放一部分富气，使富气压缩机正常运行，并具有一定的调节能力。对于使用往复活塞式富气压缩机的小型催化裂化装置，反应系统压力控制采用富气压缩机的循环量和入口放火炬相结合的分程控制方案。

☞ 154. 调节反应压力时的注意事项是什么？

(1) 分馏塔顶空冷入口阀开度要均匀。

(2) 严禁出现分馏系统液位超高的现象。

(3) 提升管反应器调节急冷油时，一定要注意压力的变化，要先与分馏岗位做好联系。

（4）分馏岗位使用冷回流时，必须与反应岗位做好联系。

（5）气压机和系统压油时，必须与反应岗位做好联系。

（6）反应压力过高控制不住时，可放火炬，但一定要防止气压机飞动。

☞ 155. 反应压力高而气压机进口压力低有哪些原因？

（1）分馏塔顶油气分离器液面超高造成液封。

（2）分馏塔顶油气空冷或冷却器堵。

（3）分馏塔底液面超高，浸没大油气管线，造成液封。

（4）反应器出口大油气管线结焦。

☞ 156. 终止剂如何控制？

随着原料的重质化，提升管反应要求高温、大剂油比、短接触时间及比较高的剂油混合温度。但在提升管上部及出口应避免由于温度过高而发生二次反应。所以注终止剂（急冷油或急冷水）是为了提高剂油混合温度，即开始反应的温度而降低提升管出口处温度，以改善产品分布。

（1）影响因素：①提升管出口温度的变化；②产品分布的变化。

（2）控制方法：①根据产品方案要求及原料性质的变化来调节终止剂量和种类；②提升管出口温度高，适当加大终止剂量；③产品分布变坏时，如气体及焦炭产率上升，应适当加大终止剂量，提高液体收率；④汽油方案采用多注终止剂，柴油方案则少注终止剂；⑤多出气体可采用粗汽油（直汽）作终止剂，多出柴油可用一中或回炼油做终止剂；⑥多产汽油和柴油可用水做终止剂。

☞ 157. 反应时间如何控制？

反应时间是反应过程的重要指标，但不能直接控制。可通过调节其他参数间接地改变，但范围有限。提升管容积确定后虽然通过调节预提升蒸汽、终止剂以及进料位置等可以改变反应时间。但往往受旋风分离器、分馏塔、压缩机能力以及压力平衡等多方面制约，调节范围不大。所以提升管设计是非常重要的。

反应时间延长，转化率上升，焦炭产率、干气产率上升，汽油产率先上升，随后下降，有一峰值；产品中烯烃含量下降，汽油辛烷值降低。反应时间太短单程转化率低，太长则出现过度裂化。每个装置应根据加工原料油性质、催化剂（活性、污染情况）及工艺（剂油比等）选择适宜的反应时间，使装置达到较理想的产品收率和产品质量。

☞ 158. 反应深度受哪些因素影响？

（1）反应温度。反应温度高，深度大。

（2）原料油预热温度变化。

（3）剂油比。剂油比大，反应深度大。

（4）二再温度及再生催化剂定炭高低的影响。

（5）原料掺渣比大，反应深度大。

（6）小型加料速度的快慢。加料速度快，深度大。

（7）催化剂上重金属的污染程度。污染严重，深度下降。

☞ 159. 反应深度如何调节？

（1）在催化剂循环量不变的情况下，提高原料预热温度，反应温度提高，深度增大。

（2）在反应温度不变的情况下，提高剂油比，反应深度提高。

（3）提高反应温度，反应深度增大。

（4）提高再生温度，催化剂再生效果好、催化剂活性高，反应深度增大。

（5）适当降低掺炼比，相对稳定原料性质，选择适宜反应深度。

（6）催化剂重金属污染，反应深度低，控制好金属钝化剂的加注量。

☞ 160. 反应器藏量对催化装置操作有什么影响？

提升管装置反应器藏量主要是指沉降器和汽提段藏量。一般沉降器零料位操作，藏量主要在汽提段中。只有当沉降器顶旋风分离器料腿翼阀故障时，才有可能提高料位埋住翼阀操作。对于MIP装置，除控制汽提段催化剂藏量外，为控制汽油烯烃含量，还要控制第二反应区(二反)的催化剂藏量。汽提段藏量影响催化剂汽提效果、两器压力平衡，同时催化剂料封可防止催化剂倒流。

☞ 161. 反应器藏量如何控制?

通过改变待生滑阀(或待生塞阀)开度，调节待生催化剂的循环量来控制反应器藏量。高低并列式装置为防止催化剂倒流和建立必要的催化剂料封，当待生滑阀压强降低到0.015MPa时发出报警，当低到0.01MPa时将自动切断待生滑阀。同轴式装置汽提段及待生立管的蓄压较大，发生倒流的可能性较小，一般只设待生塞阀差压低限报警(有的装置从安全角度考虑也设置了自保)。

☞ 162. 生焦量影响因素是什么? 如何控制?

(1)影响因素：①原料性质、回炼比例、剂油比、反应深度的变化。②汽提效果差，催化剂带油。③催化剂活性、选择性差或催化剂中毒。④回炼油、油浆回炼量过大。⑤原料过重，雾化蒸汽量偏小。

(2) 控制方法：①适当降低掺渣比例，调整预热温度，保证适合的剂油比，选择适宜的反应深度。②加大汽提蒸汽量。③通过卸剂，补充新鲜催化剂或更换好的催化剂来改变催化剂活性。④调整回炼油、油浆回炼量。⑤适当加大雾化蒸汽量。

☞ 163. 汽提效率和哪些因素有关?

催化裂化汽提器是一个典型的气-固逆流接触过程。在此过程中实现油气与水蒸气的质量传递，油气从催化剂表面脱附。汽提效率主要与汽提蒸汽用量、汽提温度、催化剂性质及汽提器的结构形式等因素有关。其中汽提蒸汽与催化剂之间的接触状况直接影响汽提器的效率，而汽提蒸汽与催化剂之间的接触主要取决于汽提器的结构形式。

☞ 164. 汽提蒸汽量如何控制？

汽提蒸汽量过小，会使汽提效果变差，还会使汽提段催化剂密度变大，可能会影响待生催化剂顺利送到再生器。汽提蒸汽量过大，会增大装置能耗。一般控制汽提蒸汽量约占催化剂循环量的0.35%。正常生产时，根据生产负荷先控制较大的汽提蒸汽量，然后慢慢降低汽提蒸汽量，同时观察再生温度的变化，直到再生温度有所升高时将汽提蒸汽再适当增大。

☞ 165. 提升管反应器由下至上一般进入哪些介质？各自的流程是怎样的？

提升管底部设有预提升蒸汽和提升蒸汽(或干气)。从再吸收塔来的部分脱前干气经流控阀和提升管底部的莲蓬式分布器进入提升管，与预提升蒸汽等作提升介质，将从再生器来的高温再生催化剂提升到进料位置。

提升管反应器进料由下而上依次为新鲜原料、回炼油、回炼油浆、急冷水(含硫污水或除盐水)和急冷油(可以是粗汽油、轻柴油)进料喷嘴。新鲜原料分为多路，每路设有流量控制阀，保证各路进料流量均匀，然后经过相对的两个进料喷嘴进入提升管。雾化蒸汽控制方法与新鲜进料相同。因各装置加工的原料性质、喷嘴类型不同，雾化蒸汽占新鲜进料量的2%~8%。

采用MGD工艺的装置，在新鲜进料喷嘴下方适宜的部位还可增设MGD喷嘴，进料可以是粗汽油或稳定汽油等。

回炼油先分成两路，每路设有流量控制阀，每路再分为两支，支路加流量指示，保证各路进料流量均匀，然后经过相对的两个进料喷嘴进入提升管。雾化蒸汽约占回炼油量的5%。

回炼油浆的主要目的是回收催化剂及调节回炼比。从油浆泵来的约350℃的油浆经过油浆喷嘴进入提升管。针对当前的原料重质化形势，重油催化裂化装置不建议油浆回炼。

从除盐水泵来的除盐水或从分馏含硫污水泵来的部分含硫污水，通过急冷水喷嘴与蒸汽混合后进入提升管。从分馏部分来的急冷油通过急冷油喷嘴，经蒸汽雾化后进入提升管。急冷水和急冷油的主要作用是抑制有害的二次裂化反应和热裂化反应，提高目的产品的收率。

☞ 166. 反应油气的流程是怎样的?

在提升管内，各进料与高温催化剂接触，瞬时汽化，然后发生裂化反应。裂化油气经提升管出口快速分离器，绝大部分催化剂与油气分离。夹带少量催化剂的油气向上经沉降器旋风分离器，进一步分离出催化剂后，最后经集气室和大油气管线进入分馏塔。

从沉降器顶旋风分离器和提升管出口快速分离器分离下来的催化剂进入汽提段，与汽提蒸汽逆流接触，置换出催化剂颗粒间和孔隙内的油气，这部分蒸汽和油气与提升管出口分离的油气汇合进入沉降器顶旋风分离器。

☞ 167. 什么是提升管事故蒸汽?

提升管反应器因故自保切断进料，为防止催化剂在提升管内堆积或堵塞，早期的提升管装置设有提升管事故蒸汽。切断进料时事故蒸汽阀会自动打开维持提升管流化。近期的 FCC 装置多加工重油，雾化蒸汽量较大，提升管因故切断进料，雾化蒸汽量足以将催化剂流化，因此不必再专门设置事故蒸汽(蜡油 FCC 装置雾化蒸汽量$<4\%$时，仍需单独设置事故蒸汽，只需补充一部分蒸汽)。

☞ 168. 主风量如何控制?

主风量的大小取决于生焦量，主风量的大小是否适宜可以从再生器烟气过剩氧量、再生器稀密相温差来判断。

(1)影响因素：①再生器压力，料位的变化；②系统电压的变化；③大气温度的变化；
④主风机出口、入口蝶阀控制失灵造成主风量大幅度变化；⑤烟机做功的变化。

(2)控制方法：①正常情况下，根据烟气中氧含量，再生器稀密相温差，通过调节主风机静叶开度来控制主风量；②主风量较低时，可适当打开机出口放空，以防飞动；③在主风机满负荷运行时，应适当降低处理量操作，使主风机有调节余地；④仪表失灵时，蝶阀改手动控制，联系仪表工处理。

☞ 169. 再生床层温度受哪些因素影响？

再生床层温度对催化剂循环量、平衡剂定炭影响较大，是影响产品分布的重要操作参数。主要受取热器取热量、生焦量、主风量及预热温度的影响，为了保持合适的剂油比及提升管混合温度，一般控制在690~710℃。

影响因素：

（1）催化剂循环量的变化：循环量增加，床层温度降低。

（2）反应深度的变化：反应深度大，床层温度升高。

（3）进料温度的变化：进料温度升高，床层温度升高。

（4）进料量、进料配比及进料性质的变化：进料量增加，进料性质变重，回炼比增加，均能引起床层温度的升高。

（5）内外取热量的变化：取热量增大，床层温度下降。

（6）汽提效果的好坏：汽提效果变差，再生床层温度升高。

（7）燃烧油是否启用：燃烧油启用或漏量时，床层温度升高。

（8）再生器压力的变化：再生压力提高，床层温度上升。

（9）主风量不足时，床层温度下降。

（10）一氧化碳助燃剂启用情况：启用助燃剂，床层温度上升。

（11）蒸汽盘管泄漏时，床层温度下降。

（12）小型加料及大型加料是否投用：若期用床温下降。

（13）中压蒸汽压力的变化：压力下降取热量上升，床温下降。

☞ 170. 如何控制再生温度？

开工初期，除装剂速度外，再生温度主要由辅助燃烧室温度来控制。在燃烧油喷燃后，用喷燃烧油量来控制。

正常生产时，热平衡的装置的再生温度通过调节生焦率来控制；热量过剩的装置，则由取热器的取热量来控制。

再生温度超高时，应设法降低生焦率。不得已临时可用主风事故蒸汽或稀相喷水压一下再生温度。

再生温度过低，调整生焦率已来不及时，应及时喷入燃烧油，控制再生温度。

☞ 171. 再生压力受哪些因素控制?

再生器压力影响着反应-再生系统的压力平衡，它受主风机出口压力和反应压力等条件的限制，一般不作为经常调节的参数。正常情况下，一再压力由设在三旋后的双动滑阀和烟气轮机入口高温蝶阀进行调节。主要受以下因素影响：

(1) 双动滑阀开度的大小。

(2) 主风量的大小。

(3) 烟机入口蝶阀开度的大小。

(4) 生焦量及喷燃烧油量的变化。

(5) 仪表及双动滑阀故障。

☞ 172. 如何控制再生压力?

再生压力可采用再生压力单参数控制或反应器与再生器两器差压控制。

对于单器再生的催化裂化装置，有烟气轮机(烟机)的装置，可用烟机入口蝶阀和(或)烟机旁路阀分程控制再生压力；无烟机的装置一般用双动滑阀控制再生压力。

对于两个再生器串联再生的装置，一般用一再出口双动滑阀控制一再和二再差压。采用一再和二再出口烟气合流的装置，二再压力控制与单器再生装置相同。采用一再和二再出口烟气分流的装置，如一再烟气先进烟机，然后经 CO 焚烧炉烧掉烟气中的 CO 后再与二再烟气合流，再生压力控制与单器再生装置不同。

☞ 173. 再生烟气氧含量受哪些因素影响?

再生器(或三旋)顶部设有氧分析仪以分析再生器烟气氧含量，再生器烟气含氧量受再生器烧焦影响，再生器烟气氧含量太低，则会影响烧焦效果，也易产生炭堆积。正常操作中，主风量不变，再生器烟气氧含量逐渐降低，则意味着炭堆积的开始。操作中过剩氧含量过高，则容易发生 CO 尾燃，操作中主要根据再生器稀密相温度来判断。

影响因素：

（1）主风量的变化：主风量增加，氧含量增加。

（2）再生压力的变化：再生压力下降，氧含量上升。

（3）进料量、进料性质的变化：回炼比的增大或进料变重、进料量增加，均能引起氧含量下降。

（4）反应深度的变化：深度提高，氧含量下降。

（5）燃烧油启用时，氧含量下降。

（6）炭堆积时，氧含量回零。

（7）汽提效果的变化：汽提效果变差，氧含量下降。

（8）沉降器藏量失控：藏量降低时，氧含量下降。

（9）助燃剂加入量增加，氧含量下降。

☞ 174. 如何控制再生烟气氧含量？

一般贫氧再生烟气过剩氧控制在 0.5%（体）~1%（体）范围。过高会发生二次燃烧，过低可能发生炭堆积。单器再生装置通过稀密温差调节主风量控制过剩氧含量。两器再生装置一再采用贫氧再生，由于一再不存在炭堆积问题，控制要求不严格，可直接根据要求定量控制主风量。

完全再生装置烟气过剩氧控制在 2%（体）~5%（体）范围。过高浪费能量，过低可能有 CO 产生，甚至因供氧不足而发生炭堆积。用主风流量来控制过剩氧含量。操作中能平稳控制再生烟气过剩氧，说明解决好了烧焦需氧与供氧的平衡。

☞ 175. 再生器藏量对操作有什么影响？

再生器藏量决定了催化剂在再生器中的停留时间。提高藏量可延长烧焦时间，增加烧焦能力，降低再生催化剂含炭。因此在其他参数恒定的情况下再生器藏量也是烧焦能力的一种体现。但在高温下催化剂停留时间过长会导致催化剂失活，因此对每一种形式再生器有一个合适的再生器藏量值。再生器还是反应-再生系统操作的催化剂缓冲容器。操作过程中反应器、汽提段、外取热器的藏量调节变化，都由再生器藏量的变化来吸收。因此再生器藏量也不宜过低，否则除烧焦能力下降外，装置操作弹性会变小。

☞ 176. 再生器藏量如何控制？

操作中催化剂在反应器、再生器间循环，不断老化、磨损、污染中毒等需要置换催化剂。再生烟气总是要带走一部分催化剂，也需要用小型加料补充，保持再生器藏量稳定。同时活性、粒度、金属毒物含量达到一平衡值，当平衡催化剂重金属含量很高或活性损失较多或粒度不当，说明正常催化剂跑损不能满足运行要求，应卸出部分平衡催化剂，再加入等量的新鲜催化剂。能保持再生催化剂性能和再生器藏量稳定，说明解决好了催化剂损失与补充的平衡。

再生器藏量一般不直接控制，根据再生条件确定合理的再生器藏量值，通过小型加料补充维持平衡。

☞ 177. 反应－再生系统藏量如何控制？

反应-再生系统藏量一般为定值，不做调节，随主风量、系统压力的变化，料位的显示发生变化，但总藏量不变，只是密度发生变化，当系统藏量过低时，可通过小型加料补充，必要时，大型加料补充藏量，系统藏量过高，可从一段、二段再生器卸剂，卸剂应注意每次卸出量不能过多，速度不能太快，催化剂循环量保持一定，反应-再生系统各部藏量也基本保持不变，一般不做调节，若因压力等因素变化引起藏量大幅度波动时，要注意及时调节，不能产生满料位或空料位。

☞ 178. 催化剂循环量影响因素及如何控制？

（1）影响因素：①再生、外循环管和待生滑阀的开度：开度大，循环量大。②三器压力变化。③进料量雾化蒸汽量、预提升蒸汽量的变化。④各松动流化点压力、流量的变化。⑤反应温度高，高则量大，反之则小。⑥终止剂量的变化，终止剂量大，循环量大，反之则小。⑦再生器(或烧焦罐)床温的影响，床温高，循环量小，反之则大。

(2)控制方法：①调整再生、外循环管和待生滑阀的开度。②保持平稳的三器压力在控制指标内。③保持进料、雾化蒸汽、预提升蒸汽量的相对稳定。④调稳各松动流化点风量。

☞ 179. 催化剂平衡活性对装置生产有什么影响?

催化剂活性过低，转化率低。活性太高，一方面催化剂消耗上升，成本增加；另一方面反应深度过大，气体和焦炭产率增加。因此装置要根据原料以及产品分布的要求，找出能最大限度提高装置经济效益的最佳平衡活性范围，并控制适宜的平衡活性。工业装置的平衡活性和催化剂置换率、催化剂稳定性及操作条件有关。因此在特定条件下，调控平衡活性的主要手段是调整新鲜剂的置换率。催化剂活性不应大幅度波动，否则对装置生产和经济效益均有不利影响，因此要控制好新鲜催化剂的加入量。重油催化裂化装置，平衡活性控制不宜过低，一般不小于60。

☞ 180. 如何保证平衡催化剂的活性?

平衡催化剂活性越高，转化率越高。一般分子筛平衡催化剂活性为60~70。影响因素有催化剂种类、再生催化剂含炭、水热失活及重金属污染情况等。选用活性较低的催化剂时必须采用较大的剂油比。再生催化剂含炭：分子筛催化剂要求再生催化剂含炭小于0.15%，最好小于0.1%。有研究表明在再生催化剂含碳量0.16%时，催化剂活性可恢复97%。水热失活及重金属污染失活，一方而合理选择FCC原料油，如钠、钙含量过高，加强脱盐脱钙，镍、钒含量过高应适当减少渣油掺炼量、采用钝化剂等。另一方而可选择较缓和的再生条件，如降低再生温度、采用贫氧再生等。系统平衡剂活性过低时，及时用新鲜剂置换，保证活性在正常范围内。

☞ 181. 影响再生器(或烧焦罐)中焦炭燃烧的因素是什么?

(1) 再生温度。再生器(或烧焦罐)温度对再生催化剂含碳量影响很大。当烧焦罐中藏量为13t时，温度630℃时催化剂含量为1.0%；640℃时催化剂含碳量0.6%，680℃时催化剂含量

0.2%，700℃以上时催化剂含碳量下降到0.15%左右。同时发现在660~670℃左右有一拐点。低于转折点温度，温度的变化对烧焦影响十分显著，高于转折点温度，温度的影响相对减弱。

（2）再生器(或烧焦罐)藏量。从炼油厂的生产数据可知，烧焦罐中催化剂藏量在一定范围内变化对再生剂含碳量的影响不大。

（3）氧含量。在再生器(或烧焦罐)中，氧含量对烧焦的影响与常规再生器基本相同。

（4）线速。随着再生器(或烧焦罐)中气体速度增加，烧焦强度亦增加。在烧焦罐中，由于气速的大幅度提高，气、固接触效率就会得到明显改善，可获得较高的烧焦强度。

（5）循环比。循环比是指循环的再生剂与循环的待生催化剂之比。当再生器(或烧焦罐)线速一定，罐平均密度随循环比而增加，罐底段的温度随循环比的增大而增加，但也使混合剂平均含炭降低。前者有助于提高烧焦强度，后者对提高烧焦强度不利，故存在一个适当循环比。

☞ 182. 再生剂定炭如何控制？

再生剂定炭是用来衡量再生器烧焦效果好坏的重要参数。再生剂定炭的高低对其活性的大小起着重要作用，一般要求再生剂有较低的定炭，否则定炭太高，易造成平衡剂活性下降，影响产品分布。

（1）影响因素：①再生温度的变化：温度低，再生剂定炭高；②主风量的变化；③系统藏量及催化剂循环量的变化。

（2）控制方法：①适当降低外取热器的取热量，提高二再温度，有利于降低再生剂定炭；②主风量增加，再生剂定炭下降；③控制二再藏量和催化剂循环量，保证催化剂在二再有足够的停留时间。

☞ 183. 再生温度对再生效果的影响是什么？

再生温度对催化剂再生烧焦速度影响很大。从烧炭强度计算公式可知，提高再生温度可提高烧焦速度。

对于常规催化裂化，再生温度650℃，每提高10℃，在其他相同条件下，烧炭强度约提高20%。对于重油催化裂化装置，采用单段完全再生的装置再生温度约650℃；对于采用两个再生器串联再生的装置，在一再内焦炭中氢已基本烧掉，二再可适当提温操作，受催化剂水热稳定性和再生器设备材质的限制，再生温度一般≯720℃。

☞ 184. 氧分压对再生效果的影响是什么？

再生烧焦速度与氧分压成正比。提高烧焦空气中的氧含量和提高再生压力，在其他相同条件下，可提高烧焦速度。

提高再生压力，就要提高主风机的出口压力。再生压力取决于两器压力平衡和主风机允许的最高出口风压，只有在生产负荷变化较大时才作调整。

富氧再生是在再生器烧焦主风中引入适量的纯氧，在其他相同条件下，由于再生烧焦主风中氧分压提高，可明显提高再生器的烧焦能力及催化剂的烧焦速度和再生效果。采用富氧再生的优点是在氧气供应有保障时，可大幅度提高重油(如减压渣油)的处理能力。对于老装置的原料重质化和扩能改造，可减少设备投资，缩短改造周期；再生催化剂烧焦强度提高，可提高装置的操作弹性和催化剂再生效果。

☞ 185. 再生催化剂含碳量对再生效果的影响是什么？

再生催化剂含碳量越高，烧焦速度越快。但催化剂再生的目的是降低再生催化剂含碳量以提高催化剂的活性和选择性。因此，应改善再生床层流化状态以提高烧焦速度。

采用两段再生的装置，一段烧掉约70%的炭，二段可利用一段催化剂的高温和较高的烧焦空气氧含量来提高烧炭强度。对于采用单器完全再生的装置，待生催化剂进入再生器采用分散良好的分布器，实现逆流烧焦。待生催化剂先与贫氧主风接触烧掉大部分氢和部分炭，再与富氧主风接触烧掉全部的氢和大部分炭，可提高催化剂的再生烧焦效果。

☞ 186. 再生烧焦时间对再生效果有什么影响？

再生烧焦时间是循环催化剂在再生器内的停留时间，为再生器催化剂藏量与催化剂循环量之比。在其他条件相同时，提高再生器催化剂藏量可延长催化剂再生烧焦时间，降低再生催化剂含碳量。但对于采用单器完全再生的装置，催化剂在高温和水蒸气氛围中停留时间过长，将造成催化剂更快地水热失活。为此，重油催化裂化装置可采用两段再生，在提高再生烧焦效果的同时，减轻了催化剂的水热失活。

☞ 187. 床层流化质量怎样判断？

（1）观察床层温度分布。一般床层会设计很多同一水平面的热偶，用以测量床层的界面温度分布，我们称之为径向温度分布，一般情况下，床层径向温度差最好低于2℃且越小说明流化越好。在实际操作中，应注意观察床层径向温差的变化，当发生突变时就有可能说明床层流化出现了问题，然后再通过其他方法加以判断，找出问题所在，并提出解决办法。

（2）测量床层的波动。用差压计通过测压点或反吹点直接测量床层压降，压差波动越小，频率越高，就说明气泡生成较小，流化越好。

（3）测量床层径向压差。用上述方法测量床层径向压差，压差越小说明床层流化均匀，若局部压差大说明床层内有偏流现象。

（4）观察稀相床密度或旋风分离器入口处的密度变化。若稀相密度和旋风分离器入口密度增大，说明床层线速高，夹带现象严重。

（5）分析再生烟气组成。如果烟气中CO含量增加，说明床层中流化烧焦不均匀，床层流化不好。

（6）观察再生器稀相温度变化。再生器稀相温度升高，说明有尾燃现象，一方面可能是床层流化质量不好导致部分焦炭或CO到再生器上部燃烧，另一方面可能是催化剂生焦量大或带油导致床层燃烧不完全所致。

☞ 188. 改善流化效果的途径有哪些？

（1）设备设计要合理特别是流化介质分布板或分布管的设计尤为重要。如果流化介质分布不好，会造成某些部位流量大，局部线速高，导致偏流；或者某些部位流量小，局部线速低，易造成死床，使流化变差。催化裂化装置目前多采用简单的多孔分布管，以取代初期使用的分布板（分布板易变形，影响流化质量，安装困难，成本高）。

（2）选用流化性能好的催化剂采用粒度分布宽，含有一定细粉且大颗粒较少的催化剂有利于床层流化，粗颗粒或粒度分布窄的催化剂流化质量差，易产生大气泡。在细粉的作用下，产生的气泡较小，同时乳化相运动快，与气体接触好。因此粗颗粒流化床中加入一定量细粉，可大大改善流化质量，强化气-固接触，提高生产效率。

（3）使固体颗粒分散形成稀相流化体系，采取降低藏量，提高线速操作，或采用稀相输送的管式反应器，如提升管反应器等。

（4）采用富氧再生。通过往再生器的空气中加入适量氧气，降低总风量，从而达到降低床层线速的目的，减少大气泡的形成，改善流化质量。

总之，不论采取什么方法，其目的都是要把大气泡破碎成小气泡，使气体与催化剂充分接触，提高流化质量。

☞ 189. 外取热器如何控制？

（1）料位控制：正常时，外取热器返气口阀全开，上滑阀全开（若有），用其下滑阀，控制外取热器的料位。

（2）取热量的控制：根据系统温度情况，用外取热器下滑阀来调节取热量，开度大，取热量大；开度小，取热量小。必须注意要使取热盘管有较高的水汽比，以降低介质的浓度和对盘管的腐蚀，总之，保证适宜的取热量，维持适宜的系统温度和剂油比是开大或关小外取热器下滑阀的根本依据，一般水汽比控制在8~16之间。

（3）外取热器流化风量在一定范围内，风量大，取热量大反之取热量小。

☞ 190. 再生器喷燃烧油的作用是什么？燃烧油从何处来？

再生器喷燃烧油，一是装置开工时用于反应器与再生器两器升温，二是在原料生焦率偏低时维持两器热平衡。轻柴油、重柴油、回炼油、蜡油都可作燃烧油，一般多采用轻柴油。从封油泵来的柴油经过流控阀，从再生器密相的燃烧油喷嘴进入再生器。根据喷油处的温度指示，可判断燃烧油是否燃烧。对于轻柴油，喷燃烧油前喷油处的温度应>380℃。

☞ 191. 再生器燃烧油在什么时候启用？启用时要注意些什么？

开工时，当再生器内催化剂被辅助燃烧室的烟气-空气混合物加热至大于燃烧油的自燃点后，即可以开始喷燃烧油。在生产过程中，当生焦量少、两器热平衡不足时，可使用燃烧油以补足热量。反应器切断进料后，也可使用燃烧油补充热量。

使用燃烧油主要是要注意再生器密相温度要大于燃烧油的自燃点，调节幅度要小，使用前要脱净水。此外，还有一个重要条件是床层催化剂必须淹没燃烧油喷嘴。

☞ 192. 当轻柴油和重柴油分别作燃烧油时，它们的起燃温度是否一样？为什么？

因为重柴油比轻柴油的沸点高，容易自燃，即自燃点低。所以用轻柴油作燃烧油与用重柴油作燃烧油，各自的起燃温度是不一样的。

☞ 193. 再生器不进主风时，为什么要关闭燃烧油进再生器的总阀？

一般情况下，燃烧油是由控制阀控制的，再控制阀有时有泄漏。燃烧油燃烧需要氧气，没有氧气便不能燃烧。当再生器不进主风时，其中的氧气只有松动风一个来源，量很小。如果燃烧油不燃烧，就会积在催化剂上，一旦遇到空气，就有爆燃的危险。所以，要求再生器不进主风时，关闭燃烧油总阀，以防燃烧油漏入而造成危险。

☞ **194. 为什么要设置再生器稀相喷水设施？**

为防止二次燃烧或尾燃损坏设备，早期装置再生器稀相设有喷水降温设施。近期装置的再生器操作温度较高，喷水后易导致再生器内高温设备、构件变形甚至开裂损坏，使催化剂热崩大量跑损等，故近年设计的装置已将喷水降温措施移到再生器出口烟气管道上，主要用来保护烟气能量回收系统。有的装置已经取消了喷水设施。

☞ **195. 再生器喷水和喷汽的降温效果哪个好？为什么？**

喷水的降温效果比喷汽好。因为喷水时，水蒸发成蒸汽所吸收的热量比蒸汽升温吸热大得多，所以其冷却效果好。

☞ **196. 再生器喷水会有什么问题？**

水碰到高温催化剂会迅速汽化，而使催化剂热崩。另外，水碰到高温设备，也会使设备和构件变形、裂开而损坏，因此喷水喷嘴每次检修时要进行检查。检修好后，安装前要试用保证雾化良好。在每次启用该系统时，先开蒸汽调节阀，后开降温水调节阀。关闭该系统时，先关掉降温水调节阀，后关蒸汽调节阀。

☞ **197. 提升管进料喷嘴处结焦的原因有哪些？**

造成该部位结焦的原因可能是：

（1）喷嘴选型不合理，雾化效果不良。

（2）提升管进料段剂油接触效果差。①正常生产时，剂油比偏小，进料性质变重或进料量远低于设计值。②进料处温度过低，部分重油未汽化。③在进料段，催化剂密度偏大或偏小。因催化剂滑落，返混严重，促使液焦增多，增大结焦倾向。

☞ **198. 重油催化裂化装置防止进料喷嘴处结焦的方法有哪些？**

（1）应根据装置进料性质和进料量选择适宜的进料喷嘴。

（2）各喷嘴油、汽量要相对均匀，不能偏流。

（3）控制适宜的反应操作条件。①控制适宜的剂油比；②控制适宜的进料温度；③控制适宜的掺渣率和油浆回炼量；④控制适宜的反应温度；⑤进料雾化蒸汽一般按总进料的5%～8%控制。

（4）优化提升管反应器的设计。①预提升段采用分布均匀的分布器、适宜的提升高度。预提升段一般不低于5m或预提升段长径比≥4.5。②提升管反应器采用抗滑落设计，减少催化剂的返混，使雾化油滴与稳定的催化剂密度分布相适应，形成良好的反应环境，使喷嘴始终处于最佳工况。

☞ 199. 沉降器结焦有什么危害？

沉降器结焦多集中在旋风分离器吊架支梁和集气室内。危害是对于沉降器汽提段采用水平隔栅的装置，由于上部焦块脱落会堵塞隔栅，影响催化剂正常循环，甚至中断循环；而集气内结焦可能会因焦块掉进旋风分离器内堵塞料腿或卡住翼阀造成催化剂大量跑损。

☞ 200. 沉降器结焦物的性质是什么？

沉降器结焦无论是硬焦还是软焦，大部分是催化剂细粉，除去催化剂后，焦中含氢量约3%～4%。说明生焦是由于高沸点大分子稠环芳烃缩合和热裂化反应的结果。

☞ 201. 如何减轻沉降器的结焦？

减轻沉降器结焦状况，除了改善提升管反应器运行工况减少液焦生成外，还应做到：

（1）加强沉降器及集气室的保温，减小裂化油气在沉降器内的温降。

（2）缩短裂化油气在沉降器内的停留时间。

（3）改外集气室，避免集气室内的焦块掉进旋风分离器。

☞ 202. 沉降器顶旋风分离器结焦的危害是什么？如何避免？

沉降器顶旋风分离器结焦集中在升气管外壁和料腿翼阀，造成料腿堵塞或翼阀阀板卡住失灵，导致催化剂大量跑损。

对于采用VSS或VQS的重油催化裂化装置，由于正常生产时封闭罩内外温差大，一旦切断反应进料，催化剂循环量小，极易使液焦在沉降器顶旋风分离器料腿翼阀凝结，升气管外壁的焦块也容易脱落堵塞料腿、翼阀。所以，催化裂化装置在切断进料后，应迅速关闭进料喷嘴前手阀，防止油品串进反应器；尽量维持反应器与再生器两器催化剂循环，必要时可提升沉降器催化剂料位掩盖住沉降器顶旋风分离器料腿翼阀，避免该部位结焦。

☞ 203. 如何减少大油气管线结焦？

（1）对于现有的热壁大油气管线，应加强管线保温，如人孔、法兰等，降低油气温降；在停工检修时将管线中的焦清除干净。

（2）对于新建或改造装置，可采用冷壁设计。

油气线速低，油气停留时间长，其中的重质烃类易于附着在管线内壁结焦。油气线速高，液焦难以吸附在管线上，但油气管线压降大，不利于提量操作。①在保证安全生产的前提下，大油气管线应尽量短、弯头尽量少。②根据设计线速，合理确定油气线管径。一般油气线速控制在35~45m/s。③大油气管线在沉降器出口采用大曲率半径弯头，在分馏塔入口处采用小曲率半径弯头，且分馏塔入口水平段应有一定坡度，使凝液自流入分馏塔。

☞ 204. 装置开工过程的防结焦措施有哪些？

开工使用原料的选择。开工过程应使用汽化率较高的、裂化性能较好的直馏原料。进料预热温度应在180℃以上，一般应使用530℃馏出在80%以上的原料，有条件的可采用蜡油开工。

开工应准备足够的平衡催化剂(避免大比例补充新鲜剂)，有利于装置快速达到正常负荷。向反应转催化剂前，油浆上返塔流量要充足、稳定，转催化剂过程中控制沉降器温度。有条件的装置(系统线速度操作弹性较大)，开工转催化剂要缓慢，时间足够长。

进料前再生剂温度达到650℃，提升管出口温度达到530~550℃，沉降器顶部达到430℃以上，进料后仍要保持沉降器顶部等部位温度不低于430℃。如无法达到上述指标应及时增设措施，使紧急状态下可以迅速改善原料性质，降低原料掺渣比或换用蜡油开工。

开工过程中要检查和控制好蒸汽品质，1.0MPa 蒸汽温度不低于 250℃，必要时可以用中压蒸汽补充。喷油前吹蒸汽量要充足，各点吹汽量适当加大，旋风分离器入口线速度控制在 14m/s 左右。

原料油喷嘴要对称打开，各喷嘴的压降要调整一致。

喷油后，提高进料量要相应降低各点吹蒸汽量，先降低预提升蒸汽量，再降低雾化蒸汽和汽提蒸汽量，在装置操作平稳后再降低防焦蒸汽量到正常水平。操作过程中应注意保持各点线速度的平稳。

喷油后调整操作：检查并核算各点的温度、吹蒸汽量、线速度及停留时间等是否满足防结焦要求，对不符合之处作出调整。开工初期 1~2 天要保持适当高的油浆外送比例，油浆密度保持在约 1000kg/m³，根据原料和油浆性质少回炼或不回炼。

☞ 205. 装置切断进料的防结焦措施有哪些？

切断进料后，要及时切断进提升管的所有物料(除蒸汽)根部阀，开大汽提蒸汽，同时开大防结焦蒸汽，并派专人检查确认。

蒸汽品质(温度)要保证，必须大于 250℃。必要时可通过中压蒸汽补充。

☞ 206. 沉降器的作用是什么？

沉降器主要作用是提供裂化油气与催化剂分离的场所。有内(或外)集气室，在稀相段设有多组旋风分离器。随着高效旋风分离器的应用以及提升管出口快分效率的提高，新设计或新改造的重油催化裂化装置均采用单级旋风分离器。

☞ 207. 进料喷嘴的作用是什么？

进料喷嘴是 FCC 装置的关键设备，进料喷嘴可以将进料迅速雾化，使进料与催化剂充分均匀接触，进行反应。原料油雾化效果直接影响装置转化率、产品产率、装置结焦状况及长周期运转。

☞ 208. 为什么反应器进料常采用多层进料的形式？

根据原料油性质及工艺技术情况新鲜原料和回炼油可以混合进料，也可以分开进料。早期的催化裂化装置以蜡油为原料，催化剂活性较低；原料油预热温度高、回炼比大、剂油比小。因回炼油芳烃含量较高，芳烃难以裂化但对催化剂酸性中心的吸附能力强，若回炼油从下喷嘴进入提升管，回炼油中的芳烃率先占领活性中心，对新鲜原料油裂化不利。回炼油从上喷嘴进入，提升管内温度较低不利于回炼油的气化和裂化。所以早期的催化裂化装置多采用回炼油与新鲜原料油混合方式进入提升管反应器。

现代的催化裂化装置多加工重油，反应条件和提升管内的环境发生了很大变化。催化剂活性和选择性有了大幅度提高。再生器温度高，原料油预热温度较低、回炼比小、剂油比大。重油需要高催化剂温度、大剂油比等苛刻条件将其大分子气化、“打碎”、再裂化，因此多采用分层进料，新鲜原料油在下喷嘴进料，回炼油在上喷嘴进料。

不同的工艺技术对原料油的进料方式也有特殊的要求。如多产液化石油气和轻柴油的 MGD 工艺，重质原料油在下喷嘴进料，轻质原料油在中喷嘴进料，回炼油和油浆在上喷嘴进料，汽油回炼喷嘴安排在预提升段。

☞ 209. 反应进料为什么要有雾化蒸汽？

催化裂化是气相反应，使进入提升管的原料迅速汽化很重要。通入雾化蒸汽，可使油气和催化剂混合均匀。同时雾化蒸汽可以降低油气分压，避免催化剂迅速结焦。一旦原料中断，雾化蒸汽还可防止喷嘴堵塞。

☞ 210. 影响原料雾化效果的因素有哪些？

主要因素有三个：

（1）喷嘴的结构。性能优异的进料喷嘴应使进料雾滴平均直径接近催化剂的平均粒径，并具有良好的统计分布特性、均匀的空间分布和适宜的运动速度。既保证良好的剂油接触，又不能使催化剂大量破碎跑损。

(2) 雾化蒸汽量。喷嘴汽液比越大，原料雾化效果越好。但汽液比太大，会限制处理量，并增大生产成本。

(3) 进料性质。在其他相同条件下，原料油雾滴的粒径随进料的黏度和表面张力的增大而增大，随其密度的增大而变小。

因此，进料喷嘴应合理选型并具有一定的操作弹性，进料量应与进料喷嘴工况相匹配。

☞ 211. 提升管出口设置快速分离装置有什么作用？

(1) 将油气和催化剂在离开提升管后，迅速分离开，避免过度的二次裂化和氢转移等反应。提高目的产品的产量和质量。

(2) 让大部分反应油气直接从旋风分离器导出，减少沉降器内的热裂化反应和缩合反应，降低干气产率，减少沉降器内的结焦。

(3) 降低分离后催化剂夹带的油气量。

☞ 212. 再生器的作用是什么？

再生器的主要作用是提供催化剂再生烧焦的场所，用主风(或氧气)烧掉催化剂上的积炭，恢复催化剂的活性和选择性；利用高效旋风分离器实现烟气与催化剂的分离。

☞ 213. 主风分布器的作用是什么？

主风分布器的主要作用是使烧焦主风沿整个床层截面均匀分布，为催化剂提供良好的流化条件。再生器主风分布器主要有分布管、分布板、分布环三种形式。分布器的好坏直接影响流化床的流化质量、再生烧焦效果和催化剂损耗，甚至影响到装置的经济效益和生产周期。

☞ 214. 对分布器的性能要求是什么？

(1) 它必须具有均匀分布气体的作用，同时希望压降要最小。

(2) 它必须使流化床有一个良好流态化状态，颗粒输入床层后应迅速完全流化，并在分布器附近创造一个良好的气-固接触条件，防止经分布器筛出大颗粒。

(3) 它必须能在操作条件下有足够的强度，以抗变形，并能承受静床的负荷，能经受热膨胀等作用力，能长期操作不堵塞、不腐蚀和不漏料，易于启用。

(4) 分布器的设计应尽可能减少颗粒的粉碎。分布器通常不能全部满足上述的要求，但上述内容相互间存在着一定关系，随着工况和催化剂性能不同，对分布器的要求也会因之而异。总之，催化裂化装置中的分布器要考虑反应器总体效果，如床层反应接触效率、稀相夹带等。

☞ 215. 旋风分离器的作用是什么?

旋风分离器的作用是回收再生烟气和反应油气携带的催化剂，避免油气把大量催化剂带到分馏塔，避免烟气把大量催化剂带出再生器，损失贵重的催化剂，增加三级旋风分离器及烟机磨损，污染大气环境。

☞ 216. 旋风分离器的工作原理是什么?

含固体微粒的气流以切线方向进入，在升气管与壳体之间形成旋转的外涡流，由上而下直达锥体底部。悬浮在气流中的固体微粒在离心力作用下，一面被甩向器壁，一面随气流旋转至下方，最后落入灰斗内。净化的气体形成上升的内涡流，通过升气管排出。

☞ 217. 如何评价旋风分离器的效率?

评价旋风分离器的效率的指标：

(1) 总效率或质量效率。经旋风分离器回收的颗粒质量与进入系统的颗粒总质量之比称为总效率或质量效率。

(2) 分级效率或组成效率。颗粒回收系统最好以颗粒尺寸和回收效率的变化关系来表示(称为分级效率曲线)。分级效率曲线的横坐标为颗粒尺寸，纵坐标为每一窄筛分的回收效率。将旋风分离器入口的颗粒进行筛分分析，然后再将回收的颗粒进行筛分分析，由此数值即可求得每一窄筛分的效率。

☞ 218. 为什么要设置再生器内旋风分离器?

气体离开密相床层进入稀相段时必然携带出部分催化剂，因为气体线速大于某些细粉的终端速度；且由密相床层中上升的气泡在界面处破裂时，将一些较大的催化剂颗粒带入稀相段。虽然一部分携带出床层的催化剂会在气流上升过程中沉降下来，但是还有相当数量的催化剂沉降不下来，稀相中催化剂含量约 5～15kg/m^3，再生器内旋风分离器的作用就是回收烟气中的催化剂细粉。

☞ 219. 影响旋风分离器分离效率的主要因素有哪些？

（1）气体进口速度。提高气体进口速度就可以成比例地提高分离效率，一般入口线速度要求不低于 15～18m/s。但是线速增高，压降也会增大，而过大的压降会破坏旋风分离系统正常的压力平衡；此外，气速过大还会形成局部涡流，产生二次夹带，破坏正常的离心分离作用，使分离效率反而降低。所以入口线速不宜过高，通常要求是一级入口不宜大于 25m/s，二级入口不宜大于 35m/s。

（2）旋转半径。旋转半径小时，移动速度较大，所以小直径旋风分离器比大直径的效率要高些；但是大装置若用小直径旋风分离器则用的数量过多，结构复杂，安装和检修都不方便。所以大装置通常采用大直径旋风分离器，靠适当提高入口线速来提高分离效率。

（3）催化剂颗粒直径和颗粒密度。催化剂颗粒直径和密度大，分离效率高，所以从两器出来的气体中基本上不含 40μm 以上的催化剂颗粒。

（4）气体密度。气体密度小，对提高分离器效率有利。再生器的分离效率比反应器要高，除了再生器旋风分离器入口线速度比较大些外，与烟气密度比油气密度小也有关系。

☞ 220. 翼阀的作用是什么？

由于旋风分离器有一定的压降，特别是二级出口采用缩径结构后压降增大，因此二级旋风分离器料腿内的压力低于床层压力，二级旋风分离器料腿顶部压力和再生器内稀相段压力差，接近于一、二级旋风分离器的总压力降。翼阀的作用是依靠翼板本身的重量，保证料腿内有一定的料柱高度，避免由于这一压差的存在而使催化剂由料腿倒窜。正常的情况下，翼阀的翼板和阀座处于良好密阀的状态。当料腿内的催化剂量蓄积到料腿内的静压超过旋风分离器的压降，以及翼阀上方床层静压及打开翼阀所需压力这三者之和时，翼阀及时自行打开，料腿内的催化剂流入床层。若料腿内的静压低于上述三者压力之和时，翼阀自行关闭，防止催化剂倒窜。料腿中能维持的料位高度与旋风分离器的压降及翼板与垂直线的夹角有关。早些时候大部分为3°左右，现在有的炼油厂维持5°~8°。

☞ 221. 料腿的作用是什么？

料腿的作用是输送旋风分离器分离下来的催化剂粉尘，并且起密封作用。采用分布板时，一级料腿延伸至分布板附近，料腿底部不设置翼阀或防倒锥之类的设备。在一级料腿的投影区ϕ800的范围不开孔，以使料腿底部保持比较平稳的状况。这样，催化剂能够顺利地从料腿流出，不受上升气流和床层的干扰。一级料腿至分布板距离在330~820mm之间，约为料腿直径加上膨胀长度。采用分布管时，一级料腿应采用翼阀或防倒锥作为防护措施。燃烧油、各种蒸汽及松动风的喷嘴较远地离开一级料腿，二级料腿伸至密相床界面或插入密相床内1~2m，具体插入多少应根据计算数据确定。

☞ 222. 主风、增压风为什么要有事故蒸汽？

采用主风事故蒸汽是为了保证主风停进再生器后，再生器仍能处于流化状态，而不致死床。同时，防止催化剂倒流入主风机。

采用增压风事故蒸汽是为了保证在增压风中断后，能维持待生催化剂线路中的压力平衡，防止反应-再生系统催化剂停止循环。

☞ 223. 主风流程是怎样的？

主风机从大气中经空气过滤器吸入空气，压缩后送到再生系统。对于常规再生的装置，主风机出口主风经过主风单向阻尼阀，一部分经流控阀作再生器底部小分布环用风，其余经过辅助燃烧室一、二风阀进入再生器，用于催化剂再生烧焦。

对于烧焦罐式的装置，主风机出口主风一部分经辅助燃烧室、主风分布器进入烧焦罐底部，其余少量主风直接进入第二密相床的分布器。

对于同轴式装置，主风机出口主风分别进入两密相段底部的分布器。

☞ 224. 再生器内的烟气流程是怎样的？

夹带催化剂的再生烟气上升穿过床层料面进入设在稀相段的两级多组旋风分离器，绝大部分催化剂被分离下来返回催化剂床层。分离后的烟气经集气室排进再生烟道，经蒸汽过热器温度降到≯700℃，再经第三级旋风分离器(三旋)，将烟气含尘量降到≯250mg/m^3，大部分烟气进入烟气轮机(烟机)发电或带动主风机运行。烟机出口烟气与其旁路烟气汇合，最后经过余热锅炉，温度降到约180℃后排进大气。

☞ 225. 反应、再生两器内催化剂的流程是怎样的？

对于常规单段再生，来自再生器的高温催化剂经再生斜管进入提升管反应器底部预提升段，被提升管底的提升介质(蒸汽或干气)向上提升，与雾化后的进料接触，催化剂和反应油气一起向上离开提升管反应器，在反应器出口有快速分离装置，将催化剂与反应油气分离，夹带少量油气的催化剂落入沉降器汽提段，反应油气携带的部分催化剂经一级旋分器分离出来，同样落入汽提段。经汽提后催化剂，进入待生斜(立)管，待生催化剂经待生催化剂分布器(船形或Y形分配器等)进入再生器床层，与主风逆向接触，烧掉催化剂上大部分氢和炭，烧焦后的催化剂经再生器底部的再生斜管排出再生器。

对于两个再生器串联的催化裂化装置，一再为不完全再生。一再催化剂料位由半再生单动滑阀控制。一再半再生催化剂经半再生立管、半再生单动滑阀与从一再外取热器来的冷催化剂一并用增压风送到二再继续烧焦。二再再生催化剂经脱气罐和再生立管、再生滑阀进入提升管反应器。

☞ **226. 两器测压点为什么要用反吹风？其要求是什么？**

因为两器系统充满了催化剂，在测压点内若不用反吹风，则很快就会堵塞。因此，需用反吹风，以保证管线畅通。

因为反吹风量很小，变化也很小，气源为空气，根据空气的绝热指数计算，可以确定孔板前的反吹风压力应为被测压力的2倍以上。因此，反应-再生系统的反吹风压力，对于低压再生需要0.4～0.6MPa（绝），对于高压再生一般要求0.6MPa（绝）以上。

☞ **227. 辅助燃烧室的作用是什么？**

正常开工时，辅助燃烧室内可用瓦斯或燃烧油加热主风，提供两器烘干衬里和催化剂升温所需要的热量。再生器装入一定量催化剂，将催化剂加热，喷着燃烧油后，即可停用辅助燃烧室。正常生产时辅助燃烧室只作为主风通道，一次风阀和二次风阀全开。

☞ **228. 辅助燃烧室为什么要分一次风和二次风？**

辅助燃烧室在开工时是用来加热主风和再生器内的催化剂。一次风进入炉膛，提供燃料燃烧需要的氧，二次风进入筒体夹层，起冷却作用，以防钢板超温。如果将主风全部进入炉膛，风线速太高，影响火焰稳定，甚至吹灭火焰和无法点燃火焰。因此调节一次风量是主要考虑保证火焰燃烧稳定，燃烧完全。随着再生床层温度需要提高而加大燃料量时，必须及时调整好一次风量。一次风和二次风量的调节，除了保证燃料需要量外，还应保证炉膛不超温和再生器床层温度升高和降低的需要。

☞ **229. 辅助燃烧室电打火的原理是什么？电打火安装位置有几种？哪种较好？**

电打火的原理是高压放电。380V的电变压成6000V后，在尘端放电，产生火花，引燃瓦斯。

电打火安装位置有两种：一种是安装在中部，另一种安装在顶部。安装在顶部的较好，一点就着。因为顶部处于主风中，只要瓦斯出来，碰到火花就点燃了，而安装在中部，则较难点燃，因为要掌握风和瓦斯的比例才行。

☞ 230. 点辅助燃烧室前，为什么要分析瓦斯的氧含量？

因为瓦斯与氧混合有个爆炸范围，在此范围内，遇到明火即会发生爆炸。例如，丙烷的爆炸范围为2.1%~9.5%，所以要分析瓦斯中的氧含量。

☞ 231. 三级旋风分离器的作用是什么？

催化裂化再生器出口烟气含有较多细小颗粒的催化剂，对于使用烟机回收烟气能量的装置，需在烟气进烟机之前增加三旋，进一步去除烟气中的催化剂，将烟气含尘量降到200mg/m^3(有的不大于100mg/m^3)以下，减少催化剂细粉对烟机叶片的冲刷、磨损，以保证烟机长周期安全运行。

☞ 232. 降压孔板的作用是什么？

从再生器出口到余热锅炉入口的烟气压降较大，为减少双动滑阀的磨蚀需要设置降压孔板(也称孔板降压器)，分担一部分烟气系统压力降。

☞ 233. 为什么再生器要设置取热器？

对于重油催化裂化装置，为了维持反应-再生系统的热量平衡，再生器内可增设外取热器或内取热盘管。内取热盘管有垂直式和水平式两种。

☞ 234. 限流孔板的作用是什么？其原理是什么？

限流孔板为一同心锐孔板，用于限制流体的流量或降低流体的压力。

流体通过孔板就会产生压力降，通过孔板的流量则随压力降的增大而增大。但当压力降超过一定数值，即超过临界压力降时，不论出口压力如何降低，流量将维持一定的数值而不再增加。限流孔板就是根据这个原理用来限制流体的流量或降低流体压力的。

☞ 235. 膨胀节的作用是什么？它为什么要用反吹风？

(1) 膨胀节的作用：吸收设备或管道热胀而产生的膨胀余

量，以防设备或管道变形而损坏。

（2）因为膨胀节是随温度变化而自由伸缩的，如果其中充满催化剂，便不能活动而失去作用。因此，需用风或蒸汽吹扫，以防催化剂堵塞。

☞ 236. 新鲜催化剂储罐收新鲜催化剂如何操作？

催化裂化装置内新催化剂储罐上设有抽真空设施。在收新催化剂时，催化剂储罐卸至常压，改好收剂流程。打开蒸汽阀，启动抽真空设施，将催化剂储罐内抽成负压，利用大气压和催化剂储罐形成的压力差，经收剂斗和催化剂储罐管线，采用密相输送方式，将催化罐收入到储罐内。在收剂时，要将收剂斗和催化剂储罐管线的排空阀打开，抽入空气或注入少量的工业风，作为输送催化剂的介质。

☞ 237. 催化剂的加料方式有哪些？

催化剂的加料方式主要有大型加料、中型加料和小型加料。大型加料一般用于装置开停工装卸平衡剂。中型加料一般用于大量置换系统内催化剂。小型加料一般用于日常补充催化剂，随着自动加料器技术的成熟，建议推广使用小型自动加料器。自动进料器程序周期可调，新鲜催化剂补充速率均匀，系统内催化剂活性相对稳定，缺点是膜片寿命较短，容易发生故障。

☞ 238. 催化剂小型加料有几种？

催化裂化装置催化剂的小型加入形式一般有两种，即手动加料和自动加料。

☞ 239. 手动加料的是如何工作的？

新鲜催化剂储罐上部通入工业风（称充压风）使罐内充压，催化剂由罐锥体部流入到加料立管。在立管中设有小分布板，通入工业风（称流化风）形成流化床，催化剂经插入该床层的引出管进入小型加料输送线上，然后用工业风（称输送风）将催化剂送至再生器中。在小型加料引出管上设置一个视窗，通过观察流出催化剂的状况来确定加料速度。

☞ 240. 手动加料如何使用？

使用方法：催化剂储罐上部通入工业风，使罐内达到工作压力(各装置工业风压力)，打开出料阀、流化风阀、输送风阀和小型加料进再生器的截止阀(正常生产时，这些阀是常开状态)，打开加料阀，经视窗观察流出催化剂的密度，通过调整流化风和阻尼风来改变催化剂的加料速度。开大流化风和阻尼风，流出催化剂的密度下降，催化剂的加料速度减慢。反之，催化剂的加料速度加快。

☞ 241. 小型自动加料器的工作原理是什么？

小型自动加料器主要由催化剂流化输送系统、气动秤重系统和控制系统组成。催化剂储罐内的催化剂依靠重力从储罐流出，经气动蝶阀和气动隔膜阀进入流化罐，流化罐安装在气动秤上。气动秤是依靠力平衡原理设计的，能自动秤出流化罐内催化剂的净重。当流化罐内的催化剂量达到给定值时，气动秤把信号送到微机控制系统，自动关闭加料阀，打开流化阀，关闭放空阀，将净化压缩空气送入流化罐，使催化剂流化并逐渐升高压力，当压力达到给定值时出料阀自动打开，流化态的催化剂送入再生器。流化罐的压力逐渐降低，当压力低到给定值时，罐内的催化剂输送完毕。然后自动关闭出料阀打开吹扫阀和放空阀。流化罐的压力降到常压，再进入到下一轮循环。

☞ 242. 小型自动加料器如何使用？

启动仪表箱控制面板上的电源开关，电源指示灯亮，且系统处于放空状态，系统具备加料条件。当启动控制面板上自动运行开关时，系统将按事先设定的程序进行加料；当启动控制面板上手动运行开关时，系统将完成一个加料周期。

☞ 243. 自动加料器的操作有什么注意事项？

(1) 启用催化剂小型加料器时，催化剂储罐应处于常压状态。

(2) 启用催化剂小型加料器前，进料、出料、放空线上的截止阀及小型加料线上输送风阀、小型加料进再生器的截止阀处于开的状态。

(3) 在停用催化剂小型加料器时，系统应处在放空状态。

(4) 催化剂小型加料器的称重系统可在0~50kg/次范围内调节，启用前应根据生产需要调整好。

(5) 催化剂小型加料器启用后，操作人员要定期去检查系统的运行情况。

☞ 244. 催化剂的采样方法及注意事项是什么？

正常时，通入反吹介质(工业风或蒸汽)，目的是防止催化剂堵塞采样点。操作员采样时，人员要站在上风口，先将反吹介质停掉，然后缓慢打开采样阀。采完样后，关闭采样阀，投用反吹介质。

采样时要注意：采样人员要站在上风口，在采样阀开到一定程度没有催化剂流出时，要及时疏通，不要将采样阀开得过大。

☞ 245. 什么叫金属钝化剂？

能使沉积于催化裂化催化剂上的重金属钝化，减轻重金属对催化剂的毒害，而使催化剂不失去活性和选择性的物质，叫做金属钝化剂。

☞ 246. 金属钝化剂的作用原理是什么？

钝化剂作用原理是基于钝化剂有效组分随原料油一起沉积在催化剂表面，并和金属镍、钒等发生作用，或是形成金属盐或是以膜的形式覆盖在污染金属表面，其结果是改变污染金属的分散状态和存在形式，使其转变为稳定的、无污染活性的组分，抑制其对催化剂活性和选择性的破坏。

☞ 247. 对于钝化剂的性能要求有哪些？

(1) 性质稳定，黏度低，易于输送。

(2) 有效组分含量高，并可根据实际需要进行灵活调节。

(3) 有效组分沉积率高，钝化效果显著。

(4) 不产生二次污染，对装置操作及产品性质无不良影响。

(5) 不含硫、磷，毒性小。

(6) 使用成本低。

☞ 248. 影响金属钝化剂钝化效果的因素有哪些？

（1）钝化剂的品种及质量。

（2）催化剂类型及重金属污染程度。

（3）进料预热温度和原料组成。

（4）钝化剂在进料中的分散度，特别是高黏度、高残炭值的原料。

（5）进料雾化与剂油接触状况。

（6）装置操作状况。

（7）新鲜催化剂补充速度。

☞ 249. 金属钝化剂的注入量如何控制？

（1）原料中重金属增加，特别是 Ni 含量增加，应适当增加钝化剂注入量。

（2）钝化剂的锑含量低或催化剂挂锑率低，可适当增加钝化剂的注入量。

（3）保证钝化剂的进出管线畅通，如果因钝化剂泵问题，应联系钳工处理。

注意：从钝化剂增大注入量至干气中 H_2 含量下降，约有两天滞后时间，不能急于求成，盲目加大钝化剂注入量。

☞ 250. 如何加注金属钝化剂？

（1）系统吹扫，钝化剂储罐清扫。①关闭钝化剂至原料油的阀门，打开排空阀。②给汽吹扫钝化剂管线。③用软化水冲洗罐及钝化剂泵入口线，至无任何杂物。

（2）向钝化剂罐装钝化剂。①通常钝化剂领来时为大桶，使用前先将大桶内的钝化剂用泵送至钝化剂罐中待用。②引风。③检查钝化剂罐是否安全、液面计是否好用。④打开钝化剂罐顶部放空阀，改好流程。⑤启动泵，转移大桶内的钝化剂至钝化剂罐。⑥向钝化剂罐装钝化剂时，注意监视液面变化，不得冒罐。

（3）钝化剂加注。①启动泵，向钝化剂系统充满稀释剂。②当钝化剂系统充满稀释剂，空气全部置换出去后，将稀释剂改至原料管线，为加注钝化剂做好准备。③启动钝化剂泵向系统加钝化剂，泵出口压力维持在0.5~1.0MPa. ④严格按车间规定的加入量注入，否则影响两器正常操作。

☞ 251. 加注金属钝化剂有什么注意事项？

由于锑钝化剂的热稳定性比较差，受热时间过长或高于其热分解温度时，会形成树脂状物沉积于器壁和管线上。因此，使用钝化剂时，一般要求进料温度控制在250℃左右。钝化剂的注入点应尽量靠近提升管入口处的新鲜进料管线上。

具体注意事项：①钝化剂为有毒物质，使用过程中，避免和皮肤直接接触。②钝化剂罐严禁冒罐。③正确使用钝化剂泵，负荷按钮不得调至100%。④钝化剂、稀释剂泵为齿轮式计量泵，开泵前先开出口阀或旁通阀，严禁开泵时造成泵憋压。⑤使用带稀释剂的钝化剂时，一般稀释剂与钝化剂的比例为10∶1。当稀释剂中断时，严禁注钝化剂。⑥停钝化剂时，首先打开循环线，然后关闭加注喷嘴前手阀，防止原料倒入泵出口。⑦钝化剂应在停工前一周停注。稀释泵出现故障时，钝化剂泵必须改打稀释油，把管线内金属钝化剂置换干净后方可停泵。

☞ 252. 为什么完全再生的装置要加入CO助燃剂？

在再生器600~700℃的温度下，待生催化剂上的炭，除了生成二氧化碳外，还要生成大量的一氧化碳。这些一氧化碳在有过剩氧的烟气中，会出现后燃烧，放出大量的热，对再生器及烟道结构产生破坏性影响。为避免这种现象的发生，一种方法是严格控制再生空气量，以降低烟气中的过剩氧，限制一氧化碳的氧化发生。另一种方法是使用CO助燃剂，一氧化碳在助燃剂的催化作用下，在600℃以上与氧气在极短的时间就可完成燃烧反应。既可避免发生后燃，也不会因空气过少而形成炭堆积，既方便了操作，同时提高了再生器密相床层温度，有利于再生热量的回收，改善再生效果，降低再生剂定炭，提高催化剂的活性及选择性，从而改善产品分布。

☞ 253. 目前国内有哪两大类一氧化碳助燃剂？

目前国内的一氧化碳助燃剂主要有铂一氧化碳助燃剂和钯一

氧化碳助燃剂两大类。大部分为铂类助燃剂。

☞ 254. 如何使用一氧化碳助燃剂?

一氧化碳助燃剂的使用方法和催化裂化装置的催化剂一样，即先把一氧化碳助燃剂放在一个容器内，然后充压，由输送风将它送到再生器密相中去。根据大部分炼油厂的经验，消耗量约为1mg(铂)/t进料。因为量少，一般炼油厂采取每日加三次，每班加一次的办法。

☞ 255. 汽油辛烷值助剂的作用机理是什么?如何使用?

主要成分是ZSM择型分子筛，与Y型分子筛相比，ZSM分子筛硅铝比高，孔腔小，对正构烃的选择性裂化功能很强。在催化裂化过程中，主要功能是进行二次反应，如二次裂化、异构化等，以提高催化裂化汽油的辛烷值。

使用方法是通过专用的加料器和小型加料线，将汽油辛烷值助剂加入到再生器中，也可将该助剂以一定比例和裂化催化剂预混后，一同加入到再生器中。应用助剂提高催化汽油的辛烷值比较灵活，加入量可根据汽油辛烷值及装置产品分布变化情况加以调节(一般占系统藏量的5%~10%)，催化汽油 *RON* 和 *MON* 增幅在2左右。

☞ 256. 降烯烃助剂的作用机理是什么?如何使用?

作用机理是采用改性的大晶胞分子筛和改性大孔担体，并配以适当的择型分子筛，使助剂具有高的氢转移活性和选择性，适当的异构化及芳构化能力。目前主要有中国石化集团洛阳石油化工工程公司开发的LAP系列降烯烃助剂和中国石化石油化工科学研究院开发的LGO系列降烯烃助剂。

使用方法是助剂的物化性能和常规催化剂具有较好的匹配性能，可投用小型加料器或单独的加剂设施加入再生器。

☞ 257. 硫转移助剂的作用机理是什么?

通过助剂中稀土氧化物的作用，使得 SO_x 在再生器中被吸附，并形成硫酸盐。在反应器中硫酸盐还原为硫化物，硫化物在

汽提段中水解生成 H_2S。从而降低再生烟气中硫化物的排放。工业数据表明，硫转移助剂一般能使烟气脱硫率达到 60% 以上，占总藏量比例一般不超过 5%。

☞ 258. 高温催化剂泄漏如何处理？

由于催化剂对设备的磨损作用，催化剂一旦泄漏，会越漏越大，要及时处理。高温催化剂泄漏后，如发生在加卸料管线上，及时切断泄漏点上下游阀门，联系维护单位处理漏点。若泄漏点在两器或斜管设备本体上，应及时大幅度降低两器压力，减少泄漏量。如泄漏情况允许，联系维护单位，处理漏点。如漏点无法处理或泄漏严重，按紧急停工处理。泄漏处理完毕，重新开工。

高温催化剂泄漏极易发生烫伤事故，在处理漏点时，要佩戴安全防护器具，必要时穿防火服进行作业，注意防止烫伤。

☞ 259. 反应区域内高温重油大量泄漏，如何处理？

反应区域内高温重油介质有原料油、回炼油、油浆。当发现有重油大量泄漏时，要立即向班长报告，如条件允许，组织人员将泄漏点上下游阀门关闭，切除泄漏源，同时在确保人身安全的前提下，用蒸汽对泄漏点降温掩护，防止自燃。如大量泄漏发生自燃，引起火灾时，立即报火警，并关闭泄漏源上下游阀门，用蒸汽和灭火器进行初期火灾的扑救。如果泄漏点周围人员无法靠前，应寻找关闭管线其他相邻阀门，尽量减小可燃物质的泄漏量。当火势很大时，远处切断泄漏源后，应向安全地点撤离，等待专业消防人员进行扑救。

反应内操在发生火灾后，危及生产安全和人身设备安全时，切断提升管进料，按紧急停工处理。

☞ 260. 反应区域内干气泄漏，如何处理？

反应–再生区域内利用干气作为开工期间辅助燃烧室的燃料和提升管底预提升介质，干气系统管线法兰连接不严、垫片损坏、管线破损、排凝阀不严等原因都可导致干气泄漏。

干气大量泄漏后，该区域可燃气体报警仪会发出报警，巡检人员在现场也可听见干气瓦斯泄漏的嘶嘶声，并且能够闻到瓦斯味。

操作人员发现干气泄漏后，立即报告班长及装置管理人员，寻找泄漏点及时切除泄漏源，应就近关闭泄漏点的上下游阀。

大量泄漏时，立即停止漏点周围危险区域的明火作业和炉火；立即停止装置区内一切施工作业，人员立即撤出现场；用蒸汽稀释泄漏区域，防止浓度达到爆炸极限；防止无关人员进入泄漏区域；严禁各种车辆进入或靠近该事故装置区域。

如果在辅助燃烧室点火期间发生干气大量泄漏，立即关闭辅助燃烧室燃料气阀和燃料油阀，熄灭炉膛火焰。如果是预提升干气管线泄漏，无法短时间内处理，应立即关闭预提升干气入提升管阀门和干气自稳定区来路的阀门。

处理泄漏时，要使用铜制工具。

第三章　分馏系统应急操作

☞ 1. 分馏系统的主要任务是什么?

分馏系统的主要任务是把反应油气按沸点范围的不同，将反应油气分割成富气、粗汽油、轻柴油、重柴油、回炼油、油浆等馏分，并保证各个馏分质量符合规定要求。

☞ 2. 分馏岗位操作原则是什么?

（1）平稳操作，控制好分馏塔各点温度及各段回流循环量，保证产品质量合格。根据产品质量指标的要求，合理调节。

（2）控制好分馏塔底温度、油浆循环量、塔底液位、油浆固体含量，以防止油浆系统结焦，保证装置的长周期运行。

（3）在使用冷回流时，一定要缓慢，以防影响反应压力。在调节中段回流量时，要考虑到吸收稳定热源的要求，避免影响吸收稳定的操作。

（4）注意调整好分馏塔的中段回流的取热分配，合理利用高温位热源。

（5）根据气温、产品出装置温度及回流的冷后温度的变化，及时调整冷却器的冷却水用量，保证经济合理用水。

（6）根据热水出装置温度的变化及时调整热水的取热分配，保证合理用能。

（7）发生事故时，要冷静分析，查出原因，果断处理，并做好与有关岗位的联系。

☞ 3. 反应系统对分馏系统有什么影响?

反应岗位进料量的变化、反应温度的高低以及催化剂种类与活性，直接影响分馏系统的物料平衡、热平衡及馏分分布，对分馏系统的操作产生很大影响。反应系统两器流化不正常或两器压力平衡失常，可导致反应切断进料，从而打乱分馏系统的正常操作。

回炼比的大小影响产品分布和气液相负荷的变化，对分馏系统热平衡及回流量的大小有较大的影响。

反应系统蒸汽量大小影响分馏塔板上的气相负荷。蒸汽量过大，会造成分馏系统各层塔板气相负荷增大，易产生雾沫夹带，造成产品质量不合格；同时增加塔顶冷凝冷却系统的热负荷。蒸汽量太小，气相负荷减小，会造成漏塔现象，使分离效果变差，产品质量不合格。

☞ 4. 吸收稳定系统对分馏系统有什么影响？

分馏系统的轻柴油部分作为再吸收塔的吸收剂。解吸塔的解吸效果影响贫气的质量，从而使再吸收塔塔底的富吸收油的组成有较大的变化，而富吸收油返回分馏塔，将直接影响分馏塔的热平衡和压力，造成分馏系统操作波动。因此，分馏与吸收稳定系统必须加强联系，尽量减少相互影响，保证装置平稳操作，特别要注意避免再吸收塔液面压空影响分馏塔压力。脱硫干气中冷凝下来的重组分要通过压液线压回分馏塔，若压液速度过快、流量过大，将对柴油质量的控制产生影响。

☞ 5. 反应紧急切断进料后，分馏岗位应怎样处理？

（1）配合反应、再生岗位停原料油泵，防止与原料换热的换热器憋压。

（2）原料油停后，关闭事故旁通线前手阀，防止原料开路循环时，原料油大量进塔。

（3）改好分馏塔油浆紧急外甩流程，投用油浆紧急外甩冷却器，联系调度向罐区甩油。注意关闭油浆紧急外甩扫线蒸汽，防止蒸汽串油。

（4）在轻柴油泵没有抽空之前，减少轻柴油出装置量，尽可能保持封油罐高液面，为外引封油提供时间。

（5）视封油罐液位情况，外引柴油。如封油罐液位过低，改好外引封油流程，联系油品车间启动轻柴油泵向装置内送柴油。装置外柴油进来后，如封油罐液面允许，可暂时将装置外柴油送回罐区，将管路内存水脱净再引进封油罐。

（6）分馏塔底液位低时，可暂时停回炼油泵，当塔底液面见量后，再启泵小量循环。

（7）当分馏塔底温度低于 250℃时，配合热工岗位对油浆进行加热。

（8）如在油浆紧急外甩过程中，原料罐液面过高，可将部分原料同油浆一起甩到罐区。

（9）外甩油浆结束后，改好原料开路大循环流程，维持原料罐液面，保证开路大循环正常。

（10）反应进料切断后，可根据各回流泵运转情况将各中段回流停掉。

（11）当分馏塔顶油气分离器液位高时，可启动粗汽油泵将分离器内汽油跨过稳定、精制直接送出装置。

（12）加强酸性水罐脱水，防止满罐。

☞ 6. 分馏塔进料中断的现象及原因有哪些？

（1）现象：①分馏塔负荷大幅度下降，塔内各点温度下降；②分馏塔液面上升，分馏塔顶油气分离器、轻柴油汽提塔、回炼油罐液面下降。

（2）原因：装置发生事故，反应切断进料。

☞ 7. 分馏塔进料（反应油气）短时间中断如何处理？

（1）用分馏塔顶冷回流控制分馏塔顶温度不大于 120℃，防止冲塔。

（2）立即将粗汽油改不合格线至罐区。同时控制好分馏塔顶油气分离器液面，严防液面超高，控制好分馏塔顶油气分离器界面，防止冷回流带水。

（3）立即将轻柴油改不合格线至罐区。封油罐液面低时联系罐区通过收封油专线收轻柴油，维持封油罐液面，并加强脱水保证封油、冲洗油正常循环及反应燃烧油的供应。

（4）顶循环回流及中段回流泵抽空时，停泵。

（5）保持回炼油罐液面及回炼油泵不抽空，二中回流最低流量以不凝线为原则或二中循环视情况停，将封油改为轻柴油。

（6）把事故返塔线改入原料油罐或回炼油罐。防止分馏塔液位超高，投用油浆紧急放空出装置。

（7）控制好原料油罐液面，维持油浆、回炼油及原料油三路循环。

（8）降低油浆循环量和提高返塔温度，视温度降低情况关小或关闭油浆下返塔，防止塔底液面超高和分馏塔底温度下降太快；适当加大油浆外甩，塔底温度下降过快，维持塔底温度在200℃左右，保证油浆系统正常循环。

（9）控制好蒸汽发生器水位，防止蒸汽带水，加强排污。

（10）当油浆温度较低时(低于300℃)，切除原料-油浆换热器油浆走副线。

（11）长时间切断进料无法恢复时，按停工处理。

☞ **8. 油浆循环中断的现象及原因有哪些？**

（1）现象：①流量指示回零，泵出口压力回零；②分馏塔各部分温度上升，严重时冲塔；③塔底液面迅速上升，分馏塔顶油气分离器液面上升，回炼油罐、轻柴油汽提塔液面下降。

（2）原因：①故障或停运；②分馏塔底液位过低，造成油浆泵抽空；③塔底油浆系统结焦或堵塞；④处理设备问题，泵被迫停运；⑤发生火灾，泵停运；⑥停电；⑦仪表故障。

☞ **9. 油浆循环中断如何处理？**

（1）联系反应岗位立即降温、降量，以降低分馏塔负荷，防止冲塔。

（2）提高一中循环回流、二中循环回流量，必要时可将轻柴油补一中循环回流，同时增大一循环回流、二中循环回流、顶循环回流的取热量及内回流，并洗涤上升油气所携带的催化剂，以防堵塞塔板。

（3）当塔底液面过低时，及时降低油浆返塔温度，提高油浆循环量，必要时向塔底补油，并联系反应降低油浆回炼量，防止液面过低造成泵抽空。

(4) 当因油浆组分变轻而泵抽空时，应及时提高轻柴油抽出温度，同时确保回炼油抽出量不溢流至塔底。

(5) 如因油浆固含量太高，结焦造成堵塞，处理无效时，应及时切料。

(6) 如泵故障，应及时切换备用泵，联系维修。

(7) 事故严重时，联系反应岗位切料，单器流化。

(8) 仪表故障联系仪表工处理。

☞ 10. 一中循环回流中断的现象及原因有哪些？

(1) 现象：①一中循环回流量指示为零；②分馏塔一中循环回流抽出层以上塔板温度均上升；③分馏塔顶油气分离器、轻柴油汽提塔液面上升，回炼油罐液面下降。

(2) 原因：①一中循环回流泵故障停运；②一中循环回流泵抽空；③仪表失灵。

☞ 11. 一中循环回流中断如何处理？

(1) 提高贫、富油吸收量或将轻柴油补入一中循环回流返塔。

(2) 增大顶循回流量，适当启用冷回流量，增大油浆取热量。

(3) 若因泵抽空，则将轻柴油补入一中循环回流泵入口，同时减少油浆取热量，尽快恢复一中循环回流。

(4) 当一中循环回流回流量波动时：①应及时降低一中循环回流抽出量，并稍降顶温，保证泵不抽空；②降低塔底温度，适当提塔底蒸汽量，逐步增加塔的中部负荷；③泵抽空时，适当降低轻柴油抽出量，以增加内回流。

(5) 泵故障时，及时切换备用泵。

(6) 仪表故障，联系维修。

☞ 12. 顶循环中断的现象及原因有哪些？

(1) 现象：①顶循环、急冷油量指示为零；②塔顶温度、压力上升较快；③分馏塔顶油气分离器液面迅速上升，轻柴油汽提塔液面下降。

(2) 原因：①顶循环泵停运；②顶循环泵抽空造成顶循环中

断；③仪表故障。

☞ 13. 顶循环中断如何处理？

（1）联系反应岗位降量、降温。

（2）投冷回流，控制塔顶温度，保证粗汽干点。

（3）适当提高贫吸收油量，以降低塔顶热负荷。

（4）一中循环回流泵抽空，适当提高一中循环回流温度，增加塔顶热负荷，避免带水。

（5）查明原因，相应处理。

（6）如是仪表故障，联系维修。

☞ 14. 什么原因容易导致分馏塔底液面猛涨？

（1）由于自动调节失灵或其他原因影响循环油浆流量增大，回塔温度大幅度下降。

（2）回炼油罐液面满而倒入分馏塔，会使塔底液面上涨。

（3）反应系统条件发生激烈变化，反应温度大幅度下降，原料油带水。

（4）油浆泵抽空。

☞ 15. 分馏塔底液面快速上涨如何处理？

（1）当液面猛涨到有封住油气大管线的危险时，必须迅速联系反应岗位降量和提反应深度。

（2）加大油浆外排量和提油浆回炼量以及重柴油抽出量(若有)。

（3）减少塔底循环取热量。但要注意，油浆循环量的降低应保证能洗涤催化剂粉末和分馏塔上部操作稳定为前提。

（4）必要时，可将油浆返塔下进口开大。

（5）适当提高塔顶温度和轻柴抽出温度。

（6）如油浆泵抽空，应迅速查明原因，及时处理。

（7）在失去调节手段时，有紧急放空设施的装置可将部分油浆短时紧急放空。

☞ 16. 造成分馏塔底满液面原因有哪些？

（1）反应深度过低。

(2) 原料油缓冲罐或回炼油液面满罐溢流进入分馏塔。

(3) 反应发生炭堆积。

(4) 油浆泵抽空或故障。

(5) 油浆循环量过大或返塔温度过低。

(6) 油浆回炼突然切断，产品油浆出装置线不通。

(7) 仪表失灵，假液面而实际满。

☞ 17. 分馏塔底液面满如何处理?

(1) 迅速联系反应岗位降量和提高反应深度。

(2) 加大油浆外甩量和油浆回炼量，并控制外甩油浆温度一般≯90℃。

(3) 在保证催化剂洗涤效果和分馏塔上部操作平稳的前提下，适当降低油浆循环量，适当关小油浆上返塔或适当提高人字挡板上气相温度。

(4) 适当提高分馏塔中部温度。

(5) 检查分馏塔底实际液面，联系仪表工校准分馏塔底液面仪表。

(6) 以上调节手段仍无法拉低分馏塔底液面时，启用紧急放空线，但必须控制油浆外甩温度一般≯90℃。

☞ 18. 造成分馏塔底液面持续下降的原因有哪些?

(1) 反应深度增大。

(2) 油浆回炼量或出装置量增加。

(3) 新鲜催化剂加入量、加剂量增大或加剂时间长。

(4) 油浆返塔温度升高。

(5) 油浆下返塔量增加。

(6) 仪表、调节阀失灵。

(7) 轻柴油抽出温度升高。

☞ 19. 分馏塔底液面下降过快如何处理?

(1) 在反应岗位操作允许情况下，可联系反应岗位根据实际情况适当减低反应深度和油浆回炼量，并适当减少油浆出装置量来调节分馏塔底液面。

（2）联系反应岗位平稳系统压力，停催化剂加入。

（3）当液面下降过低来不及调节时，可通过事故旁通线向分馏塔底补原料油，以防油浆泵抽空。

（4）增加油浆回流取热量，减低油浆返塔温度。

（5）仪表、调节阀失灵，则要迅速判断出液位真假，联系仪表工处理，并做好相应的调节，防止实际液位过低造成泵抽空。

（6）通过增加油浆循环量或循环油浆上返塔量来调节分馏塔底液面。

（7）回炼油返塔必须保证有油返塔，防止干板，必要时可通过调节回炼油返塔量，作为一种辅助调节塔底液面的手段。

☞ **20. 分馏塔顶油气分离器液面超高有哪些原因？**

油气分离器液面超高原因有粗汽油泵抽空或故障；顶回流泵抽空或塔顶超温；油气分离器液面失灵、油气分离器脱水不及时；稳定塔、吸收塔、再吸收冲塔，富吸收油大量带汽油；分馏塔顶冷却器泄漏，致使油气大量带水。

☞ **21. 分馏塔顶油气分离器液面过高有什么危害？液面快速上涨如何处理？**

分馏塔顶油气分离器液面猛涨十分危险，如处理不及时，会使反应超压、富气带油打坏气压机叶轮等恶性事故发生，所以必须严格预防和迅速、正确地处理。

（1）当机泵抽空时，应首先进行泵体排气、泵体淋水，使泵上量。如仍不上量，应及时切至备用泵。

（2）如液面上涨快，则应启动两台泵同时向外送油。紧急情况下，可启用其他相连的泵抽粗汽油至污油罐。

（3）如确定某组分馏塔顶冷凝冷却器泄漏带水时，应及时停用。

（4）当气压机抽负压时，应及时同反应岗位联系，提高反飞动流量，以保证气压机入口压力，防止负压抽入空气，同时防止机入口富气带油。

（5）如仪表失灵，应及时改用手操器或副线操作。

（6）采取一定措施后，液面仍猛涨危及富气压缩机和反应压力时，切断装置进料，停工处理。

☞ 22. 分馏塔冲塔原因是什么？

（1）原料带水，反应岗位波动，分馏处理不及时。

（2）反应深度增大，造成分馏塔气相负荷增大，回流调节不及时，造成分馏塔温度升高。

（3）蒸汽或油气负荷过大，各个回流没有调整好大幅度波动。

（4）如果是因为机泵抽空造成冲塔，可能原因是各系统内的冷换设备泄露造成的。

（5）发生冲塔时，干点升高，是不是初馏点很低，中部负荷降低，温度提不上去，可能是油浆蒸汽发生器内漏的严重，蒸汽和水进入到了油浆里面带入分馏塔。

（6）如果是温度控制不住，粗汽油干点高，初馏点低，且分馏塔压降增大，冲塔的原因是塔的中上部出现淹塔现象，直接原因是分馏塔内结盐。

（7）一次的冲塔导致了部分塔板的脱落，最终出现反复冲塔事件发生。

另外，看分馏塔塔板结构是双溢流，还是四溢流，一般四溢流很少冲塔，但是双溢流冲塔的可能性就很高。

☞ 23. 分馏塔冲塔的常见原因、现象有哪些？

（1）原因：①原料油带水过多；②回流带水或量少，温度控制不住；③侧线抽出量大；④塔内吹汽量太大；⑤塔板安装不好，回流的抽出线或管线破裂、堵塞；⑥进料太多，气速过大；⑦气相负荷过大；⑧仪表失灵。

（2）现象：①油品颜色变深；②油品密度增大；③分馏塔顶温迅速上升；④油品变重，馏程重叠，残炭值大；⑤分馏塔底液面迅速下降，各层温度上升。

☞ 24. 分馏塔冲塔如何处理？

（1）冲塔严重时，首先联系罐区将产品改入不合格罐。

（2）原料带水及时切换原料油罐，加强切水。

（3）加强回流脱水，减少侧线抽出量。

（4）减少进塔蒸汽量。

（5）适当降低处理量，降低反应深度。

（6）提高回流量，降低返塔温度。

（7）如是仪表故障及时联系仪表工及维修处理。

☞ 25. 分馏塔塔板冲翻现象、原因是什么？应如何处理？

（1）现象：①分馏塔顶温度升高，压力变化较大；②从塔顶到塔底个别循环泵抽空；③产品质量不合格。

（2）原因：①开工切换汽封时沉降器、分馏塔蒸汽量太大；②顶回流、中段回流、油浆循环回流一个或多个中断；③操作不平稳，塔底部、中部超温；④塔板安装不合格。

（3）处理：由于塔板冲翻，分馏塔无法正常操作，装置作紧急停工处理。

☞ 26. 分馏塔压降升高是什么原因造成的？如何处理？

（1）原因：①反应深度小，原料性质变轻；②分馏塔取热不合理，特别是下部；③回炼量打得过大或回流中断；④产品未取出来。

（2）处理方法：①联系反应岗位适当提高反应深度；②调整各回流取热量，合理分配取热；③加大产品及回炼油抽出量。

☞ 27. 粗汽油泵抽空是什么原因造成的？

（1）粗汽油泵故障。

（2）油气分离器液位过低或油水界位失灵，界位控阀关闭或含硫污水泵故障停运。

（3）油水界位超高造成粗汽油带水严重。

（4）粗汽油温度高，使粗汽油泵泵体过热。

（5）油气分离器压力低。

（6）气压机入口抽负压。

☞ 28. 粗汽油泵抽空如何处理？

（1）粗汽油泵或含硫污水泵故障，应迅速切换备用泵，联系钳工对故障机泵进行处理。如泵体过热，应迅速向泵体注凉水降温。安排专人现场盯住运行机泵。

（2）粗汽油罐油液位或油水界位失灵后，应根据现场液（界）位，立即改副线控制。

（3）加强油气分离器脱水，保持水界面不超标。

（4）粗汽油温度高，应迅速降低分馏塔顶油气冷后温度。

（5）联系反应岗位，大幅度降量操作。为避免气压机带油，情况紧急时，切断反应进料，气压机紧急停机。

（6）联系反应岗位，消除气压机抽负压，控制稳反应压力。

☞ 29. 粗汽油泵故障如何处理？

事故现象：粗汽油泵出口流量回零，分馏塔液面上涨。

事故处理：

（1）立即切换备用泵。

（2）如备用泵不能备用，首先通知生产管理部门，做好降处理量和气分停气压机的准备工作。

（3）分馏内操适当降低塔顶温度和中部温度，减少粗汽油流量，减缓分馏塔顶油气分离器液面上涨速度，为外操改流程创造时间。

（4）外操按照将粗汽油跨过吸收稳定系统，直接进入精制。

（5）停汽油回炼，适当关小粗汽油直接跨出吸收稳定系统去产品精制系统阀门。

（6）压缩富气照常进入稳定，吸收剂完全由补充吸收剂代替。适当增加补充吸收剂量，根据实际情况调节吸收稳定系统操作。

（7）如果粗汽油直接进精制不畅，可以根据实际情况走不合格汽油回炼线出装置。

（8）密切注意机组岗位操作变化，如液位长时间居高不下，可停气压机。

☞ 30. 分馏塔顶冷回流波动或带水的现象有哪些？

（1）塔顶温度波动。

（2）塔顶压力波动。

（3）分馏塔顶油气分离器液位波动。

（4）泵出口压力波动或回零。

☞ **31. 分馏塔顶冷回流波动或带水是由什么原因引起的？如何处理？**

（1）原因：①分馏塔顶油气分离器界位自动调节失灵或酸性水泵故障；②分馏塔顶油气分离器液位指示偏高，实际液位过低，造成粗汽油泵抽空。

（2）处理方法：①加大循环回流量或降低返塔温度，关小分馏塔顶循环温控调节阀，尽快稳定塔顶温度和压力；②降低去吸收塔的流量；③查明原因，及时处理。

☞ **32. 分馏塔顶回流波动或顶回流泵抽空是什么原因造成的？**

（1）反应温度下降，使塔顶负荷过低，引起泵晃量，严重时抽空。

（2）在打冷回流时，常常因为带水，调节不及时，也会引起晃量或抽空。

（3）富吸收油突然增加，顶部负荷过小，也会引起泵的晃量，严重时抽空。

（4）中段回流调节不当，塔内各种负荷分布不均，中部负荷较大，顶部负荷过小，引进泵晃量，严重时抽空。

（5）反应温度突然上升，使塔顶负荷过大，靠塔顶回流取热，已经不能满足热平衡的要求，使抽出层集油箱存油减少，引起泵晃量，严重时抽空。

（6）分馏塔顶温度过高，调节不及时，使顶回流抽出层集油箱存油减少。

（7）总进料量突然下降。

（8）机泵故障，仪表失灵。

☞ **33. 分馏塔顶回流波动或顶回流泵抽空如何处理？**

（1）在分馏塔顶回流量波动时，应及时降量，并适当提高冷回流，以保证粗汽油干点。适当提高轻柴油抽出塔板温度，逐步增加顶部负荷。

（2）及时切换备用泵。应先打入冷回流，以压住塔顶温度，但必须注意系统压力。当机泵上量后，逐步提量至正常。若分馏塔顶温度没有控制住，引起冲塔，必要时还可降低反应进料量，然后采取措施进行处理。

（3）若仪表失灵，应及时改用手操作器，或用副线操作，并联系仪表工修理。

☞ 34. 轻柴油泵抽空原因、现象有哪些？

（1）原因：①汽提塔液面过低；②仪表及控制阀失灵；③汽提蒸汽量过大，使汽提塔压力高于分馏塔压力，柴油压不出来。

（2）现象：①柴油出装置指示回零；②柴油汽提塔液面上升。

☞ 35. 轻柴油泵抽空如何处理？

（1）处理方法：①减少轻柴油出装置，调整塔内负荷；②适当提高抽出层温度；③在轻柴油闪点合格的基础上，适当关小汽提蒸汽量，防止分馏塔内轻柴油流不出来；④必要时从装置外引柴油，并保证封油、燃烧油及冲洗油的供给。

（2）退守状态：①反应岗位降处理量；②分馏岗位提高分馏塔中部温度。

☞ 36. 中段回流流量波动和泵抽空的原因有哪些？

（1）反应操作大幅度波动。

（2）顶回流泵抽空，引起中段回流泵抽空。

（3）当分馏塔底温度低，而中段温度又高，或反应系统操作条件较大变化，造成分馏塔负荷变化，调节不及时。

（4）分馏塔顶温度过高。

（5）中段回流泵封油带水。

（6）泵故障，仪表失灵，或泵预热不好泵内气体没全部赶尽等，引起泵抽空。

（7）有重柴油抽出的装置：重柴油抽出量过大，轻柴油抽出塔板温度过高，引起一中段循环回流负荷不足。

☞ 37. 一中循环回流流量波动和泵抽空如何处理？

（1）当一中循环回流量波动时，应及时降低一中循环回流抽出量，并将顶温压低一点，维持机泵不抽空。

（2）提高塔底温度，向一中循环回流泵入口补轻柴油和增加贫吸收油量，都是有效措施，但要注意对顶部负荷的影响和轻柴油汽提塔液面的变化，并做相应的调节。

（3）降低塔顶温度，适当提高塔底蒸汽量，逐步增加中段负荷。

（4）加强封油脱水。

（5）适当加大吸收油的返塔量。

（6）当中段循环回流量严重不足时或机泵抽空时，用轻柴油补入中段回流泵进口。

（7）当机泵抽空时，可适当降低轻柴油抽出量，以增加内回流。

（8）泵故障，可关小出口阀，进行放空，排出气体，必要时，切换备用泵。

（9）若仪表失灵，及时改用手操作器调节，或用副线操作。

（10）有重柴油抽出的装置：适当改变重柴油抽出量。

☞ 38. 重柴油泵抽空现象、原因是什么？如何处理？

（1）现象：①流量指示波动或回零；②泵出口压力波动；③回炼油液面上升。

（2）原因：①塔壁阀开度过小；②管路不畅通，仪表失灵；③泵故障；④封油压力高或带水。

（3）处理方法：①开大抽出口阀；②检查校对仪表动作情况或改走副线；③泵故障切换备用泵；④处理没有效果时，可停出重柴油，进行扫线处理。

☞ 39. 回炼油泵抽空是什么原因造成的？

（1）反应深度大，液面过低，调节不及时。

（2）分馏塔底温度低。

（3）扫线蒸汽阀漏，蒸汽窜入泵体，形成气阻。

（4）封油量过大或封油带水。

（5）轻柴油抽出塔板温度过高，中段回流泵抽空。

（6）仪表失灵。

（7）有重柴油抽出的装置：重柴油抽出量过大；在不生产重柴油时，轻柴油抽出塔板温度过高，引起回炼油组分变轻。

40. 回炼油泵抽空如何处理？

（1）适当调整反应深度，必要时可向回炼油罐补油。

（2）回炼油泵抽空引起反应温度变动时，可用原料油量或催化剂循环量控制调节。

（3）调整轻柴油抽出塔板温度，改变回炼油组分。

（4）泵故障时，关小泵出口阀，放空赶出空气，必要时切换备用泵，并联系修理。

（5）联系有关岗位加强封油脱水。

（6）若仪表失灵，及时改用手操作器控制或副线操作。

（7）若是扫线蒸汽阀漏，应及时修理。

（8）调整分馏塔底温度。

（9）有重柴油抽出的装置：调整重柴油抽出量。

41. 油浆泵抽空是什么原因造成的？

（1）分馏塔底液面过低。

（2）轻柴油抽出塔板温度过低，轻组分压入塔底，使油浆组分变轻(不出重柴油时)，开工时轻柴油没有及时抽去。

（3）封油量过大、过轻或封油带水，在泵体内汽化造成气阻。

（4）固体含量过高，造成管道催化剂堵塞。

（5）泵入口扫线蒸汽阀漏，造成气阻。

（6）塔底温度过高，造成塔底结焦，管道堵塞。

（7）泵的预热不当。

（8）机泵本身故障，仪表失灵。

42. 油浆泵抽空如何处理？

（1）当塔底液面低时，及时降低油浆返塔温度，提高循环油浆量，同时根据实际情况向塔底补油(原料)，并联系反应岗位降渣油回炼量。

(2) 当油浆组分变轻时，应及时提高轻柴油抽出板温度。同时确保回炼油不溢流入塔底。

(3) 调节封油量，并联系有关岗位脱水(一般封油压力比泵体压力高0.1MPa以上为宜)。

(4) 泵入口被催化剂或焦块堵塞，则清理泵入口过滤网，泵抽出口或管线堵塞，则用蒸汽反吹或用油介质反顶，但要注意安全操作。采取措施无效时，应切断进料及时处理。处理好后采取针对性措施，防止固体含量高和结焦。

(5) 吹扫蒸汽入泵，找到汽源并关死。

(6) 泵的预热不当，则泵排净气体，缓慢预热。

(7) 如机泵故障，关小泵出口阀，放空赶出空气，必要时切换备用泵，并联系钳工修理。

(8) 液位指示失灵，联系仪表工处理。

☞ 43. 油浆泵故障时，如何处理？

一台油浆泵故障，可切换至另一台备用油浆泵。如两台油浆泵同时出现故障时，油浆系统循环将无法维持，分馏塔将发生冲塔，塔底液面将超高，此时依据反应-再生系统事故处理原则，应立即切断进料，切断两器，中止两器流化，同时保证两器差压，严防沉降器超压发生催化剂倒流。具体处理步骤：

(1) 立即启动提升管进料自保，切断提升管进料，同时关闭各进料控制阀和喷嘴手阀。

(2) 关闭待生和再生滑阀，中止两器流化。

(3) 用双动滑阀和气压机放火炬保证两器差压。

(4) 如因为分馏塔底液面高，造成沉降器憋压，可相应减小沉降器用汽量。

(5) 分馏岗位立即改好用回炼油泵外甩油浆流程，进行塔底油浆紧急外甩。

(6) 分馏岗位要提大各中段回流，尽量保证分馏塔不要冲塔。

（7）其他岗位操作可按紧急停工步骤进行。

☞ 44. 油浆泵常见故障、原因是什么？预防措施有哪些？

油浆泵常见故障有密封泄漏，叶轮、泵盖及隔板磨损，抽空等。密封泄漏的原因主要有预热过快、封油压力低、密封失效、泵抽空、油浆固体含量高等。预防应控制合理预热时间和密封油量，避免封油带水，减少催化剂跑损，防止大幅度调节油浆泵出口调节阀。叶轮、泵盖及隔板磨损主要是油浆固体含量高引起的，预防应减少催化剂跑损，严格控制油浆固体含量。

☞ 45. 油浆固体含量高的原因有哪些？

（1）反应系统故障，如旋风分离器系统设计不合理、旋风分离器损坏、料腿堵塞、提升管出口快分系统损坏等，使反应油气携带催化剂量增加。

（2）催化剂细粉含量太高，使反应油气携带催化剂量增加。

（3）油浆回炼量或外甩量太小，使分馏塔内油浆不能及时置换，造成油浆固体含量高。

☞ 46. 油浆固体含量高如何处理？

（1）及时分析反应、再生操作参数，查找原因。若催化剂分离系统故障，应首先平衡操作。若催化剂细粉含量太高应消除催化剂粉碎（如避免松动、吹扫蒸汽带水，空气分布器喷嘴、原料油喷嘴出口、粗旋分离器入口流速不宜过高等）。若催化剂分离系统严重损坏、料腿被焦块严重堵塞，使油浆固含量过高装置无法运行，则停工处理。

（2）分馏部分可提高油浆外甩量，适当提高油浆回炼量。增加油浆固含量分析频率，跟踪固含量变化；适当提高油浆循环量，合理分配上下油浆返塔量，保证脱过热段洗涤效果；油浆换热器不开副线，保证换热器油浆线速；分馏塔底适当加大搅拌蒸汽量，以防止催化剂粉末在分馏塔底积聚。

☞ 47. 分馏塔顶温度低如何处理？

（1）适当降低塔顶压力。

（2）减少顶回流、停冷回流，提高回流温度。

（3）降低一中循环回流流量及取热量，提高柴油抽出口温度，柴油全抽出。

（4）减少塔底回流取热量，提高塔底温度。

（5）塔底液面控制适当，进塔蒸汽量控制适当。

（6）联系提高反应温度，加大终止剂量，选择组成适当的原料，必要时可适当提处理量（这也是最简单的方法）。

（7）若顶部冷回流和顶循环回流量已经降下来，但温度还没有上升，结盐的可能性比较大，进行在线水洗处理。

（8）若顶循环换热器内漏，切除处理。

☞ 48. 分馏塔顶负荷过小原因分析及引起的塔顶温度低如何解决？

正常操作情况下，塔顶温度是用塔顶回流流量大小来调节，在塔顶负荷过小时，将会发生塔顶回流不能很好起到调节作用。

塔顶负荷过小可由下列原因引起：①油气性质变重，轻质组分减少或注汽量小；②反应处理量小，分馏塔在下限负荷操作，中段回流量变大。

遇到上述情况，应设法增加塔顶负荷，增加回流温度，减少中段回流流量，增加塔底汽提流量，如果是原料油加工量过小或是反应油气中轻组分过少，可增加反应器处理量。

☞ 49. 哪些因素容易导致分馏塔顶油气冷后温度高？

（1）冷回流打得过大，顶部冷换设备负荷过大，冷后温度下不来。

（2）循环水供水温度高，压力低，会影响分馏塔顶油气冷却器冷却效果。

（3）气相负荷大幅增加，反应岗位的催化剂活性、加工量、原料性质、反应温度、反应深度等变化，分馏塔各段去热量的变化，导致超负荷运行。

（4）反应–再生系统及分馏系统蒸汽压力及用量增加，包括反应的雾化蒸汽、预提蒸汽、汽提蒸汽、事返扫线蒸汽、分馏的搅拌蒸汽、汽提蒸汽等。

(5) 分馏塔顶冷却器一般处于装置高层，出现汽化，形成气阻，冷却水不能正常循环。

(6) 设备：①空冷器有结盐堵塞；②循环水冷却器有结垢堵塞；③冷却器的选型不得当。

☞ 50. 分馏塔顶油气冷后温度高如何解决？

(1) 冷回流打得过大，可减少冷回流打入量。

(2) 循环水供水温度高，压力低，联系循环水场降温提压。

(3) 气相负荷大幅增加，超负荷运行，降处理量，调整反应、分馏操作。

(4) 反应-再生系统及分馏系统蒸汽压力及用量增加，适当降压、降量。

(5) 形成气阻，可在空冷管束上增加排不凝气线至放火炬凝液罐，将管束中的不凝气排出，增加空冷的冷却效果。

(6) 设备问题进行单体切除处理。

☞ 51. 油浆换热器管束堵塞原因是什么？如何处理？

(1) 分馏系统长时间运转后，一般停工后发现油浆换热器都有不同程度的管束堵塞现象，主要原因：①油浆中催化剂固体含量高。②由于油浆换热器的截面积较大，挟带催化剂及焦炭的油浆在此线速较低，停留时间长，催化剂及焦炭容易停留在管束上，有足够的停留时间后，逐渐变成焦炭。③操作时油浆在换热器内经原料或水、蒸汽冷却，在管束上形成冷壁效应，形成续焦。

(2) 处理方法：①如堵塞不严重，停工检修时处理。②如堵塞严重，则反应降原料量，油浆、原料换热器与油浆蒸汽发生器分别切换，疏通管束，然后投用。③堵塞严重，无法维持时，装置全面停工处理。

☞ 52. 分馏系统不同冷换设备内漏会出现哪些不同现象？

(1) 若重油操作压力高于轻油，则重油漏入轻油，重油采样颜色无变化，而使轻油密度上升，颜色变深，如是产品则造成产品不合格。

(2) 若是重油压力低于轻油，则轻油漏入重油，轻油采样颜色无变化，而重油变轻，颜色变浅。

(3) 若水压高于油压，水漏入油中，使分馏塔顶油气分离器界面上升，脱水量大增，严重时会使油带水。

(4) 如油压高于水压，油窜入水中使循环水、热水带油。

☞ 53. 分馏系统冷换设备内漏如何处理？

(1) 原因：①设备超期工作或检修质量差。②设备腐蚀严重。③压力超高或压力波动大。④设备超温或温度剧变。

(2) 处理方法：①采用单体设备停用检查法，以确定内漏设备。②判断内漏后，油气改走副线，排净介质，进行解体处理。

☞ 54. 停循环水分馏如何处理？

短时间停水，迅速通知生产管理部门，联系动力恢复供水，分馏密切注意各处温度，调整操作，防止冲塔，必要时联系反应岗位降量。如停水时间较长，各冷换设备无法取走多余热量，操作无法维持，按停工处理。

注意短时间停水后，恢复供水时各冷换设备供水不能太急太快，防止设备突然胀缩损坏。

☞ 55. 分馏塔发生铵盐堵塞如何处理？

(1) 原因：原油脱盐效果不好，使原料油中氯盐含量高。在反应过程中，原料油中的氮化物会生成 NH_3。在分馏塔顶温度较低的情况下，就可能使氨与氯化氢化合生成铵盐在较低的分馏塔顶温度下结晶析出，附着在降液板等处，使塔板局部堵塞。

(2) 现象：分馏塔中部、顶部温度急速上升，塔顶压力呈“锯齿”状波动，顶循环回流量往下滑，轻柴油抽不出来，塔板压降增大。

(3) 处理方法：一旦发现铵盐堵塞，就必须立即采取措施，反应适当降量，粗汽油、轻柴油改走轻污油线，停顶循环回流泵，严格控制分馏塔顶温度和轻柴油下抽出层塔板气相温度，在分馏塔顶注水洗塔时，既要保证洗塔效果而且要保证轻柴油不带水。洗塔过程中注意洗塔水分析和塔板压降的变化，证明洗塔彻底后，恢复操作，减少注水，开大冷回流，保证塔顶温度不超高，恢复操作过程应缓慢、平稳，防止操作波动大。

☞ 56. 分馏的基本原理是什么？

分馏的基本原理是利用气液相中各组分的相对挥发度的不同进行分离。在塔中，蒸气从塔底向塔顶上升，液体则从塔顶向塔底下降。在每层板上气液两相相互接触时，气相产生部分冷凝，液相产生部分气化。由于液体的部分气化，液相中轻组分向气相扩散，使蒸气中轻组分增多；而蒸气的部分冷凝，使蒸气中重组分向液相扩散，液相中重组分增多，进而使同一层板上互相接触的气液两相趋向平衡。

☞ 57. 催化裂化分馏系统的工艺特点是什么？

(1) 有脱过热和洗涤段。

(2) 全塔过剩热量大，使用较多的循环回流，经济合理。

(3) 各产品容易分离。

(4) 要求尽量降低分馏系统压降。

☞ 58. 反应油气是如何在分馏塔内实现分离的？

反应油气进入分馏塔的脱过热段(人字挡板下)，与人字挡板下向下流的循环油浆逆流接触、脱过热，洗涤油气中夹带的催化剂粉尘，并使反应油气进行部分冷凝。首先冷凝的是沸点较高的油浆，上升的油气混合物在塔内随其温度逐渐降低，又出现部分冷凝，冷凝液依次是回炼油、柴油，最后不能冷凝的是塔顶油气。

☞ 59. 怎样判断分馏塔的分馏效果？

分离精确度在精馏过程中也叫分馏精确度，用来表示分馏塔的分馏效果。对二元系来说，指的是轻、重两组分间是否达到有效的分离。对多元系，则是指轻、重关键组分之间的分离程度。对复杂系来说，两个相邻馏分之间的分馏精确度，通常用这两馏分的馏分组成或蒸馏曲线的相互关系来表示。倘若轻、重馏分的初馏点高于较轻馏分的终馏点，则称这两个馏分之间有一定的间隙；反之称为重叠。重叠意味着一部分轻馏分进入到重馏分里去了，或者是一部分重馏分进入到轻馏分里去了。其结果，既降低了轻馏分的收率又影响其质量。显然，重叠是由于分馏精确度较差所造成的，而间隙则意味着较高的分馏精确度。间隙愈大，说明分馏精确度愈高。

☞ 60. 分馏效果受哪些操作参数影响？之间有什么关系？

分馏塔分馏效果的标志是分馏精度。分馏精度除与分馏塔结构有关外，还受操作温度、压力、回流量、水蒸气量等操作参数影响。

提升管进料量恒定时，油气入塔温度直接影响分馏塔热平衡，相应引起塔顶和轻柴油抽出温度变化，产品质量也随之变化。因此，控制反应温度稳定对分馏塔平稳操作非常重要。当油气温度不变时，分馏塔各回流量、回流温度以及抽出量的改变也会影响分馏塔热平衡，引起各段温度变化，其中塔顶温度和中部温度直接影响粗汽油和轻柴油性质。

液相抽出温度与抽出层油气分压有关。油气分压越低，馏出同样的油品需要的温度越低。在塔内负荷允许的情况下，降低操作压力或适当地增加水蒸气量都可以降低油气分压。回流提供气液相接触条件。对于催化分馏塔，回流量大小、返塔温度由热平衡决定。随着分馏塔操作条件的改变，适当调节回流量和回流温度是调节热平衡的手段，并可达到调节产品质量的目的。一般以调节返塔温度为主，以减少对分馏塔分馏效果的影响。

☞ 61. 分馏塔的结构是怎样的？

催化裂化分馏塔分为两段，上部为精馏段是分馏塔的主体，一般设有28~32层舌形塔板，下段为脱过热段，装有8~10层人字挡板。

☞ 62. 催化裂化分馏塔与其他分馏塔有什么区别？

催化裂化分馏塔与其他分馏塔的区别：

(1) 有脱过热和洗涤粉尘的油浆换热段。

(2) 全塔余热量大。

(3) 系统压降要求小。

(4) 采用吸收油流程。

☞ 63. 什么是精馏？

精馏是蒸馏的高级形式，将由挥发度不同的组分所组成的混合液，在精馏塔中同时多次地进行部分气化和部分冷凝，使其分离成几乎纯态组分的过程。精馏按操作分为间歇式和连续式两种，现代石油加工中都采用连续式精馏设备——精馏塔或称蒸馏塔、分馏塔。

☞ 64. 精馏过程的基本条件是什么？

(1) 必须有能够使气液相充分接触，进行气液相间传热和传质的场所，即塔板(或填料)。

(2) 每层塔板上必须同时存在着组成不平衡的气(上升油气)液(下降回流)两相。为了保证精馏塔每层塔板上都有上升油气，就需要提供热源；为了保证塔板上有下降回流，塔顶及各全抽出斗的下方均需有外回流打入，以使其他塔板上有内回流。

(3) 为了达到精馏的目的，不仅要有塔板，而且要有一定的塔板数；不仅要有回流，而且要有合适的回流量。

☞ 65. 影响精馏塔效率的因素有哪些？

(1) 混合物气液两相的物理性质。主要有黏度、相对挥发度、扩散系数、表面张力和密度等。

(2) 精馏塔的结构。主要有出口堰高度、液体在板上的流程长度、板间距、降液部分大小及结构；阀或筛孔的结构、排列与开孔率；还有填料的结构和高度。

(3) 操作变量。主要有气速、回流比、温度和压力等。

☞ 66. 精馏塔有哪几个部分？

一个完整的精馏塔包括三个部分，即精馏段、提馏段和进料段。根据使用要求不同，有的塔没有精馏段(如侧线汽提塔)或没有提馏段(如催化裂化分馏塔)。

☞ 67. 精馏塔有哪些种类？

在蒸馏过程中所用的精馏塔大致可以分为两类：板式塔和填料塔。

板式塔是沿着塔的整个高度内装有许多块塔板，相邻两板有一定的板间距，气、液两相在塔板上相互接触进行传质和传热。板式塔的塔板常用的有泡罩形、浮阀形、筛板形、舌形及浮动舌形等。各种塔板都有其自身的特点和适用场合。填料塔是塔内装有填料，气、液两相在润湿的填料表面进行传质和传热。

☞ 68. 为什么精馏塔要使用多层塔板？

气液两相在塔板上达到分离的极限是两相达到平衡，如果要使轻、重组分达到充分分离，就要用多层塔板。工业上根据产品的提浓程度和待分离组分的性质来决定所需要的塔板数，塔板数多，分离程度增高。例如，分离汽油、煤油、柴油一般需要4~8块塔板，而分离苯、甲苯、二甲苯时，因这些组分间沸点相差小，产品纯度要求高，分离时需要数十块塔板。

☞ 69. 催化裂化分馏塔为什么要设置脱过热段？

催化裂化分馏塔的进料一般为温度在460℃以上且带有催化剂粉末的过热气体，必须先把油气冷却到饱和状态，并将油气夹带的粉尘洗涤下来，防止其污染上部的侧线产品、堵塞上部塔板。脱过热段设有数层人字挡板或圆盘形挡板，油气与从塔底抽出的循环油浆逆流接触、换热、洗涤，油气被冷却，其中最重的馏分(油浆)冷凝下来，作为塔底产品。同时，将油气中夹带的催化剂细粉也洗涤下来。

☞ 70. 什么叫泡点和露点？

在一定压力下，将液体混合物加热到刚刚开始汽化，或者说出现第一个气泡时，保持相平衡的温度，称为泡点温度，即平衡汽化率为零的温度。继续升高温度，直到使这个混合物刚好全部汽化，保持相平衡的温度称为露点温度(即平衡汽化率100%的温度)。或者说混合蒸气刚开始冷凝而出现第一个液滴时的温度叫露点温度。

☞ 71. 泡点温度和露点温度之间有什么关系？

同一混合液体的露点温度总是高于其泡点温度。当压力或混合液体的组成变化时，其泡点和露点温度也随之而改变。同一石油馏分的平衡汽化温度范围比渐次汽化的温度范围要窄，即泡点温度高于初馏点而露点温度低于干点。

☞ 72. 泡点温度和露点温度有什么特性？

对一种纯物质，在一定压力下，其泡点和露点温度是相同的，也就是该物质的沸点。但混合物不同，其泡点温度低于露点温度。无论是混合液体的泡点温度和露点温度，还是纯物质的沸点，都随外界压力的不同而不同，压力越高，其沸点越高。

☞ 73. 什么是过热气体和过冷液体？

若气体的温度高于其露点温度，称之为过热气体；如果液体的温度低于其泡点温度，则称之为过冷液体。催化裂化分馏塔的油气进料温度约 500℃，是过热气体；分馏塔的塔顶冷回流及中段循环回流入塔时是过冷液体。

☞ 74. 什么是沸点？泡点与沸点有什么关系？

沸点：在一定压力下，某物质的饱和蒸气压与此压力相等时对应的温度。即液体沸腾时的温度。

泡点可以指混合物，也可以指纯化合物。沸点只能针对纯化合物。对于纯化合物，泡点也就是在某压力下的沸点。

☞ 75. 反应油气混合物中各组分的沸点范围是多少？

催化裂化反应油气是由各种沸点不同的烃类所组成的复杂气相混合物，其中各馏分的沸点范围大约如下：粗汽油：40～200℃；轻柴油：200～350℃；重柴油：350～380℃；回炼油：350～450℃；油浆：>450℃。

☞ 76. 石油产品分馏的难易程度是如何衡量的？

各石油产品分馏的难易程度可用恩氏蒸馏 50%点之差来衡量。恩氏蒸馏 50%点的差别越大，相当于这些馏分之间的相对挥发度越大，就越容易分离。

催化裂化分馏塔除塔顶除粗汽油外，一般出三个侧线：轻柴油、重柴油、回炼油。回炼油的馏分相当于减压馏分油。和常压塔等炼油装置的其他分馏塔相比，催化分馏塔的塔顶产品和各侧线产品之间的恩氏蒸馏的50%点相差较远。因此，催化分馏塔的产品分离要求容易满足。

☞ 77. 分馏塔为什么可选用舌形塔板？

舌形塔板是薄钢板上冲出许多半开的舌状孔，翘起的舌片与塔板呈20°角，气体从下面通过舌孔斜向喷射出塔板。塔板上的液体流向和气体喷出的方向相同，气、液两相处于剧烈的喷射接触。舌形塔板与泡罩塔板相比具有塔板上液层薄，持液量少，压力降小，生产能力大，结构简单，可节约金属用量，制造、安装、维修方便等优点。根据催化裂化的工艺特点，要求分馏塔的压降要小，所以精馏段多采用舌形塔板。

☞ 78. 舌形塔板有什么优缺点？

舌形塔板的优点：由于塔板上的气液流动方式为并流，所以塔板上出入口两端液面落差小，气流分布较为均匀，且无溢流堰，液体存量少，塔板阻力较小，允许的空塔气速较高，处理能力大；结构简单、易于制造安装、检修方便，造价和维修费用较低。

其最大的缺点是在低负荷下易从舌孔往下漏液，使塔板效率降低。因此，在过低的处理量下操作时，循环回流不易建立，操作弹性较小。

☞ 79. 浮阀塔板的工作原理是怎样的？

浮阀塔板是在塔板上开许多圆孔，每一孔上都装有一带三条腿的可上下浮动的阀。浮阀的结构形式很多，有F型、V型、十字架型及A型等，最常用的是F-1型。

塔板工作时液体从上层塔板经降液管流下，横向流过塔板进入本层塔板降液管流入下一层塔板；气体通过阀孔将浮阀向上顶起，穿过环形间隙以水平方向吹入液层，气、液两相呈泡沫状进行传质传热。浮阀可随气速的增减在较宽的气速范围内自由调节升降，以保持稳定操作。

☞ 80. 浮阀塔板具有什么优点？

（1）生产能力大，因浮阀在塔板上排列比泡罩更紧凑，故生产能力比泡罩塔板提高20%~40%，与筛板塔板差不多。

（2）操作弹性大，因浮阀可在一定范围内自由升降以适应气量的变化，所以能在较宽的气流范围内保持高的效率。

（3）效率高。由于气、液接触充分，且蒸气以水平方向吹入液层，故雾沫夹带较少，因此分离效果好，一般效率比泡罩塔板高15%左右。

（4）压降小。汽流通过浮阀时只有一次收缩、扩大及转弯，故压降比泡罩塔板低。

（5）与泡罩塔板相比，结构简单、制造安装也较方便，制造费用仅为泡罩塔板的60%~80%，是筛板塔板的120%~130%。浮阀塔板由于其性能优良，又无特别明显的不足，因而在炼油、化工生产的塔设备中得到了广泛的应用。

☞ 81. 什么是浮动舌形塔板？有什么优点？

舌形塔板舌孔开度是固定的，在低负荷下操作易产生漏液现象，故其操作弹性较小，塔板效率较低，因而使用受到一定的限制。浮动舌形塔板是综合了舌形和浮阀的优点而研制出的一种塔板。将舌形塔板的固定舌片改成浮动舌片而成，与浮阀塔类似，随气体负荷改变，浮舌可以上下浮动，调节气流通道面积，从而保证适宜的缝隙气速，强化气液传质，减少或消除漏液。当浮舌开启后，又与舌形塔板相同，气液并流，利用气相的喷射作用将液相分散进行传质。浮动舌形塔板既有舌形塔板生产能力大、压降小、雾沫夹带少的优点，又有浮阀塔板的操作弹性大、塔板效率高、稳定性好等优点，其缺点是舌片易损坏。

☞ 82. 新型浮阀塔板与原来相比有哪些改进？

近几年开发了多种新型的浮阀塔板，都保留并利用了原条型浮阀气体喷出方向与塔板上液相流方向垂直，而获得较高的局部传质效率的优点；完善条型浮阀的气液接触方式或增加条型浮阀的气液相接触空间以追求更高的传质效率；增加气体对液体的推动力，改善液体在整个塔板上的分布，同时减少塔板上的传质死区；阀体结构局部的改变和整体尺寸的改变，尽可能提高塔板的开孔率以提高处理量；通过改变阀体局部现状，调整气液接触方向，以增大其操作弹性。常见的新型浮阀塔板有 ADV® 微分浮阀塔板、SuperV 系列浮阀、JF 浮阀、箭形浮阀等。

☞ 83. 塔板间距的选择取决于哪些因素？

（1）板间距越大，越有利于雾沫的沉降，雾沫的夹带量越小。

（2）起泡大的物料，板间距应大些。

（3）对要求有较大操作弹性的精馏塔应采取较大的板间距。

（4）塔的检修要求。

☞ 84. 分馏塔下部为什么设置人字挡板？

分馏塔下部脱过热段使用循环油浆对油气进行冷却和洗涤，由于脱过热段气液流量很大，温度较高，同时又有催化剂粉尘，因此，为了避免阻力过大，并防止固体堵塞，这里一般常用人字挡板而不用塔板。

☞ 85. 分馏塔底人字挡板按哪种排列方式比较好？

分馏塔底人字挡板是换热塔板，在传热系数、传热对数平均温差一样的情况下，传热量和传热面积成正比。而在人字挡板层数一定的情况下，3~4 排列比 2~3 排列的传热面积大，塔底油浆循环取热量大，对分馏塔操作和回收高温位热量都有好处。

☞ 86. 分馏塔底为什么要设过滤网？

由于分馏塔底不可避免地会产生结焦，为避免焦粒及焦块进入油浆泵，使泵产生磨损甚至影响泵的操作，必须在塔底油浆抽出处安装过滤网。

☞ 87. 分馏塔采用规整填料有什么优点？

随着催化裂化技术的发展，原催化裂化装置经过改造，反应-再生系统处理能力大大提高，而催化裂化分馏塔受平面位置限制，往往不可能增大塔径。将原板式催化裂化分馏塔改为规整填料分馏塔，为催化裂化分馏塔的改造开辟了一条新途径。规整填料分馏塔具有处理能力大、操作弹性大、分离精度高、压降低、分馏效率高、能耗低和规整填料传热系数高等优点。

☞ 88. 分馏塔侧线抽出口的形式有哪些？

催化裂化分馏塔的侧线抽出口分为全抽出口和部分抽出口两种形式。全抽出型是将该层塔板上的液体全部抽出，下层塔板上液体全部由外部循环回流提供，这样可灵敏控制塔内温度，从而有效控制产品质量，减少产品质量的波动。部分抽出时该板液体一部分作为产品抽出，一部分作为下层塔板内回流。由于抽出量的变化会引起内回流量的变化，从面对塔内热平衡及产品质量有影响。目前催化裂化装置轻柴油多采用全抽出方式。

☞ 89. 为什么分馏塔要设置集油箱？

为在开工时尽快建立循环回流和增加操作弹性，顶循环回流油、中段循环回流油抽出多采用集油箱。集油箱又称为升气管型抽出板或盲塔板，只允许气体通过升气管，而不让液体下流。集油箱有两种结构形式，一种是带降液管型集油箱，该型集油箱不需设液位计，液位升高后自动经降液管溢流到下一层塔板。另一种是全抽出型集油箱，需要设置液位计，用集油箱液位控制液体抽出量。一般集油箱升气孔面积占塔截面的15%~21%，液体停留时间1min左右。一般催化裂化分馏塔采用带降液管型集油箱。吸收塔中段油抽出采用全抽出型集油箱。

☞ 90. 分馏系统流程是怎样的？

高温反应油气进入分馏塔下部，经脱过热段到分馏塔上部进行分馏。塔顶是富气和粗汽油的混合油气，侧线有轻柴油、重柴油和回炼油，塔底为油浆。油浆经换热、冷却后送出装置。轻柴油、重柴油经汽提塔汽提后，经换热、冷却作为产品送出装置。塔顶油气经冷凝冷却后进入油气分离罐，粗汽油和压缩后的富气分别送到吸收稳定系统。为取走分馏塔的过剩热量，设有顶循环回流、1~2个中段回流和塔底油浆循环回流。

☞ 91. 渣油催化裂化与馏分油催化裂化相比流程有什么特点？

（1）由于RFCC原料油雾化蒸汽量比馏分油FCC大1~2倍，使分馏塔顶油气中水蒸气分压增加，水蒸气容易冷凝造成冲塔。

为此分馏塔顶采用两段冷凝冷却的流程，第一段冷却温度为90℃，凝液(重汽油)作为塔顶热回流(取代塔顶循环回流)，使塔顶控制较高温度，避免水蒸气冷凝。第二段冷凝冷却至40℃再分离富气和粗汽油。对于DCC等工艺提升管反应器注蒸汽量较大(达原料油的10%以上)，更适宜采用两段冷凝冷却热回流流程。该流程缺点是塔顶系统压降较大(有的装置达0.08MPa)。一般催化裂化分馏塔顶水蒸气冷凝的矛盾并不十分突出，所以一般不推荐采用。

(2) 在塔顶与轻柴油之间设有重石脑油循环回流，并用该重石脑油作再吸收塔吸收剂。由于重石脑油密度与相对分子质量的比值较轻柴油大，且芳烃含量较少，它的吸收能力和选择性优于轻柴油。

(3) 采用单程转化操作，不设回炼油系统，中段回流取热量较小，只能满足稳定塔重沸器需热，解吸塔重沸器用蒸汽加热。油浆也不回炼，经汽提后排出装置。

(4) 原料油预热温度较低，原料油只与循环油浆一次换热(当原料油温度稳定时也可直接进入反应器)，原料油加热炉只作为开工使用。

☞ 92. 分馏塔顶油气流程是怎样的？

粗汽油、富气、水蒸气混合油气从分馏塔顶馏出，经空冷器、冷凝冷却器进入分馏塔顶油气分离器。未冷凝油气(富气)去富气压缩机。冷凝的粗汽油用泵抽出送往吸收塔。油气分离器底部脱水包排出的酸性水经酸性水罐排气、除油后，用泵送至酸性水汽提装置。

☞ 93. 顶循环回流流程是怎样的？

用泵从分馏塔上部(一般为第4层塔板，设有集油箱)抽出，经原料油换热器、循环水冷却器(或空冷器)等冷换设备，冷却后返回分馏塔第1层塔板。

☞ 94. 轻柴油系统流程是怎样的？

轻柴油从分馏塔中部(一般为第12~14层塔板)引出，进入轻柴油汽提塔上部，下部通入蒸汽对轻柴油进行汽提，汽提气返回 11 层，汽提后轻柴油用泵抽出升压经原料油换热、循环水冷却器(或空冷器)等冷换设备冷却后，一路去再吸收塔作吸收剂，一路作为产品送出装置。

☞ 95. 中段循环回流系统流程是怎样的?

一中段循环回流系统：从分馏塔 17 层塔板抽出后经稳定塔重沸器、解吸塔重沸器、蒸汽发生器、循环水冷却器或空冷器后返回分馏塔 15 层塔板。有的装置一中段循环回流只为稳定塔重沸器供热，解吸塔重沸器用蒸汽加热。有的装置一中段循环回流先与循环油浆换热，提高中段循环回流温度后再为稳定塔重沸器、解吸塔重沸器供热，从而保证两台重沸器需要的热量。

二中段循环回流系统：大型装置设有二中段循环回流系统，一般取热量较小，用泵从分馏塔 27 层塔板抽出，经蒸汽发生器后返回分馏塔 24 层塔板。有的装置和回炼油一起抽出，经蒸汽发生器后返回分馏塔。

☞ 96. 重柴油系统流程是怎样的?

重柴油从分馏塔 22 层塔板引出，进入重柴油汽提塔上部，下部送入蒸汽对重柴油进行汽提，汽提后的重柴油用泵抽出经原料油换热器、循环水冷却器(或空冷器)冷却后送出装置。由于重柴油生产受地区、季节性影响较大，重柴油生产时间较短的地区，可采用简单流程，重柴油直接用泵从分馏塔抽出，经换热、冷却后送出装置。根据生产工艺及市场情况，有些装置不设重柴油系统。

☞ 97. 回炼油系统流程是怎样的?

回炼油从分馏塔 27~29 层自流进入回炼油罐，用泵抽出一部分返回分馏塔最下一层塔板，大部分去提升管反应器回炼。回炼比较大的重油催化裂化装置为了提高剂油比，回炼油经蒸汽发生器降温后再进入提升管反应器。

☞ 98. 油浆系统流程是怎样的?

油浆从塔底抽出用泵升压后，少部分去提升管回炼，大部分经原料油换热器、蒸汽发生器返回分馏塔，大部分从脱过热段上部进入，小部分从塔底进入以控制塔底温度。当发生中压蒸汽时返塔温度控制在280~290℃，当发生低压蒸汽时返塔温度控制在250~260℃。油浆外甩从蒸汽发生器后引出，经油浆冷却水箱(或冷却器)将温度进一步降低至不大于95℃，再送出装置。对于重油催化裂化装置，油浆中重芳烃过高，为降低生焦，油浆不建议回炼。

☞ 99. 原料油预热流程是怎样的?

原料油一般由罐区提供，进装置温度为70~90℃，原料在装置内需要一系列换热。原料油首先进入原料油罐，用原料油泵升压后和顶循环回流、轻柴油、重柴油、循环油浆等换热，温度升到200~250℃，进入加热炉加热到280~350℃，经雾化喷嘴进入提升管反应器。该流程多应用于早期的蜡油催化裂化，重油催化裂化装置除罐区来冷蜡油以外，还有常压、减压渣油或来自其他二次加工装置的热原料油，温度一般为150℃左右。与冷蜡油混合进入原料油罐。重油催化裂化装置一般无需加热炉，换热温度在180~250℃左右即可。

☞ 100. 为什么要设置油浆紧急外甩系统?

当分馏塔底液位严重超高，用正常方法调节不奏效，有反应器憋压和分馏塔底结焦的危险时，必须将油浆紧急排出装置。故需专门设计油浆紧急外甩系统，油浆从蒸汽发生器后引出，经水箱冷却器冷却到90℃，通过油浆紧急外甩管线送到工厂油浆罐。该管道直接影响装置安全运行，因此正常操作中应保证该管道畅通。严寒地区该管道除蒸汽扫线外还设有蒸汽伴热和充轻柴油设施。

☞ 101. 油浆外甩有什么优缺点?

优点：①油浆外甩可以减少生焦量。②可以降低塔底油浆的固含量，防止堵塞油浆泵及管线。③降低塔底温度。④降低回炼，优化操作。

缺点：使轻质油的收率降低。

☞ 102. 为什么要设置开工循环流程？

设置开工循环流程的目的是负荷试运阶段为了装置内高温管道、设备预热升温，以脱除系统存水；预热高温管道，考验高温系统(管道、仪表、设备等)的耐热性能；高温设备热紧等。开工循环有开路循环、闭路循环；塔内循环、塔外循环之分。装置内循环系统主要有原料油、回炼油、循环油浆，简称三路循环。

☞ 103. 分馏塔热量的来源是什么？

分馏塔进料是过热度很高的反应油气(480~530℃)，进入分馏塔的绝大部分热量是由反应油气在接近反应温度的过热状态下带入分馏塔的，除塔顶产品以气相较低温度(100~130℃)离开分馏塔外，其他产品均以液相状态离开分馏塔，在分馏过程中需要取出大量显热和液相产品的冷凝潜热，这些热量就是分馏塔的余热。

☞ 104. 分馏塔余热的影响因素是什么？

分馏塔余热数量大小主要受以下因素影响：

(1) 反应温度。反应温度越高，反应油气带入分馏塔的热量越多。按回炼比为 1 计算，反应温度每升高 10℃，余热约增加 5.85×10^4kJ/t 原料。

(2) 回炼比。回炼比越大，分馏塔余热的量就越大。以反应温度 500℃、回炼油抽出温度 350℃计算，回流比每增加 0.1，分馏塔余热大约增加 6.28×10^4kJ/t 原料。

其他如产品收率、分馏塔各产品抽出温度、分馏塔搅拌蒸汽及柴油汽提塔蒸汽用量、各循环回流取热分配及散热损失等，对分馏塔余热数量的影响较小。

☞ 105. 油浆循环的作用是什么？

油浆循环的作用主要是将油气所夹带的催化剂粉末洗涤下来，避免催化剂堵塞上部塔板。将过热油气冷却到饱和状态，保证一定的油浆冷凝量，并取出部分分馏塔余热回收利用，使塔上部的负荷大大降低。

☞ 106. 油浆上、下返塔有什么作用？

为了保证反应油气脱过热和冲洗催化剂粉末，油浆从人字挡板上方进塔，用油浆回流脱过热和冲洗催化剂粉末，同时还使少量最重的馏分(渣油)冷凝成液体，和催化剂粉末一起流至塔底，这部分渣油连续抽出进行回炼或作产品。

少量返塔油浆直接打入塔底液面中，靠温度较低的油浆与塔底油浆混合而降温，控制塔底温度。如果靠加大从上进口进入的循环油浆量降温，则同时会增加渣油冷凝，使塔底液面上升。

☞ 107. 油浆循环对分馏塔余热有什么影响？

回炼比越大，反应温度越高，油浆洗涤段内冷凝量(即油浆回炼量与油浆外甩量之和)越大，由回炼油抽出层下来的内回流(或外回流)量越小，油浆循环可取出的热量越多。在分馏塔进料条件及产品要求不变的条件下，只有内回流量影响循环油浆的取热量。从热利用观点看，回炼油抽出层内回流量为零较好。

☞ 108. 分馏系统为什么要设置低温余热回收流程？

分馏系统有大量低温余热，如分馏塔顶油气、顶循环回流、轻柴油、中段回流油等。低温热水被加热到95~110℃，可作为气体分馏装置重沸器热源，或用于冬季采暖、夏季制冷、低温发电等。

☞ 109. 分馏塔内回流的作用是什么？

分馏塔内回流的作用一是提供塔板上的液相回流，使气液两相充分接触达到传热、传质的目的。二是取走塔内多余的热量，维持全塔热平衡，以利于产品质量控制。

打入塔内的回流量，常用回流比表示：

$$回流比=回流量(t/h)\div塔顶产品量(t/h)$$

☞ 110. 催化裂化分馏塔为何采用较多的循环回流？

（1）全气相过热进料，温度较高，而出塔温度较低，所以整个塔要靠循环回流取走大量剩余热量。

（2）如果只靠塔顶回流取热，则塔上半部分的气液相负荷就很大，需要较大的塔径。

（3）塔顶回流取出的热量因温度低而不易充分回收，因此分馏塔采用较多的循环回流。

☞ 111. 回流比对精馏操作有何影响？

（1）增大回流比，可以减少所需理论板数，若塔板数不变，则可提高精馏效果，当回流比增大，则有更多的重组分冷凝转化成液相，使通过每层塔板气液两相的浓度增加得更多。

（2）增大回流比，在塔板结构已定的情况下，则塔板循环量增大，塔内的上升气体量增大，对一些满负荷的塔来说，塔大回流比，气体速度过高，则会造成雾沫夹带或液泛，使分离效果变坏，塔板效率下降。

☞ 112. 回流比对分离操作有什么影响？

塔板上回流量增大，回流比增大，使上升气相温度降低，重组分冷凝增多，从液相回流转入气相的轻组分也增多。即气相从回流中补充了更多的轻组分，其结果使上升气相中轻组分浓度增高，提高了塔板的分离效果。当产品分离程度一定时，回流比增大，塔板数可适当减少。

☞ 113. 如何确定回流比的大小？

回流比的大小由全塔热平衡决定，如果过大，会使下降的液相中轻组分含量增多，此时，如果不相应地增加进料的热量或塔底的热量，就会使轻组分来不及汽化而被带到下层塔板或塔底，从而影响轻组分的收率；如有侧线产品时，也会使侧线产品或塔底产品不合格。此外，增大回流比，不仅会增加塔顶冷凝冷却器的负荷，同时还会增加操作费用。超过一定限度还会造成液泛。

☞ 114. 回流方式有几种？各自的特点是什么？

根据取走回流热的方式不同，回流方法有冷回流、热回流和循环回流等，如图 3-1 所示。

冷回流：将部分塔顶产品以过冷液体状态打入的回流。其作用是控制塔顶温度，提供塔内回流，保证产品质量。若全塔只有一个回流，冷回流入塔后，吸热汽化，再从塔顶蒸出，吸热量等于塔的总回流取热，所以回流取热一定时，冷回流温度越低，冷回流量越小。

热回流：在塔顶装有部分冷凝器，将塔顶蒸气部分冷凝为液体作回流，回流温度与塔顶温度相同，其只吸收汽化热。所以，取走同样多的热量，所需回流量大。热回流也可有效控制塔顶温度，但只适用于小型精馏塔。

循环回流：将塔侧线的部分液相馏分抽出，经换热冷却后，送回其抽出板上方作为回流。回流入塔后与塔内上升气相相遇，换热后本身温度升高，取出部分回流热，并把部分上升的气相冷凝成热回流(内回流)。循环回流的抽出温度比塔顶馏出物温度高，热量可合理利用，并使塔内上下负荷趋于均匀。

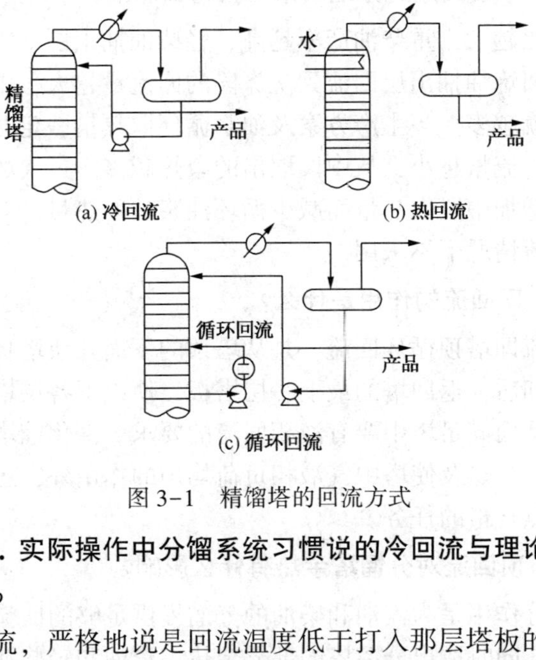

图 3-1　精馏塔的回流方式

☞ 115. 实际操作中分馏系统习惯说的冷回流与理论上的冷回流一样吗?

冷回流，严格地说是回流温度低于打入那层塔板的平衡温度的回流，例如塔顶回流及循环回流。但习惯上说的冷回流，都是指塔顶过冷的回流，即引出塔顶产品，在塔外冷凝冷却后再打回塔顶，成为最上一层塔板的回流。

冷回流的作用：一是成为最上一层塔板的回流，使以下各层塔板就都有内回流；二是担负着冷却取热，维持全塔热平衡的部分任务，控制塔顶温度，保证产品质量。

☞ 116. 中段回流的作用是什么？

中段回流即中段循环回流，包括一中段循环回流和二中段循环回流(在催化裂化分馏塔中)。它是在侧线产品抽出板的下面几块塔板上抽出，经冷却返回侧线抽出板的下面一层。一中段循环回流主要有使轻柴凝点合格、回收塔内余热、提供吸收稳定系统热量、使塔内气液相负荷均匀等作用。二中段循环回流主要是多取热，以减少一中段循环回流的取热量。由于二中段循环回流抽出温度较高，可回收较高温位的能量，提供给吸收稳定系统热量。

☞ 117. 中段回流对分馏塔余热有什么影响？

回炼比越大、重柴油产率越高、轻柴油抽出层下来的内回流量越小及回炼油抽出层回流到洗涤段的回流量越大，中段回流取出的热量就越多。当生产方案及油浆循环取热量一定时，轻柴油抽出层内回流量越小，从中段取出的余热越多。过大的回炼油内回流量将增加中段取热量而减少循环油浆的取热量，对余热利用不利，一般情况下不采用。

☞ 118. 顶回流的作用是什么？

顶回流即塔顶循环回流，是从塔顶的下面几块塔板上抽出的液体经冷却后，返回塔的最上一层塔板，使以下各层塔板就都有内回流，从而满足塔中要有液相回流的要求。催化馏塔的顶回流除具有回收余热及使塔中气液相负荷均匀的作用外，还担负着使粗汽油干点合格的任务。

☞ 119. 顶回流对分馏塔余热有什么影响？

该部分作用是为汽油和柴油的分馏提供足够的回流并保证轻柴油冷凝，同时取出分馏塔的部分余热。汽油和轻柴油的产率越低，轻柴油抽出层流向下段的内回流量越小，这段取热量越少。该部分余热的温度较低，因此，在操作中应尽量减少这部分取热量。在产品收率一定时，轻柴油抽出层内回流量为零时，这段取热量最小。

☞ 120. 热水换热流程是怎样的？

有两种流程，一种是各低温热换热器热水侧同时接循环水管线，低温热不利用时停掉热水系统，切换为循环水冷却；另一种是各低温热换热器不接循环水管线，在热水出口总管处设置热水-循环水冷却器。当低温热不利用时，热水系统照常运行，启用热水-循环水冷却器将热水在装置内冷却后循环使用。前者低温热换热器进入循环水运行容易结垢，操作复杂。后者没有结垢问题，但需增加2台换热器，在不用低温热情况下，热水泵照常运行，要消耗部分电能。热水换热流程一般采用两路并联，并联路数不宜太多，并联路数过多难以操作控制。

☞ 121. 为什么现阶段分馏中段油为稳定塔和解吸塔重沸器会供热不足？如何解决？

早期的催化裂化装置催化剂活性较低、柴油产率高、装置回炼比大(0.5~1)，分馏中段油取热量较大，可以作为稳定塔和解吸塔重沸器的热源。目前催化剂活性较以前有了大幅度提高，汽油产率高，柴油产率和装置回炼比较低(0.1~0.3)，中段取热负荷明显减少，中段油同时为稳定塔和解吸塔两个重沸器供热常出现热量不足。解决上述问题有三种方法：一是用分馏塔中段油为稳定塔底重沸器供热，解吸塔底重沸器用蒸汽加热。二是将中段油先与循环油浆换热，然后中段油再为两个重沸器供热。三是用分馏塔中段油为解吸塔底重沸器供热，用循环油浆为稳定塔底重沸器供热。有的大型装置采用第一种方法。多数中小型装置采用第二种方法。对于ARGG、DCC等工艺装置，稳定塔底重沸器需要热量大幅度增加，可采用第三种方法。

☞ 122. 为什么要设置不合格线？

在开工进料后调整操作期间，不合格产品由专用不合格管线送出装置(至工厂不合格油罐)。试运阶段生产的不合格汽油、轻柴油最好分别送出装置、储存、回炼处理。小型装置为简化流程将不合格线和轻污油线合二为一。

☞ **123. 为什么要设置轻污油系统？**

为保护环境及安全生产，专门设置轻污油回收系统。分馏、吸收稳定部分的轻油设备(换热器、泵、过滤器、采样器等)在停工或检修时存有少量轻油，通过污油系统自流至地下轻污油罐，用污油泵(一般为液下泵)经轻污油线送出装置。

☞ **124. 重污油线的作用是什么？**

装置内重油设备(如换热器、泵、加热炉、冷却水箱等设备)停工、检修时存有的少量重污油，经重污油系统管线送出装置(一般用蒸汽扫线至工厂燃料油罐)。小型装置重污油管线可以借用油浆外甩管线。

☞ **125. 如何回炼污汽油？回炼时要注意什么？**

回炼污汽油是用污汽油作为分馏塔顶冷回流，重新调整其质量。

回炼污汽油时要注意：①放尽存水。②冷回流量要小些，以免反应压力超高。③要及时调节分馏塔顶温度，控制汽油质量，因为此时油气分压提高了。④污汽油较重且颜色较黄则不应作塔顶冷回流而应设法改从其他入口打入分馏塔。如从富吸收油返塔入口打入亦可。

☞ **126. 汽提塔与分馏塔有什么不同？**

汽提塔底通入过热水蒸气，在温度不变以及总压力一定时，降低油气分压，增加汽化率，即提高侧线产品中轻组分的拔出率，从而降低产品中轻组分的含量。

催化裂化分馏塔底部进料，只有精馏段而没有提馏段。汽提塔是塔顶进料，相当于侧线产品的提馏段。

☞ **127. 分馏塔顶油气分离器的作用是什么？**

分馏塔顶油气经冷却后，气液混合物进入油气分离器，进行三种物料分离的容器，上面分离富气和粗汽油，下面分离粗汽油和水。分馏塔顶油气分离器需控制油气液面和油水界面。

☞ **128. 油气分离器为什么要设防涡器和破沫网？**

为了使液相物料流出时不产生涡流、将气体带进泵里而使泵抽空，或为使液面稳定，需在设备的液体出料处设置防涡器。分馏塔顶油气分离器为了使水和汽油分界液面稳定，在汽油抽出口设置了防涡器。如果从油气分离器出去的富气带油，则会损坏气压机。在不允许气相物料夹带雾沫的地方，为了使气相物料流出时不带雾沫，便在设备的气相出料处安装破沫网。

油气分离器顶部富气出口设有由不锈钢丝编成的破沫网，以防止富气夹带汽油进入气压机。

☞ **129. 为什么要使用蒸汽发生器?**

分馏塔中的余热除由油浆和中段循环回流取出用来加热原料外，其他相当多的余热也需要加以利用，蒸汽发生器是最常用的余热回收设备。具有下列特点：①传热系数高；②蒸汽经过热后可并入全厂蒸汽管网；③工艺换热量变化时，发生蒸汽量随着变化，通过调节工厂锅炉蒸汽产量使全厂蒸汽平衡。所以蒸汽发生器是一个可调节的余热回收设备，对装置平稳操作非常重要。汽包多为卧式。

☞ **130. 油浆蒸汽发生器在使用时，应注意什么?**

循环油浆系统操作温度为280~370℃，油浆的自燃点为230~240℃，循环油浆系统泄漏将发生火灾。为安全考虑循环油浆系统设备(如换热器、蒸汽发生器)法兰均采用*PN*4.0MPa等级，管道采用厚壁管。循环油浆含有催化剂细粉，为防止催化剂沉淀、富集，循环油浆走换热器管程，并保持管内流速在1.5m/s以上。为便于换热器检修清洗，一般选用浮头式换热器，采用*DN*25mm换热管。由于循环油浆操作温度较高，换热器内部小浮头容易泄漏，经验是内部小浮头采用蝶簧垫片紧固或采用波齿型垫片紧固，有的装置在开工前将内部小浮头法兰焊死。

☞ **131. 油浆冷却水箱的用途是什么?**

油浆冷却水箱是油浆外甩冷却专用设备，经过多年实践运行非常可靠。一般催化裂化装置设置大小两台油浆冷却水箱(水槽)。大水箱用于紧急外甩油浆，能够适应瞬间大量油浆冷却排放。小水箱用于日常小流量产品油浆冷却。中小型装置可将2台水箱合并成1台设备。冷却水箱外壳可以是方形，也可是圆形。内部设有数组蛇形管束，大水箱数组管束并联，小水箱管束一般采用管束串联或并联。此外，水箱内还有压缩空气搅拌、蒸汽加热、密封盖、高空排放管等设施。有的新建装置为回收这部分热量，取消了冷却水箱，改用管壳式换热器，给热水加热，以供它用。

☞ 132. 为什么要控制分馏塔底液面？

在原料质量不变、反应深度恒定、分馏塔操作也较稳定时，如果渣油抽出量和冷凝量不平衡，液面就会波动。当液面上升过高时，很容易满过塔的油气入口，液柱产生的阻力会使反应器压力增高，甚至超压造成事故。分馏塔底液位高，造成油浆停留时间会过长，易引起分馏塔底结焦。当液面过低时，油浆泵会抽空，油浆回流中断，也会造成塔内超温、超压，并影响到反应系统。此外，塔底液面波动，也会影响到塔上部热平衡和气液相负荷，影响整个分馏塔操作。所以塔底液面是分馏系统很重要的操作参数，必须经常注意，保持平稳。

☞ 133. 分馏塔底液面影响因素有哪些？

(1) 反应深度增大，分馏塔底液面下降。

(2) 反应处理量增加，分馏塔底液面上升。

(3) 原料性质变重，分馏塔底液面上升。

(4) 原料油罐或回炼油液面满溢流，分馏塔底液面上升。

(5) 油浆循环量增加，分馏塔底液面上升。

(6) 油浆返塔温度升高，分馏塔底液面下降。

(7) 油浆上返塔量增加，分馏塔底液面上升；下返塔量增加，分馏塔底液面下降。

(8) 油浆回炼量或出装置量增加，分馏塔底液面下降。

(9) 回炼油返塔量增加，分馏塔底液面上升。

(10) 分馏塔顶压力升高，分馏塔底液面上升。

(11) 循环油浆泵故障，仪表、调节阀失灵。

(12) 新鲜催化剂加入量：加剂量增大或加剂时间长，分馏塔底液面下降。

(13) 轻柴抽出温度：轻柴抽出温度升高，分馏塔底液面下降。

(14) 事故返塔量：如果事故返塔进分馏塔且量较大，则分馏塔底液面上升。

☞ **134. 如何控制分馏塔底液面?**

(1) 在装置平稳生产时，用循环油浆量和油浆返塔温度来调节。

(2) 在分馏塔液面波动时，首先应分析是否受反应岗位影响。如果是反应岗位影响，则应与反应岗位密切配合一起处理。在反应岗位操作允许情况下，可联系反应岗位根据实际情况适当改变反应深度和油浆回炼量来调节分馏塔底液面。

(3) 联系反应岗位平稳系统压力。

(4) 通过改变油浆循环量或循环油浆上返、下返塔量来调节分馏塔底液面。

(5) 回炼油返塔平时必须保证有油返塔，防止干板，必要时可通过调节回炼油返塔量，作为一种辅助调节塔底液面的手段。

(6) 当液面下降过低来不及调节时，为了防止油浆泵抽空，应降低渣油回炼量。但是过多地降低渣油回炼量又会影响反应系统的平稳操作。特殊情况下，分馏塔底液面过低，可通过事故旁通线向分馏塔底补原料油。也通过回炼油返塔线向塔底补油，以防油浆泵抽空。

(7) 如果液面过高，必要时可减少油浆回流取热量，调节油浆蒸汽发生器冷热旁路阀，通过适当改变油浆返塔温度来调节分馏塔底液面，但热旁路阀开度不能大，防止油浆换热器堵塞(注：不可大幅调节，因热路限流卡量，大幅调节时易对油浆总返塔量产生影响，同时调节时要注意返塔温度变化，避免造成塔底超温)。

(8) 液面超高，必要时可采取加大油浆外甩量来处理。紧急情况下其他手段调节无效时，可启用紧急放空线外甩油浆，如有必要可联系反应岗位降量处理。

(9) 仪表、调节阀失灵，则要迅速判断出液位真假，联系仪表工处理，并做好相应的调节，防止实际液位超高造成淹塔或液位过低造成泵抽空。

(10) 循环油浆泵故障或排量不稳时，切换备用泵。

☞ 135. 蜡油催化与重油催化分馏塔底液位控制方式有什么区别?

影响分馏塔底液位的因素有两个方面，一是反应生成油浆量的多少；二是油气在分馏塔底脱过热段冷凝下来的多少；三是上、下返塔循环油浆量的大小。

(1) 蜡油催化裂化。蜡油催化裂化循环油浆量采用定值控制，通过油浆返塔温度控制分馏塔底液位，采用三通阀控制循环油浆返塔温度，单独控制油浆外甩量，见图 3-2(a)所示。

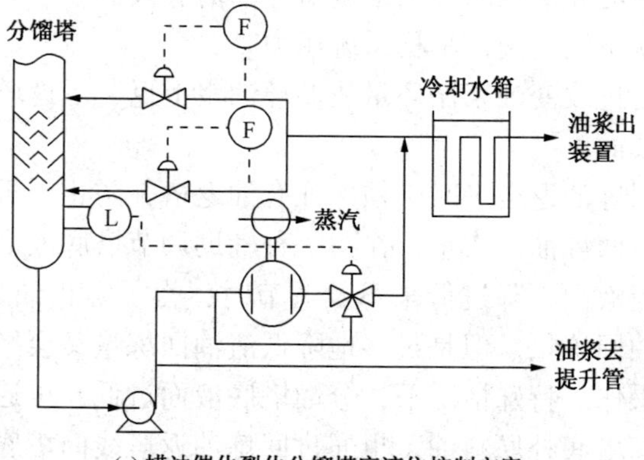

(a) 蜡油催化裂化分馏塔底液位控制方案

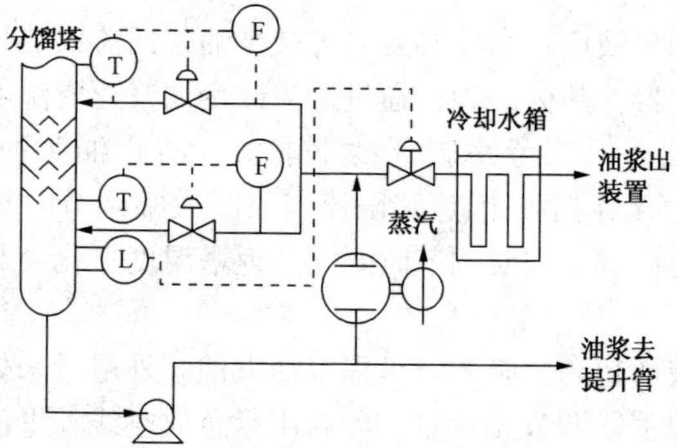

(b) 重油催化裂化分馏塔底液位控制方案

图 3-2　分馏塔底液位控制

(2) 重油催化裂化。重油催化裂化在油浆蒸汽发生器取消了三通阀，用循环油浆上返塔流量控制脱过热段上方气相温度，油浆下返塔流量控制塔底温度，油浆外甩量控制塔底液位，见图3-2(b)所示。

☞ **136. 分馏塔底液面控制需要注意什么?**

循环油浆的作用主要是将油气所夹带的催化剂粉末洗涤下来，避免催化剂堵塞上部塔板，油气脱过热，并取出部分分馏塔内的过剩热量。因此无论采用何种控制，一要注意油浆上返塔量不能过低，过低会引起油气中催化剂粉尘洗涤不下来，会引起人字挡板上部的分馏塔板的堵塞；二要注意塔底液相温度过高，会引起分馏塔底的结焦。

☞ **137. 为什么要控制分馏塔人字挡板上方气相温度?**

分馏塔人字挡板上方气相温度是体现油浆与回炼油分割的参数，反映油浆的轻重。许多装置制定了控制指标(一般控制在365~370℃)。油浆的质量对结焦倾向有很大的影响，与温度和停留时间不同的是，要控制油浆的质量有较大困难。原料性质、催化剂类型、反应深度和分馏塔操作都会影响油浆质量。在油浆性质差、黏度和密度大的情况下，分馏塔底应控制更低的操作温度(350℃以下)，并适当降低人字挡板上方气相温度，以降低油浆相对密度。人字挡板上方气相温度影响油浆密度，用循环油浆上返塔流量或温度调节，再用下返塔冷油浆流量控制塔底温度。

☞ **138. 为什么要控制分馏塔底液相温度?**

分馏塔底温度主要影响结焦和安全运行。分馏塔底的油浆中重质芳烃和胶质、沥青质含量高，并含有一定数量的催化剂颗粒，高温下极易缩合生焦，在温度过高时还会加快分馏塔底结焦速率。实践证明当塔底油浆温度超过360℃时，结焦速率将大大增加。为了安全起见，一般重油催化裂化都将塔底液相温度控制在350℃以下，蜡油催化裂化的分馏塔底温度控制在360℃以下。但是分馏塔底液相温度过低，油浆中350℃前馏分含量太高，外甩后会降低轻质油收率，严重时，会因油浆中轻组分含量过多而造成油浆泵抽空，因此分馏塔底液相温度应高于340℃。

☞ 139. 分馏塔底液相温度受哪些影响因素？

（1）反应温度高，塔底液相温度高。

（2）油浆下返量增加（在上返量一定的情况下），塔底液相温度降低。

（3）循环油浆返塔温度降低，塔底液相温度降低。

（4）反应处理量增加，塔底液相温度升高。

（5）回炼比增大，塔底温度升高。

（6）油浆上返量（在下返量一定的情况下），油浆上返量增加，塔底液相温度降低。

（7）油浆外甩量，外甩量过大，热量被带出过多，塔底液相温度降低。

☞ 140. 分馏塔底液相温度如何控制？

早期的蜡油催化裂化分馏塔底温度控制在370~380℃，重油催化裂化的进料加重，分馏塔底易结焦，一般控制塔底温度≯350℃。

分馏塔底温度主要通过调节循环油浆上、下返塔量来实现。在总循环量不变的情况下，上返塔量增加，塔底温度上升；反之，则下降。必要时可改变循环油浆的返塔温度，一般返塔温度控制在260~270℃。

☞ 141. 分馏塔顶温度受哪些因素影响？

分馏塔顶温度是控制粗汽油干点的主要参数。分馏塔顶压力越高，油气分压越高，馏出同样的粗汽油所需的塔顶温度越高；一定的油气分压下，塔顶温度越高，粗汽油的干点越高。影响因素：

（1）反应处理量增加，分馏塔顶温度上升。

（2）反应深度增加，分馏塔顶温度上升。

（3）分馏塔顶压力升高，分馏塔顶温度下降。

（4）顶循环回流量增加和返塔温度下降，分馏塔顶温度下降。

（5）富吸收油返塔量增加或返塔温度降低，分馏塔顶温度下降。

(6) 启用冷回流或增加冷回流，分馏塔顶温度下降。

(7) 下段、中段气相温度上升，分馏塔顶温度上升。

(8) 轻柴油汽提馏塔满塔溢流，分馏塔顶温度上升。

(9) 顶循环油泵故障，分馏塔顶温度上升。

(10) 顶循环系统控制仪表失灵，分馏塔顶温度变化。

142. 如何控制分馏塔顶温度？

大多数分馏塔采取顶循环回流量定值控制，塔顶温度自动控制顶循环冷热旁路阀(改变顶循环返塔温度)。当调整幅度较大时可调节顶循环回流量，增加取热量，甚至用冷回流配合控制塔顶温度。如果提升管操作变化较大，进料量大幅增加，分馏塔负荷变化较大，此时可通过增加分馏塔中、下部取热量，调整顶部温度，实现全塔热量平衡。

143. 重油催化裂化分馏塔顶温度控制需要注意什么？

由于重油催化反应注汽量较大，使分馏塔顶油气中水蒸气分压增加，为防止塔内易出现游离水和结盐现象，顶循环回流的返塔温度一般控制在≮80℃。

塔顶温度过高或循环回流量不足时，可打入冷回流控制，适当向塔顶注入冷回流，也可提高分馏塔顶油气分压，塔顶的蒸气分压降低，蒸气的露点温度降低，减少凝结水的出现几率，防止顶部塔板结盐结垢。注意冷回流量不要打入太大，调节时不能过急，更不能带水，以免引起反应压力的波动。

144. 为什么要控制合适的分馏塔顶油气冷后温度？

分馏塔顶油气冷后温度控制一般在不大于40℃。

分馏冷后温度高会增加气压机负荷，气压机功耗增加，且较重组分更多地带到气压机，造成气压机凝液量增加，若压送不及时会影响气压机工况甚至喘振。长期温度高，容易造成压缩机组内部结焦，对分馏塔的冷回流系统也有所影响。温度过高，冷回流量过大增加了塔顶负荷，影响了全塔热平衡和产品分布。冷后温度高也会导致分馏塔顶压力升高，进而影响到反应压力。

冷后温度过低，导致气压机入口富气量减少，分馏压力降低(即反应压力降低)，组分过轻，平均相对分子质量变小，有可能造成离心力不足，在压缩机内产生喳塞，气压机出口压力降低。同时重组分冷凝彻底，富气量过小，可导致气压机抽空，另外压力降也过大，不利于气压机运行。冷却温度过低，还会增加冷却器的负荷，增加能耗。当塔顶温度过低时，部分水蒸气液化，则会出现塔顶低温位的腐蚀，造成塔板减薄，塔顶线穿孔。

☞ 145. 分馏塔顶油气冷后温度受哪些因素影响?

(1) 气相负荷的变化。

(2) 循环水供水温度、压力的变化。

(3) 冷回流量的改变。

(4) 原料性质、处理量、反应温度、催化剂活性、反应深度等的改变。

(5) 反应-再生系统及分馏系统蒸汽压力及用量的改变。

(6) 冷换设备投用台数、环境温度的变化。

(7) 塔顶冷换设备是否结垢堵塞，是否形成气阻。

☞ 146. 分馏塔顶油气冷后温度如何控制?

(1) 严格按照设计条件控制好分馏塔顶温度。

(2) 视冷后温度高低，确定空冷器投用台数。

(3) 循环水温度、压力的变化时，要及时联系维持稳定。

(4) 气相负荷增大，最简单的办法是降处理量，视情况调整原料性质、反应深度及分馏各段去热负荷(包括冷回流量)。

(5) 反应-再生系统及分馏系统蒸汽压力及用量尽量维持稳定。

(6) 形成气阻，要及时排气。

(7) 如是设备问题，进行单体切除处理。

☞ 147. 分馏塔顶压力受哪些因素影响?

分馏塔顶压力受系统压力限制，但分馏塔顶压力的变化又会影响反应压力及分馏塔顶油气分压。分馏塔顶部压力主要受反应进料量和反应深度、气压机转速及气压机反飞动量、顶循环回流及冷回流的变化等因素影响。此外，顶部压力还会受到异常操作的影响，如气压机入口放火炬阀漏量或开度变化、冷回流带水、塔顶分液罐液位超高等因素的影响。影响因素：

(1) 反应处理量增加，分馏塔顶压力升高。

(2) 反应深度增加，分馏塔顶压力升高。

(3) 启用冷回流或冷回流量增加或冷回流带水，分馏塔顶压力升高。

(4) 分馏塔顶油气分离器液面超高，分馏塔顶压力突升。

(5) 分馏塔顶出口蝶阀突关，分馏塔顶压力突升(若有)。

(6) 气压机入口放火炬阀开度增加，分馏塔顶压力下降。

(7) 气压机转速增加，分馏塔顶压力下降。

(8) 气压机反飞动量增加，分馏塔顶压力升高。

(9) 气压机、仪表故障。

☞ 148. 如何控制分馏塔顶压力？

塔顶压力由系统统一控制，一般分馏岗位不做调节。当塔顶压力变化时，联系反应、气压机、吸收稳定岗位，控制好气压机入口压力和反应压力。以下为反应压力是通过控制分馏塔顶压力来实现的操作方法。

(1) 正常生产时，调节气压机转速或由调节气压机反飞动量自动控制分馏塔顶压力。

(2) 尽量少用或不用冷回流控制分馏塔顶温度。

(3) 开、停工和事故状态下，调节气压机入口放火炬阀和调节分馏塔顶油气出口气动蝶阀控制分馏塔顶压力(若有)，或通过充瓦斯量控制分馏塔顶压力(若有)。

(4) 正常生产时气压机入口放火炬为非正常调节手段，一般情况下不易启用；分馏塔顶油气出口气动蝶阀处于全开位置并置于现场手动位置(若有)。

(5) 仪表、设备故障及时切换，停用处理。

☞ 149. 调节顶循环回流要注意什么问题？

分馏塔顶循环回流调节塔顶温度，控制粗汽抽干点。顶回流抽出后，一般先和低温热水换热，再用空冷或循环水冷却。调节顶循环回流时应动作缓慢，防止提量过猛造成泵抽空，也避免对分馏塔操作造成大的影响。若顶循环泵抽空，应及时启用冷回流控制塔顶温度，防止冲塔。

☞ 150. 调节分馏塔顶冷回流时要注意什么问题？

调节分馏塔顶冷回流时，应注意以下问题：

(1) 使用前要脱水。水急剧汽化使塔压上升，进而使反应压力有较大波动，并可导致顶回流泵抽空。

(2) 幅度不能太大，以防反应压力产生较大波动。

(3) 及时分析粗汽油干点，根据分析结果调整塔顶温度。

☞ 151. 如何启用冷回流？注意事项是什么？

(1) 打开粗汽油泵出口至冷回流线手阀。

(2) 打开冷回流控制阀前后手阀。

(3) 打开冷回流控制阀。

注意事项：冷回流量不要打入太大，调节时不能过急，更不能带水，以免引起反应压力的波动。

☞ 152. 调节中段循环回流时要注意什么问题？

大型装置分馏塔有 2 个中段循环回流，中小型装置分馏塔只设 1 个中段回流。一般二中回流取热量较小；一中回流取热量较大，通过控制柴油抽出温度来控制柴油 95% 点或凝点。在调整轻柴油质量时，以调整一中回流返塔温度为主。有些分馏塔不出重柴油，只有一中回流。中段回流在全塔热量平衡中起到桥梁作用，调节中部循环取热量不仅影响到中部温度和柴油质量，而且影响塔顶温度，对粗汽油干点也有影响。因此，在调节中段循环取热量时，要兼顾考虑顶部温度。此外，调整中段循环量时对内回流影响较大，而且影响吸收稳定系统。

☞ 153. 影响粗汽油干点的因素有哪些？

(1) 分馏塔顶温度升高，干点升高。

(2) 分馏塔压力升高，干点下降。

(3) 顶循环回流量降低或顶循返塔温度升高，干点升高。

（4）冷回流量增加，塔顶温度下降，干点下降。

（5）轻柴油抽出量低，抽出温度升高，粗汽油干点升高。

（6）分馏塔蒸汽量增加，塔顶油气分压降低，干点增加。

☞ 154. 如何控制粗汽油干点？

一般通过顶循回流返塔温度控制。干点高，降低回流温度；干点低，提高回流温度。

分馏塔顶压力由反应压力决定，所以一般不把改变压力作为调节粗汽油干点的手段，但反应压力偏高或偏低值很大时，气压机又有调节余地，可以调整反应压力改变分馏塔顶压力。

塔顶循环回流取热负荷已满，可启用备用空冷器来调整顶循环回流返塔温度，也可以用冷回流调整分馏塔顶温度。

当轻柴油凝点偏低，汽油干点也偏低时，适当提高一中回流返塔温度，提高汽油干点，同时兼顾柴油凝点。

装置回炼轻污油时，适当提高塔顶温度，保证干点合格。

催化剂活性提高时，一般需要适当提高塔顶温度，但活性过高，则必须反向操作，才能平稳干点。

装置处理量和反应深度变化时，要根据装置的特点进行调节。在相同的塔顶温度时，处理量大一般干点降低。

☞ 155. 影响轻柴油凝点的因素有哪些？

（1）进料增加，在相同抽出量下，凝点降低。

（2）一中段循环流量大，返塔温度低，柴油抽出温度降低，凝点降低。

（3）分馏塔顶压力高，柴油凝点降低。

（4）轻柴油抽出温度高，凝点升高。

☞ 156. 如何控制轻柴油凝点？

一般用一中循环回流返塔温度控制塔中部气相温度，调节轻柴油凝点。

当轻柴油凝点指标改变时，可改变轻柴油上下抽出阀开度来保证产品质量。

回炼轻污油时，适当提高轻柴油抽出温度。

在中段油返塔温度调节不能满足要求时，可调节循环量，控制中部温度。循环回流取热能力受限制时，可启用备用设备(空冷器)降低返塔温度。

☞ 157. 轻柴油闪点的影响因素有哪些？如何控制轻柴油闪点？

柴油(主要是轻柴油)中含有少量属于汽油的轻组分，这在柴油抽出层塔板的气液平衡条件下总是存在的。为此，把馏出的柴油送入汽提塔，靠塔下部吹水蒸气，使轻组分汽化。除调节水蒸气量外，还可调节汽提塔液面(改变汽化空间或停留时间)来控制闪点。柴油规格要求其闪点不低于65℃。

影响因素：汽提蒸汽量大，闪点高；轻柴油汽提塔液位高，闪点高。调节方法：通常调节汽提蒸汽量控制闪点。控制好汽提塔液位，保证气相蒸发空间。

☞ 158. 何为优化分馏塔的操作？怎样提高柴油收率？

所谓优化分馏塔操作，提高柴油收率，就是在保证柴油凝点及闪点两项主要质量指标合格的情况下，通过降低柴油初馏点和汽油干点，提高柴油干点来达到增产柴油的目的。

☞ 159. 分馏系统操作对汽油烯烃含量有什么影响？

由于汽油烯烃主要集中在小分子组分中，因此汽油终馏点提高，相应的烯烃含量降低。汽油终馏点降低约20℃，相应的汽油烯烃增加3.2%~6.1%。

调节分馏塔顶循环量以适当提高汽油90%点馏出温度或终馏点，有利于增加汽油收率，降低汽油烯烃含量。

☞ 160. 为什么要控制油浆中固体(催化剂粉末)含量？

固体含量高，会严重磨损油浆泵等设备。浓度太高，还会造成严重的结焦堵塞事故。一般应控制油浆中固体含量不大于6g/L，最好是不大于2g/L，油浆中固体含量越少越好。

☞ 161. 油浆中固体(催化剂粉末)含量受哪些因素影响？

油浆中固体含量的高低取决于催化剂进入分馏塔数量上的平衡。进入量取决于反应沉降器旋风分离器的分离效率，即油气携带进入分馏塔的催化剂量，而排出量取决于油浆回炼量与油浆出装置量之和。影响因素：

(1) 反应器系统操作波动，特别是压力波动，沉降器藏量变化大，造成大量催化剂进入分馏塔。

(2) 沉降器内旋风分离器效率差(料腿翼阀密封不好，料腿磨坏等)，使反应油气中大量携带催化剂。

(3) 催化剂细粉多，或强度低，质量差，使催化剂跑损量增加。

(4) 油浆回炼量或油浆出装置量过小。

☞ 162. 如何控制油浆固体含量?

(1) 保证一定的油浆循环量，不能时大时小。保证从上进口进入的量，保证催化剂在脱过热段被洗涤下来。

(2) 回炼油浆量或油浆外甩量要控制在某一数值以上，不能经常处于很小的量，以防止催化剂粉末在分馏塔底积聚。

(3) 若发现油浆固体含量升高，应及时分析反应沉降器操作状态，加以调整，降低催化剂带出量，并提高油浆外甩量和回炼量。

(4) 发现油浆中固体含量高时，应加大油浆循环量，防止催化剂沉积，堵塞设备。

(5) 改善催化剂的质量。

(6) 若沉降器内旋风分离器故障或磨穿，催化剂跑损量增加，不能维持正常生产时，请示停工处理。

☞ 163. 分馏塔顶油气分离器液面受哪些因素影响?

分馏塔顶油气分离器是进行三种物料分离的容器。上面分离富气和粗汽油，下面分离粗汽油和水。液面过高会使富气带油，损坏气压机并造成反应憋压；液面过低容易造成粗汽油泵抽空或粗汽油带水，打乱反应和吸收稳定岗位的平稳操作。影响因素：

(1) 反应处理量增加，液面上升；

(2) 反应深度增加，液面上升；

(3) 分馏塔顶压力升高，液面下降；

(4) 分馏塔顶温度升高，液面上升；

(5) 分馏塔顶油气分离器入口总管温度(分馏塔顶油气冷后温度)下降，液面上升；

(6) 往分馏塔顶油气分离器压凝缩油(包括从气压机入口油气分离器气压机系统凝缩油等罐凝缩油)，液面上升；

(7) 分馏塔顶油气分离器界面升高，液面上升；

(8) 粗汽油泵故障，液面上升；

(9) 冷回流量大，液面下降；

(10) 仪表失灵。

☞ 164. 分馏塔顶油气分离器液面、界面如何控制？

分馏塔顶油气分离器有两个液面需控制，油气液面和油水界面。

(1) 分馏塔顶油气分离器的油水界面是通过调节水包脱水量来控制的。水位过低，会使粗汽油从脱水漏走，造成跑油事故；水位过高，会使粗汽油带水，影响汽油碱洗和汽油脱硫醇，同时产生大量的废碱水而污染环境，如果打冷回流，带水则会引起分馏塔压力波动。

(2) 分馏塔顶油气分离器的油气界面是通过调节粗汽油抽出量来控制的。油位过低，会使粗汽油泵抽空，使吸收塔工况破坏；油位过高，富气带油会使气压机叶轮打坏和使反应压力超高而发生恶性事故。此外对油气分离器温度也应予以控制，温度过高，会引起富气带油。

☞ 165. 回炼油罐液面影响因素有哪些？

(1) 受回炼油量及处理量变化的影响。

(2) 反应深度的变化和原料油性质变化。

(3) 油浆回炼量的变化。

(4) 分馏塔底温度的变化。

(5) 改变轻柴油抽出量时也会使回炼油罐液面变化。

(6) 回炼油泵故障或仪表失灵。

☞ 166. 回炼油罐液面如何控制？

(1) 改变反应深度和反应器的总进料量，控制回炼油罐液面。

（2）在产品质量允许的情况下可以改变柴油抽出温度，控制回炼油罐液面。

（3）当回炼油罐液面过低时，可以采取提高分馏塔底温度、降低17层塔板温度，提高回炼油罐液面。必要时可向回炼油罐补原料油。

☞ 167. 轻柴油汽提塔液面影响因素有哪些?

如果满塔溢流，不但影响汽提效果，还会破坏分馏塔中部塔板的正常操作，造成中段温度下降，液相负荷增大；上段温度上升，气相负荷增大，造成粗汽油、轻柴油质量不合格，液面过低，则会造成轻柴油泵抽空。影响因素：

（1）分馏塔顶温度降低，液面上升。

（2）分馏塔顶压力升高，液面上升。

（3）分馏塔轻柴油抽出塔板上一层气相温度升高，液面上升。

（4）反应处理量增加，液面上升。

（5）反应深度变化，液面变化。

（6）仪表失灵，轻柴油泵故障。

☞ 168. 轻柴油汽提塔液面如何控制?

（1）正常生产时，由轻柴油汽提塔液控单参数控制自动调节液面。

（2）仪表失灵，改手动或副线操作，并联系仪表工处理。

（3）泵故障，切换备用泵，并联系钳工处理。

☞ 169. 轻柴油汽提塔液面猛涨原因是什么？如何处理?

（1）原因：①因控制仪表失灵使轻柴油出装置量过大或因中段回流量和吸收油量过大，使抽出层温度降低；②向中段回流补轻柴油或汽提蒸汽量开得过大，都能使轻柴油汽提塔液面下降。

（2）处理方法：①关小或暂时关死出装置阀，保持轻柴油汽提塔液面不再下降；②提高抽出层温度，及时拿出轻柴油，在保证轻柴油闪点合格的情况下，关小汽提蒸汽；③注意轻柴油泵抽空，否则仪表冲洗油、封油将切断，使大量仪表失灵。

☞ 170. 影响封油罐液面因素有哪些？

封油罐液面控制的目的，是作为封油抽出缓冲之用，保证封油、冲洗油系统的正常循环；液面过低，容易造成封油泵抽空，破坏机泵密封；液面超高，则会造成封油罐液顶部放空跑油，影响安全生产。影响因素：

（1）轻柴油泵故障或抽空，液面下降。

（2）机泵封油用量增加或仪表打冲洗油，液面下降。

（3）压控调节失灵，使封油系统压力降低，液面上升。

（4）封油泵故障，液面上升。

（5）液控调节失灵，来的轻柴油入封油罐的量不正常而影响封油罐液面。

☞ 171. 如何控制封油罐液面？

（1）正常生产中由液控控制自产轻柴油补充量，自动调节封油罐液面，任何情况下都要保证液面正常。

（2）维持封油、冲洗油循环正常。

（3）开工初期或事故状态下，无轻柴油抽出或轻柴油不合格时，联系罐区通过收封油专线向封油罐收轻柴油，供全装置使用。

（4）严禁关闭封油罐罐顶放空，以防罐内形成负压，影响封油泵的正常上量。

（5）经常检查就地玻璃板液面计，防止仪表失灵，造成罐顶跑油或封油泵抽空。仪表失灵，联系仪表工处理。

（6）封油泵故障，切换备用泵，并联系钳工处理。

（7）目前有些装置用重油作为封油，控制方法可以参考轻柴油方案。

☞ 172. 影响原料油缓冲罐液面因素有哪些？

原料油缓冲罐液面主要受外部进入量影响。液面过低，容易造成原料油泵抽空，打乱全装置正常操作；液面超高，则会造成原料油溢入分馏塔，影响分馏的正常操作。影响因素：

(1) 外部进入量增加，液面上升。

(2) 提升管进料量增加，液面下降。

(3) 原油性质变重，液面容易上升。

(4) 仪表失灵，原料油故障。

(5) 渣油质量流量计堵塞不畅，液面下降。

☞ 173. 如何控制原料油缓冲罐液面？

(1) 正常生产时，由原料油缓冲罐液控通过调节外部进入量自动控制罐液面。

(2) 如果有多种物料，一种中断，应立即加大其他物料进罐量，同时通知反应岗位。

(3) 如仪表失灵，原料油泵出现故障，联系仪表工、钳工处理。

(4) 如果原料缓冲罐液位下降过快，可采取开大进装置调节阀副线和质量流量计副线的方法来进行及时补充，必要时可联系相关单位起双泵来加大供给。

☞ 174. 回炼油罐液面受哪些因素影响？

开工初期回炼油罐液面由分馏岗位控制；正常生产时，回炼油罐液面的变化，实际上是反应深度变化的综合反应，回炼油罐液面主要由反应岗位控制。但分馏岗位的操作，对回炼油罐的液面有一定的影响。影响因素：

(1) 反应深度大，液面下降。

(2) 反应处理量增加，液面上升。

(3) 反应回炼油量增加，液面下降。

(4) 反应出现炭堆积时，液面明显上升。

(5) 反应原料性质变轻，液面下降。

(6) 分馏塔中部温度升高，液面下降。

(7) 分馏塔底温度升高，液面上升。

(8) 回炼油返塔量增加，液面下降。

(9) 油浆上返量增加，液面下降。

(10) 二中循环油返塔温度降低，液面升高。

(11) 仪表失灵或回炼油泵故障。

☞ 175. 如何控制回炼油罐液面?

(1) 联系反应岗位调整操作，控制好反应深度及处理量。

(2) 根据回炼油罐液面高低，调整回炼油回炼量及回炼油返塔量。

(3) 根据反应深度的变化，适当调整分馏塔操作：在保证轻柴油质量合格的前提下，适当调节轻柴油馏出温度；在保证分馏塔底液面平稳的前提下，适当调节回炼油返塔量；适当调节分馏塔底温度或二中循环油返塔温度。

(4) 在不影响分馏塔液位及上部热源的前提下，可适当调整油浆上返量。

(5) 仪表或调节阀失灵，及时改手动或副线操作，并联系仪表工处理。

(6) 泵故障，切换备用泵，并联系仪表工处理。

☞ 176. 外送油品出装置如何操作?

(1) 开工阶段：装置开工后向罐区送油时，首先联系油品操作员改好流程扫线，扫通后停汽。开泵送油，送油过程中要检查管线到罐区处是否有泄漏点。同时注意观察泵出口压力表是否憋压，如果憋压应马上停泵以防憋坏设备、管线，然后查找原因，无问题再送，否则汇报车间领导进行处理。

(2) 生产阶段：正常生产时油品外送温度要严格按工艺卡执行，不准超标。原则是油浆外送温度≯90℃，重柴油外送温度≯70℃，汽油外送温度≯40℃，轻柴油外送温度≯60℃。外送油温度超高会造成罐区突沸事故，太低在冬季易凝线、冻线。

当出现冲塔事故后，要及时采样检验油品质量，对不合格油应及时改到污油线中，以免污染罐区产品。当油浆停止外送时，油浆外送线要给汽防止凝线。

(3) 停工阶段：停工阶段的油品外送要求：一是要将所有的塔、容器、管线的存油送干净。二是防止跑油串油，根据油品质量适当改线，力争少出污油。

☞ 177. 油浆出装置温度为多少？为什么？

重柴油出装置温度一般为60~80℃，油浆出装置温度一般为70~90℃。温度过低油浆会在管线中凝固；温度过高容易引起油罐突沸，造成事故，严重时会引起火灾。

☞ 178. 油浆外甩出装置前的冷却器的投用方法是什么？

油浆外甩出装置前的冷却器是控制好油浆外甩温度的主要设备，需要掌握其正确的投用和使用方法。操作方法：

（1）首先联系生产管理部门、罐区扫通油浆外甩线，直至油品见蒸汽，扫线时壳程出入要关闭，并且要放尽存水。

（2）扫线完毕后，给冷却器上水（循环热水），开入口阀50%左右，出口阀开5~6扣；小副线阀要全开，出口放空阀打开，观察上水情况，如出口放空见水且量大说明水已上满，关放空阀。

（3）联系罐区改好油浆进罐流程，然后全开冷却器管程油浆出口阀，缓慢打开冷却器油浆入口阀，先开2~3扣，打开油浆外甩控制阀至50%，密切观察分馏塔液位和油浆外甩温度的变化，以及油浆循环量的变化。

（4）继续开大油浆入口阀，直至全开（过程要缓慢），关小外甩控制阀至30%左右，同时逐渐关小冷却器水出口大阀，直至全关，水副线小阀也要逐渐关小，最后开度要视外甩温度和外甩量来定，一般保持在三到四扣左右。外甩温度要控制在70~90℃之间。

整个过程中，注意调整好上水量和油浆量大小，避免造成凝线和冷却器内水干而出现水击。以上为热水投用过程，水温度在进冷却器之前应由低温热回收控制在50~60℃左右。

如果投用时使用的是循环水，则需在上水时，打开上水加热蒸汽，以避免水温过低而造成凝线。

☞ 179. 为什么重油催化裂化油浆系统更容易结焦？如何防止？

重油催化裂化油浆中含有大量的多环芳烃和一定量高分子烯烃，在高温下易发生缩合反应而结焦。油浆结焦主要受操作温度、油浆停留时间和油浆质量三个基本因素影响。缩短分馏塔底油浆停留时间、控制适当的塔底油浆温度及避免滞留死区，对于减轻或防止塔底结焦非常重要。一般塔底油浆停留时间不大于3~5min(通过控制塔底液位高度实现)。重油催化裂化装置控制塔底油浆温度不大于350℃(通过下返塔流量控制)，在底部设置专门设施消除油浆滞留死区(搅拌蒸汽和搅拌油浆)，油浆经换热器降温后结焦倾向就会减缓。催化剂细粉经洗涤段进入油浆系统，固含量增大也会使油浆结焦性能增强。一般情况下，控制油浆固含量小于6.0g/L。当固含量增加时，应及时采取调整反应操作、增加油浆外甩量等措施。油浆换热器管程油浆流速也是影响设备堵塞的一个重要参数。流速较低时会因催化剂颗粒沉降、沉积而引起换热器堵塞。一般换热器管程油浆流速应控制在1.2~1.75m/s以上。一般油浆抽出与返回温差为80~100℃，油浆循环量根据热负荷确定。结合分馏塔底油浆停留时间及换热器流速的要求，制定油浆循环量最低指标。

另一种结焦是由聚合物沉积而形成的，聚合物会造成油浆换热器的堵塞。许多炼油厂使用油浆阻垢剂，在油浆泵入口注入阻垢剂，可以有效防止油浆换热器堵塞。

☞ 180. 为什么油浆系统要加入油浆阻垢剂？

目前国内大多数的大中型重油催化裂化装置都已使用阻垢剂。从阻垢剂使用前后数据变化中看出，当催化裂化油浆系统发生结垢时，油浆中注入阻垢剂后，换热效果随之明显好转，油浆返塔温度降低，蒸汽发生量增加。不仅如此，使用阻垢剂后，还使油浆系统压力降下降，油浆外甩量减少，轻质油收率增加。不同阻垢剂在不同炼油厂的催化裂化装置上使用，尽管其原料油性质、工艺、操作条件均不同，且阻垢剂使用的时机也不一样，但是使用后都取得了良好的效果。

☞ 181. 油浆阻垢剂加入量如何确定？

油浆阻垢剂的注入量应视分馏塔底温度、油浆固含量、油浆密度而定；随着塔底温度升高、油浆固含量上升和油浆密度的增加应适当增大阻垢剂加入量，以保证蒸汽发生器产汽量不下滑，一般情况下，油浆阻垢剂注入量保持在100~200μg/g即可。

☞ 182. 催化裂化油浆阻垢剂应有哪些性能？

（1）清净分散性。能阻止油料中的腐蚀产物、盐类和杂质颗粒聚集沉积，减少无机垢的生成。

（2）抗氧化性。与被氧化的烃自由基形成惰性分子，使链反应中止，不能形成大分子聚合物，减少有机垢的生成。

（3）阻聚合性。阻止烃分子的聚合，减少有机垢的生成。

（4）钝化金属表面性。使设备和管道的材质在高温下不能对脱氢生焦起催化作用。

（5）抗腐蚀性和表面改性功能。在设备和管道表面形成保护膜，减少腐蚀产物的生成，保持设备和管道的内表面的光洁。除此之外，阻垢剂还应具有：①油溶性，与加工油料能均匀混合；②黏度小，易流动，便于使用；③对后序加工工艺和产品性质不会产生不良的影响，在使用温度下不分解，以及无毒等理化性质。

☞ 183. 分馏塔结盐的现象是什么？

在分馏塔出现结盐时，会有如下现象：

（1）塔顶温度的调整不灵活。

（2）塔顶循环回流泵的抽空次数显著增加。

（3）汽油、轻柴油重叠严重。轻柴油闪点不合格，用塔底汽提蒸汽也无法调整。当用回流调整时，又会出现汽油干点不合格的情况。

（4）严重结盐时，轻柴油无法抽出。

上述现象可作为判断分馏塔结盐的依据。当然，在发生冷换设备（如稳定塔底或脱吸塔底重沸器）泄漏，分馏塔有关塔板吹馏等设备事故时，也有可能伴随出现上述现象。如不是设备问题，便应当作结盐处理。

☞ 184. 结盐的过程是如何发生的？

在催化裂化反应中，反应进料中的有机氮化物可发生分解反应生成氨，与原料中的氯化物生成 NH_4Cl。分馏塔顶部温度低于水蒸气的露点温度，有液相水出现，水迅速溶解气相中的 NH_4Cl 颗粒而成为 NH_4Cl 水溶液。在下流的过程中，随着温度的升高，NH_4Cl 水溶液失水浓缩而成为一种黏性很强的半流体，与铁锈、催化剂粉末一起沉积附着在塔板及降液管处，堵塞降液管，使回流中断，造成冲塔。

☞ 185. 分馏塔发生结盐如何水洗？

水洗步骤如下：

(1) 降低新鲜进料及油浆进料。新鲜进料以能维持操作为准，由油浆外甩量来控制分馏塔底的液位。

(2) 冷回流控制塔顶温度(90~95℃)，逐步停止塔顶循环回流。粗汽油改走轻污油罐。

(3) 吸收稳定系统改三塔循环，停再吸收塔。

(4) 粗汽油泵打入新鲜水经冷回流线入分馏塔，洗塔后的水经塔顶循环回流泵入口线至后冷到回流罐，一部分在塔顶循环回流泵入口排凝阀排入地漏。

(5) 水样分析为半小时一次，分别在粗汽油罐和顶循环回流泵入口采样，监测水中 Cl^- 含量，至 Cl^- 含量基本不变时，停止水洗。

(6) 洗塔过程中控制塔顶循环回流抽出温度为 105~115℃，防止水进入下部塔板。同时监测轻柴油含水情况，若带水应及时减小给水量。控制粗汽油罐界位，防止富气带油。

(7) 洗塔时间一般为 2~5h。

☞ 186. 水洗时操作参数如何选定？

水洗时操作参数的选定应注意：

(1) 塔顶温度。控制塔顶温度的原则是使水在塔内不蒸发，塔内水蒸气在洗涤段内冷凝下来，以增加洗涤效果。塔顶温度过高，大量的水会蒸发，造成安全阀起跳，达不到洗涤目的。水在常压下的沸点为 100℃。因此，为了安全，在塔顶环境下(0.12~0.14MPa)，控制塔顶温度在 90~95℃。

（2）上水量。上水量由返塔温度间接控制。上水后，返塔温度逐渐下降，当降至25~30℃时，停止上水，此时返塔温度逐渐上升，在上升至90℃时，再重新上水。如此反复水洗。

（3）轻柴油、重柴油抽出温度。控制轻柴油抽出温度的目的是使水蒸气不在顶循环回流抽出以下冷凝和塔内的水不落至柴油抽出口。水洗时控制轻柴油抽出温度不小于140℃。回炼油和蜡油罐的气相返回线在13层塔板(重柴油抽出层)。因此在洗涤轻柴油抽出以上塔板时，13层温度的控制特别重要，温度过低，会使水洗水或蒸汽冷凝水自气相返回线进入回炼油罐和蜡油罐，造成突沸的严重事故。一定要控制13层(重柴油抽出层)温度在300℃以上。

☞ 187. 分馏塔塔板结盐造成分馏塔的中上部出现淹塔现象的原因是什么？

如果柴油抽出层以上的1~3层塔板结盐，那么水洗是起不到作用的。因为在水洗过程中，水很少能流到这几层塔板，即使能流到这几层塔板，将塔板上的盐类溶解，但是这几层塔板间没有任何抽出口，含盐的水置换不出去，等装置恢复正常生产时，塔内温度升高，溶液中的水被蒸发出去，盐类又会结晶析出，留在塔板上，堵塞塔板和降液管。这样由于有下面气相托住，就会使柴油抽出层上部塔板上的液相，无法流到下方，造成柴油抽出层塔板干板，柴油集油箱内没有液相，柴油无法抽出。而被堵塞的这几层塔板，由于液相无法流到下一层塔板，使液相越积越多，最终造成淹塔，使气液相平衡被严重的破坏，分馏效果大幅降低，甚至还会造成雾沫夹带或液泛的现象，使粗汽油的干点超高。

一般情况下不会发生这种现象。除非是顶循环回流系统曾经大量带水，发生过漏塔，使含盐溶液能够以液相的形式达到这几层塔板。另外一种可能就是有些装置有一条顶循环回流与富吸收油返塔的串线。如果在顶循环回流带水的情况下，这条线处于投用状态那么顶循环回流中大量的盐溶液就会随富吸收油返塔进入到这几层塔板上，出现结盐的情况。

☞ 188. 分馏塔顶湿式空冷腐蚀是怎样产生的？

分馏塔顶空冷器为湿式空冷，内侧受油气中 $HCl-H_2S-H_2O$腐蚀介质的露点腐蚀，而外侧用软化水喷淋，处于软化水的腐蚀环境。这种空冷的腐蚀泄漏主要是由酸性气的露点腐蚀引起。

塔顶 110℃左右的油气在未被冷凝成液态之前是没有腐蚀性的，经塔顶换热器油冷却至 90℃后进入空冷后，水蒸气被冷凝成液态的水，在空冷中形成了露点，由于气液相变部位的冲刷作用，加上酸性水溶液没有被均匀中和而形成的酸性腐蚀环境，导致了严重的局部腐蚀。硫化铵盐和氯化铵盐在 230℃结盐速度很快，长期在低温下运行的设备管线，加大了腐蚀速率，导致塔顶空冷器管束结盐堵塞、堵死。

☞ 189. 针对分馏塔顶设备腐蚀和结盐偏流可采取哪些措施？

(1) 注入高性能的中和剂，控制 pH 值在 6~7.5 之间。在塔顶油气管线上注入 0.5%~3.0%的氨水，以中和分馏塔顶油气中的酸性物质(H_2S、RSH、HCl、HCN 等)。中和反应生成铵盐溶于水，可从分馏塔油气分离器中以含硫污水的形式，从汽油中分出。

(2) 注缓蚀剂。挥发线注缓蚀剂非常必要，只有同时注中和剂和缓蚀剂(或中和缓蚀剂)，才有可能将低温腐蚀控制到一个较低水平，使冷凝水中的 Fe^{2+}<3mg/L。由于局部的 pH 值、流速和温度的变化，缓蚀剂与金属之间的化学键不断地被破坏，因此系统内必须连续地加入缓蚀剂。如果剂量太低或停注入，则缓蚀剂自然消耗使得腐蚀迅速加快。缓蚀剂剂量是根据系统的腐蚀和需要保护的表面积来确定的。

(3) 原油深度脱盐脱水。目前很多炼油厂的脱盐工艺仅仅是脱除原油中可溶于水的无机盐类。由于其中以碱金属及碱土金属的氯化物为主，故将氯化钙、氯化镁和氯化钠均换算为氯化钠含量并以 mgNaCl/L 表示。但原油中的盐并不一定都是氯化物，也可能是硫酸盐、碳酸盐和石油酸盐，而氯化物也不一定都是无机氯化物，还含有氯代烃，这些有机金属化合物和氯代烃，这样的脱盐工艺是不能将其脱除的，将浓缩于渣油中，对后续的设备造成腐蚀。故需要选用新型脱盐工艺。

（4）喷淋的软化水加缓蚀剂并加大置换力度。由于软化水的强腐蚀性，软化水循环系统的腐蚀问题相当突出，通过投加极少量软化水缓蚀剂就可以缓解。

（5）选用合适的耐腐蚀材料。对于塔顶冷凝系统腐蚀体系而言，经济而又耐蚀的材料并不太多。在 $HCl-H_2S-H_2O$ 腐蚀环境下，奥氏体不锈钢容易发生应力腐蚀开裂，在工艺防腐蚀的基础上采用12Cr2AlMoV、双相不锈钢60RE 和铁素体不锈钢0Cr13 等耐蚀材料，设备的使用寿命将大大延长。近年来，针对 $HCl-H_2S-H_2O$ 环境的低温腐蚀问题，开发出了 08Cr2AlMo 这一新的耐蚀材料，工业应用证明了其良好的防腐蚀效果。国内应用较多的12Cr2AlMoV、09Cr2AlMoRe、RT360 材质效果都不错。

（6）适当加大水洗水用量。注水主要是洗涤系统中的盐垢，提高冷凝冷却器的传热效果，避免设备的垢下腐蚀。此外，可以使露点前移，保护冷凝设备。增大注水可以增加油气中水蒸气分压，从而降低 H_2S 和 HCl 的分压，使露点往高温区移动，以至于在大油气管线上形成露点。

☞ 190. 热油泵为什么要预热？

（1）因为热油泵的介质温度高，如果直接进入泵体时由于冷热温差太大而损坏设备，或发生泄漏。

（2）介质黏度大，在常温和低温下会凝固，甚至凝死管线，使泵不上量。

☞ 191. 封油的作用及投用注意事项是什么？

（1）作用：冷却、密封、润滑、冲洗作用。

（2）投用注意事项：启用封油时要切净水，封油压力应高于泵体压力 0.1MPa 以上。

☞ 192. 罐脱水如何操作？

（1）缓慢打开罐底脱水阀门。

（2）确认脱水阀门有水流出。

（3）确认脱水切净。

（4）关闭脱水阀门，确认脱水导门关严。

注意事项：①严禁将脱水阀门开得过大，特别是没有水流出，不停开大阀门。②脱水现场严禁无人监护。③冬季脱水要注意是否有冻凝现象发生。

☞ 193. 液面计检查操作步骤是什么？

（1）通知内操检查液面计，关闭液面计上手阀、下手阀。

（2）打开排凝阀，排净液面计内存液体，关闭排凝阀。

（3）打开液面计下手阀，观察是否有液位，如果有液位，说明畅通。

（4）关闭液面计下手阀。

（5）打开排凝阀排净存液，关闭排凝阀。

（6）打开液面计上手阀，观察是否有液位，如果有液位，说明畅通。

（7）打开液面计下手阀，此液面计可以正常使用。

☞ 194. 分馏塔漏油着火的原因是什么？如何处理？

（1）原因：①年久腐蚀。②施工质量问题或检修质量低。③设备超温、超压。

（2）处理方法：漏油轻微，可用蒸汽掩护继续生产，稳住压力，同时迅速联系相关部门抢修。

漏油严重着火时：①立即通知消防队及生产管理部门，同时用蒸汽和泡沫干粉灭火，防止火势蔓延扩大。②停止向分馏塔进油，存油向外抽出，反应切断进料，加大雾化蒸汽量，油浆紧急放空。③切断分馏所有循环，加大分馏塔底搅拌蒸汽和汽提塔汽提蒸汽量，紧急停工。

☞ 195. 分馏区域内高温重油大量泄漏，如何处理？

分馏区域内高温重油介质有原料油、回炼油、油浆、一中循环油。高温重油泄漏易发生自燃。当发现有重油大量泄漏时，要立即向班长报告，如条件允许，组织人员将泄漏点上下游阀门关闭，切除泄漏源，同时在确保人身安全的前提下，用蒸汽对泄漏点降温掩护，防止自燃。如大量泄漏并发生自燃，引起火灾时，立即报火警，并关闭泄漏源上下游阀门，用蒸汽和灭火器进行初期火灾的扑救。如果泄漏点周围人员无法靠前，应寻找关闭管线其他相邻阀门，尽量减小可燃物质的泄漏量。当火势很大时，远处切断泄漏源后，应向安全地点撤离，等待专业消防人员进行扑救。

危及安全的紧急时刻，应立即切断提升管进料，按紧急停工处理。

☞ 196. 原料油泵泄漏时如何进行应急处理？

催化裂化装置原料油来源比较广，性质各有不同，如果为冷料时，原料油泄漏危险性相对较小，要防止原料接触到高温设备和明火。如果为热渣油原料，除了要防止火灾危险，还要防止人员烫伤。

原料油泵密封少量泄漏时，及时切换备用泵，做好停用后的处理工作，并联系维护人员处理。若原料油泵密封大量泄漏，人员无法接近时，及时在现场或配电间停运原料油泵，待泄漏量减小后，操作人员佩戴安全防护用具，关闭原料油泵出入口阀门。

在处理热原料油泄漏时，要注意防止发生火灾和人员烫伤事故，对泄漏的物料要妥善处理。原料油泵突然停运后，反应岗位按紧急切断进料处理。

☞ 197. 回炼油泵泄漏时如何进行应急处理？

回炼油抽出温度一般在300℃以上，如果回炼油泄漏，极易发生自燃，引起火灾事故。回炼油泵密封少量泄漏时，及时切换备用泵，做好停用后的处理工作，并联系维护人员处理。

若回炼油泵密封大量泄漏，人员无法接近时，及时在现场或配电间远程停泵，待泄漏量减小后，操作人员佩戴安全防护用具，关闭回炼油泵出入口阀门。

回炼油大量泄漏，发生火灾后，首先报火警，及时通知生产管理部门和装置管理人员，反应岗位切断进料，分馏岗位停回炼油泵，如有可能，将回炼油罐抽出阀和回炼油、二中循环回流返塔阀门关闭。在处理回炼油泄漏时，要注意防止发生火灾，应接好蒸汽带、准备好灭火器材，做好预防火灾准备。

正常生产中，注意回炼油泵封油压力不可过高，防止损坏密封，回炼油漏出。

☞ 198. 油浆泵泄漏时如何进行应急处理？

正常生产时，油浆温度在300~350℃左右，油浆自燃点较低，一旦泄漏，极易发生自燃。油浆泵密封少量泄漏时，及时切换备用泵，做好停用后的处理工作，并联系维护人员处理。

若油浆泵密封大量泄漏，人员无法接近时，及时在现场或配电间远程停泵，待泄漏量减小后，操作人员佩戴安全防护用具，关闭油浆泵出入口阀门。

油浆大量泄漏，发生火灾后，首先报火警，及时通知生产管理部门和装置技术管理人员，反应岗位切断进料，分馏岗位停油浆泵，如有可能，将分馏塔底油浆抽出阀和油浆泵出口至下游冷换设备阀门关闭。

在处理油浆泄漏时，要注意防止发生火灾，应接好蒸汽带、准备好灭火器材，做好预防火灾准备。

正常生产中，注意油浆泵封油压力不可过高，防止损坏密封，油浆漏出。

油浆泵的出入口阀、预热线等阀门，也容易因油浆的磨损和结焦而不严密，在修理油浆泵拆法兰时，也存在泄漏危险。修理油浆泵时，一定要通过排凝或压力表等确认泵体无油浆后，再进行拆卸处理。

☞ 199. 粗汽油泵故障，大量粗汽油泄漏如何处理？

当外操发现大量粗汽油泄漏后，立即向班长和装置管理人员汇报。

寻找泄漏点及时切除泄漏源，应就近关闭泄漏点的上下游阀；泄漏严重，无法靠近时，关闭分馏塔顶油气分离器底粗汽油抽出阀，现场或在配电间停止粗汽油泵运行，关闭粗汽油进稳定系统阀门。

立即停止漏点周围危险区域的明火作业和炉火；立即停止装置区内一切施工作业，人员立即撤出现场；阻止无关人员进入泄漏区域；严禁各种车辆进入或靠近该事故装置区域；及时联系消防人员到现场准备应急。

泄漏严重，危及安全时，反应岗位切断进料，按紧急停工处理。

现场处理泄漏时，要佩戴空气呼吸器，身着不产生静电的服装，使用铜制工具。

☞ 200. 换热器漏油着火的原因是什么？如何处理？

（1）原因：①年久腐蚀严重，检修质量差。②操作压力过高或压力波动大。③温度剧变。④未按操作规程启用和停用设备，造成换热器憋压。

（2）处理方法：①轻微漏油着火，用蒸汽和干粉泡沫灭火，同时保护好周围设备。②漏油严重着火时，及时报警，切除泄漏的换热器。③根据情况，降温降量处理。

☞ 201. 热拆油气大盲板的好处是什么？

在两器升温期间，反应器与分馏塔有盲板隔离操作安全。两器升温结束后再拆大盲板，可将分馏塔进汽停掉（因塔内无油，即使有空气进入也没有危险），拆盲板处没有（或仅微量）蒸汽冒出，拆大盲板的操作也比较简便。

☞ 202. 装置停工吹扫后如何防止硫化铁自燃？

有条件的位置应该先进行钝化处理。停工吹扫后，应该先向塔和容器里打水降温，检修时从容器、塔内清理出的硫化铁应保持一定的湿度埋入地下，以免暴露在空气中引起自燃。

☞ 203. 开工时，为什么要建立开路大循环？

一方面使设备、管道中积水除去，另一方面可使设备逐步升温以防损坏。

☞ 204. 启动和停用换热器的原则是什么？

（1）启动：先开冷流，后开热流。

（2）停用：先关热流，后关冷流。

☞ 205. 换热器停用操作步骤是什么？

（1）确认换热器可以停用。

（2）缓慢打开热介质旁路阀。

（3）缓慢关闭热介质入口阀。

（4）缓慢关闭热介质出口阀。

（5）缓慢打开冷介质旁路阀。

（6）缓慢关闭冷介质入口阀。

（7）缓慢关闭冷介质出口阀。

（8）打开放油阀将管线内介质排净。

第四章　吸收稳定系统应急操作

☞ 1. 吸收稳定系统的任务是什么？

吸收稳定部分的任务是把来自分馏部分的富气分离成干气、液化石油气并回收汽油成分，将粗汽油进一步处理成稳定汽油。

☞ 2. 吸收稳定岗位的操作原则是什么？

在控制稳定系统压力的情况下，要保证稳定汽油、液态烃、干气的质量和收率。

在操作不平稳的情况下，要保证瓦斯压力平稳，严禁干气带液，以防影响后续装置的平稳操作。

经常检查放火炬罐液位情况，不得存有过多残液，保证火炬系统畅通。

操作不正常或发生事故时，要沉着冷静，查清原因，及时处理。严防事故扩大，避免超温、超压、火灾、爆炸等事故。

☞ 3. 吸收稳定系统的工艺过程是怎样的？

吸收稳定部分由富气压缩机、吸收塔、解吸塔、稳定塔、再吸收塔及相应的冷换设备、容器、机泵等组成。气压机将富气压缩到1.2~1.6MPa压力；吸收塔用粗汽油及稳定汽油对富气中的C_3、C_4组分进行吸收；再吸收塔用轻柴油对贫气中的C_3、C_4组分及汽油组分进一步吸收；解吸塔将液化石油气中的C_3组分解吸出去；稳定塔分离液化石油气和稳定汽油。衡量吸收塔、解吸塔分离效果的指标是丙烯吸收率和乙烷脱吸率。衡量稳定塔分离效果的指标是液化石油气中C_5组分含量和稳定汽油中C_3、C_4组分含量(或稳定汽油蒸气压)。

☞ 4. 催化裂化装置吸收稳定工艺流程是怎样的？

典型的催化裂化装置吸收稳定流程如下：从气压机来的压缩富气经空冷器冷却后，与从解吸塔顶来的解吸气和从吸收塔底来的富吸收油混合，经空冷冷却到约40℃进入凝缩油罐进行气液分离。凝缩油罐分出的富气进入吸收塔。吸收塔一般设有两个中段回流，每个回流用泵加压，经流控阀和空冷器后返回吸收塔抽出板的下一层塔板。从稳定塔来的补充吸收剂和从分馏系统来的粗汽油分别打入塔顶和吸收塔上部。塔顶贫气从再吸收塔底进入，从分馏系统来的贫吸收油从再吸收塔顶打入，脱前干气经压控阀送到产品精制干气脱硫塔，再吸收塔塔底富吸收油经过液控阀，换热后返回分馏塔。

在压缩富气空冷入口注入除盐水或净化水等，以脱除油气中部分硫化物，凝缩油罐的污水经界控阀自压送到污水处理装置。

凝缩油罐的凝缩油用泵加压，经凝缩油罐液控阀与稳定汽油换热后进入解吸塔。用解吸塔底重沸器温控三通阀控制气相返塔温度为120~130℃。解吸塔顶有压控阀的装置可调节解吸塔顶压力自压，塔顶解吸气与压缩富气在富气空冷前(或空冷后、水冷前)混合。解吸塔底脱乙烷汽油用泵加压，通过解吸塔底液控阀，与稳定汽油换热后进入稳定塔。

稳定塔一般有上、中、下三个进料口，可根据脱乙烷汽油的性质和对液化气、稳定汽油的质量要求选择适宜的进料位置。液化气从稳定塔顶馏出，经塔顶压控阀、液化气空冷器冷却到约40℃进入液态烃回流罐。液化气用泵加压后一部分返回稳定塔顶控制塔顶温度，其余经过液化气回流罐液控阀送到液化气脱硫系统。

用稳定塔底重沸器温控三通阀控制返塔温度为165~175℃。稳定塔底稳定汽油经液控阀先后与脱乙烷汽油和凝缩油换热，然后经过稳定汽油空冷器冷却到约40℃，一部分用泵加压，经空冷器冷却后进入吸收塔顶做补充吸收剂，其余送到汽油脱硫醇系统。

☞ 5. 反应紧急切断进料后，稳定岗位应怎样处理？

(1) 气压机停机后，关闭稳定系统塔顶压控阀，尽量维持稳定系统压力。

(2) 粗汽油中断后，将三塔液面都控制在正常范围内，然后关闭稳定汽油出装置控制阀，并可将三塔循环停止，关闭吸收塔底液控阀，防止吸收塔底油自流入气压机出口油气分离器，造成满罐。

(3) 关闭解吸塔底液控阀，防止解吸塔底油流入稳定塔，造成稳定塔液位高，解吸塔底温高。

(4) 三塔循环停止后停吸收塔各中段回流泵。注意解吸塔和稳定塔底温度，防止温度超高造成超压。相应减小水洗水注入量。

(5) 控制稳定塔顶压力不超高，注意检查稳定塔顶冷凝冷却器的泄漏情况，当要放不凝气时，联系热工岗位注意瓦斯分液罐脱液，防止瓦斯带液烧坏炉膛。

(6) 贫吸收油中断后，关闭贫吸油进出再吸塔控制阀，维持再吸塔液位。防止因为贫、富吸收油换热器泄漏造成稳定塔液位超高，进而造成瓦斯分液罐带柴油。

☞ **6. 紧急停工稳定如何处理?**

(1) 联系气压机入口放火炬(或停气压机)，关压缩富气入稳定手阀及洗涤水手阀。

(2) 粗汽油去精制。

(3) 维持系统压力、液面，调整操作，维持三塔循环。

(4) 必要时停热源、撤压、退油，按正常停工步骤进行。

☞ **7. 分馏系统对吸收稳定系统有什么影响?**

分馏系统的粗汽油作吸收塔的吸收剂；分馏塔一中段、二中段回流分别作为吸收稳定系统吸收塔及稳定塔底的热源。因此，分馏系统操作正常与否直接影响吸收稳定系统的正常操作。

若粗汽油量增大，则吸收塔液气比增大，吸收率增大。因此，必须重新调整吸收塔的操作；而粗汽油带水，会使吸收塔温度下降，造成操作波动。

当分馏塔一中段、二中段回流抽出温度或抽出量变化时，将对稳定系统产生不同的影响。一中段回流抽出温度及循环流量升高，会使解吸塔底温度升高，易产生过解吸现象，造成液化气收率降低(贫气中带 C_3 组分)；或者使稳定塔温度升高；反之，会使解吸塔底温度降低，导致 C_2 组分带入稳定塔中，使液化气中 C_2 组分超标。二中段回流抽出温度及循环流量升高，会使稳定塔底温度升高，液化气中 C_5 组分超标，汽油收率和汽油蒸气压降低；二中段回流抽出温度及循环流量降低时则相反。

☞ 8. 粗汽油中断的现象是什么？

（1）粗汽油流量回零。

（2）吸收塔底温上升，液面下降。

（3）稳定塔底温上升，稳定塔底重沸器液面下降。

（4）严重时会造成吸收塔冲塔，再吸收塔液面满。

☞ 9. 粗汽油中断的原因有哪些？

（1）反应进料中断。

（2）粗汽油泵抽空或故障。

（3）分馏突然打冷回流过大；开停工时油气分离器压力低，造成泵上量不好或不上量。

（4）分馏塔顶油气分离器液面失灵。

☞ 10. 粗汽油中断如何处理？

（1）降低解吸塔进料和稳定汽油出装置量，增加吸收塔补充吸收剂量，保持吸收塔、解吸塔、稳定塔底重沸器液面正常。

（2）适当调节稳定塔底重沸器、解吸塔底温度、确保两塔压力平稳。

（3）粗汽油泵抽空或故障，切换粗汽油泵并处理。

（4）联系仪表工处理。

（5）调整分馏冷回流量。

☞ 11. 压缩富气中断的现象是什么？原因有哪些？

（1）现象：①压缩富气指示回零，解吸气指示逐渐回零。②再吸收塔压力下降、气压机出口油气分离器液面下降、干气量逐渐下降。

（2）原因：①反应停止进料。②气压机系统故障。

☞ 12. 压缩富气中断短时间稳定岗位如何处理?

(1) 减少或停止干气出装置，保持吸收、解吸系统压力。必要时关闭富气冷却器入口阀，维持稳定系统压力，保证汽油蒸气压合格。

(2) 降低液态烃出装置量，保持稳定塔顶回流罐液面，当液面低于30%时，停止液态烃出装置，调整稳定塔顶回流，间断外送液化烃。

(3) 减低解吸塔底重沸器出口温度，加大三通阀热流量，防止塔底温度过高，出现过度汽化。

(4) 调整各部分负荷，适当降低补充吸收剂量，保持各塔压力、液面平稳。

(5) 关小富气注水阀，当吸收塔压力低于0.8MPa时，切除富气注水。

☞ 13. 压缩富气中断，稳定岗位如何处理?

(1) 短时间中断时，平稳稳定操作，恢复供气时，将操作平稳恢复正常。

(2) 长时间中断时：①改粗汽油至不合格汽油出装置。②关富气注水阀。③平稳各塔压力，尽量保持压力、液位。④联系分馏岗位停贫吸收油及富吸收油，补充吸收剂。⑤解吸塔底重沸器热源走副线，视情况停吸收塔底泵、吸收塔中段回流泵、解吸塔进料泵。⑥停富气空冷。

☞ 14. 气压机停车，富气中断，停吸收塔开稳定塔如何操作?

(1) 保持好系统压力。

(2) 粗汽油改进稳定塔，控制好稳定塔顶回流罐液面。

(3) 停吸收塔吸收油，停富气洗涤水，停吸收塔底泵、吸收塔一中段及二中回流泵、解吸塔进料泵、稳定塔进料泵。

(4) 解吸塔热源走旁路。

(5) 再吸收塔吸收油改副线。

☞ 15. 气压机停车，富气中断，停吸收稳定如何操作?

(1) 粗汽油改不合格汽油出装置。

（2）保持三塔循环，其他泵停运。

（3）保持好系统压力、液面，必要时关闭有关阀门，停富气洗涤水。

（4）解吸塔及稳定塔底重沸器热源走旁路，防止两塔超温、超压。

16. 装置停电稳定岗位如何处理？

（1）短时间停电，来电后迅速启动机泵及空冷，调整操作。

（2）长时间停电：①关闭所有运转泵出口阀。②关闭压缩富气入系统阀和洗涤水手阀，粗汽油进稳定系统阀，液化气、干气出装置阀，气压机出口油气分离器、稳定塔顶回流罐脱水阀，保持系统压力、液面。③仪表、调节阀改手动操作。④来电后，建立三塔循环，准备恢复生产。⑤提高解吸塔底温度。控制好脱乙烷汽油中乙烷含量，尽量不出不凝气。

17. 稳定塔顶回流中断原因有哪些？

（1）塔顶回流罐液面过低，瓦斯窜入泵内。

（2）塔顶回流罐压力突然下降，液态烃汽化，泵抽空。

（3）顶回流泵故障。

（4）仪表失灵。

18. 稳定塔顶回流中断如何处理？

（1）改善稳定塔顶冷凝冷却器冷却效果，减少液态烃出装置量，提高塔顶回流罐液面。

（2）提高塔顶回流罐压力，防止液态烃汽化或切换泵。

（3）泵故障，切换备用泵。

（4）仪表失灵，改副线控制，联系仪表工处理。

（5）稳定塔顶回流中断时间长，先降低稳定塔底温度，防止超温而引起超压。

19. 稳定系统重沸器热源中断如何处理？

（1）如果是分馏中段回流中断，稳定系统热源中断，无法维持本系统操作，粗汽油改不合格线出装置，压缩机出口放火炬（如仅解吸塔底重沸器热源粗汽油改进稳定塔）。

（2）维持好各塔、容器的压力、液位，三塔循环，待热源恢复时，尽快恢复操作。

（3）联系分馏岗位及时恢复中段回流量。

（4）如果是三通阀故障，就地手摇调节，联系仪表工处理。

☞ 20. 稳定塔底重沸器热源中断的原因有哪些？会出现什么现象？

催化裂化装置稳定塔底重沸器热源一般由分馏塔中段回流油提供。热源中断的原因是分馏塔中段回流泵抽空或故障。发生热源中断时会出现以下现象：

（1）稳定塔温度下降。

（2）分馏塔中段回流量回零。

（3）稳定塔压力下降。

☞ 21. 稳定塔底重沸器热源短时间中断如何处理？

（1）压缩富气继续进吸收稳定系统。

（2）维持好各塔压力。

（3）稳定汽油改走不合格线，调整补充吸收剂量。

（4）联系分馏岗位尽快恢复中段回流。

（5）若仪表故障，应及时改手动或现场手动控制并联系仪表工处理。

☞ 22. 稳定塔底重沸器热源长时间中断不能恢复如何处理？

稳定塔的热源长时间不能恢复，则作以下处理：

（1）压缩富气停进吸收稳定系统，降低或停止中段回流。

（2）粗汽油改走不合格线出装置，维持三塔循环。

（3）停液态烃出装置，停稳定塔顶回流，维持好稳定塔压力。

（4）联系分馏岗位尽快恢复中段回流。

☞ 23. 解吸塔底重沸器热源中断如何处理？

（1）原因：分馏一中段回流泵故障，抽空或中段回流系统其他部位出现故障。

（2）处理方法：①热源中断，粗汽油进稳定塔或精制，或者直接经不合格线出装置。②根据热源中断时间长短，来决定是否气压机出口放火炬，如时间较短，可以将富气仍送吸收稳定。③降低解吸塔底重沸器返塔温度，直至将热源走旁路。④维持好三塔液面、压力，保持三塔循环，以便热源来时迅速恢复操作。⑤减少稳定塔顶回流，直至停掉，保证稳定塔顶回流罐液面，以便恢复正常操作时供给塔内回流用。⑥停塔吸收塔中段回流。⑦维持系统压力。

☞ 24. 气压机出口油气分离器液面异常上升的原因有哪些？

（1）气压机出口凝液罐液控失灵。

（2）油气分离器凝液泵抽空或故障。

（3）气压机出口油气分离器液脱水不及时。

（4）冷却器冷凝过度。

☞ 25. 气压机出口油气分离器液面异常上升如何处理？

（1）仪表失灵改副线控制，并联系仪表工处理。

（2）泵故障应及时切换备用泵。

（3）气压机出口油气分离器液加强脱水。

（4）调整空冷或水冷器冷凝量。

☞ 26. 气压机出口憋压现象、原因有哪些？

（1）现象：①气压机出口压力高。②反应压力升高。③分馏塔压力升高。

（2）原因：①气压机出口油气分离器液面过高，气压机出口憋压。②再吸收塔液面过高。③稳定系统压力过高。

☞ 27. 气压机出口憋压如何处理？

（1）及时调整操作，使气压机出口油气分离器、再吸收塔液面在正常范围之内。

（2）降低吸收及稳定系统压力。

（3）气压机出口憋压严重时可迅速联系班长及气压机岗位，打开气压机出口放火炬卸压。

☞ 28. 吸收塔冲塔的现象是什么？

（1）再吸收塔压力波动。

（2）气压机出口压力上升。

（3）吸收塔、再吸收塔液面大幅度波动。

（4）富吸收油中汽油含量上升，分馏塔富吸收油返回层温度波动。

（5）干气质量变坏，含油量增加。

☞ **29. 吸收塔冲塔的原因有哪些?**

（1）由于操作条件不适当，两个中段回流油量和吸收油量过大或反应深度大，造成富气过多，使塔内气液相负荷过大。

（2）吸收塔顶温度过低，塔底温度过高，液气比过大，使大量的 C_2 轻组分在塔内循环。

（3）塔内构件长期腐蚀，使受液槽和塔板堵塞，阻力增大，严重时造成液泛冲塔，使富吸收油中大量带汽油。

（4）脱吸塔底温度过高或脱吸塔压力过低，造成解吸过度，解吸气量过大。

☞ **30. 吸收塔冲塔后如何处理?**

（1）降低吸收塔底温度，降吸收剂量；降低反应深度，降低裂解气体量。

（2）适当降低两个中段回流量，提高吸收塔内温度。

（3）如果塔板堵塞，可降量维持生产，严重时停吸收稳定系统进行处理。

（4）增加压缩富气后冷却器冷却效果，以减少富气量。

☞ **31. 吸收塔压差过大原因有哪些?**

（1）塔板长期腐蚀，未清扫干净，受液槽或浮阀堵塞，造成淹塔，阻力增大。

（2）塔底液面指示失灵，塔内装满油，压力突然增大，贫气大量携带吸收油。

（3）吸收剂量过大，塔顶温度低，塔内液相超负荷，压力增大。

☞ **32. 吸收塔压差过大如何处理?**

（1）为降低塔板堵塞造成的淹塔、压降大，应降低贫吸收油量，降低压降。

（2）液面高时，应加大塔底抽出量，降低贫吸收油量，严重时粗汽油改直接出装置，贫吸收油量降至最小，待液面正常时，再恢复正常操作。

（3）吸收塔装满油时，气压机出口压力增高，负荷增大，此时应注意气压机操作，超负荷时联系瓦斯岗位放火炬。

（4）减少中段回流，必要时停掉一中段、二中段回流。

33. 吸收塔超压原因有哪些？

（1）脱硫岗位操作不好，干气脱硫塔压力超过操作指标。

（2）冬季出装置瓦斯线冻凝。

（3）压力控制仪表失灵，控制阀关闭，压力增高。

（4）系统瓦斯管网压力大幅度升高。

34. 吸收塔超压如何处理？

（1）联系脱硫岗位，调整干气脱硫塔的压力。

（2）出装置瓦斯线冻凝时，应紧急放火炬，然后检查处理冻凝管线。

（3）仪表失灵时，将自动控制改手动或副线控制。

（4）系统瓦斯压力上升较高时，联系瓦斯岗位处理。

35. 稳定塔冲塔的原因及如何处理？

（1）原因：塔底温度高，气相负荷大。

（2）处理方法：①适当提高塔顶压力，降低塔底温度。②增强冷却效果，减少气相负荷。③适当提高顶部回流量，但同时应防止淹塔。

36. 稳定塔超压原因有哪些？

（1）稳定塔底温控阀失灵、超温。

（2）液态烃空冷停运或冷后温度升高。

（3）稳定塔顶压控阀失灵。

（4）不凝气后路堵塞。

（5）仪表失灵。

（6）顶回流泵抽空。

☞ 37. 稳定塔超压如何处理？

(1) 提高解吸塔底温度，无效时可改出部分粗汽油直接出装置。

(2) 调节稳定塔底三通阀，降低塔底温度。

(3) 及时处理空冷，降低回流温度。

(4) 压控阀失灵，改手动或副线控制，联系仪表工处理。

(5) 压力过高，稳定塔顶不凝气改放火炬，及时与生产管理部门做好联系。

☞ 38. 稳定塔不凝气量过多应怎样处理？

稳定塔排放不凝气量，与塔顶冷凝器冷凝效果有关，还受解吸塔 C_2组分解吸效果影响。液化气冷后温度高，不凝气量也就大。冷后温度主要受气温、冷却器冷却面积等因素影响。适当提高稳定塔操作压力，则液化气的泡点温度也随之提高。这样，在液化气冷后温度下，易于冷凝，利于减少不凝气。提高塔压后，稳定塔重沸器的热负荷要相应增大，以保证稳定汽油蒸气压合格，而增大塔底加热量，往往会受到热源不足的限制。一般稳定塔压力为 0.98~1.37MPa(表压)。稳定塔不凝气量增多时，还应注意是否因脱乙烷汽油中 C_2组分含量高影响，要根据汽油组成控制好解吸塔底温度。吸收过度也会造成脱乙烷汽油中 C_2组分含量高，要加以调整。

☞ 39. 稳定塔顶回流罐液面异常上升的原因有哪些？

(1) 稳定塔顶回流罐液控失灵。

(2) 稳定塔顶回流泵故障或抽空。

(3) 液化气精制部分故障。

☞ 40. 稳定塔顶回流罐液面异常上升如何处理？

(1) 稳定塔顶回流罐液位指示失灵时，应参照实际液面调节，并及时联系仪表工处理。

(2) 稳定塔顶回流泵故障，应及时切换备用泵。

(3) 适当降稳定塔底温度。

(4) 如是精制部分问题则应及时联系该岗位人员处理，否则联系生产管理部门，产品改直接出装置。

☞ 41. 再吸收塔液面异常上升的原因有哪些？

（1）吸收塔、解吸塔冲塔，贫气大量带汽油。

（2）富吸收油控制阀失灵。

（3）贫吸收油量突然增大。

☞ 42. 再吸收塔液面异常上升如何处理？

（1）处理吸收塔、解吸塔冲塔以维持平稳操作。

（2）开富吸收油控制阀副线，控制再吸收塔液面，并及时联系该岗位人员处理。

（3）降低贫吸收油量。

☞ 43. 干气带液原因及处理方法是什么？

（1）富气量大，冷却器冷却效果差，吸收剂量小，吸收效果不好，应提高吸收剂流量，增强冷却器冷却效果。

（2）吸收塔温度高，压力低，应提高吸收塔中段回流量，降低吸收塔温度，提高吸收塔压力。

（3）解吸塔温度高，解吸过度，适当降低解吸塔底温度。

（4）再吸收油流量小或温度高，适当提大再吸收油流量，降低再吸收油温度。

☞ 44. 哪些因素容易导致干气带油？

（1）吸收塔的吸收效果差，塔顶温度高。

（2）吸收塔的吸收剂油气比过大。

（3）解吸塔的过解吸现象严重，吸收塔超负荷。

（4）再吸收塔的再吸收油量小或塔底液面高。

☞ 45. 干气带油如何处理？

（1）控制好吸收塔的塔顶温度和塔顶压力，达到工艺卡片上的要求。

（2）控制好吸收塔的操作，控制好稳定汽油的蒸气压。

（3）降低吸收剂的温度，调整为合理的油气比。

（4）控制好脱吸塔解吸效果，防止过解吸严重造成吸收塔的负荷增加。

（5）控制好再吸收塔的塔底液面，保证再吸收塔一定的油气比。

（6）降低再吸收剂的温度。

☞ 46. 稳定系统带水原因及处理方法是什么？

一般来说粗汽油会带有少量的水至吸收塔，再由饱和吸收油带至气压机出口油气分离罐，另外，富气水洗后至油气分离罐，水由凝缩油带至解吸塔，但在解吸塔的操作条件下，少量的水不会以液相状态存在，只有在分馏塔顶油气分离器界位显示失灵，粗汽油大量带水或气压机出口油气分离罐界位显示失灵，凝缩油大量带水，才会造成吸收稳定系统带水。正常操作中应注意两个界位的控制平稳，吸收稳定系统各备用泵定期脱水和解吸塔中部定期脱水，可避免吸收稳定系统带水。如果已发生吸收稳定带水，则先将两个界位表请仪表工校准，将界位控制稍低，对粗汽油和吸收稳定各泵进行脱水，稳定塔回流罐脱水包处脱水，还可以在吸收塔中段回流冷却器排凝处脱水，如带水非常严重，也可在解吸塔和稳定塔底部排凝脱水。因此，日常操作中一定要控制好三个界位，另外，稳定塔压力提高也可避免水以液相状态存在稳定塔底部。

☞ 47. 稳定汽油带水如何处理？

（1）控制好分馏塔顶油气分离器、气压机出口油气分离器、稳定塔顶回流罐界位，并向前排查带水原因，及时脱水。

（2）适当降低汽油外送量，增加补充吸收剂量，加强对补充吸收剂的脱水。

（3）缓慢提高塔底温度，保证稳定汽油蒸气压合格。注意塔底温度不要提的太快，以防大量水汽化，造成冲塔。并加强塔顶回流罐脱水。

（4）随时注意塔底温度的变化趋势，如出现温度回升，说明水分减少，及时调整塔底温度，以防液化气中带 C_5 组分。

☞ 48. 脱乙烷汽油带水如何处理？

（1）影响因素：气压机出口油气分离器界位超高；富气水洗

量太大。

(2) 处理方法：①密切注意气压机出口油气分离器界位变化，界位适当低一点，保持平稳。②增加稳定塔顶回流，降低塔顶温度。③在保证稳定汽油蒸气压的前提下，降低稳定塔底重沸器返塔温度。④适当提高稳定塔顶压力，并保持平稳。⑤根据现场具体情况，降低进料位置。⑥适当降低稳定汽油、液态烃冷后温度。⑦加强稳定塔顶回流罐及稳定塔脱水。

☞ 49. 气压机出口油气分离器界位失灵如何处理？

气压机出口油气分离器界面失灵，界面满造成汽油带水。处理方法：

(1) 降低气压机出口油气分离器界面，同时现场检查气压机出口油气分离器实际界面，并通过上下引出阀分别都畅通的方法判断气压机出口油气分离器界面真实性。

(2) 降低富气注水量，减少粗汽油外放量。

☞ 50. 再吸收塔压控阀故障全关如何处理？

再吸收塔压控阀故障全关，再吸收塔压力急剧上升，外操应立即到现场打开压控阀副线阀，控制再吸收塔压力在正常范围内，同时联系仪表工处理压控阀。如因后路堵造成压力上升，立即联系生产管理部门及火炬岗位，向低压管网或火炬线卸压。反应岗位可根据实际情况适当降量。

☞ 51. 再吸收塔压控阀故障全开如何处理？

再吸收塔压控阀故障全开，再吸收塔压力下降，干气流量上升，严重时造成干气带液，外操应立即到现场改用副线阀控制压力，控制再吸收塔压力在正常范围内，同时联系仪表工处理控制阀。

☞ 52. 停气压机后，如何保证稳定汽油蒸气压合格？

(1) 切断富气进吸收系统。

(2) 切断干气去瓦斯管网，维持吸收塔压力，保证稳定进料泵不抽空。

(3) 稳定塔压力自控。

(4) 稳定塔顶回流罐液面自控，多余液态烃出装置。

(5) 将分馏塔顶油气冷凝器的冷却温度尽量降低，以保证粗汽油的蒸气压比控制指标高。

(6) 控制好解吸塔及稳定塔底温度，保证稳定汽油蒸气压合格。

(7) 另一个办法是粗汽油直接进入稳定塔，而不进吸收、解吸塔，然后调整稳定塔操作条件，维持塔底温度。塔顶分离器控制压力，排放不凝气。

☞ 53. 解吸塔进料泵故障停运如何处理？

停泵后，立即通知外操启动备用泵。降解吸塔热源，减少去稳定塔的脱乙烷油量，降稳定系统压力，防止重沸器液位过低及气压机出口油气分离器满，并保证解吸塔底有液位和脱乙烷油合格。如果备用泵启动不起来，改粗汽油直接进稳定塔，和分馏岗位密切配合，保证液化气质量与稳定汽油蒸气压合格。

☞ 54. 吸收过程的基本原理是什么？

吸收是一种分离气体混合物的过程，气体吸收是物质自气相转移到液相的传质过程。气体吸收的原理是利用气体混合物中各组分在某一液体吸收剂中的溶解度不同，从而将其中溶解度大的组分分离出来。被吸收的气体组分称为溶质或吸收质，未被吸收的组分称为惰性气体，所用的液体溶剂称为吸收剂。吸收了溶质的吸收剂称为溶液或饱和吸收液。

☞ 55. 吸收过程的程度由什么决定？

混合气体中某一组分可以被溶液吸收的程度，既取决于气体中该组分的分压，也取决于溶液里该组分的平衡分压。气体吸收的推动力就是两者之差，传质的方向取决于气相中组分的分压与其溶液的平衡分压的大小。只要气相中组分的分压大于其溶液的平衡分压，吸收过程便会进行下去，直到气液两相达到平衡。

☞ 56. 吸收过程的推动力是什么？如何提高推动力？

(1) 推动力是组分在气相主体的分压与组分有液相的分压之差。

（2）提高推动力的方法：①为提高推动力，应降低吸收剂温差。②提高吸收压力，有利于吸收。③选择对组分气体溶解度较大的吸收剂。

☞ 57. 吸收传质过程的三个步骤是什么？影响吸收的因素有哪些？

（1）三个步骤：①溶质由气相主体扩散到气液两相界面。②穿过相界面。③由液相的界面扩散到主体。

（2）吸收过程操作的好坏与很多因素有关，如液气比、操作温度及压力，吸收剂和被吸收气体的性质，塔内气液流动状态，塔板数以及塔板结构（或填料高度及填料结构）等。对具体装置来讲，吸收剂、被吸收的气体以及设备情况等都已确定，吸收效果主要靠合适的操作条件来保证。

☞ 58. 影响吸收的主要操作因素有哪些？

（1）降低吸收温度。

（2）提高吸收压力。

（3）提高补充吸收剂用量。

☞ 59. 气体在液体中的平衡溶解度和什么有关？

气体与液体接触时，气体溶解在液体中，出现一定的溶解度。在气液两相经过相当长时间的接触后，溶解度逐渐趋于一个极限，这时气液两相达到平衡，气体溶解过程终止。这一个极限溶解度就叫做平衡溶解度。平衡溶解度的大小随物系、温度和压强而异。

☞ 60. 对于液体吸收剂的选择有什么要求？

（1）较大的吸收剂密度与相对分子质量的比值。比值越高，吸收效率越高。芳烃的比值最大，环烷烃次之，烷烃最小。

（2）应具有较好的选择性，即对原料气中的产品组分的吸收能力强，而对非产品组分的吸收能力弱。在中压条件下，烷烃选择性最好，环烷烃次之，芳烃最差。因此，应将密度与相对分子质量比值与选择性进行综合考虑。

（3）应具有合适的馏分范围和较低的蒸气压。

（4）黏度小。黏度越小，全塔板效率愈高。

(5) 相对密度较小且不溶解于水，以便易于和水分离。

(6) 应具有较好的稳定性，不易产生热分解而生成胶质，且不应含有机酸、硫化物、精制残余物(酸碱精制)及杂质等，以免影响产品质量。

(7) 比热容小，以便加热蒸发时消耗较少的热量，节约燃料。

除以上要求外，还应重视吸收剂的供应，要求来源方便。最好先考虑用本装置或本厂的产品或半成品作为吸收剂。

☞ 61. 吸收和精馏的主要区别是什么?

吸收和精馏的主要区别是其分离的基本原理不同。吸收是利用混合气体中各组分在液体中的溶解度不同达到分离的目的；而精馏是利用液体混合物中各组分的挥发度不同来进行分离的。

从过程特点来看，吸收过程中，只有被吸收组分向液体中扩散而溶剂不向气体中扩散的单向传质过程(解吸相反)。而精馏过程为双向传质过程。

比较其塔内操作状态，吸收塔全塔温度较低，上下温差小；在塔板上，气相是温度高于露点的过热气体，而液相是温度低于泡点的过冷液体；吸收剂由塔顶进入后下行，逐渐吸收了气体中的某些组分，越往下越轻。而精馏塔操作温度较高，一般温度上低下高，温差较大，气相处于露点，液相处于泡点，气液两相都是饱和状态。从塔顶部打入回流，由于传热传质的结果，塔板上的内回流越往下越重。

☞ 62. 吸收和精馏有哪些共同点?

吸收过程和精馏过程的共同点是在气、液两相间存在相平衡，在达到平衡时，其组分在气、液两相中的分子浓度都服从相平衡关系。此外，若使用的吸收剂沸点较低，在吸收条件下，其挥发度较大，这时吸收解吸与精馏之间的区别就很小了，可把吸收解吸过程看作是精馏过程的一种特殊情况。

☞ 63. 什么是解吸过程?

如果溶液中某一组分的平衡分压低于混合气体中该组分的分压，该组分便要从液相转移到气相，称之为解吸过程。解吸是吸收的反向过程。相对分子质量小的烃易解吸，温度高、压力低对解吸有利。

☞ 64. 吸收与解吸有什么不同点？

解吸过程与吸收过程正好相反。凡不利于吸收的因素（如提高温度、降低压力、通入蒸汽等），都会对解吸过程产生有利的影响。但需要注意：虽然降低压力对解吸有利，有时为了冷凝从吸收油解吸出来的烃类而要求有较高的压力。

☞ 65. 什么是典型吸收解吸的单塔流程和双塔流程？

吸收解吸有单塔和双塔两种典型流程。

单塔流程中吸收和解吸在一个塔内完成，上段吸收、下段解吸，单塔流程简单，但吸收和解吸过程相互影响，同时提高吸收率和解吸率困难。

双塔流程吸收和解吸过程在两个独立的塔内完成，解吸气和吸收油都去压缩富气冷却器，经冷却后和压缩富气一起进入气液平衡罐。双塔流程排除了吸收和解吸两过程的相互影响，吸收率和解吸率可同时提高。目前双塔流程基本上取代了单塔流程。

☞ 66. 油气比对吸收解吸系统操作有什么影响？

油气比是指吸收油用量（粗汽油与稳定汽油）与进塔的压缩富气量之比。当催化裂化装置的处理量与操作条件一定时，吸收塔的进气量也基本保持不变，油气比大小取决于吸收剂用量的多少。增加吸收油用量，可增加吸收推动力，从而提高吸收速率，即加大油气比，利于吸收完全。但油气比过大，会降低富吸收油中溶质浓度，不利于解吸，会使解吸塔和稳定塔的液体负荷增加，塔底重沸器热负荷加大，来回循环输送吸收油的动力消耗也要加大；同时，补充吸收油用量越大，被吸收塔顶贫气带出的汽油量也越多，因而再吸收塔吸收柴油用量也要增加，又加大了再吸收塔与分馏塔负荷，从而导致操作费用增加。另一方面，油气比也不可过小，它受到最小油气比限制。当油气比减小时，吸收油用量减小，吸收推动力下降，富吸收油浓度增加。当吸收油用量减小到使富吸油操作浓度等于平衡浓度时，吸收推动力为零，是吸收油用量的极限状况，称为最小吸收油用量，其对应的油气比即为最小油气比。实际操作中采用的油气比应为最小油气比的1.1~2.0倍，一般吸收油与压缩富气的质量比大约为2。

☞ 67. 操作温度对吸收系统操作有什么影响？

降低吸收油温度，对吸收操作是有利的。因为吸收油温度越低，气体溶质溶解度越大，吸收速率加快，有利于提高吸收率。然而，吸收油温度的降低，要靠降低入塔富气、粗汽油、稳定汽油的冷却温度和增加塔的中段冷却取热量。这要过多地消耗冷却剂用量，使操作费用增大。而且这些都受到冷却器能力和冷却水温度的限制，温度不可能降得太低。对于再吸收塔，如果温度太低，会使轻柴油黏度增大，反而降低吸收效果。一般控制在40℃左右较为合适。

☞ 68. 操作压力对吸收系统操作有什么影响？

提高吸收塔操作压力，有利于吸收过程的进行。但加压吸收需要使用大型压缩机，使塔壁增厚，费用增大。实际操作中，吸收塔压力由压缩机的能力及吸收塔前各个设备的压降所决定。多数情况下，塔的压力很少是可调的，催化裂化吸收塔压力一般在0.9~1.4MPa(绝压)。

☞ 69. 操作条件是怎样影响吸收效果的？

在一定温度下，压强不很高时，对于稀溶液中的溶质，当吸收达到气液相间平衡时，气体组分在液体中的浓度与其在气相中的分压成正比。在同一温度和压力下，烃类相对分子质量越大越容易被吸收。对于同一种烃，温度越低，压力越高，吸收效果越好。为提高吸收推动力，在选定吸收操作的工艺条件时，降低吸收剂温度、选择对组分气体溶解度较大的吸收剂，或者改为化学吸收等，或提高吸收操作的总压强，能增加吸收推动力，提高生产强度。

☞ 70. 生产中提高吸收效果有哪些可行措施？

(1) 选择合适的操作条件。①降低吸收温度。吸收温度对吸收率影响显著，为保持合适的吸收温度，首先要充分发挥中间冷却器的作用，使之有充分裕量，以利调节吸收温度；二是要降低吸收塔进料物流的温度，控制好粗汽油、稳定汽油入塔温度，水冷时一般不大于40℃。②提高吸收操作压力。在其他条件相同的情况下，把吸收压力由1.1MPa提高到1.4MPa，$C_3^=$收率可提高6.55%。③提高解吸塔底温度。要求乙烷解吸率不小于85%，以控制好脱乙烷汽油中乙烷含量，尽量不出不凝气。④改善补充吸收剂质量。汽油深度稳定，以减少汽油中C_4馏分含量，有利于提高吸收率。⑤增加补充吸收剂用量。加大液气比，可提高吸收率，但它要求设备有一定潜力，要增加解吸塔重沸器、稳定塔重沸器能耗以补充吸收剂所增加的动力消耗。

（2）改造工艺流程。双塔流程比单塔流程有较大的优越性，可将单塔流程改为双塔流程。

☞ 71. 吸收过度的原因与处理方法是什么？

吸收过度主要表现为稳定塔的操作压力增加，液化气中C_2组分超标。解吸塔顶气体采样分析，若其中乙烯与丙烷的比值大于1，则可判断为吸收过度。如果未及时调整解吸塔底重沸器热量，会造成不正常的释放不凝气，同时稳定压力的增加会使补充吸收剂在调节阀同样开度下流量增加，加重吸收效果，造成恶性循环。如果在调整时解吸塔热源量过大，会使解吸塔解吸气量增加，进入吸收塔后又会增加吸收负荷，两塔操作形成恶性循环，同时塔压力过高，可能会造成安全阀跳，进料泵不上量的现象，还会影响分馏岗位的操作。因此在操作中应该避免发生吸收过度现象。发现吸收过度，吸收剂总量过大是直接原因，应该先降吸收剂，缓慢提高重沸器温度，依据稳定塔压力来逐步调整，避免操之过急。

☞ 72. 正常情况下吸收塔的气液相负荷与什么有关？

（1）富气量、吸收剂量、补充吸收剂量。

（2）吸收温度、压力。

☞ 73. 吸收塔为什么要有中段回流？

（1）吸收过程是一个放热过程。

(2) 吸收过程中发出的热量主要有：被吸收组分与吸收剂混合时产生的混合热。

(3) 气体溶解时转为液态而放出的冷凝热以及化学反应热。

(4) 为了取走吸收过程所放出的吸收热保证吸收在较低的操作温度下进行。

(5) 提高吸收效果，吸收塔需有中段回流。

☞ 74. 解吸塔的操作目标是什么？

解吸塔的操作要求主要是控制脱乙烷汽油中的 C_2 组分含量。要使稳定塔停排不凝气，解吸塔的操作是关键环节之一，需要将脱乙烷汽油中乙烷含量解吸到0.5%以下。

☞ 75. 为什么实际生产中解吸压力不能控制过低？解吸温度不能控制过高？

与吸收过程相反，高温低压对解吸有利。但在实际操作中，解吸塔压力取决于吸收塔或其凝缩油罐的压力，不可能降低。对于吸收解吸单塔流程，解吸段压力由吸收段压力来决定；对于吸收解吸双塔，解吸气要进入凝缩油罐，因而解吸塔压力要比吸收塔压力高约50kPa，否则解吸气排不出去。所以，要使脱乙烷汽油中乙烷解吸率达到规定要求，只有靠提高解吸温度。通常，通过控制解吸重沸器出口温度来控制脱乙烷汽油中的乙烷含量。温度控制要适当，太高会使大量 C_3、C_4 组分被解吸出来，影响液化气收率。还应低于吸收油开始沸腾的温度，另外如果温度规定过高，对加热介质的温度也要求高。太低则不能满足 C_2 组分解吸率要求。所以必须采取适宜的操作温度，既要把脱乙烷汽油中的 C_2 组分脱去，又要保证干气中的 C_3、C_4 组分含量合格，其实际解吸温度因操作压力不同而变化。

☞ 76. 稳定塔的操作目标是什么？

稳定塔的任务是把脱乙烷汽油中的 C_3、C_4 组分进一步分离出来，塔顶出液化气，塔底出稳定汽油。控制产品质量要保证稳定汽油蒸气压合格，同时，要使液化气中的 C_5 含量尽量低，最好状态是液化气中不含 C_5 组分。这样，使稳定汽油收率不减少；

使下游气体分馏装置不需要设脱戊烷塔；还能使民用液化气不留残液，利于节能。

☞ 77. 影响稳定塔操作因素主要有哪些？

影响稳定塔的操作因素主要有回流比、压力、进料位置和塔底温度。

☞ 78. 回流比大小对稳定塔操作有什么影响？

稳定塔回流为液化气，按适宜的回流比来控制回流量，是稳定塔的操作特点。稳定塔首先要保证塔底汽油蒸气压合格，剩余组分全部从塔顶蒸出。液化气是多元组分，塔顶组成的微小变化，从温度上反映不够灵敏。因此，稳定塔不可能通过控制塔顶温度来调节回流量，而是按一定回流比来调节，以保证其精馏效果。一般稳定塔控制回流比为1.7~2.0。采取深度稳定操作的装置，回流比适当提高至2.4~2.7，以提高 C_3、C_4馏分的回收率。回流比过小，精馏效果差，液化气大量带重组分(C_5、C_6组分等)；回流比过大，要使汽油蒸气压合格，相应要增大塔底重沸器热负荷和塔顶冷凝冷却器负荷，降低冷凝效果，甚至使不凝气排放量加大，液化气产量减少。

☞ 79. 稳定塔回流比对液态烃的质量有什么影响？

（1）回流比过小，分馏效果差，液化气会带大量重组分。

（2）回流比过大，要保证塔底汽油合格，就要增大塔底加热量，会受到热源不足的控制，而且还会增大塔顶液化气冷凝器的负荷，降低冷凝效果，使不凝气增多，液化气产量减少。

☞ 80. 再吸收塔的作用是什么？再吸收塔用什么吸收剂？

由于贫气中带有汽油组分，所以要在再吸收塔中用再吸收剂将汽油组分吸收下来，以增加汽油收率并减少干气带油。再吸收塔用轻柴油作吸收剂，吸收贫气中带出的少量汽油。

☞ 81. 再吸收塔操作的重点是什么？

由于轻柴油很容易溶解汽油，所以，通常给定了适量轻柴油后，不需要经常调节，就能满足干气质量要求。再吸收塔操作主要是控制好塔底液面，防止液位失控。如果干气带柴油，将造成燃料气管线憋压，影响干气综合利用。另一方面要防止液面压空，瓦斯压入分馏塔造成压力波动。

☞ 82. 稳定塔压力控制方案有哪些?

稳定塔压力控制有两种方案。一种是用塔顶油气管道上的调节阀直接控制塔顶压力(俗称为卡脖子控制)。常用于塔顶冷却采用空冷器，安装位置高于回流罐的场合。通过调节调节阀开度直接控制塔顶压力。另一种是热旁路控制，应用于安装位置低于回流罐的浸没式冷凝冷却器场合。该方案设有冷凝器热旁路(从塔顶油气线到回流罐的连接线)，通过调节热旁路调节阀开度，来改变塔顶与回流罐压差，从而改变冷凝器中液位、管束的浸没面积、冷凝器的冷却负荷、改变冷后温度，从而达到控制稳定塔顶压力的目的。

近几年有的装置使用冷凝器也采用了较简单的直接控制塔顶压力的方案。将冷凝器安装在回流罐的上方，在冷凝器前油气管道上安装调节阀直接控制塔顶压力。

☞ 83. 解吸塔的操作对稳定塔有何影响?

稳定塔操作的好坏受解吸塔乙烷脱除率的影响很大。乙烷脱除率低则脱乙烷汽油中乙烷含量高，当高到使稳定塔顶液化气不能在操作压力下全部冷凝时，就要有不凝气排至瓦斯管网。此时，因回流罐是一次平衡气化操作，必然有较多的液化气(C_3、C_4组分)也被带至瓦斯管网。所以，根据组成控制好解吸塔底重沸器出口温度对保证液化气回收率是十分重要的。

☞ 84. 稳定塔压力热旁路控制方案的操作特点是什么?

(1) 稳定塔顶冷凝器比回流罐低，塔顶液化气经冷凝器后，基本全凝。冷凝液由罐底部进入回流油罐液相，热旁路管线及其调节阀位于回流油罐上方，都加以保温。通过热旁路的气体由罐上部进入回流油罐气相，不会形成液封。

(2) 热旁路调节阀的开度不仅改变热旁路气体的流量，而且还改变此调节阀的压降。

（3）稳定塔压力调节主要取决于冷凝器管束被浸没的面积，而不是通过冷凝器热旁路的气体流量。在冷凝器中，液面上气相中的管束起冷凝冷却作用，而处于液相中的管束，只起冷却作用。

☞ 85. 热旁路压力控制方案缺点是什么？

浸没式冷凝器热旁路压力控制系统调节灵敏、平稳，但要求回流油罐液面与压力保持稳定。在解吸塔操作异常而带入较多C_2组分不凝气时，操作适应性差。由于存在不凝气，当塔的压力升高较多时，热旁路调节阀可能自动关死，冷凝器的冷凝面积即使增至最大，C_2组分也还是冷凝不下来，只会越积越多，使塔压力不但降不下来，反而会升高。采用了热旁路调节与自动排放不凝气压控阀分程控制的办法，可以改善稳定塔热旁路压力控制系统的适应性。

☞ 86. 稳定汽油和粗汽油的初馏点如何控制？

（1）粗汽油初馏点虽不控制，但要尽可能低，分馏塔顶压力温度根据干点确定，压力基本不动，调整温度控好粗汽油干点即可；粗汽油干点越低，气压机凝缩油越少，负荷低还会利于吸收塔操作。

（2）稳定汽油初馏点最好高于40℃，确保汽油蒸气压合格，冬季可适当降低；稳定塔在压力不变的情况下，合适的塔底温度、塔顶温度利于节能操作，控制初馏点不低、液化气C_5组分以上不高即可；若汽油液化气分离不好，需要提高塔底温度、压低塔顶温度利于两者重叠组分C_5组分的选择分离。

☞ 87. 稳定塔底温度的控制目标是什么？

稳定塔塔底温度以保证稳定汽油蒸气压合格为准。汽油蒸气压高则应提高塔底温度，反之，则应降低塔温度，应控制好塔底重沸器加热温度。如果塔底重沸器热源不足，进料预热温度也不可能再提高，则只得适当降低操作压力或减小回流比，以少许降低稳定塔精馏效果，来保证塔底产品质量合格。

☞ 88. 什么是三塔循环？什么时候启用三塔循环？

三塔循环是指汽油在吸收塔、解吸塔、稳定塔三塔之间的循环。其流程为：吸收塔→气压机出口油气分离器(凝缩油罐)→解吸塔→稳定塔→补充吸收剂泵→吸收塔。

开工时，吸收稳定系统充压后，引汽油进稳定塔液面达到一定程度，就可以启用三塔循环，等待接收富气和粗汽油，缩短开工时间。正常生产中粗汽油中断或压缩富气中断，吸收稳定系统可启用三塔循环，调整操作，维持吸收稳定系统的运行。

☞ 89. 稳定系统操作对汽油烯烃含量有什么影响？

吸收稳定系统操作中，适当提高稳定塔底和塔顶温度，使汽油深度稳定，降低汽油中气含量，特别是降低 C_4 烯烃含量，有利于汽油中轻烯烃含量的下降。

☞ 90. 干气带凝缩油有什么危害？

再吸收塔液面控制失灵或吸收塔严重携带油、冲塔，会使干气携带凝缩油。干气带油会使瓦斯系统带油，影响炉子燃烧，使炉子冒黑烟。

☞ 91. 液态烃直接放火炬行吗？

不行。因为若将液态烃直接放火炬，则瓦斯放火炬管道中以及凝缩油罐中将会充满凝缩油，造成压降过大。一旦凝缩油进入火炬，会形成一个个小球，产生火雨，从火炬头上落下来，非常危险。另外，直接放入火炬系统管道，液化气汽化过程要使管道外壁结霜，容易引起管道焊口破裂造成事故。所以，严禁液态烃直接放火炬。若要撤压，也必须将液态烃经过加热器加热后再放火炬。

☞ 92. 吸收稳定系统各塔的塔板形式是什么样的？

吸收稳定四塔操作压力相对较高，对塔板压降无严格要求，一般选用操作弹性较大的浮阀塔板。近年开发的 ADV、super V、JF 系列浮阀等都有应用，并取得了良好的使用效果。规整填料在吸收稳定四塔中也有应用，可大幅度提高吸收稳定塔设备处理能力。

☞ **93. 吸收塔的结构是怎样的？**

吸收塔理论板数为10～12块，平均板效率为30%～40%，实际板数为30～36层。吸收塔特点是液体负荷较大，气体负荷较小，多采用双溢流塔板。降液管面积较大，与塔截面积之比高达50%～60%。

作为吸收剂的稳定汽油和粗汽油分别由塔顶和塔上部入塔，平衡罐来的不凝油气由塔下部进入，贫气由塔顶排出，富吸收汽油自塔底抽出。塔中部设有1～3个中段油抽出层，采用全抽出型集油箱，箱内集油用泵抽出，经中间冷却器，再从下一层塔板打回塔。吸收油沿各层塔板下行，与上升的混合油气在塔板上相互接触。由上层塔板降液管下行的汽油流入下层塔板受液区，然后横向流过塔板，与该层塔板阀孔中上升的气流呈错流方式接触。

☞ **94. 解吸塔的结构是怎样的？**

解吸塔也称脱乙烷塔，塔底设有重沸器，就其过程特点看，实质上相当于精馏塔的提馏段。解吸塔理论板数为15块，平均板效率为30%～40%，实际板数为40层左右。解吸塔的特点是液相负荷大，气体负荷较小，多数采用双溢流塔板，解吸塔塔板降液管面积也较大，与塔截面积之比高达50%～60%。

解吸塔底一般采用热虹吸式重沸器，大都使用分馏塔中段循环回流或蒸汽作热源，重沸器中加热形成的气体，返回解吸塔底作为气相回流。凝缩油从解吸塔顶部进入后下行，与逆流而上的温度较高的气相回流在塔板上相互接触，传热传质，使溶解于汽油中的C_2组分被解吸，进入气相中。这样逐级传热传质的结果，使液相中的C_2组分被逐渐解吸出来，得到合格的脱乙烷汽油。塔顶解吸气经冷却后进入气、液平衡罐，气相再返回吸收塔，从而完成解吸过程。

☞ **95. 再吸收塔的结构是怎样的？**

再吸收塔通常为单溢流浮阀塔板，理论板数为4～10块，平均板效率为25%～33%，实际板数为14～30层。小型装置由于设备直径较小，塔板安装困难而采用填料。为避免干气带油，有的装置在塔顶扩径降低流速减少夹带；也有的装置单独设一个干气分液罐。

再吸收塔内的操作过程与吸收塔大致相同。只是再吸收塔处理能力低，其设备规格小，塔中部不设冷却回流。轻柴油作为贫吸收剂由塔顶部打入，贫气由塔底部入塔。完成吸收过程后，干气由塔顶排出，富吸收油由塔底自压返回分馏塔。

☞ 96. 稳定塔的结构是怎样的？

稳定塔也称脱丁烷塔，包含精馏段和提馏段，塔底设有重沸器，塔顶为冷凝器，是典型的精馏塔。稳定塔理论板数为22~26块(包括塔底重沸器和塔顶分液罐)，平均板效率为50%，实际板数为40~50层。由于液相负荷大，大多采用双溢流塔板。早期的稳定塔上部气液负荷较小而缩小了上部设备直径。目前稳定塔采用深度稳定回流比增大，上下气液负荷相近，因此上下设备直径相同。

稳定塔由精馏段、进料段、提馏段三部分构成。塔顶设冷凝器以提供液相回流，塔底由重沸器提供气相回流，塔中部设有三个进料口，可根据进料温度和季节选择不同的进料口操作，用来有选择性地控制稳定汽油蒸气压和液化石油气中C_5含量。脱乙烷汽油由稳定塔中部进入进料段后，气液两相经多级塔板的相间接触，逐渐进行扩散、传热、传质，使C_3、C_4组分得以有效分离，塔顶产品是液化气，塔底产品是蒸气压合格的稳定汽油。

☞ 97. 稳定塔进料为什么设有多个进料口？

稳定塔进料常设有三个进料口，进料在进入稳定塔前，要先与稳定汽油换热、升温，使部分进料汽化。进料的预热温度直接影响稳定塔的精馏操作，进料预热温度高时，汽化量大，气相中重组分增多。此时，如果开上进料口，则容易使重组分进入塔顶轻组分中，降低精馏效果。因此，应根据进料温度和进料组成等的不同，使用不同进料口。总的原则是：根据进料汽化程度选择进料位置；进料温度高时使用下进料口；进料温度低时，使用上进料口。

☞ **98. 稳定塔进料位置对汽油蒸气压有什么影响？**

稳定塔进料位置往上，提馏段板数增加，有利于控制汽油蒸气压，但对控制液态烃中 C_5组分含量不利。稳定塔进料位置往下，精馏段板数增加，有利于控制液态烃中的 C_5组分含量，而不利于汽油蒸气压的控制。因此，一般催化裂化稳定塔均有两个以上进料口，在生产中，可根据实际情况加以调整。

☞ **99. 吸收稳定系统重沸器热源由何处来？**

多数装置分馏塔中段油同时为稳定塔和解吸塔两个重沸器供热常出现热量不足。目前向重沸器供热有 3 种形式：一是用分馏塔中段油先和循环油浆换热然后再为两个重沸器供热。二是分馏塔中段油为稳定塔底重沸器供热，解吸塔底重沸器用蒸汽加热。三是分馏塔中段油为解吸塔底重沸器供热，循环油浆为稳定塔底重沸器供热。一般中小型装置采用第一种方法。大型工业装置采用第二种方法。ARGG、DCC 等工艺采用第三种方法。

☞ **100. 启用稳定塔底重沸器时，要注意什么？**

当重沸器有液面后方可引入循环油热源，以免换热器干涸，汽油进入后突然急汽化，造成稳定塔超压；重沸器升温时要缓慢。

☞ **101. 重沸器有几种形式？各有什么使用特点？**

（1）有两种形式：釜式重沸器和热虹吸式重沸器。

（2）使用特点：①釜式重沸器用于进料式塔底馏出物的再加热，被加热流体在重沸器内升温汽化，并在釜式重沸器内缓冲沉淀后进入塔内。②热虹吸式重沸器本身没有汽化空间，在重沸器内气、液分离，而是从重沸器顶部出来返回塔底，在塔内进行分离。

☞ **102. 吸收稳定系统重沸器有哪些类型？**

催化裂化装置解吸塔使用热虹吸式重沸器，稳定塔底采用釜式重沸器(新设计也可采用热虹吸式重沸器)。一般用分馏塔一中循环回流油和二中循环回流油作为重沸器热源。

☞ 103. 热虹吸式重沸器的工作原理是什么？

热虹吸式重沸器操作原理是依靠重沸器安装位置低于塔底标高，而形成一定位差，使塔底液体自动流出，并由重沸器底部流入重沸器。在重沸器内，部分液体被加热汽化，形成气液混合物，密度显著变小，从而在重沸器入方和出方产生静压差，工艺流体不用泵就可以自然循环回塔，完成操作过程。

☞ 104. 热虹吸式重沸器的操作特点是什么？

热虹吸式重沸器实际上就是普通的换热器，只是壳程的折流板间距较大(通常为600mm)，以减小压降。降低塔的安装高度，也利于满足操作的压力平衡要求，保证重沸器正常循环。这种重沸器的操作特点是加热介质一般走管程，塔底汽油走壳程；汽油进入重沸器，经加热、升温，部分汽化发生相变，但重沸器内没有汽化空间不能进行气、液分离，工艺流体在器内停留时间短；由于沸腾传热的影响，传热系数很大，因而重沸器传热面积较小，但担负的加热负荷却较大。

在实际生产上，由于对过程汽化率的具体要求不同，设计中对热虹吸式重沸器的入方管线可采取两种抽出方式：当汽化率不超过30%时，一般采用一次通过式，如图4-1(a)所示；当汽化率较大时，常用循环式，如图4-1(b)所示。

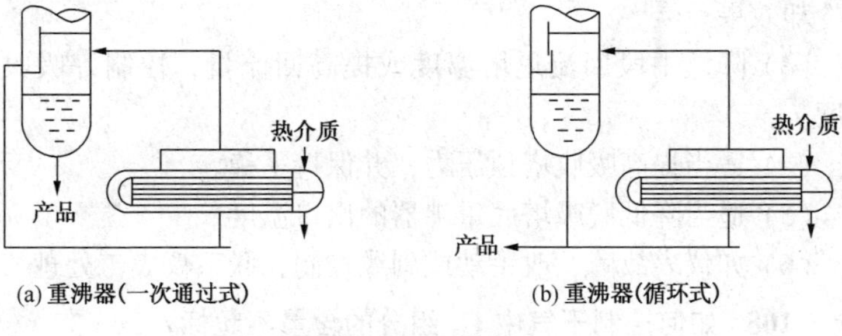

图4-1　热虹吸式重沸器进料方式

☞ 105. 釜式重沸器的操作特点是什么？

釜式(也称罐式)重沸器常用于稳定塔底，其主要特点是重沸器本身有蒸发空间。稳定汽油自塔底进入重沸器后，经过加热段加热，再进行气液分离，仅其气相返回稳定塔底，而液相作为产品(脱丁烷汽油)直接由重沸器底部引出。釜式重沸器的分馏效果相当于稳定塔一块理论塔板。另外，汽油在器内加热段停留时间较长，允许汽化率高，可达80%，操作弹性较大。

釜式重沸器本身金属耗量较高，但塔和重沸器之间的位差较小。与釜式重沸器相比，热虹吸式重沸器壳程体积小得多，节省钢材，但塔的标高需要增加。

☞ 106. 影响干气中 C_3 组分含量的因素有哪些？

（1）富气量过大或冷换设备冷却效果差，C_3组分含量增加。

（2）吸收剂量不足，油气比小或吸收剂温度过高，影响吸收效果，C_3组分含量增加。

（3）吸收塔顶温度高，吸收效果差，C_3组分含量增加。

（4）吸收塔顶压力过低或波动太大，影响吸收效果，C_3组分含量增加。

（5）解吸塔温度高，解吸过度，大量的 C_3、C_4组分脱吸。

（6）仪表失灵。

☞ 107. 干气中 C_3 组分含量如何控制？

（1）适当加大吸收剂量，降低吸收剂温度。

（2）增加吸收剂量，控制适宜的油气比，调节冷换设备，提高冷却效果。

（3）降低中段回流返塔温度或提高回流量，控制好吸收塔温度。

（4）适当提高吸收塔顶压力，并保持平稳。

（5）适当降低脱吸塔底重沸器的出口温度。

（6）如仪表故障，改手动或副线控制，联系仪表工处理。

☞ 108. 如何控制干气中 C_3 组分的含量不超标？

干气中 C_3组分含量由吸收塔压力、补充稳定汽油流量和进塔富气、粗汽油、稳定汽油温度及吸收塔中段循环油返塔温度控制。其中吸收塔压力由系统统一考虑，现有设备允许前提下应尽量提高。吸收温度在自然条件下尽量降低，吸收塔中段循环油流量和温度控制适当。日常操作中可调节的参数只有补充稳定汽油流量。但应使吸收塔具有适宜油气比，并在正常范围内操作。一般补充稳定汽油流量是产品汽油的70%~100%。

☞ **109. 影响干气中C_3组分含量因素有哪些？**

（1）再吸收塔贫吸收油量过小或温度过高，吸收效果差。

（2）吸收塔压力控制过低或波动太大，造成携带大量C_5组分至再吸收塔。

（3）吸收塔顶吸收油量过大或温度过高，干气中携带C_5组分。

（4）再吸收塔液面或吸收塔液面控制过高，干气中携带C_5组分。

（5）设备故障，仪表失灵。

☞ **110. 干气中C_3组分含量如何控制？**

（1）适当提高再吸收塔贫吸收油量或降低吸收剂温度，但不能过猛而影响分馏操作。

（2）调节吸收塔压力，并保持平稳。

（3）适当降低吸收塔吸收油量，但不能过小而影响吸收效果。

（4）降低再吸收塔液面至正常范围。

（5）调节吸收油入口位置。

（6）检查设备，联系仪表工处理。

☞ **111. 影响液态烃中C_2组分含量的因素有哪些？**

（1）解吸塔底热源不足，造成解吸塔塔底温度低或凝缩油入塔温度低，解吸效果差。

（2）吸收塔温度控制过低，过度吸收，解吸塔解吸负荷增加。

（3）解吸塔塔顶压力控制过高，解吸效果差。

（4）仪表失灵。

☞ **112. 液态烃中C_2组分含量如何控制？**

（1）适当提高解吸塔底重沸器出口温度或凝缩油入塔温度，

增强解吸效果。

（2）适当调节吸收剂量或中段回流温度，防止过度吸收。

（3）适当降低解吸塔压力，并平稳操作。

（4）如仪表故意，联系仪表工处理。

☞ 113. 影响液态烃中 C_5 组分含量的因素有哪些？

（1）稳定塔顶温高，回流比小或回流温度高，液态烃中 C_5 组分含量上升。

（2）稳定塔顶压低或压力控制不稳。

（3）稳定塔进料位置不合适，影响精馏效果。

（4）稳定塔重沸器温度控制过高，液态烃中 C_5 组分含量上升

（5）塔板腐蚀、堵塞造成冲塔现象或塔操作大幅度波动，液态烃带汽油组分。

（6）仪表失灵。

☞ 114. 液态烃中 C_5 组分含量如何控制？

（1）适当提高回流比，但注意稳定塔顶压力，防止超压，如回流温度高，则调整塔顶冷后温度。

（2）适当地提高稳定塔压力，并保持平稳。调节热旁路控制阀时幅度不要太大，

（3）选择合适的进料位置。

（4）适当降低稳定塔重沸器温度。

（5）如冲塔或操作大幅度波动，分析原因并做相应处理。

（6）如仪表故障，联系仪表工处理。

☞ 115. 液化气中 C_2、C_5 组分含量如何控制？

液化石油气中 C_2 组分含量由解吸塔重沸器出口温度控制，通过改变重沸器热源分馏中段油旁路阀开度（当用蒸汽加热时调节给入蒸汽量实现）控制。有的装置采用灵敏塔板温度控制重沸器给热量，解吸塔灵敏板的位置在塔的中上部。

液化石油气中 C_5 组分含量受塔操作压力、温度、回流等参数影响，通常由稳定塔回流量控制，采用适宜回流比使液化石油

气中 C_5组分含量合格。

☞ 116. 液态烃中为什么会含有 C_5 组分？有什么危害？

在稳定塔中 C_4组分为塔底轻关键组分，塔顶的重关键组分为 C_5组分。由轻重关键组分的定义，C_5组分是全部或大部分进入塔底产品中的最轻组分。因此总有少量 C_4组分在稳定汽油中，同样总有少量 C_5组分被蒸到塔顶留在液态烃中。

液态烃如作燃料用，则因 C_5组分不易汽化而造成瓦斯带油。如作化工原料用，则会使目的产品（C_3、C_4组分）的收率下降，而且使预分馏塔的塔底负荷增加。液态烃中 C_5组分含量高还会使汽油收率降低。

☞ 117. 影响汽油蒸气压的主要组分是什么？

（1）一般地说，C_5 ~ C_{11}是汽油组分，但还带有少量的 C_4 组分。

（2）有同一温度下，同种烃类 C_4 组分蒸气压比 C_5 组分的高许多。

（3）稳定塔以 C_4 组分为轻关键组分，所以影响汽油蒸气压的主要是 C_4 组分。

☞ 118. 汽油蒸气压对辛烷值有什么影响？

汽油中丁烷含量直接影响汽油的蒸气压。汽油的 *MON* 及 *RON* 均随着蒸气压的升高而增加，其中 *RON* 增加的幅度更为显著。丁烷不仅本身具有高的 *RON* 及 *MON*，而且有高的调和辛烷值。汽油蒸气压每增加 10kPa，*RON* 可增加 0.9。

☞ 119. 影响稳定汽油蒸气压或汽油的 10% 点温度因素有哪些？

（1）稳定塔底温度的变化：温度高，汽油的 10%点温度高，汽油饱和蒸气压低。

（2）稳定塔顶压力的变化：压力高，汽油的 10%点温度低，汽油饱和蒸气压高。

（3）当回流比过低时，精馏效果差，液态烃 C_3组分含量高，而汽油的 10%温度低，汽油饱和蒸气压高。

（4）稳定塔进料量的大小、进料组成及位置的变化。

（5）仪表失灵。

☞ 120. 稳定汽油蒸气压或汽油的10%点温度如何控制？

（1）平稳塔底温度。

（2）控制合适塔顶压力。

（3）选择合适的回流比，优化稳定塔的操作。

（4）稳定塔进料量的大小、进料组成及位置，需视具体情况，相应处理。

（5）联系仪表工，进行处理。

☞ 121. 影响吸收塔顶压力的因素有哪些？

（1）富气量的变化。富气量大，塔顶压力高。

（2）吸收剂量的变化。

（3）气压机出口压力的变化。

（4）中段回流量的变化。回流量大，返塔温度低，塔顶压力低。

（5）解吸塔顶温的变化。温度高，脱吸气量大，吸收塔顶压高。

（6）富气冷却器冷却效果的变化。

（7）瓦斯管线堵塞，后路不畅，造成憋压。

（8）仪表失灵。

☞ 122. 吸收塔顶压力如何控制？

（1）根据富气量的变化，相应调节塔顶压力。

（2）调节吸收剂量，平稳塔顶压力。

（3）联系气压机岗位，平稳气压机出口压力。

（4）平稳中段回流量。

（5）稳定解吸塔顶温度。

（6）根据富气冷后温度，相应调节吸收塔操作。

（7）后路不畅，联系该岗位操作人员处理后路管线。

（8）仪表失灵，联系仪表工处理。

☞ 123. 影响吸收塔顶温度的因素有哪些？

（1）富气进料量及冷后温度的变化。富气量大及冷后温度高，吸收塔顶温度高。

（2）中段回流量及返塔温度的变化。流量大，返塔温度低，吸收塔顶温度低。

（3）粗汽油温度的变化。粗汽温度高，吸收塔顶温度高。

（4）补充吸收剂流量及温度的变化。流量大，温度低，吸收塔顶温度低。

☞ 124. 吸收塔顶温度如何控制？

（1）根据富气量及冷后温度调节吸收塔塔顶温度。

（2）调节吸收塔中段冷后温度及流量。

（3）调节分馏冷却效果，降低粗汽油进塔温度。

（4）适当调节补充吸收剂流量及返塔温度。

☞ 125. 影响解吸塔顶温度的因素有哪些？

（1）解吸塔底重沸器热源或温度的变化。

（2）进料温度升高，塔顶温度上升。

（3）进料量的变化。

（4）仪表失灵。

☞ 126. 解吸塔顶温度如何控制？

（1）提解吸塔底温度，塔顶温度升高。

（2）调节解吸塔进料换热器出口温度，控制好进料温度。

（3）根据进料量的变化，调节塔底温度。

（4）如仪表故障，联系仪表工处理。

☞ 127. 影响稳定塔顶压力的因素有哪些？

（1）稳定塔进料组分的变化和进料量的变化。

（2）塔顶回流量大，压力升高。

（3）塔底重沸器的温度变化：温度高、压力高。

（4）稳定塔顶回流量大，塔顶压力高，反之依然。

（5）稳定塔顶冷凝冷却器冷却效果差，塔顶压力高。

（6）稳定进料带水多，造成压力波动。

（7）仪表失灵。

☞ **128. 稳定塔顶压力如何控制？**

（1）用稳定塔顶压控调节稳定塔顶压力。

（2）根据进料量、组成及温度的变化，及时对稳定塔操作进行调节，必要时可调节解吸塔底温度。

（3）根据产品质量，调节塔底重沸器温度。

（4）根据产品质量，调节塔顶回流量。

（5）加大稳定塔顶冷凝冷却器水阀开度，提高冷却效果。

（6）注意控制气压机出口油气分离器、稳定塔顶回流罐界面。

（7）如仪表故障，联系仪表工处理。

☞ **129. 影响稳定塔顶温度的因素有哪些？**

（1）稳定塔底重沸器口温度的变化：出口温度高，塔顶温度高。

（2）稳定塔顶回流量的变化：回流中断，顶温上升。

（3）稳定塔顶冷凝冷却器冷后温度的变化：冷后温度高，顶温上升。

（4）进料量及进料温度的变化。

（5）仪表失灵。

☞ **130. 稳定塔顶温度如何控制？**

（1）根据液态烃和稳定汽油质量指标，控制稳定塔顶温度。

（2）平稳塔顶回流量及塔顶温度。

（3）调节稳定塔顶冷凝冷却器流量，控制冷后温度。

（4）根据进料量及温度的变化，适当调节塔底温度或塔顶回流量。

☞ **131. 影响吸收塔底液位的因素有哪些？**

（1）吸收塔顶吸收剂和补充吸收剂量的变化。

（2）压缩富气进吸收塔量的变化，富气量大，液位下降。

（3）仪表故障。

☞ **132. 吸收塔底液位如何控制？**

（1）正常时，吸收塔底液位是通过塔底液控来调节。

（2）根据压缩富气进吸收塔量的变化，调节吸收剂或补充吸收剂的流量，控制一定的液气比。

（3）如仪表故障，联系仪表工处理。

☞ 133. 影响解吸塔底液位的因素有哪些？

（1）解吸塔塔底脱乙烷汽油抽出量的变化。

（2）解吸塔进料量的变化。

（3）解吸塔底重沸器供热量的变化。

（4）仪表失灵。

☞ 134. 影响解吸塔底液位的因素有哪些？

（1）正常时，塔底液面由塔底流控自动控制。

（2）根据进料量的变化相应调节。

（3）调节解吸塔底重沸器温度，平稳塔底温度。

（4）如仪表失灵，联系仪表工处理。

☞ 135. 影响稳定塔塔底液面的因素有哪些？

（1）稳定汽油出装置量和吸收塔顶补充吸收油量的变化。

（2）稳定塔进料量的变化。

（3）吸收油量及塔顶回流量的变化。

（4）进料组分的变化。

（5）仪表失灵。

☞ 136. 稳定塔塔底液面如何控制？

（1）正常时，通过调节汽油出装置的流量来保持稳定塔液面正常。

（2）根据进料量的变化，调节稳定塔底重沸器出口温度。

（3）调节好吸收油量和塔顶回流量。

（4）根据进料组分和流量，调节稳定和解吸塔底重沸器温度。

（5）如仪表故障，联系仪表工处理。

☞ 137. 影响再吸收塔压力的因素有哪些？

（1）富气量的变化（入装置处理量变化、反应深度变化、反飞动量的变化)。

（2）气压机出口压力变化。

（3）解吸塔温度高。

（4）再吸收塔液面过高。

（5）吸收塔吸收效果变差。

（6）再吸收塔顶压控阀仪表失灵。

☞ 138. 再吸收塔压力如何控制？

（1）正常操作时，压力由再吸收塔压控自动控制再吸收塔压力。

（2）根据气压机出口压力情况及时调节。

（3）适当降低解吸塔底温度，维持解吸塔底正常液面。

（4）控制好再吸收塔正常液位。

（5）改善吸收塔吸收效果。

（6）压力高时可适当打开压控阀副线，仪表失灵，改副线控制，及时联系仪表工处理。

☞ 139. 影响再吸收塔液位的因素有哪些？

（1）富吸收油流量的变化。

（2）贫吸收油进再吸收塔流量的变化。

（3）仪表失灵。

☞ 140. 再吸收塔液位如何控制？

（1）正常时，通过富吸收油流量的大小来保持液面。

（2）根据贫气进塔流量的变化保持液面正常。

（3）如仪表故障，联系仪表工处理。

☞ 141. 影响气压机出口油气分离器液位的因素有哪些？

（1）吸收塔底液位的变化。

（2）粗汽油或补充吸收剂量的变化。

（3）解吸塔进料量的变化。

☞ 142. 气压机出口油气分离器液位如何控制？

（1）根据气压机出口油气分离器液位，调节相应流控阀。

(2) 粗汽油或补充吸收剂量的改变，进而改变凝缩油量，查明原因，相应处理。

(3) 调节稳定解吸塔的进料量。

☞ 143. 影响稳定塔顶回流罐液位的因素有哪些?

(1) 稳定塔顶冷凝冷却器冷却效果的变化。

(2) 稳定塔顶温度的变化。

(3) 稳定塔顶回流量的变化。

(4) 液化气出装置量的变化。

(5) 仪表失灵。

☞ 144. 稳定塔顶回流罐液位如何控制?

(1) 正常时，主要通过液化气出系统流控来调节稳定塔顶回流罐液位。

(2) 调节稳定塔底冷凝冷却器出口温度和塔顶回流量。

(3) 平稳液化气出装置的流量。

(4) 如仪表故障，联系仪表工处理。

☞ 145. 稳定区域液化气泄漏如何处理?

(1) 操作人员发现液化气泄漏后，立即报告班长及装置管理人员。

(2) 轻微泄漏时，寻找泄漏点及时切除泄漏源，就近关闭泄漏点的上下游阀。

(3) 无法阻止泄漏时，应在相对安全的区域内切除稳定塔热源，降低稳定塔温度，关闭粗汽油和富气进出稳定系统阀门，反应切断进料，熄灭加热炉和余热锅炉炉火。

(4) 大量泄漏时，立即停止漏点周围危险区域200m内的明火作业和炉火；立即停止装置区内一切施工作业，人员立即撤出现场；用蒸汽或消防水稀释泄漏区域，防止液化气集聚达到爆炸极限；防止无关人员进入泄漏区域；严禁各种车辆进入或靠近该事故装置区域；及时通知生产管理部门疏散周围人员；联系消防车掩护。

(5) 如果经上述处理方法后，泄漏仍无法控制且有越漏越大的趋势时，立即请示现场管理人员，撤离或疏散现场所有人员至安全区域内。

(6) 若大量泄漏，原则上禁止任何人进入随时可能发生爆炸的危险区域内进行任何操作；如果必须进入时，操作人员必须在正确佩戴正压式空气呼吸器、确认自己所穿的工作服和工作鞋不会产生静电的情况下方可进入，使用防爆工具进行处理。

第五章　热工系统应急操作

☞ 1. 热工岗位的任务是什么？

本岗位的主要任务是充分利用内/外取热器、余热锅炉、分馏油浆蒸汽发生器等能量回收设施，实现余热的合理回收与充分利用。

☞ 2. 热工岗位的操作原则是什么？

（1）保持汽包压力、液位、产汽量、给水量的相对稳定，严防汽包干锅、满液位、超压等现象发生。

（2）随时监控炉膛燃烧情况，燃料气压力波动较大时，及时联系相关岗位，保证燃烧平稳。

（3）加强汽包炉水、蒸汽、给水的质量分析，控制好汽包加药及炉水排污量，保证蒸汽品质合格。

（4）控制好过热蒸汽温度、压力，达到工艺指标控制要求。做好余热锅炉除灰系统的使用维护及锅炉除灰工作，控制好烟气排放温度。

（5）加强与公用系统衔接，保证蒸汽的平稳外供或输入。

（6）发生事故时，要准确判断，果断处理，防止事故扩大，尽快恢复正常运行。

（7）有危及锅炉安全运行的紧急情况时，应及时停止锅炉的运行。

☞ 3. 反应紧急切断进料后，热工岗位应怎样处理？

（1）反应切断进料后，再生烟气量减少，余热锅炉岗位应立即提高补燃量，保证余热锅炉产汽温度。如瓦斯压力降低，可联系生产管理部门提高瓦斯压力；如瓦斯压力无法维持，可相应减少火嘴数量，来维持炉膛不灭火。

（2）余热锅炉不产汽的装置，可撤除烟气旁路水封，开大烟气旁路蝶阀，关闭余热锅炉并汽阀，外取热汽包改就地放空。

(3) 要控制好各汽包和除氧器液面，可相应减少入装置除氧水量。

(4) 配合分馏岗位改好原料倒加热流程。

☞ 4. 取热器漏水现象是什么？

在其他参数未变化的情况下，取热器漏水时出现以下现象：

(1) 再生器密相床上部密度下降，旋风分离器压力降上升。

(2) 再生器密相床以上温度下降。

(3) 催化剂跑损增加，烟囱排烟颜色变化。

(4) 汽包给水流量不正常，大于蒸汽流量，严重时汽包水位难以维持正常。

☞ 5. 取热器漏水的原因是什么？

(1) 松动风较长时间启动，或启动松动风旁路将取热管吹破。

(2) 取热管被干烧过。

(3) 取热管母材有缺陷。

(4) 取热管超过使用寿命(使用寿命一般为 8 年)，管壁磨损减薄、破裂。

☞ 6. 取热器漏水如何处理？

(1) 利用取热器筒体上的温度测点，分析、确定漏管的方位。

(2) 利用探针听诊，有异常声音的取热管发生漏水的可能性极大。

(3) 利用每组取热管出入口阀门的关闭，巡查漏水管，并切除漏水管。

(4) 漏水管切除后，反应部分视情况进行调整。

☞ 7. 取热器爆管的现象和处理方法是什么？

(1) 现象：再生器压力急剧上升，温度急剧下降，烟机组紧急停车。

(2) 处理方法：反再系统紧急停车。

☞ **8. 外取热管束泄漏的事故现象是什么?**

（1）外取热器及再生器稀相、密相温度急剧下降。

（2）再生器压力迅速升高。

（3）再生器旋分器压降上升。

（4）外取热器给水流量不正常，大于蒸汽流量。

（5）汽包水位下降，严重时无法维持。

（6）再生器稀相催化剂浓度增加。

（7）蒸汽流量下降，压力下降。

☞ **9. 外取热管束泄漏的事故原因有哪些?**

（1）长时间催化剂冲刷使管壁磨损。

（2）安装和制造质量差。

（3）水循环倍率过低，使管子受热不均。

（4）水质不合格，没有按规定排污，管子内部结垢，使管子局部过热而损坏。

（5）进入外取热器催化剂不均，使管子受热不均，热膨胀不好，因应力集中而造成管子损坏。

☞ **10. 外取热管束泄漏的事故如何处理?**

（1）发现外取热器取热管泄漏，联系反应岗位降低外取热负荷。

（2）再生压力和温度无法控制时切除外取热器。

（3）迅速查明外取热器管束漏点，立即切除。

（4）如果外取热泄漏严重时，应降处理量，停用外取热器。

（5）如果两器差压和热平衡无法控制时，按装置紧急停工步骤处理。

☞ **11. 外取热器取热管爆管现象是什么?**

（1）外取热器及再生器稀相温度急剧下降。

（2）外取热器给水流量明显大于蒸汽流量。

（3）一再稀相催化剂密度增加，再生器烟囱有白雾喷出。

（4）泄漏严重时，外取热汽包水位无法维持。

☞ 12. 外取热器取热管爆管原因有哪些？

（1）催化剂长时间冲刷，管壁磨损严重。

（2）取热材质质量差。

（3）水循环速率低，管内流量不均匀，个别管子操作温度偏高。

（4）水质不合格，管子内部结垢，局部过热而损坏。

（5）管子内有杂物堵塞，因应力集中而造成管子损坏。

（6）外取热器流化不好，管子受热不均匀，应力集中而造成管子损坏。

（7）强制循环泵故障，造成外取热器水循环停止，管子过热而损坏。

☞ 13. 外取热器取热管爆管如何处理？

（1）外取热器管束严重泄漏时，配合反应应切除外取热器，降低进料量或掺渣量，调整反应-再生系统操作维持热平衡。

（2）判断泄漏的管子，该管温度比正常时高，然后将其切除（具体方法是：关闭一组取热管的出口阀，再关入口阀，如压力迅速上升，证明此管不漏，立即打开出入口阀以防超压，否则表明该管泄漏需切除）。

（3）如强制循环泵长期不能运行，应打开循环手阀，使之形成强制循环。

（4）如果两器差压和热平衡无法控制时，按装置紧急停工步骤处理。

☞ 14. 外取热强制循环水泵故障的现象是什么？

（1）外取热负荷下降。

（2）外取热器循环水泵出口水流量回零。

（3）循环泵出口压力降低，电源回零。

☞ 15. 外取热强制循环水泵故障如何处理？

（1）如因机泵故障，应启动备用泵。

（2）如因瞬间停电，自启动没有成功，按规定程序现场启动。

（3）如果长时间不能启用循环水泵，可按紧急停用外取热器的办法停外取热器，同时调整原料，减少生焦，循环水泵不能运转而热源还未切除之前，应暂时采用自循环。

☞ 16. 外取热汽包满水的危害是什么？

锅炉满水将造成蒸汽大量带水，有过热器的锅炉，水进入过热器后，使炉管内结盐垢。

☞ 17. 外取热汽包满水的现象是什么？

（1）汽包水位超过最高允许水位线，并高水位报警。

（2）蒸汽温度下降，蒸汽品质恶化。

（3）给水流量不正常，大于蒸汽流量。

（4）外取热汽包严重满水时，蒸汽管道发生水击，法兰冒汽。

☞ 18. 外取热汽包满水的原因是什么？

（1）外取热器催化剂循环量突然增大，取热器取热量突然增加，汽化率增大，造成汽包水位增高。

（2）仪表故障使给水调节阀全开，上水量增大。

（3）外界蒸汽负荷骤增，汽包压力下降，水位升高。

（4）给水压力突然升高。

（5）仪表和水位计指示有误，或操作员误操作。

☞ 19. 外取热汽包满水如何处理？

（1）打开汽包紧急放水阀。

（2）检查冲洗水位计，正确判断满水程度。

（3）给水自动控制失灵，应迅速改为手动控制，如整个控制回路失灵，应马上改为上水旁路，手动控制水位，并联系仪表工处理仪表故障。

（4）外取热器本身取热量增加和外界负荷增大造成的水位高是暂时现象，汽包水位是虚假水位，操作员应正确处理。

（5）给水压力突然升高往往是切换水泵造成的，所以在切换水泵时要密切配合，开关泵出口阀要缓慢，避免压力突然升高。

（6）操作员要精心操作，发现问题及时处理。

☞ 20. 外取热汽包水位低的现象是什么？

（1）汽包水位指示低于正常允许水位线。

（2）给水量不正常，小于蒸汽流量。

（3）水位报警发出低水位报警。

（4）蒸汽温度升高。

☞ 21. 外取热汽包水位低的原因是什么？

（1）仪表指示水位不正确，使操作员误操作。

（2）给水调节阀失灵，处理不及时。

（3）排污时间过长，没有注意水位变化。

（4）给水压力降低或给水泵故障。

（5）经外取热器催化剂量增大，使系统蒸汽负荷增大，没有及时补水。

（6）外取热器管束泄漏。

☞ 22. 外取热汽包水位低如何处理？

（1）检查冲洗水位计，正确判断汽包失水程度。

（2）如给水调节阀自动控制失灵，应立即改手动操作，如仪表故障调节阀失灵，应改为旁路上水。

（3）定期排污按规定时间进行，并注意水位下降情况。

（4）给水压力低时，应启用备用水泵，取热量变化时，应注意水位变化。

（5）及时调整外取热器滑阀开度，使外取热器催化剂流量至正常水平。

（6）因外取热器管束内漏造成减水，应迅速查出泄漏管束并切除。

☞ 23. 外取热汽包干锅的现象是什么？

（1）外取热器及再生器密、稀相床温度急剧上升。

（2）汽包水位指示回零。

（3）给水流量回零。

（4）给水流量不正常，小于蒸汽流量。

（5）汽包低水位报警。

☞ 24. 外取热汽包干锅的原因是什么?

（1）给水泵故障，造成给水中断。

（2）给水泵回流水量过大，或给水管路漏水严重。

（3）定期排污阀未关或其他误操作。

☞ 25. 外取热汽包干锅如何处理?

（1）立即调节流化风和提升风量，降低取热负荷直至停止取热。

（2）反应部分立即调节进料量和重油掺入量，防止超温。

（3）查明干锅原因后，做好重新启动准备。外取热器温度降至150℃以下才能给汽包上水，严防发生取热管破坏，或取热系统爆炸的恶性事故。

☞ 26. 外取热汽包干锅处理时的注意事项是什么?

注意当外取热器温度降至250℃以下，再给外取热管束进水，进水量应缓慢地由小渐大，严禁在外取热器温度较高的情况下进水，以避免损坏设备；建立循环的同时，给汽包内的水通蒸汽加热，水循环正常后，再缓慢地引外取热器热源。

☞ 27. 余热锅炉汽包满水的现象是什么?

（1）汽包水位超过正常水位，汽包水位警报器发出水位高的警报信号。

（2）过热蒸汽温度下降。

（3）蒸汽盐含量过大。

（4）给水量大于过热蒸汽流量(排除排污因素)。

（5）严重水满时，蒸汽管内发生水击，法兰向外冒汽。

☞ 28. 余热锅炉汽包满水的原因是什么?

（1）给水自动控制阀失灵，给水调节装置故障。

（2）水位表、蒸汽流量或给水流量表指示不正确，使运行人员判断失误，调整不及时。

（3）装置发生事故，烟气量突然减小。

（4）瓦斯火嘴突然熄灭，过热器内温度突降。

（5）运行人员疏忽大意，对水位监视不够，调整不及时或误操作。

☞ 29. 余热锅炉汽包满水的处理方法是什么？

（1）当锅炉汽压及给水压力正常，而汽包液位上升超过正常水位时，应采取下列措施：①将给水调节阀自动改为手动，减小给水流量，如控制阀失灵，则关小其他可以减小上水量的阀门。②室内观察汽包液位指示的历史趋势，如液位指示失灵，其趋势图应为一直线。③对室外现场液位计进行冲洗，观察实际液位，并和室内液位对照，如仪表问题，立即联系仪表人员处理。

（2）经上述处理后，汽包水位仍上升并超过汽包液位控制上限+100mm 时，应采取下列措施：①继续关小可控制水量的阀门。②开启定期排污阀放水。

（3）如汽包液位已超过现场水位计的上部可现水位时，应按下列规定处理：①停止向锅炉上水。②开启过热器出口放空，关闭过热蒸汽主蒸汽阀门。③开启过热器疏水阀门，注意观察水位。④水位恢复时，按正常规程恢复进行。

☞ 30. 余热锅炉汽包缺水的现象是什么？

（1）汽包水位计指示低于正常水位。

（2）水位报警器发出低水位报警。

（3）过热器温度上升。

（4）给水流量小于蒸汽流量，且偏差较大（炉管爆管时则现象相反）。

☞ 31. 余热锅炉汽包缺水的原因是什么？

（1）给水控制阀失灵。

（2）运行人员疏忽大意，对水位监视不够或误操作。

（3）蒸汽表、蒸汽流量表或给水表指示不正确，使运行人员判断失误而误操作。

（4）给水泵出口压力降低，上不去水。

（5）锅炉排污阀漏，或排污量太大，而未与司炉工联系。

（6）省煤器、蒸发器发生炉管爆裂，严重时烟囱冒白烟。

（7）除氧器因水位计失灵或其他原因导致罐空，锅炉给水泵抽空。

☞ 32. 余热锅炉汽包缺水的处理方法是什么？

当锅炉上水泵出口压力表正常，锅炉汽压正常，而汽包液位降至-50mm时，应采取下列措施：

（1）对汽包液位计进行冲洗和对照，检查其指示是否正确；

（2）给水调节阀自动改为手动，加大给水量，若控制阀失灵，则改副线阀控制；

（3）若给水主管线压力低，通知泵房启动备用给水泵；

（4）若蒸发段、省煤段轻微泄漏，应加大给水量或减负荷维持运行，并逐级向上反映，征求处理意见；

（5）若因除氧水罐水位下降导致锅炉给水泵抽空，及时查明原因，恢复上水。

如经上述处理后，汽包水位仍很低(-100mm或更低)，且迟迟不能恢复时，应关闭所有连续排污和定期排污，并检查水阀是否关严，如发现阀门大量漏水时，应立即联系维修工处理，并注意水位恢复情况；如果水位低于现场玻璃板水位计的可视部分，应紧急停炉。

注意停炉时应保证外取热器系统、高温烟气取热系统、油浆蒸发器系统及烟道喷水减温系统的除氧水供应。

☞ 33. 余热锅炉汽包汽水共沸的危害是什么？

锅炉发生汽水共沸后，蒸汽必然大量带水。含盐分浓度较高的水滴被带到过热器内，然后被蒸发，大量的盐垢结在进口处，使过热器管壁产生过热现象，严重时会发生爆管。

☞ 34. 汽包汽水共沸的现象是什么？

（1）汽包内水位发生急剧波动，液面计看不清并冒汽泡。

（2）炉水分析含盐、含碱量高，蒸汽质量不合格。

（3）过热蒸汽温度急剧下降，过热器入口放水阀大量见水。

（4）严重时蒸汽管线发生水击，法兰处冒汽。

（5）与满水故障的区别是汽水共沸时水位并不消失，而且水位剧烈波动。

☞ 35. 汽包汽水共沸原因是什么？

(1) 炉水质量不合格，含盐量增大，碱度过高，油污、杂质及悬浮物过多，水面上集有大量泡沫。

(2) 加药过量也使泡沫增多。

(3) 连续排污量小，定期排污次数少。

(4) 产汽负荷变化过急。

☞ 36. 余热炉汽包汽水共沸如何处理？

(1) 将液面自动控制改手动控制。

(2) 开大连续排污进行表面放水，必要时也可打开定期排污，同时注意给水，防止水位过低。

(3) 降低产汽负荷，停止加药，加强换水，迅速改善炉水质量。

(4) 打开过热器出、入口放水阀和蒸汽管线排凝阀排水。

(5) 与供水部门联系增加炉水分析次数，如不合格，加强排污。

(6) 预防措施如下：控制好炉水含盐量，保证给水质量，控制好炉水加药量；根据水质分析结果及时调整排污量；开炉并汽时，炉内压力不要高于蒸汽管网压力；检修时，彻底清除炉内油渍、杂物，保持炉内清洁。

☞ 37. 汽包水位计损坏的原因是什么？

(1) 汽、水管道或阀门堵死。

(2) 玻璃板管质量差或安装时不合格。

(3) 水位计汽、水阀或放水阀泄漏。

(4) 冲洗、投用操作不当，使玻璃管爆破。

(5) 玻璃管长期不更换，腐蚀后强度降低。

(6) 冷空气或冷水冲到玻璃管上，导致玻璃管破裂。

☞ 38. 汽包水位计损坏的处理方法是什么？

(1) 一台水位计损坏时，用另一台监视水位，立即检修损坏的水位计。

（2）当汽包两个水位计同时损坏时，上报车间领导请示停炉。

☞ 39. 省煤器炉管损坏的现象是什么？

（1）给水流量不正常地大于蒸汽流量，严重时汽包水位下降，烟囱冒白烟。

（2）省煤器烟道内有异常。

（3）省煤器出口烟气温度下降。

（4）从省煤器不严密处向外冒汽，严重时烟道下部流水。

☞ 40. 省煤器炉管损坏的原因是什么？

（1）未分离出的催化剂在省煤器炉管外壁磨损。

（2）给水含氧量高，省煤器炉管内壁腐蚀。

（3）在低温条件下，二氧化硫对炉管外壁造成腐蚀。

（4）安装时，炉管焊接质量差。

（5）炉管被杂物堵塞，引起局部过热。

（6）炉管疲劳损坏。

☞ 41. 省煤器炉管损坏的处理方法是什么？

（1）酌情降低负荷短期运行，或切出炉管损坏的一组。

（2）或两组炉管都有损坏，且水位迅速下降或故障情况下严重影响其他正常给水时，应立即切断省煤器入口联箱进、出水，除氧水直接送往装置其他用水部位，并根据实际情况，由上级部门决定处理办法。

（3）停用省煤器后应保证余热锅炉汽包水位，关闭所有排污阀，如蒸汽质量不合格，可放空处理。

☞ 42. 余热锅炉（省煤器）炉管破裂的现象是什么？

（1）轻微破裂时，破裂处有蒸汽喷出的嘶叫声。

（2）给水流量略有增加，炉内压力有所降低。

（3）严重破裂时，有显著的爆炸声和喷汽声，炉内呈正压。

（4）烟囱大量冒蒸汽，液面、压力、烟气温度下降，给水流量明显增大。

☞ 43. 余热锅炉(省煤器)炉管破裂的原因是什么?

(1) 给水质量不合格，引起炉管内严重结垢，致使局部过热或腐蚀磨穿。

(2) 水温、气温急剧变化，尤其是开炉升温或停炉降温时，导致壁温不均而产生过大的应力。

(3) 对流管堵塞，使水循环破坏，引起炉管被烧坏。

(4) 安装质量不好，使炉管不能自由膨胀。

(5) 材质不好或有胀接、焊接缺陷。

(6) 露点腐蚀使炉管损坏。

☞ 44. 余热锅炉(省煤器)炉管破裂如何处理?

(1) 紧急停炉。

(2) 停炉后维持一段时间的给水，当水位不能维持时，关闭给水阀。

☞ 45. 过热器炉管损坏的现象是什么?

(1) 过热器附近有漏汽声。

(2) 余热锅炉饱和蒸汽流量不正常地小于上水量。

(3) 过热器后的烟气温度降低或过热器两侧温差增大。

(4) 过热蒸汽温度突然升高。

(5) 烟道汽含水量大，烟囱冒白烟。

☞ 46. 过热器炉管损坏的原因是什么?

(1) 化验监督不紧，水汽分离器分离结果不良或存在缺陷，致使蒸汽品质不良，在过热器内结垢，引起管壁局部过热造成超温而泄漏。

(2) 由于蝶阀或瓦斯火调节不当，造成退热蒸汽温度升高，过热超温。

(3) 过热器炉管安装不当或制造有缺陷、材质不合格、焊接质量不良等;

(4) 过热器炉管杂物阻塞。

(5) 烟气中催化剂含量大，造成磨损严重。

☞ **47. 过热器炉管损坏的处理方法是什么？**

（1）过热器如损坏严重时，必须停炉，防止蒸汽从损坏的过热器管中喷出，吹损邻近的过热器炉管，避免事故扩大。

（2）如过热器炉管轻微损坏，可适当降低余热锅炉产汽量，或将其他系统的饱和蒸汽切出过热器，然后报告车间领导，研究进一步处理方案。

（3）当余热锅炉停炉时，应保证其他系统的供水，并将其他系统产生的饱和蒸汽放空，然后再决定处理方案。

☞ **48. 锅炉破裂压力突降的危害是什么？**

压力上升时，如果温度没有相应的提高，则使部分蒸汽凝结成水，因为温度将低于该压力下的沸点。降低压力时，将使蒸汽变成过热蒸汽，因为蒸汽温度将高于该压力下的沸点。如果锅炉内的蒸汽与炉水相互接触，而引起压力下降，这将使部分水蒸发为汽，因为降低了沸点。如果由于锅炉某一部分破裂，致使压力突然下降，这时锅炉里大量的水会急速地变为蒸汽，由此引起灾难性的爆炸。水汽化后体积增加 1600 倍，因此压力突然下降所释放的爆炸能量是很可怕的。

☞ **49. 减温减压器外漏严重如何处理？**

减温减压器泄漏严重时，需要切除处理，切除后由生产管理部门联系电站，保持中压蒸汽的压力和流量的平稳，且压力和流量必须保持在规定范围内，决不允许电站擅自提高压力和流量。热工岗位人员必须认真监视中压蒸汽的压力，系统管网压力不能超高，超压时必须及时与生产管理部门联系要求电站降压。施工单位必须在切除后尽快处理，确保尽早投入正常运行。减温减压器切除后，如系统压力升高，可采取如下措施：

（1）联系生产管理部门、热电站减少中压蒸汽供应。

（2）催化车间优化操作，维持中压和低压蒸汽系统负荷均衡，相应降低蒸汽产量；汽压机尽可能提速，多用蒸汽。

（3）联系其他产汽车间将中压蒸汽并入 1. 0MPa 蒸汽管网。

（4）联系维修工处理阀门。

☞ **50. 减温减压器外漏严重，阀门处理过程中造成中压蒸汽系统压力大幅度升高，如何处理？**

（1）联系生产管理部门降系统中压蒸汽量。

（2）配合反应迅速切除外取热器，并相应降低处理量和掺渣量。

（3）在保证中压蒸汽温度的前提下，相应降低余热锅炉产汽量。

（4）必要时可将中压汽包蒸汽切除放空。

（5）如系统蒸汽压力上升过快，上述操作来不及时，可任蒸汽系统安全阀起跳泄压，但同时仍将做好上述降压工作。

（6）在事故处理过程中，热工岗位必须做好汽包液面的调整工作，防止满水和减水。

（7）过热蒸汽出口管线安全阀必须事先做好起跳复位的准备工作。

（8）阀门处理过程中，热工系统的操作人员必须携带对讲机，及时处理突发情况，并注意防止人员受伤。

☞ **51. 炉管破裂的现象是什么？**

（1）轻微破裂或胀口、吊口泄漏时。破裂处有蒸汽喷出的嘶叫声。

（2）给水流量略有增加，炉内压力有所降低。

（3）严重破裂时，有显著的爆炸声和喷汽声，炉内呈正压。

（4）烟囱大量冒蒸汽，液面、压力、烟气温度下降，给水流量明显增大。

☞ **52. 炉管破裂的原因是什么？**

（1）给水质量不合格，引起管内严重结垢，致使局部过热或腐蚀磨穿。

（2）管壁磨穿。

（3）水温、气温急剧变化，导致壁温不均而产生过大的应力。

（4）开炉升温或停炉降温时，炉管个别部位受热不均而产生内应力。

（5）对流管堵塞，使水循环不能进行，炉管被烧坏。

（6）安装质量不好，使炉管不能自由膨胀。

（7）材质不好或胀、焊接缺陷；

（8）露点腐蚀使炉管损坏。

☞ **53. 炉管破裂如何处理？**

（1）紧急停炉。

（2）停炉后维持一段时间的给水，当水位不能维持时，关闭给水阀。

☞ **54. 炉管破裂如何预防？**

（1）搞好排污工作，保证炉水质量。

（2）加强停炉期间锅炉的保养。

（3）按规定做好停炉、开炉工作。

（4）加强巡回检查。

☞ **55. 过热段出口安全阀不严，泄漏严重时如何处理？**

由于过热段出口安全阀泄漏严重，威胁到设备和人身安全及热工系统的正常生产时，必须将此安全阀临时切除，进行重新研磨打压，前提是在过热蒸汽系统其余安全阀好用。在此期间，操作员必须按此原则进行调整：

（1）必须联系仪表工确认减温减压器好用，动作准确可靠，减温减压阀开关灵活、远传信号及时准确，各汽包饱和蒸汽安全阀动作准确可靠。

（2）余热锅炉烟气旁路水封罐应放水，随时准备切除烟气进余热锅炉。

（3）当过热段出口压力超过正常值时，及时联系生产管理部门通知电站减少供汽量，必要时可开减温减压器泄压。

（4）如中压蒸汽系统压力和低压蒸汽系统压力同时超高，应首先保证中压蒸汽系统压力不超压。

（5）如系统蒸汽过剩而且电站调节没有余地时，可打开烟气旁路阀，将烟气走旁路，降低余热炉负荷，保证过热蒸汽温度和压力。

（6）如降低余热炉负荷后，过热蒸汽温度无法维持，可外取热或油浆蒸汽发生器等中压汽包蒸汽放空。

（7）如此时减温减压器失灵，应立即联系仪表工处理，同时联系生产管理部门平稳系统蒸汽压力，必要时可降低产汽量。

☞ 56. 发生什么情况要紧急停炉？

发现下列情况之一应紧急停炉：

（1）装置紧急停工。

（2）炉体内外设备发生故障无法排除。

（3）发生严重的满水、缺水或汽水共腾，经处理无效。

（4）给水设备损坏，除氧水长时间中断。

（5）对流段爆管，过热器严重泄漏。

（6）所有水位表和安全阀全部失效。

（7）排污、排凝严重泄漏无法消除。

☞ 57. 紧急停炉的步骤是什么？

（1）旁路水封罐放掉水，切断热源。

（2）关烟气入炉高温蝶阀，水封罐加水。

（3）关给水阀、排污阀，保持炉内一定水位，尽量维持炉内温度。

（4）压力低于管网压力时，关连通阀，开汽包放空阀。

（5）当压力和温度均已降低，炉体温度在70~80℃时，可将存水放掉。

☞ 58. CO焚烧炉突然灭火的现象是什么？

（1）中压蒸汽压力、蒸汽量同时大幅度下降。

（2）炉膛燃烧不稳，火焰时明时暗。

（3）炉膛温度、风压、过热蒸汽温度及排烟温度都有明显变化。

（4）严重时，给水流量和蒸汽发生量下降，过热蒸汽温度、压力下降。

（5）灭火时CO焚烧炉附近有异音，炉膛温度、风压、及排烟温度均下降。

（6）给水流量和蒸发量下降。过热蒸汽温度、压力下降。

☞ 59. CO焚烧炉突然灭火的原因是什么？

（1）瓦斯压力过低或大幅度波动，使焚烧炉灭火。

（2）瓦斯带水严重，脱水不及时造成焚烧炉灭火。

（3）瓦斯调节阀开度过小，使阀后压力过低，造成焚烧炉灭火。

（4）瓦斯自保阀误动作，突然关闭，造成焚烧炉灭火。

（5）反应来烟气量波动大，将瓦斯火嘴吹灭。

（6）CO焚烧炉送风机故障停机，备用风机没有及时启动，造成焚烧炉灭火。

（7）CO焚烧炉送风机入口挡板开度过小，使燃烧缺氧而灭火。

（8）CO焚烧炉送风机入口挡板开度过大，将瓦斯火嘴吹灭。

（9）瓦斯中含有其他杂质，造成瓦斯阻火器堵塞不畅，使焚烧炉灭火。

☞ 60. CO焚烧炉突然灭火如何处理？

（1）CO焚烧炉灭火时，立即将瓦斯调节阀关闭，同时通知外操将瓦斯火嘴的前手阀关闭。

（2）通知生产管理部门联系管网加大送汽量，维持中压蒸汽系统压力。

（3）停止送风机运行，关闭风机入口挡板使炉膛温度缓慢下降。

（4）根据汽温下降情况，关小或关闭减温水调节阀。减小给水流量，保持汽包水位，避免减水或满水等恶性故障发生。

（5）立即查找原因，如调节阀故障，则排除后，重新点炉。如果在短时间不能恢复，过热器出口的温度、压力又无法维持时，关闭中压蒸汽出装置汽阀，使蒸汽全部进减温减压器。

☞ 61. 汽包超压如何处理？

汽包超压，降系统产汽量，适当降低蒸汽压力。

联系生产管理部门适当降低蒸汽管网压力。

严重超压(超过安全阀定压而未使安全阀起跳)，应立即用手拉手柄开安全阀或打开汽包顶部放空阀，把压力降至正常工作压力。

☞ 62. 蒸汽管道内水击的原因是什么?

(1) 送汽前管内未排净水。

(2) 送汽前未充分暖管及排凝。

(3) 锅炉满水或汽水共腾。

(4) 蒸汽温度过低，蒸汽大量带水。

(5) 管道支架、吊架损坏松脱。

☞ 63. 蒸汽管道内水击如何处理?

(1) 打开过热器出入口联箱排凝阀及蒸汽管线排凝阀充分脱水。

(2) 如有满水故障或汽水共腾现象及时处理。

(3) 及时修复已损坏的管道支架、吊架。

(4) 处理完后应检查蒸汽管线及各阀门、法兰有无因水击而造成的泄漏与损坏。

☞ 64. 给水管道内水击的原因是什么?

(1) 给水管道内积存有空气。

(2) 给水温度急剧变化或给水压力不稳。

(3) 管道支架、吊架损坏松脱。

☞ 65. 给水管道内水击如何处理?

(1) 排除管道内空气。

(2) 检查给水压力和温度，如有不正常现象应及时消除。

(3) 给水管吊架、支架损坏及时修复。

☞ 66. 烟气能量回收系统的组成是什么?

再生烟气能量回收系统是催化裂化装置最重要的能量回收系统，它主要包括催化裂化烟气轮机系统和催化裂化余热锅炉回收系统。余热锅炉回收系统除了常规的余热锅炉外，还有高温取热炉、一氧化碳焚烧炉、饱和蒸汽过热器等多种形式，在实际生产中根据不同的需要采用不同的类型。

☞ 67. 余热锅炉有哪些种类？

根据余热锅炉的工艺特点可以分为补燃式余热锅炉和常规余热锅炉两种。一般情况下，前者炉膛内微正压，一般用于有烟气轮机的能量回收工艺中，通过瓦斯补燃提高过热段烟气温度，确保过热蒸汽的品质；后者炉膛内呈微负压状态，一般用于没有烟气轮机的能量回收工艺中，由于炉膛内烟气温度偏高，能够满足过热饱和蒸汽的需要。

☞ 68. 蒸汽过热器哪几种配置方式？

蒸汽过热器的配置方式有多种。按过热的蒸汽压力等级区分，有低压蒸汽过热器和中压蒸汽过热器。按蒸汽来源分，有只过热余热锅炉自产蒸汽的过热器，也有过热全部饱和蒸汽的过热器，后者应用较多。装置其他产汽设备发生的蒸汽多在再生器内取热器中过热，这样可避免余热锅炉与装置建设不同步或余热锅炉故障时对装置产生较大影响。

☞ 69. 余热锅炉的蒸汽过热形式是怎样的？

大型余热锅炉产生并过热中压蒸汽，由于过热蒸汽温度较高（450℃），如果再过热外来大量中压饱和蒸汽，往往烟气高温段热量不足。为了保证中压蒸汽的过热度，有的装置设置补燃系统。在使用CO焚烧炉+余热锅炉方案时进入余热锅炉再生烟气温度较高（>900℃），外来中压饱和蒸汽可考虑全部在余热锅炉过热。

中小型装置余热锅炉产生并过热低压蒸汽，如果考虑过热部分外来蒸汽，过热器的位置宜设在余热锅炉进口烟气蝶阀和水封罐之前，避免余热锅炉故障切除时，连同外来蒸汽过热器一起切除，使得外来蒸汽无处过热，影响装置正常操作。

大型装置余热锅炉的过热器一般设计成两段式，中小型装置余热锅炉的过热器根据具体情况设计成两段式或一段式。

☞ 70. 为什么余热锅炉要设置省煤器？

再生烟气经余热锅炉蒸发器后温度仍较高，直接排入大气，能量损失较大。尤其对于大中型装置需设置省煤器来降低排烟温度。省煤器中通入除氧水预热锅炉给水，将烟气温度降到170~230℃后，再由烟囱排放大气。

☞ 71. 省煤器的结构是怎样的？

省煤器内为分组错列布置的鳍片式蛇形管，一般采用20#锅炉钢管，给水从省煤器下联箱入口进入省煤器，经两段串联的蛇形管至顶部出口联箱，出水被加热。出口联箱上装有放气阀、安全阀、温度计和压力表，另外为保证装置产汽系统的给水，省煤器还设置有给水旁通管路。

☞ 72. 什么叫露点腐蚀？

当烟气温度低于水蒸气的露点温度时，烟气中的水蒸气会冷凝下来，与烟气中的CO_2和SO_3一起对管子进行化学腐蚀和电化学腐蚀，这就叫做露点腐蚀。

☞ 73. 如何减少省煤器的腐蚀？

再生烟气中含有SO_3等杂质，当省煤器管束表面温度低于SO_3露点时，烟气中的SO_3会在省煤器管束表面发生腐蚀，使省煤器管很快损坏。为避免上述问题发生，除选用耐腐蚀材料(如ND钢)外，更重要的是避免在腐蚀介质露点温度以下操作，避免形成硫酸腐蚀环境。一种方法是采用省煤器出口除氧水与进口除氧水换热，使省煤器的低温段在露点温度以上(并保持有一定余量)操作。可采用除氧水换热器旁路控制省煤器进水温度。小型装置余热锅炉产生低压蒸汽时，低压蒸汽饱和温度较低(180℃)，蒸发器出口烟气温度已不高，故一般不设省煤器。

☞ 74. 烟气是怎样进入余热锅炉的？

余热锅炉是最常用的余热回收设备，用于回收再生烟气的显热。小型装置余热锅炉只设蒸发器和过热器。中型和大型装置余热锅炉由省煤器、蒸发段和过热段组成。从上游设备来的再生烟气进入余热锅炉部分，分作两路。一路经烟道高温蝶阀、水封罐进入余热锅炉。降温后再经烟道挡板阀排至烟囱。另一路为余热锅炉的旁路直接排往烟囱，此路只在余热锅炉故障或余热锅炉投用之前使用。

☞ 75. 汽包上水流程是怎样的？

系统来的除盐水先进入除氧器，从除氧器出来的除氧水经给水泵升压。少量除氧水去气压机透平背压蒸汽减温器，其余进入余热锅炉省煤器预热。其中一路进入余热锅炉汽包，一路进入再生器外取热器汽包，另一路进入油浆蒸汽发生器汽包。系统所需磷酸三钠采用定期注入，固体磷酸三钠加入溶解器内用除氧水溶解，自流入加药器中。加药时用泵将加药器中药液压入汽包。

☞ 76. 过热蒸汽流程是怎样的？

以某催化裂化装置热工系统为例，过热蒸汽系统流程一般为：

外取热器和油浆蒸汽发生器所产饱和汽汇合，其中一部分送再生器内取热器过热，其余饱和蒸汽与余热锅炉所产饱和汽一起进入余热锅炉过热段过热。内取热器和余热锅炉两部分过热中压蒸汽合并进入蒸汽管网，一部分作为气压机透平用汽，其余送出装置。有些装置不设内取热器，全部饱和蒸汽由余热锅炉过热段过热。

☞ 77. 热力除氧器的作用是什么？

热力除氧器是一种热力除氧装置，它能除去锅炉系统给水中的溶解氧、二氧化碳及其他气体，防止发汽设备的腐蚀，是保证锅炉安全运行的重要设备。

☞ 78. 热力除氧的基本原理是什么？

在容器中，溶解于水中的气体量与水面上气体的分压成正比。采用热力除氧的方法，即用蒸汽来加热给水，提高水的温度，使水面上蒸汽的分压力逐步增加，而溶解气体的分压力则渐渐降低，溶解于水中的气体就不断逸出，当水被加热至相应压力下的沸腾温度时，水面上全都是水蒸气，溶解气体的分压力为零，水不再具有溶解气体的能力，亦即溶解于水中的气体，包括氧气均可被除去。除氧的效果一方面决定于是否把给水加至相应压力下的沸腾温度，另一方面决定于溶解气体的排除速度，这个速度与水和蒸汽的接触表面积的大小有很大的关系。

☞ 79. 旋膜式除氧器工作原理是什么?

来水首先进入除氧器内旋膜器组水室，在一定的水位差压下从膜管的小孔斜旋喷向内孔，形成射流，由于内孔充满了上升的加热蒸汽，水在射流运动中便将大量的加热蒸汽吸卷进来；在极短时间很小的行程上产生剧烈的混合加热作用，水温大幅度提高，而旋转的水沿着膜管内孔壁继续下旋，形成一层翻滚的水膜裙，此时紊流状态的水传热传质效果最理想，水温达到饱和温度，氧气即被分离出来。因氧气在内孔内无法随意扩散，只能随上升的蒸汽从排汽管排向大气。经起膜段粗除氧的给水及由疏水管引进的疏水在这里混合进行二次分配，呈均匀淋雨状落到装在其下的液汽网上，再进行深度除氧后才流入水箱。

☞ 80. 汽包的作用是什么?

汽包是汇集炉水和饱和蒸汽的中心，具有一定的水容积，与下降管、导汽管相连，组成水汽循环系统，同时汽包又接收省煤器来的除氧水，是加热蒸发过程的分界点，有一定的储热作用，同时具有水汽分离的作用。

☞ 81. 锅炉给水不纯有哪些影响因素?

(1) 影响因素：①引起泡沫和汽水共沸；②结垢；③腐蚀。

(2) 锅炉给水中通常含有下列杂质：①结垢性物质：钙、镁的硫酸盐和碳酸盐；②起泡沫的物质：如苏打、有机物质、泥渣类物质和腐蚀性物质。

☞ 82. 溶解氧对锅炉运行有什么影响?

氧对腐蚀的作用，表现于下述几个方面：

(1) 氧的气体腐蚀是一种电化学腐蚀。

(2) 在电化腐蚀中，氧是阴极去极化剂，加速了腐蚀。

(3) 腐蚀产物沉淀在金属表面，形成紧密的保护膜，有氧存在时，则破坏此保护膜，生成三价铁沉淀，加速腐蚀。

(4) 炉水中含氧浓度不均匀时，在高氧浓度和低氧浓度部位的金属就产生电位差(高氧浓度部位的金属为阴极，低氧浓度部位的金属为阳极)，而发生腐蚀。

虽然氧有时能与金属氧化成保护膜，使腐蚀减弱，但总的来说氧的存在是加剧腐蚀的主要因素。

83. 二氧化碳对锅炉运行有什么影响?

水中存在的二氧化碳大部分呈分子状态，另一部分与水形成碳酸，使 H^+浓度增加，而 H^+是腐蚀原电池阴极的去极化剂。H^+获得电子或氧气析出，使腐蚀过程加剧。CO_2还能阻碍在金属表面形成氧化保护膜，而使腐蚀顺利进行下去。水中存在 CO_2时，铁和氧的腐蚀会形成游离碳酸大大增加腐蚀速度。

84. 什么是硬水和软水?

硬水中含有过多的结垢性杂质，而软水中只含有极少或不含结垢性杂质。硬度主要是由于水中含有钙、镁的碳酸盐所引起的。根据水和肥皂的作用效果，很容易识别哪些是硬水，哪些是软水。硬水需要更多肥皂才能起泡沫。

85. 什么是暂时硬度？什么是永久硬度?

只含有钙和镁的碳酸盐的水，叫做具有暂时硬度。因为在沸点时，这些杂质可能成为一种松软的泥渣沉淀下来。

含有钙和镁的硫酸盐的水，叫做具有永久硬度。因为，即使加热到沸点以上，甚至达 150℃ 以上，杂质还不能以固体形式沉淀。

86. 硬度对锅炉运行有什么影响?

水中的钙、镁盐类形成的硬度会造成锅炉结垢，使锅炉传热系数减小；锅炉结垢后出现局部过热，烧坏管子，有碍于安全运行；水垢、水渣会堵塞管子，恶化锅炉的水循环。

87. 碱度对锅炉运行有什么影响?

碱度的大小反映了水中 HCO_3^-、OH^-含量的多少。当水中无氧气时，对防止锅炉腐蚀是有效果的。但炉水碱度过大，当相对碱度(NaOH 少溶解固形物)大于 0. 2 时，会产生晶间腐蚀，即所谓苛性脆化，对锅炉安全运行危害较大。此外炉水碱度过大，恶化蒸汽品质，严重时会造成汽水共沸。

☞ 88. pH 值对锅炉运行有什么影响？

（1）当 $pH<7$ 时，锅炉金属表面腐蚀后产生的松软氧化层没有起到保护金属继续被腐蚀的作用。所以氧对金属的腐蚀仍然进行很快。当 $pH>7$ 时，才能形成较稳定的保护膜，使腐蚀缓慢下来。

（2）pH 值与水中游离 CO_2 含量关系很大，当 pH 值为 4.3 时，水中全部碳酸都形成 CO_2，pH 值增高，CO_2 含量的比例减少，HCO_3^- 增加。当 $pH<8.3$ 时，水中游离 CO_2 不存在了，碳酸全部形成 HCO_3^-，这样游离 CO_2 的腐蚀可以大大减少。

（3）给水经过除氧后，pH 值对腐蚀起显著影响，pH 值小，腐蚀性大。因为 H^+ 是金属腐蚀的原电池中阴极的去极化剂。

（4）pH 值低，会使钠离子交换剂工作容量降低，这是因为 H^+ 也被离子交换剂吸收的缘故。

（5）pH 值与水中硅盐的存在形式有关，$pH\leqslant 8$ 时，水中硅盐几乎都是 $SiO_2(H_2SiO_3)$；$pH>8$ 时，有一部分 $HSiO_3^-$，$pH>11$ 时，则几乎全部是 $HSiO_3^-$，pH 更高时，即有一部分成为 SiO_2。所以炉水中常出现 Na_2SiO_3。

☞ 89. 含盐量对锅炉运行有什么影响？

不同盐类对锅炉腐蚀所产生的影响不同，对锅炉安全运行也不一样。

（1）钙盐，主要有 $Ca(HCO_3)_2$、$CaCl_2$、$CaSO_4$ 和 $CaSiO_3$ 等。钙盐是造成锅炉结垢的主要成分，氯化钙还会使蒸汽品质恶化和腐蚀锅炉金属。

（2）镁盐，主要有 $MgCl_2$ 和 $MgSO_4$。镁盐同样能形成水垢，恶化蒸汽品质。其中硫酸镁和氯化镁更会造成锅炉金属的严重腐蚀。

（3）钠盐，主要有 $NaCl$、Na_2SO_4 和 $NaHCO_3$。氯化钠一般不形成水垢，但如果水中同时含有镁盐，尤其当硫酸镁与氯化钠反应生成氯化镁，可以引起严重腐蚀。

碳酸钠在锅炉中虽不形成水垢，但过量的碳酸钠常常促使炉水蒸发而产生泡沫和引起汽水共沸。在高温高压下，碳酸钠分解成氢氧化钠，有使锅炉金属发生苛性脆化的危险。如硫酸钠含量过高，常被蒸汽携带出来附在管道附件或热力设备上，使阀门等失灵，影响安全经济运行。

（4）铁盐，在水中的铁盐主要是 $Fe(HCO_3)_2$ 和 $FeSO_4$。地下水中因为 CO_2 含量大，铁离子较多，这些铁化合物会沉积在锅炉中成为水垢，并引起腐蚀。

☞ **90. 悬浮物对锅炉运行有什么影响？**

锅炉水中如含有较多悬浮物，这些悬浮物会与钙、镁盐沉积物结合而直接助长水垢的产生。如果悬浮物主要是工业废物，则可使锅炉内部金属表面腐蚀。同时悬浮物也会引起汽水共沸，使蒸汽品质恶化。

☞ **91. 锅炉为什么要进行排污？**

锅炉中总固体浓度由排污控制。通过锅炉排污可放出一些含有高固体浓度的污水，用低固体浓度的给水代替。作为锅炉水处理程序的主要部分，排污一般是在总固体达到危害极限前，从下汽包除去沉积的污泥（定排），从上汽包除去溶解物质（连排）。需要认真控制排污维持总固体在安全水平以达到经济运行，使热量和化学药剂损失最小。排污可以用人工采样和连续自动采样进行分析。控制的参数包括二氧化硅、联氨或硫酸盐、pH 值和导电率等。

☞ **92. 什么是连续排污？**

即表面放水，自上汽包水表面抽出，使液面清洁，防止水中含盐量升高，保证稳定的水质。锅炉汽包装有连续排污管线一直伸到汽包低水位报警处。外管线系统装有两个阀门，一个用于切断，一个用于流量控制。除非系统检修，切断阀应始终打开。根据汽包水和给水中杂质浓度控制调节阀开度。只要水流量和浓度不变，该阀开度就不变。

☞ **93. 什么是定期排污？**

锅炉下汽包或集箱上装有一对阀门，自锅炉最低处放水，用于定期排放积存在锅炉底部的杂质。对于下集箱和到下集箱下降管上的间断排污阀，每次打开时间不超过5min。间断排污阀打开时间过长会干扰管束流动或锅炉循环，损坏炉管。短时间多次排污、清污较好。定期排污除了排除沉淀物外，还可以在事故状态下用来临时调节汽包液面。

☞ 94. 定期排污如何操作？

排污阀的开启，先开离汽包远的阀门，后开离汽包近的阀门。关闭时，先关离汽包近的阀门，后关离汽包远的阀门，每次排污操作只能在一处进行，不得同时打开二处定期排污阀。若有两只以上汽包共用一根排污总管时，严禁两只汽包同时排污，排污操作一般不宜超过半分钟，操作人员在排污操作时不允许离开排污阀。对余热锅炉联箱的排污，应在低负荷高水位时进行，少排、勤排，以免破坏水循环。

☞ 95. 排污时要注意什么？

先开离汽包近的一道阀，后开第二道阀，开阀时要缓慢，不要过猛，或开得过大，同时放水时要注意汽包液面和蒸汽压力变化。汽包液位在间断排污过程中降低不能超过规定值。锅炉水往大气排放时小心蒸汽烫伤。定期排污频率在每班2次到每周1次之间，取决于给水质量，一般每班应进行1、2次。若炉水品质不符合要求时，还应根据化验情况，适当增加排污次数。为保证需要时阀门灵活好用，每周至少底部排污1次。

☞ 96. 吹灰器的作用是什么？

吹灰器用来清除锅炉传热表面的烟尘沉积。伸缩式吹灰器适用于高温度部位和烟尘聚集的地方。整个吹灰器安装在锅炉外部，当吹灰器运行时，吹灰器吹杆延伸到管束内，然后将蒸汽从吹杆尖端吹向管束。通过吹杆的横向和旋转运动来完整地吹扫管束。当吹杆延伸和收缩时，吹杆通过蒸汽冷却。清除完成时，吹杆从锅炉烟气中完全缩回。

☞ 97. 伸缩式吹灰器如何操作？

在第一次投入运行之前，应检查所有与吹灰器相连接的管线被清除干净不含任何杂质。检查内部和外部吹杆通道具有足够的间隙、合适的直线度、潜在的影响及限位开关位置。检查吹杆旋转度，当完全收缩时，确认接管头在墙体里。当提升阀打开吹杆缩回时，确认凸轮装置和吹灰器接管头处于设计图纸所示位置。确认锅炉内外吹灰器路径通畅。试运行后，通过自动控制盘控制。

最佳吹灰频率由实际操作情况决定。通过监测锅炉蒸汽流速、蒸汽出口温度和烟气出口温度来确定清除时间。较脏情况下最初操作频率应为每天 3 次，而相对比较干净时应为每天 1 次。当锅炉启动时，频繁使用吹灰器，可以避免不正常的杂质沉积在炉管上。

☞ 98. 伸缩式吹灰器使用的注意事项有哪些？

（1）由于吹杆需要蒸汽冷却，制造厂应提供最小蒸汽压力以便彻底冷却吹杆。

（2）如果吹灰器出现故障，建议手动收缩吹灰器。如果吹灰器故障影响正常操作时，吹杆必须手动缩回，并确认喷嘴完全缩回。

（3）吹灰器吹扫蒸汽必须预先排凝，保证蒸汽干度。

（4）为避免蒸汽泄露，应对系统进行全面检查，尤其注意检查墙体，若有泄露必须及时排除。

☞ 99. 防爆门的作用是什么？

当炉膛内压力升高时，防爆门开启排气，泄压，以达到保护炉体的作用。

☞ 100. 余热锅炉运行有哪些注意事项？

（1）注意燃料气量与供风量的调节，避免熄火事故和过剩空气量过大。

（2）严禁蒸汽超温运行，因辐射过热器超温运行时易引起管壁局部超温，特别在低负荷时更应引起注意。

（3）停炉后当汽包压力降至 0.1~0.2MPa 时，应打开炉墙上的清扫口，用压缩空气对炉管积灰进行吹扫，按烟气流向逐个吹扫。

（4）停炉吹扫后，应尽量将炉墙上的人孔、吹扫孔封闭，减少锅炉受热面与外界空气接触，因炉管上的余灰（催化剂等）吸湿能力极强，对炉管防腐不利。

☞ 101. 余热锅炉汽包液面的影响因素是什么？

（1）烟气进余热锅炉流量大幅度变化。

（2）再生器压力和温度大幅度变化。

（3）除氧水压力及温度大幅度变化。

（4）定期排污或连续排污量大幅度变化。

（5）液面控制失灵。

☞ 102. 余热锅炉汽包液面的操作方法是什么？

（1）根据汽包液面调节进水阀的开度。进水阀卡住时，可用副线操作。

（2）汽包液面过低时，如有定期排污应立即关死。

（3）省煤器泄漏时可打开旁路，停止使用省煤器。

（4）如属严重缺水或干锅，不允许突然给水，应迅速关闭各放水排污阀，紧急停炉。如在锅炉干锅的情况下大量进水，会导致大量蒸发，汽压猛增，可能造成锅炉爆炸。此时可将烟气经余热锅炉副线直接排放至烟囱，待省煤器入口烟气温度降至约200℃时，继续给水，装水至正常液面后，再将烟气改入余热锅炉。

（5）除氧水中断或压力下降短期内无法恢复，应紧急停炉。

（6）给水管路严重损坏，锅炉各放水阀、排污阀严重泄漏时，应紧急停炉。

☞ 103. 汽包满水与缺水如何预防？

加强液面监视，认真按时冲洗液面计，确保液面计指示准确。

保持给水自动调节系统处于良好工作状态，发现问题及时找仪表工修理。

对反应部分出现的大幅度波动应及时调节并对余热锅炉进行相应的调整。

严格禁止低水位运行。

☞ 104. 锅炉缺水汽包干锅的危害是什么?

锅炉严重缺水，是锅炉运行中的重大故障。如果锅炉在严重缺水时进水，就可能会因为温度较低的水与因缺水而被过热的锅炉钢板温差大，而产生撕裂应力，可使锅炉钢板破裂。同时水遇到高温锅炉钢板，则急剧汽化，压力剧增，可引起爆炸。

☞ 105. 汽水共沸如何预防?

控制好炉水含盐量，保证给水质量，控制好炉水加药量。

根据水质分析结果及时调整排污量。

开炉并汽时，炉内压力不要高于蒸汽管网压力。

检修时，彻底清除炉内油渍、杂物，保持炉内清洁。

☞ 106. 锅炉叫水的方法是什么?

(1) 先开启放水旋塞使水位表得到冲洗。

(2) 关闭汽旋塞，单独冲洗水连通管。

(3) 关闭放水旋塞，观察水位表内是否有水位出现。

☞ 107. CO 焚烧炉加余热锅炉方案的适用范围是多少?

该流程应用于贫氧再生的催化裂化装置，一般烟气中 CO 含量 5%~8%。由于 CO 燃烧热偏低，烟气中的 CO 燃烧火焰温度很少超过 900℃，而 CO 稳定燃烧需要 900℃以上，因此需补充燃料气提高燃烧温度。CO 焚烧炉是空筒燃烧器，向其中补充约 15%的燃料气。含 CO 烟气在 CO 焚烧炉中停留时间 1s 左右，在 950~1000℃下使 CO 充分燃烧成 CO_2。高温烟气再进入余热锅炉回收显热。

☞ 108. CO 焚烧炉结构形式有哪几种?

CO 焚烧炉有卧式和立式两种。由于 CO 焚烧炉体积较大，采用卧式结构占地面积较大。立式结构则占地面积较小，可与立式余热锅炉巧妙结合，故应用较多。

☞ 109. 为什么有的装置要设置高温取热炉?

重油催化裂化装置采用两个再生器串联，一再、二再出口烟气在烟气管线中混合燃烧。两段再生技术很好地解决了催化剂烧焦问题，但是随之带来了一个问题：一再贫氧烧焦后的烟气含CO，二再富氧烧焦的烟气中含有O_2，二者混合后CO立即燃烧，高温的烟气不能直接进入后面的三级旋风(三旋)分离器和烟机，因此在三旋之前设置了高温取热炉，通过高温取热炉吸收烟气显热，降低了烟气温度，同时产生中压饱和蒸汽。烟气经过高温取热炉取热后温度下降，然后进入三旋和烟机。

☞ 110. 高温取热炉有什么作用？

高温取热炉在催化裂化装置中有以下几方面的作用：

(1) 回收高温烟气显热，发生中压蒸汽，降低装置能耗；

(2) 通过调节高温取热炉的取热量，将烟机入口温度控制在要求范围之内；

(3) 由于烟气经过高温取热炉后，降低了对后烟道材质的要求，简化了设备结构，节约了设备投资。

由此可见，高温取热炉在催化裂化装置中有着举足轻重的作用和非常重要的地位。

☞ 111. 高温取热炉启用前的准备有哪些？

(1) 检查汽包仪表系统是否安装齐全好用。

(2) 设备周围无杂物，设备试压，清洗合格。

(3) 汽包上水控制系统报警好用，安全阀好用。

(4) 汽包水位在50%以上。

☞ 112. 高温取热炉的启用步骤是什么？

(1) 当再生器开始升温后，汽包内即上水，并保持水位在50%左右。

(2) 再生器温度较低时，汽包不具备升温条件，产生的蒸汽应放空。

(3) 当反应开始进料后，汽包开始升压。

(4) 当汽包压力上升至(3.9±0.05)MPa时，缓慢打开饱和蒸汽进饱和蒸汽混合器前手阀，同时逐渐关闭放空阀，将饱和蒸汽并入余热锅炉过热器。

☞ 113. 高温取热炉汽包液位的影响因素是什么？

（1）锅炉给水系统故障，给水泵故障，热水循环故障；

（2）汽包上水仪表控制失灵，液位指示失灵；

（3）蒸汽压力变化，压力下降，液位下降；

（4）取热管泄漏，汽包液位下降；

（5）汽包排污量变化：排污量增大，液位下降；

（6）一再烟气 CO 含量变化：CO 含量高，进高温取热炉的烟气温度上升，汽包液位下降。

（7）二再烟气含氧量变化：O_2含量低，一再烟气中的 CO 燃烧不完全，进高温取热炉的烟气温度下降，汽包液位上升；

（8）补充风量变化：补充风量降低，有可能导致 CO 燃烧不完全，汽包液位升高。

☞ 114. 高温取热炉汽包液位的调节方法是什么？

（1）注意观察汽包上水量、汽包液位、发汽量等参数，防止仪表故障，造成假液面；

（2）调节上水控制阀，开度增大，汽包液位升高；

（3）定期对照室内外液面指示，发现现场液位计不波动时，应进行冲洗；

（4）严格控制汽包液位在 30%~70%，防止干锅或蒸汽带水等事故的发生；

（5）当锅炉给水及上水仪表失灵造成汽包液位低于 10% 不能马上恢复时，可用汽包上水控制阀小副线控制水位（现场指示），同时联系仪表人员处理仪表故障，必要时可使烟气走短路，降低产汽量；

（6）汽包排污量大，汽包液位下降；

（7）平稳两个再生器的操作，保证一再、二再的烧焦比例，避免 CO 燃烧不完全或氧含量过剩。

☞ 115. 高温取热炉汽包压力的影响因素是什么？

（1）汽包压力控制故障，造成汽包压力波动；

（2）CO 燃烧后的烟气温度升高，发汽量增大，汽包压力升高；

（3）汽包液位升高，汽包压力升高；

（4）过热蒸汽温度升高，蒸汽压力高；

（5）受余热锅炉饱和蒸汽混合器压力影响，汽包压力发生变化；

（6）余热锅炉过热器压降增大，汽包压力升高。

☞ 116. 高温取热炉汽包压力的调节方法是什么？

（1）正常时，汽包压力由汽包压力控制阀自动控制。

（2）平稳第一、第二再生器的操作条件，合理分配烧焦比例，控制好补充风量，稳定高温取热炉的发汽量；

（3）当余热锅炉饱和蒸汽混合器压力高时，及时查明升高原因并进行处理；

（4）当中压蒸汽管网压力升高时，及时联系生产管理部门和锅炉车间处理；

（5）严格控制汽包水位，严禁汽包液位超高造成蒸汽带水。

☞ 117. 高温取热炉汽包产汽量的影响因素是什么？

（1）进高温取热炉前烟气温度变化：温度上升，产汽量增大；

（2）高温烟气量的变化：温度一定时，烟气量增大，产汽量增大；

（3）上水温度变化：上水温度变化降低，产汽量增大；

☞ 118. 高温取热炉汽包产汽量的调节方法是什么？

（1）平稳一、二再生器的操作条件，控制好一再、二再的烧焦比例；

（2）合理控制补充风量，避免风量太大或太小；

（3）控制好余热锅炉省煤器出口除氧水温度，尽量保证温度稳定。

☞ 119. 为什么要设取热器？

一般情况下，当生焦量在5%左右时，催化裂化装置本身可以维持热平衡，但当焦炭产率超过这一界限时，热量就会过剩而产生超温现象。这将引起再生器内温度升高，设备器壁超温。同时，会使催化剂破裂，活性下降。其后果是裂解过度，产生大量气体，液体收率反而下降等。这些现象都是不允许的。蜡油裂化中，一般不存在热量过剩的问题，当掺有部分渣油或全部渣油后，焦炭产率就明显地提高。设置取热器的目的就在于将这些多余的热量取出来，发生蒸汽以供他用，并维持好反应-再生系统的热平衡。

☞ 120. 什么是内取热器？什么是外取热器？

在再生器密相床层内，安装盘管取热，叫内取热。取热的盘管及其他相应的构件组成内取热器。它的工作过程是：床层中的催化剂与盘管外壁接触，以对流和辐射的方式，将热量传递到管壁，水流经管内部，吸收热量后成为蒸汽。

外取热器装在再生器外面。催化剂从再生器密相床引出来，进入外取热器，加热给水，使水汽化后将热量带走，催化剂冷却后再回到再生器。这种外取热器有时称为外部催化剂冷却器。这种取热方法叫外取热。

☞ 121. 如何确定取热方式和取热器种类？

内取热器或外取热器可以单独采用，也可以同时采用，应根据实际需要来定。一般而言，取热方式应根据取热量的大小和热负荷的变化是否频繁而定。而取热量的大小和热负荷的大小，又取决于掺炼渣油的比例、焦炭产率和处理量的大小。

当一个装置要转移出去的热负荷大而恒定，在再生器内装设盘管即可将多余的热量全部取走，便可选用内取热器。如果炼油装置多余的热量较大，即使在再生器周围排满了盘管，仍无法将过剩的热量取走；或者原料性质变化很大，处理量也不恒定，在再生器内部装设盘管就难于应付了，在这种情况下就应选用外取热器。内取热器的负荷较为恒定，可以将一部分热量取走，然后用外取热器将多余的热量取走，作为调节取热量的设施。

☞ 122. 影响内取热器传热系数的因素有哪些？

影响传热系数的因素很多，例如，床层温度、床层气体线速、催化剂料面高度即取热管埋入深度、床层催化剂密度、管内汽化率等。在原料性质和处理量固定后，主要影响因素就是床层料面、床层催化剂密度和管内的汽化率。

☞ 123. 内取热器的工作原理是什么？

内取热盘管其工作过程：再生器密相催化剂与盘管外壁接触，以对流和辐射的方式将热量传递到管壁，水从管内流过，吸收热量产生蒸汽。水平式内取热器饱和盘管设在密相床层内，饱和水在盘管内强制循环，水汽比≥14。饱和水汽在外部汽包内进行汽水分离，饱和蒸汽再通过设在密相床层上或稀相段的过热盘管进一步加热变成过热蒸汽。

☞ 124. 内取热器的结构形式有哪些？

根据盘管在再生器内的布置方式，内取热器的结构形式可分为水平式盘管和竖直管式两种。水平盘管是指取热管沿再生器内壁水平布置，盘管沿着器壁固定，在同一水平面上可排2~4根盘管。

竖直管式内取热器是将取热管沿再生器壁垂直布置。取热管采用双程，上部固定，下端自由膨胀，操作过程与水平式内取热相同。

☞ 125. 内取热器的结构特点是什么？

内取热盘管设在再生器密相床层内，沿再生器周边布置，布局紧凑；省去了输送催化剂的斜管和单动滑阀，可节省投资。其缺点是取热面积固定，在再生器内取热量相对固定，操作弹性小，难以适应处理量或原料性质频繁变化的装置。此外，内取热盘管设在再生器内，正常投用或紧急停用时，难免出现干烧现象，盘管容易变形。一旦发生盘管内漏，会造成催化剂大量跑损，只能先将泄漏管束切出系统，等停工检修时再处理。

☞ 126. 内取热管受到破坏的主要原因是什么？

(1) 应力腐蚀破坏。在高温水中存在微量氯离子和溶解氧的条件下，超过了一般奥氏体不锈钢出现点蚀的临界氯离子浓度。同时，由于盘管内介出现汽水分层现象，造成管子内外表面的温差引起热应力，引起应力腐蚀破裂。

（2）应力疲劳破坏。在水平式盘管的入口段，由于流速较低，容易产生汽水分层。加热中产生的蒸汽积聚在管子上部，汽泡增大后又被水带走，管壁出现干湿交替，引起管壁温度呈周期性的变化。随着流速的提高，形成的汽泡变小，停留时间变短，使该处管子又产生温度交变，引起交变应力疲劳破坏。

☞ 127. 如何防止内取热管破坏？

（1）合理选用材质。推荐采用具有较高抗高温氧化的能力和抗应力腐蚀能力的 Cr_5Mo 管子。

（2）合理选取工艺参数。一是提高水汽比，加大管内介质的质量流速。二是减小取热盘管直径，提高管内介质流速。减小直径有利于消除汽水分层流动，延长使用寿命。三是严格控制水质。

（3）提高制造、安装质量，降低应力水平。在结构设计上，要解决取热盘管本身的热补偿问题。

（4）提高焊接质量。焊后进行热处理，以消除焊接残余应力。

（5）加强操作管理。一是每组盘管入口均设流量计；二是加强管理，建立检修和运行档案；三是投运时要慢，避免震动，最好和再生器一起升温；四是要避免干烧。

☞ 128. 外取热器的结构形式有哪些？

根据水流的途径，外取热器形式可分为水管式外取热器和水壳式外取热器。

水管式外取热器是水走管程，催化剂走壳程。

水壳式外取热器是水走壳程，催化剂走管程。这种结构存在一些问题，一是管子容易被催化剂冲蚀破坏。二是管子多，接头也多，如其中有一根管子出现问题，就波及到整台外取热器的运行，操作的可靠性差。三是由于壳程受压，当产生中压以上的蒸汽时，壳体和管板的厚度都相当大，设备重量加大，结构较为复杂。

根据催化剂流动方向，外取热器有上流式和下流式两种。

☞ 129. 外取热器的优点是什么？

（1）取热量的可调节范围大。

（2）通过调节取热量的大小，可以有效地控制再生床层的温度，为反应-再生系统的热平衡提供了条件。

（3）外取热器可以选用碳钢制造，减少合金钢的用量。

☞ 130. 影响外取热器传热的因素是什么？

影响外取热器传热的因素：管径、管长、催化剂颗粒的形状和粒度、管子排列方式、气体速度、催化剂质量速度、流化床当量直径和床层温度等。

☞ 131. 气控式外取热与阀控式外取热相比有什么好处？

气控式外取热根据固体催化剂在不同线速下具有不同的流化状态的特点，利用调节风量大小来调节催化剂的流化及输送，从而达到调节取热量的目的。从应用情况来看，气控调节完全可起到原有滑阀的调节作用。另外，滑阀造价昂贵，事故多。尽管从理论上讲，滑阀可使取热器与再生器切断隔离，实际上做不到，即使完全关闭了，也不允许就地检修。采用气控调节取代滑阀调节，取热量可调范围宽，操作方便，安全可靠，且节省投资与能耗。

☞ 132. 如何调节外取热器的取热量？

外取热器取热量的调节是通过调节进入外取热器的催化剂循环量和进入外取热器和风量改变流化床线速来实现的。

☞ 133. 如何进行外取热器冲洗？

要按设计图纸中指定的有关施工验收规范，对外取热器系统逐项进行验收。合格后，在投入试运前应对外部系统进行水冲洗（汽包至取热管不冲洗）。在分段冲洗管道时，不得将污物冲入汽包和取热管内。冲洗应使用软化水或合格的锅炉给水。冲洗水的流速应不小于 1.0m/s。当冲洗出的水清净且与入口水质接近时，即为合格。

☞ 134. 烘炉的目的是什么?

加热炉在建成或大修后，启用前，均需进行烘炉。这是为了缓慢除去在砌筑炉墙过程中所积存的水分，并使耐火胶泥得到充分的烧结，以免在装置开工时因炉膛内急骤升温，水分大量汽化，体积膨胀，而造成炉体衬里产生裂纹或变形，炉墙裂开倒塌的现象。对供热系统、吸热系统所属设备，以及工艺管线和自动控制系统进行热负荷试运，考核全部燃烧器的使用效果和炉子零件在热状态下的性能。

☞ 135. 如何进行外取热器的衬里烘烤?

采用烘烤再生器的热风或烟气作为热源。外取热器的衬里烘烤及煮炉与再生器的衬里烘烤同时进行，衬里烘烤的步骤如下：

(1) 取热管不能采用蒸汽保护的烘烤方案。取热管任何工况都不能干烧。整个系统需充入合格的锅炉给水。充水至汽包正常水位线以下 50mm 处。如果无水烘烤，虽然管壁温度可能没有超过材料的允许温度，但是肋片管受热不均匀会造成取热管变形，投用时可能出现漏水。

(2) 汽包压力随烘炉曲线升高，最高可达正常操作压力。但应严防超压。取热管内的水汽饱和温度随汽包压力的提高而升高，有利于烘烤温度的提高。

(3) 外取热器烘衬里的烟气温度以取热器中部温度为准，通过烟气放空量的增大提高烘烤温度，上部和下部的放空口不能同时打开。对于进料口和出料口都接自再生器的同一床层区段的取热器，由下部放空口放空。

☞ 136. 如何进行外取热器的煮炉?

外取热器煮炉的步骤：

(1) 整个系统充入合格的锅炉给水后，加入氢氧化钠和磷酸三钠。加药量按每立方米水各加入 3~5kg(100%纯度)计。应将药品溶解后加入，不得加入固体。在加药操作中应有防护装备，以免发生烧伤事故。药品一次加够，然后补充给水至汽包正常水位线以上 50~75mm 处。

（2）汽包升压速度应控制在汽包水饱和温度升温速度不大于50℃/h。汽包压力升至0.4~0.5MPa时，应对所有的阀门、法兰、人孔和手孔等接合部进行一次热紧；汽包压力升至正常压力的50%~60%（当煮炉与烘衬里同时进行时，最高升至正常压力），由放空汽量来维持汽包压力（放空量一般为设计产汽量的10%~15%）。在此压力下煮炉时间不少于24h。在此期间汽包水位维持在正常水位线以上50~75mm处。煮炉期间只对汽包水取样化验，不进行排污操作。

（3）煮炉24h后，减小放空量，增大给水量，对系统进行换水操作。操作中应连续化验汽包水的水质，直至水质达到正常汽包水水质要求，换水操作完毕。在此之后，可进行汽包安全阀整定及蒸汽严密试验工作。在外取热器煮炉后第一次投入运行时，应再次进行换水操作，使第一次换水操作中因热负荷不足而不能充分换水的部分彻底换水。

（4）如果煮炉推迟到喷油后进行，应用掺炼重油量来维持再生温度，上水、加药及煮炉按前述进行。外取热器底部的流化风量调至取热器空塔流速为0.07~0.1m/s，以催化剂取热提供煮炉所需热量，汽包压力由放空汽量来维持。换水操作完毕后，进行安全阀整定。

☞ 137. 外取热器正常操作要注意什么？

（1）外取热器在任何工况下都不能干烧。对于已出现漏水的取热管应切除，并在检修时更换。

（2）对于汽包与取热器分开布置的外取热器，取热管组进出口的阀门应处在全开状态，只有该组发生漏水事故时才能关闭，并且同时打开该组出口的放空小阀。

（3）汽包的升压和降压操作应力求平稳。升压速度应控制在汽包水饱和温度升温速度不大于50℃/h，降压不大于70℃/h。

（4）汽包水位应维持在正常水位线上下50mm（一般水位指示为42%~58%）范围内，不得以放水或排污量来维持水位。每班应对仪表水位指示和就地水位进行核对，并且对就地水位计进行一次冲洗操作。

（5）紧急放水阀是为处理事故满水而设置的，不得以此阀来调节水位。事故满水处理完毕，应尽快关闭该阀。否则，虽然水位不再急降，但将有大量饱和蒸汽被放掉，而且会发生蒸汽过热管烧坏事故。

（6）外取热器壳体上各处松动风只是备用措施，应尽可能不用。一旦投用时，一定要投用限流孔板，并且要注意限流孔板的旁通阀一定要关闭，尤其长时间开启旁通阀将吹坏取热管，造成漏水事故。在停运期间不能投用松动风，否则松动点周围的催化剂会吸附松动风所含的水蒸气而结块，给以后的投用带来困难。

（7）流化与提升风管靠器壁处的压缩空气管是启用外取热器的备用手段。该管上的阀门不要关死，总要有少量空气流过。以便万一流化与提升风突然中断，催化剂也不会堵塞风管，可给下次启用带来方便。

☞ 138. 外取热器的负荷如何调节？

（1）根据再生温度的变化调节取热器的负荷，力求做到平稳，负荷变化速度不能过大，一般控制在每分钟的变化量为设计取热能力的3%～5%为宜。

（2）气控式外取热器是通过调节流化风量来改变传热系数、调节提升风量和改变催化剂循环量，从而改变传热温差以调节取热负荷。所以，流化风和提升风要配合起来调节，对应每一个流化风的空塔速度都有一条随提升风量而变化的热负荷曲线。

（3）流化风变化使传热系数变化的敏感区很小。一般流化风空塔速度为0.05～0.3m/s，在此范围内影响比较平缓。流化风空塔流速不宜大于0.3m/s，否则会减小催化剂的循环推动力和阻碍催化剂入口管的进料能力。

（4）取热负荷在设计能力的50%～100%范围内变化时，控制流化风空塔流速为0.2～0.3m/s不变，改变提升风量以调节取热负荷。

（5）取热负荷在设计能力的50%～25%范围内变化时，固定流化风空塔流速为0.05～0.07m/s，改变提升风量以调节取热负荷。

（6）取热负荷在设计能力的30%以下时，关闭流化风，只改变提升风量以调节取热负荷。

☞ 139. 外取热器如何停运？

（1）缓慢降低取热负荷直至流化风和提升风完全关闭。

（2）取热器处于热备用状态时，用外取热器提升管底部的流化环流化风或再用极小的提升风来维持取热器有少量的催化剂循环。汽包与饱和蒸汽母管连通，汽包给水采用手动间断进水。

（3）外取热器长期停运时，流化风和提升风及其备用的压缩空气都关闭，汽包进满除氧水，维持汽包水压力为0.2～0.3MPa，防止空气进入汽包造成腐蚀（湿法保护）。

（4）外取热器在冬季长期停运时，用外取热器提升管底部的流化环流化风或再用极小的流化风来维持取热器有少量的取热，维持汽包顶部的放气口有极少量的饱和蒸汽冒出（汽包压力0.01～0.02MPa）。汽包给水采用手动间断进水，以此保证汽水系统不发生冻结和取热器底部不发生结露冻结或结块。

☞ 140. 影响外取热汽包液面的因素有哪些？

（1）汽包定排和紧急排污是否启用：启用时液面下降。

（2）再生温度和外取热器取热量的变化：再生温度升高、外取热器内催化剂循环量增加等引起取热量增大，使产汽量增加时液面下降。

（3）取热盘管泄漏时，液面下降。

（4）余热锅炉供除氧水量的变化。

（5）液面控制仪表失灵。

（6）中压饱和蒸汽压力波动：压力降低，液面降低。

（7）增压机故障导致外取热器取热量变化，增压机停时液面升高。

☞ 141. 外取热汽包液面如何控制？

（1）正常情况下汽包水位是由汽包液位给水阀自动调节汽包进水量来控制液面。

(2) 搞好平稳操作，控制一定的再生温度，调节外取热器取热量时要缓慢。

(3) 联系余热锅炉，平稳供除氧水，控制稳中压饱和蒸汽压力。

(4) 控制仪表失灵时，应改手动或赴现场根据玻璃液面计指示进行副线调节，同时联系仪表工处理。

(5) 加强对增压机的检查，如有故障及时切换处理。

(6) 水质分析不合格，启用排污时要注意液位。

(7) 取热管泄漏时立即查出泄漏的一组并停用。

(8) 如果液面过高且一时调节不过来，可启用紧急排污解决。

☞ 142. 影响油浆蒸汽发生器汽包液面的因素有哪些？

(1) 余热锅炉系统中给水泵故障，中压除氧水中断，汽包水位急剧下降。

(2) 3.5MPa 级蒸汽管网压力波动。

(3) 油浆循环量增加或循环油浆蒸汽发生器取热量增加，汽包水位下降。

(4) 油浆蒸汽发生器启用定排，汽包液面下降。

(5) 仪表、调节阀失灵。

☞ 143. 油浆蒸汽发生器汽包液面如何控制？

(1) 正常生产时，由汽包液控制调节汽包进水量自动控制汽包液面。

(2) 联系余热锅炉岗位，保证供水正常。

(3) 调节油浆蒸汽发生器冷热路流量时要缓慢，防止汽包水位大幅度波动。

(4) 与反应、余热锅炉岗位配合平稳 3.5MPa 级蒸汽管网压力。

(5) 平稳分馏塔底及油浆系统的操作。

(6) 仪表、调节阀失灵，改手动或副线控制，并联系仪表工处理。

☞ 144. 蒸汽发生器的结构是怎样的？

蒸汽发生器下部是一个换热器，热载体走管程。上部是一个汽包出口设有破沫网，换热器与汽包间有直管与侧管连通。汽包集中下部设给排水和排污设施，液面设液控。蒸汽发生器主要是利用不同状态下的除氧水的密度差，作为推动力而建立起循环流动过程。即除氧水(104℃)被热载体加热后形成过饱和状态，密度变小，沿直管上升至汽包，在汽包中建立起气液平衡，形成的蒸汽被连续引出。水相中的除氧水重度又增加，沿侧管向下流入加热器从而形成了一个水循环系统。

☞ 145. 蒸汽发生器投用步骤是什么？

(1) 打开汽包上水控制阀，控制汽包液面50%。

(2) 少量打开连续排污和定期排污阀，水清后停止排污。

(3) 打开汽包上排污放空。

(4) 打开安全阀手阀。

(5) 引入热源后，汽包大量见汽时，关小放空阀，待汽包压力升至与系统压力接近时，蒸汽质量分析合格后，打开汽包出口蒸汽总阀，将放空阀关死，安全阀投用。

☞ 146. 蒸汽发生器在使用中应注意什么问题？

(1) 投用时应先给除氧水(锅炉上水)，建立正常液面控制后，再缓慢投换热器。

(2) 投用初期蒸汽带水需首先放空，待压力正常，压控正常投用后，并入蒸汽系统。

(3) 在正常操作下，应严格控制好水液面，防止液位空后损坏换热器。

(4) 蒸汽发生器中的水相应按锅炉标准定期分析，并根据水质情况定期排污。

(5) 油浆蒸汽发生器设有合流三通阀，为避免油浆在管束内流速太小造成催化剂沉降堵塞管束，所以对合流三通阀调节应有一定限制，即：限制油浆进管束量不得低于某一给定值，其量由合流三通阀冷热流开度确定。

☞ 147. 余热锅炉过热蒸汽如何并入管网?

当各汽包供水正常，水位调节灵活，余热锅炉出口过热蒸汽温度达到控制指标，过热蒸汽压力>3.5MPa，过热蒸汽温度>420℃。

(1) 开启蒸汽母管和主汽管上的疏水阀门，排出凝结水。

(2) 当余热锅炉蒸汽压力低于系统蒸汽压力 0.05~0.1MPa 时，即可开始并汽。

(3) 缓慢开启主汽阀的旁路阀进行暖管，待听不到汽流声时，再逐渐开大主汽阀(全开后再倒转半圈)，然后关闭旁路阀以及蒸汽母管和主汽管上的疏水阀。

(4) 并汽过程中应保持汽压和水位正常。若管道中有水击现象，应进行疏水后再并汽。

☞ 148. 为什么要严格控制余热锅炉过热蒸汽并入管网时的压力?

余热锅炉蒸汽压力低于系统蒸汽压力 0.05~0.1MPa，可以并入蒸汽管网。余热锅炉的蒸汽压力高于运行系统蒸汽压力时，当主汽阀开启后，大量蒸汽迅速输出，既破坏了额定的运行系统压力，又使余热锅炉出力骤增，压力骤降，从而产生汽水共腾现象。余热锅炉的蒸汽压力远低于运行系统蒸汽压力时，当主汽阀开启后，运行系统的蒸汽会倒流入余热锅炉内，将严重影响系统正常的运行。

☞ 149. 汽包水位日常调节应注意些什么?

汽包水位的变化会使汽压、汽温产生波动，甚至发生满水或缺水事故。因此，汽包在运行中应尽量做到均匀连续地给水，以保持水位在正常水位线附近轻微波动。

汽包的正常水位一般在水位表的中间，在运行中应随负荷的大小进行调整。在低负荷时，应稍高于正常水位，以免负荷增加造成低水位；在高负荷时，应稍低于正常水位，以免负荷减少时造成高水位。但上下变动的范围不宜超过 40mm。

汽包运行中要对两组水位表进行比较，若显示水位不同，要及时查明原因加以纠正。在没查明原因之前，哪一个水位表也不可信赖。

在负荷变化较大时，可能出现虚假水位。因为当负荷突然增加很多时，蒸发量不能很快跟上，造成汽压下降，水位会因汽、水两相的压力不平衡而出现先上升再下降的现象；反之，当负荷突然降低很多时，水位会出现先下降再上升的现象。因此，在监视和调整水位时，要注意判断这种暂时的假水位，以免误操作。

注意：监视给水能力，通过给水泵出口处的压力表，监视供水压力，若出现与汽包的压力差渐渐增大的倾向，应检查给水管路是否产生阻塞障碍等，应查明原因采取措施消除。

☞ 150. 过热蒸汽压力日常调节应注意些什么？

余热锅炉运行时，必须经常监视压力表的指示，保持蒸汽压力稳定，并不得超过设计工作压力。余热锅炉蒸汽压力的变化主要受系统蒸汽网压力变化的影响，当系统管网蒸汽压力波动较大时，应及时联系生产管理部门进行调整。

有 CO 焚烧炉的装置，当负荷增加时蒸汽压力下降，此时应根据余热锅炉实际水位高低情况进行调整。如果水位高时，应先减少给水量或暂停给水，再增加补燃量和送风量，提高焚烧炉的负荷，增加蒸发量，满足负荷需要，使汽压和水位稳定在额定范围。然后再按正常情况调节焚烧炉负荷和给水量。如果水位低时，应先增加补燃量和送风量，在提高焚烧炉负荷的同时，逐渐增加给水量，保持蒸汽压力和水位正常。

当外送负荷减少时蒸汽压力升高，如果余热锅炉内的实际水位高时，应先减少补燃量和送风量，降低焚烧炉负荷，再适当减少给水量或暂停给水，使汽压和水位稳定在额定范围。然后再按正常情况调整焚烧炉负荷和给水量。如果余热锅炉内的实际水位低时，应先加大给水量，待水位恢复正常后，再根据汽压变化和负荷需要情况，适当调整燃烧和给水量。

有减温减压器的装置，可优先通过调节减温减压器，改变进入低压管网蒸汽量来调节装置内蒸汽压力。在其无调节余地时，再考虑调节 CO 焚烧炉的焚烧负荷。

☞ 151. 过热蒸汽温度如何控制?

过热蒸汽温度有补燃气量、减温器及过热器旁路三种控制方法。补燃气方法是控制补入燃料气流量控制过热蒸汽温度，只适用于有补燃设施的余热锅炉。减温器方法是在超温蒸汽中喷入除氧水，通过除氧水流量控制过热蒸汽温度。由于除氧水中含有盐分等杂质影响蒸汽品质，中压蒸汽用于驱动汽轮机时会影响其长周期运行。过热器热旁路方法是通过改变饱和蒸汽进入一段过热器流量，改变一段过热器传热温差来控制过热蒸汽温度。工业实践表明该方法能较好控制过热蒸汽温度，并具有较大操作弹性。该方案与用二段过热器或总过热器热旁路比，可避免过热器蒸汽出口温度过高及二段过热器温差过小传热效率过低等缺点。

☞ 152. 过热蒸汽温度日常调节应注意些什么?

催化的余热锅炉都有蒸汽过热段，对过热蒸汽的温度要严格控制。过热蒸汽温度偏低时，蒸汽作功能力降低，汽耗量增加，甚至会损坏用汽设备。过热蒸汽温度超过额定值时，过热器的金属材料会发生过热而降低强度，从而威胁安全运行。

蒸汽温度变化的原因主要与烟气放热情况有关，流经过热器的烟气温度升高、烟气量加大或烟气流速加快，都会使过热蒸汽温度上升。蒸汽温度变化也与余热锅炉水位高低有关，水位高时，饱和蒸汽夹带水分多，过热蒸汽温度下降。水位低时，饱和蒸汽夹带水分少，过热蒸汽温度上升。一般通过减温器来调节。

☞ 153. 蒸汽温度和压力如何控制?

蒸汽过热器出口汽压汽温在允许范围内变化，蒸汽温度的控制由减温水来调节，为保证蒸汽温度在控制指标内应确保入蒸汽过热器烟气温度不低于 400℃，蒸汽压力的控制由减温减压器来调节。

☞ 154. 煮炉的目的是什么？

煮炉是为了清除锅炉受热面内部的铁锈、油污、水垢以及施工期间所遗留的渣滓、杂物等，这些污垢必须在锅炉投入运行以前清理干净，否则将给锅炉的运行带来不利影响。

☞ 155. 煮炉的方法是什么？

在炉水中加入适量的药品（如 NaOH 和 Na_3PO_4及 H_2O）使之形成碱性炉水，与锅炉内油垢等物质起皂化作用生成沉渣，并在沸腾的炉水中离开金属表面，沉积在汽包下部，最后经排污管排出，Na_3PO_4及 H_2O 在炉水中还生成 P_2O_5，在炉管内形成保护层，以防腐蚀与侵蚀。

☞ 156. 煮炉步骤是什么？

煮炉在烘炉完毕后连续进行，烘炉结束后，继续在 300℃左右恒温，打开汽包放空阀降压，压力降下来后打开定期排污阀放水，同时打开上水阀补充除氧水进行换水，换水完后关闭定期排污并关小下水阀，控制好汽包的液面，然后把搅拌好的药品溶液通过加药器加入炉内，加药剂量为 2～3kg NaOH/m^3炉水，3kg Na_3PO_4/m^3水，加药完毕即可升压煮炉，煮炉时可参照煮锅曲线进行。

（1）升压到 0.5MPa 时，冲洗液面计。

（2）升压至 1.0MPa 时排污一次，打开定期排污半分钟左右。

（3）升压至 1.5～2.0MPa 逐一旋紧各附件和全部汽、水阀门、人孔等连接处的螺母，并保持在 2.0MPa 压力下煮炉 12h，此时为初期煮炉阶段，炉水总碱度为 100～120mgN/L，否则应补充加药。

（4）初期煮炉结束后，降压至 0.1MPa，排污放水 10%～15%再上水加药到所要求的浓度，升压至 1.2MPa 煮炉 19h，此时为二期煮炉阶段每小时表面排污一次，逐步降低炉水碱度，当降到 8～12kg/L 时，即可停止表面排污。

（5）二期煮炉完毕后，降压至 0.4～0.5MPa 排污放水 10%～

12%，当炉水中磷酸根含量变化已不大逐渐趋于稳定时，即可结束煮炉。

（6）煮炉后上除氧水，进行充分换水，并定期排污放水，到炉水达到运行标准碱度为止，并用净水冲洗加药器及与药液接触的阀门、排凝阀等。

（7）煮炉完后准备进行试运转。

☞ 157. 煮炉注意事项有哪些？

（1）煮炉时，药液和炉水不得进入过热器内。

（2）煮炉补给水应为除氧水，给水硬度小于 0.035mgN/L，pH 值为 7.5~8.5。

（3）化学药品须溶化成药液并搅拌均匀后加入。

（4）煮炉期间对炉水的碱度及磷酸根的变化应进行定期分析。取样时间为升压开始后每两小时一次，排污后各一次，换水后期为每小时一次。

（5）煮炉时加强液面监视，防止干锅与满水。

（6）煮炉期间应注意检查各段烟道、各水阀门、法兰的严密性。

☞ 158. 锅炉如何给水？

（1）将合格除氧水引到省煤器给水阀前。

（2）缓慢打开给水阀，此时汽包放空阀应打开排空气，当放空阀见汽时应关闭，同时打开过热器出入口联箱排凝阀。

（3）锅炉进水速度不宜太快，在水温较高时尤应缓慢，进水时间夏季不少于 1h，冬季不少于 2h，进水温度一般不超过 90℃，冬季开始上水时，水温应尽量降低。

（4）如锅炉内原已有水，经化验水质合格，可进水或放水保持水位在汽包液面计 20%，如水质不合格，则应全部放掉，再进合格水。

（5）上水过程中应及时检查各人孔、阀门、法兰等连接处，如有泄漏应及时消除。

（6）水位到达玻璃板液面计的 20%时停止进水，观察有无水位变化，此时汽包内水位应维持不变，如水位逐渐降低，应查出原因并及时消除。

(7) 如水位无变化，继续上水至液面计50%以上，缓慢打开连续排污阀，先稍开一点暖管，然后逐渐开大。

(8) 汽包温度随着进水量增加逐渐升高，当汽包温度接近60℃时，可将水位提高到60%~70%适当打开定期排污。

(9) 联系仪表工将废热锅炉各仪表投用，联系取样分析炉水质量，如不合格，加强排污。

☞ 159. 锅炉如何升温升压？

(1) 随着两器升温，烟气温度逐渐上升，烟气量由小到大逐步进入锅炉，此时注意汽包和过热器温度的变化，过热器内存水汽化可从上联箱排空阀排空，汽包液面控制在50%以下。

(2) 随着烟气的逐渐增加，锅炉温度逐渐上升，此时注意锅炉各点温度变化及汽包压力上升情况。

(3) 升压过程中随时注意，上汽包水位的变化。用控制阀控制好液面，必要时可开大连续排污或定期排污适当排水，保持正常水位。

(4) 当汽包压力升致0.1~0.5MPa时进行液面计的第一次冲洗，当压力升至1.0~1.5MPa时进行第二次冲洗，以免引起导管堵塞，造成假液面，冲洗方法如下：

开放水阀使汽管、水管玻璃板得到冲洗，关闭水阀，冲洗汽管及玻璃板，开水阀，关汽阀，冲洗水管及玻璃板。开汽阀，关放水阀检查炉内水位，液面计冲洗后，水位应很快上升，稳定后有轻微波动，如水位上升很慢，则表示导管有堵塞现象，应再冲洗。

(5) 汽包压力升至0.5~1.0MPa时检查各受压部件连接处的严密性，并冲洗压力表弯头管，冲洗后注意压力是否正常。

(6) 汽包压力升至06~1.2MPa时，应缓慢进行定期排污，排污时注意水位下降情况。不准低于20%。定期排污后应将水位提高到50%以上。

(7) 当汽包压力升至1.5~2.0MPa时，分析蒸汽质量，如不合格，加强排污，此时蒸汽管阀排凝及过热器出口阀暖管，暖管时如出现水击，应立即停止暖管，将各排凝阀放空，此时注意压力变化，不要使汽包压力下降。

(8) 锅炉升压速度不得过快，从开始升压到达到工作压力的时间不得少于4h。限制升压和进水速度的目的是为了各受压部件和内护板的温升不至过快，各相应部件的温差不致过大，热膨胀均匀舒张。

(9) 当锅炉压力上升到与系统蒸汽压力相差0.05~0.1MPa时，与管网车间联系，分析蒸汽质量合格后准备并汽，并汽时缓慢打开与系统蒸汽管网连接的阀门，如发现蒸汽管线水击应立即停止并汽，在过热器后、入口联箱处排空。

(10) 并汽完后逐步开大与系统蒸汽管网连通阀，控制蒸汽压力比系统稍高0.02~0.05MPa，蒸汽温度430℃，并保持蒸汽质量。

☞ 160. 如何进行连续排污操作?

连续排污由操作人员根据炉水品质来进行调整。投连续排污扩容器时，先开出口汽门，然后开出入口水门进行调整。连续排污扩容器的压力应小于0.08MPa，水位应保持在液位计的中心。

☞ 161. 如何进行定期排污操作?

(1) 定期排污在正常情况下，每班排污一次，当炉水品质恶化，需要增加排污次数，操作员根据炉水分析决定排污次数。

(2) 排污前应通知主操，不允许两个排污门同时排污。

(3) 排污应在给水压力正常，给水系统无故障时进行，炉体发生事故时，应停止排污(漏水除外)。

(4) 定期排污操作顺序：①全开定期排污总阀。②全开一次阀，再开二次阀进行排污，每点排污时间为20~30s。③在操作第一排污点时，全开一次阀后，稍开二次阀门进行系统管道的暖管。此时，管道中应无水击声，再开大二次阀进行排污。④停止排污时，先关二次门，后关一次门，如某点排污阀关不严应汇报班长，根据泄漏情况，待全部排污点排污完毕后，关闭定期排污总阀。

☞ 162. 炉水如何加药？

磷酸三钠的用量计算：

给水量(t/h)×给水总硬度(毫克当量/升)+炉水中应保持的磷酸根过剩量(15~20 毫克当量/升)×排污率(占给水量的百分比)×127。

加药的操作：加药系统主要由药剂配制罐、搅拌器、药剂储罐、计量泵等设备组成。将药剂加入药剂配制罐内，用 30~40℃的热水溶解稀释后，倒入药剂储罐，再按照锅炉给水要求，调节好计量泵将稀释好的药剂加入炉水内。

☞ 163. 炉水加药注意事项是什么？

(1) 为了使磷酸三钠药剂充分发挥作用，向炉内加药要均匀。每班可分为二、三次进行，避免一次性加药，更不要在锅炉排污前加药。加药装置最好设在给水设备之前，以免承受给水设备出口的压力。但加药装置必须符合受压部件的有关要求。

(2) 加药后，要保持炉水碱度在 10~20 毫克当量/升，pH 值在 10~12 范围内。

(3) 凡是通过给水往炉内加药时，只能在无省煤器或省煤器出口给水的温度不超过 70~80℃时采用。对省煤器出口温度超过 70~80℃的锅炉，药剂应直接加入汽包或省煤器出口的给水管道中，以防止水在省煤器中受热后结垢。

(4) 在初次加药后，锅炉升压时，如果发现泡沫较多，可以通过少量排污来减少，待正常供气后，泡沫就会逐渐消失。

(5) 锅炉不要经常处于高水位运行，防止蒸汽带水时夹带药液。

（6）严格执行排污制度，坚持每个班都排污，防止大量水渣沉积生成二次水垢。在保证除掉锅炉底部浓渣的前提下，尽量减少排污量，以免损失过多热量。

（7）对有旧水垢的锅炉，最好在第一次加药前将旧水垢彻底清除，以免堵塞管道。以后再根据旧水垢脱落和锅炉运行情况，逐渐延长检查间隔时间。

☞ 164. 怎样减少热工操作中酸、碱物质对自身的伤害？

（1）不允许碱液与眼睛、皮肤和衣服接触；

（2）处理碱液时，要始终带护目镜、面罩、手套和防护衣；

（3）进行碱液操作时避免飞溅；

（4）进罐清理或维修时须有人陪同。进入罐之前，备好相关急救设备；

（5）洒落物应用水冲洗。禁止用可燃物如布、锯末和其他有机物擦拭；

（6）若意外喷溅到身上，应立即脱下污染的衣服并用水冲洗污染部位至少 15min；

（7）对于碱的预防措施也适用于处理酸。

☞ 165. 余热炉如何进行蒸汽吹灰操作？

吹灰的目的是为了减少受热面积灰提高锅炉热效率。

吹灰前，必须将蒸汽引至阀前脱水，吹灰器电机部分必须确保润滑良好。吹灰操作时，现场不得离人，防止吹灰器从滑轨上脱落，烧坏电机。一般吹灰必须每班一次，每次不得少于 2min。

☞ 166. 热工岗位操作安全注意事项是什么？

（1）在热蒸汽管线旁工作时，要求戴工作手套。

（2）一定要小心高压蒸汽避免烫伤。

（3）在进入任何有限空间之前，首先检测气体含量，确认有足够氧气，不存在有毒或易燃气体，方可进入。

（4）在维修完毕和所有人员处于安全位置之前，设备不能送电或释放生产介质。

（5）做好酸、碱的个人防护和预防处理。

（6）备有急救设备。下列安全设备应备好待用：洗眼喷泉、安全淋浴。

第六章　产品精制系统应急操作

☞ 1. 产品精制系统主要任务是什么?

随着环保和下游装置对催化裂化产品中硫含量的要求日益严格，在吸收稳定系统之后，增加了干气脱硫、液化气脱硫、脱硫醇和稳定汽油脱硫醇部分，称为产品精制。产品精制系统的主要任务是对催化裂化的干气进行脱硫化氢精制，液化气进行脱硫化氢和脱硫醇精制，对汽油进行脱硫醇精制，使之达到产品出装置的质量指标。有些炼油厂的产品精制系统还从催化裂化装置中独立出去，作为独立车间运行。

☞ 2. 液化气泵泄漏有哪些现象?

（1）泄漏区域可燃气体报警仪报警;

（2）泄漏的密封处有气体逸出，结冰结霜;

（3）现场液态烃味浓;

（4）泄漏较大时，有大量白雾形成。

☞ 3. 产品精制系统操作原则是什么?

（1）严格执行工艺卡片规定的工艺操作参数，调节好各塔、容器的液位和界位以及流量、压力和温度，掌握好物料平衡，搞好平衡操作，降低剂碱的消耗。

（2）平衡好三塔压力，控制液态烃、干气质量指标合格。

（3）使用和维护好岗位所辖设备。

（4）操作异常时及时分析、处理，防止超温、超压、火灾、爆炸等事故发生。发生事故时要及时处理，防止事故扩大。

（5）严禁随意排放酸性气、酸性水、液态烃、干气等，不得随意排放溶剂。

☞ 4. 原料中断精制系统如何处理?

（1）原因：①反应岗位切断进料；②气压机停机；③吸收稳

定系统故障。

（2）处理方法：①原料中断后，液态烃、干气改跨线，关闭各压控阀，保持系统压力，维持系统液面，溶剂继续循环；②汽油直接改出装置，待稳定系统生产正常后，恢复生产。

☞ 5. 脱后液态烃、净化干气带溶剂原因有哪些？

（1）进料量突然增大。

（2）液化石油气脱硫塔界位高。

（3）溶剂质量差引起降液管堵塞、溶剂发泡。

（4）仪表、调节阀故障引起系统压力变化。

☞ 6. 脱后液态烃、净化干气带溶剂如何处理？

（1）联系吸收稳定岗位，平稳进料量。

（2）各塔界位、液位控制合适。

（3）系统中加阻泡剂，溶剂加强过滤。若降液管堵塞严重应停工处理。

（4）仪表、调节阀故障及时改手动或副线控制，平稳系统压力。联系仪表工及时处理。

☞ 7. 系统中胺液浓度迅速下降原因是什么？如何处理？

（1）原因：冷却器或溶剂储罐加热盘管漏。

（2）处理方法：对冷却器及溶剂储罐进行逐台检查，找出泄漏点，并联系维修人员处理，情况严重时，本系统可按正常停工处理。

☞ 8. 干气系统憋压原因有哪些？

（1）进料突然增大。

（2）干气管网憋压。

（3）用户用气量小。

☞ 9. 干气系统憋压如何处理？

（1）联系吸收稳定平稳操作。

（2）压控阀改副线操作，联系仪表工处理。

（3）联系生产管理部门及相关单位处理，防止压力超高，确保设备安全。

（4）与后路联系，增加用气量。

（5）放火炬。

☞ 10. 液态烃系统憋压原因有哪些？

（1）液态烃入塔量突增。

（2）液态烃出路堵。

（3）溶剂温度高。

（4）液态烃脱硫醇压控阀失灵。

（5）液化气车间满罐或流程不通。

☞ 11. 液态烃系统憋压如何处理？

（1）调整液化气入塔量。

（2）找出堵处，联系维修人员处理。

（3）降低溶剂温度。

（4）压控阀改副线操作，联系维修人员处理。

（5）联系液化气车间改罐或打通流程。

（6）压力长时间降不下来，停进料泵，改走不合格线。

☞ 12. 精制干气、液化气 H_2S 含量超标的原因是什么？

（1）醇胺（碱）浓度低或醇胺（碱）中断。

（2）干气、液化气脱硫塔温度超高。

☞ 13. 精制干气、液化气 H_2S 含量超标如何处理？

（1）及时补充醇胺（碱），使醇胺（碱）浓度不低于35%。

（2）加大各贫液冷却器冷却水量，使进脱硫塔温度不超过36℃。

（3）如泵故障，及时切换贫液泵。如调节阀故障，开贫液调节阀副线，处理调节阀。

☞ 14. 精制液化气系统压力超高的原因是什么？

（1）液化气量突增，波动大。

（2）碱液氧化塔注风量过大。

（3）液化气出装置不畅。

（4）废气出装置压控阀失灵。

（5）含催化剂贫碱液温度过高。

15. 精制液化气系统压力超高如何处理？

（1）联系稳定调整操作。

（2）降低碱液氧化塔氧化风量。

（3）如出装置调节阀故障，开副线，联系维修人员修调节阀，如接收车间故障，则联系生产管理部门检查原因，并及时处理。

（4）先开废气出装置压控阀副线，再处理废气出装置压控阀。

（5）加大含催化剂贫碱液的冷却器冷却水量，使温度不超温。

16. 抽提塔碱液液位居高不下的原因是什么？

（1）碱液循环量大，液位上升。

（2）原料量波动大，液位波动大。

（3）混合效果差，引起乳化现象，界位分不清。

（4）进出抽提塔碱液量不平衡，导致液位波动大。

（5）系统压力波动。

（6）机泵故障。

（7）仪表失灵。

17. 抽提塔碱液液位居高不下如何处理？

（1）控制好碱液循环量。

（2）控制抽提塔进料平稳。

（3）加强预碱洗。

（4）用抽提塔底碱液液位控制阀调节好碱液量大小。

（5）稳定控制系统压力。

（6）切换备用泵，并联系钳工或电工修理。

（7）改手动或副线控制，并联系仪表工修理。

18. 净化液态烃带碱的原因有哪些？

（1）液态烃抽提塔碱界位太高，分离效果不好。

（2）液态烃和剂碱混合效率太高。

（3）剂碱浓度太高。

（4）液态烃来量波动大。

（5）剂碱循环量大。

（6）聚结器液位高或聚结芯失效。

19. 净化液态烃带碱如何处理？

（1）适当降低液态烃抽提塔碱界位。

（2）换低温度剂碱。

（3）联系稳定调稳液态烃来量。

（4）降低剂碱循环量。

（5）加强聚结器脱水或更换聚结芯。

20. 精制汽油 H_2S 超标如何调节？

（1）若碱浓度太低，应及时换碱。

（2）若碱浓度没有问题，应适当提预碱洗碱循环量。

（3）若循环碱量提不上去，则说明混合器堵塞，应及时处理。

21. 精制汽油硫醇含量超标的原因是什么？

（1）碱液中催化剂含量低。

（2）催化剂活性降低或失效。

（3）碱液浓度低。

（4）氧化风供风量不足或中断。

（5）原料性质变化，硫醇含量高或原料量大。

（6）碱液循环量小。

（7）汽油带水。

（8）静态混合器堵，上量不好。

22. 精制汽油硫醇含量超标如何处理？

（1）补充新鲜催化剂碱液，提高碱液浓度。

（2）补充或更换催化剂。

（3）补充新碱提高碱浓度或更换碱液。

（4）调节供风量。

（5）提高碱油比或供风量，稳定进料并提高抽提或混合氧化碱液循环量。

（6）加强精制汽油罐切水。

（7）汽油走副线，拆下混合器进行清洗。

☞ 23. 精制汽油带碱的原因是什么？

（1）原料油流量变化，波动大。

（2）混合氧化供风量大。

（3）碱油比过大。

（4）混合氧化碱液分离器碱液位过高。

（5）砂滤塔底积存碱渣。

（6）抽提液带碱。

（7）原料成分复杂，预碱洗效果不好。

（8）抽提塔碱液进料位置不合适。

（9）系统的压力、温度波动大。

☞ 24. 精制汽油带碱如何处理？

（1）联系反应岗位稳定操作。

（2）适当降低工业风量。

（3）适当降低碱油比。

（4）降低碱罐液面。

（5）加强砂滤塔排渣。

（6）搞好平衡操作，消除前部带碱。

（7）加强预碱洗。

（8）将抽提碱液循环进静态混合器与抽提碱液分离罐出来的汽油，经过混合后进入抽提塔。

（9）控制稳系统的压力和温度。

☞ 25. 精制汽油尾气带油、碱的原因是什么？

（1）碱液氧化分离器或混合氧化碱液分离器分离柱或砂滤塔液面超高。

（2）操作波动，调节不当或误操作。

（3）风量过大。

（4）分离柱内破沫器坏。

☞ **26. 精制汽油尾气带油、碱如何处理？**

（1）适当控制抽提塔碱液位，调节碱液氧化分离器或混合氧化碱液分离器分离柱液面或砂滤塔液面。

（2）调整氧化风量至合适。

（3）如破沫器坏，联系有关单位停工处理。

☞ **27. 精制汽油系统压力过高的原因是什么？**

（1）汽油量突增，波动大。

（2）注风量过大。

（3）精制汽油尾气及汽油后路不畅。

（4）精制汽油出装置液控阀失灵。

☞ **28. 精制汽油系统压力过高如何处理？**

（1）联系稳定岗位调整操作。

（2）降低注风量。

（3）疏通精制汽油后路、联系油品罐区处理。

（4）控制阀走副线，联系仪表工处理。

☞ **29. 氧化风线窜油的原因是什么？**

（1）系统操作压力超高或汽油后路堵也导致压力超高。

（2）静态混合器压降大。

（3）风压过低。

☞ **30. 氧化风线窜油如何处理？**

（1）风线窜油后立即停止注风，关闭注风根部及非净化风进装置总阀，以免窜入整个系统，排净油后方可恢复其他部位供风。

（2）控制系统压力正常。

（3）检查静态混合器前压力是否大于风的压力，如大于风的压力，马上关闭风阀，及时处理；处理汽油后路，保持畅通。

（4）联系空压机站提非净化风压力。

☞ **31. 氧化风线窜碱的原因是什么？**

（1）风压低。

（2）静态混合器压降大。

（3）系统压力过高。

☞ 32. 氧化风线窜碱如何处理？

（1）风线窜碱后，停止注风，关注风根部阀及非净化风进装置总阀，以免窜入整个系统，排净碱后方可恢复其他部位供风。

（2）联系空压机站提高非净化风压力，压力正常后，再投用氧化风。

（3）检查并处理完静态混合器后，再投用氧化风。

（4）适当降低系统压力。

☞ 33. 干气、液化气脱硫的工艺原理是什么？

炼油干气、液化气脱硫化氢一般都是采用醇胺化学吸收法脱硫，即以弱有机碱 *N*-甲基二乙醇胺（MDEA）为吸收剂，与原料气体在吸收塔内逆流接触，吸收气体中的 H_2S 和 CO_2，使原料气体得以净化；吸收了 H_2S 和 CO_2 的富胺液送至溶剂再生塔，在高温低压下分解释放出 H_2S 和 CO_2 等酸性气体，利用这一可逆的化学反应使富胺液再生为贫胺液，贫胺液作为吸收剂送往吸收塔循环使用。

☞ 34. 气体脱硫方法选择原则的什么？

气体脱硫中常用的醇胺有一乙醇胺（MEA）、二乙醇胺（DEA）、二异丙醇胺（DIPA）、甲基二乙醇胺（MDEA）、二甘醇胺（DGA）等，各有其特点和使用范围，在应用时需要根据实际情况进行相应的选择。

（1）当酸性气中 H_2S 和 CO_2 的含量不高，$CO_2/H_2S \leqslant 6$，并且同时脱除 H_2S 和 CO_2 时，应该考虑采用 MEA 法或混合胺法。

（2）当酸性气中 $CO_2/H_2S \geqslant 5$，且需选择性脱除 H_2S 时，应该考虑采用 MDEA 法或其配方溶液法。

（3）酸性气中酸性组分分压高、有机硫化物含量高，并且同时脱除 H_2S 和 CO_2 时，应采用 Sufinol-D 法。

（4）DGA 法适宜在高寒及沙漠地区采用。

（5）酸性气中重烃含量高时，一般采用醇胺法。

☞ 35. 选用 MDEA 溶液作为脱硫溶剂有哪些好处？

MDEA 溶液具有选择性，解吸温度低，能耗低，腐蚀性弱，溶剂蒸气压力低，气相损失小，溶剂稳定性好等优点。该方法是目前炼厂气普遍采用的脱硫方法，但几乎不能完全脱除有机硫，使用选择性更好的 MDEA 配方溶液可提高脱硫效果。

☞ 36. 干气脱硫(醇胺法)的工艺流程是怎样的？

来自吸收稳定部分的干气先进入干气分液罐，在罐内除去携带的重烃，然后进入干气脱硫塔下部，在塔内与来自上部的贫液逆流接触进行传质，干气中的酸性物质 H_2S、CO_2 被胺溶液吸收，使干气逐渐被净化，最后干气通过塔顶部的升气管进入溶剂分离段，将携带的胺溶液自然分离，净化干气从塔顶出来作燃料或用作干气提浓等。

☞ 37. 液化气脱硫(醇胺法)的工艺流程是怎样的？

含 H_2S 的液化气由吸收稳定部分直接进入脱硫塔下部，与从塔上部来的贫液逆流接触，液化气中的 H_2S 被胺碱溶解使液化气净化。净化液化气在塔上部沉降段分离出携带的溶剂后靠自压进入液化气脱硫醇部分。

☞ 38. 胺液如何进入脱硫塔？

乙醇胺由装置外送入贫液罐，然后由贫液泵抽出分两路，一路进入干气脱硫塔；另一路进入液化气脱硫塔，吸收了 H_2S 和 CO_2 的富液分别自干气脱硫塔和液化气脱硫塔底流出，合并后进入溶剂再生系统。

☞ 39. 贫液循环量对干气、液化气脱硫操作有什么影响？

贫液循环量主要根据脱硫富液再生系统的能力和原料性质，参考设计值给定，循环量越大，脱硫效果越好。但循环量过大易造成干气和液化气带液及溶剂跑损，循环量过低会造成干气和液化气硫化氢含量超标。

☞ 40. 贫液浓度对干气、液化气脱硫操作有什么影响？

贫液浓度一般控制在 15%~30%，浓度过低造成脱硫效果下降，浓度过高造成溶剂消耗增大。

☞ 41. 贫液硫化氢含量对干气、液化气脱硫操作有什么影响？

贫液硫化氢浓度偏高会造成脱硫效果变差，一般贫液浓度应控制在0.5g/L以下。

☞ 42. 操作温度和操作压力对干气、液化气脱硫操作有什么影响？

操作温度一般在35~45℃，主要通过干气和液化气冷后温度和贫液温度来控制。

脱硫系统压力控制主要受到前部岗位干气和液化气操作系统和后部管网压力的限制，一般控制在0.8~0.9MPa。

☞ 43. 影响干气脱硫塔压力的因素有哪些？

(1) 催化裂化装置吸收稳定部分来干气量的变化。

(2) 瓦斯管网或余热锅炉影响。

(3) 仪表、调节阀失灵。

☞ 44. 干气脱硫塔压力如何控制？

(1) 联系吸收稳定平稳干气量、温度。

(2) 正常操作通过压控自动控制塔压力。

(3) 余热锅炉启用、熄灭火嘴要及时联系。

(4) 瓦斯管网压力变化及时联系生产管理部门，调节气柜平衡管网压力。

(5) 仪表调节阀故障及时改手动或副线控制压力，联系仪表工及时处理。

☞ 45. 影响干气脱硫塔液位的因素有哪些？

(1) 塔压力的变化。

(2) 贫液入塔量的变化。

(3) 溶剂循环泵故障。

(4) 仪表、调节阀失灵。

☞ 46. 干气脱硫塔液位如何控制？

(1) 查找塔压力波动原因，平稳压力。

(2) 正常操作通过液控自动控制液位。

（3）贫液入塔量变化及时查找工艺或设备原因，平稳贫液入塔量。

（4）仪表调节阀故障及时改手动或副线控制，联系仪表工及时处理。

☞ 47. 影响净化干气中 H_2S 含量的因素有哪些？

（1）原料干气流量、温度以及催化进料中硫含量的变化。

（2）贫液入塔量、温度的变化。

（3）贫液浓度的变化。

（4）富液再生效果即贫液中 H_2S 含量的变化。

（5）干气带凝缩油，脱硫效果变差。

☞ 48. 净化干气中 H_2S 含量如何控制？

（1）平稳干气流量、温度，根据催化进料中硫含量的变化增加或减小贫液入塔量。

（2）平稳贫液入塔流量、温度。

（3）贫液浓度变化时及时查找原因，补水稀释或停工处理。

（4）搞好再生操作，使贫液中 H_2S 含量 $<2mg/L$。

（5）平稳干气脱硫塔压力。

（6）加强巡检，注意干气脱液罐液位，防止干气带凝缩油。

☞ 49. 如何保证净化干气中 H_2S 含量合格？

净化干气中 H_2S 含量主要与反应进料中硫含量和脱硫单元的脱硫效果有关。对于重油催化裂化装置，可在干气溶剂（MEDA 等）脱硫前采用分馏塔顶油气（和压缩富气）注水（除盐水或制硫净化水）将油气中部分硫化物脱掉，以降低脱硫单元的负荷。

降低干气中 H_2S 含量，除了控稳脱前干气流量和脱硫塔操作压力外，可适当降低再吸收塔顶温度，酌情提高干气脱硫塔贫液流量，适当提高乙醇胺贫液浓度，降低贫液温度和贫液中 H_2S 含量。

☞ 50. 影响液态烃脱硫塔压力的因素有哪些？

（1）催化裂化装置吸收稳定部分来液态烃量变化。

（2）液态烃缓冲罐液位变化。

（3）液态烃进料泵故障。

（4）脱硫溶剂降解或变脏，塔盘、塔器腐蚀。

（5）后部装置影响。

（6）仪表、调节阀失灵。

☞ 51. 液态烃脱硫塔压力如何控制？

（1）正常操作通过压控自动控制脱硫塔压力。

（2）吸收稳定部分来料、液态烃缓冲罐液位波动，及时联系操作人员平稳来料。

（3）液态烃进料泵故障及时切至备用泵；液态烃进料泵无法启动时，脱硫塔降压维持操作。

（4）溶剂降解或变脏，塔盘、塔器腐蚀等视情况决定溶剂过滤、停工处理。

（5）及时联系后部装置处理。

（6）仪表、调节阀故障及时改手动或副线控制压力，联系仪表工及时处理。

☞ 52. 影响液态烃脱硫塔界位的因素有哪些？

（1）液态烃进塔量变化。

（2）溶剂进塔量变化。

（3）界位控制系统故障。

☞ 53. 液态烃脱硫塔界位如何控制？

（1）正常操作塔界位通过界位自动控制。

（2）液态烃进塔量变化，联系吸收稳定部分操作人员平稳进料，或因液态烃缓冲罐液位波动引起进塔量变化时平稳缓冲罐液位。

（3）界位控制系统故障，及时改手动或副线控制，联系仪表工及时处理。

☞ 54. 影响液态烃缓冲罐液位的因素有哪些？

（1）催化裂化装置吸收稳定部分液态烃来料量变化。

（2）液态烃进料泵故障。

（3）液态烃缓冲罐压力变化。

（4）仪表、调节阀失灵。

☞ 55. 液态烃缓冲罐液位如何控制？

（1）正常操作通过液控与流控串级调节系统控制液位。

（2）联系吸收稳定平稳来料量。

（3）液态烃进料泵故障切至备用泵，液态烃进料泵无法启运时，系统降压维持操作。

（4）平稳液态烃缓冲罐压力。

（5）仪表、调节阀故障及时改手动或副线控制，联系仪表工及时处理。

☞ 56. 净化液化气中 H_2S 含量的影响因素有哪些？

若反应进料中硫含量较高，脱前液化气流量波动大，脱硫塔操作温度高或操作压力波动大、贫液浓度低或 H_2S 含量高、贫液流量偏小甚至中断，液化气碱洗碱液变质、碱浓度低或碱循环量偏小，都可能使液化气中 H_2S 含量超标。

☞ 57. 净化液态烃中 H_2S 含量如何控制？

（1）平稳液态烃流量、温度，根据催化进料中硫含量的变化增加或减小贫液入塔量。

（2）平稳贫液入塔流量、温度。

（3）贫液浓度过高，补水稀释，贫液浓度降低查找原因，保证合适浓度。贫液设计浓度 30%，查找贫液浓度变化原因，补充新鲜溶剂或停工处理。

（4）搞好再生操作，使贫液中 H_2S 含量 $<2mg/L$。

（5）平稳液态烃脱硫塔压力。

☞ 58. 如何保证净化液化气中 H_2S 含量合格？

净化液化气中 H_2S 含量主要与反应进料中硫含量和脱硫单元的脱硫效果有关。对于重油催化裂化装置，可采用分馏塔顶油气和压缩富气注水（除盐水或制硫净化水）将油气中部分硫化物脱掉，再通过液化气溶剂（MEDA 等）脱硫和碱洗使净化液化气中 H_2S 含量不大于 $20mg/m^3$。

降低液化气中 H_2S 含量，除了控稳脱前液化气流量和脱硫塔操作压力外，可适当降低液化气冷后温度、酌情提高液化气脱硫塔贫液流量，联系制硫岗位适当提高贫液浓度、降低贫液温度和贫液中 H_2S 含量，并开好液化气碱洗。

☞ 59. 干气、液化气脱硫在实际操作中有哪些注意事项？

（1）溶液浓度。溶液浓度过低会导致脱硫负荷（或酸气负荷）过高，这对溶液的选吸性能和腐蚀性均有影响，应予以足够重视。一般溶液浓度应保持在 30%～35%。

（2）溶液过滤。保持脱硫溶液清洁是保证装置稳定运转的关键之一。工业实践已证明使用活性炭过滤器是一项有效的措施，它能较好地除去溶液中的醇胺降解产物和液烃，降低溶液的发泡倾向。目前炼厂气脱硫装置的醇胺单耗远高于天然气脱硫装置，除了配方型脱硫溶剂本身的质量应改善外，加强溶液过滤也是一项应予重视的重要手段。

（3）胺液再生温度。以 MDEA 为基础组分的脱硫溶液的再生温度大致与 MDEA 水溶液相当，一般正常运转时重沸器温度应在 117℃左右，最高也不能超过 125℃。

☞ 60. 脱硫操作中为什么要控制贫胺液温度比干气温度高？

贫胺液入干气脱硫塔时，温度要比干气入脱硫塔高 2～3℃，防止温度低而将干气中重烃冷凝影响脱硫效果，当贫液入塔温度低于原料气温度时，有可能使原料气温度下降而达到其烃露点以下，导致原料气中部分液烃冷凝而进入脱硫溶液. 从而增加溶液的发泡倾向。

☞ 61. 脱硫操作中为什么要控制贫胺液温度比液化气温度低？

贫胺液入液化气脱硫塔时，温度要比液化气入脱硫塔低 2～3℃，防止温度高而将液化气中轻烃汽化。

☞ 62. 贫胺液罐顶为什么要加注氮气来隔绝空气？

醇胺液易氧化，装置内贫胺液罐顶都加注氮气来隔绝空气，也有些装置在贫胺液上加注一层柴油来隔绝空气，以防止醇胺液的氧化。

☞ 63. 常用的脱硫醇工艺有哪些?

目前，国内外广泛采用的化学精制方法是抽提-催化氧化法、分子筛、活性炭固定床、纤维束精制及电精制等。这其中尤以抽提-催化氧化法因操作方便、灵活而得到广泛的应用。抽提-催化氧化法是一种有效经济的脱硫醇工艺，油品中硫醇的含量高低都能适应，该工艺不仅在国外广泛应用，在国内亦有多套装置运行。

☞ 64. 抽提－氧化(MEROX)工艺脱硫醇的基本原理是什么?

脱硫醇的基本原理就是硫醇或硫醇的官能团(—SH)首先转移到碱性的水相中，并与催化剂结合，形成络合物，在氧气的作用下，这种硫醇与催化剂形成的络合物被氧化生成二硫化物和水。MEROX 抽提-氧化工艺脱硫醇，使用磺化酞菁钴或聚酞菁钴催化剂，在常温下可使汽油和液化气中的硫醇加速氧化成二硫化物。该反应过程中需注入一定量的空气，反应在碱性环境下完成。

☞ 65. 液化气脱硫醇的工艺流程是怎样的?

从脱硫塔顶来的液化气，靠自压进入液化气预碱洗混合器与循环碱液混合，然后进入液化气预碱洗混合罐，液化气自顶部流出，进入液化气脱硫醇抽提塔下部，与塔上部流入的含催化剂碱液逆向接触，将液化气中的硫醇抽提出来。脱硫醇后的液化气在塔上部沉降段停留一段时间，以便使碱液沉降分离，再进入液化气沉降罐，进一步分离携带的少量碱液，不带碱的液化气进入液化气砂滤塔分离携带的杂质。最后液化气通过压力控制阀送出装置至气分或系统罐区。

溶于碱液的硫醇钠盐随同碱液一起经加热器加热到约 60℃，再经碱液氧化混合器与空气混合后进入碱液氧化塔，在此碱液得到再生。物料从碱液氧化塔顶出来至液化气抽提碱液分离罐；气体去尾气罐后放火炬；碱液由液化气抽提碱液循环泵抽送至脱硫醇抽提塔循环使用；脱硫醇抽提塔顶部的精制液化气至液化气水洗混合器，与新鲜水混合进行水洗，然后进入液化气水洗罐进行沉降分水，水洗后的液化气经脱水罐脱除游离水后自压送出装置。

☞ 66. 液化气脱硫醇实际操作中有什么注意事项？

（1）提高催化剂浓度有利于硫醇钠的氧化，但催化剂在碱液中的溶解度是有限的，所以，硫醇钠的氧化速度并不与催化剂用量成正比，通常控制在100~200mg/kg。

（2）碱的浓度过高时，硫醇在碱相中会析出，降低了抽提效果，通常控制在10%~15%。

（3）随着氧分压的增大，硫醇钠的氧化速度加快，但氧分压大于0.06MPa（相当于总压为0.3MPa）后，反应速度变化不明显。操作中压力控制在0.3~0.5MPa（表压）。空气用量标准状态0.15~0.17m^3/t。

（4）随着抽提温度升高，硫醇盐水解常数增大，会使抽提效果下降。另一方面温度升高，催化剂在碱液中的稳定性也会下降。温度一般控制不大于40℃。

☞ 67. 影响抽提碱液再生效果的因素有哪些？

（1）氧化风量小，再生效果差。

（2）再生温度太低。

（3）碱液浓度低（能被再生RSNa度）。

（4）碱液循环量大，再生效果差。

☞ 68. 如何保证抽提碱液再生效果？

（1）提高氧化风量。

（2）把加热器加热温度控制在40~70℃。

（3）更换部分新鲜剂碱，提高催化剂浓度。

（4）适当降低剂碱循环量。

☞ 69. 催化裂化汽油为什么进行脱硫醇精制处理？

催化裂化汽油因含有较多的硫醇，不仅会产生令人恶心的臭味，而且还会使油品的安定性变差。因为硫醇是一种氧化引发剂，它能使油品中的不稳定化合物氧化叠合生成胶状物质。硫醇还具有腐蚀性，硫醇能增强单质硫的腐蚀性。此外，硫醇还影响油品对添加剂(如抗爆剂、抗氧化剂等)的感受性。特别是近年来，随着国家对环境保护的重视，人们环保观念的加强，国家对车用汽油的质量有了更严格的要求，对汽油中的硫醇硫含量规定了更加严格的指标，以减少汽车尾气中 SO_2、SO_3 等对大气的污染。催化汽油是我国车用燃料的重要来源，因此，催化裂化汽油进行脱硫醇精制处理。

☞ 70. 汽油无碱固定床脱硫醇工艺的基本原理是什么？

汽油所含的硫醇在反应器中，与通入的空气中的氧在催化剂作用下被氧化成二硫化物，存在于汽油中硫醇臭味被消除。

催化汽油脱硫醇采用预碱洗工艺脱汽油中的硫化氢组分，然后采用梅洛克斯(MEROX)固定床脱硫醇工艺，脱除汽油中的硫醇组分，使汽油硫醇性硫不大于 10μg/g，硫化氢与碱液反应生成硫氢化钠或硫化钠并溶于碱液中，其反应式如下：

$$NaOH + H_2S \longrightarrow NaHS + H_2O$$

$$2NaOH + H_2S \longrightarrow Na_2S + 2H_2O$$

硫醇在催化剂(聚钛菁钴)和强碱水及氧化气体(如空气)存在的条件下，氧化生成二硫化物，二硫化物溶于汽油中，以此达到脱硫醇的目的。

☞ 71. 汽油无碱固定床脱硫醇的反应机理是什么？

汽油脱硫醇的反应机理是阴离子-自由基反应。油品中的硫醇首先与 NaOH 接触，反应生成硫醇钠，而后者又解离成硫醇阴离子 RS^-，同时，分子氧与催化剂形成不稳定的活性络合物[X]，活性络合物[X]与硫醇阴离子 RS^- 完成单电子转移反应，生成硫醇自由基 RS·。两个硫醇自由基很快结合为稳定的二硫化物 RSSR。

☞ 72. 汽油碱洗工艺有什么缺点？

传统的汽油产品精制工艺，是采用碱洗除去汽油中的硫化物、酚、环烷酸等杂质，以保证产品质量和防止设备腐蚀，但是碱洗会产生高浓度的硫、酚等化合物的碱渣。这种废碱渣若不处理即行排放，将会严重污染周围水体和空气，危及周围生物的生存，如将其直接进入污水处理系统，则将使污水处理场受到很大冲击，虽然目前利用三废装置可以治理碱渣，但此种方法很不完善，还会带来二次污染，不能有效治理。

☞ 73. 汽油脱硫醇无碱脱臭工艺流程是怎样的？

汽油进装置至汽油原料罐，用汽油原料泵加压，经流量控制阀送至装有7%浓度 NaOH 碱液的汽油预碱洗罐，以除去 H_2S 和小分子硫醇。在预碱洗罐中，碱液与汽油中所带硫化氢反应，生成硫化钠和硫氢化钠。当碱液浓度经分析化验达到低于一定程度时，废碱液排至渣罐，然后向预碱洗罐补充新鲜碱液。

从预碱洗罐出来的汽油与活化剂在活化剂混合器中混合，混合活化剂的汽油经空气混合器与空气混合后，进入汽油脱硫醇反应器。汽油、活化剂、空气的混合物在汽油反应器中自上而下通过催化剂床层，汽油中的硫醇在催化剂作用下被氧化生成二硫化物。带有二硫化物的汽油进入汽油砂滤塔，滤去汽油所带的机械杂质经自压送出装置。

桶装活化剂用人工倒入活化剂储罐，经活化剂泵加压送至活化剂混合器与汽油混合。空气则用系统工业风，风压与反应器压力之间采用压差显示，即当工业风压力与反应器压力差低于设定值时，装置设置的自保系统会自动切断工业风；启动空气压缩机，反应器所用空气改由空气压缩机供给，以确保安全。

☞ 74. 纤维膜脱硫的基本原理是什么?

美国 Merichem 公司开发的纤维膜接触器脱硫技术，是将碱液同待处理的油料在纤维膜接触器上形成的顺向液膜之间进行的非分散型反应，极大地提高了传质和反应效率，同时也彻底地解决了传统工艺中的油碱夹带和乳化问题。该技术适用于干气、液化气、汽油、煤油、柴油等石油产品脱除硫化氢、硫醇等杂质。其传质过程的速率 M 由下列三项因素决定:

$$M = K \cdot A \cdot \Delta C$$

式中　K——两相之间特定的传质系数;

A——两相接触的有效面积;

ΔC——两相间的浓度差推动力。

☞ 75. 纤维膜接触器的结构和工作过程是怎样的?

纤维膜接触器是一个筒形装置(图 6-1)，内部装有无数极细的金属纤维。当石油烃和碱液从接触器顶部流入时，由于毛细作用和表面张力的不同，碱液首先在金属纤维的表面形成很薄的液膜，使碱相的表面得以极大的扩展。油碱两相间流动时的摩擦力会将液膜拉扯的非常薄，反应是在流动中两相间的平面膜上接触和完成的，不仅为两相反应提供了最大的接触面积，由于油碱两相在金属丝表面不断的流动，金属丝上的碱液也得以不断更新，使酸碱液能始终保持较高的浓度推动力(ΔC)，因此纤维膜接触器是一种效率非常高的反应传质设备，由于整个反应过程油

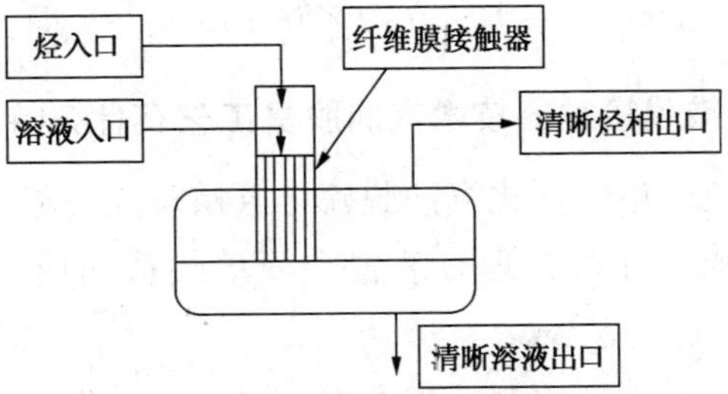

图 6-1　纤维膜接触器脱硫示意图

碱两相始终保持没有分散，反应后碱相沿金属丝直接流到罐底，油碱两相可以迅速地、彻底地分离，从根本上避免了乳化和夹带现象的出现。

☞ 76. 汽油纤维膜(MERICAT)脱臭的原理是什么?

MERICAT 技术与传统的 Merox 碱洗工艺的原理在本质上没有什么区别。重要的是在较小的反应空间和极大地提供反应接触面积上有根本性的突破，获得了更高的精制强度和反应深度。

汽油中硫醇碱洗(脱除)和氧化的化学反应:

$$2RSH+2NaOH \longrightarrow 2NaSR+2H_2O$$

$$2NaSR+O_2+H_2O \xrightarrow{\text{催化剂}} RSSR+2NaOH$$

将以上二式合并，即:

$$4NaSR+O_2 \xrightarrow{\text{催化剂}} 2RSSR+2H_2O$$

汽油中 H_2S 的脱除和氧化的化学反应:

$$2H_2S+4NaOH \longrightarrow 2Na_2S+4H_2O$$

$$2Na_2S+2O_2+H_2O \xrightarrow{\text{催化剂}} Na_2S_2O_3+2NaOH$$

即:

$$2H_2S+2O_2+2NaOH \xrightarrow{\text{催化剂}} Na_2S_2O_3+3H_2O$$

在 RFCC 汽油中同时存在硫醇和 H_2S，因而上述两种反应是同时发生的。相比而言，由于 H_2S 酸性较强，优先和碱发生反应，而且消耗同等数量的 NaOH；硫醇的氧化过程基本不消耗 NaOH。

☞ 77. 纤维膜接触器技术汽油脱臭工艺有什么特点?

（1）工艺简单。催化汽油脱硫化氢预碱洗、硫醇转化过程在一个罐中完成。并可在现有装置上简单改造而成，节省投资和占地。

（2）极大提高反应和转化效率。汽油中硫化氢可基本全部脱出，硫醇可从 300μg/g 降到 10μg/g 以下，同时保证铜片腐蚀和博士实验合格。

(3) 装置操作弹性大。在进料流量和含硫变化较大情况下仍保证稳定的操作和处理结果。

(4) 避免乳化和油碱夹带现象的出现。油中碱含量可保证在1μg/g以下。对于避免因夹带而造成对生产的影响和油品损失有着十分突出的经济性。

(5) 操作费用和碱耗可分别降低60%。

(6) 采用进口高效催化剂。不仅提高转化效率，对大分子和支链硫醇有同样转化效果，并将碱液在线再生。

☞ 78. 纤维膜接触器有什么优点?

纤维膜接触器与传统的传质设备相比具有以下优点：①单位体积的传质面积大；②传质距离短，有效接触时间延长，传质表面不断更新，传质效率大大提高；③在没有相分离的情况下实现界面传质，避免了夹带；④大大缩短了相分离的停留时间，从而减少了设备尺寸；⑤能耗低；⑥能容纳较宽范围的油碱比例，使操作参数进一步接近最佳匹配；⑦设备简单，而且均为静设备，可节约投资和操作成本；⑧便于在原装置上进行改造；⑨碱耗和碱渣排放量小；⑩连续开工率几乎是100%。

☞ 79. 汽油纤维膜(MERICAT)脱硫工艺操作上要注意什么?

MERICAT工艺的开车过程和传统脱臭装置的预碱洗部分较为相似，操作简单。需要注意的是该工艺对进料(包括原料、碱、空气)的纯净度要求很高，要保证所有工艺管线有足够的排放时间，妥善安排工序，防止杂质进入接触器。

☞ 80. 循环碱流率和循环碱量对汽油纤维膜(MERICAT)脱硫操作有什么影响?

循环碱流率和碱量可以根据操作的实际情况和产品质量进行优化调整，控制合适的碱量和流率很有必要，这不仅可以保证脱臭反应的效率，还会减少碱液夹带的可能。若汽油中 H_2S 含量过于偏离设计值，会因 H_2S 与 NaOH 生成 $Na_2S_2O_3$ 而消耗大量碱液，碱液的使用周期明显缩短。

☞ 81. 操作压力和温度对汽油纤维膜(MERICAT)脱硫操作有什么影响?

足够的操作压力可以保证空气有足够的溶解度，在允许的情况下，应适当提高操作压力。MERICAT 工艺的适宜操作温度为 40~45℃。温度高对脱臭反应有利，但会降低碱液的抽提效率，还会降低空气的溶解度。温度较低有利于抽提过程，但不利于脱臭反应，还会影响碱分离的效果，使盐类发生结晶沉淀。

☞ 82. 注风量对汽油纤维膜(MERICAT)脱硫操作有什么影响?

空气的注入量与参与反应的硫醇总量成正比。为充分脱臭，必须考虑 H_2S 耗氧的因素，注风量应是化学计算量的 1.5 倍，可以根据实际情况进行调整。但若注风量过大，会从液相中逸出，降低接触器的效率。

☞ 83. 催化剂的溶解温度对脱硫醇有什么影响?

催化剂的溶解温度太高，会破坏催化剂在碱液中的稳定性，降低脱硫醇的效果。随着催化剂溶解温度的增加，汽油中的硫醇脱除量逐渐增加但当温度高出一定数值时催化剂在碱液中的稳定性明显下降、其脱硫醇效果也明显变差。因此，我们一般都把催化剂的溶解温度尽量控制在 20~50℃，以便得到较好的脱硫醇效果。

☞ 84. 活化剂的注入量对脱硫醇有什么影响?

活化剂注入量的大小直接影响反应床层催化剂的活性。注入量过小，会使床层催化剂的活性逐渐降低，反应速度减慢，硫醇脱除率降低。但是，活化剂注入量过大会增加生产成本，造成浪费。随着活化剂注入量的增加，汽油中硫醇硫含量降低，但降低的趋势逐渐减小。因此活化剂要控制适当的量，既能满足生产又不造成浪费。

☞ 85. 稳定汽油的冷后温度对脱硫醇有什么影响？

稳定汽油冷后温度的高低，直接反映了脱硫醇的反应温度，反应温度又较大地影响反应速度。但是，经大量的试验数据表明，在一定的条件下，随着反应温度的提高，汽油脱硫醇效果明显提高。但是反应温度过高，会使催化剂的稳定性变差，不仅不会增大反应速度，还会造成汽油大量挥发，引起不必要的损失。因此，不要把反应温度控制太高，一般在40℃左右为宜。

☞ 86. 脱硫醇反应后的碱液是如何再生的？

碱液从脱硫塔底部流出，经碱液加热器加热至60℃，再到混合器与压缩空气混合，然后进入氧化塔，碱液和空气进一步接触氧化，使硫醇钠盐氧化成二硫化物，在此NaOH被还原，物料从氧化塔顶部出来后进入抽提碱液分离罐使气体、碱液、二硫化物进行分离，碱液从碱液分离罐下部抽出经抽提碱液循环泵升压进入脱硫塔上部循环使用，气体从碱液分离罐顶部出来送至尾气分液罐，然后排入瓦斯放火炬系统，二硫化物由泵抽出送往制硫装置进行处理。

☞ 87. 精制系统碱液的进出流程是怎样的？

浓度为40%的NaOH溶液由运碱槽车通过收碱线送到碱液储罐内，加适量的软化水配制成所需浓度的NaOH溶液。从碱液储罐内抽取此NaOH溶液送到配制罐内并加入催化剂用空气搅拌均匀，配成含催化剂的催化剂碱液，用泵转到碱罐中储存，再用泵间断送往碱液分离罐中补充新碱液。

从碱液分离罐中间断排出的碱渣直接进入废碱罐，废碱液及时用泵送出装置。

☞ 88. 脱硫醇催化剂床层为什么要再生？

催化剂床层的再生有两种情况：一是停工再生。因为经过长时间的生产运行，催化剂的活性已经不能满足生产的需要（催化剂的寿命一般为2~3年)，在这种情况下应停工再生催化剂床层。二是在生产过程中的再生。在生产过程中，因大量的反应物质附着在催化剂床层表面。使催化剂的活性降低，仅靠活化剂已不能满足要求，这就需要对反应器床层进行再生。

☞ 89. 催化剂床层在生产过程中如何再生?

主要方法是配制3%~5%的NaOH溶液或3%~5%的氨水由反应器顶部注入，清洗床层24~48h，洗去床层中的附着物，恢复催化剂的活性，这样既不影响生产，又能恢复催化剂的活性。最后排出碱渣、转入正常生产。

☞ 90. 汽油脱硫醇固定床反应器如何浸泡?

将聚酞菁钴4~8kg置于小桶内，倒入5%浓度、50~60℃的稀碱液，用棒搅拌，使其溶解。碱液量不宜多，只要能溶解掉聚酞菁钴即行。配好浓度为10%的碱液10m^3，将溶解了的催化剂碱液倒入其中，并启动碱泵打循环，充分搅拌均匀。然后将它抽到反应器内进行循环，使催化剂浸泡吸附在活性炭上。待碱液变成淡黄色时，浸泡结束。将反应器中的碱液抽送至另一容器中。

☞ 91. 固定床脱硫醇反应器如何再生?

分别将油和废碱液抽尽。然后用水将反应器中的油顶净，再通入蒸汽蒸罐。

检修后，用新配的催化剂碱液重新浸泡固定床反应器。浸泡完毕，则反应器就再生好了。

根据经验，汽油脱硫醇催化剂聚酞菁钴的寿命数据是9000t汽油/kg催化剂。超过了聚酞菁钴的寿命，则固定床反应器需要进行再生。

☞ 92. 什么是MCSP固定床脱臭法?

MCSP固定床脱臭工艺的脱臭原理、催化剂的制备与无碱液固定床脱臭工艺相同，但使用了一种能提高脱臭效率、延长装置运转周期及成本更低的高活性MC活性剂。因此MCSP固定床脱臭工艺也没有废碱液排放，对环境无污染，而其精制成本比无碱液固定床脱臭法低。

☞ 93. 为什么MCSP固定床脱臭法比无碱液固定床脱臭工艺效率高？

重油FCC汽油中异构硫醇、高级硫醇含量较大，低分子正构硫醇含量较小。由于异构硫醇及高级硫醇酸性较弱，碱溶性又小，故不易从油相转移到碱相中去，发生氧化反应，所以Merox脱臭工艺对高级硫醇及异构硫醇的脱除率低，因此导致总的脱臭效率降低。而MCSP脱臭工艺将具有更高活性的MC助剂均匀溶解于油相中，不需要硫醇分子发生相转移，即可形成硫醇负离子，发生氧化反应，因此能大大提高对异构硫醇及高级硫醇的脱除率，使总的脱臭效率增大。

☞ 94. 为什么汽油脱臭工艺对高级硫醇难以脱除？

在脱臭过程中碱的存在是必不可少的。无论是Merox液/液法，还是常规固定床脱臭法，均需要硫醇发生从油相向碱相的转移，从而形成硫醇负离子，然后再发生氧化反应。对于低级硫醇，由于其碱溶性好，所以很容易发生反应，故这两种脱臭工艺对低级硫醇的脱除是有效的。

但对于高级硫醇而言，由于其碱溶性小，即不易从油相转移到碱相中去，所以这两种脱臭工艺对高级硫醇都较难脱除。无论采用哪种脱臭工艺，脱臭后汽油中所含的微量硫醇主要是中间相对分子质量以上的硫醇，特别是高级硫醇含量较多。随着硫醇碳链的增长，越来越不易被氧化脱去，提高汽油脱臭总效率的关键是提高对汽油中高级硫醇的脱除。明确这一点对开发新的脱臭工艺具有重要指导意义。

☞ 95. 为什么无碱液固定床脱臭法比Merox液/液法高级硫醇的脱除率会提高？

因无碱液固定床脱臭法，由于使用微量油溶性的活化剂代替无机碱氢氧化钠，活化剂与硫醇分子同处于油相中，这样在油相中即可使硫醇分子转变成硫醇负离子，不需要硫醇分子发生相转移，所以该脱臭工艺对高级硫醇的氧化反应是有利的，即更有利于高级硫醇的脱除。Merox 液/液法对于低级硫醇及部分中间相对分子质量的硫醇脱除率是较高的，对于高级硫醇的脱除率很低，液/液法几乎不能脱掉高级硫醇。而无碱液脱臭工艺除了对汽油中的低级硫醇及部分中间相对分子质量的硫醇有较高的脱除率外，对高级硫醇的脱除率也大大提高。但无论哪种方法，脱臭后汽油中总有微量高级硫醇成分。

☞ **96. 什么是博士溶液？**

将 25g 乙酸铅(含有三个结晶水)溶解在 200mL 水中，将此溶液过滤到溶有 60g 氢氧化钠的 100mL 水溶液中，然后再在沸水浴中加热 30min 后冷却，用水稀释至 1L。我们把这最后得到的溶液称之为博士溶液。

☞ **97. 什么是博士试验？**

当含硫醇的油品与博士溶液混合后，加入一定量的硫磺，摇动 15s 后，静止 1min，若界面为棕黄或褐色，即表明油品中有硫醇存在，博士试验不合格，以“+”表示；反之，博士试验合格，以“-”表示。

☞ **98. 为什么脱臭汽油中的硫醇性硫含量在 10μg/g 以下，而博士试验却不合格？**

博士试验是一种定性检验硫醇的方法，许多国家都采用博士试验来检验燃料中的硫醇。如 90 号汽油要求博士试验合格或硫醇硫含量(S_{RSH})低于 10μg/g。但这两个标准不是完全一致的。

不同结构硫醇对博士试验灵敏度不同。一般来说，低级硫醇对博士试验不太灵敏，而高级硫醇对博士试验较灵敏。当汽油中含有 1.5μg/g 的正十二硫醇时其博士试验即呈阳性(不合格)。而从脱臭后汽油中硫醇性硫的分布情况看，高级硫醇是脱臭后汽油中微量硫醇的主要成分。所以一些炼油厂当脱臭后汽油中的硫醇性硫含量在 10μg/g 以下时，出现博士试验不合格现象。

☞ 99. 为什么高碳硫醇不容易通过博士试验？

较高相对分子质量的硫醇比低相对分子质量硫醇灵敏度高，即高碳硫醇不容易通过博士试验。这可以从博士试验的反应得到解释：反应中生成的硫醇铅只有进入油相，才容易和硫磺发生反应生成 PbS，而高碳硫醇由于烷基链较长，油溶性较好，容易进入油相。因此，高碳硫醇在较低浓度下仍能生成 PbS，具有较高的灵敏度。

☞ 100. 如何保证汽油博士试验合格？

为确保汽油博士试验合格，除了开好汽油碱洗外，要控制适宜的脱臭温度，严禁精制汽油带碱。采用抽提氧化法的装置要根据碱液的质量及时换碱、补充催化剂；采用固定床反应器的装置，要合理控制反应器的运行周期，备用反应器能够随时投用。

对于硫醇含量较高的汽油，应采用新的生产工艺，如使用活化剂、采用Ⅰ型或Ⅱ型无碱脱臭工艺，可提高硫醇脱除率，改善产品质量，又能减少碱渣，有利于清洁生产。

☞ 101. 为什么重油催化裂化汽油普遍比蜡油催化裂化汽油难以脱臭精制？

有两方面的原因：

(1) 由于一部分催化裂化原料为含硫量较高的重质组分(常压渣油或减压渣油)，使得 RFCC 汽油中总硫醇含量增加。

(2) 重质组分的掺入引进了更大相对分子质量的硫醇，而高级硫醇含量多少是制约脱臭效率的关键因素。所以这两方面的原因会导致 RFCC 汽油脱臭更困难。即使 RFCC 汽油中总的硫醇性硫含量不太高，但这些硫醇性硫主要分布于汽油的高沸点馏分中，即主要为高级硫醇，同样使脱臭变得困难。

☞ 102. 为什么对导致汽油出现铜片腐蚀的原因难以分析？

催化裂化汽油铜片腐蚀试验后的铜片颜色变化多样，其原因是：

（1）单独的单质硫在很低浓度下就可产生严重的铜片腐蚀，但随单质硫的浓度不同而产生不同的颜色。单质硫的浓度小于2μg/g时，腐蚀铜片呈深橙色；大于2μg/g时，腐蚀铜片呈灰黑色。

（2）单质硫和硫醇、二硫化物共存时，因硫醇、二硫化物的种类和量的不同，腐蚀铜片会出现不同的颜色。

☞ 103. 重油催化裂化汽油铜片腐蚀的原因是什么？

由于催化裂化进料中的硫含量上升，导致汽油中的硫含量相应增加，同时含硫化合物的结构也发生了变化，使得汽油精制中出现铜片腐蚀不合格。

汽油的铜片腐蚀主要由活性硫化物引起。活性硫化物包括：单质硫、硫化氢、低级硫醇、硫的氧化物、亚磺酸、磺酸和磺酸酯等。除单质硫外，其他都是酸性含硫化合物，可以用碱洗除去。

通过对单质硫和其他硫化物腐蚀性能的考察，并结合炼油厂生产汽油过程中，RFCC汽油出现铜片腐蚀试验不合格的实际情况，发现RFCC汽油出现铜片试验不合格主要是由单质硫引起。

☞ 104. 如何确定脱硫醇系统的碱烃比？

一般来说，脱硫醇系统碱烃比越大，硫醇脱除率越高。因此，应根据脱硫醇原料含硫量的大小和产品质量要求选定合适的碱烃比。汽油脱硫醇系统碱烃比(质量比)一般控制在0.3左右，液化气脱硫醇可根据实际情况适当降低。碱烃比控制过大，易造成油品带碱，对操作不利。

☞ 105. 碱浓度及其品质对脱硫醇效果有什么影响？

碱液浓度及其品质是影响脱硫醇效果的关键因素，一般碱液浓度控制在10%～15%，加入120～150μg/g磺化酞菁钴或聚酞菁钴的催化剂。碱液浓度和催化剂浓度偏低会造成脱硫醇效果降低。此外，若碱液使用时间过长可能会出现碱液乳化发泡，因此，应定期更换碱液。

☞ 106. 操作温度和操作压力对脱硫醇系统有什么影响?

脱硫醇碱液抽提部分操作温度一般控制在40~50℃，主要和油品进料及再生碱液温度有关。如果温度过高，易造成抽提塔顶部带碱，甚至造成产品质量波动。

脱硫醇碱液抽提部分操作压力一般控制在0.8~0.9MPa。压力过低易造成油品带碱，压力过高则会受到工艺操作条件的限制。

☞ 107. 操作温度对碱液再生操作有什么影响?

碱液再生温度一般控制在55~60℃，温度过高会造成抽提塔温度升高，易造成抽提带液，温度控制过低会使碱液再生效果降低，影响脱硫醇效果。

☞ 108. 氧化风量对碱液再生操作有什么影响?

氧化风流量是影响碱液再生效果的关键因素，应根据不同装置实际情况按照设计单位的要求给定，氧化风量偏低会造成碱液再生效果变差，容易出现产品质量波动，经及时调整后产品质量可恢复正常。

☞ 109. 操作压力对碱液再生操作有什么影响?

碱液再生系统的压力一般控制在0.2~0.3MPa，压力过低会造成碱液再生效果变差，产品质量产生波动。

☞ 110. 如何保证汽油铜片腐蚀合格?

汽油铜片腐蚀一级视为合格。汽油中含有硫化氢、硫醇等活性硫化物，会使汽油铜片腐蚀不合格。精制汽油的硫含量与反应进料的硫含量、是否使用汽油降硫助剂以及汽油的碱洗脱硫效果有关。反应进料硫含量高，稳定汽油含硫量高。使用汽油降硫助剂时，汽油硫含量一般降低15%~25%。稳定汽油硫含量较高时，要使汽油腐蚀合格，需要较高的碱浓度、较大的碱循环量(碱油比)和适宜的碱洗温度(冬季可适当提高汽油冷后温度)。此外，要控制好粗汽油罐和凝缩油罐的水界位，严防汽油带水。当汽油碱洗碱液变质或浓度偏低时，应及时更换新碱。

☞ 111. 液化气泵泄漏如何进行紧急处理？

液化气泄漏会造成人员冻伤、中毒，并极易引起火灾、爆炸事故，必须及时妥善处理。

液化气泵泄漏时，首先通知生产管理部门和装置管理人员，并报火警，通知维护人员现场就位。

停止装置动火等施工，防止产生火花；设置路障警戒区。

机泵泄漏量较小时，操作人员佩戴安全防护用具到达现场停电机，关闭泵进出口阀门，用蒸汽胶管吹扫泄漏处，驱散液化气，降低现场浓度。

泄漏量较大时，应在安全处关闭泄漏点附近的上、下游阀，隔离泄漏点，同时在配电间将发生泄漏的泵断电。

除了采用局部切除的方法进行处理，还可以采用打水或抬高水界位、溶剂界位等方法来液封外泄的液态烃。

☞ 112. 碱液泄漏如何进行紧急处理？

碱液泄漏时，能闻到一种刺激性气味，漏点处有碱液流出，漏点周围有碱液结晶等现象，碱液会对人体造成灼伤。碱液泄漏后，组织人员对泄漏部位进行处理。就近切断泄漏源，联系维护单位对泄漏进行处理。对泄漏出的碱性介质进行围堰，对围堰介质进行掩埋，防止事故蔓延。如果现场有人灼伤，进行现场水冲洗急救，严重时拨打急救电话，送医院救治。

☞ 113. 富胺液泄漏如何进行紧急处理？

富胺液泄漏时，泄漏区硫化氢报警仪报警，现场见大量的富胺液泄漏。富胺液中含有大量硫化氢，易导致人员中毒。富胺液泄漏后，操作人员要使用空气呼吸器，佩戴安全防护用具，就近关闭富胺液泄漏点的上下游阀门。对泄漏的胺液进行围堰，并进行水稀释，防止有害物料扩散。如需对管线进行施工处理，泄漏部位在泄压后，要处理干净后，再交给检修单位进行检修。

第七章　催化裂化装置机械设备应急操作

☞ **1. 烟机－主风机机组在什么情况下应实施手动紧急停机?**

手动紧急停机，是指机组各系统出现严重故障，不及时停机会造成事故进一步扩大，此时由人工拉出紧急停机按钮，进行手动紧急停机。例如，出现下列情况之一者应实施手动紧急停机：

(1) 机组突然发生强烈振动或机内有摩擦等异常声音时、各机的轴振动过大时没有紧急报警，紧急报警后不允许长期运行，此时应密切监视振动的发展及时采取措施；

(2) 轴承温度过高而无法排除时，特别是呈上升趋势；

(3) 油温过高而无法排除时；

(4) 轴承或密封处发生冒烟；

(5) 烟机冷却蒸汽和密封蒸气压力不够而难以消除；

(6) 动力油箱或润滑油箱油位下降至最低油位线，继续加添新油而无济于事时。

☞ **2. 手动紧急停机对操作人员有哪些要求?**

决定手动紧急停机的项目和拖延的时间取决于操作人员实际的操作运行经验，因此要求运行人员掌握机组的运行规律和监测仪表的准确程度，密切注视故障的发展趋势，判断可能产生的后果，迅速、果断采取措施。

☞ **3. 烟机－主风机机组在什么情况下会自动紧急停机?**

主风机组自动紧急停机条件如下：① 烟机轴位移超极限；② 主风机轴位移超极限；③ 机组转速超极限；④ 润滑油压过低；⑤ 动力油压过低；⑥ 持续逆流；⑦ 工艺事故联锁；⑧ 机组电机电源故障停机。

☞ 4. 烟机 – 主风机机组紧急停机联锁有哪些动作？

机组紧急停机后，并伴随相应的声光报警，程序执行以下操作：

（1）主电机跳闸；

（2）待机组转速降低至一定值时，静叶自动调节解除，静叶关至 22°；

（3）快速打开防喘振放空阀；

（4）强制关闭主风机出口阻尼单向阀；

（5）关闭烟机入口蝶阀；

（6）关闭烟机入口闸阀；

（7）向中心控制室发出停机联锁信号。

☞ 5. 烟机 – 主风机机组紧急停机后如何处理？

（1）现场检查烟机闸阀、蝶阀的关闭情况，避免机组超速。

（2）无论何种方法停机，只要机组电机停电后，立即切除烟机的冷却蒸汽和密封蒸汽。同时将烟机壳体的三个排凝阀打开；打开排凝阀，操作要缓慢进行，防止烫伤。

（3）当机组转速为零时，使用盘车机构进行盘车，防止转子受热不均匀损坏设备。

（4）当主风机出口温度小于 50℃时，可停止盘车。

（5）停止盘车后可停润滑油泵，并停润滑油箱排烟风机。

（6）停止向机组供润滑油后，切断烟机的阻尼风和轴承密封风。

（7）检查并确认静叶关至 22°后，可停动力油泵。

（8）停机时间超过一天，联系电工启动电加热器对电机进行防潮保护。

☞ 6. 烟机 – 主风机机组紧急停机系统设置的原则有哪些？

（1）正确、慎重选择紧急停机项目。紧急停机与工艺生产是对立统一的。从机组保护来讲，停机项目尽可能多一些，从工艺生产角度讲，则希望尽可能减少停机的机会，所以要反复权衡紧急停机的得失以及两者可能引起的后果，既起到保护机组的作用，又最大限度地压缩停机项目，减小对工艺生产造成的危害和经济损失。

(2) 选用可靠、准确度高的检测元件。对于其他压力、压差元件的选择也同时要予以充分重视。

(3) 做好分级监控，迫不得已时才紧急停机。各紧急停机项目之前都有预报警(紧急报警)，这样能提前通知操作者注意采取一定措施或者自动采取预防措施，阻止事故扩大酿成紧急停机。对于机组的超速保护更应重视，在汽轮机的发电功率超驰调节和烟机的转速超驰调节中应特别注意，只有这些调节无法将转速控制在最高限制值之内时才实施紧急停机。

(4) 按照故障产生的原因以及所处的运行状态采取正确的停机措施。机组停机并不是简单的各机停止运转。例如，电动发电机运行在发电状态和运行在电动状态时的停机措施是不一样的。这是因为，如果运行在电动状态，电机脱离电网有利于迅速低转速停机，而如果是发电状态，则电机脱离电网反而会造成机组超速，不脱离电网恰恰会产生一个电磁制动力矩“拖住”轴系遏止升速且迅速降速，但降速到低于同步转速(即电动状态)时又应立即脱离电网，以便继续降速。

☞ 7. 什么是机组的“安全运行”？

所谓“安全运行”(SAFERUNE)是瑞士 Sulzer 静叶可调轴流压缩机技术中一个特定的压缩机运行工况，近年来随着轴流压缩机技术的发展，它的新定义是：静叶退回到最小工作角；放空阀全开。可见“安全运行”即轴流压缩机处于一定不停机的“自我保护”运行状态。

☞ 8. 机组安全运行的条件是什么？

出现下列情况之一，机组进入“安全运行”：① 逆流；② 装置低流量自保；③ 手动“安全运行”(按钮)。

☞ 9. 机组安全运行后联锁如何动作？

“安全运行”的逻辑程序系统发出以下操作指令：

(1) 放空阀快速打开；

（2）静叶退回到最小工作角度位置口；

（3）主风机出口单向逆止阀强制关阀；

（4）烟机入口蝶阀关闭。随着主风机静叶关闭将使所需轴功率减小，为此应迅速关闭烟机入口蝶阀减小烟机出力；

（5）工艺联锁。“安全运行”的联锁信号送至中心控制室实行工艺联锁。

☞ 10. 如何确定安全运行动作到位情况？

安全运行相关放空阀打开、逆止阀关闭和入口蝶阀关闭都设置有相应的监测，如不能在预定的时间内实现，则有对应的声光紧急报警，促使操作人员用“手动安全运行”按钮实施操作和采取其他处理措施。

☞ 11. 主风机安全运行后，如何判断安全运行的原因？

一般从三个原因查找：主风机低流量自保动作；再生器低流量自保动作；电源故障。

☞ 12. 主风机安全运行后，应检查什么？

检查机组运行状态，其中包括：

（1）机组转数、各部温度和振动值。

（2）检查各阀位和静叶角度应符合要求，其中包括：① 防喘振阀全开；② 再生器单向阀关；③ 主风机出口防逆流阀关；④ 烟机入口蝶阀关；⑤ 静叶关至22℃。

（3）检查入口空气过滤器，尤其是滤料等是否正常；

（4）润滑油、动力油系统正常；

（5）详细检查主风机出口管线和辅助燃烧室是否充有催化剂，并制定措施处理；

（6）记录检查结果。

☞ 13. 安全运行后如何恢复供风？

恢复供风必须在车间领导或班长指挥下进行：

（1）主风机出口系统的各阀位必须符合要求。其中包括：① 主风管线单向阀开；② 辅助燃烧室一次风调节蝶阀开、二次风调节蝶阀开；③ 双动滑阀有指定开度；④ 主风机出口蝶阀开。

(2) 在中心仪表室将主风自保进行复位，并全面检查主风机出口系统各阀位。

(3) 按要求向再生器并风。

(4) 并风过程中，注意防止喘振。并风结束后，将反喘振阀改到自动控制。

☞ 14. 设置“安全运行”状态的好处是什么？

起到了既不停机，又保护机器不受损害的目的。进入“安全运行”状况后，操作及检修人员可根据进入“安全运行”的原因进行相应的机械、仪表检查检修，生产工艺的调整，确认各部位完好无误后进行再操作。“安全运行”后的再操作要比停机后再启动的操作简便、迅速，这正是“安全运行”的突出优点。

☞ 15.“安全运行”后的操作与工艺生产的配合有哪些问题？

主要考虑以下两个方面：(1) 再操作后逆止阀打开，放空阀关闭，主风机送给再生器的流量将由流量调节器给定值决定，如该值没有变，则流量将等于“安全运行”前的流量值，要考虑工艺生产是否允许。(2) 烟机入口蝶阀打开，对于烟机和工艺来讲，要考虑是否允许。

☞ 16. 烟机－主风机机组的逻辑控制一般包含哪些内容？

机组逻辑控制系统应完成以下控制功能：

(1) 机组的启动程序；

(2) 机组的停机联锁和程序；

(3) 轴流压缩机的工作状态监控；

(4) 逆流保护和放空阀打开监控；

(5) 润滑油系统的自动控制；

(6) 动力油系统的自动控制。

☞ 17. 烟机－主风机机组的启动联锁是怎样的？

(1) 机组的启动条件一般为：① 润滑油压力正常；② 调节油压力正常；③ 动力油压力正常；④ 润滑、调节油温正常；⑤ 静叶在22°；⑥ 放空阀全开；⑦ 主风机出口逆止阀关闭；⑧ 烟机入口蝶阀关闭；⑨ 盘车电机运转。

(2) 当所有条件满足后，程序系统发出以下指令：① 解除对电机启动的联锁，为用按钮启动电机做好了准备。② 当闭锁解除后，应该有“启动待命”指示灯亮，表明机组具备了启动条件，可以进行机组启动操作。

☞ 18. 烟机－主风机机组如何“正常停机”？

正常停机一般按“正常停机”按钮完成，另外在中心控制室也可以执行。

(1) 正常停机前的状态。正常停机是按照生产计划安排或者根据机组和装置的使用情况需要进行检修而决定的，一般说来，在正常停机前机组和装置处于下述状态：① 反应器进料已经切断，并通入蒸汽；② 气压机已停；③ 催化剂已卸掉；④ 烟机入口蝶阀关闭；⑤ 主风机负荷降低到较小值；⑥ 放空阀可以手动打开某一角度或全开。

(2) 正常停机程序。用“正常停机按钮”发出指令，产生以下控制动作：① 电动/发电机跳闸；② 烟机入口闸阀和蝶阀强制关闭；③ 放空阀快速强制打开，逆止阀强制关闭；④ 静叶迅速关闭到零位。

如果此时电机处于发电状态，则电机的跳闸动作应延时到电动状态。

☞ 19. 主风机的作用是什么？

主风机是把旋转的机械能转换为空气压力能和动能，并将空气输送出去的机械。催化裂化装置所用的主风机分为离心式和轴流式两种。大流量的轴流式主风机在催化裂化装置已经取代了原有的离心式主风机，成为主要角色。

主风机在催化裂化装置中的主要作用：催化剂再生烧焦供氧；两器流化供风；烘干再生器和反应沉降器衬里；为增压机提供风源。

☞ 20. 什么是轴流式主风机？其工作原理是怎样的？

气体在压缩机气缸中沿轴向流动的主风机称为轴流式主风机。

轴流式主风机是由许多排扭曲形动、静相间的叶片组成。轴流式主风机气体的运动是沿着轴向进行的。由于转子旋转使气体产生很高的速度，而当气体流过依次串联排列着的动叶片和静叶栅时，速度就逐渐减慢而变成气体压力的提高，使气体得到压缩，达到输送气体的目的。

☞ 21. 轴流压缩机的调节特性是怎样的？

根据轴流压缩机"流量-出口压力"特性曲线分析，它有以下特点：

(1) 随着流量减小，压力起初升高然后下降。

(2) 当气体流量减小到一定程度时，压缩机进入失速区(不稳定工况区)，叶片发生振动。

(3) 当气体流量增加到一定程度时，压力急速下降，压缩机进入阻塞区，叶片发生颤振。

(4) 转速升高，特性曲线变陡。

(5) 多级轴流压缩机的特性曲线比单级压缩机的特性曲线更陡直。

(6) 在同一进气压力与温度条件下，"流量-出口压力"与"流量-效率"曲线都有最大值，但最高效率与最大压力并不在同一工况点上。

(7) 仅改变进气压力，压缩机的压比与效率不会变化，但流量与功率将与进口压力成正比变化。

(8) 大气温度变化对特性曲线的影响。① 风机流量与大气绝对温度成反比例。气温低，吸入流量少；气温高，吸入流量多。② 当气温下降时，压力呈上升趋势；气温上升时，压力呈下降趋势。

☞ 22. 什么是轴流压缩机的阻塞现象？

压缩机的叶片喉部面积是固定的。当流量增大时由于气流轴向速度增大，气流相对速度增大，负冲角(冲角为气流方向与叶片进口安装角之间的夹角)也随之增大。此时，叶栅进口最小截面上平均气流将达到音速，这样通过压缩机的流量就达到一临界值而不再继续增大，这一现象叫阻塞。

☞ **23. 什么是轴流压缩机的旋转失速区？旋转失速区有什么危害？如何防止？**

轴流压缩机特性曲线静叶最小角度与最小工作角度线之间的区域称旋转失速区。旋转失速又分为渐进失速和突变失速两种类型。当风量小于轴流式主风机的旋转失速线限值时，叶片背面气流产生脱离，机内气流形成脉动流，使叶片产生交变应力而导致疲劳破坏。

为了防止失速，要求操作者熟悉压缩机特性曲线，启动过程中快速通过失速区，操作过程中应按制造厂的规定，使最小静叶角度不低于规定值。

☞ **24. 什么是压缩机的喘振？喘振受哪些因素支配？**

在压缩机与一定容积的管网联合工作时，当压缩机在高压缩比、低流量下运行，一旦机流量小于某一定值，叶片背弧气流严重脱离，直至通道堵塞，气流强烈脉动，并与出口管网的气容、气阻间形成振荡，此时机、网系统气流的参数出现整体大幅度波动，即气量、压力随时间大幅度周期性变化；压缩机的功率以及声响均周期性变化。上述变化非常剧烈，使机身强烈振动，乃至机器无法维持正常运行。这种现象称为喘振。

由于喘振是整个机、网系统发生的现象，因此它不但与压缩机内部流动特性有关，且决定于管网特性，其振幅、频率受管网容积的支配。

☞ **25. 压缩机喘振有什么危害？**

（1）机体的严重振动会引起起动、静部件之间的接触而损坏。

（2）由于气流脉动而激起动、静叶片的剧烈振动，乃至共振，产生交变应力可能折断叶片。

（3）由于机、网系统的气流循环，引起气流温度的急速上升导致叶片与内缸的损坏。

（4）喘振对主风机的轴封损坏较大。由于密封的损坏，将使润滑油穿入流道，影响冷却器和冷凝器的效率。严重的喘振很容易造成转子轴窜动，烧坏止推轴瓦，叶轮有可能被打碎，极严重时可使风机遭到破坏，会损伤齿轮箱、电动机以及连接压缩机的管线和设备。

(5) 喘振给生产操作带来很大的混乱，如处理不当，会造成各种严重的恶性事故，如催化剂倒流等。

(6) 对于大型轴流式风机来说，喘振的危害性更大。喘振是机组逆流的前奏。

☞ 26. 如何防止主风机的喘振?

主风机反喘振的措施很多，但催化裂化装置中最简便的反喘振方法是主风机出口放空。

恒速运行的离心式主风机应采用定值反喘振流量控制系统，此流量调节器的给定值应大于喘振点流量的 7%～10%。变速运行的离心式主风机和大型轴流式主风机宜采用随动反喘振流量控制系统，根据主风机的不同工况(压缩比、出口压力、转速)沿反喘振线自动改变反喘振流量调节器的给定值，在主风机还未到达喘振点以前，提前打开出口放空阀，防止主风机出现喘振。反喘振线一般设置在喘振线以下，留有 5%～10%的反喘振裕量。变速运行的离心式主风机和恒速运行的可调静叶轴流式主风机的反喘振线是个面，处理起来比较复杂。但在一般转速变化不大的情况下，仍可简化为一条直线或折线。

大型轴流式主风机的反喘振流量控制，宜采用双放空阀方案。一只放空阀由反喘振流量调节器直接控制，另一只放空阀由自保信号控制。

☞ 27. 如何进行反逆流控制?

为了防止反喘振系统失灵产生喘振，或因其他原因造成逆流，催化裂化装置的轴流式主风机系统必须设置逆流保护装置。逆流保护是反喘振保护之后的第二保护措施。一旦逆流产生，逆流信号将通过逻辑控制系统使防喘振阀在 1.5s 内全开，主风出口单向阀 5s 内全关，同时静叶角关到最小工作位置。万一失灵，产生逆流，主风机出口单向阀也能自动关闭制止倒流。

☞ **28. 主风机出口单向阀有什么作用？**

主风机出门单向阀的作用是防止再生器的催化剂倒流到主风机内，从而避免毁机的严重事故。当主风机因事故紧急停车，出口压力跌落时，若装在再生器附近的单向阻尼阀关闭缓慢，或者没有投自动，再生器内的热烟气携带着催化剂就会倒流向主风机，如果没有单向阀，若主风机出口阀来不及关，热烟气及催化剂就会进入主风机，而毁坏主风机。

☞ **29. 主风机由于转子不平衡引起振动的因素有哪些？如何处理？**

主风机的转子，在制造厂都进行过静、动平衡校正，一般情况下不应该出现本身的不平衡。但是，下列因素之一，都会造成转子不平衡：

（1）由于制造中平衡工序漏检，或校正不精确，或平衡中去重(或加重)部位不恰当，或允许的动不平衡值超过规定值，或配重块松动等。此时，应检查平衡块位置或重新校正。

（2）转子表面粘着脏物较多(如灰尘、油垢、铁锈等)，破坏了转子的质量平衡。此时，应清理转子表面的脏物。

（3）由于制造、运输及保管不当，引起轴上零件松动、叶轮铆钉松动、轴盘和轴的接合面松动、主轴变形、叶轮变形或损坏等。此时，应查明原因，紧固松动之处，矫直主轴，或修整叶轮。

（4）轴向密封安装不正确，使轴与密封环产生局部摩擦，引起轴的局部过热，而使轴产生弯曲。此时，应及时检查密封环上、下间隙，矫直已弯曲的轴。

（5）气体输送管道负荷发生急剧变化。此时，应检查风机进、出口阀门及其管道有无脏物堵塞并消除之。如果转子的偏心距大于规定值，转子转动时产生离心力就会引起大的振动。转子不平衡引起的振动，表现在单位时间内振动次数等于转速，而在不同的转速下，振幅与转速的平方成正比。

☞ 30. 主风机与备用风机如何切换？

（1）备机启用并运转正常，出口放空。

（2）请反应岗位加强观察、联系。

（3）备机出口压力应始终保持比主机出口压力高 10kPa 左右。

（4）备机进出口流量提至和主机一样。

（5）逐步开备机出口阀，逐步关备机出口放空。逐步关主机出口阀，逐步开主机出口放空。幅度要小，要统一步调，加强联系，尽量使主风出口总流量保持稳定不变。

（6）主机切出、备机切进后，如主机无紧急情况，则在确认备机无问题后，方可停主机。

☞ 31. 主风量如何调节？

流量的调节。一般离心式主风机运行的转速是恒定的，所以调节流量主要靠入口蝶阀节流，控制达到所需风量的参数点，这样有利于节约功率。轴流式风机调节流量是靠可调静叶栅的节流，控制达到所需风量。但是，无论是哪一种主风机，都不能像泵机那样由出口节流来调节流量。其原因一是出口节流增加压降动力消耗大，如果是电动机拖动，启动时间过长会烧坏电机；二是出口节流容易引起风机飞动，很不安全。

☞ 32. 放空阀无法自动调节如何处理？

出现此类故障的主要原因主要有两点：阀门卡涩或控制系统故障。出现此类故障时，立即将放空阀改为现场机械手动操作，确认有无卡涩，如果手动操作开关自如，则检查控制系统阀门定位器、指挥阀、输入输出卡件是否存在问题。此外，操作时尽量将放空阀开大些，使机组防喘振安全裕度大些，确保机组安全运行。

☞ 33. 主风机组供电线路晃电如何处理？

晃电时一般来说由于 UPS 的存在，不会对机组的控制系统和附属机泵产生影响，但电机驱动的主风机，主电机的功率很大，即使是瞬间晃电，UPS 也难以维持其电能的消耗，机组自保联锁停机。停机后确认放空阀和防逆流阀状态，必须确保机组在惰走时间内润滑油的供应。

☞ 34. 主风机组电机故障如何处理？

电机一般故障主要集中在前后轴瓦上，一旦轴瓦温度过高，立即停机进行修理。如果电机超电流，立即调整工艺用风量，在保证安全裕度的前提下，降低导叶角度(轴流式)或关小主风控制阀，降低主风流量，使电机电流降低。如果电机超功率，则电机自保联锁停机。做好停机后的处理工作。

☞ 35. 主风机组异常振动如何处理？

立即现场检查仪表探头有无松动，并现场测振，观察瓦温是否突然升高，轴位移有无突变，如果确认压缩机是真实振动，立即紧急停机检修。

☞ 36. 压缩机轴位移异常如何处理？

立即现场检查仪表探头有无松动，并现场测振，观察瓦温是否突然升高，如果确认压缩机轴位移波动是真实的，立即降低机组负荷。如降低负荷轴位移仍无好转，立即紧急停机检修。

☞ 37. 主风机组异常声音如何处理？

如现场有机械摩擦的声音，应立即检查机组运行的各个运行参数，如振动加大，则应立即停机进行检查修理。

☞ 38. 主风机组轴瓦温度异常如何处理？

一般来说，异常温度均指轴瓦温度异常，如检查仪表探头工作正常，说明轴瓦已经出现磨损，必须停机检修。

☞ 39. 主风机组电机定子温度超高如何处理？

主要原因有绝缘不良、潮湿；电流过大超负荷；电机电源线短路；电机轴承安装不正；轴承油封泄漏，甩油到定子上；长期不清扫，通风或散热不好。处理方法：停机断电后，联系检修。

☞ 40. 为什么机组油系统会缺油、断油？其危害性如何？

机组系统缺油甚至断油的原因：

(1) 油系统因管路油箱破裂大量漏油，造成油压降低，如没及时发现，就会造成油系统缺油以致断油；

（2）主油泵故障而辅助油泵又不能联锁启动时；

（3）润滑油过滤网堵塞；

（4）油系统漏入空气，造成油泵抽空；

（5）操作错误（如在换除冷油器、过滤器时切换错误）。

机组油系统缺油或断油的危害很大，造成润滑油减少与中断，轴承油温急剧上升，轴瓦钨金全部熔化，转子下沉，动、静部分摩擦。因此，发生缺油时应及时查找原因，否则应紧急停机。

☞ 41. 机组油系统为什么会着火？其危害性如何？

机组的油系统因油泄漏而引起着火的事故经常发生，造成着火的主要原因是油系统管道和法兰接头外漏及轴承挡油漏油。如果油漏到高温物体上就会着火，使火烧部分过热损坏、变形，如补救不及时会烧毁其他运行设备和整个机房。防止着火首先要根除漏油，并注意高温部分的保温要完好。

☞ 42. 油泵如何进行切换？

（1）检查备用泵电源指示灯（绿），指示正常。若黄灯亮，找电工处理。

（2）对备用泵进行盘车检查，并核对备用泵的出、入口阀全开。

（3）切换动力油备用泵时应与反应岗位联系，停止调节静叶。

（4）切换后及时处理换下来的泵，以便备用。

（5）对故障油泵检修，必须将该泵电源切断，并将自启动开关断开。

（6）备用泵恢复正常后立即将其投入自启动状态。

☞ 43. 润滑油冷却器如何切换？

（1）检查两组冷却器的跨线阀应全开，验证备用冷却器确实充满油。

（2）调节出、入口三通阀时，必须保证阀上刻划的箭头指示沿出口管或入口管的方向旋转。

（3）切换时，先将出口阀上箭头调到指向出口管的位置，然后把入口阀上的箭头调到指向备用冷却器入口的位置。

（4）再将出口阀上箭头调到指向备用冷却器出口的位置。

☞ 44. 润滑油过滤器如何切换？

（1）检查两组过滤器的连通阀应打开，验证备用过滤器中充满油。

（2）旋转阀柄下的调节杆，把阀柄顶起，然后迅速旋转阀柄进行切换。阀柄摆放的位置即是在用过滤器的位置。

（3）切换后把调节杆旋回到初始位置，使阀杆落下。

☞ 45. 动力油过滤器如何切换？

（1）验证备用过滤器中充满油。注意开备用过滤器的入口阀时对上油压力无影响。

（2）把备用过滤器的入口阀全开而使过滤器完全投入。

（3）关闭在用过滤器入口阀。

☞ 46. 引起机组振动的原因有哪些？

（1）轴承油压下降，轴承油温过高或过低和油质劣化；

（2）主风机进口空气带水；

（3）主轴弯曲；

（4）叶片断裂或飞出，破坏动平衡；

（5）迷宫式轴封损坏，梳齿碰撞或与轴发生摩擦；

（6）升温不合适，热应力过大造成缸体变形。

（7）联轴节中心不对或轴瓦间隙不合格；

（8）机组基础螺栓及轴承座与基座之间连接螺栓松动；

（9）烟机转子叶片积聚催化剂，破坏动平衡。

☞ 47. 轴承超温的主要原因是什么？

（1）轴瓦间隙不符合要求；

（2）轴和轴瓦接触面不符合要求；

（3）油压低或供油不足；

（4）油温过高；

（5）润滑油黏度不符合要求，油膜强度低；

（6）润滑油有机械杂质，水分超标；

（7）机组轴向推力大；

（8）机组振动值超标。

☞ 48. 什么是轴向位移？轴向位移变化有什么危害？

机组在运转中，转子沿着主轴方向的窜动称为轴向位移。产生轴向位移的原因有以下几个方面：

（1）机组甩载荷时由于轴向力改变方向，且主推力和副推力块与主轴上的推力盘有间隙，因而造成转子窜动，产生轴向位移。为保护机组，主推力块与推力盘接触时，副推力块与推力盘的间隙应该小于转子与定子之间的最小间隙。

（2）因轴向推力过大，造成油膜破坏使轴瓦上的乌金磨损或熔化，造成轴向位移。为保护机组，当乌金磨损或熔化，不会造成过大的轴向位移，瓦块上乌金的厚度不大于1.5mm。

（3）由于机组负载的增加，使推力盘和推力瓦块后的轴承座、垫片、瓦架等因轴向力产生弹性形变，也会引起轴向位移。这种轴向位移叫做轴向弹性位移，弹性位移与结构及负载有关。

机组的轴向位移应保持在允许的范围内，超过这个数值就会引起动静部分发生摩擦碰撞，发生严重损坏事故，如轴弯曲、隔板和叶轮碎裂，轴流风机大批叶片折断等。

☞ 49. 烟机的作用是什么？

烟气轮机实质上是将压力能和热能转化为电能或机械能的机械，以具有一定压力的高温烟气推动烟机旋转，进而带动主风机和发电机做功，实现能量回收。

☞ 50. 影响烟机叶片寿命的因素有哪些？

（1）含催化剂粉尘的烟气速度；

（2）催化剂粉尘的含量及粒度；

（3）叶片材料耐冲蚀性能；

（4）烟气温度。

☞ 51. 如何延长烟机的使用寿命？

可从两方面进行：① 设计上采用耐磨材料和防冲蚀措施；

② 操作上控制烟气中催化剂粉尘的含量。

☞ 52. 为延长烟机的使用寿命，在设计上采用哪些措施？

设计上采用耐磨材料和防冲蚀措施。为了减少烟气中微粒的冲蚀作用，流道必须设计成能防止微粒局部集中。烟气轮机设计成多级，烟气流速大约可能低至单级烟机的1/2，催化剂微粒的动能约减少到1/4，这样就减少了催化剂微粒在叶片内弧上的冲击力；催化剂微粒的冲蚀效应与动能成正比，即与气流速度的平方成正比。因此气流速度的降低可使叶片的使用寿命增加。其次，多级烟机的设计，带来了相对较低的气动级负荷，在静叶和动叶的流道中具有较小的转折角，相应地减少了在叶栅转折过程中作用到催化剂微粒上的离心力，因此减缓了在动叶内弧从进气到出气边的冲蚀效应。

沿叶高的冲蚀效应是不均匀分布的，为了防止在叶根部分局部催化剂微粒的集中，在每一叶排前设置耐冲蚀的转折台阶，当气流中催化剂微粒随气流靠近边壁时，转折台阶使之转折至流道的中部，于是减少了流道边壁处的催化剂集中。这就消除了通过冲蚀叶片根部截面发生折断动叶片的危险。转折台阶表面堆焊硬质合金或爆炸喷漆涂碳化铬，提高其耐冲蚀能力。

增大各排叶片的轴间距离，能使沿叶高催化剂微粒达到均匀分布。烟机静叶和动叶的轴间距离增加到燃气轮机相应距离的1.5倍。

经验表明，叶片出气边的冲蚀效应甚为明显，对动叶尤为突出。为了增加叶片的使用寿命，将叶片出气厚度大约增加到燃气轮机叶片的2倍。

延长烟机的寿命，除在烟机本身采用耐冲蚀措施外，还需要采用高效率的1~3级旋风分离器，使进入烟机中烟气含气尘量减少。

☞ 53. 为延长烟机的使用寿命，在操作上采用哪些措施？

操作方面控制减少烟气中催化剂粉尘含量，虽然烟机采用了耐冲蚀措施，系统中也采用了高效率的旋风分离器，但是单纯靠烟机和旋风分离器还不够，还必须严格控制平稳操作，减少因操作波动而引起的催化剂大量跑损。因而要保持装置在合理的条件下平稳操作，降低催化剂跑损(单耗)，是延期烟机和三旋寿命，提高能量回收系统经济效益的重要因素。

☞ 54. 烟机振动超标的原因有哪些？如何处理？

一般引起振动超标的原因主要有催化剂粉尘浓度高、机体及管线热膨胀不均匀、动静摩擦、联轴器螺栓松动、装配找正精度差、动平衡失衡、地脚螺栓松动、仪表假信号(电磁干扰)等。发生振动后，立即降发电量，如果效果不明显，立即停车检修。

☞ 55. 烟机飞车(超转速)如何处理？

机组停机后入口切断阀未关闭或完全关闭，造成机组超速。启用紧急停车自保，如果无效，立即现场液压手动(或手摇泵)迅速关闭入口速关阀门。

☞ 56. 前部反应压力或温度波动对烟机有什么影响？

烟气可能携带大量催化剂到烟机，可造成烟机催化剂堆积引起摩擦振动或对叶片造成严重冲蚀。反应温度低，烟气中带油、烟道中烟气二次燃烧，可造成轮盘和机体温度骤升，引起动静摩擦或轮盘热应力开裂或融化、叶片断裂。出现此情况应立即紧急停机以保护烟机。

☞ 57. 烟机入口阀控制系统或液压系统故障如何处理？

将阀切换至机械手轮操作，检查控制系统或液压系统，排除故障后将阀门投自动控制。

☞ 58. 对烟机入口高温烟气蝶阀有些什么要求？

(1) 烟机入口高温烟气蝶形调节阀在正常操作条件下的压力降一般只能占烟气系统总压降(包括烟机)的5%～10%，通常都可选用与烟机入口管径相同口径的蝶阀。

(2) 烟机入口高温烟气蝶形调节阀一般都还兼作紧急停车的快速速关阀用。因此，在选择其执行机构功率、快速动作时间和其他辅助措施方面，还必须顾及不同机组配置时的需要。

☞ **59. 烟机轮盘冷却蒸汽控制系统的作用是什么？**

本系统有两方面的作用。一是冷却轮盘的叶根部分，以降低轮盘的应力，延长使用寿命。二是防止催化剂细粉进到一、二级轮盘之间的死区，形成的团块粘在轮盘上影响动平衡。为此，在一、二级轮盘密封部位内(即死腔)及外(即二级静叶顶部)各设一测压点，并将此两点压力引到差压变送器中，然后送到差压调节器中，由该调节器的输出去控制蒸汽调节阀。该阀使腔内蒸汽永远比二级静叶处的压力高0.007MPa。

☞ **60. 烟机密封蒸汽控制系统的作用是什么？**

为了防止带有粉尘的高温烟气从轴伸出端外漏，污染环境。故在轴伸出部位均装有迷宫式密封环，并向内圈注入蒸汽。注入蒸汽之压力是通过测量烟气轮机排气压力及喷入的蒸汽压力，送到差压调节器中，由该调节器的输出去控制蒸汽调节阀。该阀使蒸汽压力永远比烟气压力高0.007MPa。

☞ **61. 润滑油泄漏到烟机机体上有何危害？如何进行紧急处理？**

烟机进口温度一般在600℃以上，其外壳温度很高，润滑油一旦泄漏到烟机机体，就会有火灾危险；如果是进油端泄漏，严重时还会造成轴承的损坏。发现润滑油泄漏到烟机机体或烟机入口管线上，引起火灾时，要立即紧急停机，关闭烟机入口蝶阀，报火警，同时报告生产管理部门和班长。用蒸汽带向起火部位进行初期扑救。

☞ **62. 设置烟机转速控制方式的原则有哪些？**

(1) 机组在电动机拖动状态下时，烟机的转速受电机同步转速的制约，其转速保持恒定。此时烟机入口蝶阀受再生器压力或两器差压控制。

(2) 机组在烟机拖动状态下时，电动机/发电机的转速超过了电机的同步转速，电动机/发电机处于发电状态。此时机组的转速受烟机转速控制。① 烟机转速小于设定值时，烟机入口蝶阀受再生器压力或两器差压控制。② 烟机转速大于设定值时，烟机入口蝶阀受转速调节器的控制。在这种情况下，调节入口蝶阀的开度即可改变机组的转速。

(3) 烟机超速跳闸由逻辑表决系统决定。

☞ 63. 烟机冷却蒸汽供汽不足如何处理？

烟机冷却蒸汽供汽不足时，要及时采取如下措施：

(1) 监视烟机出口温度不得超出允许值，否则与反应岗位联系，逐渐关闭烟机入口阀；

(2) 监视烟机轮盘的温度是否在允许值，否则与反应岗位联系，逐渐关闭烟机入口阀

(3) 检查系统压力是否正常，若系统蒸汽压力低于0.6MPa，要及时与生产管理部门联系，并汇报班长；

(4) 检查冷却蒸汽调节阀是否失灵，如果失灵改副线阀，并联系仪表工处理。

☞ 64. 烟机密封蒸汽供汽不足如何处理？

烟机密封蒸汽供汽不足的处理方法：

(1) 密切注视烟机轴承箱与烟机出口壳体联结处是否有烟气冒出。若有，适当开大阻尼风，必要时用蒸汽吹扫冷却，防止起火；

(2) 检查系统蒸汽压力及密封蒸汽调节阀，若有问题联系仪表工进行处理。

☞ 65. 循环水停，机组岗位如何处理？

机组循环水停，应立即严密监视机组的运行参数，特别是烟机和主风机的轴振动、轴位移，电机的绕组温度，润滑油冷后温度等参数的变化，如果达到危险值，经过处理无效，应做停机处理。

☞ 66. 汽轮机的工作原理是什么？

汽轮机是一种利用蒸汽带动的原动机，其主要工作原理是利用蒸汽的膨胀，使其一部分热能转变为具有高速的气流，推动叶轮旋转而转变为动能。首先，蒸汽通过喷嘴室，使通过喷嘴的蒸汽流降压、升速、转向，将热能转换成动能。当汽流通过进口截

面大、出口截面小的静叶栅时，气体压力下降，温度下降，而气流速度则增加，从静叶栅进入动叶栅后，因动叶流道截面也是做成逐渐收缩的，所以气流在动叶栅中进一步降压、膨胀和加速。具有一定动能的气流对叶片产生一个冲击力(又称冲动力)，气流速度下降，但另一方面气流在动叶流道内的继续膨胀、加速对动叶片产生一个反作用力(又称反动力)，气流压力下降。这样在冲动力和反动力的作用下，动叶片推动汽轮机主轴转动，产生机械功。多级汽轮机就是由若干个级串联组成，蒸汽的热能在各个级内连续地转变成机械功。

☞ 67. 什么是油膜振荡？有什么后果？

一个柱形内孔的轴承，在轴转速上升时，轴逐渐浮起，油膜逐渐增厚，到一定转速时，油膜太厚不能支持轴，反而下沉，下沉后油膜又变薄，浮力增大，周而复始。这样由于轴两边润滑油流量的差异，使轴中心以近于轴转速一半的频率涡动(称半速涡动)，半速涡动振幅不大，一经出现也不消失。随着转速升高半速涡动频率为轴当时转速的一半，振幅不再增大。转速再增加，又呈现半涡动，频率为轴当时转速的一半，振幅减少。直到轴的转速为第一临界转速的两倍时，便产生所谓油膜振荡(自激振动)，振荡频率为轴的第一临界转速，振幅急剧增大。转速再升高也不消失，振荡频率也保持不变。

油膜振荡的出现将产生剧烈振动，可能造成轴承和轴系的损坏，甚至造成严重事故。

☞ 68. 如何防止油膜振荡？

(1) 尽可能提高轴的临界转速，使轴的工作转速小于轴的临界转速。如提高轴的刚度，减少两支持轴承间距离。

(2) 提高轴承平均单位面积载荷(即比压)。如减少轴承宽度，减少轴承直径，增大轴承静载荷。

(3) 减少润滑油黏性系数。

(4) 改变轴承内孔形状，如椭圆轴承(两油楔轴承)，三油楔轴承、四油楔轴承；其目的在于加大轴承各段圆弧相对轴的偏心率，同时将油膜分割成不连续多段，以减少轴上、下压差，提高油膜稳定性，延缓油膜振荡发生。

另将轴瓦分成多块并可摆动(称可倾瓦)，这样可以在任何载荷下形成多条不连续的最佳油楔，并加大了轴与轴承相对偏心率，这种结构具有良好的缓冲作用和振动阻尼，因而可有效地阻止油膜振荡发生。

☞ 69. 为什么要进行盘车?

启动前盘车是为检查机组内部有无摩擦、碰撞、卡涩等现象，以保证启动后安全运转。可以通过对比每次盘车用力的大小，来判断安装与检修的质量，如联轴节对中心的好坏、轴瓦间隙大小及有无异物留在机内等。

停机后进行盘车是为了防止上下汽缸的温差引起轴弯曲。有盘车装置的汽轮机，可不受停机时间限制，随时可以启动，否则在停机后 4~12h 轴弯曲最大时不允许启动。

☞ 70. 什么是静不平衡和动不平衡?

汽轮机或离心式气压机的转子由于材料质量的不均匀性和加工装配中存在着误差，导致转子在圆周方向质量不均，俗称"偏重"，在工程上叫做质量不平衡。回转体的质量不平衡，基本上可分为静不平衡和动不平衡两种。静不平衡是指回转体在静止状态下，其较重的位置，在地心引力的作用下指向地心。无论是单级转盘或多级转子或转鼓，都可能存在这种静不平衡，校正静不平衡时，只须将较重的方向取走一定金属就可以很方便的找好平衡。动不平衡是指转子在离心力作用下所产生的不平衡。校正动不平衡需在动平衡试验台上进行，也可以在运行状态下用相对相位法进行。由于静不平衡和动不平衡而引起设备振动大的情况是常有的，尤其在高转速设备上。因此在检修时必须考虑平衡问题。如果更换叶轮、叶片、联轴节和联轴节螺栓时都应使其不产生质量上的偏差，这应按规程进行动平衡测试工作。

☞ 71. 什么是汽轮机的调节汽阀?

调节汽阀用以调节进入汽轮机的蒸汽流量，使其与汽轮机负荷相适应，各蝶阀按设计好的顺序逐一开、闭，阀座内孔光滑且具有一定线型以减少流动损失。

☞ 72. 什么是汽轮机的速关阀(主汽门)?

速关阀是新蒸汽管道和汽轮机之间的主要关闭阀，所以也称之为“主汽门”，可以保证汽轮机运行中出现故障时，能在很短的时间内切断进汽。与危急保安装置联动，对转子发生超速和过量的轴向位移自动作出最快的停机反应。

☞ 73. 速关阀自动关闭如何处理?

如果主汽门自动关闭，应采取以下措施：

(1) 立即启动高压油泵。

(2) 配合反应岗位，用气压机入口放火炬控制反应压力。

(3) 切断富气去稳定岗位，打开出口放火炬阀。

(4) 磁力断路复位。

(5) 把主汽门用手轮关严，在条件许可的情况下再慢慢按规程提高转速。

☞ 74. 汽轮机有哪些保护装置?

汽轮机的保护装置很多，重要的有以下几个：

(1) 危急保安器：在汽轮机转速超过极限时危急保安器能自动脱扣，迅速关闭主汽门，防止造成超速飞车事故。

(2) 低油压保护装置：当润滑油压降低时，保护装置动作，自启动辅助油泵。

(4) 电动脱扣装置：通过电动脱扣装置可以实现在操作室内遥控紧急停车操作。

(5) 对凝气式汽轮机有低真空保护装置：当凝汽器真空急剧下降时，真空安全阀及时动作，以保证汽缸不变形及保护凝汽器铜管不损坏。

(6) 对背压式汽轮机有背压安全阀：当排气背压高于允许值时，安全阀起跳，以保护汽缸。

☞ 75. 为什么危急保安器动作后，须待转速降下后才能复位?

因为危急保安器动作后，汽轮机转速由高逐渐降低，危急保安器偏心环或偏心锤飞出后还未复置到原来位置，此时，若将脱扣器复置很可能使二者相碰，从而使设备损坏，为了安全起见，一般在转速下降到额定转速的90%时才复置脱扣器。

☞ **76. 调速系统在空负荷下发生不能维持额定转速情况的原因是什么？**

(1) 调速汽阀座接触不严密，阀门与门座间的间隙太大。

(2) 调速系统连杆尺寸安装不正确，或者增大了调速弹簧的原有紧力。

(3) 调速器连杆、油动机、错油门等卡住。

(4) 传动连杆或错油门连接松弛。

(5) 除了调速汽门外，尚有其他漏汽的场所，如没有正确安装好管道等。

(6) 传动杆与蒸汽室温度相差过大，热膨胀不一致，而使错油门阀门不在空负荷位置上。

☞ **77. 在负荷小的时候，调速汽门跳动，转速变化大是什么原因？**

(1) 由于门杆与门杆套发生卡涩，使调速汽门动作不灵活。

(2) 由于油动机、错油门及传动连杆卡涩。

(3) 油动机的内部壁局部磨损。

(4) 调速系统的静态特性曲线在某一区域内过于平坦。

(5) 调速汽门重叠度调整不当，迟缓率过大或油压不稳。

☞ **78. 汽轮机在启动前为什么要疏水？**

启动前暖管暖机时，蒸汽过冷，马上凝结成水。凝结水如不及时排出，高速的气流就会把水夹带到汽缸内把叶片打坏。因此开机前必须先将管道内的水排净。

在管道疏水完毕，汽轮机启动前汽缸内会有蒸汽凝结水，如不排走也会造成叶片冲蚀。另外在停机时，汽缸内存有凝结水，会引起汽缸内部腐蚀。因此，汽缸也要疏水。

☞ **79. 汽轮机水冲击的危害如何？**

当进汽温度急剧下降到某一程度时，此时汽轮机进汽将大量带水，就会发生剧烈水冲击，由于水滴的密度大，流动速度比蒸汽小，水撞击叶背弧，对汽轮机产生制动作用，使出力显著降低，甚至导致叶片折断。实际上，当蒸汽内含水量达到20%~30%时，叶片所受的应力就已经超过了叶片材料所允许强度极限。而当发生水冲击时，将会产生更危险的轴向推力，甚至使推力轴承的巴氏合金熔化，造成通流部分严重碰擦。

☞ **80. 汽轮机水冲击有些什么预兆和现象？**

一般水冲击的预兆和现象如下：

（1）新蒸汽温度急剧降低。

（2）汽封信号管，汽封端部，新蒸汽管法兰接合面，汽缸法兰接合面有白色湿蒸汽冒出或溅出水滴。

（3）汽轮机内有金属响声和撞击声。

（4）汽轮机振动增大。

（5）转子轴向位移增大，推力瓦巴氏合金润滑油温度或回油温度升高。

（6）新蒸汽管内或抽汽管内有清楚的水击声。

☞ **81. 汽轮机发生严重水冲击的应急处理方法是什么？**

当汽轮机进水时，必须紧急停机，把新蒸汽管道和汽轮本体的全部疏水门打开，同时应进行：

（1）检查推力轴承合金润滑油温度或回油温度。

（2）正确记录惰走时间和惰走时真空值的变化情况。

（3）惰走时仔细倾听汽轮机内部声响。

（4）测量轴向位移数值。

如果在惰走过程中，没有异常现象发生，待新蒸汽温度正常后，则可以继续起动汽轮机，但起动前必须开大新蒸汽管道的直接疏水阀。在重新提升转速时，应当特别小心，并仔细倾听内部声音，监视轴向位移和推力瓦温度，逐渐带上负荷。如果启动时汽轮机内部有摩擦声和碰撞声，则必须立即停车检修。

☞ **82. 防止发生汽轮机水冲击的措施有哪些？**

（1）在新蒸汽压力和温度不稳定时，尤其是在蒸汽压力迅速上升时，要特别注意蒸汽温度的变化。

(2) 锅炉进行并炉操作时，应严密注意蒸汽温度变化，发现蒸汽温度变化过大，要及时处理。

(3) 启动汽轮机前，应按操作规程，充分暖管、暖机和疏水。

☞ 83. 汽轮机为什么要低速暖机?

汽轮机在启动时，要求一定时间进行低速暖机。冷态启动时，低速暖机的目的是为了使机组各部件受热均匀膨胀，以避免汽缸、隔板、喷嘴、轴、叶轮、汽封和轴封等各种部件发生变形和松动，启动时也必须低速暖机，其目的是为了防止轴弯曲变形，以免造成汽轮机动静部分摩擦。

暖机的转速不能太低。因为转速太低，轴承油膜不易建立，造成轴承磨损。同时，转速太低，控制困难，在蒸汽温度压力波动时，容易发生停机现象。暖机转速太高，则会造成暖机速度太快。

☞ 84. 进汽温度过高或过低，对汽轮机运行有什么影响?

蒸汽温度高过设计值，虽然经济上来看是有利的，但应从安全条件上来看是否允许。因为在高温下，金属机械性能下降很快，会引起汽轮机各部件使用寿命缩短，如调速汽门、速度级及压力级前几级喷嘴、叶片、轴封及螺栓等，还可能使前几级叶轮套装松弛。因此，进汽温度过高是不允许的。

蒸汽温度低于设计值会使叶片反动度增加，使轴向推力增大。在蒸汽温度过低下运行，会增加汽耗，影响经济效益。此外蒸汽温度降低，将使凝汽式汽轮机后面几级叶片发生水蚀，缩短使用寿命。

☞ 85. 进汽压力过高或过低，对汽轮机运行有什么影响?

汽轮机在设计时是根据额定主蒸汽压力来考虑各部件的强度的，因此在主蒸汽压力高于额定值时，使主蒸汽管及管道上的阀门、调速汽门的蒸汽室和叶片等过负荷，甚至会引起各部件的损坏。另外，蒸汽压力超过额定值，使汽轮机末几级蒸汽工作温度增加，造成末几级叶片工作条件恶化。

蒸汽压力低于设计值时，将使汽轮机的效率降低，在同一负荷下所需的蒸汽量增加，引起轴向推力增加。同时，使后面几级叶片所承受的应力增加，严重时会使叶片变形。另外，蒸汽压力过低将使喷嘴达到阻塞状态，使汽轮机功率达不到额定数值。

☞ 86. 汽轮机通流部分结垢有什么危害?

由于蒸汽质量不好会使汽轮机通流部分结盐垢，尤其是高压区结垢比较严重。汽轮机通流部分结垢的危害性有以下几点：

(1) 降低了汽轮机的效率，增加了汽耗量。

(2) 由于结垢，汽流通过隔板及叶片的压降增加，工作叶片反动度也随之增加，严重时会使隔板及推力轴承过负荷。

(3) 盐垢附在汽门杆上，容易使汽门杆产生卡涩。

☞ 87. 凝汽器为什么要有热井?

热井的作用是集中凝结水，以方便地控制凝结水水位，有利于凝结水泵正常运行。如无热井，凝汽器内的水位就会不稳定，使部分冷凝铜管浸入水内，造成凝结水过冷却，影响运行的经济性。

☞ 88. 凝汽器运行时，应经常监视和分析哪些指标?

凝汽器运行情况好坏反映在真空上面，但真空是各方面因素的综合结果。为了便于分析，应经常监督以下指标：

(1) 温升，即冷却水进出口温度差。在汽轮机负荷相同，亦即排汽量相同的情况下，一般是由于受热面污染或漏空气引起的。

(2) 端差，即排气温度与冷却水出口温度之差。端差增加说明传热系数下降，一般是由于受热面污染或漏空气引起的。

(3) 过冷度，即排汽温度与凝结水温度之差。经常性过冷度大，表示凝汽器结构有问题。过冷度突然增加，一般是由于凝汽器漏水到铜管，或漏空气引起的。

(4) 冷却水出口虹吸降低。虹吸作用降低一般是由于管板堵塞造成。

☞ 89. 影响抽气器正常工作的因素有哪些？

（1）蒸汽喷嘴堵塞。由于抽气器喷嘴孔径很小，故比较容易堵塞，因此一般在抽气器前都装有滤网。

（2）冷却器水量不足。这是因为在启动过程中，再循环阀门开度过小而引起的。

（3）疏水器失灵或铜管漏水，使冷却器充水，影响蒸汽凝结。

（4）蒸汽压力调整不当。因为抽气器蒸汽阀门一般都关小节汽，有时阀门由于汽扰动作用而自行开大或关小，影响蒸汽压力。

（5）喷嘴或扩压管吹损。

（6）汽轮机严密性差，漏入空气太多，超出抽气器负载能力。这可由空气严密性试验进行判断。

（7）冷却器受热面脏污。

☞ 90. 凝汽式汽轮机真空下降的原因是什么？有什么危害？

凝汽式汽轮机真空下降的原因较多，一般有以下几方面：

（1）凝结水泵抽空，使凝汽器水位升高，淹没了部分铜管和抽气口。

（2）真空抽气器故障，不能正常抽汽。

（3）凝汽器铜管脏污，降低了传热效率，或者堵塞铜管。

（4）冷却水量减少或中断。

（5）真空系统不严密，漏入空气。经常漏入空气的地方：轴封处、排气室与凝汽器的联接部分、抽气管联接处、汽缸接合面、凝汽器水位表、真空表等联接处。

真空下降的危害性很大，主要有以下几个方面：

（1）真空下降等于背压增大，会使蒸汽熔降减少，增大汽耗，降低经济性。

（2）真空下降会增加级的反动度，使轴向推力增加，严重时会使推力瓦钨金熔化。

（3）真空下降同时会造成排气温度上升，造成低压缸部分热胀，使汽轮机动、静部分摩擦碰撞。

(4) 使凝汽器铜管内应力增大，以致破坏凝汽器的严密性。

☞ 91. 凝汽式汽轮机在启动前为什么要抽真空?

汽轮机在启动前，汽轮机内部都存在着空气，机内的压力等于大气压力。如果不抽真空，空气就无法排除，因而使排气压力增大。在这种情况下开机，必须要有很大蒸汽量来克服汽轮机及气压机各轴承中的摩擦阻力和惯性力，才能冲动转子，使叶片受到较大冲击力。转子被冲动后，由于凝汽器内存在空气，降低了传热速度，冷却效果差，使排汽温度升高，造成后汽缸及内部零件变形。凝汽器内背压增高，也会使真空安全阀动作。所以凝汽式汽轮机，在启动前必须抽真空。

☞ 92. 背压式汽轮机启动前为什么要开汽封抽气器和汽封冷却器?

背压汽轮机因排汽压高，启动前如不先启汽封抽气器与汽封冷却器，会使大量蒸汽由轴端漏出机外，并且有部分蒸汽窜入轴承润滑油内，使润滑油内带水乳化。因此必须先开启汽封抽气器与汽封冷却器，造成一定的真空度，将汽引出，冷却变为冷凝水。

☞ 93. 背压式汽轮机启动前为什么要将背压汽引到汽轮机排汽隔离阀后?

背压汽轮机的排气是排入蒸汽管网后再送到各用户的，从汽轮机排气隔离阀后到管网这段管线同样需要启动前暖管。暖管的要求与汽轮机进口主要蒸汽隔离阀前管线暖管要求相同，逐渐使这段管线的压力达到正常的排气压力值。因此背压机汽轮机启动要先将背压汽引到汽轮机排气隔离阀后，在操作时要注意排凝，防止产生水击现象。

☞ 94. 润滑油的作用有哪些?

润滑油在摩擦件之间形成油膜，主要作用：

(1) 承受载荷作用：在径向轴承中产生的油膜承受径向载荷，在止推轴承中产生的油膜承受轴向载荷，在浮环密封中产生油膜，承受浮环自身重量；

（2）润滑作用；

（3）冷却作用：由于润滑油、密封油分别在轴承、密封装置中川流不息地流动，它将摩擦所产生的热量带出机外，以防止轴承、密封环过热而发生咬合或抱轴（即巴氏合金熔化）等现象；

（4）减振作用；

（5）冲洗作用：通过润滑油的流动可以把轴承箱内的杂质带走；

（6）液压调节作用。

☞ **95. 润滑油质劣化对机组有什么危害？**

由于油的氧化使酸价增高，呈现酸性，使与油接触的各个部件发生腐蚀，同时生成大量铁锈，使轴瓦咬毛发热。

由于油中带有水使油乳化失去润滑作用，导致轴瓦乌金熔化。

由于油中带有机械杂质，导致轴瓦损坏。

由于油中混入了低沸点的液态烃和汽油等使油的黏度下降，使油的润滑及密封的性能下降，甚至会引起振动。

☞ **96. 造成润滑油油量不足或中断的原因有哪些？**

造成油量不足或中断的原因可能是：主油泵损坏而辅助油泵又未能及时投入供油；供油系统管路及连接法兰漏油或破裂，油管路堵塞；油箱中油位过低使油泵吸油量不足或者吸不上油来。

☞ **97. 为什么机组启动时润滑油温不能低于25℃，升速时不能低于30℃？**

透平油的黏度受温度影响很大，当油温过低时，油的黏度很大，会使油分布不均匀，增加摩擦损失，甚至造成轴承摩擦。故启动时油温规定不得低于25℃。升速时摩擦损失随转速增加而增加，故对润滑要求更高，因此油温要求更高一些，不能低于30℃。

☞ **98. 轴承温度为什么升高？**

（1）轴承进油管线堵，轴瓦合金损坏。

（2）接合面不平，轴承间隙过小。

（3）油压过低，油量减小，如油管破裂、堵塞、油泵失常等。

（4）冷却水中断，冷却水压力下降，冷却水管线堵，造成油温过高。

（5）润滑不良，油质变化。

☞ 99. 压缩机运转振动过大的原因是什么？

（1）转子不平衡；

（2）安装不良；

（3）支承轴承工作条件不良；

（4）轴颈椭圆度过小；

（5）转子与定子碰撞摩擦；

（6）喘振；

（7）产生油膜振荡。

上述各点仅是引起风机组振动的主要原因，要确定某一风机的振动真实的原因，必须对具体情况进行具体分析，采取逐个问题淘汰的办法，先易后难地一个一个进行细致检查。

☞ 100. 气压机为什么会抽负压？如何处理？

（1）气压机抽负压的原因：① 反应深度小，入口富气量小，转速相对较高。② 分馏塔顶油气冷后温度过低，富气量减少。③ 分馏塔顶油气分离器液面过高，造成液封。④ 分馏塔顶油气空冷或冷却器堵。⑤ 分馏塔顶大油气管线及反飞动管线堵。⑥ 汽轮机转速相对较高。

（2）分馏塔底液面超高，浸没大油气管线，造成液封。气压机抽负压时，应降低汽轮机转速，如果不是带油，则应加大反动量，并立即和其他岗位联系，找出原因。

☞ 101. 反应压力高而气压机进口压力低有哪些原因？

（1）分馏塔顶油气分离器液面超高造成液封。

（2）分馏塔顶油气空冷或冷却器堵。

（3）分馏塔底液面超高，浸没大油气管线，造成液封。

（4）反应器出口大油气管线结焦。

☞ 102. 气压机运行中发生飞动的原因是什么？怎样处理？

目前绝大多数催化裂化装置所用的气体压缩机是离心式压缩机。根据离心式压缩机性能曲线，在一定转速下有一个飞动点，即一定压力下的最小流量点。等于或低于这个最小流量点即发生飞动进入飞动区。如果流量恒定，转速升高，压力达到某一数值后，即达到飞动点，气压机亦会发生飞动。

因此，在实际运转中凡是工况达到上述条件，均会发生飞动。

压缩机转速恒定，流量必然下降，达到飞动点即飞动。转速上升，流量上升达到飞动点亦即飞动。

气体压缩机入口流量突降，转速不变，出口压力变化上升达到飞动点亦即飞动。

☞ 103. 富气压缩机组为什么会超速飞车？危害性是什么？

如果在气压机和主风机甩负荷时(如气压机因裂化气太少或抽空引起入口流量下降，主风机入口阀突然关闭)，汽轮机调速系统失灵或危急保安器卡涩，或者虽然危急保安器动作，而主汽门及调速汽门由于结垢卡涩、填料过紧、门杆弯曲等原因而卡住，就会造成机组超速或飞车。当转速超过额定转速的110%时即为超速。

超速时的现象是转速表指示大大超过危急保安器动作转速，机组发出超速的怪声，振动剧增甚至有冲击声、金属响声。超速或飞车的危害性极大，使机组转子、叶片、叶轮变形、严重时使叶片、叶轮破裂，打破汽缸飞出，损坏机房或造成人身伤亡事故。

☞ 104. 机组停机时为什么要先切除系统？

主风机组与气压机组在停机时均先切除系统，即关闭出口阀与打开旁路放空阀(气压机打开放火炬阀)。这是因为：① 避免因主风机、气压机停机对整个装置带来压力波动，以稳定生产；② 将机组切除系统后，就可以用减少出口压力的方法来降低机组的负载。停机过程是机组工况发生急速变化的过程，降低负载对保护转子、轴承是有利的。

☞ **105. 停机后为什么润滑油泵尚需运行一段时间？**

当机轴静止后，轴承和轴颈受汽缸及转子高温传导作用，温度上升很快，这时如不采取冷却措施，会使局部油质恶化，轴颈和轴承乌金损坏。为了消除这种现象，停机后油泵必须再继续运行一段时间以进行冷却。油泵运行时间的长短，视汽缸与轴承的降温情况而定，要求汽缸温度降低到80℃以下，轴承温度降低到35℃以下，方可停泵。

☞ **106. 压缩机的流量调节方法有哪几种？**

① 压缩机出口节流；② 压缩机进口节流；③ 改变压缩机的转速；④ 进气管装导向片；⑤ 旁路调节。

☞ **107. 气压机组喘振如何处理？**

如果机组发生喘振，立即开反飞动控制阀，降低汽轮机转速，调整机组轴位移在正常范围内，防止因喘振造成轴位移大而引起联锁停机。真空度下降立即启用辅助抽气器，将汽轮机轴封密封蒸汽加大，直至汽轮机轴封呼吸冒出现蒸汽为止。同时检查复水器及附属管路有无泄漏。

☞ **108. 干气密封的工作原理是什么？**

干气密封又叫气体润滑非接触机械密封。当端面外径侧开设流体动压槽的动环旋转时，流体动压槽把外径侧(称之为上游侧)的高压隔离气体泵入密封端面之间，由外径至槽径处气膜压力逐渐增加，而自槽径至内径处气膜压力逐渐下降，因端面膜压增加使所形成的开启力大于作用在密封环上的闭合力，使在静止状态下保持接触的两端面分离并处于稳定的非接触状态。由中性高压隔离气体所形成的气膜完全阻塞了相对低压的密封介质泄漏通道，实现了密封介质的零泄漏或零逸出。可见，干气密封属于泵入式非接触密封结构。

☞ **109. 增压机组异常情况处理原则是什么？**

(1) 发现异常及时汇报，联系维修人员处理。

（2）需停机处理时应及时联系反应岗位，启动并切换至备用增压机，以便维持生产正常。

（3）待机组完全切出主风系统后，按正常停机步骤停机。

☞ 110. 增压机润滑油压力失常现象、原因及处理方法是什么？

（1）现象：低压力低报警；辅助油泵自启动。

（2）原因：主油泵效率低；油管线泄漏。

（3）处理：投用备用增压机；联系维修人员处理。

☞ 111. 增压机组喘振如何处理？

原因：系统出口压力超高，吸入流量不足。

处理：防止与消除喘振的根本措施是设法增加压缩机的入口气体流量，立即开大放空阀或入口阀，可使流经压缩机的气体流量增加，消除喘振。在升压、停机前，应当将放空阀预先打开一些，也可以由工艺调整，开大增压风至系统调节阀，以降低背压，增加流量，防止喘振。还应根据压缩机性能曲线，控制防喘裕度，防喘系统在正常运行时应当投入自动。升压之前一定要事先查好性能曲线，选好下一步的运行工况点，根据防喘振安全裕度来控制升压。

☞ 112. 提升管反应器有哪些形式？

反应器的主要作用是提供原料油和催化剂充分接触所需要的空间，并控制一定的反应温度和转化率，以达到所需要的产品分布。目前，反应器以提升管反应器为主，床层反应器很少。提升管反应器由上而下依次为沉降器、汽提段和提升管反应器。

提升管反应器有直提升管和折叠式两种。直提升管是一根直立的管子，从沉降器汽提段插入沉降器内。折叠式提升管设置在沉降器外，其上部拐90°直角插入沉降器稀相段。拐角处为避免气流的严重冲蚀而设有直角气垫弯头。提升管外壁管用碳钢制成，管内壁衬有约100mm的隔热耐磨衬里。

☞ 113. 提升管反应器的结构是怎样的？

大多数反应器采用上粗下细的变径提升管，由下而上依次为预提升段、进料段和裂化反应区。

预提升段用提升蒸汽(或干气)以及再生催化剂夹带的烟气将再生催化剂带到进料位置，线速一般为2~4m/s，该段流动状态类似于活塞流，催化剂密度约200~300kg/m^3时，提供良好的剂油接触条件。

大多数催化裂化装置提升管反应器采用侧壁进料(其余采用提升管底部进料)。沿提升管由下而上依此为新鲜原料、回炼油、回炼油浆、急冷水(含硫污水和除盐水)和急冷油(可以是粗汽油、轻柴油)进料喷嘴。

☞ 114. 提升管反应器进料喷嘴型式有哪几种?

按雾化原理的不同，常见喷嘴形式有靶式系列喷嘴、喉管系列喷嘴、均细两相流喷嘴、离心式喷嘴等。目前使用效果较好的高效雾化进料喷嘴，国内的主要有CS型、KH型、LPC型、BWJ型喷嘴，国外的有Kellogg和Mobil公司的ATOMAX型和UOP公司的OPtimix喷嘴等。

☞ 115. 靶式喷嘴的特点是什么?

靶式系列喷嘴的特点是原料油高速撞击金属靶破碎成液滴，在靶柱上形成液膜，再用高流速蒸汽掠过靶面，经锐边鸭嘴出口破坏液膜雾化。该型喷嘴压降较大，要求原料油喷嘴前具有较高压力(1~1.4MPa)。现在该型喷嘴已较少采用。

☞ 116. 喉管喷嘴的特点是什么?

喉管系列喷嘴的特点是利用收敛扩张喉道，提高流速，流体克服表面张力和黏度的约束，气液相速度差形成液膜，经锐边鸭嘴出口撕裂液膜而雾化。该型喷嘴是利用较高的气体速度将原料油拉成膜并雾化，因此对某一台喷嘴不管原料油负荷高低，要求雾化蒸汽量恒定(或只能在小范围内调节)，否则雾化效果降低。该型喷嘴特点：压降较小，雾化效果较好，结构简单不易堵塞。现在工业装置应用较多，如LPC、CS、CCK、KH系列喷嘴等。

☞ 117. 均细两相流喷嘴的特点是什么?

均细两相流喷嘴的特点是该喷嘴由内、外腔组成，内腔壁开有很多小孔。原料油进入喷嘴外腔，雾化蒸汽进入喷嘴内腔。蒸汽经内腔壁小孔喷向外腔，在外腔油相中形成多个细小气泡，以均细两相流形式流过外腔，由出口喷出，小汽泡膨胀爆破将原料油雾化。该型喷嘴具有压降较小、雾化效果好等特点。但要求蒸汽和原料油较清洁，开停工要严格保护，否则容易堵塞。

☞ 118. 离心式喷嘴的特点是什么？

离心式喷嘴的特点是原料油和雾化蒸汽在喷嘴混合腔内混合，在压力的作用下进入涡流器的螺旋通道，液体被碾成薄膜，冲击雾化。该型喷嘴具有压降较小，雾化效果较好，雾化蒸汽用量少等特点。如 BWJ 系列喷嘴。

☞ 119. 喷嘴数量如何确定？喷嘴是如何布置的？

根据装置规模大小，选偶数(如 2、4、6、8)，单台喷嘴处理能力为 2.5~45t/h，一般小型装置选 2 只，大中型装置选 4 只，大型、特大型装置选 6~8 只。

进料喷嘴在提升管侧面对称布置，与提升管中心线成 30°~45°夹角。数个喷嘴喷出的流体交汇在同一平面。某些装置为保证进料段设备制造质量，将进料段作为一项特殊设备单独制造。

☞ 120. 汽提段结构是怎样的？

新设计或改造装置多采用多级汽提(两级或三级)，汽提蒸汽量用量低(约 1.5kg/t 催化剂循环量)。采用新型环形汽提挡板(一般 8~10 层)，挡板与水平方向约成 30°，在挡板上与提升管同心垂直均匀安装数圈蒸汽喷嘴，以提高汽提蒸汽与催化剂的接触效果，提高汽提效率。待生催化剂出料口设有隔栅，在其下方设有滤焦区，可防止沉降器焦块脱落堵塞待生斜管。

☞ 121. 防焦蒸汽和汽提蒸汽应怎样布置？

重油催化裂化由于原料油重、反应温度高，沉降器结焦的倾向增加，防焦蒸汽的设计和操作也较以前更为重视。采用高过热度蒸汽，利用限流孔板控制流量进入沉降器。在沉降器顶部设置一环形分配管，朝上开数十个小孔，防焦蒸汽朝上喷出，然后反弹向下流动形成蒸汽垫，防止油气在顶部停留时间过长结焦。对于大型工业装置，由于单环分配管蒸汽分配不均匀，可将防焦蒸汽分4路进入沉降器，每路设限流孔板控制流量或设流量指示，防焦蒸汽分配环也相应改为4段，分别与4路蒸汽相连。这样可使分配环管不均匀程度大为减小。

采用两段汽提或三段汽提时设置两路或三路汽提蒸汽，分别设置流量控制。同轴式装置汽提蒸汽自沉降器下部引入然后延伸到汽提段中、下部位置。

☞ 122. 随着技术的发展，汽提段有哪些改进？

近几年汽提段改进有4方面内容：(1)采用两段汽提或三段汽提。待生催化剂仍有部分活性，催化剂夹带的烃在汽提段内将被裂化为气体和焦炭。催化剂颗粒间的油气汽提较容易，因此在汽提段的上部先进入一部分蒸汽，将该部分烃类尽快汽提出来，避免被裂化掉。在中部、下部再进入汽提蒸汽，将催化剂颗粒内孔道中的油气汽提出来。(2)改进挡板结构，在环形、锥形挡板上开气孔，在挡板下缘设裙板，使气体与催化剂逆流、错流接触，提高汽提效率。(3)增加汽提段长度，延长催化剂停留时间，使更多的吸附烃裂化为轻质烃和焦炭，并将轻质烃汽提出来，降低焦炭的氢含量，减轻烧焦负荷。(4)采用高温汽提，较高的温度有利于提高汽提效率。

☞ 123. 提升管出口快速分离器形式一般有哪些？

提升管出口快速分离器形式多种多样，如伞帽型、T形、弹射式、粗旋风式(粗旋)、三叶形、倒L形(折叠式提升管采用)等。近年来，国内新设计或新改造的重油催化裂化装置，为了减少二次裂化反应、提高目的产品的收率、减轻沉降器内结焦状况、保证装置长周期安全运行和提高重油处理能力，多采用直联式快速分离系统，如带“三臂旋流头快分-外部封闭罩-四层环形预汽提挡板-承插式气体导向管”结构的快速分离系统(简称VQS)、带预汽提挡板的粗旋(FCS)、VDS和VSS系统。

☞ 124. 粗旋的结构是怎样的？

粗旋入口直接与提升管出口相连，根据装置处理能力，粗旋个数可采用一个或几个。粗旋料腿出口插入沉降器密相床底部，采用象鼻式密封结构。重油催化裂化装置为了缩短反应油气在沉降器内的停留时间，粗旋升气管与沉降器顶旋采用软联接。粗旋分离效率在98.5%以上，沉降器内一般只设有一级旋风分离器即可满足生产要求。

☞ 125. 沉降器集气室的结构是怎样的？

油气集合分为内集气室和外集气室(管)两种。早期建设的装置多采用内集气室(现在仍有采用)，近期建设的装置以采用外集气室居多，原因是内集气室结构较复杂、油气停留时间长有死角。

无论是采用内集气室还是外集气室，都要在沉降器顶部设防结焦措施。早期装置在旋风分离器入口上部设有防焦板，封闭反应器顶部空间并在封闭腔通入防焦蒸汽。近期建设的装置取消了防焦板，在顶部死区位置设有防焦蒸汽分布管，直接通入防焦蒸汽在顶部形成汽垫避免油气停留时间过长结焦。加工重油的大型装置为避免蒸汽分配环管不均匀导致顶部结焦，将防焦蒸汽分配环分为4段，分别与器外4路蒸汽相连，每路单独控制。

☞ 126. 再生器的结构是怎样的？

常规再生器一般采用变径的大小筒再生器，筒体内衬100mm厚的隔热耐磨衬里。再生器由下而上主要是辅助燃烧室、主风分布器(分布管或分布板)、燃烧油喷嘴、待生催化剂分布器和集气室，在稀相段设有多组两级旋风分离器。对于重油催化裂化，一般还设有外取热器或内取热盘管。

与常规单段再生器相比，两段串联的再生器第一再生器(一再)与其大致相同，不同之处在于一再的半再生催化剂通过半再生立管用增压风送到第二再生器(二再)继续烧焦，主风分布器采用分布环。由下而上依次是辅助燃烧室、半再生催化剂分布器(如莲蓬式)、主风分布环和集气室。因二再操作温度较高，多采用两级多组外部旋风分离器。

烧焦罐式再生系统由烧焦罐、稀相烧焦管、再生器三部分组成。

☞ **127. 主风分布板的结构特点是什么?**

在聚式流化床中，气体趋于走中心部位，从而造成中央气速高，气泡聚积，周边气速低。为此，分布板做成中心凹下形，以增大气体通过中心部位的阻力，达到均匀布气的目的。但其球面曲率不宜过大，通常规定分布板中心凹陷深度最大约 83mm/m 直径。分布板开孔直径 12～25mm，孔间距近似相等。由于再生器一级旋风分离器(一旋)料腿出口靠近分布板，若其不加防倒锥，一旋料腿投影区内分布板不开孔，避免空气串入一旋造成一旋工作异常。但这会使高温催化剂在死区堆积，使分布板变形。

☞ **128. 主风分布管的结构特点是什么?**

与分布板相比，主风分布管结构简单，制造、检修方便、不易变形。新设计装置多采用分布管。分布管又分为环状分布管和树枝状分布管，如图 7-1 所示。

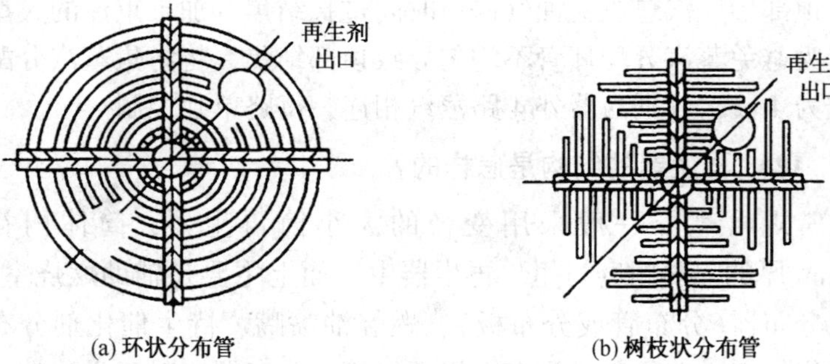

图 7-1　分布管示意图

环状分布管一般在辅助燃烧室来的主风管上焊有数根支管，支管间设环形分支管，其两端都焊在支管上。各分支管同心。

树枝状分布管由主管、支管、分支管组成。分支管一端焊在支管上，另一端封死为自由端。在分支管上设有空气喷嘴，喷嘴向下与垂直方向成 45°，靠近器壁的两排管(圈)只安装朝向床层中心侧的喷嘴。因喷嘴空气过孔速度大(约 60m/s)，为减少磨损，新设计的分布管，主管和支管外部都有耐磨衬里，将喷嘴短管伸入分支管内，在迎风方向开 45°坡口。此外，在主管和各分支管间加平衡管，使布风更为均匀。

☞ 129. 常用的旋风分离器有哪些？

随着旋风分离器技术的不断发展，催化裂化装置以往常用的 Ducon 和 Buell 等老式旋风分离器近几年逐渐改为 PV 型、Emtrol 型、GE 型等。PV 型旋风分离器是我国研究开发的产品，有完整的计算、设计方法和十余年的使用经验。其结构简单、制造方便，压降适中，效率高，能够满足 FCC 装置的需要，目前被 FCC 装置广泛采用。

☞ 130. PV 型旋风分离器结构特点是什么？

PV 型旋风分离器结构特点是筒体入口采用 180°涡壳，入口截面呈矩形，入口内侧板有一切进角。排气管插入合适深度，高径比适中，排料口直径大于内旋流直径，选择合适的截面系数和排料管直径等，一般效率大于 99.993%。

☞ 131. 旋风分离器如何布置？

旋风分离器按照分离程度的不同一般分为粗旋风分离器(粗旋)、高效旋风分离器和第三级旋风分离器(三旋)三种。

为保证高的催化剂分离效率，再生器的旋风分离器采用多组两级串联方式。再生器一级旋风分离器料腿出口一般安装防倒锥，伸到密相床下部流化稳定位置。二级旋风分离器料腿出口安装全封闭翼阀，也伸到密相床中上部流化稳定位置。有的烧焦罐再生器一、二级旋风料腿都安装全封闭翼阀，布置在二密相上方的稀相空间。串流烧焦罐再生器一、二级旋风料腿宜采用全封闭翼阀，并伸入到二密相床中流化稳定位置。粗旋风分离器料腿出口一般安装防倒锥(或采用防冲挡板)。

沉降器多采用提升管出口快速分离器与多组单级旋风分离器的组合形式。沉降器采用两级旋风分离器时，二级料腿催化剂量少、油气停留时间长易结焦，故通常采用单级旋风分离器。

☞ 132. 什么是溢流管和淹流管？

再生催化剂引出再生器，上进下出式采用淹流管，下进上出式采用溢流管。

溢流管是一个漏斗形立管，其上口与密相床料面平齐，靠近顶部有长方形槽口。其设在与待生催化剂入口成180°处，下部穿过主风分布器(当采用主风分布板时使用波形膨胀器密封)。

淹流管也是一个漏斗形立管，其上口埋于密相床内，料面平齐，淹流管上口无槽口。与溢流管相比，淹流管蓄压高，脱气效果好。

在烧焦罐式催化裂化装置上，再生催化剂出口在二密床底部器壁上，催化剂出口轴线与垂直方向成45°。

☞ 133. 再生器集气室的结构特点是什么？

为了适应较高的再生温度，避免集气室变形，新设计或新改造的重油催化裂化装置再生器多采用外集气室。外集气室的结构根据装置结构采用不同的管式结构，如同轴式装置正六边形的外集气室可做成环形管或直管形。

☞ 134. 再生器为什么要有衬里？衬里为什么要烘干？

再生器是一圆筒形焊接设备，其壳体一般是用A3碳钢制作。由于再生器的操作温度已超过碳钢所允许的温度以及壳体受到流化的磨损，因此一般要在壳体内壁敷设隔热层和耐热耐磨衬里，使实际壳壁温度不超过200℃并防止壳体的磨损。目前，大部分隔热层厚度为74mm，是由矾土水泥、轻质耐火黏土(或陶粒)以及蛭石配成。耐热耐磨层一般厚26mm，是由矾土水泥、矾土细粉和矾土热料配成。为了防止耐磨层的剥落，一般都采用20×1.75mm的扁钢带(1Cr13)冲成的六角形格网(龟甲网)来加固。

耐热耐磨衬里是由矾土水泥、矾土细粉和矾土熟料加水搅拌后，人工(或机械)涂抹或喷涂到设备上去的，如果不烘干就直接使用，高温会使衬里中水分升温汽化太快而使衬里破坏。

☞ 135. 龟甲网双层衬里的特点是什么？

目前常用的衬里有3种：龟甲网双层衬里、无龟甲网双层衬里、无龟甲网单层衬里。

龟甲网双层衬里是一种传统的衬里结构，经改进后抗压强度和使用寿命大幅度提高，目前仍用于两器的某些部位。隔热层一般厚度为69~99mm，采用矾土水泥为胶结剂，陶粒和蛭石为骨料。耐磨层厚度一般为26~31mm，用纯铝酸钙水泥为黏结剂，具有导热率低，强度高耐磨性好、密度高气孔率低，有更好的耐渗透性等优点。缺点是龟甲网在成型与焊接时存在一定的缺陷和残余应力(尤其是在再生器高温、曲率变化大的部位，端板与龟甲网间的焊接应力较大)，易变形、翘曲、开裂、脱落。

☞ 136. 无龟甲网单层衬里的特点是什么？

无龟甲网单层衬里是近年应用普遍的一种衬里。其性能介于隔热和耐磨材料之间，用锚固钉固定于器壁、钢丝纤维增强既隔热又耐磨。适用于流速较低的高温部位(如再生器等大型容器)。优点：简单、整体性好，施工周期短、使用周期长，不易鼓包。近几年开发了高强度材料，也适用于斜管和提升管Y型结构。

☞ 137. 无龟甲网双层衬里的特点是什么？

无龟甲网双层衬里是由强度、膨胀系数均不相同的两层材料组成，耐磨层与隔热层容易脱离(尤其是施工质量不保证时)。整体性差，目前较少采用。

☞ 138. 如何选用衬里？

再生器(包括一再、二再)、烧焦罐、三级旋风分离器和外取热器筒体宜采用无龟甲网单层衬里。沉降器、提升管、斜管和烟道等宜采用龟甲网双层衬里。一、二级旋风分离器、粗旋风分离器、稀相管、料腿、空气分布器等内件采用龟甲网或Y型保温钉的磷酸盐为胶黏剂的高耐磨单层衬里结构。沉降器不宜采用无龟甲网单层衬里，原因是单层衬里密度低，气孔率较高，油气易渗透、渗碳结焦膨胀使衬里脱落。龟甲网双层衬里的耐磨层密度高，气孔率低，具有更好的耐渗透性，能适应540℃工作条件。

☞ 139. 衬里施工时应注意什么？

提升管Y型部位和双动滑阀、蝶阀出口部位有高速气流冲蚀容量损坏，在建设和操作中应特别注意。提升管Y型部位采用密度大的单层衬里，保温钉加密，应用振捣法立置施工。双动滑阀、蝶阀出口耐磨层采用高耐磨刚玉衬里料(AA 级或 AB 级)并掺入不锈钢纤维，增加厚度，电热带预先烘干再投用，避免开工期间尚未达到硬度指标被高速气流冲掉。

☞ 140. 辅助燃烧室的结构形式是怎样的?

辅助燃烧室有立式和卧式两种形式。由带有夹套的筒体组成，内筒是炉膛，炉膛内衬高铝耐火砖。辅助燃烧室底盖上装有油气联合喷嘴，立式辅助燃烧室喷嘴垂直向上，卧式辅助燃烧室喷嘴水平安装。瓦斯喷嘴有单喷嘴和环形喷嘴两种。从辅助燃烧室进入再生器的主风，一次风进入辅助燃烧室炉膛，其余主风(二次风)从其环形夹层进入，夹层中有螺旋导向板，在夹层出口二次风与一次风(或高温烟气)混合。

☞ 141. 重油催化裂化常用的三级旋风分离器有哪些?

国内外均采用高效多管式三旋，以满足大气量、高温下的除尘要求。目前，国内用于重油催化裂化三旋主要有四种结构形式：立置多管式、卧式多管式、布埃尔式和旋流式。

☞ 142. 立置多管式旋风分离器的结构是怎样的?

立置多管式旋风分离器主要由壳体、中心管膨胀节、吊筒和若干根旋风分离单管组成。立管式分离单管一般采用导向叶片轴向进气式，它由导向叶片(旋风子)、分离管、升气管、排尘结构等组成。分离单管安装固定在上、下分离隔板上，隔板把吊筒分割成集气室、气体分配室和集尘室。分离器工作时，烟气由入口进入气体分配室中，再分配到各旋流风分离单管内，经导流叶片分离净化后的烟气由升气管进入集气室，后经烟气出口排出，分离出的粉尘则经排尘结构排入集尘室。

☞ 143. 卧管式多管三旋的结构是怎样的?

卧管式多管三旋的结构：PIM 型卧管式多管三旋由不同直径的两个圆筒及一个圆锥体组成的三个不同的压力空间，形成进气室、排尘室及净化气排出室。上部为球形封头或椭圆形封头，以尽量减少上部的无用空间及设备的高度。旋风单管按向下倾斜

10°~20°布置，以使相邻上下两排旋风单管的排尘口及排气口均相互错开，以减少相互间的干扰，且分多排沿圆周方向均匀分布。含尘气先在进气室内对其中的粗颗粒进行惯性预分离，再进入各排旋风单管，总进气口为直切进气，以利用其能量，通过切向旋转的离心力作用，加强对粗颗粒的惯性预分离，即进气室的上部近似于直切式旋风分离器的上部结构形式。被分离出的粉尘进入排尘室，净化气从中央排出室排出。

☞ 144. 卧管式三旋与立管式三旋相比，有何优缺点？

由于卧管式三旋进气室具有惯性预分离作用，当再生器运转不正常导致大量催化剂涌入卧管式多管三旋或衬里脱落时，不会影响各旋风单管的正常工作。同时卧管式多管三旋是由结构对称的同心圆筒和圆锥构成，且筒内均可自由膨胀伸缩，故能承受较大的温度波动及短期超温，而不易发生变形或开裂现象。由于旋风单管沿圆周方向卧式布置，使三旋壳体直径较小。对不同的处理量，只需通过增减旋风单管的排数，即改变高度的设计方法就可实现。

卧管式三旋总体制造工艺优于立管式三旋，但旋风管的安装较立管式三旋复杂，且施工空间小，检修、维护以及旋风管的更换较为困难。

☞ 145. 卧管式三旋布置时要注意什么问题？

在旋风单管布置时要注意，因为实际上每根旋风单管的压降不可能完全一致(需严格控制压降的偏差不大于5%)，旋风单管的排列还应以自上而下每排旋风单管的压降逐渐有所减小的顺序排列，以有利于各排旋风单管进气量的均匀分布。

☞ 146. 降压孔板的结构是怎样的？

根据工艺条件降压孔板内一般设3~6块多孔板，支承板采用椭圆封头结构，每块降压孔板按压力降要求安装几根至十几根耐磨短管。由于气体压力降低流速增加，为避免冲坏衬里，降压孔板设备直径要大于烟气管道直径。此外为便于检查和维修，降压孔板前后安装有人孔和压力表。见图7-2。

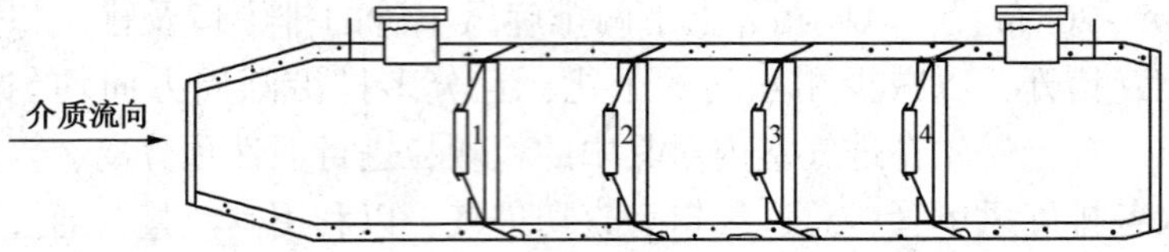

图 7-2　降压孔板示意图

☞ 147. 什么是恒力弹簧?

恒力弹簧适用于电站管道、化工装置和其他需要减少位移应力的地方。恒力弹簧吊架主要由圆柱螺旋弹簧、固定框架、回转框架和弹簧套筒等组成。

工作时，以力矩平衡原理为基础，由固定在固定框架上的圆柱螺旋弹簧来完成平衡系，当外载荷作用于回转框架产生位移时，回转框架将以吊架主轴为中心转动某一角度后停止。此时，外力矩与弹簧力矩相平衡，使位移应力适当减少。

☞ 148. 膨胀节有哪些类型?

膨胀节按其形状可以分为以下几种类型:

(1) 轴向膨胀节;

(2) 铰链型膨胀节;

(3) 平衡环型膨胀节;

(4) 复式膨胀节;

(5) 压力平衡型膨胀节。

☞ 149. 如何防止 U 形波纹管膨胀节穿孔?

防止 U 形波纹管膨胀节穿孔要注意:

(1) 选超低碳不锈钢或双向不锈钢(或 Mo2Ti 钢，加稳定元素)代替 18-8 材质。

(2) 波纹管制造成形后应进行稳定化热处理，提高钢材抗晶间腐蚀能力。

(3) 取消冷却蒸汽。

(4) 提高膨胀节制造质量。

(5) 设计时一定要防止膨胀节受剪力。

☞ 150. 如何预防再生设备的腐蚀开裂？

预防再生设备的腐蚀开裂要注意：

（1）提高装置的壁温。根据发生开裂装置均为高露点的烟气设备的情况，将设备的壁温提高至烟气的露点以上（如160～170℃），可避免开裂现象的发生。

（2）消除设备的残余应力。在设备安装及检修施工中，应尽量消除设备的残余应力，以减少应力腐蚀开裂的可能性。对于新建装置，设计时应避免应力集中的结构，施工时避免强行组配，施工后进行消除应力处理。

（3）注意设备选材。在已发现应力腐蚀开裂的装置中，多数设备的壳体材质为16MnR或SPV36。这些钢材的强度级别较高，易发生应力开裂，故在设计选材时要尽量避免。应选用强度级别较低的钢材作为设备壳体材料，以减小应力腐蚀开裂发生的可能性。

（4）控制操作条件，降低烟气中SO_3气体的含量，进而降低烟气露点。由于已发生应力腐蚀开裂的设备均为高烟气露点的设备，都存在少量的SO_3气体，故可以从降低烟气中SO_3含量上调整操作条件，以降低烟气露点。可采取的措施：降低烟气中的过剩氧含量，保证烟气中有一定量的NH_3气；进行原料油的预处理，降低原料中硫、氮及钒的含量。

（5）使用硫、氮转移催化剂或助剂，降低烟气中SO_x和NO_x气体的含量。通过使用硫、氮转移催化剂或助剂，可使原料油中的硫、氮元素更多地以H_2S及NH_3的形式进入干气，从而降低烟气中的SO_x和NO_x的含量。这样既可以减缓应力腐蚀开裂的速度，又可以减小因烟气排放造成的环境污染。

☞ 151. 什么是特种阀门？

集机械、电气、仪表与一体的阀门称为特种阀门。特种阀门在石油化工生产中起着巨大的作用，特别在炼油过程的催化裂化装置中，作用为其他类型的阀门不可替代，在反应-再生、主风及烟气能量回收等系统中起着调节、切断作用。目前应用于催化裂化装置的特殊阀门主要有塞阀、滑阀、蝶阀及特殊材质阀门等。

☞ 152. 特种阀门的性能优点是什么?

(1) 能实现几种不同的操作模式，以确保装置可靠运行。

(2) 液压元件集成度高，故障率低。

(3) 液压控制元件多为射流管式电液伺服阀，抗污染力强，寿命长，性能可靠。

(4) 推力大、运行平稳、噪音低、耐高温、耐磨损、耐腐蚀、动作迅速、可靠性强、控制灵活等。

☞ 153. 电液滑阀与气动滑阀相比有什么优点?

电液滑阀与气动滑阀相比有以下优点:

(1) 灵敏度高、响应速度快。电液滑阀的控制信号为电讯号传输，响应速度快，不像气动滑阀有滞后现象。原气动滑阀在小信号和阀位接近全关位置时，滑阀灵敏度很低、调节性能也差。而采用电液滑阀后，在小信号及接近全关位置时仍然具有很高的灵敏度。在开工过程中，缩短了装置达到稳定的时间。(2)推动力大、行程速度快、调节平稳。电液滑阀的推动力比气动滑阀执行机构大好多倍，在输入信号变化不足 0.25%时就能达到最大推力。消除了气动滑阀经常出现的卡阻现象。行程速度是气动阀的 5 倍以上，且操作过程平稳。

(3) 具有自保和锁位功能。当输入信号丢失时，在主控室有声光报警，同时使阀就地锁位，可避免因信号丢失而引起的生产波动。

(4) 控制精度得到了提高。电液滑阀较气动滑阀在控制精度上有了大幅度提高，使再生压力及差压调节控制平稳，减少波动，对催化剂的跑损能起到一定的缓解作用。

(5) 阀体外壳材质有所改进。壳体由不锈钢改为碳钢，有利于与管道的焊接。由于阀体内部结构的改进，使得抗冲刷性、耐磨性均比气动滑阀有所提高。

☞ 154. 冷壁滑阀的结构特点是什么?

冷壁滑阀是按冷壁结构设计的一种新型滑阀，阀体材质采用碳钢，外部不加保温，内部衬隔热耐磨双层衬里，其主要特点：

(1) 外壁温度低，热损失小，改善了滑阀附近的环境条件。

(2) 仅需更改滑阀内件即可满足更高操作温度的要求。

(3) 阀盖采用标准圆形法兰，无泄漏问题。

(4) 便于现场与管线的焊接安装，质量易保证。

(5) 降低了外壁的热膨胀和热应力，有利于管线设计。

☞ **155. 冷壁滑阀的本体部分的主要部件是什么？**

冷壁滑阀阀体部分主要由阀体、阀盖、节流锥、阀座圈、阀板、导轨和阀杆等部件组成。

(1) 阀体。冷壁单双动滑阀的阀体为 20g 或 16MnR 钢板焊接的圆形同径三通和异径四通结构。阀体内部衬有无龟甲网隔热耐磨双层衬里。阀体的安装采用焊接形式，并与安装管线采用相同内径的同类材料连接。现场焊接方便、质量易保证，且介质流动平稳，避免了变径处衬里的局部磨损。双动滑阀结构见图 7-3 所示。

阀体与阀盖连接采用标准圆形法兰结构，其受力均匀，密封面加工质量易保证，并配用标准缠绕垫片，密封可靠，解决了原热壁滑阀矩形法兰容易泄漏的问题。

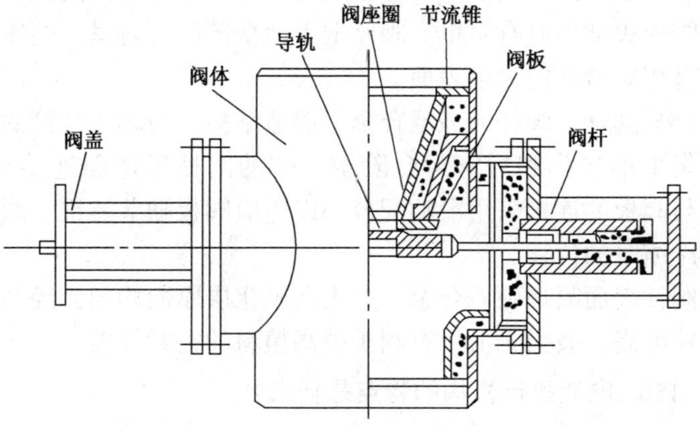

图 7-3 双动滑阀结构简图

(2) 阀盖。阀盖采用组焊结构，材质与阀体相同。阀盖法兰内表面衬有单层衬里。阀盖法兰两侧和填料函上分别设有导轨和阀杆的吹扫口，正常操作时通入吹扫风，以防催化剂阻塞阀板和阀杆。

阀盖上的填料函采用串联填料密封结构，即在一个填料函内串联装入两种不同材料和规格的填料，内侧为备用填料，外侧是工作填料。正常操作时，备用填料松套在阀杆上，并不压紧，当工作填料失效或需要更换时，可通过填料函上备用填料外的注入口向内注入液体填充，将备用填料充实并压紧，使该填料起到密封作用，在阀门正常调节状态下，可方便地更换外侧的工作填料。

(3) 节流锥。节流锥位于阀体内部，是滑阀的重要受力部件，它承受介质压差及阀座圈、导轨和阀板等的全部重量。由于处在高温区，节流锥用高温合金钢铸造，与碳钢阀体的连接采用螺栓连接结构，节流锥上端法兰坐落在焊于阀体的碳钢环形座圈上，用螺栓固定及导向。

(4) 阀座圈、阀板与导轨。冷壁滑阀的阀座圈和导轨采用可预组装的整体结构形式。为避免高温介质对导轨的直接冲刷，导轨远离阀口布置。

阀座圈、阀板和导轨均为高温合金钢铸造结构。导轨采用L形截面，结构简单，便于喷焊硬质合金和磨削加工。阀座圈的阀口和阀板头部均衬有衬里。阀座上表面全部衬有衬里，阀座圈与阀板有相对滑动的衬里表面。

(5) 阀杆。阀杆为高温合金钢锻造结构，与阀板连接的头部采用集T形接头和后密封台阶于一体的圆柱形球面连接形式。阀杆与阀板的连接采用滑动配合，以适应阀板随节流锥、阀座圈热胀冷缩时的位移。

阀杆表面喷焊硬质合金，其表面硬化层厚而均匀，经磨削后几何精度高，表面光滑，有利于提高填料的密封性能。

☞ 156. 电液执行机构的特点是什么？

电液执行机构具有控制灵敏、精度高、输出推力大、行程速度快、自保动作迅速、响应速度快、无滞后、动作平稳、无振荡、无噪声等特点。

☞ 157. 电液执行机构的结构是怎样的?

电液执行机构的结构：电液执行机构主要由液压系统(包括伺服油缸)、电气控制系统和手动机构三大部分组成。电气控制系统与液压系统(伺服油缸除外)组成一个单独的控制柜，可以放在阀门平台附近的适当位置，手动机构和伺服油缸(含传感器组件)直接与阀体相连接。电液控制柜与伺服油缸之间的压力油用高压软管连接。其各部分的结构如下：

(1) 液压系统。液压系统由动力油站、蓄能器系统、集成油路系统、伺服油缸和液压管件等组成。

液压系统的压力油由电机直接驱动的变量式叶片泵提供(并备用1台)，经过滤器、各类控制阀、集成油路系统伺服油缸带动阀杆实现阀板的往复运动。蓄能器系统是液压系统的辅助压力油源，主要用于系统稳压和补充滑阀快速动作时用油，并作为备用压力油源维持系统操作。

(2) 电气控制系统。电气控制系统主要由电气控制箱、传感器、油路控制箱和接线盒等组成。

电气控制箱由伺服放大器、操作按钮和铝合金箱式隔爆外壳组成。

位移传感器采用直流差动变压器式直线位移传感器，油路控制箱由电液伺服阀、电磁阀等组成。

(3) 手动机构。手动机构主要由支架、滑块、螺杆、开合螺母、蜗轮、蜗杆和手轮等组成。该手动机构为偏心式单螺杆结构，手动与液动的相互切换通过开合螺母完成，需手动时，首先将液压系统置于手动机械操作状态，压下离合手柄，转动手轮即实现手动操作。

☞ 158. 电液执行机构的工作原理是什么?

电液执行机构的电气控制系统输入端接受4~20mA的输入信号，经规格化处理转换成0~10V电压信号，并同时接受位移传感器检测到的实际阀位信号经处理后也转换成0~10V电压信号，二者在伺服放大器中进行比较，其差值经放大后作为电液伺服阀的指令信号，驱动伺服阀、控制伺服油缸按指定的方向运动，油缸活塞杆的移动带动阀板移动，直到输入信号与反馈信号偏差为零，伺服阀控制信号为零，无液压油输出，使滑阀停止在与输入信号相对应的位置上，达到位移与信号平衡为止。

☞ 159. 电液执行机构有哪些操作方式？

根据工艺过程对双动滑阀控制的要求，电液执行机构操作方式如下：

(1) 中央控制室操作：① 自控：输入信号来自于工艺过程控制器；② 遥控：输入信号来自于手操器；③ 紧急操作：输入信号来自于装置事故自保联锁信号。

(2) 就地操作：输入信号现场人工给定。

(3) 手动液压操作：现场操作换向阀。

(4) 手动机械操作：现场转动手轮。

☞ 160. 电液执行机构使用功能有哪些？

电液执行机构具有故障锁位、报警、显示、正反作用选择、零位、行程和速度调整等功能。

锁位功能：当电气控制系统出现输入信号丢失、反馈信号丢失和跟踪丢失时，执行机构就地锁位。

报警及就地灯光指示功能：就地设有单项报警指示灯，同时在主控室也设有声光报警。

显示功能：显示偏差、位置、反馈、输入、正电源、负电源等信息。

正反作用选择功能：可根据工艺操作要求，选择不同的作用方式，如双动滑阀为反作用。

零位调整功能：可将 4mA 输入信号对应的起点位置调整在阀全行程的任意位置。

行程速度调整功能：可根据需要分别调整开阀、关阀速度。

自保功能：装置事故自保联锁动作时，接通电源，滑阀动作。

☞ **161. 电液滑阀报警有哪些？**

电气及液压系统一般设有以下报警：① 输入信号丢失；② 反馈信号丢失；③ 跟踪丢失；④ 备用蓄能器压力低；⑤ 液压系统压力低；⑥ 油温高；⑦ 油温低；⑧ 过滤器差压高；⑨ 油箱液位低；⑩ 自保投用：装置紧急自保。

以上报警除就地设有单项报警指示灯外，同时在主控室也设有声光报警。

☞ **162. 油站柱塞泵不输油有哪些原因？如何处理？**

（1）原因：① 泵轴不转动；② 泵轴反转。

（2）对应故障原因处理，机械故障联系维护人员处理。

☞ **163. 油站柱塞泵噪音大有哪些原因？如何处理？**

（1）原因：① 抽空严重；② 吸入气泡；③ 泵运转不良；④ 泵的机构问题；⑤ 泵的安装问题。

（2）对应故障原因处理，机械故障联系维护人员处理。

☞ **164. 油站柱塞泵出油量不足有哪些原因？如何处理？**

（1）原因：① 容积效率低；② 有吸气现象；③ 泵内部结构不良。

（2）对应故障原因处理，机械故障联系维护人员处理。

☞ **165. 油站柱塞泵压力不足或压力升不高有哪些原因？如何处理？**

（1）原因：① 漏油严重；② 电机功率过小。

（2）对应故障原因处理，机械故障联系维护人员处理。

☞ **166. 油站柱塞泵压力不稳、流量不稳定有哪些原因？如何处理？**

（1）原因：① 有吸空现象；② 液压油脏；③ 泵装配不好；④ 泵的结构不好。

（2）对应故障原因处理，机械故障联系维护人员处理。

☞ **167. 油站柱塞泵异常发热有哪些原因？如何处理？**

（1）原因：① 装配不良；② 油脏；③ 进油管故障；④ 溢

流阀问题；⑤ 外界温度高；⑥ 内部泄露严重。

（2）对应故障原因处理，机械故障联系维护人员处理。

☞ 168. 油站柱塞泵轴封漏油有哪些原因？如何处理？

（1）原因：① 安装不良；② 油封本身缺陷；③ 容积效率低。

（2）对应故障原因处理，机械故障联系维护人员处理。

☞ 169. 射流管电液伺服阀作用是什么？

射流管电液伺服阀作用是将功率很小的输入信号，转换为功率较大液压输出量，用以控制液压执行机构的工作。

☞ 170. 液压缸不动或慢慢爬行的原因是什么？如何处理？

（1）原因：① 外线圈断路；② 两个线圈极性相反；③ 滤油器堵塞；④ 无信号输入。

（2）检查故障原因对应处理，部件损坏进行更换。

☞ 171. 电液伺服阀动态响应低，系统响应差的原因是什么？如何处理？

原因是油脏，滤油器堵塞。要清洗更换电液伺服阀。

☞ 172. 电液伺服阀流量输出偏小的原因是什么？如何处理？

（1）原因：① 阀芯被卡；② 系统供油压力低；③ 单线圈工作；④ 滤芯部分堵塞。

（2）处理：检查、清洗、更换堵塞或损坏部件。

☞ 173. 电液伺服阀分辨率大的原因是什么？如何处理？

（1）原因：① 滤油器堵塞；② 阀芯被卡；③ 系统指令信号反向；④ 系统引入干扰信号。

（2）处理：检查、清洗、更换堵塞或损坏部件。

☞ 174. 电液伺服阀零偏大的原因是什么？如何处理？

（1）原因：① 调零方向不对；② 射流管喷嘴堵塞；③ 接受器堵塞；④ 滤油器堵塞。

（2）处理：检查、清洗、更换堵塞或损坏部件，重新调零。

☞ **175. 电液伺服阀外部漏油的原因是什么？如何处理？**

(1) 原因：① 密封圈老化；② 其他把紧螺栓松动。

(2) 处理：检查、更换相应部件。

☞ **176. 伺服液压缸的作用是什么？**

伺服液压缸是把液压能转换成机械能的元件，液压缸用过一段时间后，容易磨损，密封失效，进而发生故障。

☞ **177. 伺服液压缸活塞杆不动作的原因是什么？如何处理？**

(1) 原因：① 力量不足；② 压力达到要求，但仍不动作。

(2) 处理：根据故障相应原因检查排除故障。

☞ **178. 伺服液压缸速度达不到规定值的原因是什么？如何处理？**

(1) 原因：① 泄露严重；② 外载过大；③ 活塞移动时不顺畅，装配质量差；④ 脏物进入滑动部位；⑤ 活塞缸内漏严重。

(2) 处理：根据故障相应原因，检查、更换、重新清洗、装配相应部件。

☞ **179. 液压缸产生爬行的原因是什么？如何处理？**

原因：

(1) 液压缸活塞杆运动、摩擦阻力大；

(2) 缸内进入空气。

处理：根据故障相应原因，检查、更换相应部件或做排气处理。

☞ **180. 液压缸油外漏的原因是什么？如何处理？**

(1) 原因：① 装配不良；② 密封件质量太差；③ 油的黏度过低；④ 油温过高；⑤ 高频震动；⑥ 活塞杆拉伤。

(2) 处理：根据故障相应原因，检查、更换相应部件或做减振处理。

☞ **181. 待生、再生、双动滑阀易发故障有哪些？如何排除？**

待生、再生、双动滑阀故障主要表现在阀板卡涩、轨道损坏、紧固螺栓和阀杆断裂、阀板脱落、密封泄漏几个方面。

产生卡涩主要原因是由于催化剂块或焦块进入轨道，造成阀板与轨道挤住而不能动作。一般用液压手动操作不能解决问题。此时，将阀门切换到机械手动，卸掉系统油压，大幅度开关阀门，将催化剂块或焦块碾碎或挤出轨道，开关自如后，将阀门投自动操作。

轨道损坏主要是催化剂磨损或介质温度控制过高引起，造成阀板卡涩或阀板脱落。导轨固定螺栓因腐蚀等原因发生脆断，导致导轨脱落。阀杆由于反吹风过大，吹扫部位不当，使其与阀板连接部位出现断裂。合理控制工艺操作能防止此类故障的发生。

密封泄漏主要是密封失效或吹扫蒸汽、吹扫风控制不合理，操作时注意检查，并合理控制吹扫蒸汽、吹扫风量，就会避免此类故障的发生。

☞ 182. 双动滑阀的作用是什么？

双动滑阀安装在再生器出来的大烟气管道上。阀内有两块向相反方向移动的阀板，分别由两个驱动机构带动。双动滑阀的主要作用是通过调节它的开度来控制再生器的压力，使再生器与反应器的压力差维持在某个稳定值。除了调节两器差压外，在发生事故时，可通过双动滑阀放空以防止再生器超压。

有的装置采用烟气轮机后，与烟机入口高温蝶阀一起分程控制再生器压力，当装置开、停工或烟气轮机停机时，单独控制再生器压力。正常时，用烟机入口蝶阀控制再生器压力，双动滑阀关至最小；而在发生事故时，自动由双动滑阀来调节再生器压力或两器差压。

☞ 183. 双动滑阀为什么关不严？

双动滑阀即使在全关时，也因留有一空隙而关不严。这是为了防止因双动滑阀全关而使再生器超压，引起恶性事故。这一空隙是根据主风机停机后，再生器内的事故蒸汽量和其他蒸汽量一并考虑设计的。

☞ 184. 主风和烟气管线为什么选用蝶阀控制？

蝶阀适用于压差低、流量大的气体，以及含有固体悬浮物的流体场合。

主风和烟气管线上的调节阀，要求其压降尽可能地低，以减少能量的浪费；主风和烟气流量很大，管线很粗，如果用直通双座调节阀，调节速度较慢，价格较大；烟气中含有催化剂粉末。由于主风和烟气管线有以上3个特点，故采用蝶阀较为合适。

☞ 185. 待生塞阀的作用是什么？

待生塞阀安装在同轴式再生器底部，阀头直接探入再生器内并与安装在再生器内的待生立管上的阀座相接触，正常操作时用来控制沉降器催化剂的藏量，在装置开停工或故障时兼作切断阀使用。该阀配有分离式塞阀电液执行机构，具有结构先进、控制精度高、响应速度快、灵敏度高、输出推力大等特点，还具有自动吸收立管膨胀、补偿立管收缩和推力超限报警功能。

☞ 186. 塞阀的结构是怎样的？

塞阀主要由阀体部分、传动部分、定位及阀位变送部分和补偿弹簧箱组成。阀体又包括阀座、阀头和阀杆。

☞ 187. 塞阀的阀体部分有哪些部件组成？

阀体部分主要由阀体、节流锥、阀座圈、阀头、阀杆和填料函等组成。

☞ 188. 塞阀一般性故障的原因是什么？如何处理？

(1) 原因：① 阀头磨损严重或偏心；② 吹扫蒸汽(风)压力波动，蒸汽带水，阀杆被催化剂堵塞，动作不灵活；③ 净化风(动力风)压力低于0.35MPa，塞阀不动作；④ 再生温度急剧上升，待生塞阀被待生立管顶坏。

(2) 处理：① 调整汽提段藏量、两器差压和阀位开度；② 平稳蒸汽、风压力，切换吹扫介质，蒸汽脱水处理，疏通堵塞管线；③ 塞阀改手摇，联系空压站提高净化风压力；④ 立即手摇塞阀，迅速降温，防止塞阀卡坏。

☞ 189. 离心泵的启动步骤是怎样的？应注意什么问题？

(1) 启动前的准备：

① 认真检查泵的入口管线、阀门、法兰和压力表接头是否

安装齐全，符合要求；冷却水是否畅通，底脚螺丝及其他连接部分有无松动。如有自冲洗，打开自冲洗阀。

② 向轴承箱加入润滑油(或润滑脂)，油面处于轴承箱液面计的三分之二。

③ 盘车，检查转子是否轻松灵活，检查泵体内是否有金属碰击声或摩擦声。

④ 装好靠背轮防护罩。严禁护罩和靠背轮接触。

⑤ 清理泵体机座，搞好卫生工作。

⑥ 开启入口阀，使液体充满泵体。打开放空阀，将空气赶净后关闭。若是热油泵，则不允许开放空阀赶空气，防止热油窜出自燃。

⑦ 热油泵在启动前，要缓慢预热。应使泵体与管道同时预热，使泵体与输送介质的温差在50℃以下。

⑧ 热油泵引封油前必须充分脱水。

(2) 离心泵的启动：

① 泵入口阀全开，出口阀全关。启动电机，全面检查机泵的运转情况。

② 当泵出口压力高于操作压力时，逐步开出口阀门，控制泵的流量、压力。

③ 检查电机电流是否在额定值以内。如泵在额定流量运转而电机超负荷时，应停泵检查。

④ 热油泵正常时，应打入封油。封油压力高于泵体压力0.10MPa以上。

(3) 应注意以下问题：

① 离心泵在任何情况下都不允许无液体空转，以免零件损坏。

② 离心热油泵一定要预热，以免冷热温差太大，造成事故。

③ 离心泵启动后，在出口阀门未开的情况下，不允许长时间运行，应小于1~2min。

④ 离心泵决不允许用入口阀门来调节流量，以免抽空。应该用出口阀门来调节流量。

☞ 190. 怎样进行离心泵的切换?

离心泵的正常切换步骤如下:

(1) 备用泵启动之前应做好全面检查及启动前的准备工作。热油泵应处于完全预热状态。

(2) 开泵入口阀，使泵体内充满介质。用放空排净空气，热油泵则不允许放空。

(3) 启动电机，然后检查各部分的振动情况、轴承的温度，确认正常。当电流稳定，泵体压力高于正常操作压力时，逐步将出口阀门开大，同时相应将正泵阀门关小直至关死，并停泵。热油泵应做好预热工作。

☞ 191. 离心泵的作用原理是什么?

离心泵在工作时，叶轮由电机或蒸汽轮机等原动机驱动作高速旋转运动，迫使叶片间的液体作近于等角速度的旋转运动。同时，因离心力的作用，使液体由叶轮中心向外缘作径向运动。液体在叶轮内运动的过程中获得能量，并以高速离开叶轮外缘进入蜗形泵壳。在蜗壳中，由于流道的逐渐扩大而减速，又将部分动能转化为势能，最后沿切向流入出口管道。在液体被迫由叶轮中心推向外缘的同时，在叶轮中心形成低压，使液体能依靠吸液处和叶轮中心的势能差而源源不断地吸入叶轮。这就是离心泵的作用原理。

☞ 192. 什么是离心泵的汽蚀？它有什么危害?

如果叶轮进口处压力达到输送液体的饱和蒸气压时，液体就会汽化。体积骤然膨胀，扰乱叶轮进入口处液体的流动。大量气泡随液体进入高压区后又被压缩，突然凝结消失。在气泡凝结的一瞬间，周围液体以极大的速度冲向气泡中心的空间，在这些气泡的中心点上产生很高的局部压力，不断打击叶轮表面，使叶轮很快损坏。这种现象叫做离心泵的汽蚀。

离心泵发生汽蚀时，泵体发生震动、发出噪音；泵的流量、扬程和效率明显下降，泵无法正常工作，甚至损坏。

☞ 193. 什么是离心泵的汽蚀余量?

要使泵运转时不发生汽蚀，必须使单位质量的液体在泵吸入口处具有的能量超过液体的汽化压强，足以克服液体流到泵内压强最低处的能量损失。离心泵的汽蚀余量就是指泵吸入口处单位质量液体所具有的超过汽化压强的富余能量。离心泵的汽蚀余量的单位通常用米液柱表示。

☞ 194. 什么叫离心泵的“气缚”？

泵启动时，假如泵内存在空气，由于空气的密度比液体的密度小得多，产生的离心力亦小，此时叶轮中心只能造成很小的低压，形不成所需要的压强差，液体不能进入叶轮中心，泵也就送不出液体，这种现象叫做“气缚”。

☞ 195. 为什么不能用冷油泵打热油？

冷油泵不能打热油的原因如下：

（1）冷、热油泵零件的材质是不一样的。如冷油泵泵体、叶轮是铸铁的，而热油泵泵体、叶轮是铸钢或合金钢的。铸铁零件不能在高温下工作。

（2）冷油泵口环间隙小，热油泵由于膨胀的缘故，口环间隙大。若用冷油泵打热油，在高温下口环间隙变大，叶轮和泵壳易产生磨损。

（3）热油泵可以上下左右自由膨胀。若用冷油泵打热油，由于膨胀不均匀。泵轴中心就会抬高，与电机轴不同心，会造成运转中的振动、杂音及磨损。

（4）热油泵的轴封比较复杂而且还要打封油。如用冷油泵打热油，密封装置损坏，热油流出，容易发生火灾。

☞ 196. 热油泵如何预热？

（1）凡热油备用泵，平时均需处于热备用状态。即由泵出口预热管进油，通过泵体后由入口预热管排出到泵入口管线进入运行泵。切换泵时，随时可以启动。

（2）如果备用泵要进行检修则不预热，需把泵内液体排净或扫空，泄压至零。检修完后，及时转入热备用状态。

（3）处于预热的泵填料箱（大盖）冷却水套一定要通入冷却水，以免高温损坏零件、填料或造成泄漏，必要时可打上少量的封油。

(4) 热油还可以从出口进泵内，再通过入口管线进行预热。但绝对不允许倒转。

(5) 为使备用泵预热时不发生运转泵抽空，就要关闭出口阀，打开入口阀，把排凝打开，排出泵内空气后关上(要有人监视，防止热油流出发生事故)。再打开出口阀 3~4 扣进行预热(如有预热管则利用预热管)。

(6) 在预热中，每隔 15~20min 盘车 180°，防止轴因预热温度不均匀而造成弯曲。预热时油量不要过大，以防叶轮反转。

(7) 热油泵出口管线的压力大于入口压力。因此，预热时，出口管线的油可使预热泵入口的油压回去。这样，就起到预热作用。

(8) 在预热时，若运转泵抽空，应停止预热，先制止抽空后方可预热。

(9) 预热温度应逐渐上升，一般每小时升温 50℃，特殊情况例外。也可用蒸汽带在泵外部进行辅助预热。

☞ 197. 热油泵预热快有什么害处?

热油泵预热应以 50℃/h 的速度升温。预热快的害处为:

(1) 对泵的使用寿命有较大的影响。

(2) 对泵的零件预热不均匀造成损坏或失灵。

(3) 端面密封漏，法兰、大盖漏。

☞ 198. 如何调节封油量?

机泵在运转中，密封端面或盘根相互摩擦，特别是当含有催化剂时，更易泄漏，而且会越漏越大，甚至造成火灾。为了防止这种情况，将封油通入端面、盘根处进行密封。漏得较大时，打封油也可将漏液压回去。它还有冷却、冲洗、润滑密封端面和盘根的作用。

封油量一般是根据泵体压力来进行调节。通常的封油压力应高于泵体压力 0. 10MPa 以上。

☞ 199. 用油泵抽水时应注意什么?

用油泵抽水时，因为介质密度变大了，所以泵的轴功率会增大。因此，要注意控制水的流量，不要让电动机超负荷。

☞ 200. 泵抽空的现象是什么？

（1）出口压力波动较大。

（2）泵振动较大。

（3）机泵有杂音出现。

（4）管线内有异声。

（5）因压力不够，轴向串动引起泄漏。

（6）塔罐容器液面低。

（7）仪表指示有波动。

（8）压力、电流波动或无指示。

☞ 201. 泵抽空的处理方法是什么？

（1）当塔、罐、容器液面低或空时，关小泵出口阀或停泵，待液面上升后再开泵。

（2）当油品带水、温度高、汽化时，降低油品温度，关小出口阀，进行排水。

（3）当入口阀开得过小或出口阀开得过大时，开大入口阀，关小出口阀，并适时、适量给封油。

（4）当封油开得太大或过早，使泵内油品汽化时，适时、适量给封油。

（5）当两台泵同时运行、抢量时，关小泵出口阀，视操作需要，可停一台泵。

（6）当泵入口阀未开或阀芯掉了时，开入口阀或换泵后检修。

（7）当入口管线和叶轮堵了时，吹扫并检修。

（8）当吸入口漏气时，检查入口管线及法兰。

（9）当压头不够时，改善吸入口压头（与泵入口的塔器、容器的液面高低和压力有关）。

（10）当泵内有空气时，用放空排空气（热油泵除外）。

（11）当电机转向不对时，单机试验。

（12）当出、入口蒸汽扫线阀漏时，换阀门。

☞ 202. 泵内有杂音是什么原因？如何处理？

(1) 轴承无油、少油、干摩擦——加油处理。

(2) 部件损坏、松动或堵塞——更换部件。

(3) 抽空引起——制止抽空。

(4) 叶轮磨损——检修处理。

(5) 流量过小——加大流量

(6) 转动部分磨损——检查修理。

(7) 杂物进入——清除干净。

☞ 203. Y型离心泵振动超标的原因是什么？

(1) 安装和检修质量上存在问题：

① 原机组安装时垫铁及调正垫片选用不当，垫铁间、垫铁与基础面的平面未精加工或铲平，垫铁间未点焊定位，调正垫片数量过多，造成机泵运行一个阶段后中心位置发生偏移。

② 地脚螺栓未拧紧，或松动了也未及时检查处理。

③ 轴承质量差，如轴承座孔与轴承外胶圈配合松动，造成转子跳动，引起超温超振，减短轴承使用寿命。检修时滑动轴承的间隙修刮偏大或上瓦盖紧力不足。

④ 转子质量不平衡（包括轴弯曲），检修中未对转子作晃动度检测对叶轮做静平衡测试，因此转子可能偏心造成振动。如机组部件在高速时有不对称的位移，则应在高速下找转子动平衡。

⑤ 检修中为拆装方便，将叶轮孔配合的间隙随便放大，以致造成偏心振动。

⑥ 联轴节与泵轴的配合间隙太松。

⑦ 电机上的对轮拆装时敲打严重，并造成与它相配合的中间联接体外圆晃动度超过允许偏差，因此使机泵中心难以校准。

⑧ 多级离心泵由于平衡鼓（盘）与平衡套（板）材质接近甚至相同，有的还是碳钢的，安装稍不注意，在运行中经常发生咬合拉毛，而引起振动。

⑨ 机组校正中的错误。

⑩ 叶轮流道内夹杂物没有仔细检查和清除。

⑪ 叶轮口环与泵体口环配合间隙过小，运行中摩擦造成振动

⑫ 主轴弯曲超标未进行校直修复便凑合装上，造成振动。

（2）结构设计不合理：

① 目前使用的悬臂泵的轴承架是安装在泵大盖上的，很容易因螺栓受力不均或升温后热张力不均而使泵中心偏移。

② 泵的水平支腿强度不够。设计时没考虑到机泵的支腿还要承受进出口管道及阀门重量，热油泵还得加上升温后产生的巨大热胀冲力，而支腿设计得太单薄，使用后变形严重，泵中心便产生上提或下压偏移。

（3）配管系统设计不合理：设计时未充分考虑到热力管系在升温后对机泵轴中心推移的严重影响。由汽轮机带动的机泵没有考虑到由热膨胀引起从外部对汽轮机的附加作用力(如管道等)，使机组中心发生变化。处理办法可将管道作适当改装以补偿热膨胀。

☞ 204. 泵耗功率过大的原因是什么？

如果经计算，泵配电机的功率安全裕量足够，而在实际运行中电机因超载而发热，则说明该泵的消耗功率过大。一般来说，泵消耗功率过大有以下几种原因：

（1）输送液体的相对密度超过原设计值。

（2）输送液体的黏度超过原设计值。

（3）叶轮尺寸过大。

（4）管路系统的阻力超出预定值(要与出口流量一起考虑)。

（5）泵和驱动机不同心。

（6）旋转零件与静止零件有摩擦。

（7）轴承磨损或损坏。

（8）填料安装不正确。

（9）填料品种、规格不对。

（10）机械密封对密封座的压力过大。

（11）轴封压盖压得太紧。

（12）轴承润滑不当。

（13）轴承内润滑剂太多。

（14）轴弯曲。

（15）泵内不同零件的热膨胀不均匀。

（16）测功仪表有毛病，造成测量不准。

（17）测功仪表安装或接法不正确。

（18）输送液体如需预热时，预热不足，因而黏度不满足规定值。

（19）叶轮或泵壳部分被固体杂物堵塞。

（20）叶轮或泵壳流过表面太粗糙。

（21）叶轮损坏。

（22）叶轮或泵壳铸件有缺陷。

（23）叶轮在泵壳内位置不正确。

（24）泵在扬程-流量性能曲线上运行远远超出规定范围。

（25）吸入管线设计布置错误。

（26）出口管线破裂。

☞ 205. 什么是润滑油的三级过滤？

化验合格的油品在用到润滑部位以前，一般要经过几次容器的倒换。每倒换一次容器都要求有一次过滤以杜绝杂质。在炼油厂中这种过滤一般都在三次或三次以上，故称为三级过滤。

☞ 206. 离心泵与往复泵各有什么优缺点？

离心泵与往复泵的优缺点比较如下：

（1）流量：

离心泵：① 均匀；② 量大；③ 流量随压头情况而变化。

往复泵：① 不均匀；② 量不大；③ 流量恒定，几乎不因压头变化而变化。

（2）扬程：

离心泵：① 一般不高；② 对一定流量只能供给一定的扬程。

往复泵：① 较高；② 对一定流量可供应不同扬程，由管路系统确定。

（3）效率：

离心泵：① 最高为70%左右；② 在设计点最高，偏离愈远效率愈低。

往复泵：① 在50%左右；② 供应不同扬程，效率仍保持较大值。

（4）结构：

离心泵：① 简单、价廉、安装容易；② 高速旋转，可直接与电动机相连；③ 同一流量体积小；④ 轴封装置要求高，不能漏气。

往复泵：① 零件多，构造复杂；② 振动甚大，不可快速，安装较难；③ 体积大，占地多；④ 需吸入、排出活门；⑤ 输送腐蚀性液体时，构造更复杂。

（5）操作：

离心泵：① 有气缚现象，开车前要充液，运转中不能漏气；② 维护、操作方便；③ 可用出口阀很快、很方便地调节流量；④ 不因管路堵塞而发生损坏现象。

往复泵：① 零件多，易出故障，检修麻烦；② 不能用出口阀，而只能用支路阀调节流量；③ 扬程、流量改变时能保持高效率。

（6）适用范围：

离心泵：输送腐蚀性或悬浮液，对黏度大的流体不适用。一般流量大，而扬程不高。

往复泵：高扬程、小流量的清洁液体。

☞ 207. 换热器中管壳程介质确定的原则是什么？

（1）不清洁的流体走管内，以便于清洗。例如，冷却水一般通往管内，因为冷却水常常用江河水或井水，比较脏，硬度较高、受热后容易结垢，在管内便于机械清洗。此外，管内流体易于维持高速，可避免悬浮颗粒的沉积。

（2）流量小的流体，或传热系数小的流体走管内。因管内截面一般比管间截面小，流速可高些，有利于提高传热分系数。

（3）有腐蚀性的流体走管内。这样只要管子、管板用耐腐蚀材料即可。此外，管子便于检修。

（4）压强高的流体走管内。因为管子较宜承受高压。

（5）高温或低温流体走管内。这样可减少热量或冷量向周围大气散失而造成的热损失。

（6）饱和蒸汽走管间，以便于排除冷凝液。

☞ 208. 换热器如何启用和停用？

（1）启用换热器：① 扫线；② 改好流程；③ 慢慢引油，从放空放水，看到有油即关放空，开换热器出口阀。

（2）停用换热器：① 将换热器进出口阀门关闭；② 汽油用水顶后，再用蒸汽扫线；③ 重油需待换热器中冷到100℃左右再用蒸汽扫线，以防油罐中水突沸而发生事故。

☞ 209. 放空阻火器的设置应如何考虑？

按以下不同情况进行考虑：

（1）石油油品储罐阻火器的设置按《石油库设计规范》(GB 50074)规定执行。

（2）化学油品的闪点≤43℃的储罐(和槽车)，其直接放空管道(含带有呼吸阀的放空管)上设置阻火器。

（3）储罐(和槽车)内物料的最高工作温度大于或等于该物料的闪点时，其直接放空管道(含带有呼吸阀的放空管道)上设置阻火器。最高工作温度要考虑到环境温度变化、日光照射、加热管失控等因素。

（4）可燃气体在线分析设备的放空汇总管上设置阻火器。

（5）进入爆炸危险场所的内燃发动机排气口管道上设置阻火器。

（6）其他有必要设置阻火器的场合。

☞ 210. 管道阻火器的设置应如何考虑？

按以下不同情况进行考虑：

（1）输送有可能产生爆燃或爆轰的爆炸性混合气体的管道(应考虑可能的事故工况)，在接收设备的入口处设置管道阻火器。

(2) 输送能自行分解爆炸并引起火焰蔓延的气体物料的管道(如乙炔)，在接收设备的入口或由试验确定的阻止爆炸最佳位置上设置管道阻火器。

(3) 火炬排放气进入火炬头前应设置阻火器或阻火装置。

(4) 其他应设置管道阻火器的场合。

☞ **211. 什么是安全阀?**

由弹簧作用或由导阀控制的阀门，当入口处静压超过设定压力时，阀瓣上升以泄放被保护系统的超压，当压力降至回座压力时，可自动关闭安全泄放阀。

☞ **212. 如何根据不同的介质或场合选择安全阀的形式?**

(1) 排放气体或蒸气时，选用全启式安全阀。

(2) 排放液体时，选用全启式或微启式安全阀。

(3) 排放水蒸气或空气时，可选用带扳手的安全阀。

(4) 对设定压力大于3MPa、温度超过235℃的气体用安全阀，则选用带散热片的安全阀，以防止泄放介质直接冲蚀弹簧。

(5) 排放介质允许泄漏至大气的，选用开式阀帽安全阀；不允许泄漏至大气的，选用闭式阀帽安全阀。

(6) 排放有剧毒、有强腐蚀、有极度危险的介质，选用波纹管安全阀。

(7) 高背压的场合，选用背压平衡式安全阀或导阀控制式安全阀。

(8) 在某些重要的场合，有时要安装互为备用的两个安全阀。两个安全阀的进口和出口切断阀宜采用机械联锁装置，以确保在任何时候(包括维修、检修期间)都能满足容器所要求的泄放面积。

☞ **213. 什么是爆破片装置?**

由爆破片(或爆破片组件)和夹持器(或支承圈)等装配组成的压力泄放安全装置。当爆破片两侧压力差达到预定温度下的预定值时，爆破片即刻动作(破裂或脱落)，泄放出压力介质。

☞ 214. 盲板的作用及有哪些类型？

盲板主要是用于将生产介质完全隔离，防止由于切断阀关闭不严而影响生产，甚至造成事故。从外观上看，一般分为 8 字盲板、插板以及垫环(插板和垫环互为盲通)。

盲板设置在要求隔离(切断)的部位，如设备接管口处、切断阀前后或两个法兰之间。通常推荐使用 8 字盲板；为打压、吹扫等一次性使用的部位亦可使用插板(圆形盲板)。

☞ 215. 哪些部位需设置盲板？

(1) 原始开车准备阶段，在进行管道的强度试验或严密性试验时，不能和所相连的设备(如透平、压缩机、气化炉、反应器等)同时进行的情况下，需在设备与管道的连接处设置盲板。

(2) 界区外连接到界区内的各种工艺物料管道，当装置停车时，若该管道仍在运行之中，在切断阀处设置盲板。

(3) 装置为多系列时，从界区外来的总管道分为若干分管道进入每一系列，在各分管道的切断阀处设置盲板。

(4) 装置要定期维修、检查或互相切换时，所涉及到的设备需完全隔离时，在切断阀处设置盲板。

(5) 充压管道、置换气管道(如氮气管道、压缩空气管道)、工艺管道与设备相连时，在切断处设置盲板。

(6) 设备、管道的低点排净，若工艺介质需集中到统一的收集系统，在切断阀后设置盲板。

(7) 设备和管道的排气管、排液管、取样管在阀后应设置盲板或丝堵。无毒、无危害健康和非爆炸危险物料除外。

(8) 装置分期建设时，有互相联系的管道在切断阀处设置盲板，以便后续工程施工。

(9) 装置正常生产时，需完全切断的一些辅助管道，一般也应设置盲板。

(10) 其他工艺要求需设置盲板的场合。

☞ 216. 盲板的设置有哪些注意事项?

(1) 在满足工艺要求的前提下，尽可能少设盲板。

(2) 所设置的盲板必须注明正常开启或正常关闭。

(3) 盲板所设置的部位在切断阀的上游还是在下游，应根据切断效果、安全和工艺要求来决定。

☞ 217. 如何确定管道的吹扫方式?

应按下面所述确定管道的吹扫方式:

(1) 对汽油、煤油、轻柴油等凝点低的介质及不经常吹扫的管道，可采用半固定式吹扫。半固定式吹扫接头为 *DN*20 短管(接 JT – 20 吹扫接头)，吹扫时临时接上软管通入吹扫介质。吹扫接头管径等于或大于 *DN*40 者，应采用固定式吹扫。

(2) 对重柴油、蜡油、油浆、渣油等凝点较高的介质及需要经常吹扫或需要用轻质油顶线的管道，应采用固定式吹扫。固定式吹扫一律采用三阀组。

(3) 对液化石油气、芳烃等管道的吹扫，采用半固定式吹扫，吹扫接管采用双阀。属开停工吹扫者，采用半固定式吹扫，吹扫接管采用单阀加管帽。

☞ 218. 如何确定设备的吹扫/水洗方式?

应按下面所述确定设备的吹扫/水洗方式:

(1) 塔和容器底部开停工蒸汽吹扫管道小于或等于 *DN*25 时，可采用半固定式吹扫接头，在吹扫阀和快速接头之间加 8 字盲板；吹扫管径大于 *DN*25 时，应采用固定式吹扫，在靠近塔或容器吹扫阀前加 8 字盲板。

(2) 塔和容器底部经常性操作的蒸汽管道(如塔底汽提蒸气管)也可作为开停工蒸汽吹扫，应采用固定式吹扫，在吹扫管道两个切断阀之间应设止回阀。

(3) 需要水洗的设备，结合开工前的水运，可根据需要设固定式或半固定式接头。固定式接头一般在塔顶回流泵、中段回流泵入口管上接固定水管，切断阀后加盲板。

☞ **219. 如何正确选择吹扫介质？**

在选择吹扫介质时，应根据被吹扫介质的性质来确定吹扫介质的种类。当吹扫介质与被吹扫介质接触时，不应产生急剧的汽化、燃烧、化学反应等。

这里所说的吹扫介质是指正常开、停工吹扫用的介质。对于液化石油气、汽油、煤油、干气、芳烃等使用惰性气体吹扫的管道，当需要停工进行切割、焊接时，在用惰性气体吹扫后，尚应采用蒸汽吹扫，直至可以安全进行切割、焊接为止。

☞ **220. 如何确定装置内的吹扫方法？**

应根据装置内不同的设备的不同的管道按如下所述正确确定装置内的吹扫方法：

(1) 泵入口阀前接固定吹扫接头可向两个方向吹扫，一侧扫往与泵连接的塔或容器，另一侧可经由泵的跨线(或短时间通过泵体)及冷换设备扫往工厂系统，亦可在泵出口线上连接固定吹扫或半固定吹扫接头。如果管道长度过长影响吹扫效果或介质为渣油、原油等，一般宜在冷换设备或加热炉增加接力吹扫接头。互为备用的泵可合用一个吹扫接头。

(2) 分馏塔抽出管道和汽提塔连接时，吹扫接头应设在该管道切断阀后。

(3) 塔或容器底部抽出管道吹扫接头，停工后先用塔底泵退油后再吹扫，污油经泵入、出口连通线扫出装置。如被吹扫管道过长，宜设接力吹扫接头。

(4) 加热炉入口切断阀后设吹扫蒸汽管道，宜与烘炉用蒸汽管道合用，因此需适当加大吹扫管道直径。

(5) 冷换设备前后一般不设吹扫管，只在下列两种情况下设吹扫接头：① 轻油管道接力吹扫时，应设半固定式吹扫接头。重油管道吹扫时，应设固定式吹扫接头。

② 当单独切断检修时，轻油管道应设半固定式吹扫接头。重油管道如原油-渣油换热器应设固定式吹扫接头，并且冷流与热流均设副线。

（6）空冷器如不考虑单独切断时，一般不设吹扫接头。需单独切断时，可利用设备丝堵或进口切断阀后设半固定式吹扫接头。

（7）进出装置的管道，如需接力吹扫时，其吹扫接头均设在主管桥与装置边界线的切断阀前后。

（8）由工厂系统送入装置的燃料油、燃料气、化学药剂等管道和由装置送出的轻重污油、不合格油等管道，通常在装置边界线处设切断阀，同时加固定吹扫接头，向装置内或外扫线。

（9）输送固体物料的管道，为防止物料堵塞，应连接必要的吹气管道进行松动、疏通、反吹或清扫。

（10）装置内各区一般设吹扫软管站，以便半固定式吹扫使用。软管站应安装在检修、使用方便的地方。在主管桥下，一般每三跨(约18~20m)设一组吹扫软管站。

第八章 公用工程系统故障的应急处理

☞ 1. 催化裂化装置事故处理原则是什么？

催化裂化装置在生产操作中出现的矛盾是复杂的，也是多种多样的。因此，它们的表现形式也不同。但无论出现什么样的事故和矛盾，只要生产操作人员能熟练地掌握处理方法，矛盾和事故就会被遏止和解决。

(1) 当装置发生突发事故时，操作人员头脑要保持清醒，避免惊慌失措和手忙脚乱，要听从生产管理人员的指挥，做到正确判断，果断处理，防止事故扩大。

(2) 若事故经过努力处理仍无法维持生产，并有继续恶化趋势，甚至即将发生危及人身安全或关键设备等重大事故时，操作人员可不经请示迅速采取紧急事故处理措施，对装置做紧急停工处理。同时，尽快与生产管理部门联系，并及时通知受影响的其他岗位或装置，以便对方能采取措施。

(3) 所谓紧急停工主要是指紧急切断提升管进料，维持油品循环，两器进行流化。紧急停工处理后，装置仍无法维持和恢复生产时，则按正常停工处理。

(4) 装置设有自动保护系统。因此，每个操作人员必须对自保系统的作用、控制条件、动作过程、自保阀的现场手动使用方法等问题了解透彻，以便在发生事故时准确无误地使用自保系统。各自动保护系统在任何情况下，应处于良好状态。

☞ 2. 公用工程系统事故处理原则是什么？

公用系统或称动力系统是各装置共同使用的部分，如水、电、汽、风、燃料气、氮气等。它是生产辅助装置提供的。公用系统出现问题的原因是多种多样的，很多时候本装置是无法控制的，公用系统出现问题，对装置的影响通常是大面积的，轻则影响生产，打乱操作，重则导致装置停工停产。因此，对操作人员来讲，要做好充分的事故处理方案准备，一旦公用系统出现问题，做到应付自如，严格控制好三大平衡，保证人身设备的安全，待原因消除后，逐步恢复正常生产。

☞ 3. 装置突然停电的危害是什么？

停电是装置正常生产的重大事故，停电将使所有电动设备（或部分电动设备）停止运转，停电造成以电力驱动的运转设备停运，如增压机、电动主风机、机泵、空冷风机等，泵出口流量和压力回零。遇停电事故要沉着冷静，迅速果断进行处理。装置突然停电若处理不当或处理不及时，极易滋生超温、超压等恶性事故。停电时，岗位人员应根据停电造成的不同影响正确选择处理方法。

☞ 4. 装置停电反应系统的处理原则是什么？

停电分为瞬间停电和长时间停电。岗位值班人员应根据停电造成的不同影响正确选择处理方法。若发生瞬间停电，在电力恢复后将停运设备开启（或靠自启动功能自行开启），尽快恢复正常生产。因停电导致装置无法继续运行，应通知车间主管人员和生产管理部门，启用ESD或手动启用原料自保切断提升管进料。

（1）控制好反-再两器压力，防止相互压空两器藏量。尽可能维持两器催化剂循环，不能维持时将反应系统的催化剂转到再生器中，保持单器流化，控制反应压力高于再生压力，严禁油气和烟气互窜。

（2）检查自保动作情况。迅速关闭进料喷嘴前手阀，防止进料窜入反应器。若原料事故旁通阀失控，打开其副线阀。

（3）采用干气提升和注金属钝化剂的装置，切断干气提升和金属钝化剂注入喷嘴前手阀。

（4）反-再两器只要有催化剂，就要通入流化介质，并保持反吹风和松动蒸汽不中断。若再生温度维持不住，降到450℃时请示卸催化剂。

（5）看管好热工系统。酌情停止外取热器取热，冬季停工要做好热工系统的防冻防凝工作。

（6）在电力恢复后，应根据情况尽快恢复正常生产。

☞ **5. 装置停电分馏系统的处理原则是什么？**

（1）尽可能控制好分馏塔顶温度，防止重油带到塔顶。只要反应-再生系统维持催化剂循环，就要保持油浆循环。若油浆循环长时间中断，应联系反应岗位采取再生器单器流化。

（2）用蒸汽扫通油浆紧急放空线和原料进装置循环线。具备条件时，联系排放油浆，控制好油浆排放温度，严禁油浆排放温度过高造成油浆罐突沸、冒罐或因排放温度过低造成凝线。

（3）自产柴油停止出装置，必要时从装置外引开工柴油，保证再生器喷燃烧油、泵用封油和仪表冲洗油的供应。

（4）尽可能维持原料油、回炼油、油浆三路循环。不能维持时，重油线酌情退油扫线。

（5）冬季要做好防冻防凝工作，防止冻坏设备管线。

（6）在电力恢复后，应根据情况尽快恢复正常生产。

☞ **6. 装置停电吸收稳定系统的处理原则是什么？**

（1）粗汽油改直接碱洗进不合格罐。按操作法停汽油脱硫醇系统。

（2）酌情将解吸塔和稳定塔塔底热源改出，尽可能控制好系统压力和主要塔器的液位，维持三塔循环。

（3）尽可能维持干气和液态烃脱硫系统溶剂循环。不能维持时，可联系切断贫液和富液线。冬季长时间停电，联系制硫岗位酌情将富液退净，贫液和富液线切断，向装置外给汽扫线。

（4）冬季停工要做好防冻防凝工作，严禁冻坏设备管线。

（5）在电力恢复后，应根据情况尽快恢复正常生产。

☞ **7. 停 380V 电事故现象是什么？**

380V 电一般用在低压机泵上，装置停 380V 低压电时，低压电用电设备停运，如反-再滑阀油泵失电报警，滑阀锁位，DCS 反应-再生部分参数发出声光报警；分馏系统、吸收稳定系统低压电机泵停运，部分流量、液位参数报警；空冷停运，系统温度上升；若瞬间晃电时，可能出现主风机组、气压机组滑润油、动力油备泵自启动。若造成油压过低，主风机组、气压机组润滑油、动力油压力低联锁动作。

☞ 8. 停380V电的原因是什么？

（1）供电系统故障；（2）电网波动晃电造成跳闸。

☞ 9. 380V电瞬间晃电如何处理？

当380V电瞬间晃电时，要及时汇报生产管理部门、装置值班人员，联系供电单位保证供电平稳。因一般主要的机泵都设置有自启动装置，相应的机泵可以马上自启动。机组人员应迅速检查动力油泵、润滑油泵是否自启动。其他人员同时应迅速检查，并立即启动没有自启动的机泵。380V电停后，装置电液滑阀自锁，当供电恢复后，马上到现场重新启动油泵，解除滑阀自锁现象。电动泵停泵应及时按停泵按钮并关闭各泵出口阀门，来电后按封油泵、油浆泵、原料泵、粗汽油泵、回炼油泵顺序迅速启动泵，引开工柴油，待各部温度液面正常后，按正常开工进行。分馏塔顶油气分离器界位上升，及时排污水至地漏，防止界位过高，造成沉降器憋压。空冷停后，按停机按钮。适当增大分馏塔底搅拌蒸汽，防止油浆在塔底长时间停留造成结焦。

☞ 10. 380V电长时间停电如何处理？

如果380V电长时间停电，则应迅速启动主风、原料自保（滑阀在失电后，可以开关两个行程，自保动作后，滑阀可以关闭），控制好两器压差并检查自保阀是否动作，按紧急停工处理。长时间停电不能恢复，手动启动进料自保按进料自保动做处理。

☞ 11. 停6000V电事故现象是什么？

DCS部分参数声光报警；增压风自保动作，外取热流化风量仪表指示回零；下列6000V设备停运：主（备）用风机、原料油泵、油浆泵、锅炉给水泵等；分馏油浆循环中断，流量指示回零，分馏塔各段温度上升；除氧器液位上升，锅炉给水泵停运；

余热锅炉鼓风机停机自保动作，风量指示回零。

☞ 12. 停6000V电的原因是什么？

（1）供电系统故障；（2）电网波动晃电造成跳闸。

☞ 13. 停6000V电如何处理？

（1）联系生产管理部门，通知装置值班人员、维护人员现场就位。

（2）增压风自保、余热锅炉鼓风机停机自保动作，检查自保阀是否就位。

（3）启动进料自保。

（4）关小外取热滑阀，保证汽包液位。

（5）检查油浆泵，关闭泵出口阀，启动备用油浆泵。

（6）监视气压机，必要时停机，放火炬控制反应压力。

（7）气压机停机，必要时分馏引瓦斯维持压力，控制反应压力略大于再生压力。

（8）稳定维持三塔循环，必要时切除解吸塔热源，防止塔压上升，安全阀跳起。

☞ 14. 停220V电时如何处理？

220V电主要用于照明及仪表用电。如因停220V电而引起仪表停电时，一般情况下，装置DCS有UPS蓄电池专供仪表停电30min内使用。因此，当仪表停电时，UPS能自动投入进行工作，并发出报警信号，30min内能维持生产操作，此时迅速联系生产管理部门，确定来电时间，如30min后仍不能来电，按紧急停工处理。

☞ 15. 循环水在装置中的作用是什么？

循环水主要作用是作为大型机组、冷换设备及机泵的冷却介质。

☞ 16. 装置生产对循环水有何要求？

为保证冷却效果，装置正常生产运行，要求正常操作中应维持循环水上水压力不低于0.4MPa，温度不高于28℃，否则应及时联系水场提高循环水压力或降低循环水温度。

☞ 17. 装置停循环水时的现象是什么?

停循环水时,循环水压力明显下降,来水流量减小,各泵、压缩机组冷却水中断,压缩机组和泵需水冷部位温度升高,主风机电机超温停车。若长时间停水,由于各机泵、机组无冷却介质,导致各机泵、机组不能正常运转;各冷却水器停循环水后,将导致各塔温度、压力升高,出装置的油品温度也升高。

☞ 18. 装置停循环水事故的原因是什么?

循环水系统来水故障中断;循环水管线发生断裂或泄漏造成循环水压力不足。

☞ 19. 装置停循环水时如何处理?

停循环水后,要注意观察操作参数的变化,及时通知生产管理部门和循环水场,尽快恢复供水。反应-再生系统降低处理量,可用空冷或其他介质(如新鲜水、除盐水)冷却的地方改用替代介质,等待循环水恢复,注意各特殊滑阀控制柜油温和在运行机泵的温度,温度超高可停运。分馏系统启动全部空冷,同时尽量控制好各介质冷后温度,控制好各塔顶温度,防止超压而发生安全阀起跳停循环水后,打开油浆紧急外甩手阀外甩油浆,油浆冷却水箱内存水蒸发造成水位过低时,暂停外甩油浆,系统改为闭路循环。密切注意富气温度和富气压缩机工况,若温度超高,可紧急停气压机。密切监视各机泵的轴承箱温度,必要时接新鲜水冷却,若长时间温度高,停泵。

☞ 20. 除盐水的用途是什么?对除盐水有何要求?

除盐水进装置除氧器除氧后,变为除氧水。除盐水在进除氧器之前,还与装置低温热源换热,起到冷却降温的作用,自身温度得到提高,减少除氧器蒸汽的消耗。除氧水主要用于余热锅炉、外取热器、油浆蒸汽发生器等设备发生蒸汽补水。为保证发汽系统的正常运行,减少腐蚀结垢,保证蒸汽品质,除氧水的溶解氧、硬度、铁、硅等指标应达到厂控标准。

☞ **21. 停除盐水的现象是什么?**

除盐水进装置流量和压力明显下降，有除盐水冷却的设备温度上升，除氧器液位低于正常值，继而引发余热锅炉、外取热器、油浆蒸汽发生器等设备水位低于正常值。

☞ **22. 停除盐水如何处理?**

除盐水供水中断后，联系生产管理部门，及时恢复除盐水来量。注意相关部位温度、压力变化，防止超温超压事故的发生。

（1）除盐水中断初期：① 注意观察除盐水冷却设备的冷后温度，改用备用冷却手段或切除超温的设备。② 反应岗位大幅度降反应进料量、回炼量和掺渣比，减少外取热器的取热量，外取热汽包液位过低时，可将外取热器切出，通蒸汽保护。③ 余热锅炉视汽包液位下降情况进行切除，烟气走旁路进烟囱，炉膛仅保留长明灯，熄灭主火嘴。④ 分馏尽量减少油浆蒸汽发生器产汽量，改用备用措施保证分馏塔底温度不超温。⑤ 注意按需求量调节各汽包上水，均衡控制好各汽包液位。

（2）除盐水长时间中断，除氧器液位过低停除氧水泵，当除氧水中断时：① 立即切除外取热器和余热锅炉，并迅速降低处理量。② 油浆蒸汽发生器切除，油浆改走跨线。投用备用油浆冷却器，控制好油浆返塔温度。③当操作无法维持时，切断进料，装置紧急停工。

☞ **23. 装置蒸汽中断有何危害?**

因催化裂化自身因素或系统故障造成以蒸汽透平驱动的大机组供汽中断，如主风机、气压机等，将危及装置安全生产，处理不当有可能造成非计划停工。

☞ **24. 停 3.5MPa 蒸汽如何处理?**

在催化裂化装置中，重油催化裂化装置可自产 3.5MPa 蒸汽，不仅可以满足气压机和透平需要，而且还外输一部分 3.5MPa 蒸汽。所谓停 3.5MPa 蒸汽是指装置中压蒸汽系统产生故障，而管网中压蒸汽不能及时补充进来的情况。停 3.5MPa 蒸汽后，气压机按规程停车。由于气压机停车，如汽轮机为背压式，则汽轮机背压1.0MPa蒸汽中断，需用1.0MPa蒸汽的相应用户改由系统蒸汽装置维持生产，因蒸汽品质可能变差，此时密切注意各用汽点蒸汽量变化，尤其注意对反应-再生系统的操作变化，并加强蒸汽脱凝。此时反应沉降器压力用气压机入口放火炬控制，并降低装置处理量、调整操作，吸收-稳定按富气中断故障处理。同时联系生产管理部门及时恢复3.5MPa蒸汽供给，以尽快使气压机恢复运行。如3.5MPa蒸汽长时间不能恢复供给，则装置切断进料，并视情况全面停工。

☞ 25. 停1.0MPa蒸汽如何处理？

一般催化裂化装置，都能自产并外输1.0MPa蒸汽，当装置外系统管网1.0MPa蒸汽系统压力过低时，将导致装置的低压蒸汽系统压力也下降，此时若装置自产1.0MPa蒸汽正常，可根据压力变化情况关小装置外送1.0MPa蒸汽管网阀，通过减温减压器向1.0MPa蒸汽系统适当补入3.5MPa蒸汽，维持住装置内1.0MPa蒸汽系统压力，防止反应汽提、雾化效果恶化，此时要密切注意反应-再生系统的操作及烟气轮机轮盘冷却温度，当系统压力过低时，生产难以维持，反应切断进料，按紧急停工处理。

☞ 26. 非净化风、净化风在催化裂化装置中的用途是什么？

工业风在炼油厂中有两种情况，一是分为净化风、非净化风。二是工业风都为净化后的净化风。一般催化裂化装置非净化风用于再生器各松动点、催化剂加注系统充压及输送风、汽油脱硫醇精制氧化用风。净化风用于再生器仪表反吹风，各风动调节阀动力风。

☞ 27. 非净化风中断的现象是什么？

装置内非净化风系统压力下降，低于正常值，反应-再生系统有可能会出现流化不好的情况，小型加料输送风压力明显下降，小型加料不能正常工作，汽油脱硫醇反应器注风压差降低。

☞ 28. 非净化风中断如何处理？

如果非净化风突然中断，再生、半再生斜管等松动风中断，此时应迅速将非净化风切换为净化风作为松动风，以保证再生系统的流化。迅速关闭小型加料器壁阀门，防止高温催化剂倒流。汽油脱硫醇精制系统，因供风中断影响精制汽油质量，出装置产品改不合格罐。如果因非净化风中断已造成催化剂流化失常，生产维持不住时，装置切断进料，按紧急停工处理。恢复送风后，先处理各吹扫、流化、松动点，再按正常开工步骤开工。

☞ 29. 净化风中断如何处理?

净化风中断后，如非净化风正常，则迅速打开净化风、非净化风连通线，维持生产，并加强脱水，同时密切注意装置各部分的操作变化。同时联系生产管理部门迅速恢复净化风压力。当非净化风压力也降低，并影响调节阀动作时，应立即将所有风开阀改副线控制，风关阀用下游阀控制。由于净化风中断，可能导致反应-再生系统的某些仪表反吹风中断，如：藏量、料位、密度、压差、压力等仪表失灵，必要时应切断进料，严重时切除主风并根据现场压力指示控制好反应-再生系统压力平衡，同时切断两器，防止催化剂倒流，料位压空，空气、油气互窜造成爆炸事故。如果两种工业风全部中断，应按紧急停工处理。当净化风恢复正常时，所有改旁路和改手动的阀都要改回正常状态，并要检查所有仪表反吹点是否堵塞，完成上述工作后，再按常规开工程序组织恢复生产。如装置操作人员配置较少时，净化风压力下降，不采取用副线阀或下游阀的控制方法，参数达到自保条件，直接紧急停工，更为安全。

☞ 30. 装置氮气中断的事故现象是什么?

(1) 系统氮气压力降低，流量下降。

(2) 气压机、机泵干气密封差压低报警。

(3) 各用氮气作密封/隔离/充压介质的罐或容器压力下降。

(4) 气压机因干气密封压力低停机。

☞ 31. 装置氮气中断的危害是什么?

(1) 部分用氮气作密封/隔离/充压的罐或容器在停氮气后操作条件无法恢复正常。

（2）压缩富气易泄漏、着火、人员易中毒，密封系统易损坏。

☞ **32. 装置氮气中断如何处理？**

（1）及时联系生产管理部门及相关单位，尽快恢复氮气供应。

（2）岗位人员及时检查气压机组、机泵、润滑油运行情况。

（3）装置如有临时氮气瓶补压设施的，使用临时设施补压，维持干气密封的运行。

（4）气压机组无法维持时，机组岗位停气压机。

（5）关闭气压机氮气总线阀，同时关闭机组、精制各氮气用气点，防止烃类物质反串入氮气系统。

（6）气压机停机后，反应压力用放火炬控制。

（7）分馏系统停止进料，重油系统维持三路循环。

（8）吸收稳定系统保压、三塔循环，产品停止外送。

（9）恢复供氮气正常后，气压机重新开机，恢复生产。

第九章　开停工过程应急操作

☞ 1. 反应－再生部分开工过程有哪几个步骤？

反应-再生部分开工从两器衬里烘干完成，打开人孔检查开始，到反应器进油调整操作产品合格为止。开工过程分五个步骤，即开工准备、两器升温、装催化剂及流化试运、反应喷油、调整操作。

☞ 2. 反应－再生系统开工准备有哪些内容？

（1）特殊阀门和自保系统试验完好，特殊阀门给上冷却水。

（2）在再生器封人孔前，试通再生器燃烧油喷嘴。

（3）确认辅助燃烧室瓦斯和燃烧油火嘴畅通，瓦斯火嘴给上反吹风；标定主风一次风全关位置，然后打开；打开二次风阀；确认百叶窗灵活好用；准备好点火和看火用品，确认就地温度仪完好；电打火试验好用。

（4）确认反应-再生系统各测压点、仪表引压点和松动点畅通，给上仪表引压点反吹风和各点松动风。

（5）准备好两器气密试验的用品。

（6）再生器取热器水冲洗、试压、煮炉结束。

（7）关闭两器系统各用汽点器壁阀和总阀(挂上禁动标志)。

（8）确认各膨胀节螺栓松开，清除区域内易燃物。

（9）按两器烘干要求，适当打开两器系统各高、低点放空阀和再生系统烟道各阀门。

（10）试通再生器大型、中型和小型催化剂加料线，给上反吹风。

☞ 3. 开工引蒸汽时，为什么会产生水击？

水击现象是由于蒸汽或水等流体在压力管道中，其流速的急剧改变，管内不稳定流动从而造成瞬时压力显著、反复迅速变化而突然产生的冲击力，使管道发生剧烈的音响和震动的一种特殊振荡现象。

☞ 4. 蒸汽管道发生水击的现象是什么？

蒸汽管线停汽、送汽时，管道发出“咣咣”的声响，严重时管线发生振动。

☞ 5. 引蒸汽时，蒸汽管道发生水击时应如何处理？

一旦发生水击，应立即减汽或停汽，开大疏水阀，进行疏水。首次引汽时，排凝处必须有专人监护，以免蒸汽喷出烫人。

☞ 6. 蒸汽管道发生水击有什么危害？

产生水击后，使蒸汽管道的使用寿命缩短，严重时甚至会造成管道、阀门等设备的破裂损坏。所以在蒸汽管道设计和生产操作过程中要尽可能避免发生水击。

☞ 7. 如何避免管道发生水击？

(1) 在管道设计安装时，必须使管道具有足够的坡度，并尽可能保持汽、水同向流动。

(2) 在送汽时要缓慢开启阀门，使管线充分预热和疏水，管内流体的流速变化减小，从而减小管内流体的不稳定流动。

(3) 合理的管路设计也是避免水击发生的有效措施。

☞ 8. 向装置内引瓦斯过程，发生瓦斯泄漏的原因是什么？

(1) 引瓦斯前未按规定对瓦斯管线进行贯通试压。

(2) 引瓦斯时，流程动改错误，系统内排凝未全部关闭。

☞ 9. 向装置内引瓦斯过程，发生瓦斯泄漏应如何处理？

发现瓦斯泄漏，应及时中止引瓦斯操作，关闭泄漏处瓦斯相关阀门，熄灭周围明火，做好警戒疏散工作，穿戴好安全护具，用蒸汽驱赶泄漏的瓦斯。确认瓦斯管线漏点处理完毕后，重新引瓦斯。

☞ 10. 向装置内引氮气过程，发生氮气泄漏的原因是什么？

(1) 氮气管线施工质量不好或未做水压试验。

(2) 引氮气时，系统内排凝未全部关闭。

☞ 11. 向装置内引氮气过程，发生氮气泄漏应如何处理？

发生氮气泄漏，立即切除泄漏部位，佩戴好空气呼吸器，用压缩空气或蒸汽驱赶低处聚集的氮气，防止人员发生窒息。待漏点处理完毕后，继续引氮气。

☞ 12. 试加料线，不通时有什么现象？

改通流程，通入输送风后，输送风压力未下降，与系统风压一致，说明管线不通畅。

☞ 13. 试加料线，不通时应如何处理？

加料线不通时，可反复活动相关阀门，快速开启大型加料输送风，用木锤敲打加料线及阀门等易堵部位，必要时打开阀体排空阀，卸出堵塞的催化剂，或改卸剂流程，用汽抽将堵塞的物体吸出。若无法处理通，断开堵塞部位法兰，清理堵塞。

☞ 14. 反应－再生系统引主风前有哪些准备工作？

在单机试运合格后，在具备条件时，引主风进再生器，反应-再生系统进行吹扫、试密。

在反应-再生系统封人孔前，要认真检查系统内衬里的施工质量、两器内部构件(包括辅助燃烧室点火系统)是否完好。反应-再生系统封人孔后，要对两器仪表、电气设备和进出两器的阀门、管线进行检查确认，加好沉降器出口油气线大盲板，按要求打开两器高低点排空和再生、待生单动滑阀等，专人看管再生压力。

☞ 15. 引主风进再生器操作中，如何保证主风机不喘振？

引主风前，打开反应-再生系统所有滑阀，确保连通两器，确保油气大管线放空打开，确保再生烟气管线至烟囱线路畅通，确保主风管线除单向阻尼阀外其余阀门打开。引主风要缓慢，发现憋压及时开大防喘振阀。

☞ 16. 如何进行反应－再生系统空气吹扫？

(1) 打开辅助燃烧室一、二次风阀；

(2) 打开各吹扫、松动、流化风；

(3) 将双动滑阀开50%，关闭再生、待生滑(塞)阀；

(4) 将烟气去余热锅炉的蝶阀关闭、水封罐水封，吹扫空气经副线去烟囱；

(5) 联系仪表工关闭仪表引压线阀门，打开各反吹风；

(6) 将主风引入再生器，对再生器进行吹扫；

(7) 关闭外取热器增压风，打开外取热器底部放空，用主风对外取热器进行吹扫；

(8) 打开再生、待生阀，适当打开提升管底部放空阀、沉降器顶放空阀、油气管线放空阀，适当关闭双动滑阀保持再生器压力不变，对反应器吹扫。

☞ 17. 反应－再生系统气密试验目的是什么？

目的是清除管线及设备内的杂物，检查管道焊缝、法兰、阀门、压力表等静密封点的密封情况。检验并掌握各特殊阀门性能和使用情况。

开主风机前要检查主风机出口阀、反喘振阀、主风入再生器阀、阻尼单向阀、各路主风流量调节阀，再生滑阀、待生滑阀、双动滑阀等是否好用。

☞ 18. 如何进行反应－再生系统气密试验？

(1) 关闭提升管底部放空、沉降器顶放空、油气管线放空，调节双动滑阀开度保持再生器预定压力(一般为主风机最高操作压力)进行气密；

(2) 用肥皂水对所有静密封点(两器、三旋、再生烟道各个人孔、第一道阀门法兰、盲盖、引压管放空口等)进行检查；

(3) 详细记录气密试验的情况，对泄漏部位做出明显标记，进行整改后，重新进行气密试验直到全部合格。气密试验完毕，适当降低再生压力。

☞ 19. 气密试验时发现漏点如何处理？

气密试验过程中，发现漏点后，做好标记。若漏点较小，待统一检查完毕，统一降压后处理；若泄漏较大，可及时降压处理。漏点处理完毕后，重新升压，再做气密试验，直到漏点全部消除。

20. 反应－再生系统气密试验时要注意什么?

(1) 反应-再生系统吹扫过程严禁进入蒸汽，将蒸汽吹扫切换为压缩空气;

(2) 在主风进再生器前，先启用各滑阀或塞阀吹扫;

(3) 调节双动滑阀或沉降器放空阀时要缓慢，防止主风机喘振;

(4) 尽量提高再生器压力，双动滑阀投入自控。

21. 点辅助燃烧室前，为什么要分析瓦斯的氧含量?

因为瓦斯与氧混合有个爆炸范围，在此范围内，遇到明火即会发生爆炸。例如，丙烷的爆炸范围为2.1%~9.5%。所以要分析瓦斯中的氧含量。

22. 辅助燃烧室点火操作中，点不着火怎么办?

若辅助燃烧室10s未点着火，停止点火，开大一次风，等吹扫至少10min后，再重新点火，直至点燃。防止炉内瓦斯聚集，发生闪爆。

23. 辅助燃烧室点燃后，突然熄火该怎么办?

辅助燃烧室点燃后，尤其在小火嘴阶段，火焰容易被吹灭。发现辅助燃烧室突然灭火，应立即关闭瓦斯阀门，开大主风吹扫，10min后，重新点火。

24. 辅助燃烧室点燃后，炉膛温度正常，而出口超温，应如何处理?

辅助燃烧室炉膛温度正常，出口超温时，应加大二次风量，保持一次风量，降低辅助燃烧室出口混合温度。

25. 辅助燃烧室点燃后，出口温度正常，而炉膛超温，应如何处理?

辅助燃烧室出口温度正常，炉膛超温时，应视目标温度及炉膛燃烧情况，降低燃料量和一次风量，防止炉膛超温。

26. 烘衬里升温过程中，外取热器内温度偏低，应如何处理?

若再生器内温度正常，此时应检查外取热器气返线及外取热器放空是否全开，以防此处热空气流动性差，导致温度偏低。

☞ 27. 两器升温过程中，出现滑阀卡涩应如何处理？

若发现滑阀卡涩，可使用液动机构反复大幅度活动滑阀，必要时改手摇控制，待移出卡涩位置后，可重新改为仪表室远程控制。在两器升温过程中，应每隔半小时，活动各滑阀一次，以防升温过程中，滑阀长期固定某一位置，出现卡涩。

☞ 28. 两器升温阶段要注意什么？

两器系统检查无问题后封人孔，启动主风机，按照升温曲线将两器温度升到预定温度。升温初期所有蒸汽吹扫切换为压缩空气。当温度升到300℃后将吹扫风切换为蒸汽，再生器有内取热管时启动保护蒸汽。此时分馏系统建立塔外三路循环。

☞ 29. 提升管赶空气、拆盲板如何操作？

（1）缓慢关闭待生阀、再生阀，用双动滑阀控制再生器微正压。打开沉降器顶旋风分离器出口放空及油气管道盲板前放空。

（2）投用以下蒸汽：汽提蒸汽、各雾化蒸汽及预提升蒸汽（提升管底部放空稍开，排凝结水）。以下项目切换为蒸汽：汽提段锥体松动、催化剂管道松动、各放空反吹、防焦蒸汽、各流化蒸汽等。

（3）放空见蒸汽后再吹扫1h，逐渐关闭雾化蒸汽及预提升蒸汽，保持沉降器微正压，同时停掉分馏塔蒸汽。

（4）拆除油气管道大盲板，关闭油气管道放空，重新打开雾化蒸汽及预提升蒸汽，反应器和分馏塔连通一起赶空气。用分馏塔顶油气线蝶阀控制反应器压力比再生器高0.01~0.02MPa，准备向再生器装催化剂。

☞ 30. 沉降器赶空气时，若沉降器压力低于再生器压力，应如何处理？

沉降器赶空气阶段，若沉降器压力低于再生器压力，应立即调整两器压力，降低再生器压力并提高沉降器内蒸汽量，控制沉降器压力高于再生器压力，并视情况适当延长沉降器顶放空见汽时间，保证沉降器内空气赶净。

☞ 31. 油气大盲板什么情况下要进行“冷拆”？

早期装置开工两器升温阶段分馏塔中有油，分馏塔需通入少量蒸汽保持微正压避免空气进入。若两器升温以后拆盲板，拆盲板处会有蒸汽冒出，工作条件较差影响开工进度。故早期装置采用两器升温前事先拆大盲板(称为先拆盲板法或冷拆盲板法)。

☞ 32. 什么是“汽封”？两器升温过程怎样进行“汽封”？

两器升温过程中又担心分馏塔油气串到反应器发生危险故采用了“汽封”。“汽封”方法是拆除大盲板后，打开反应器顶集气室(或旋风分离器出口管)的放空阀和油气出口管上最高点的放空阀，分馏塔底部给蒸汽(并关闭分馏塔顶出口阀门)。在两器升温期间反应器顶2个放空口1个见汽，1个见风。两器升温完毕再切换汽封，该方法缺点是浪费蒸汽，操作监护工作量较大。

☞ 33. 油气大盲板什么情况下要进行热拆？

现代装置对开工过程进行了改进，更简便、更安全。现代装置中分馏塔都设有塔外循环系统。在两器升温期间，反应器与分馏塔有盲板隔离操作简便安全，开工循环油不进入分馏塔，而是通过分馏塔外循环系统进行三路循环。两器升温结束后再拆大盲板(称为后拆或热拆盲板法)，可将分馏塔进汽停掉，因塔内无油，即使有空气进入也没有危险，拆盲板处没有(或仅微量)蒸汽冒出。拆除大盲板后反应器和分馏塔重新给汽，一同赶空气。

☞ 34. 拆油气管线大盲板时，若蒸汽量较大，影响拆除工作，应如何处理？

应尽量降低沉降器及分馏塔给汽，控制沉降器及分馏塔微正压即可，以保证反应油气管线盲板的顺利拆除。

☞ 35. 向再生器装剂的条件是什么？

当再生器温度升到预定值及其他条件具备后，准备向再生器装催化剂。装催化剂条件：湍流床再生器在催化剂封住料腿前采用较低的主风量(控制稀相线速0.3m/s)，以减少催化剂跑损；当催化剂封住料腿后可提高主风量，使旋风分离器入口线速达

15m/s 以上，保持较高的旋风分离器效率减少催化剂跑损。对于烧焦罐型再生器，开工催化剂加到烧焦罐中，燃烧焦罐采用较高的线速操作，经稀相管、粗旋风分离器将催化剂输送到二密相，二密相中气体流速很低一般不会大量跑损催化剂。串流烧焦罐型再生器装催化剂时主风量可采用先低后高的方法，即先采用较低的主风量将催化剂加入到烧焦堆中。储蓄到一定藏量后再提高风量将催化剂输送到二密相，快速封住旋风分离器料腿，大风量封住料腿前这段时间催化剂跑损量较大，因此该型再生器一、二旋风分离器料腿适宜安装翼阀。

☞ 36. 如何装催化剂？

（1）控制辅助燃烧室出口温度以 600℃，再生器密相温度 550℃。

（2）打开再生器底部大型加料阀门，开大输送风向再生器吹扫贯通。

（3）逐渐打开平衡催化剂罐底部阀门，维持加料线（下端）压力在 0.25~0.35MPa。

（4）快速向再生器加剂。当催化剂封住料腿或再生器温度降低到 300℃以下时可放慢加料速度。当床层温度升到 380℃后，缓慢打开燃烧油喷嘴阀向床层喷油。当再生器喷燃烧油成功后可减小辅助燃烧室负荷。

（5）用仪表控制燃烧油量。床层温度升到 550℃时，再次提高加剂速度，直到预定藏量，将床层温度升到 550℃，准备转剂。

（6）催化剂罐检尺，核实加入量和跑损量。

☞ 37. 向再生器装剂有什么注意事项？

向再生器装催化剂及单器流化期间应控制反应器压力稍高于再生器压力（高 0.01~0.02MPa 即可），避免滑阀关不严催化剂串到反应器。

☞ 38. 开工装催化剂时，为什么开始要快装，而过一段时间后又要慢装呢？

开工装催化剂前，再生器中是空的，当装催化剂时，旋风分离器的料腿没有料封，所以不能正常工作，使带出再生器的催化剂量很大。为此，要迅速建立料封，使旋风分离器正常工作，以减少催化剂跑损。所以，一般开始装催化剂的速度是很快的。当旋风分离器工作正常后，此时的主要矛盾是将密相温度尽可能快地提起来，以便早些喷入燃烧油。此时，如果加入大量冷催化剂，就很难把密相温度提起来（注意不要使辅助燃烧炉超温）。所以，加催化剂的速度宜慢些。

☞ 39. 再生器装剂线不通畅应如何处理？

（1）立即检查加料线阀门位置是否正确，除罐底大型加料阀开度控制加料速度外，催化剂线至再生器阀应全开；

（2）催化剂罐压力是否达到要求；

（3）催化剂罐底大型加料阀是否开度过大，阻尼风和流化风是否过小，造成催化剂下流不畅。

☞ 40. 再生器初始装剂时，催化剂跑损量应如何处理？

应降低主风量，控制旋风分离器入口线速不要过高，适当加快大型加料速度，当催化剂床层封住一级旋分器入口料腿，旋风分离器工作正常后，催化剂跑损量应恢复正常。

☞ 41. 再生器装剂后，催化剂藏量、密度仪表指示无反应如何处理？

若确认加料正常，应联系仪表人员检查再生器藏量、密度仪表反吹风是否投用正常。若应反吹风原因导致藏量、密度测量点堵，应及时处理通。若大部分藏量、密度仪表无法恢复正常指示，应卸出催化剂，处理正常后重新装剂。

☞ 42. 装剂时，床层温度下降较快应如何处理？

再生器开始装剂时尽量在不超温的前提下，控制辅助燃烧室温度高些，但此时的主要问题是减少催化剂的跑损，因此加料速度要快，床层温度只要维持不低于250~300℃即可。当床层封住旋分器一级料腿后，可减缓加剂速度，使床层温度尽量上升至大于燃烧油的自燃点，达到条件及早喷入燃烧油，缩短开工装剂时间。

☞ 43. 开工用燃烧油控制床层时，主风中断应如何紧急处理？

此时应立即停喷燃烧油。若短时间能恢复主风，且床层温度大于燃烧油自燃点，可重新喷入燃烧油，继续开工。若床层温度低于燃烧油自燃点前，主风无法恢复，应卸出催化剂，待达到条件后，重新开工。

☞ 44. 两器如何转剂？

（1）调整汽提蒸汽至正常量，调整原料油雾化蒸汽、预提升蒸汽，控制沉降器压力 0.09～0.1MPa，再生器压力 0.12～0.14MPa，控制两器差压 0.02～0.04MPa。

（2）放净提升管底部存水后，关闭放空阀。

（3）降温汽油引到提升管前。

（4）稍开再生阀，使热催化剂经提升管转入沉降器，注意提升管出口温度≯520℃。

（5）汽提段藏量达 30%时稍开待生阀，预热待生管。藏量达预定值后再开大待生阀，建立催化剂循环。当再生器藏量不足时启动大型加料补充催化剂到预定藏量。维持再生器温度 550℃。

（6）流化过程中外取热器不投用，只给少量流化风。外取热器装水准备开工。

（7）全面调整两器参数，使各处温度、密度、藏量、压力、压降正常，催化剂循环稳定，操作灵活有弹性，催化剂跑损正常。

（8）在向沉降器转催化剂和两器流化当中，要随时分析油浆固体含量。如果油浆固体含量持续超高，应暂停转剂或流化，等故障排除后再重新向沉降器转催化剂。

☞ 45. 装剂正常后，再生器催化剂跑损严重应如何处理？

再生器装剂正常后，再生器单容器流化阶段，若发现催化剂大量跑损，应观测主风量、床层藏量、再生器密度、再生器温度、旋风分离器压降、入口线速等参数是否正常，是否有操作大幅度波动的情况。若检查无异常或调整后跑剂现象仍然严重，应中止开工，卸出催化剂，检查处理跑剂原因后，再重新开工。

☞ 46. 再生器向沉降器转剂时，沉降器长时间藏量建立不起来如何处理？

（1）联系仪表人员检查沉降器藏量仪表是否投用正常；

（2）观测反应器、沉降器密度、压降等仪表判断是否有催化剂转入沉降器；

（3）观察两器差压是否在规定范围内，提升管预提升蒸汽、进料雾化蒸汽量是否正常；

（4）若再生斜管流化不畅，应调整再生斜管松动介质流量，适当大幅度调整再生滑阀开度等方法进行处理。

☞ 47. 沉降器向再生器转剂不顺畅如何处理？

若待生斜管流化不畅，应调整再生斜管松动介质流量，适当大幅度调整待生滑阀开度，适当调整两器差压进行处理。

☞ 48. 两器流化升温时，油浆循环中断，应如何处理？

当沉降器内有催化剂时，必须保证油浆循环正常。当两器流化升温阶段油浆循环中断，应立即关闭再生滑阀，将沉降器内催化剂转入再生器，维持再生器单容器流化。油浆循环恢复后，再重新转剂。

☞ 49. 两器流化升温时，提升管温度上升较慢，应如何处理？

向沉降器转剂时，应控制提升管升温速度不大于15℃/min。若再生滑阀已开度较大，提升管温度上升很慢，可适当降低沉降器压力，保证提升管温度的上升。

☞ 50. 提升管喷油前有哪些准备工作？

喷油前准备工作及条件：

（1）检查流程，确认无误。

（2）再生器床层温度升到650~680℃，加入适量助燃剂。

（3）反应温度控制在500~520℃。

（4）反应-再生系统温度、压力、催化剂料位、主风流量达到进料前的要求。联系仪表工，检查两器温度、压力、密度、藏量、压降等指示是否准确。

(5) 反应-再生两器流化正常。再生、待生单动滑阀(和外取热器单动滑阀等)调节灵活自如。催化剂跑损正常、稳定。

(6) 气压机低速运行，具备随时进料随时提速的条件。

(7) 原料自保复位，旁通阀副线打开。新鲜原料和回炼油预热正常。各进料喷嘴前第一道手阀关严。拆除原料油喷嘴前盲板，原料油经预热线返回，保持喷嘴前压力0.4~0.6MPa。

(8) 将油浆引到喷嘴前。

(9) 此时状态：再生器压力0.12~0.13MPa，沉降器压力0.09~0.1MPa，主风量为正常量的70%~80%，两器系统压力平稳、各处藏量稳定、流化正常。

☞ 51. 提升管喷油如何进行？

(1) 逐渐打开油浆喷嘴，用调节阀控制油浆流量，观察提升管出口温度、沉降器压力及再生器温度变化。

(2) 用分馏塔顶蝶阀控制沉降器压力。

(3) 调节燃烧油量控制再生器温度。

(4) 对称方式打开原料油喷嘴，逐渐关闭预热线和事故旁通线，在2~3h内将原料油量提到预定值；控制提升管出口温度不小于460℃。

(5) 随着进料量的增加，逐渐关闭再生器燃烧油，启用外取热器来控制再生器温度。每隔30min取样分析再生催化剂定炭。控制烟气氧含量约3%(富氧再生装置)。注意防止炭堆积和二次燃烧。

(6) 喷油后，改用气压机入口放火炬阀控制沉降器压力。

(7) 气压机升速，根据气压机的运转情况，将沉降器压力逐渐改为由气压机转速来控制。

(8) 最后投用回炼油进料喷嘴。

(9) 投用金属钝化剂系统。

(10) 根据油浆固含量(≯6g/L)调节油浆回炼量和外甩量。

☞ 52. 喷油后，开大进料喷嘴原料量未能增大如何处理？

应关小原料开工循环线阀门，逐步减少去事故旁通线的量，保证集合管压力，并检查原料油泵出口阀开度是否过小。

☞ 53. 反应－再生系统全面调整操作阶段应注意哪些问题？

（1）控制好以下几个平衡：① 两器压力平衡：主要体现在各滑阀压降要合适，一般为 0.025～0.04MPa。② 两器热平衡：主要指再生器温度，应控制在合理范围内。③ 需氧与供氧平衡：主要体现在烟气过剩氧含量，富氧再生控制 2%～5%。④ 生焦与烧焦平衡：主要表现在再生催化剂含炭，控制在合理范围内。

（2）根据工艺卡片控制各操作参数。

（3）根据再生温度调节外取热器取热量。

（4）对本系统进行一次全面检查，确保平稳、安全运行。

☞ 54. 分馏部分开工应进行哪些检查和准备工作？

（1）按开工要求改好、全面贯通吹扫流程，联系仪表工投用有关的仪表。

（2）系统给蒸汽吹扫，确认每个排凝阀、放空阀(包括仪表引线排空阀)见蒸汽。

（3）系统试压，塔器管线根据设计压力等级，分别隔离试压。如分馏塔和原料油罐、回炼油罐、柴油汽提塔及分馏塔顶油气系统以分馏塔顶压力表为准，试压压力稍低于分馏塔顶安全阀定压，其他系统试到蒸汽压力。要专人专线，认真记录试压中出现的问题并作好标记，联系操作人员处理直到试验合格。

（4）试压合格，减蒸汽泄压，保持微正压，按要求拆除装置内盲板。

（5）按开工要求，改好各流程，如开工柴油外循环和封油循环流程，柴油流程，原料油、回炼油和油浆外循环流程，分馏塔顶回流和一中段收油流程等。

☞ 55. 何时建立封油循环？如何建立？

反应-再生系统气密试验、两器升温时，分馏系统建立封油循环。方法如下：

(1) 收开工柴油前，要认真检查流程，避免发生跑油、窜油事故；

(2) 联系设备岗位，给有关机泵和空冷器送电，机泵加润滑油、盘车，给冷却水；

(3) 投用重油系统蒸汽(或热水)伴热线(包括该系统的仪表和玻璃板液面计的伴热线)；

(4) 联系投用并检查系统内的仪表；

(5) 联系生产管理部门，引开工柴油，建立开工柴油外循环。正常后，封油罐收柴油到一定液位，沉降脱水，开封油泵建立封油循环。封油循环正常后，根据开工需要，引燃烧油到再生器辅助燃烧室前和再生器燃烧油集合管，脱水备用。

☞ 56. 装置开工如何进行开路大循环?

装置开工初期首先进行开路大循环。原料油(蜡油)从罐区引进装置，经装置内三路循环后由油浆冷却水箱及油浆紧急外甩系统排到罐区。开路大循环的目的是考验装置外系统设施情况，及脱除外部系统存水。当开路循环完成后改为装置内闭路循环。

近几年有的装置不设原料油加热炉，装置内又没有其他加热手段，采用自常减压装置直接来热蜡油，加热装置内管道、设备等设施，进行升温、脱水、热紧等，然后经油浆冷却水箱冷却后排至罐区。在此情况下，常减压装置需要配合催化裂化装置开工，其换热器需要增加副线用于控制供油温度，提供的原料油能够在90~280℃范围调节。在开工初期提供90℃原料油，避免温度过高原料油遇到系统存水突沸。根据开工过程需要逐步提高温度，至系统250℃热紧为止。有加热炉的装置采用传统方法进行开工循环。

☞ 57. 装置开工如何进行闭路循环?

开路循环结束后，打开开工循环线阀门(循环油浆至原料油罐跨线)，关闭油浆外甩阀门和原料油进装置阀门，进行装置闭路循环(三路循环)。

☞ 58. 装置开工如何进行塔外循环?

拆大盲板之前为塔外循环，开工蜡油不进分馏塔，塔外循环系统的设置使开工期间反应系统及与分馏系统衔接方面的操作更简便可靠。蜡油自原料油罐引出，由原料油泵升压后经各换热器进入加热设备(加热炉或加热器，有很多装置也采用油浆蒸汽发生器倒引蒸汽加热)，逐步加热到250～350℃去提升管反应器，经原料油预热线和事故旁通线返回原料油罐。

蜡油经两罐连通线进入回炼油罐，由回炼油泵抽出升压后与原料油混合(混合进料情况)，循环回到原料油罐或回炼油罐。

油浆泵自回炼油罐或原料油罐引热蜡油，经油浆系统循环后返回原料油罐或回炼油罐。

循环升温过程挥发的油气也不进入分馏塔，而是经专门设置的放空线引出(从原料油罐油气挥发线切断阀前引出)，经冷却器后排往轻污油罐。

☞ 59. 装置开工如何进行塔内循环?

拆除油气管线大盲板后，改为塔内循环。油浆泵改为自分馏塔底引油，关闭原料油罐或回炼油罐引油阀，泵抽出升压后经各换热器、蒸汽发生器后，一路进入分馏塔循环，一路经开工循环线返回原料油罐。循环油进分馏塔，建立正常油浆循环(塔内循环)，同时将挥发油气改进分馏塔。原料油和回炼油保持循环。

☞ 60. 分馏引油循环时，原料泵抽空应如何处理?

立即切换至备用泵运行。为预防泵抽空，原料油罐应放净存水，做好原料泵出入口的扫线，停汽后，立即引油。

☞ 61. 分馏引油循环时，油浆泵抽空应如何处理?

立即切换至备用泵运行。尽量延长原料开路循环时间，脱净管道存水；有条件，可建立塔外循环，升温至大于180℃以上，原料再进分馏塔，并且保持分馏塔顶温度足以让水汽化出来。另外，开工时要注意封油存水要脱净且泵的封油量不可过大。

☞ 62. 开工时，如何使原料油泵尽快上量?

开工时，使原料油泵尽快上量的方法：

(1) 泵进口向原料油罐扫线。

(2) 泵出口向炉子出口扫线。

(3) 做好开泵准备工作。

(4) 原料油罐加热至65℃左右，并放净存水。

(5) 要抽油时，停掉泵进出口扫线蒸汽，借油罐中原料油的静压差，将原料油压至泵进口，泵进口放空看到油后，再启动马达。

☞ 63. 开工时，如何使油浆泵尽快上量？

开工时，为使油浆泵尽快上量，应注意：

(1) 泵出口向换热器扫线。

(2) 塔底向泵进口扫线。

(3) 管道放净存水。

(4) 泵预热时要切换。

(5) 塔底温度大于200℃。

☞ 64. 原料三路循环恒温脱水阶段要注意什么？

油浆塔外循环正常后，减小油浆外排量，同时油浆蒸发器引蒸汽加热，原料经加热后分别返回原料油罐和回炼油罐。以回炼油罐出口温度为准，逐渐升温到110~120℃，进行恒温脱水。在此期间，要控制好升温速度和原料油罐及回炼油罐液位，避免升温过快原料油突沸或油罐液位超高造成原料油进入分馏塔。

原料油恒温脱水结束，粗汽油罐收开工汽油至液位约50%，控制好该罐水界位和液位，开粗汽油泵打冷回流控制分馏塔顶温度≯120℃，分馏塔顶油气冷后温度≯60℃。联系将含硫污水送到污水处理装置。

原料油循环继续按要求升温到250~300℃，联系施工单位对分馏系统进行热紧。

☞ 65. 热拆大盲板时，分馏塔底窜入原料油应如何处理？

热拆大盲板前，应从分馏塔底放空检查是否有原料油窜入，若发现有油，为保证施工安全，应停止拆盲板，检查由何处窜油(重点检查塔外循环流程)。消除原因、排净存油、给汽蒸塔，确保安全后，再进行拆大盲板。

☞ 66. 切换汽封时，分馏应注意什么？

（1）塔顶油气冷却器通入冷却水，进出口阀门打开，后路畅通。

（2）沉降器顶见蒸汽，1h 后，打开塔顶冷却器进口电动阀。

（3）密切协助反应岗位，根据沉降器压力缓慢减少分馏蒸汽量。塔底蒸汽阀关死，轻、重柴油汽提蒸汽阀关小。

（4）注意塔顶油气分离器中硫化铁，可能产生自燃。

☞ 67. 催化分馏塔塔板为什么容易在开停工阶段被冲掉？

在开工过程中蒸汽量过大，或是在正常生产中以及切断进料时，操作不平稳，如塔中超温、中断回流，使分馏塔中气相负荷很大，就会发生塔板被冲掉几块甚至大面积被冲掉而导致紧急停工的现象。

☞ 68. 如何预防分馏塔塔板被冲掉？

（1）切换汽封前适当降低沉降器的蒸汽量。如反应汽提蒸汽的主要目的是汽提待生剂上的油气，在进油前没有必要达到像正常生产时的流量。在切换汽封时，控制在正常量的 1/3～1/2 是完全可以的。原料油雾化蒸汽在进油前为正常量的 1/3～1/2 即可。分馏塔建立油浆循环后，启用冷回流控制顶温，塔板上或多或少会有一些液流，特别是油浆循环后脱过热段人字挡板上油浆喷淋而下，上升的蒸汽在人字挡板上与油浆回流逐层纵向接触，减缓了蒸汽对塔板的冲击，这时再逐步提高反应汽提蒸汽与反应进料雾化蒸汽，对塔板来说就不存在任何危害性了。

（2）尽量减少切断进料次数。这对防止分馏塔板故障具有重要意义。

（3）分馏塔本身的操作上应精心维持好四段回流，使全塔各点温度控制平稳。无论顶循环回流、一中段回流、二中段回流、油浆循环回流中的任何一段回流抽空，都可能引起油气上冲。因为循环回流一旦抽空，这段回流就无法取热，塔板温度骤然上升，塔板上液体汽化蒸发，液层突然减薄甚至干板，上升油气无法很好地进行气液交换而是直冲而上。特别是顶循环回流与油浆循环回流如果中断，很容易引起冲塔。

(4) 检修期间要确保检修质量，塔板安装严格按规定进行。人字挡板、塔板出现腐蚀情况应及时更换。

☞ 69. 开工时，顶循泵经常抽空应如何处理?

立即切换至备用泵，并查找抽空原因进行处理。一般是由于顶循环回流管线带水或负荷小，造成顶循泵抽空，可通过向顶循管线充汽油的方法解决。

☞ 70. 开工时，顶回流管线为什么要充汽油？应注意什么?

开工时，顶回流管道中有蒸汽扫线后冷凝下来的水，这部分水若进入分馏塔，高温时突沸汽化而使分馏塔压力骤升，导致反应压力骤升。因此，要用汽油将管道中的水赶走。另外，开工时，塔中负荷很小，顶回流管道内充入汽油，可使顶回流泵上量快，尽快建立顶回流，尽快平稳分馏塔操作。充汽油时，应注意不留死角，放净明水。

具体做法：充好汽油，静置几小时后，在低点放净明水。过几小时，再放一次水，再充一次汽油。尤其是在即将建立顶回流循环时，最后一次将水放净。脱水时，人不能离开，严防跑油。

☞ 71. 因建立冷回流时，反应压力快速上升应如何处理?

立即减小或关闭冷回流阀门，保持反应压力平稳。冷回流投用前应充分脱水，缓慢投用。

☞ 72. 开工时，分馏一中段循环回流泵经常抽空应如何处理?

立即切换至备用泵，并查找抽空原因进行处理。一般是由于分馏一中回流管线带水或负荷小，造成一中段循环回流泵抽空，可通过向一中段循环回流管线充柴油的方法解决。

☞ 73. 开工时，一中段回流管道为什么要充柴油？应注意什么?

开工时，一中段回流管道、冷换设备中有蒸汽扫线后冷凝下来的水，这部分水若进入分馏塔中，高温时会突沸而使分馏塔压力骤升，导致反应压力骤升。因此，要用轻柴油充满管道，将管道中的水赶走。另外，开工时，塔中负荷很小，一中段回流管道、设备内充满柴油，可使一中段循环回流泵上量，尽快建立一中段循环，尽快平稳分馏塔操作。

充轻柴油时，应注意不留死角，放净明水。

具体做法：充好柴油静置几小时后，在低点将明水放净。过几个小时，再放一次水，再充一次柴油。尤其是在即将建立一中段循环时，最后一次将水放净。脱水时，人不能脱开，严防跑油。

☞ 74. 开工建立各段循环回流时，如何防止塔压上升和泵抽空？

开工建立各段循环回流时，应做到以下几点：

（1）管道充分脱水，以防水进入塔内汽化而使塔压升高。

（2）封油脱净水，封油压力适当。

（3）建立各段循环回流时，要慢些，以防止泵抽空。

☞ 75. 分馏系统开工调整操作包括哪些内容？

（1）尽快建立分馏塔各中段回流，用冷回流控制分馏塔顶温度，控制塔底温度 350～360℃。

（2）联系罐区，自产柴油出装置；联系化验分析柴油质量；投用柴油计量表；酌情联系罐区停送开工柴油，封油改自产柴油。

（3）根据粗汽油罐液位，联系罐区停送开工汽油；联系稳定岗位，将粗汽油改进吸收塔。

（4）联系生产管理部门，引渣油进装置，先通过外循环，通过油浆紧急放空线到罐区脱水。外循环正常后，联系反应岗位，引渣油进原料油罐，用渣油流控阀适当控制掺渣率。

（5）投用油浆阻垢剂系统。

☞ 76. 吸收稳定及脱硫部分开工应进行哪些检查和准备工作？

（1）按开工要求改好、全面贯通吹扫流程，联系投用有关的仪表。

（2）系统给蒸汽吹扫，确认每个排凝阀、放空阀（包括仪表引线排空阀）见蒸汽。

（3）系统试压，塔器管线根据设计压力等级，分别隔离试压。如汽油脱硫醇系统以精制汽油罐顶压力表为准，试压压力稍低于其安全阀定压。其他系统试到蒸汽压力。要专人专线，认真记录试压中出现的问题并作好标记，联系处理直到试验合格。

（4）试压合格，减蒸汽泄压，保持微正压，按要求拆除装置内盲板。

（5）按开工要求，改好各流程，如吸收稳定三塔循环、液态烃脱硫、干气脱硫、稳定汽油碱洗等流程。

☞ 77. 开工时，吸收－稳定系统为什么要充瓦斯？如何操作？

停工检修时，设备、管线中均充满空气。空气和瓦斯混合到一定程度达到爆炸极限，就有发生爆炸的危险。所以，必须要把设备、管线中的空气赶出去。赶空气充瓦斯的步骤：先用水赶空气，然后用瓦斯赶水。用水赶空气时，要注意放净空气，不留死角，也要注意设备不能超压。瓦斯赶水时，则要注意防止瓦斯泄漏。赶空气充瓦斯的另一种方法是先用低压蒸汽赶空气，经一定时间空气赶净，保持塔低压（防止冷凝后形成负压）时充入瓦斯。此时，蒸汽逐渐冷凝成水，然后在低点脱水。但要有人看守、防止跑瓦斯。

☞ 78. 反应器、再生器烘衬里时，吸收稳定系统是何状态？

反应器、再生器烘衬里时，吸收稳定系统建立三塔循环。

（1）切断各氮气充压手阀，将瓦斯缓慢引到吸收稳定系统，并维持好压力。

（2）吸收塔收开工汽油到液位约50%时，开塔底泵向凝缩油罐装油。凝缩油罐液位约50%时，开凝缩油泵向解吸塔装汽油至该塔液位约50%，开脱乙烷汽油泵向稳定塔装汽油。稳定塔用瓦斯充压至约0.4MPa（表压），该塔液位约50%时，开吸收塔顶回流泵建立三塔循环。

（3）在三塔循环的同时，从凝缩油罐和稳定塔底重沸器等低点间断脱水，视各塔器液位，及时向系统补汽油。

（4）三塔循环正常后，每隔12h切换一次备用机泵。对于出现的仪表和电气问题要及时联系处理。三塔循环正常，达到接收压缩富气的条件。

☞ 79. 喷油后，稳定塔底温度长时间偏低有何危害？

稳定岗位接收富气、粗汽油后，若稳定塔底温低，会造成稳定汽油带液态烃，直接导致后续装置和汽油罐区压力突升，危及安全生产。

☞ 80. 喷油后，稳定塔底温度长时间偏低如何处理？

一般稳定塔底热源采用都是分馏塔一中、二中回流，若分馏一中、二中回流经常抽空或量小，会导致稳定塔底温度提不上来。此时应减小稳定塔进料，适当提高解吸塔底温度，控制稳分馏一中、二中回流的流量，保证稳定塔底热源的供应。

☞ 81. 吸收稳定系统开工调整操作包括哪些内容？

(1) 酌情引分馏热源到解吸塔和稳定塔底重沸器，进行升温升压。

(2) 打开稳定塔顶压控阀，启动稳定塔顶油气空冷风机，尽快建立塔顶回流。当稳定塔顶压力达到约 0.5MPa(表压)时，切断瓦斯充压线。在具备条件时，塔顶压控阀投自控。

(3) 粗汽油进本系统后，开汽油强制碱洗，并酌情投用汽油脱硫醇系统(投用活化剂系统)和汽油出装置计量表。联系化验分析汽油质量，各项指标合格后，联系罐区，汽油改合格罐，正常后汽油碱洗改自循环。

(4) 投用汽油脱硫醇活化剂注入系统。

☞ 82. 什么是紧急停工？

催化裂化装置紧急停工，主要是指切断反应器进料，维持两器或单器流化或闷床处理，控制分馏各处温度、油浆循环，稳定系统维持三塔循环或保持系统压力及液位正常。根据情况采取紧急停工措施，经处理后，可根据当时情况重新组织进料，或按停工步骤进行彻底停工。

催化裂化装置为了防止发生重大事故和恶性事故，操作员必须对紧急停车的操作了解透彻，在发生事故时，准确无误地使用自保联锁系统，自保联锁系统在任何情况下应处于良好状态。

☞ **83. 系统紧急事故处理原则有哪些？**

系统紧急事故处理时必须严格遵循下列原则：

(1) 在任何情况下，必须严格执行工艺卡片、工艺纪律所规定的各种指标不可违反，特别是自保投用，必须按规定进行，任何个人都无权违反。

(2) 任何情况下，正常的停工程序应尽严格遵循，但当事故有继续恶化趋势对装置安全有重大威胁时，应进行紧急停工。

(3) 紧急停工反应切断进料，保持两器或单器流化，分馏、稳定保持循环。紧急停工后仍无法恢复生产时，按正常停工处理。

(4) 为防止油气、空气互窜发生爆炸事故，在任何情况下，两器藏量不得相互压空或发生催化剂倒流。当难以维持时可启用差压自保。

(5) 在进料情况下，反应温度不得低于 480℃(蜡油装置不低于 460℃)，防止待生催剂带油。当难以维持时可启用反应进料自保。

(6) 主风或增压风中断时，必须通入事故蒸汽，以防催化剂倒流入机体和防止再生器死床。主风中断时再生器不得喷燃烧油，并密切注意再生床温的下降，再生床温不得低于 400℃，否则迅速卸料。

(7) 在沉降器内有催化剂时，必须保持分馏塔底油浆循环，否则应将沉降器催化剂转入再生器并关严待生和再生滑阀。长时间无法恢复油浆循环时，及时卸出系统催化剂。

(8) 反应切断进料后，控制好分馏塔顶温度防止冲塔和超压，控制好分馏塔底液面防止憋压和油浆泵抽空。

(9) 反应-再生系统内存有催化剂时，必须保证各吹扫点、松动点吹入流化介质(风或蒸汽)，以防堵塞。

(10) 发生紧急状况时要及时与生产管理部门及有关单位保持密切联系，产品不合格时联系改送不合格罐。

(11) 在任何情况下，油品出装置温度必须控制不超温，防止罐区发生突沸或冒顶，使事故范围扩大。

(12) 自保投用后，应及时到现场检查自保阀动作情况，若有不动作者，则立即现场投用或改手摇控制。

(13) 若发生催化剂大量跑损，系统藏量难以维持时，立即切断进料，停外取热器提升风，必要时启用主风自保。

☞ **84. 装置紧急停工方法是什么？**

(1) 启用自保，切断进料，通入事故蒸汽，关闭各原料喷嘴，并检查自保是否动作，联系分馏油浆外排。

(2) 控制好两器压差，保持两器流化，如停主风则喷入事故蒸汽，并检查主风自保是否动作。

(3) 用降温汽油控制好反应温度，防止超温。

(4) 当再生器温度低于500℃时切除主风，再生器闷床。

(5) 气压机停机后，用入口放火炬和分馏塔顶蝶阀控制沉降器压力。

(6) 主风机在反应岗位降风量时，及时打开放空，防止飞动。

(7) 气压机增加反飞动量，尽量维持反应压力不过低。气压机或吸收稳定发生重大事故紧急停运时，富气可全部放火炬。

(8) 装置切断进料后，如不能恢复生产，则按正常步骤停工。

☞ **85. 主风中断后各岗位的退守状态是怎样的？**

(1) 切断进料，切断两器，保证再生器床层温度不小于500℃；

(2) 分馏改原料开路大循环；

(3) 稳定系统改三塔循环；

(4) 精制系统改胺液、碱液系统循环；

(5) 热工系统紧急停炉，保证液位在正常范围；

(6) 做好重新开工准备。

☞ **86. 装置正常停工有哪几个步骤？**

(1) 停工前准备。

(2) 反应降低处理量，切断提升管进料，停气压机，分馏稳定系统退油扫线。

(3) 反应卸催化剂，分馏继续退油，水顶汽油和液态烃出装置。

(4) 加油气线大盲板，两器吹扫降温；装置全面给蒸汽吹扫；停蒸汽加装置内盲板；分馏稳定系统进行水洗。

(5) 拆设备人孔，做检修施工准备。

☞ 87. 停工前，反应－再生系统有哪些准备工作？

(1) 热催化剂罐打开放空口泄压，准备接收热催化剂。

(2) 改好大型卸料线流程，并用非净化风吹扫畅通。

(3) 检查事故返回线，各事故蒸汽放空排凝。

(4) 检查统计本区域泄漏点。

(5) 降量前停止催化剂置换，提前停止注入钝化剂、终止剂。

(6) 降低原料罐液位并降低原料量，根据回炼油罐液面情况降低回炼油、回炼油浆量，但要保证二中段回流正常。

(7) 控制好轻柴油汽提塔和封油罐液位正常，保证封油和燃烧油的供给，如维持不住液位，则联系外引柴油。控制好分馏塔底和油气分离器液面。

☞ 88. 停工的安全方面有哪些注意事项？

(1) 参加停工的人员必须按规定着装，禁止踩踏地井和地沟翻板，并正确使用灭火用具。

(2) 分馏控制油浆排放温度≯90℃，避免造成油浆罐突沸事故。

(3) 卸催化剂时，反应压力要高于再生压力约5kPa，卸剂温度≯450℃。

(4) 切断反应进料时，装置内各计量表及时改走副线。全面给汽扫线时，要先扫主线，后扫副线，不留死角。发生水击要及时处理，工艺设备和管线中的油品要吹扫干净。

(5) 全面停蒸汽后，打开各塔人孔前，要检查塔顶和塔底排空是否已打开泄压。

（6）由专人负责加盲板工作，各盲板处和禁动阀门要挂好盲板或禁动标志。

☞ 89. 停工的质量控制方面有哪些注意事项？

（1）切断进料前，各岗位要控制好各操作参数，确保产品馏出口质量合格。

（2）汽油脱硫醇系统与装置同步停工。

（3）停工前应通知分析化验单位，安排好采样时间。

☞ 90. 停工时，环保方面有哪些注意事项？

（1）停工过程中，不得随地排放油品、瓦斯、液态烃、溶剂、含硫和含低污水等有毒有害的污染物。

（2）停工中要认真检查流程，做到不跑窜油品、蒸汽和水。

（3）粗汽油罐含硫污水在加大盲板时方可停泵排地漏。

（4）汽油和液态烃系统退碱时，应先通知环保部门，并指定专人负责，将碱退净。退碱后用水将碱洗系统处理干净，不允许直接将碱液排进地漏。

（5）干气和液态烃脱硫系统退胺液时，应与制硫装置联系好，将溶剂退净。

（6）水顶汽油、液态烃时，要由专人检查，不能把水、碱带到罐区。水顶结束向地漏排放残液时，应先通知环保部门，控制好排放量，不得冲击污水处理场。

（7）下雨时应堵严各含油污水的地井口，勿使雨水进入含油污水系统。

（8）扫线结束后，按要求处理好含油、含硫、含碱污水井。

☞ 91. 停工时，设备保护方面有哪些注意事项？

（1）严禁设备超温、超压，防止设备管线损坏。

（2）停用热工系统汽包前，必须控制好其液位，防止汽包干锅。

（3）按岗位操作法操作转动设备，做到专人专机专泵，及时检查和处理发现的问题。

☞ **92. 停工降温降量阶段反应－再生系统如何操作？**

（1）降原料油量，以(5%～10%)/次的速度降原料油量；

（2）当原料降到一定时停止回炼油、回炼油浆回炼，并立即扫线，将油扫入提升管，扫净后关闭喷嘴油路手阀，回炼油全部返塔；

（3）视再生器温度情况，切除外取热器；

（4）适当开大预提升蒸汽和事故蒸汽，以保持两器流化；

（5）停注钝化剂，停终止剂；

（6）注意防止二次燃烧及尾燃。

☞ **93. 正常停工如何进行切断进料操作？**

总进料降到一定值后，启用进料自保，切断进料。向提升管扫线，然后逐个关闭原料喷嘴，全开雾化蒸汽。切断进料后，用气压机入口放火炬和分馏塔顶蝶阀来控制反应压力。原料罐内存油甩净后，停提升管进料泵。

☞ **94. 反应－再生系统卸催化剂时要注意什么？**

控制好反应-再生系统压力，必须保证沉降器压力略高于再生压力，相应降低汽提蒸汽，将催化剂全部转入再生器，并开始卸催化剂，控制卸料线温度≯430℃，直至催化剂卸尽。当沉降器温度<300℃时，将待生滑阀前和再生滑阀后的松动蒸汽关闭。

卸完催化剂后，关闭再生、待生滑阀，切断反应-再生系统，开双动滑阀、外取热器下滑阀，提大主风量吹扫再生系统。三旋催化剂放至废催化剂罐内。

☞ **95. 反应－再生系统卸催化剂如何操作？**

（1）关再生滑阀，调节两器压差，使反应压力大于再生压力0.01MPa。

（2）缓慢开待生滑阀，将沉降器、汽提段、待生管的催化剂转入再生器，当全部转完之后，关待生阀。

（3）维持再生床560℃左右进行单器流化烧焦，过程中取催化剂样目视，以判断烧焦情况。

（4）烧焦结束后，再生床温降到450℃时卸催化剂。卸料时注意控制速度，控制卸料线温度小于400℃，以防热催化剂罐剧烈热膨胀变形和拉裂。

（5）卸催化剂后期，开大外取热器外循环管提升风，将外取热内催化剂全部吹入再生器内。

（6）催化剂卸完后，把卸料线吹扫干净。

（7）关小反应蒸汽，联系分馏岗位，加8字盲板。

（8）关闭蒸汽总阀，打开非净化风连通阀，将蒸汽切换为压缩风并通知空压站提风压。关各事故蒸汽切断阀，两器改用风后，检查催化剂是否卸净，可打开放空处理。自下向上沿器壁逐个打开松动点、反吹点的放空阀，从再生器向外反吹，同时记录其中不通部位，善后处理。

（9）确认催化剂卸完，再生器温度降到200℃以下后，停主风机。

（10）关反应油气管线上放空阀、双动滑阀。

（11）蒸汽和压缩风管线泄压，排尽存水。配合开人孔和卸盲板。

☞ 96. 为保证停工顺利安装油气大盲板，反应－再生系统要注意什么？

催化剂卸净后，器内各点蒸汽继续吹扫，赶油气去分馏塔，时间不小于8h。当沉降器温度低于200℃时，减少反应-再生系统吹汽，打开沉降器顶及大油汽管线顶放空，降低沉降器压力，为上油气盲板创造条件。

☞ 97. 如何确保两器催化剂彻底卸净？

大盲板安装完毕后，重新开大反应-再生系统吹汽量，吹扫8h后停汽。再生器卸剂时，一定要防止蒸汽窜入再生器，造成催化剂带水和泥。催化剂卸完后，提大主风量，吹扫再生器中残存催化剂，将再生器内催化剂吹至三旋，经烟囱排至大气，吹扫一段时间后，停主风机。沉降器吹扫完毕后，将通入两器的蒸汽全部关死，并上盲板。主风机停运，并关闭非净化风至两器总阀，停反吹风。

☞ 98. 反应－再生系统停工切断进料，分馏系统如何操作？

分馏塔底液而用油浆外甩来控制，及时停各回流，用冷回流控制塔顶温度。将原料罐、回炼油罐底存油全部打入分馏塔中，维持油浆循环。反应切断进料之后，将回炼油送入分馏塔，当回炼泵抽空后，回炼油系统给汽扫线。停油浆蒸汽发生器。与稳定配合停吸收油，尽量将再吸收塔存油压入分馏塔。并停油气水洗。

☞ 99. 两器卸剂时，分馏系统要进行哪些操作？

催化剂卸完以前，分馏维持油浆循环，将管线存油尽可能扫入回炼油罐和分馏塔中。催化剂卸完后，将柴油汽提塔内存油经一中回流补油线全部打入分馏塔冲洗塔盘；分馏系统全面扫线。

分馏一中回流、二中回流、原料管线扫净后，停冷回流，分馏塔顶油气分离器汽油全部打入不合格罐，停掉各空冷，然后停油浆循环，将油浆返塔线扫净，先扫上返塔，后扫下返塔，塔底油送至油品。将塔底油退净后，系统水洗，由冷回流线向分馏塔内打水进行水洗。

☞ 100. 装油气大盲板过程分馏系统如何操作？

当分馏塔底油抽空后，反应沉降器、分馏塔少量吹汽，打开分馏塔顶放空，保持微正压，与反应配合装油气大盲板，大盲板装完后，分馏系统开始全面扫线，打开塔顶放空，主副线反复吹扫，不留死角。塔内存水由塔底放空排入地漏。扫线结束后，分馏大量给汽蒸塔，蒸塔 24h，给汽时要缓慢，防止冲翻塔板。

☞ 101. 反应－再生系统停工降温降量时，分馏系统应该怎么办？

（1）反应降量时，应逐渐减少循环回流量，保证分馏塔各部温度正常，产品质量合格。

（2）控制好轻柴油汽提塔和封油罐液位正常，保证封油和燃烧油的供给，如维持不住液位，则联系外引柴油。控制好分馏塔底和油气分离器液面。

（3）当总进料量降至规定值时，轻柴油改走不合格罐，控制分馏塔塔顶温度不大于120℃。

☞ 102. 停工时，分馏系统为什么要水洗？

停工时，分馏系统水洗分两部分：轻油部分包括顶回流、粗汽油、塔顶油气三个系统；重油部分包括轻柴油、一中段、重柴油、回炼油及二中段、油浆、原料油六个系统。

（1）轻油部分。汽油很容易汽化，汽化后，体积急剧膨胀。瓦斯气体受热后，体积也有较大增加。粗汽油、顶回流系统应先用冷水洗，然后再扫线。塔顶油气系统中有少量未退尽的汽油和瓦斯，同样要先用冷水洗，再用蒸汽扫线。

（2）重油部分。由于油较重，附在设备中(尤其是塔、容器、换热器壳程、炉管等)不容易被蒸汽扫清，因此需要用热水将其洗净。

☞ 103. 分馏塔如何进行水洗？

水洗时，通过粗汽油泵前引新鲜水，向塔内装水，各循环系统用水作介质启泵循环水洗。水必须上进下出，并切换热器正、副线。顶水时，不允许设备超压，同时各重油系统不能向塔内扫线，等塔底见清水后停泵放水。停泵后系统全面扫线，给汽扫线时注意各塔不能超压。

☞ 104. 停工时，分馏系统水洗应注意什么？

分馏系统水洗时应注意：

（1）轻油部分。① 水必须下进上出，才能把水顶走。② 不能留有死角，摇动三通阀，切换换热器正、副线。③ 应注意临界阀的开关情况，不能窜油或流程不通。④ 对于空冷器，应分片顶净。⑤ 应注意，不能超过设备允许的操作压力。⑥ 仔细检查各明处放空。⑦ 塔顶油气系统顶水时，分馏各重油系统不能向塔中扫线。

（2）重油部分。① 热水温度应在100~110℃，不可太低，以防凝管线；也不可太高，以防汽化造成水击。② 保证加热炉的分支流量和温度差在允许范围内。③ 各系统应充分循环起来，不能留有死角。三通阀应摇动，换热器正、副线应切换。④ 尽量使各系统(包括分馏塔、汽提塔、回炼油罐等)的温度保持在70~80℃。⑤ 在分馏中，从下至上，随着液面的上升，应依次将回炼油罐、重柴汽提塔、轻柴汽提塔中的油抽净。经检查无油后才可往上打水或停止打水，以免较重的油带入上部较轻的系统。⑥ 充水时，液面不能超过轻柴油抽出板以上，以防将较重的油带入上部较轻的系统。

☞ 105. 反应－再生系统停工切断进料，热工系统如何操作？

随着反应系统降量，关蒸汽出装置阀，联系生产管理部门开蒸汽进装置阀，保证停工用汽。根据过热器出口蒸汽温度、压力停止减温减压器运行，蒸汽改放空，停油浆蒸汽发生器，停止各汽包加药。

☞ 106. 反应－再生系统停工切断进料，稳定系统如何操作？

粗汽油直接出装置后，在停气压机之前，汽油改走不合格线出装置，干气停出装置，改进瓦斯管网。将系统内存油全部压入稳定塔，然后送出装置，退油时尽量维持脱吸塔底温度以保证脱吸塔、稳定塔顺利转油，必要时启动三塔循环泵退油。气压机停运后，关闭各洗涤水，关干气不凝气出装置阀，稳定系统憋压，汽油往精制退油。同时与分馏配合停再吸塔，塔底油全部压入分馏塔中。

☞ 107. 反应－再生系统停工降温降量时，吸收稳定及其他系统应该怎么办？

(1) 反应降量时，在未改放火炬前，保证产品质量合格。分馏一中、二中回流降量后，适当调节塔底重沸器三通阀保持系统平稳。当热源不足时，联系生产管理部门改粗汽油直接进不合格罐。

(2) 能量回收系统控制好减温减压器出口温度和压力。同时控制好各汽包液面。随着反应-再生系统烟气量的减少，逐步关小烟气轮机入口蝶阀，开大双动滑阀，当烟气量降至60%后，关烟气入口阀，烟气轮机停机，但维持主风机、增压机正常运转。

(3) 气压机系统由于反应降量，入口富气量也相应降低，此时应开大气压机反飞动阀，降低转速，富气量进一步降低时，停气压机，反应压力改至气压机入口放火炬控制。

(4) 精制系统待稳定产品改走不合格罐后，精制系统停止注碱，停止用活化剂。

☞ 108. 稳定系统退油后如何处理？

稳定系统压完油后，各塔、容器卸压去火炬。停空冷，然后系统装水，按三塔循环流程进行水洗。水洗 24h 后，各塔、容器给汽，系统扫线，顶部排空 24h 后停汽。

装置全面停工后，气压机凝缩油罐内油退净后，气压机引氮气置换。

☞ 109. 精制系统停止进料后，如何处理？

系统内干气、液化气改出脱硫系统后，胺液循环维持原操作条件不变。当胺液采样合格后，按 20℃/h 的速度降温，将再生塔温度降至 50℃时，停加热蒸汽。温度降至 35℃后，停冷却水，卸胺，用蒸汽将系统内酸性气赶入火炬线。回收胺液用氮气密封储存。关闭工业风，将系统内残存碱液统一回收到废碱液罐中。然后引氮气将系统内残余干气赶入火炬系统，引新鲜水将系统内液化气、汽油顶出装置。系统内液化气、汽油顶出装置后，为将管线和塔器内杂质冲洗干净，并将附着在塔器和管线内壁和构件上的 FeS 钝化，防止塔器和管线开口时，产生 FeS 自燃，发生事故，并消除臭味，以免对人体造成伤害和污染环境，须对系统进行水洗钝化。水洗钝化结束后，放净存水，引蒸汽，开始扫线蒸塔，蒸塔时注意不能超压。

☞ 110. 扫线应注意什么？

(1) 加强与外单位的联系。

(2) 加强系统间的联系及配合工作，扫线要按扫线流程及规程进行。

(3) 给汽前必须将蒸汽中冷凝水放净，不准向热油管线通入含水的蒸汽。

（4）扫线前应将换热器不扫线的壳程或管程进出口阀保持一定开度，避免憋压。对冷却器则应将水停掉，关闭进出口阀，打开放空。对容器则应保证容器内存油已抽净再扫线，并应打开底部排凝，然后再打开顶部放空。扫线后应将放空打开充分排凝。离心泵通过泵体扫线时，一定要打开泵的冷却水。扫完后，打开泵体丝堵排凝，并停冷却水。

（5）扫线结束时，应先关有关连通阀，后停蒸汽，严防互窜。

（6）停汽前应由放空检查，切实扫净再停，停后排凝。

（7）扫线中污油罐应加强检查，注意冒罐和脱水。随时与生产管理部门和有关岗位联系，做好换罐和转油工作。

（8）要根据蒸汽供给量，集中力量按程序扫几根管线。扫净后再扫几根，不要分散汽量。

（9）要认真作好记录，对当班扫好的管线应在扫线流程后面签名。

（10）交接班一定要清楚。

☞ **111. 扫线的原则是什么？**

（1）先扫重油管线，后扫轻油管线。

（2）换热器先扫正线，后扫副线。

（3）冷却器先将进水切断，并由进水阀后放空，将存水放净，然后再用蒸汽扫线。

（4）控制阀先扫副线，后扫控制阀正线。

（5）三通合流阀扫线时应反复活动。

（6）汽油、凝缩油系统应先用水将油顶净，然后再用蒸汽吹扫。

（7）采用憋压扫线方法进行扫线。

（8）分馏扫线结束后应用80℃的热水冲洗管线、设备中的存油。油顶净后将水放净，再进行蒸塔。

（9）稳定系统应采用先水洗后蒸汽扫的原则。

（10）不准向地面放油。向含油污水系统放油时，必须用热水冲洗，以防含油污水下水道被蜡油堵塞。

☞ 112. 新装置开工经过哪几个步骤?

新装置开工过程一般经过五大步骤，即工程质量大检查、单机试运及反应器与再生器衬里烘干、联合水试运、联合冷油运、热负荷试运。前四个步骤为开工准备，热负荷试运是正式开工。

☞ 113. 什么是“中交”?

工程中间交接一般习惯简称“中交”。指国内工程建设的甲乙方(或工程发包方与承包方，下同)之间的阶段交接工作。工程中间交接是一个工程建设项目由基建安装转入化工生产的中间过渡转换步骤。在我国，随着许多装置的交接实践，逐步总结提高并正式形成了工程中间交接这一个步骤，为规范工程性质转换期间甲乙各方的责任、权力和相互配合关系规定了明确的条文，制订了严格的步骤，对于提高工程质量，加快工程进度，保证试车安全起到了良好的推动作用。

工程中间交接标志着工程安装和单机试运工作的结束，在甲乙双方办理过中间交接手续之后，即可以开始进行联动试车。此时工程现场装置的保管(管理)和使用(操作)的权力和责任均由乙方(工程承包方)移交到甲方(工程发包方)。乙方只根据合同承担配合的责任，但不解除乙方对工程质量、性能考核、交工验收工作应负的责任。简单形象地说，就是自中间交接签字之日起，工程现场的管理工作改由甲方为主，乙方转入配合(工程整改和消缺除外)。

☞ 114. 工程中间交接应具备哪些条件?

随着各项工程建设经验的不断总结，1990 年 7 月发布的中国石油化工总公司石油化工建设项目生产准备与投料试车工作制度(试行)将其规定为“九完五交”，即：

(1) 工程中间交接应具备以下九项条件：① 工程按设计内容施工完毕。② 工程质量初评合格。③ 工艺、动力管道的试压、吹扫、清洗、气密完毕。④ 静设备强度试验、无损检验、清扫完毕。⑤ 动设备单机试车合格。⑥ 电气、仪表调试合格。⑦ 装置区施工临时设施已拆除，竖向工程施工完毕，防腐、保温基本完毕。⑧ 对联动试车有影响的设计变更和工程尾项处理完毕，其他未完项目的责任已明确。⑨ 施工现场已完毕，料净，场地清。

（2）工程中间交接的内容包括以下五项：① 按设计内容对工程实物量的核实交接。② 工程质量的初评资料及有关调试记录的交审与验证。③ 安装专用工具和剩余随机备件、材料的交接。④ 工程尾项清理及完成时间的确认。⑤ 随机技术资料的交接。

☞ 115. 什么是“三查四定”？

“三查四定”是查设计漏项，查施工质量隐患，查未完工程；对检查出的问题定任务、定人员、定措施、定时间限期整改。“三查四定”是在工程中间交接的过程中进行的。在单台设备全部(或大部)逐台完成了中间交接之后，按照“九完五交”的标准，着重检查中间交接有关资料和“三查四定”规定的漏缺、整改任务完成情况，如果达到标准，即可进行全装置的中间交接工作，由甲乙双方的代表在装置中间交接证书(或协议)上签字，完成整个装置的中间交接工作。

☞ 116.“三查四定”的意义是什么？

“三查四定”是我国基建管理工作多年来总结出来并行之有效的一种工作方法。通过“三查四定”，广泛动员包括安装、监理、生产、设计、维修、安全、消防、环保等各个方面人员，对已建装置进行全面认真的检查，从中发现问题，尽早组织整改，确保工程质量和化工投料安全顺利的进行。经过多年实践，“三查四定”已形成一种为各个方面所接受的一种制度，对推动建设项目起到了良好的作用。

☞ 117.“三查四定”的原则是什么？

由于参加“三查四定”的人员十分广泛，一般通过“三查四定”都要查出数百项甚至上千项整改问题，如何妥善处理这些问题需要有一个统一的原则和认识，否则，很容易引起争议。有些重大问题是要在领导层中决定的，有的项目需要付出经济上、时间上的代价。如何确定整改项目的取舍，一般可以参照以下原则。

（1）属于施工漏项，施工不符合规范的必须整改。

（2）属于原设计不符合规范，或原设计存在重大安全隐患的必须整改。

（3）属于原设计不够合理，操作不大方便的，有条件应尽量予以整改。但如果整改需要花费大量的人力物力财力或对工程进度产生重大影响的，可以列项留待试车过程或投产后检修改造期间逐步整改。

（4）属于技术上有争议一时难下结论的暂不整改，待通过一段生产实践后再下结论。

☞ 118. 新建装置为什么要吹扫和清洗？如何进行？

化工装置开工前，需对其安装检验合格后的全部工艺管道和设备进行吹扫与清洗（以下统称吹洗），它的目的是通过使用空气、蒸汽、水及有关化学溶液等流体介质的吹扫、冲洗、物理和化学反应等手段，清除施工安装过程中残留在其间和附于其内壁的泥砂杂物、油脂、焊渣和锈蚀物等，防止开工试车时，由此而引发的堵塞管道、设备，损坏机器、阀门和仪表，沾污催化剂及化学溶液、影响产品质量和防止发生燃烧、爆炸事故，是保证装置顺利试车和长周期安全生产的一项重要试车程序。化工装置中管道、设备多种多样，它们的工艺使用条件和材料、结构等状况都各有不同，因而适用它们的吹洗方法也各有区别。但通常包括以下几种方法：水冲洗、空气吹扫、酸洗钝化、油清洗和脱脂等。

☞ 119. 什么叫水冲洗？

水冲洗是以水为介质，经泵加压冲洗管道和设备的一种方法。被广泛应用于输送液体介质的管道及塔、罐等设备内部残留脏杂物的清除。水冲洗管道应以管内可能达到的最大流量或不小于1.5m/s的流速进行（这里不包括高压、超高压水射流清洗设备，管束内、外表面积垢方法）。一般化工设备、管道冲洗常用浊度小于10μg/g，氯离子含量小于100μg/g的澄清水，但对于采用奥氏体不锈钢材料的设备和管道，为防止氯离子(Cl^-)的聚积而发生设备、管道等的应力腐蚀破裂(SCC)，则需采用去离子水冲洗。水冲洗具有操作方便、无噪声等特点。

☞ 120. 什么叫空气吹扫?

空气吹扫是以空气为介质，经压缩机加压(通常为0.6~0.8MPa)后，对输送气体介质的管道吹除残留的脏杂物的一种方法，采用空气吹扫，应有足够的气量，使吹扫气体的流动速度大于正常操作气体流速，一般最低不小于20m/s，以使其有足够的能量(或动量)，吹扫出管道和设备中的残余附着物，保证装置顺利试车和安全生产。空气吹扫时空气消耗量一般都很大，并且要一定的吹扫时间。因此，空气吹扫通常使用装置中最大的空气压缩机或使用装置中可压缩空气的大型压缩机空气运转提供。对于缺乏提供大量连续吹扫空气的中小型化工装置，也可采用分段吹扫法，即将系统管道分成许多部分，每个部分再分成几段，然后逐段吹扫，吹扫完一段与系统隔离一段。这样在气源量小的情况下，可保证吹扫质量。对大直径管道或脏物不易吹除的管道，也可选用爆破吹扫法吹除。忌油管道和仪表空气管道要使用不含油的空气吹扫。氮气由于来源及费用等原因，一般不作为普通管道和设备的吹扫气源，而常用作空气吹扫、系统空气干燥合格后，管道、设备的保护置换。

☞ 121. 什么叫蒸汽吹扫?

蒸汽吹扫是以不同参数的蒸汽为介质的吹扫，它由蒸汽发生装置提供汽源，蒸汽吹扫具有很高的吹扫速度，因而具有很大的能量(或动量)。而间断的蒸汽吹扫方式，又使管线产生冷热收缩、膨胀，这有利于管线内壁附着物的剥离和吹除，故能达到最佳的吹扫效果。蒸汽管道应用蒸汽吹扫，更是动力蒸汽管道所必须。动力蒸汽管道吹扫时，不但要彻底吹扫出管道中附着的脏杂物，而且还应把金属表面的浮锈吹除，因为它们一旦夹带在高速的蒸汽流中，将对高速旋转的汽轮机叶片、喷嘴等造成极大的损害。蒸汽吹扫温度高、压力大、流速快，管道受热后要产生膨胀位移，降温后又将发生收缩，因而蒸汽管道上都装有补偿器、疏水器，管道支、吊架、滑道等也都考虑了膨胀位移的需要。非蒸汽管道如用空气吹扫不能满足清扫要求时，也可用蒸汽吹扫，但应考虑其结构能否承受高温和热胀冷缩的影响并采取必要的措施，以保证吹扫时人身和设备的安全。

☞ 122. 什么叫油清洗？

机器设备如蒸汽透平、离心压缩机等高速、重载设备的润滑、密封油及控制油管道系统、应在其设备及管道吹洗或酸洗合格后，再进行油清洗。因为这类油管道系统清洁程度要求极高，其间若残留微小杂质，就可能造成运转中机器的轴瓦、密封环的损坏，调节控制系统的失灵，酿成机器设备重大事故的发生。油清洗方法是以油在管道系统中循环的方式进行，循环清洗过程中每 8h 需在 35~75℃的范围内反复升降油温 2~3 次，以便附于管壁上的粒屑脱落，而后随油循环进入滤油机滤芯除去。清洗用油应采用适合该机器的优质抽。清洗合格的普道系统应采取有效的防护措施，机器试运转前应更换合格的润滑油。油清洗作业周期长，一般都需要 40~50 天才能完成。为缩短油清洗时间，目前一种采用新型精滤器以捕捉微小铁磁物质的大流量油冲洗的移动式装置已投放市场，其油洗时间较前者可缩短近 2/3，这无疑给装置试车带来良好的经济效果。

油清洗合格的标准，当设计或制造厂没有提出对油管路系统清洗的具体要求时，有两种确定油清洗是否符合要求的方法。其一为采用美国 MOOG 四级标准检测、方法为以 100mL 抽样中颗粒状杂质大小数作为界限，使用 20 倍放大镜进行观测，当连续二次取样观测达到标准时，则可认为该油系统已冲洗合格。其二为用滤网进行检查，≥6000r/min 的设备用 200 目规格滤网，<6000r/min的设备用 200 目规格滤网，其合格标准为目测滤网，每平方厘米范围内残存的污物不多于 3 颗粒。

☞ 123. 什么是脱脂处理?

设备、管道的脱脂处理是为那些在生产、运输或储存、使用过程中，接触到少量的油脂等有机物就可能发生燃烧或爆炸的介质(如氧气)，以及接触到油脂等会影响产品质量的又一类清洗工作。为保证试车和生产的安全，对这类设备、管道(包括管件、阀门、仪表、密封材料)以及安装所用的工具、量具等，都必须在安装使用前进行严格的脱脂处理。脱脂是利用脂可溶于某些化学溶剂的原理，因此，脱脂处理的操作过程，实际上就是一种化学清洗过程。

☞ 124. 什么是强度试验和水压试验?

化工装置建成后投产前或者大检修后，均需按规定进行压力试验，就是通常所称的试压，它包括强度试验和严密性试验。

压力试验是对压力容器和管道系统的一次综合性考核，通过压力试验，就能检验容器和管道是否具有安全地承受设计压力的能力(即耐压强度)、严密性、接口或者接头的质量、焊接质量和密封结构的紧密程度。此外，可观测受压后容器和管道的母材焊缝的残余变形量，还可以及时发现材料和制造过程中存在的问题。

强度试验包括液压强度和气压强度试验。为防止试压过程中发生意外通常采用液压强度试验。

液压强度试验的加压介质通常采用洁净水，故液压强度试验常被称为水压试验。如果不用水而改用其他液体时，所用的液体必须是流动性好、无毒、沸点和闪点高于耐压强度试验温度，且不可能导致其他危险。

☞ 125. 气密性试验与水压试验的目的一样吗?

气密性试验主要是检验容器和管道系统各连接部位(包括焊缝、铆接缝和可拆连接)的密封性能，以保证容器和管道系统能在使用压力下保持严密不漏。“压力容器安全技术监察规程”明文规定：介质毒性程度为极度、高度危害的或设计上不允许有微量泄漏的容器，必须进行气密性试验。因此，它与上述的水压试验是目的和概念不同的两种试验。为了保证容器和管道系统不会在气密性试验中发生破裂爆炸引起大的危害，气密性试验应在水压试验合格后进行。

对采用气压强度试验的容器和管道系统，气密性试验可在气压强度试验时，气压降到设计压力后，一并进行检查。

☞ 126. 全面质量大检查分哪两个部分？

主要包括工程质量的全面检查验收和投产试运准备工作的全面检查。

☞ 127. 为什么要进行开工前工程质量大检查？

本阶段目的是对工程进行一次全面的质量检查，是保证试运成功的一个重要步骤。组织设计、制造、施工安装、监理、试运生产人员按设计图纸、施工规范以及生产操作要求，分专业(工艺、管道、机械设备、仪表、电器、安全、消防等)对项目工程质量进行全面详细检查。这一阶段还要全面进行管线、设备的吹扫、试压、试密。

☞ 128. 如何进行装置的工程质量检查验收？

对新装置进行全面的工程质量检查验收是保证装置一次投产试车成功的重要环节，因此，必须动员和组织所有参加投产试车的人员，按照设计图纸资料、各类设计和施工规范以及生产操作的实际需要，分为工艺、机械设备、安全环保、电气仪表、给排水、土建等专业组，对全装置及其配套系统认真进行全面详细的工程质量检查(其中包括设备外部和内部检查、技改项目及隐蔽项目的逐项核查等)。检查出的不合格项要及时组织生产、设计、施工三方面共同研究方案，组织足够的力量进行处理直到全部项目合格为止。

☞ 129. 如何进行仪表项目的检查和校验？

装置内的所有仪表，由负责单位进行检查清扫、单台校验。对于特阀和自保联锁系统要组织工艺、设备、仪表、电气和维修等单位进行联合校验，达到仪表完好、测量、控制、报警、自保动作准确灵敏。

☞ 130. 总体试车方案有哪些内容?

总体试车方案是对开工准备和开工过程的总体策划和安排。一般包括如下内容：试运目的；方针和质量标准要求；装置技术特点，有利、不利条件，主要矛盾，技术措施；试运的组织安排、对装置外各方面的协作要求；试运步骤、注意事项及进度；试生产方案和工艺指标；安全措施等。催化裂化装置根据总体试车方案编制完成以下文件：开工操作规程(包括详细操作步骤、方法、注意事项、操作程序表)；岗位操作法；事故预防和处理措施及定期检查工作内容；停工规程等内容。

☞ 131. 投产试车准备有哪些内容?

在投产试车准备方面，要成立开工指挥系统，负责统一协调各项开工工作，如：开工网络图的制定，组织全员的安全教育、技术培训与考核，开工技术资料以及各种作业票(证)和生产记录(如用火票、交接班记录、质量台账等)的准备等。

要组织检查组对全装置进行全面详细的检查，特别是对反应-再生系统的检查，确认达到开工条件后，封装好各塔器设备的人孔。

要建立健全各种规章制度，对消防气防器材、环保系统、通讯设施、装置照明、DCS 培训情况、岗位操作规程和工艺卡片以及开工试运方案的编制、生产准备情况(如裂化催化剂和油浆阻垢剂等化工原材料以及各类化学药剂的准备)、检修维修备品配件以及对水、电、汽、风、氮气(氧气)、燃料等公用工程按照有关标准进行全面检查，达到投产试运的要求。

在此基础上，按照试车方案，对装置内的设备管线以及配套系统进行贯通、吹扫、试密、试压等。根据工艺要求确定吹扫介质，如水、风(和氮气)及水蒸气，将设备、管线内的杂物吹扫干净，对人孔、法兰等密封点进行联合试密，对所发现的问题要认真记录，及时处理，直到全部合格为止。

☞ 132. 反应、再生部分设备检查有哪些内容?

反应、再生部分设备检查基本内容：

（1）逐个检查两器工艺吹扫、松动等接口位置、数量是否与设计相符；接口的设备外部、内部连接是否正确。逐个检查各测压点、热电偶口安装位置、数量是否正确。

（2）外购设备：旋风分离器、翼阀、外取热器、分布管等是否有合格证，主要技术指标是否满足技术要求。

（3）旋风分离器安装垂直度、料腿长度、出口位置及与周围设备的相互关系是否满足设计要求；翼阀的安装位置、角度、朝向是否正确，阀板是否灵活，并做翼阀开度试验。

（4）分布管、分布板等内部构件的安装情况，外观形状是否达到设计要求，喷嘴或开孔数量是否与设计相符，是否有相互磨损情况。

（5）再生器内部构件（如旋风分离器料腿及导向架，分布管、分布板及松动、取压导管等）的焊接质量。设备内部有无妨碍热膨胀的部件存在。

（6）两器及管道的衬里情况。

（7）各催化剂管道（尤其是滑阀通道），各松动、吹扫、反吹风、流化、测压点，大型加卸料、小型加料等管道，燃烧油喷嘴、降温喷水喷嘴，各采样口等是否畅通。

（8）旋风分离器及料腿、翼阀是否畅通。做试通试验。

（9）各滑阀或塞阀安装是否正确、吹扫等设施是否齐全，是否灵活好用。

（10）各膨胀节安装是否符合设计要求。

（11）各限流孔板、盲板是否按要求安装。

（12）再生器底部是否打扫干净。

（13）提升管各喷嘴、预提升蒸汽喷头（或管）安装位置、角度是否符合设计要求，是否畅通。

（14）反应器各蒸汽环管（防焦蒸汽环管、汽提蒸汽环管等）安装情况，是否畅通。

（15）辅助燃烧室一、二次风阀是否灵活好用。看火窗、火嘴安装是否符合要求。

（16）各热电偶安装是否符合图纸要求。

☞ 133. 同轴式装置开工除基本检查外，还要进行哪些检查？

(1) 待生立管垂直度，再生器内导向架安装情况。

(2) 待生塞阀导向装置与套筒的间隙。

(3) 待生塞阀、再生塞阀阀头与阀座的接触情况。

(4) 待生催化剂分配器及与周围设施相互关系。

☞ 134. 怎样对系统配套工程检查？

检查系统配套工程如燃料、水、电、蒸汽、压缩空气等是否配套并具备试运条件；消防、通讯、运输、维修、化验、环保等设施是否配套具备试运条件；试运物资包括器材、备品备件、化学药剂、催化剂等准备的数量、质量是否满足要求。

☞ 135. 生产准备检查有哪些内容？

对生产准备检查内容：每个开工步骤是否有书面方案(包括工艺装置、安全、环保)；试运方案开工进度统筹图表；各种规章制度、记录报表、工艺卡片、质量指标是否下达落实；操作人员经考试合格持有上岗证；生产指挥系统是否健全等。

☞ 136. 为什么要进行单机试运？

该工作在于使装置内所有运转设备在装置试运投产前达到完好。特别是大型机组，如主风机(或增压机)、气压机、烟机等，要严格按照岗位操作法进行空载运转和负荷试运。

在大型机组试运前，其入口管线要处理干净，避免杂物进入机体，造成设备损坏。对于试运中发现的问题，要有专人负责记录并联系处理，直到全部合格。

☞ 137. 为什么新装置投产前，反应－再生系统衬里必须进行烘干处理？

反应-再生系统，包括反应沉降器、再生器和内(外)取热器、三旋和再生烟道等，其衬里在施工后含有一定的结晶水和吸附水，若不预先烘干脱水，在两器温度急剧升高时，衬里会因大量的水汽化膨胀，使其产生裂缝、鼓包或脱落，影响设备使用寿命和运行周期，经高温烘干烧结后衬里具有更高的硬度。因此，新装置投产前，必须按照衬里干燥标准进行烘干处理。

☞ 138. 衬里烘干前有哪些准备工作？

（1）辅助燃烧室瓦斯燃烧器试验电点火和火嘴试烧合格；

（2）准备一台表面测温计；

（3）检查有关管线、平台等是否有膨胀余地，并做好测量工作；

（4）对各膨胀节做好冷态标志，温度升高后测量膨胀量；

（5）确认加好如下盲板：再生器燃烧油喷嘴前、再生器稀相喷水喷嘴前、提升管降温汽油喷嘴前、提升管油浆及回炼油喷嘴前、提升管原料油喷嘴前、提升管钝化剂注入线、大油气管线进分馏塔前；

（6）打开沉降器顶放空阀及提升管底部排凝阀；

（7）燃料油、燃料气、蒸汽、压缩空气引到炉前，脱水排凝；

（8）改好流程：主风经辅助燃烧室到再生器，分四路放空：经双动滑阀到烟囱、沉降器顶放空、油气管道放空、外取热器放空。

☞ 139. 如何进行两器衬里烘干？

（1）系统升温干燥：

① 气密完毕后，重新打开沉降器、斜管等放空阀，按升温曲线控制各点温度，以 5~10℃/h 的速度升温至 150℃恒温 24h。当利用主风不能再提高两器温度时，点燃辅助燃烧室。在衬里烘干之前，再生烟气直接排进烟囱。再生排烟温度达到约 150℃时，引烟气进余热锅炉，进行烘炉。

② 按 10~15℃/h 速度升到 315℃，恒温 24h。

③ 按 20~25℃/h 速度升到 540℃，恒温 24h。当再生器温度达 450℃前给上内取热保护蒸汽，控制内取热器温度≯450℃，外取热器温度达 350℃时给上管束保护蒸汽。

（2）系统降温：

① 以 20~25℃/h 速度降温，系统各部位温度降到 200℃时

辅助燃烧室熄火。

② 各部位温度降到140℃时系统降压，逐渐开大双动滑阀，主风切除系统，主风机停机。

③ 当辅助燃烧室炉膛温度降到100℃时，打开反应-再生系统人孔进行自然通风。

④ 当再生器温度降到40℃以下后再进入两器内部，进行全面检查并做好记录。

☞ 140. 如何确定衬里的烘干温度及烘干时间？

由于不同衬里有不同的烘干要求，所以要根据衬里生产厂家提供的衬里烘干曲线，专门制定衬里烘干方案，确定好升温、恒温控制点、升温速度和恒温时间，并严格按照衬里烘干方案进行两器升温和恒温。

☞ 141. 衬里烘干结束后，对设备要检查哪些内容？

（1）两器衬里有无脱落、破裂、鼓包。如有超过规范要求，应按要求进行修补。

（2）料腿、分布管、催化剂分配器、取热设备等内构件有无变形现象。

（3）翼阀密合程度，是否灵活好用。

（4）内部有无拉裂拉断现象，检查烟气管道的衬里情况。

（5）取热器管束与器壁焊接处及弯头处有无异常现象。

（6）分布管是否有显著变形烧坏现象。

（7）检查各种导向支架是否有变形、烧坏、卡住现象。

（8）检查各处膨胀节、油气大管道等热膨胀后的恢复情况。

☞ 142. 两器烘干过程有哪些注意事项？

（1）烘干过程密切关注辅助燃烧室燃烧情况，升温过程中要合理调整主风量、一次风和二次风阀开度以及瓦斯和燃烧油流量，严禁超温烧坏设备。要及时对瓦斯、蒸汽、压缩空气脱水排凝，避免熄火。

（2）严格按升温曲线升温恒温，不得出现升温过快，恒温时间不够现象。

（3）根据材质的要求，辅助燃烧室炉膛温度不大于950℃，分布管下部温度不大于550℃。辅助燃烧室先点燃瓦斯火，燃烧油喷嘴通入适量雾化蒸汽保护。切换油火后，要专人看管好封油罐液位和封油泵，防止燃烧油中断。

（4）每隔30min活动1次单动滑阀、塞阀及双动滑阀。

（5）将各蒸汽吹扫切换为压缩空气（蒸汽及水线加盲板），各吹扫、松动、仪表反吹风全部用压缩空气吹扫防止堵塞。

（6）经常检查两器上管线、平台、梯子的膨胀情况，以及膨胀节的热补偿情况，做好测量和调整工作。

（7）做好记录，绘制实际烘干曲线。

☞ 143. 外取热器衬里烘干有哪些注意事项？

由于外取热器取热管材质一般为20#钢（使用温度475℃），在再生器烘衬里期间为避免烧坏取热管，一般在取热管内充水保护（可在此期间进行煮炉操作）。因此再生器烘干期间外取热器内温度很难高于350℃。故外取热器540℃阶段衬里烘干需要在装置开工后，用热催化剂将外取热器加热接到预定温度完成整个烘干过程，完成整个衬里烘干过程。然后再根据需要调节外取热器温度，避免没有完成整个衬里烘干过程直接升温到600℃以上。

☞ 144. 热工系统开工前预处理有哪些内容？

主要工作包括：① 蒸汽发生系统内蒸汽管线的吹扫和打靶；② 水冲洗和水压试验；③ 锅炉煮炉。

☞ 145. 煮炉的目的是什么？

煮炉是为了清除锅炉受热面内部的铁锈、油污、水垢以及施工期间所遗留的渣滓、杂物等，这些污垢必须在锅炉投入运行以前清理干净，否则将给锅炉的运行带来不利影响。

☞ 146. 蒸汽吹扫打靶的目的是什么？

为清除中压蒸汽管线、设备内的各种机械杂质，保护蒸汽轮机等用汽设备的安全运行，在中压蒸汽管线投运前，需对装置及系统的中压蒸汽管线、中压饱和蒸汽管线进行吹扫与打靶验收。

☞ 147. 蒸汽吹扫打靶的原则是什么?

（1）吹扫打靶对象为装置内中压过热蒸汽、中压饱和蒸汽系统的相关管线，其中气压机透平入口主蒸汽线打靶协同系统中压蒸汽管线打靶进行。

（2）吹扫打靶用介质：以公用工程提供的中压过热蒸汽为吹扫打靶介质，引蒸汽进装置前必须先进行暖管、贯通后，再引汽进行吹扫与打靶。

（3）装置及系统管线的打靶，需结合系统蒸汽供应、系统管线打靶进程进行统筹安排，期间需公用工程、施工单位进行配合。在打靶过程中与主管部门和公用工程及时联系沟通，加强协调。

（4）打靶顺序按“进出装置过热蒸汽管线→装置内过热蒸汽管线→装置内中压与饱和蒸汽跨线→余热锅炉出入口→各汽包饱和蒸汽出口线”的顺序进行。

（5）吹扫打靶蒸汽的压力应保证吹扫时对管壁的冲刷力，大于额定工况下蒸汽对管壁的冲刷力，吹扫时控制用量合适。

（6）吹扫打靶过程采取吹扫、冷却的间断方式，先吹扫约6h，再停汽冷却6~7h（为便于打靶过程的冷却，需进行打靶处理的管线暂不实施保温），经过2~3次并目测合格后，安装靶板，打靶不小于15min。

☞ 148. 打靶效果验收标准是什么?

打靶效果验收标准：用装在排气管口的靶板作检查，在保证上述冲刷力的前提下，连续二次换靶板检查，靶板上冲击斑痕直径≯1mm，痕迹≯3个/cm^2为合格，将吹扫结果分类记录、各靶板保存好以备查验。

吹扫打靶过程中，要切实做好安全工作，避免人身事故的发生。

☞ 149. 吹扫打靶的准备工作是什么?

（1）准备好所需的铝制靶板，预制好打靶用放空蒸汽导向临时管线，放空消音器运抵安装地点。

（2）打靶前需先拆除所吹扫管道上的流量孔板、调节阀、止回阀等附件并安装相应短节，对危及安全的塔、容器、管道加盲板。

(3) 根据打靶进程，联系施工单位分别在各打靶蒸汽放空点安装好临时放空管线及放空消音器，临时管线必须固定可靠。

(4) 在加排气管的同时，应布置好靶板安装孔(或在消音器临时管线上设靶板安装孔)。

☞ **150. 吹扫打靶的注意事项是什么？**

(1) 引蒸汽时必须缓慢，防止水击发生，升压速度控制在0.1~0.15MPa/min，升温速度为2~3℃/min。

(2) 沿蒸汽流程将排凝逐步打开疏水，疏水见汽后关排凝阀，直到打靶处放空。

(3) 首次引汽吹扫前，需先引汽暖管，暖管疏水要充分，严防水冲击，加强蒸汽管线的检查，做好膨胀情况记录，发现异常情况及时汇报。

(4) 吹扫打靶时，排汽口汽流应避开建筑物及设备，应设警戒区，并有专人看守。

(5) 吹扫打靶期间，应发布安民告示、调整施工作业范围，不宜进行高空作业，尽量避开午夜吹扫。

(6) 加强蒸汽系统的平稳运行工作，避免压力大幅度波动。

(7) 更换靶板时有可靠的安全措施。

(8) 各放空点均需增设临时管线并安装消音器材。

(9) 打靶时蒸汽通过控制阀、设备时走副线。严禁通过控制阀、设备，防止损坏设备。

(10) 打靶时所用的开关阀门尽量离开靶板距离，防止对开阀人员造成伤害。

☞ **151. 热工哪些设备需要做水压试验？**

对于再生器取热器、余热锅炉系统和油浆蒸发器系统的汽包(包括水位计等附件和排污管线)、除氧水系统(包括仪表引线、阀门、法兰等)以及再生器取热器的水盘管等，要进行工作压力的水压试验，检查受压部位的焊口、胀口及金属表面的严密性以及受压部位有无变形。

☞ 152. 热工系统如何进行水压试验？

（1）进行系统水冲洗，将系统内的焊渣、污泥等杂物冲洗干净。适当打开汽包排污和水线上各低点排凝阀，拆除水线上各流量孔板。改好水冲洗流程，检查无误后，联系引除氧(盐)水冲洗系统，直到各处排水清澈无杂物。冲洗时，系统各跨线、排污水、采样器、仪表引线、汽包水位计等都要冲洗干净。

对于强制循环系统，如再生器内(外)取热器等，循环水泵入口提前加好临时过滤网，汽包排水干净后，收水到一定液位，轮流开启循环水泵，向取热器送水，将取热器系统水线冲洗干净。冲洗结束后，拆除循环水泵入口过滤网。

（2）进行水压试验。应提前进行系统隔离，注意人身保护，气温低于5℃应提前做好防冻防凝工作。

改好试压流程，适当关小系统内排空阀，逐渐将汽包液位提高到较高位置，然后进行汽包液位升降试验，联系仪表工校验汽包两侧的水位计，直到水位计指示准确灵敏。

试压时，一般是用汽包液控阀的副线阀控制适宜的汽包上水流量，适当关小汽包排污手阀，逐渐升压到试验压力。试压当中，要专人盯住汽包压力，严禁超压造成设备损坏；对系统进行全面检查，有问题及时处理直到试压合格为止。

☞ 153. 锅炉为什么要进行煮炉？如何煮炉？

新建锅炉，包括再生器取热器和余热锅炉系统，在制造、运输、保管及安装过程中会产生铁锈、油污，必须进行煮炉。新锅炉在水冲洗、水压试验结束后，汽包改装临时玻璃板液位计，保持汽包低液位，利用专门设置(或临时)的加药系统，按要求分别配制一定浓度和一定量的氢氧化钠和工业级的磷酸三钠溶液，全部加到汽包中。然后根据煮炉的升压程序和时间安排，按要求引蒸汽升温升压，并按规定进行汽包排污和炉水采样分析。

在煮炉期间，要根据炉水碱度和磷酸根离子浓度的变化，分别补充氢氧化钠或磷酸三钠溶液，注意两种药品不能在一起配置，药品完全溶解后才能加入到汽包中，加药后要将加药线冲洗干净。配置药品时，现场人员要按规定着装，防止发生烧碱灼伤事故。

锅炉煮炉结束，排净系统存水，汽包收水至液位约50%，换上新的玻璃板液位计，做好系统投用准备。

☞ 154. 为什么要进行联合水运？

新建装置分馏、吸收稳定和脱硫等系统进行联合水运，其目的在于将设备、管线内的焊渣、铁锈等杂物清除，并对系统内的机泵、仪表控制系统以及设备、管线、阀门等安装质量和运行情况进行考察。

☞ 155. 联合水运的注意事项是什么？

联合水运应尽可能在气温高于0℃以上进行。参与水运的机泵，其入口要加临时过滤网，对机泵要加强监护，防止电机超载。拆除有关的流量孔板，不允许进水的系统要加盲板隔离，并挂好盲板标志。堵好含油污水地井、地漏，勿使冲洗水进入含油污水系统。

如水联运必须在气温0℃以下进行，要提前做好防冻工作，如在参与水运的空冷器上盖上苫布、加暖气等。引水时，可从分馏塔、稳定塔的塔底等处给蒸汽加热，保持一定的水温。

☞ 156. 如何进行联合水运？

进行水运时，要打开各塔器顶部放空，防止憋压或抽负压。各塔器装水到一定液位时，静置一段时间后，将脏水排掉，再重新装水。分馏塔可把水装到较高位置，尽可能使各个侧线都能参与水运，但水不能装满，避免造成设备损坏。

待各排水口排水清澈、各运行机泵运行正常(入口管线畅通)时，停止水运，拆除水运时所加的临时盲板和机泵入口的过滤器，将各流量孔板回装。

☞ 157. 新建装置如何进行流化试运？

新建装置(尤其是两器结构复杂的装置)第一次开工时需进行流化试运。两器开工总体思路：两器升温完成后，装催化剂进行单器、两器或三器流化试运。待流化试运完成后将沉降器催化剂转移到再生器，关闭待生阀、再生阀。此时开工循环油不进分馏塔，通过分馏塔外循环系统进行三路循环。降低提升管预提升蒸汽及雾化蒸汽量，使反应器保持微正压，停掉分馏塔底给汽，拆除油气管道大盲板。沉降器与分馏塔连通后，放净分馏塔底凝结水，将塔外循环改为塔内循环，沉降器和分馏塔一起赶空气。用分馏塔顶蝶阀控制沉降器压力。油浆系统循环正常后再次向反应器转剂进行两器流化，流化正常后即可向提升管喷油。

☞ 158. 所有催化装置开工都要进行流化试运吗？

对于简单、成熟的单器再生装置或检修后装置开工，在质量大检查确认两器设备无问题后，可适当简化开工程序，可不进行专门的流化试运，适时观察两器流化状况，流化正常后观察数小时即可喷油。这种做法可缩短开工时间，并避免流化试运期间催化剂细粉跑损过多引起流化输送失常。

☞ 159. 检修后装置开工思路是什么？

简单、成熟的单器再生装置或检修后装置开工，两器升温完成后，关闭待生阀、再生阀(此时开工循环油不进分馏塔，通过分馏塔外循环系统进行三路循环)。降低提升管预提升蒸汽及雾化蒸汽量使反应器保持微正压，停掉分馏塔给汽，拆除油气管道大盲板，沉降器和分馏塔连通一同赶空气。放净分馏塔底凝结水，将分馏塔外循环改为塔内循环，用分馏塔顶蝶阀控制沉降器压力稍高于再生器压力。向再生器装催化剂、进行单器流化。单器流化正常及分馏塔油浆系统循环正常后可向反应器转剂进行两器流化。两器流化正常及分馏塔油浆系统循环正常，观察1h左右，即可向提升管喷油。

☞ 160. 小型装置开工原料流程怎样操作？

小型装置开工流程与大型装置略有不同，由于设备尺寸小，开工阶段液位不易控制，故一般采用三路串联循环流程。

蜡油自原料油罐引出，由原料油泵升压后经各换热器进入加热炉，加热后去提升管反应器，经原料油预热线和事故返回线，进入回炼油罐。再由回炼油泵抽出升压后经回炼油管线(打开去分馏塔循环线阀)去分馏塔。分馏塔底蜡油由油浆泵抽出升压后经各换热器、蒸汽发生器，再经开工线返回原料油罐。没有加热炉和原料油罐的小型装置，热蜡油进装置后经各换热器去提升管反应器，由原料油预热线和事故返回线进入回炼油罐。再由回炼油泵抽出升压经回炼油管线(打开去分馏塔循环线阀)去分馏塔。分馏塔底蜡油由油浆泵抽出升压经各换热器、蒸汽发生器，再由油浆外甩线出装置。

☞ 161. 装置水联运的引水流程是怎样的？

装置第一次试运转时要进行水联运，即用水在分馏系统和吸收稳定系统内循环运转。一般在粗汽油泵入口接有新鲜水管线。粗汽油泵可通过冷回流管线向分馏塔装水(水位控制在顶循返塔口以下，可将最上一个人孔打开限制水位)，建立分馏系统各路循环(顶循环、轻柴油、中段油、循环油浆、回炼油、原料油、粗汽油)。还可通过粗汽油管线向吸收塔供水。

☞ 162. 分馏部分冷油运时引轻柴油流程是怎样的？

分馏部分冷油运(轻柴油抽出层以下)采用轻柴油，通过轻柴油出装置管线或轻污油管线引进装置，经分馏中段油返塔管线装入分馏塔(装油液位控制在轻柴油汽提塔油气返塔口位置)。并建立分馏系统各路循环。

☞ 163. 化工装置投料指的是什么？

化工装置投料(化工投料)是指一套化工装置经过土建安装，单体试运，中间交接，联动试运之后，对装置投入主要原料以进行试生产的过程。为进行装置单机试运、联动试运、倒开车等而投入的部分物料不能称为化工投料，习惯上将第一次投入原料的日期称为化工投料日，将第一次生产出合格产品的日期称为投产日，自投料日至投产日的过程称为化工投料过程。化工投料是一个化工装置从设计、安装到投入生产漫长过程中最关键的一个步骤，同时也是风险最大的一步，化工投料是对一个化工装置的工艺技术、设计、设备制造、安装质量、公用工程(含三废处理)条件、物资供应和销售水平、人员培训质量、生产管理制度、安全、消防、救护、生活后勤以及外事财务工作等各方面的综合检验。

☞ 164. 化工装置投料的必要条件是什么？

按照中国石化总公司投料试车制度的要求，在实现以下22项条件的基础上，才能进行化工投料。

(1) 工程中间交接完成。① 工程质量合格。② 三查四定的问题整改消缺完毕，遗留尾项已处理完。③ 影响投料的设计变更项目已施工完。④ 工程已办理中间交接手续。⑤ 现场清洁，无杂物，无障碍。

(2) 联动试车已完成。① 吹扫，清洗，气密，干燥，置换，三剂装填，仪表联校等已完成并经确认。② 设备处于完好备用状态。③ 在线分析仪表、仪器经调试具备使用条件，工业空调已投用。④ 联锁调校完毕，准确可靠。⑤ 岗位工器具已配齐。

(3)人员培训已完成。① 国内外同类装置培训、实习已结束。

② 已进行岗位练兵。

③ 各工种人员经考试合格，已取得上岗证。

④ 已汇编国内外同类装置事故案例，并组织学习；对本装置试车以来的事故和事故苗头本着“三不放过”的原则已进行分析总结，吸取教训。

(4)各项生产管理制度已经落实。① 岗位分工明确，班组生产作业制度已建立。② 公司(总厂)、分厂、车间三级试车(或厂、车间一装置二级)试车指挥系统已落实，干部已值班上岗，并建立例会制度。③ 公司(总厂)、分厂两级(或工厂一级)生产调度制度已建立。④ 岗位责任，巡回检查，交接班等10项制度已建立。⑤ 已做到各种指令、信息传递六字化，原始记录数据表格化。

(5)经上级批准的资料试车方案已向生产人员交底。① 工艺技术规程，安全技术规程，操作法等已人手1册，投料试车方案主操以上人员已人手1册。② 每一试车步骤都有书面方案，从指挥到操作人员均已掌握。③ 已实行“看板”或“上墙”管理。

④ 已进行试车方案交底，学习，讨论。⑤ 事故处理预想方案已经制定并落实。

(6)保运工作已落实。① 保运的范围，责任已划分。② 保运队伍已组成。③ 保运人员已经上岗并佩戴标志。④ 保运设备、工器具已落实。⑤ 保运值班地点已落实并挂牌，实行 24h 值班。⑥ 保运后备人员已落实。⑦ 物资供应服务到现场，实行 24h 值班。⑧ 机、电、仪维修人员已上岗。

(7)供排水系统已正常运行。① 水网压力、流量、水质符合工艺要求，供水稳定。② 循环水预膜已合格，运行稳定。③ 化学水、消防水、冷凝水、排水系统均已投用，运行可靠。

(8)供电系统已平稳运行。① 已实现双电源、双回路供电。② 仪表电源稳定运行口。③ 保安电源已落实，事故发电机处于良好备用状态。④ 电力调度人员已上岗值班。⑤ 供电线路维护已经落实，人员开始倒班巡线。

(9)蒸汽系统已平稳供给。① 蒸汽系统已按压力等级并网、运行、参数稳定。② 无明显跑、冒、滴、漏，保温良好。

(10)供氮、供风系统已运行正常。① 工业风、仪表风、氮气系统运行正常。② 压力、流量、露点等参数合格。

(11)化工原材料、润滑油(脂)准备齐全。① 化工原材料、润滑油(脂)已全部到货并检验合格。② “三剂”装填完毕。③ 润滑油三级过滤制度已落实，设备润滑点已明确。

(12)备品、备件齐全。① 备品、备件可满足试车需要，已上架，账物相符。② 库房已建立昼夜值班制度，保管人员熟悉库内物资规格、数量、存放地点，出库及时准确。

(13)通讯联络系统运行可靠。① 指挥系统电话畅通。② 岗位电话已开通好用。③ 直通、生产管理部门、火警电话可靠好用。④ 无线电话，报话机呼叫清晰。

(14)物料储存系统已处于良好待用状态。① 原料、燃料、中间产品，产品储罐均已吹扫，试压、气密、干燥、氮封完。② 机泵、管线联动试车完，处于良好待用状态。③ 储罐防静电、防雷设施完好。④ 储罐的呼吸阀已调试合格。⑤ 储罐位号、管线介质名称与流向、罐区防火有明显标志。

(15)运销系统已处于良好待用状态。① 铁路、公路、码头及管道输送系统已建成投用。② 原料、燃料、中间产品、产品交接的质量，数量，方式等制度已经落实。③ 不合格品处理手段已落实。④ 产品包装设施已用实物料试车，包装材料齐全。⑤ 产品销售和运输手段已落实。⑥ 产品出厂检验、装车、运输已演习。

(16)安全、消防、急救系统已完善。① 安全生产管理制度、规程、台账齐全，安全管理体系建立，人员经安全教育后取证上岗。② 动火制度、禁烟制度、车辆管理制度已建立并公布。③ 消防巡检制度、消防车现场管理制度已制定，消防作战方案已落实，消防道路已畅通，并进行过消防演习。④ 岗位消防器材，护具已备齐，人人会用。⑤ 气体防护、救护措施已落实。⑥ 现场人员劳保用品穿戴符合要求，职工急救常识已经普及。⑦ 生产装置、罐区的消防泡沫站，汽幕、水幕、喷淋以及烟火报警器，可燃气体和有毒气体监测器已投用，完好率达到100%。⑧ 安全阀试压、调校、定压、铅封完。⑨ 锅炉等压力容器已经劳动部门确认发证。⑩ 盲板已有专人管理，设有台账，现场挂牌。⑪ 现场急救站已建立，并备有救护车等，实行24h值班。

(17) 生产调度系统已正常运行。① 公司(总厂)、分厂两级(或工厂一级)调度体系已建立，各专业调度人员已配齐并考核上岗。② 试车调度工作的正常秩序已形成，调度例会制度已建立。③ 调度人员已熟悉各种物料输送方案，厂际、装置间互供物料关系明确且管线已开通。④ 试车期间的原料、燃料、产品、副产品及动力平衡等均已纳入调度系统的正常管理之中。

(18) 环保工作达到“三同时”。① 生产装置“三废”预处理设施已建成投用。②“三废”处理装置已建成投用。③ 环境监测所需的仪器、化学药品已备齐，分析规程及报表已准备完。④ 环保管理制度、各装置环保控制指标、采样点及分析频率等经批准公布执行。

(19) 化验分析准备工作已就绪。① 中化室、分析室已建立正常分析检验制度。② 化验分析项目、频率、方法已确定，仪器调试完，试剂已备齐，分析人员已上岗。③ 采样点已确定，采样器具、采样责任已落实。④ 模拟采样、模拟分析已进行。

（20）现场保卫已落实。① 现场保卫的组织、人员、交通工具等已落实。② 入厂制度、控制室等要害部门保卫制度已制定。③ 与地方联防的措施已落实并发布公告。

（21）生活后勤服务已落实。① 职工通勤措施满足试车倒班和节假日加班需要，安全正点。② 食堂实行 24h 值班，并做到送饭到现场。③ 倒班宿舍管理已正常化。④ 清洁卫生责任制已落实。

（22）试车指导人员和国外专家（对引进项目）已到现场。① 国内试车指导队和国外专家已按计划到齐。② 国内试车指导人员和国外专家的办公地点、交通、食宿等已安排就绪。③ 现场翻译已配好。④ 投料试车方案已得到国外专家的确认，国内试车指导人员的建议已充分发表。

☞ 165. 化工投料试车方案包括哪些内容？

一般的化工投料试车方案应包括以下几方面内容：① 装置概况及试车目标。② 试车组织与指挥系统。③ 试车应具备的条件。④ 试车程序与试车进度。⑤ 试车负荷与原燃料平衡。⑥试车的水、电、汽、气、氮气平衡。⑦工艺技术指标、联锁值、报警值。⑧开停车与正常操作要点及事故处理措施。⑨环保措施。⑩安全、防火、防爆注意事项。⑪试车保运体系。⑫试车难点及对策。⑬试车存在的问题及解决办法。

☞ 166. 装置的公用工程系统何时启动？

任何化工装置的试车和正常生产运行，都需要有公用工程的几个或多个系统的参与。它通常包括供电、供水、供风（仪表空气、压缩空气）、供汽、供氮和污水处理以及原料储运，燃料供应等多个方面，它们是化工装置试车和正常生产的必要条件。因此，公用工程系统的启动和运行总是必须先于化工主装置，只有公用工程诸系统已平稳运行、并能满足化工装置的需要，化工装置的试车和正常生产才能进行。

第十章　仪表、计算机、电气知识及应急处理

☞ 1. 仪表在催化裂化装置中的作用和地位如何？

仪表是实现生产过程自动化的重要技术工具。在自动化系统中，检测仪表将被控参数转换成测量信号后，除了送显示仪表进行指示和记录外，还需送控制仪表，以便控制生产过程的正常进行，使被控参数达到预期的要求。在催化裂化生产中常用的自动控制仪表有气动控制仪表和电动控制仪表。气动控制仪表的发展和应用已有数十年的历史。它的特点是结构简单、性能稳定、可靠性高，且在本质上是安全防爆的，因此该类型仪表在过去得到了广泛的应用。电动控制仪表的出现要晚些，但其信号传输、放大、变换、处理比气动仪表容易得多。由于电信号在传输过程中不易衰减，所以便于实现远距离监视和操作，还易于与计算机等现代化技术工具联用，因此这类仪表在现阶段的应用越来越多。

☞ 2. 测量仪表如何分类？

在石油化工生产中使用的仪表种类、结构各异，因而分类的方法也不相同。现将常见的几种分类方法简单介绍如下。要控制化工生产过程，首先就必须了解表征生产过程的一些参数变化的情况，对它们要随时进行检查和测量，这个任务依靠自动检测装置即测量仪表来实现。根据所测参数的不同，可分为压力测量仪表(P)、流量测量仪表(F)、物位测量仪表(I)、温度测量仪表(T)、物质成分分析仪表(A)等；

按仪表所具有的功能分为常规仪表、智能仪表等；按使用场合的不同可分为实用仪表、标准仪表等。

☞ 3. 测量仪表由哪些部分组成？

测量仪表的种类繁多，尽管各种仪表的原理、结构不同，但

就其组成部分的作用来看大致都由感受元件、中间传送和显示三部分组成。

（1）感受元件。它直接与被测对象相联系，感受被测参数的变化，并将感受到的被测参数的变化转换成相应的信号输出。感受元件有时也称为敏感元件、一次元件或传感器。对感受元件的要求：输出信号必须随被测参数变化而变化。输出信号只能随被测参数变化而变化；如果其他参数变化影响感受元件的输出，那么测量过程中这些参数的变化就是测量误差的来源；在这种情况下，一般要附加补偿装置或创造条件使这些参数的变化不影响或很少影响测量结果。输出信号与被测参数之间必须是单值关系，最好是线性关系。

（2）中间传递部分。中间件的作用是将感受元件的输出信号根据显示部分的要求传输给显示部分。根据不同情况中间传递部分有下列功能：① 单纯起传输作用。当感受元件输出的信号直接可以送显示件显示时，中间件只起传输作用，如风管线及电缆等。② 放大感受元件发出的信号，便能满足远距离传输及驱动指示记录装置的需要。③ 在感受元件输出信号的形式不适合显示时，要通过中间传送部分把信号转换成适于显示的形式。例如，单元组合仪表中将各种感受元件物输出信号转换成具有统一数值范围的气、电信号。这时的中间传送部分称变送器，这样一种形式的二次仪表常可用来显示不同的被测参数。

（3）显示部分。仪表最终是通过它的显示部分向观察者反映被测参数变化的。按显示部分的功能不同，仪表有以下几种。指示被测参数瞬时值的称为指示仪表；记录被测参数随时间变化的称为记录仪表；显示被测参数对时间的累积结果的，称作积算式仪表；反映被测参数是否超过允许限值的，称为信号式仪表；有些显示部分可以根据被测参数与给定值的偏差情况，发出对被测对象进行调节的信号。经过调节作用使被测参数保持在预定的数值，也就是说，显示部分附有自动调节的功能，具有这种显示部分的仪表称作调节仪表。同一台仪表可能有多种显示功能。

老式的仪表这三个部分通常是分立的，各有各的仪表部分。

现今都将其变成了一体，需要时通过电缆将信号引至控制室。

☞ 4. 如何减小测量误差？

进行测量的目的是希望能正确反映客观实际，也就是要测量参数的“真实值”。但是，由于测量过程中所用仪表准确度的限制、环境条件的变化、仪表使用方法不够完善等原因，使测量结果不可避免地存在着误差。人们研究误差就是为了尽可能地减少误差，正确地处理误差，以提高测量结果的准确性。

误差可分为很多种。按误差数值表示的方法，误差可分为绝对误差、相对误差、引用误差。按误差出现的规律，误差可分为系统误差、随机误差、疏忽误差。按仪表使用条件来分，误差可分为基本误差、附加误差。按被测变量随时间变化的关系来分，误差可分为静态误差、动态误差。

误差通常有两种表示法，即绝对表示法和相对表示法。绝对误差就是测量值与“真实值”之间的差值，即：

绝对误差=测量值-真实值

相对误差是测量的绝对误差和“真实值”之比，即：

相对误差=绝对误差/真实值

仪表的测量值不能绝对准确地等于被测参数的真实值，因此，人们只能力求测量值接近真实值。实际上往往是用准确度较高的标准仪表指示值作为被测参数的真实值，而一般测量仪表的指示值与标准仪表的指示值之差就是测量误差。该差值越小，说明测量仪表的可靠性越高，因此求知测量误差的目的就在于用来判断测量结果的可靠程度。

☞ 5. 什么是仪表的准确度？

这是表征仪表指示值接近被测量值程度的质量指标。由于各种原因，仪表指示值与被测真值之间总不免存在误差。仪表的精度等级是根据引用误差来划分的。常用仪表的准确度等级有几种，一般工业用仪表为0.5、1、1.5、2.5、4。准确度越高，测量误差越小，但相应仪表造价也越高。因此，在满足需要的精度的前提下，应尽可能地选用准确度等级较低的仪表。

☞ 6. 什么是仪表的线性误差（或非线性误差）？

对于理论上有线性“输入-输出”特性曲线的仪表，由于各种因素的影响，实际特性曲线往往偏离线性关系，它们之间的最大偏差与测量范围之比的百分数为线性度。

☞ 7. 什么是仪表的滞后误差（变差）？

仪表上下行程的“输入-输出”特性曲线之间的最大偏差与量程范围之比的百分数，称作仪表的滞后误差。它通常是由于仪表运动系统的摩擦、间隙、弹性元件的弹性滞后等原因造成的。

☞ 8. 什么是仪表的重复性？

同一工作条件下多次按同一方向输入信号做全量程范围的变化时，对应于同一输入值，仪表输出值的一致性称为重复性。重复性大小以全量程上对应同一输入值输出的最大值和最小值的差与量程范围之比的百分数表示。

☞ 9. 什么是仪表的不灵敏区？

不能引起输出变化的输入信号范围，即缓慢地向增大或减小方向改变输入信号时，输出不发生变化的最大输入变化幅度与量程范围之比的百分数称为不灵敏区。有时也把仪表能响应的输入信号系统的最小变化称为灵敏度限。灵敏度响应与仪表的灵敏度相区别。灵敏度是指输出与输入之间的比值，对于指示仪表就是指单位输入信号所引起指针的偏转角度或位移量。

☞ 10. 什么是仪表的漂移？

在保持一定的输入信号和工作条件下，经过一段时间后输出的变化称为漂移。它以整个仪表量程上输出的最大变化量与量程之比的百分数表示。漂移通常是由于电子元件的老化、弹性元件的特性改变、节流元件的磨损等原因引起的。

☞ 11. 压力有哪些表示方法？

（1）绝对压力：测量某一点的真正压力即为绝对压力。

（2）表压：绝对压力大于大气压力数值即表压。表压等于绝对压力减去大气压，一般压力表的压力值即为表压。

(3) 真空度(负压)：绝对压力小于大气压的数值即为真空度。真空度等于大气压力减去绝对压力。

因为各种工艺设备和测量仪表均处在大气中，所以工程上都用表压或真空度表示压力的大小，用压力表测得的压力数值实际上也是表压(或真空度)。因此，一般压力在无特殊说明时，均指表压或真空表。

☞ 12. 液柱式压力计的工作原理是怎样的？

液柱式压力计是基于液体静压原理工作的。用于测量小于200kPa的低压、负压或差压。常用的液柱式压力计有U形管压力计、单管压力计、斜管压力计三种。根据所测压力范围及使用要求，液柱式压力计一般采用水银、水、酒精、四氯化碳和甘油等为工作液。液柱式压力计算尺最小分格一般为1mm，较精密的分格有0.5mm的。若U形管液柱高度误差估计为±1mm，那么其最大的绝对误差可能达到±2mm，其原因是要进行两次读数。单管压力计同U形管压力计相比，其读数误差可以减少一半，其原因是它只进行一次读数。在液柱式压力计读数时，为了减小视差，须正确读取液面位置，如用浸润液体(如水)须读其凹面的最低点，如用非浸润液体(如汞)，须读其凸面的最高点。液柱式压力计既可用于工业测量、实验室仪器，也可作为标准压力计检验其他仪表。

U形管压力计需要两次读数，既不精确又不方便，因此常把U形管的一边肘管换成大截面容器(液槽)成为单管压力计。如果用U形管或单管压力计测量很小的压力时，因液柱高度变化很小，读数比较困难。这时把单管压力计倾斜成α角，增加可视范围，这就成了斜管压力计。

☞ 13. 弹性式压力计的工作原理是怎样的？

弹性式压力计是根据弹性元件的变形和所受压力成一定比例的原理来测定压力的。压力越大，压片变形越大。它的结构简单、造价低廉，因此是目前工业生产和实验室中应用最广的一种压力计。

按弹性元件的形式来分有膜片式、膜盒式和波纹管式(或称弹簧风箱式)等几种。刚度就是形变的难易程度。刚度大的弹簧管腾空受压后形变小，所以可测量较高的压力；刚度小的受压后容易变形，应该用以测量较低的压力。刚度又与材料的弹性壁厚度有关，工业上定型的各种弹簧管压力计是用不同刚度和几何形状的弹簧管制成的，因此有不同的测量范围。生产实践使用的经验表明，选用弹簧管压力表时，若压力变化较平稳，则常用的被测压力值应选在压力表量程的1/3~2/3之间，任何情况下都不要低于仪表刻度的1/3或高于2/3，这样能使测量比较准确，使用寿命加长。

☞ 14. 常见的压力变送器有哪些类型？

随着现代工业和科学技术的发展，各种工艺设备的结构越来越复杂，需要检测控制的参数也越来越多，因此仅用前面讲过的几种就地指示仪表，远远不能满足要求。人们往往需要把被测参数转成其他容易传送的信号，远传到几十米、甚至几百米以外的控制室，进行集中的检测和远距离控制。根据动力源和传送信号的不同，变送器可分为电动和气动仪表。由于电信号不易衰减，因此大部分仪表用电动仪表。

(1) 电接点信号的仪表。就是在弹簧管压力表基础上加上特殊的电接点，当压力超限时电路接通，若再并接上声响信号装置，如电铃、喇叭等，就可以声光报警了，或者连接到ESD系统中进行自保联锁控制。

(2) 阻式远传压力表。它实际上就是在弹簧管压力表中装了一个可变的滑动电阻器，当压力变化时，相应的电阻值会发生变化，从而达到远传的目的。

(3) 霍尔压力变送器。霍尔压力变送器是将被测压力 p，通过霍尔电势 E，进行远传、显示和调节。在霍尔片(锗半导体薄片)的上、下端面之间受到垂直磁场的作用，当霍尔片前后两端间有外加电流 I 通过时，人们发现在霍尔片左右两端即有电势产生，称为霍尔效应。根据这个特性，使信号能达到远传的目的。

(4) 膜片微压计。它是利用膜片、膜盒作为感测元件而制成的压力计，常用来测量几千毫米水柱以下的正压或负压，因此常称为微压计。

(5) 智能压力变送器。它的基本原理是外界压力通过变送器内的隔离膜片和填充液作用于传感器上，当压力变化时，传感器内的电路元素(电阻或电容)值发生改变，从而将物理信号线性转变成标准的4~20mA信号。

变送器本身就是微型的处理器，通过特定的智能终端与之进行HART通讯，可人为地在仪表规定的量程内进行量程及相关参数的修改。由于其使用方便，故障率又较低，维护比较简单，因此得到了广泛的应用。

☞ 15. 节流式流量计的工作原理是怎样的？

充满管道的流体，当它流经管道内的节流装置时(即孔板、喷嘴、文丘里管)，流体将在节流装置处形成局部收缩，从而使流速增加，静压力降低，于是在节流装置前后便产生了压降。流体的流量愈大，在节流装置前后产生的压差也就愈大，所以可以通过测量压差的方法来测量流体的流量。

在选型时主要依据工艺允许的压力损失来选择。当然还要考虑到其他一些条件，如孔板的结构最简单、价格最便宜，喷嘴次之，文丘里管更次之。又如在测量容易对节流装置腐蚀、磨损和污染的介质时，喷嘴比孔板优越等。就孔板而言，它的取压方式大致分为五种：管接取压、理论取压、径距取压、法兰取压和角接取压。

☞ 16. 利用标准节流装置进行流量测量的条件是什么？

利用标准节流装置进行流量测量时，流体必须满足以下条件，否则将带来测量上的误差。

(1)流体必须充满圆管和节流装置，并连续地流经管道；

(2) 流体必须是牛顿流体，在物理学上和热力学上是均匀的、单相的，或者可以认为是单相的；

(3)流体流经节流件时不发生相变；

(4)流体流量不随时间变化或其变化非常缓慢；

(5)流体在流经节流件以前，其流束必须与管道轴线平行，不得有旋转流。此外，标准节流装置不适用于脉动流和临界流的流量测量。

☞ 17. 转子流量计的工作原理是怎样的？

转子流量计是带有浮在流束中浮子的恒压降流量计。它是由一个垂直的锥形玻璃管或金属管构成。里面放有浮子，锥形管的较大一端向上，较小一端向下，浮子的外径比锥形管的内径要小。为了使浮子工作稳定，在浮子的上面边缘上开了斜槽，在通过槽内的流体流束作用下，使浮子不断的转动(转子流量计由此而得名)。因此它便稳定在流束的中心，而由于它和锥形管不相接触，所以它的工作是没有摩擦阻力的，从而提高了测量流量的灵敏度，但近年来多采用导向装置来使浮子对正中心，达到同样的目的。

☞ 18. 各种转子流量计的类型特点是怎样的？

转子流量计有玻璃和金属两种类型。玻璃转子流量计可测量中、小流量和微流量，仅能就地指示。防腐型玻璃转子流量计，除氢氟酸外，各种酸、碱及氯气等强腐蚀介质都可测量。

金属转子流量计有普通型和特殊型两种。普通型金属转子流量计可测量中、小流量，不但能就地指示，还可以远传信号。

☞ 19. 旋进式旋涡流量计的工作原理是怎样的？

旋进式旋涡流量计是利用流体强迫振荡原理而制成的一种旋涡运动型流量计。当流体进入测量管，通过螺旋导流架后，形成一股具有旋进中心的涡流。随后随着测量管内腔的收缩，使涡流的前进速度和涡旋速度都逐渐加强，在此区域内的流体中心是一速度很高的旋涡时，由于测量管内腔突然扩大，流速急剧减少，一部分流体形成回流，于是流体不沿着测量管内腔中心线运动，而是围绕中心线旋转，即所谓旋进。旋进频率与流速成正比，因而测得旋涡流的旋进频率即可得知被测流量值。

☞ 20. 涡街旋涡流量计的工作原理是怎样的？

涡街流量计又称为卡门旋涡流量计，它是利用流体自然振荡的原理制成的一种旋涡分离型流量计。当流体以足够大的流速流过垂直于流体流向的物体时，若该物体的几何尺寸适当，则在物体的后面，沿两条平行直线上产生整齐排列，转向相反的涡列。涡列的个数，即涡街频率，和流体的流速成正比。因而通过测量旋涡频率，就可知道流体的流速，从而测出流体流量。

☞ 21. 涡街流量计有什么特点？

涡街流量计有如下几个特点：

(1)仪表的标定系数不受流体压力、温度、密度、黏度及成分变化的影响，更换检测元件时，不需要重新标定。

(2) 量程比大，液体达 1∶15，气体达 1∶30。

(3)管道口径几乎不受限制，为 25~2700mm。

(4)压力损失相当小。

(5)直接输出与流量成线性关系的电信号，精度高，可达 1%。

(6)安装简便，维护量小，故障极少。

☞ 22. 电磁流量计的工作原理是怎样的？

电磁流量计是根据电磁感应的原理进行工作的，它只能用来测量导电的液体。电磁流量计由变送器和转换器两部分组成，二者之间用连接线(包括励磁线、信号线)相互连接。变送器是基于电磁感应定律工作的，被测介质垂直于磁力线方向流动，因而与介质流动和磁力线都垂直的方向上产生一感应电动势 E_x。当仪表口径 D 和磁感应强度 B 一定时，感应电势与流体的体积流量成正比，通过测量电势 E 的大小，就可以得知流体的流量大小。

☞ 23. 电磁流量计有什么特点？

(1)测量管是一段光滑的直管，无活动及阻流部件，基本上无压力损失，对于大口径管道来说，节能效果显著。

(2) 不怕堵塞，特别适用于测量液固两相介质的流量。

(3)合理选用衬里材料及电极材料，可测量各种腐蚀性介质流量。

(4)安装要求低，前置直管段长度为 $5D$，后置直管段为 $3D$。

(5)测量精度高，目前可达到 0.5%。

☞ 24. 腰轮流量计的工作原理是怎样的？

腰轮流量计又称为罗茨流量计。腰轮流量计是由腰轮流量变送器和微机显示器组成。变送器的一对腰轮以进出口压差作为动力，在计量腔内做旋转运动，转动过程中，当其中一个腰轮转到长径与进出口平行位置时，两个腰轮与计量腔的两个端盖及侧壁形成一个封闭的计量腔，计算这个计量腔内液体的体积量，可得到一个常数量，作为变送器的基本计量当量。计量当量与腰轮单位时间内的转数的累积为变送器的流量值。通过传感器将变送器流量值变成电脉冲当量和单位时间内所接收的脉冲数量，就可以计算出流量计的流量。通过液晶显示器直接显示出累积流量和瞬时流量。

☞ 25. 科里奥利质量流量计的工作原理是怎样的？

科里奥利质量流量计(以下简称 CMF)是利用流体在直线运动的同时处于一旋转系中，产生与质量流量成正比的科里奥利力原理制成的一种直接式质量流量仪表。通过旋转运动产生科里奥利力是困难的，目前产品均代之以管道振动产生的，即由两端固定的薄壁测量管，在中点处以测量管谐振或接近谐振的频率(或其高次谐波频率)所激励，在管内流动的流体产生科里奥利力，使测量管中点前后两半段产生方向相反的挠曲，用光学或电磁学方法检测挠曲量以求得质量流量。又因流体密度会影响测量管的振动频率，而密度与频率有固定的关系，因此 CMF 也可测量流体密度。

☞ 26. 玻璃液面计的工作原理是怎样的？

玻璃液面计是最简单的一种液面计，它是利用连通器原理工作的，可用来就地指示液面的高低。一般用在温度、压力不太高的地方。它的结构简单、价格便宜。缺点是容易破碎、不能远传和记录，而且要求介质干净、不黏稠。

☞ 27. 差压式液面计的工作原理是怎样的？

在一个盛有某种介质的容器内，处在介质中某一点的压力等于由该点往上的介质液柱高度与介质的密度的乘积。所以，该点的压力随着液柱的高度和介质密度的不同而不同。当容器内的液面高度改变时，由液柱质量所产生的静压也相应地变化，差压液面计就是基于这一原理工作的。

☞ 28. 差压变送器为什么进行正迁移或负迁移？

当测量敞口容器的液面时，因为其气相压力为大气压力，所以差压变送器的负压室通大气即可，这时作用在正压室的压力就是液面高度所产生的静压力。但应注意取压点与仪表连接的高度影响。当测量受压容器液位时，为了能够使仪表的示值与实际的变化一致，还要对差压变送器进行正迁移或负迁移。迁移量只与两个法兰(两个取压点)之间的高度差及最低液位至引出口高度有关，而与变送器安装位置的高低无关。

☞ 29. 催化裂化装置中的差压变送器有何特殊性？

差压变送器用于液面测量的场合较为广泛，它使用方便，通过引压管直接连至变送器正负压室即可测量。但当测量介质是黏稠状液体或粉末状时，在仪表投用前要做一些特殊的处理，对于黏稠状、介质凝点比较高或季节变化会引起冰冻现象时，引压管内通常会填充一些隔离液(一般为乙二醇)后仪表再投入使用。采用上述方法可防止冬季气温下降时，引压管因冰冻而不能进行正常测量。测量介质是粉末状时，如催化反应器内反应料位测量，就不能采用上述方法，而是将两股压力相同的仪表风(通常为0.3~0.6MPa左右)反吹入引压管内，将粉末状介质与仪表压室之间通过仪表风来进行隔离，传递反应器内料位差产生的压差，通过仪表风传递到正负压室，从而达到测量的目的。

☞ 30. 催化裂化装置中的差压变送器的反吹风如何使用？

反吹风仪表应用起来较为繁琐，仪表在投用时要先将仪表风供上，然后开一次截止阀，再行投用；在停用时，一定要先关上一次截止阀，再进行修理。上述步骤若是搞混淆，极易造成仪表引压管堵塞现象。反吹风仪表是仪表维护工作的重点工作之一。

由于测量料位是通过反吹入引压管后得到压差计算得出的，仪表本身测量范围只有大于一定范围基础才是可信的，若工艺想测得小的藏量大小，在选择仪表量程时要给予关注。两股反吹风引起的藏量测量误差很小，因大多都是由一条仪表风管线提供两路反吹风。

☞ 31. 浮力式液面计有哪些种类？

浮力式液面计是根据阿基米德定律进行测量液位的。它分为浮球变送器、浮筒变送器、钢带液位计、磁浮子液位计、伺服液位移等。催化裂化装置中常用的是前三种。浮筒变送器的测量范围比钢带液位计宽很多，浮球变送器的测量范围最小，常用于测量范围比较小的场合，或用于报警。

☞ 32. 浮筒液位计的工作原理是什么？

浮筒液位计是将浮筒产生的直线位移，通过扭力管转换为角位移，再利用转移元件，将角位移转换成相应的电动或气动信号。当液位越高时，浮筒所受的浮力越大，扭力管所受的力矩就越小，扭角也越小；反之则越大。校验浮筒液位计时，用塑料管连接浮筒室底部，使其形成连通器。若测量的介质与水的密度不一致时，还要经过换算，按照水的密度进行校验。

☞ 33. 液体膨胀温度计的工作原理是什么？

液体膨胀温度计利用液体体积随温度升高而膨胀的原理制成，其中玻璃管式温度计的应用最广泛，其优点是反应迅速、观察直观、价格低廉、结构简单。水银温度计就是其中的一种。普通的水银温度计的测量范围在-38~300℃之间，提高水银的沸点就可以提高温度计的测量上限，如在水银上面的空间中充以20atm(2.027MPa)的氮气，可以用来测量0~500℃的温度，若用石英代替玻璃，充以70atm(7.092MPa)的氮气，则测量上限可达750℃。

☞ 34. 电阻式温度计的工作原理是什么？

电阻温度计是借金属丝的电阻随温度变化的原理工作的，电阻随温度的变化近似线性。电阻多采用铂、镍、铜等，温度越高，铂、镍、铜等材料的电阻值越大。热电阻一般采用不平衡电桥测量电路进行测量，热电阻的两根导线分别接入电桥的两个相邻臂内。在设计电桥时，为使电桥在仪表刻度始点温度时达到平衡，导线电阻均规定为一定数值(一般均规定为5Ω)，而在实际使用时，导线电阻不足规定数值者，必须进行调整，否则，将引起测量误差。全部调整工作可在盘内进行。

☞ 35. 热电偶式温度计的工作原理是什么？

热电偶式温度计是一种广泛使用的测量元件。它的主要原理是利用金属温差电势进行测量温度的。将两种不同材料的金属导线一端焊在一起，当首尾处于不同的温度时，则热端和冷端间便产生一热电势。热电偶的总电动势只和两端点(热端和冷端)的温度及所用材料的性质有关，而和材料的粗细、长短无关。

☞ 36. 热电偶在使用时注意事项有哪些?

热电偶的总电势只与被测温度成单一关系，须把冷端温度固定好(一般都为0℃)。而且，温度与热电势的对照表以及二次仪表的刻度也都是把冷端温度固定在0℃时做出的。在实际应用中，由于热电偶冷端暴露在空间受到周围环境温度的影响，所以测温中的冷端温度不可能保持在0℃不变，也不可能固定在某个温度不变，而热偶电势既决定于热端温度，也决定于冷端温度，所以如果冷端温度自由变化，必然会引起测量误差。为了消除这种误差，必须进行冷端补偿。因此，应用热电偶温度计时，只有将冷端温度保持在0℃，才能得出准确的测量结果。一般采用以下两种方法。① 计算法。② 补偿电桥法。

为了测量准确，要求热电偶的冷端放在远离热源的温度恒定的地方。而且还要对冷端温度的影响进行校正或补偿。这就往往要求热电偶的两根电极做得很长，而一般的热电极材料如铂、铂铑、镍铬合金等都是较贵的。通常都采用补偿导线作为热电偶和测量仪表之间的连接线。补偿导线的作用是将热电偶自由端延长，使之延至距离热源较远的地方或温度比较稳定的地方。不同分度号的热偶有不同的补偿导线。

☞ 37. 在线分析仪表一般有哪些种类? 结构是怎样的?

在线分析仪表是近年来发展较快的一种仪表，广泛地应用在石油化工生产中，主要用于气体分析、液体分析等方面的测量。按其工作原理可分为光学式分析仪器、热导式分析仪器、电化学式分析仪器、色谱分析仪器等。一般都由四个部分所构成：

(1)取样、预处理及进样系统。从流程中取出具有代表性的样品，并使它符合分析器对样品状态或条件的要求。

(2) 分析器。将样品的成分量或物性量转换成可测量的电信号。

(3)电源和电子线路。对仪表各部分供电，控制仪表各部分的工作，将分析器送来的电信号放大后，输出至显示、记录器，或同时送至自动控制器或电子计算机。

(4)显示、记录器。用来显示、记录代表成分量或物性量的电信号。

☞ 38. 热导式分析仪表的工作原理是什么？

热导式分析仪表基于气体导热系数值与其成分量有关的物理特性，被测气体通过热导池，检测热导池中热丝电阻的变化，可得知其中各成分的含量。主要用于分析混合气中氢气、二氧化硫或二氧化碳的含量。正常工作条件要求混合气体中除待测组分外，其余各组分的导热系数必须相同或十分接近。并且待测组分的导热系数与其余组分的导热系数相比，要有显著的差别。差别愈大，则测量愈灵敏。

☞ 39. 红外线分析仪表的工作原理是什么？

红外线气体分析器工作原理主要是基于不同的气体有选择地吸收一定波长的红外线这一性质。红外线被气体中一种组分吸收后，辐射能部分地转化为热能，使气体温度升高，通过测量气体温度变化或恒容积内气体压力的变化，就可得知气体中这一组分的含量。它可分析的对象很广泛(如一氧化碳、二氧化碳、甲烷、乙炔、各种烃、乙醇和蒸汽等的含量)，灵敏度高，量程范围广，响应速度快。

☞ 40. 在线色谱分析仪的工作原理是什么？

包括气相和液相色谱分析仪两类。其工作原理是基于不同物质在两相中具有不同分配系数的特性。当两相在色谱柱里作相对运动时，这些物质在两相间多次反复分配，使分配系数不同的组分分离出来，并依先后顺序在检测器中逐个测出，各组分及其浓度的信号被自动记录，形成色谱图。据图可定性和定量地求出被测物质的组成和含量。在色谱柱中，相对运动的两相为固定相及流动相。用气体作为流动相载运样品的称气相色谱仪；用液体作为流动相的称液相色谱仪。色谱分析仪能进行多点、多组分周期性的自动分析，选择性好，灵敏度高，响应速度快。

☞ 41. pH 计的工作原理是什么？

通常采用插在被测溶液中的两个电极间的电动势的方法测量溶液的 pH 值，其中一个电极(工作电极)是玻璃电极，其电位随氢离子浓度而改变，另一个电极(参比电极)是甘汞电极，具有固定电位。工业 pH 计一般由 pH 发送器、高阻抗转换器、记录仪、电极清洗装置等几个部分组成。一体化结构的 pH 变送器是将 pH 发送器和高阻抗转换器联为一体，它的优点是可以避免由于传输电缆引起的信号衰减，克服了电缆噪音、外界环境的绝缘不良等问题，标准标定液也比较容易得到。此类仪表常用于石油炼制工业，尤其在污水处理工程中应用更多。

☞ 42. 氧化锆分析仪表的作用是怎样的？

氧化锆在高温下，由于有氧离子存在而具有导电性。若在氧化锆管的内外两侧贴上铂电，当电极两侧的气体含氧量不同，电极就产生电动势。若使一侧(参比侧)氧浓度固定不变，则另一侧(被测侧)氧浓度与电动势有对应关系。测量该电动势值，就得知被测气体中含氧量的多少。该分析仪响应很快，结构简单，使用、安装方便，维护工作量少。催化裂化装置中应用氧分析仪较为常见，常用于测量烟气中的氧含量。它在装置中是重要的仪表控制参数，往往还带有联锁控制。

☞ 43. 常用的调节器有哪些形式？各自有什么调节规律？

目前常用的调节器形式主要有：比例式、比例积分式和比例积分微分式。

比例式调节器能按被调参数与给定值的偏差值大小和方向，发出与偏差成比例的输出信号，不同的偏差对应不同的阀门位置，比例调节器适用于负荷变化较小，纯滞后不太大，时间常数较大而工艺要求又不高的调节系统。

比例积分调节器的输出信号不像比例调节器那样仅仅与输入偏差保持一定的比例关系，调节器的输出还与输入偏差值对时间的积分成正比关系。比例积分调节器适用于负荷变化较大，纯滞后不太大，时间常数不是太大而被调参数不允许与给定值有偏差的调节系统。比例积分微分调节器是将比例、积分、微分三种调节器规律结合起来的三作用调节器。三种调节器可概括为：比例作用的输出与偏差成正比，积分作用的输出变化速度与偏差值成正比，微分作用的输出与偏差的变化速度成正比。采用比例积分微分调节器，不仅加强了调节系统克服干扰的能力，而且系统的稳定性也有显著提高。对于容量滞后较大，纯滞后不太大，不允许有余差的对象，采用比例积分微分调节器，可以全面地改善调节质量。

☞ 44. 调节阀的作用是什么？

调节阀是生产过程自动化系统的一个重要的必不可少的环节。一个简单的调节回路由对象、测量仪表、调节器、执行器等组成。调节阀由执行机构和阀体部分组成，其中执行机构是调节阀的推动装置，它按信号压力的大小产生相应的推力，使推杆产生相应的位移，从而带动调节阀的阀芯动作。阀体部件是调节阀的调节部分，它直接与介质接触，由阀芯的动作改变调节阀节流面积，达到调节的目的。

☞ 45. 如何用凑试法来整定 *PID* 参数？

在 PID 参数进行整定时，如果能够有理论的方法确定 PID 参数当然是最理想的方法，但是在实际的应用中，更多的是通过凑试法来确定 PID 的参数。增大比例系数 P 一般将加快系统的响应，在有静差的情况下有利于减小静差，但是过大的比例系数会使系统有比较大的超调，并产生振荡，使稳定性变坏。增大积分时间 I 有利于减小超调，减小振荡，使系统的稳定性增加，但是系统静差消除时间变长。增大微分时间 D 有利于加快系统的响应速度，使系统超调量减小，稳定性增加，但系统对扰动的抑制能力减弱。在凑试时，可参考以上参数对系统控制过程的影响趋势，对参数调整实行先比例、后积分、再微分的整定步骤。

首先整定比例部分。将比例参数由小变大，并观察相应的系统响应，直至得到反应快、超调小的响应曲线。如果系统没有静差或静差已经小到允许范围内，并且对响应曲线已经满意，则只需要比例调节器即可。

如果在比例调节的基础上系统的静差不能满足设计要求，则必须加入积分环节。在整定时先将积分时间设定到一个比较大的值，然后将已经调节好的比例系数略为缩小(一般缩小为原值的0.8)，然后减小积分时间，使得系统在保持良好动态性能的情况下，静差得到消除。在此过程中，可根据系统的响应曲线的好坏反复改变比例系数和积分时间，以期得到满意的控制过程和整定参数。

如果在上述调整过程中对系统的动态过程反复调整还不能得到满意的结果，则可以加入微分环节。首先把微分时间D设置为0，在上述基础上逐渐增加微分时间，同时相应的改变比例系数和积分时间，逐步凑试，直至得到满意的调节效果。

☞ 46. *DCS* 控制系统的特点是什么？

主要特点就是集中控制，危险分散。集散控制系统其集散从表面上有两层意思，一个是集中，另一个为分散。分散指把被控对象分解成许多子系统(子过程)，用一些独立的设备去控制各个子过程。集中指再把这些独立的控制装置用通信线连接起来，达到管理上的集中。人们简称的DCS是集散控制系统的英文缩写(Distrib-utedControlSystem)。当今几乎每个发达国家都生产自己的DCS，生产厂家众多，主要生产厂家集中在美国、日本、德国等多家公司。如美国霍尼韦尔(Honewell)的TDC300、TDC3000X、S9000；Foxboro的I/AS；Westing house的WDPF；ABB的MOD300；日本横河(YOKOGAWA)的CENTUM、Mxl；日立的HIACS3000、5000；德国西门子(Siemens)的TelenermM、SIPAOS200；贝莱(BAILEY)的N90。

☞ 47. 集散系统有哪些优点？

与常规模拟仪表相比，集散控制系统(DCS)具有如下优点：

(1)功能丰富，可以完成从简单的单回路控制到复杂的多变量模型优化控制，可以执行从常规PID运算到Smith预估、三阶矩阵乘法等各种运算，可以进行反馈控制、顺序控制、逻辑控制，可以实现监控、显示、打印、报警、历史数据储存等全部操作要求。

(2) 实现了集中监视、操作和管理。

(3)关键设备采用双重或多重冗余，具有自诊断功能，可靠性很高，维护量小，平均无故障运行时间 MTBF 可达数十年乃至上百年。

(4)采用专用多芯电缆、标准化接插件和规格化端子板，可节省大量的仪表连线和布线工作量，接线效率高，不易出差错。其安装工作量仅为常规模拟仪表的二分之一到三分之一。

(5)调试采用专用的调试软件，调试时间仅为常规模拟仪表的二分之一。

(6)改变控制方案容易，只须改变软件组态即可实现，而不用改变硬件接线。

(7)采用模块式结构，可以方便地扩大或缩小系统的规模。

☞ 48. 什么是集散系统的组态?

集散系统操作方式其中有一种就是组态操作。它包括系统组态操作、控制组态、画面组态、操作组态。系统组态操作是在相应的软件环境及操作系统，根据 DCS 已有的设备确定它们之间的连接关系。控制组态操作是通过编程器，也可以由操作站装入后再下装到分散过程控制装置。画面组态操作包括操作站的简易操作终端、工程师站、上位管理机的用户画面的组织，画面生成，数据点的确定。操作组态操作是对多台操作站的分工，外部打印等分工管理。组态完工后，要经过调试，及时发现问题，以免正常开工后，再进行控制程序的修改，会给操作带来很大的风险性。

☞ 49. 如何进行 *DCS* 组态?

简单地讲 DCS 组态可分以下几个步骤：

(1)仪表监测点的地址分配。

(2) 控制程序的组态，包括控制模块的选用、控制程序数据的连接、参数的设置、下载程序等几个步骤。

(3)工艺流程图的绘制、控制点的连接。

由于各厂家的DCS硬件与软件都有所不同，但组态的过程大致都包含有上述步骤。

☞ 50. *DCS* 操作站的作用是什么？

操作站(Information and Commond Station，简称ICS)是一个强化了的人机接口单元。它不仅具有监视和操作功能，还备有软件生成和维修功能。ICS的窗口能展示影像，也能提供历史趋势，收集统计数据、趋势和报表。主要用于操作人员的操作和管理。

☞ 51. *DCS* 控制站的作用是什么？

控制站(Field Control station，简称FCS)是整个系统的控制核心，所有的运算都在控制站里完成。能够处理各种各样的过程信号，满足从连续控制到批量控制的各种工业产业的需要。此外，FCS可以通过通讯卡与外界网络进行通讯，具有强大的网络功能。

☞ 52. *DCS* 故障的事故现象是什么？

(1)DCS死机，无法操作。

(2) DCS操作终端无电、黑屏。

☞ 53. *DCS* 故障的事故原因是什么？

(1)UPS断电。

(2) DCS系统故障死机。

☞ 54. *DCS* 系统故障的应急处理原则是什么？

对于运行中DCS故障的紧急处理，首先应根据本单位DCS系统实际使用状况，制定DCS故障的处理措施，并编入装置运行规程中去。其次，由于DCS配置和装置运行方式等不同，其采取的措施也不相同。但其核心思想是保证生产运行的安全。对DCS故障处理把握性不大，或故障已严重威胁机组安全运行的情况下，决不能以侥幸的心理维持运行，应立即停机、停车处理。在此可分全部操作员站故障和通信总线故障(所有上位机“黑屏”、“死机”或数据不更新)、部分操作员站故障、控制器或相应电源故障等不同情况下的不同故障应对策略。总体来讲DCS故障大致可分为两种：软故障、硬故障。所谓的软故障是指在系统的组态过程中对于回路参数、监视变量参数等设置上存在着问题而引发的仪表不正常，发生这种故障解决的最好办法就是按照组态的步骤进行一步一步检查，发现问题及时修改，但值得注意的是做组态程序修改前，首先要确认该参数的变化会不会影响到其他的回路仪表正常运行，为保证安全生产运行，一定要谨慎从事。另外一种是硬故障，包括 DCS 本身系统的、仪表现场回路等。DCS 系统大部分部件都有指示灯的指示，根据指示灯不同的变化，很容易判断出故障出现的地方，另外也可以借助 DCS 系统本身带来的诊断软件来查问题。从控制柜端子起检查仪表问题，可以逐一排除，进行问题处理。电源、接线的方法、现场仪表本身、工艺条件变化等逐一排除，最终找到处理故障的方法。

☞ **55. *DCS* 故障事故处理步骤是怎样的？**

(1)及时联系生产管理部门，通知装置值班人员、通知维护人员现场就位。

(2) 迅速联系维护人员处理 DCS 系统故障、死机，尽量缩短故障时间并配合维护人员查找原因，启动有问题的计算机。

(3)如果为单个或少量几个 DCS 死机，可参照其他正常工作的 DCS 操作。

(4)如果大面积 DCS 死机或故障，长时间无法操作，启用主风低流量自保。① 反应-再生系统停主风，切断进料，闷床处理；② 关闭各进料喷嘴油路阀门，停外取热，烟机停运；③ 分馏稳定系统停止进料，停运各机泵，稳定保压，产品停出。

☞ **56. *DCS* 软故障如何处理？**

DCS 故障的类型，一般分为软故障、硬故障。开工期间软故障的情况比较多，由于在整个装置仪表组态时，难免会在参数设置上出现一些问题，诸如 PID 控制器的正反作用选择、PID 初始值的适应性、流程图中数据点的连接错误等，上述问题只要按照仪表组态的步骤检查就能够解决问题。

装置在正常生产运行中，DCS 系统也有可能出现故障。用户可利用系统提供的诊断程序来进行分析判断。维护人员可以根据系统自动的诊断功能、画面上提示的报警源来查找问题。

根据系统提供的自诊断工具软件，参考随机用户手册可以帮助人们解决 DCS 系统部分故障问题。在 DCS 投入运行之后，在运行期间一般 DCS 本身出现故障概率很少，大多情况下现场仪表出现故障较多，但 DCS 报警画面上显示出的报警信息，给人们迅速解决故障问题指明了方向。解决问题时应尽可能去利用 DCS 本身自诊断功能，迅速排除故障。

☞ 57. 机组的状态监测仪表有哪些？

目前设备的状态监测参数主要有：轴的径向振动值、轴向位移值、机器的转速、轴承温度等。常规仪表状态监测系统一般由固定安装在转轴附近的传感器（探头）、前置器和状态监视仪三部分组成。状态监测中采用的传感器分为接触传感器和非接触传感器两种。接触传感器有速度传感器、加速度传感器等。这类传感器多用于非固定安装，只测取缸体机壳振动的地方，其特点是传感器直接和被测物体接触。非接触传感器不直接和被测物体接触，因此可以固定安装，直接监测转动部件的运行状态。其种类很多，最常用的是永磁式趋近传感器和电涡流式趋近传感器（也称射频式趋近传感器）。电涡流式趋近传感器测量范围宽，抗干扰能力强。

电涡流式趋近传感器由平绕在固体支架上的铂金丝线圈构成，用不锈钢壳体和耐腐蚀的材料将其封装，再引出同轴电缆猪尾线和前置器的延伸同轴电缆相连接。根据麦克斯韦电磁场理论，趋近传感器线圈中通入高频电流之后，线圈周围会产生高频磁场，该磁场穿过靠近它的转轴金属表面时，会在其中感应产生一个电涡流。根据楞次定律，这个变化的电涡流又会在它周围产生一个电涡流磁场，其方向与原线圈磁场的方向刚好相反，这两个磁场相叠加，将改变原线圈的阻抗。线圈阻抗的变化既与电涡流效应有关，又与静磁学效应有关，如果磁导率、激励电流强度、频率等参数恒定不变，则可把阻抗看成探头顶部到金属表面间隙的单值函数，即二者之间成比例关系。只要设置一个测量变换电路，将阻抗的变化测出，并转换成电压或电流输出，再用二次表显示出来，即可以反应间隙的变化。

☞ 58. 为什么要设置 *ESD* 系统？

ESD 是英文 Emergency shutdown Device 紧急停车系统的缩写。这种专用的安全保护系统是20世纪90年代发展起来的，以它的高可靠性和灵活性受到一致好评。ESD 紧急停车系统按照安全独立原则要求，独立于 DCS 集散控制系统，其安全级别高于 DCS。在正常情况下，ESD 系统是处于静态的，不需要人为干预。作为安全保护系统，凌驾于生产过程控制之上，实时在线监测装置的安全性。当生产装置出现紧急情况时，不需要经过 DCS 系统，而直接由 ESD 发出保护联锁信号，对现场设备进行安全保护，避免危险扩散而造成巨大损失。据有关资料显示，人在危险时刻的判断和操作往往是滞后的、不可靠的，当操作人员面临生命危险时，要在 60s 内做出反应，错误决策的概率高达 99.9%。因此设置独立于控制系统的安全联锁是十分有必要的，这是做好安全生产的重要准则。该动则动，不该动则不动，这是 ESD 系统的一个显著特点。一般安全联锁保护功能也可由 DCS 来实现。但是对于较大规模的紧急停车系统应按照安全独立原则与 DCS 分开设置，这样做主要有以下几方面原因：

(1)降低控制功能和安全功能同时失效的概率，当维护 DCS 部分故障时，也不会危及安全保护系统。

(2) 对于大型装置或旋转机械设备而言，紧急停车系统响应速度越快越好。这有利于保护设备，避免事故扩大；并有利于分辨事故原因。而 DCS 处理大量过程监测信息，因此其响应速度难以作得很快。

(3)DCS 系统是过程控制系统，是动态的，需要人工频繁的干预，这有可能引起人为误动作；而 ESD 是静态的，不需要人为干预，这样设置 ESD 可以避免人为误动作。对于催化而言，将装置中重要的仪表参数诸如主风流量、再生压力等连接至 ESD 系统，通过 ESD 系统中 PLC 逻辑控制程序进行逻辑判断，输出信号控制调节阀、报警器等外部设备。同时在事故发生的过程中，PLC 记录了事故发生的工艺参数变化过程(SOE)，为事后的原因分析，提供宝贵的第一手材料。

☞ 59. 什么是先进控制技术(*APC*)？

工业自动化技术是一种运用控制理论、仪器仪表、计算机和其他信息技术，对工业生产过程实现检测、控制、优化、调度、管理和决策，达到增加产量、提高质量、降低消耗、确保安全等目的的综合性高技术，包括工业自动化软件、硬件及系统三大部分。其中，先进控制(Advanced Process Control，简称APC)技术是工业自动化软件的核心技术之一，是解决复杂工业过程控制问题最有效的手段。

☞ 60. 什么是催化裂化装置的 *ITCC* 系统？

ITCC 即 Integration Turbine-Compressor control(综合透平压缩机控制系统)的缩写。催化裂化装置有主风机机组系统和富气压缩机系统两大机组，因此一般存在两套 ITCC 系统。ITCC 系统将机组系统的各执行部件系统性的联系起来，按照安全操作的原则，对机组系统的盘车、机组启动、自动操作、安全运行、事故工况保护(喘振、逆流等)、执行来自工艺的紧急停机操作、润滑油系统运行(油温油压)等作业实现可靠控制，实现机组安全运行，保证生产长周期平稳运行，在事故条件下处于安全状态。

☞ 61. 什么是催化裂化装置的 *SIS* 系统？

SIS 是 Safety and Instrument System 安全仪表系统的简称，它是将催化裂化装置工艺系统各 I/O 点以一定的安全逻辑联系起来，在 DCS 系统下工作保障工艺参数的正常运行，在恶劣工况或紧急条件下保证工艺设备的安全。该系统包括了工艺设备的 ESD、液位温度压力等参数的自动控制、运行参数报警及联锁系统等。SIS 系统除了以流程图界面显示的人机界面外，还有紧急操控台。

☞ 62. 先进控制技术(*APC*) 系统有何特点？

APC 系统由多变量模型预估控制器、中间调节回路和工艺计算三部分组成。多变量模型预估控制技术即利用数学模型预估将来时刻被控对象的参数和误差，作为确定当时控制的依据，具有比常规 PID 更好的控制效果。

与传统控制相比先进控制有如下几个特点：

(1)与传统的PID控制不同，先进控制通常是基于模型的控制策略，如预测控制、推断控制、适应控制和鲁棒控制等。目前，一些基于知识的控制，如模糊控制、神经控制和智能控制也已成为先进控制技术的重要内容。

(2)先进控制通常用于处理复杂工业过程的控制问题；如多种约束问题，多变量强耦合问题，强非线性、大时滞、严重不确定性问题以及难以建模问题等。采用先进控制，可以实现基于常规单回路控制的动态协调约束控制，提高重要工艺参数的动态控制质量。

(3)先进控制是实现流程工业企业综合自动化的关键环节之一，由于先进控制改善了过程动态控制的性能、减少过程变量的波动幅度，因而上层优化级就可以将工艺参数的工作点设置到优化目标值附近，从而实现卡边生产，大大提高企业经济效益。

(4)先进控制的实施需要足够的计算能力作为支持平台。由于先进控制受控制算法的复杂性和计算机硬件两方面因素的影响，先进控制算法通常是在上位机上实施的。随着DCS功能的不断增强，更多的先进控制策略可以与基本控制回路一起在DCS上实现。

☞ 63. 什么是变频器？变频器的种类有哪些？

各国使用的交流供电电源，无论是用于家庭还是用于工厂，其电压和频率均为200V/60Hz(50Hz)或100V/60Hz(50Hz)等。通常把电压和频率固定不变的交流电变换为电压或频率可变的交流电的装置称为“变频器”。

变频器按能量变换的情况可以分为交流－交流变频器与交流－直流－交流变频器两种。前者是直接将工频电源转变成所需频率的交流电源，所以也称直接变频。后者则是把直流电能(一般是经交流电源整流而得)转变为所需频率的交流电能，所以称为逆变器(inverter)。由于变频器设备中产生变化的电压或频率的主要装置叫“inverter”，故该产品本身就被命名为“inverter”，即变频器。汽车上使用的由电池(直流电)产生交流电的设备也以“inverter”的名称进行出售。变频器的工作原理被广泛应用于各个领域。例如，计算机电源的供电，在该项应用中，变频器用于抑制反向电压、频率的波动及电源的瞬间断电。它也可用于一些家电产品，如电机、空调、荧光灯等。用于电机控制的变频器，既可以改变电压，又可以改变频率；但用于荧光灯的变频器主要用于调节电源供电的频率。

☞ 64. *UPS* 的作用是什么？

避免电网中经常发生的故障，如电涌、高压尖脉冲、暂态过电压、电压下陷、电线噪声、频率偏移、持续电压、市电中断，对电脑和精密仪器产生干扰或造成损坏的问题。

☞ 65. *UPS* 如何使用？

(1)正常的开机顺序：由于一般负载在启动瞬间存在冲击电流，而 UPS 内部功率器件都有一定的安全工作区范围，尽管人们在选用器件时都有一定的余量，但是过大的冲击电流还是会缩短元器件的使用寿命，甚至造成元器件损坏。因此，在使用时应尽量减少冲击电流带来的损坏。

一般 UPS 在旁路工作时，抗冲击能力较强，可以利用这一特点在开机时采用以下步骤：先送市电给 UPS，使其处于旁路工作，再逐个接通负载，先接通冲击电流较大的负载，再接通冲击电流较小的负载，然后接通 UPS 的输出开关，使其处于逆变工作状态。开机时千万不能将所有的负载同时接通，也不可带载开机。

(2) 关机顺序如下：先逐个断开负载，再断开 UPS 的输出开关，使 UPS 处于旁路工作，而充电器继续对电池充电。如果不需要 UPS 工作，则可将 UPS 完全关闭后再将输入市电断开即可。

(3)后备式 UPS 的使用：后备式 UPS 一般在有市电状态下没有负载检测功能，只靠输入保险丝保护。如用户使用时不注意这一点，在有市电时很容易带载过大。虽然在市电状态下，UPS 还可能继续工作，但一旦市电异常转为逆变工作时，UPS 就会因过载保护而关机，严重时会造成 UPS 损坏。以上情况都会造成输出中断，给用户带来一定损失。因此在使用后备式 UPS 时应特别注意不要带载过量。

(4)长效型 UPS 的使用：长效型 UPS 由于采用外接电池组以延长供电时间，外接电池的好坏直接影响到 UPS 的放电时间。

因此在使用长效型 UPS 时应特别注意电池的使用和保养。

由于长效系型 UPS 外接电池与 UPS 主机是分开的，相互间是由导线连接，一般正常使用时不会有什么问题，但是用户在装机或移机时，就要重新连线，在连线时应注意以下几个问题：

(1)电池连接时电压极性要正确。

(2) 电池与主机之间的连线先不要连接，等 UPS 在市电输入并产生充电电压后再连接。即 UPS 先上市电再接电池。

☞ 66. 什么叫阀门定位器？它在什么场合使用？

阀门定位器是气动执行器的辅助装置，它与气动执行机构配套使用。它可以使阀门位置按调节器送来的信号正确定位，使阀杆位移与送来的信号压力保持线性关系。它的使用场合大体如下：

(1)阀门的两端压降大于 1.0MPa 或大口径 *DN*100mm 以上的调节阀。

(2) 为了防止泄漏，使阀杆的填料压得很紧，摩擦力增大的场合，如：高压、高温、低温、有毒、易嫩易爆的介质。

(3)含悬浮倾粒物、高黏度，或呈胶状的流体，使阀杆移动产生阻力的场合。

(4)滞后大的调节系统，如温度和声值调系统或气动调节器与调节阀之间距离大于 100m 以上。

(5)隔膜阀、蝶阀、三通阀、大口径(*DN*50mm 以上)的单座阀等不平衡力大的场合。

(6)一个调节器可控制两个定位器而实现分程控制。

(7)阀门定位器可实现正反作用，正作用的调节阀就可不必改变阀芯、阀座的位置，通过配用定位器就可实现反作用。

(8)定位器可用来改变调节阀的流量特性。这是通过定位器反馈凸轮来实现的，例如，线性阀可通过定位器凸轮改为等百分比特性。

☞ 67. 催化裂化装置控制流程中常见仪表位号字母的意义都是什么？

催化裂化装置流程复杂，仪表繁多，其仪表位号的命名都应符合石化企业的相应规范。根据《过程测量和控制仪表的功能标志及图形符号》标准，表 10-1 为常见仪表位号中出现的字母意义列表。

表 10-1 常见位号及字母意义

字母	首位字母				后继字母
	被测变量或引发变量	修饰词	读出功能	输出字母	修饰词
A	分析		报警		
B	烧嘴、火焰				
C	电导率			控制	
D	密度	差、差值			
E	电压(电动势)		检测元件		
F	流量	比率(比值)			
G	毒性气体或可燃气体		视镜、观察		
H	手动				高
I	电流		指示		
J	功率	扫描			
K	时间、时间程序	变化速率		操作器	
L	物位		灯		低
M	水分或湿度	瞬动			中、中间
N	供选用		供选用	供选用	供选用
O	供选用		节流孔		
P	压力、真空		连接或测试点		
Q	数量	积算、累计			
R	核辐射		记录、DCS 趋势记录		
S	速度、频率	安全		开关、联锁	
T	温度			传送(变松)	
U	多变量		多功能	多功能	多功能

续表

字母	首位字母				后继字母
	被测变量或引发变量	修饰词	读出功能	输出字母	修饰词
V	振动、机械监视			阀、风门、百叶窗	
W	质量、力		套管		
X		X轴			
Y	事件、状态	Y轴		继动器（继电器计算器、转换器）	
Z	位置、尺寸	Z轴		驱动器、执行元件	

☞ 68. 催化裂化装置停风对仪表系统的有哪些影响?

催化裂化装置用风分为净化风和非净化风，当两路都停时出现以下影响：

(1)单动滑阀反吹风线堵塞、流化风管线堵塞；

(2) 松动点堵塞；

(3)各风动调节阀定位器失灵，仪表信号回零，所有风开阀全关，风关阀全开。

☞ 69. 如何选择调节阀的风开和风关形式?

有信号压力时阀关，无信号压力时阀开的为风关阀。反之，为风开阀。风关、风开的选择主要从生产安全来考虑，当信号压力中断时应避免损坏设备和伤害操作人员，如此时阀门处于打开位置的危害性小，便应选用风关式气动执行器，反之则选用风开式。例如，调节进入加热炉内的燃料油流量时，应选风开阀。这样，当调节器发生故障或仪表供气中断时，便停止了燃料油进入炉内，以免炉温继续升高而烧坏炉子。

☞ 70. 什么是调节阀的正、反作用?什么是调节器的正、反作用?

对调节阀而言，当阀体直立，阀芯正装时，阀芯向下位移而阀芯与阀座间流通截面减少的，称为正作用式调节阀。反之，称为反作用式调节阀。

对调节器而言，正作用时，正偏差越大则调节器的输出越大；反作用时，负偏差越大则调节器输出越大。

☞ 71. 什么是串级调节？

凡用两个调节器串接工作，主调节器的输出作为副调节器的给定值的系统，称为串级调节系统。主参数是工艺控制指标，在串级调节系统中起主导作用的被调参数。副参数是为了稳定主参数，或因某种需要而引入的辅助参数。主对象是由主参数表征其主要特性的生产设备。副对象是由辅助参数表征其特性的生产设备。

主调节器按主参数与工艺规定的给定值的偏差工作，其输出作为副调节器的给定值，在系统中起主导作用。副调节器按副参数与主调节器来的给定值的偏差工作，其输出直接操纵调节阀动作。主回路是由主测量变送器，主、副调节器，执行器和主、副对象构成的外回路，亦称外环。副回路是由副测量变送器、副调节器、执行器和副对象所构成的内回路，亦称内环。

☞ 72. 串级控制系统的特点是什么？

串级调节系统的特点有三个：

(1) 在系统结构上组成两个闭合回路。主、副调节器串联，主调节器的输出作为副调节器的给定值。系统通过副调节器控制调节阀动作，来达到控制被调参数在给定值上的目的。

(2) 在系统特性上，由于副回路的作用，有效地克服了滞后，可大大地提高调节质量。

(3) 主、副回路协同工作，克服干扰能力强，可用于不同负荷和操作条件变化的场合。

☞ 73. 串级控制系统中控制器正、反作用如何选择？

串级控制系统中，必须分别根据各种不同情况，选择主、副控制器的作用方向，选择方法如下：

(1) 串级控制系统中的副控制器作用方向的选择，是根据工艺安全等要求，选定执行器的气开、气关形式后，按照使副控制回路成为一个负反馈系统的原则来确定的。因此，副控制器的作用方向与副对象特性、执行器的气开、气关形式有关，其选择方法与简单控制系统中控制器正、反作用的选择方法相同，这时可不考虑主控制器的作用方向，只是将主控制器的输出作为副控制器的给定就行了。

(2) 串级控制系统中主控制器作用方向的选择可按下述方法进行：当主、副变量增加(或减小)时，如果由工艺分析得出，为使主、副变量减小(或增加)，要求控制阀的动作方向是一致的时候，主控制器应选“反”作用；反之，则应选“正”作用。

从上述方法可以看出，串级控制系统中主控制器作用方向的选择完全由工艺情况确定，与执行器的气开、气关形式及副控制器的作用方向完全无关。因此，串级控制系统中主、副控制器的选择可以按先副后主的顺序，即先确定执行器的开、关形式及副控制器的正、反作用，然后确定主控制器的作用方向；也可以按先主后副的顺序，即先按工艺过程特性的要求确定主控制器的作用方向，然后按一般单回路控制系统的方法再选定执行器的开、关形式及副控制器的作用方向。

(3)当由于工艺过程的需要，控制阀由气开改为气关，或由气关改为气开时，只要改变副控制器的正、反作用而不需改变主控制器的正、反作用。

但是必须指出，在有些生产过程中，要求控制系统既可以进行串级控制，又可以实现主控制器单独工作，即切除副控制器，由主控制器的输出直接控制执行器(称为主控)。这就是说，若系统由串级切换为主控时，是用主控制器的输出代替原先副控制器的输出去控制执行器，而若系统由主控切换为串级时，是用副控制器的输出代替主控制器的输出去控制执行器。无论哪一种切换，都必须保证当主变量变化时，去控制阀的信号完全一致。

总之，系统串级与主控切换的条件：当主变量变化时，串级时副控制器的输出与主控时主控制器的输出信号方向完全一致。根据这一条件可以断定：只有当副控制器为“反”作用时，才能在串级与主控之间直接进行切换，如果副控制器为“正”作用，则在串级与主控之间进行切换的同时，要改变主控制器的正、反作用。为了能使串级系统在串级与主控之间方便地切换，在执行器气开、气关形式的选择不受工艺条件限制，可以任选的情况下，应选择能使副控制器为反作用的那种执行器类型，这样就可免除在串级与主控切换时来回改变主控制器的正、反作用。

☞ 74. 什么是均匀控制？

为了解决前后工序供求矛盾，达到前后兼顾协调操作，使液位和流量均匀变化，为此组成的系统称为均匀控制系统。

☞ 75. 要实现均匀控制有哪些前提条件？

均匀控制通常是对液位和流量两个变量同时兼顾，通过均匀控制，使两个互相矛盾的变量达到下列要求。

(1)两个变量在控制过程中都应该是变化的，且变化是缓慢的。因为均匀控制是指前后设备的物料供求之间的均匀，那么，表征前后供求矛盾的两个变量都不应该稳定在某一固定的数值。

(2) 前后互相联系又互相矛盾的两个变量，应保持在所允许的范围内波动。

☞ 76. 什么是比值控制？

实现两个或两个以上参数符合一定比例关系的控制系统，称为比值控制系统。通常为流量比值控制系统。

在需要保持比值关系的两种物料中，必有一种物料处于主导地位，这种物料称之为主物料，表征这种物料的参数称之为主动量。由于在生产过程控制中主要是流量比值控制系统，所以主动量也称为主流量；而另一种物料按主物料进行配比，在控制过程中随主物料量而变化，因此称为从物料，表征其特性的参数称为从动量或副流量。

☞ 77. 什么是分程控制？

一台控制器的输出同时控制两台甚至两台以上的控制阀，控制器的输出信号被分割成若干个信号范围段，由每一段信号去控制一台控制阀。由于是分段控制，故取名为分程控制系统。

分程控制系统的特点是一个调节器的输出同时控制几个工作

范围不同的调节阀，例如一个调节阀在20~59kPa范围内工作，另一个在59~99kPa范围内的工作。

☞ 78. 反馈调节是按照什么进行控制的？

反馈调节是按照被调参数与给定值的偏差进行调节的，因有反馈回路而构成了闭环调节系统。调节器接受到偏差信号后进行校正，使调节阀动作，改变调节参数，克服干扰，消除偏差。如果干扰已经发生，而被调参数尚未变化，调节器是不会发生作用的。

☞ 79. 前馈调节是按照什么进行控制的？

前馈调节是按照干扰变量进行调节的。由于被调参数不反馈到比较环节，因而是开环调节系统。当干扰一出现，虽然尚未影响到被调参数变化，而干扰测量信号已传送到前馈调节器，前馈调节器就进行校正，克服干扰对被调节参数的影响。

☞ 80. 前馈控制与反馈控制有哪些不同点？

(1)前馈控制是基于不变性原理工作的，比反馈控制及时、有效。前馈控制是根据干扰的变化产生控制作用的。如果能使干扰作用对被控变量的影响与控制作用对被控变量的影响在大小上相等、方向上相反的话，就能完全克服干扰对被控变量的影响。

反馈控制的依据是被控变量与给定值的偏差，检测的信号是被控变量，控制作用发生时间是在偏差出现以后。

前馈控制的依据是干扰的变化，检测的信号是干扰量的大小，控制作用的发生时间是在干扰作用的瞬间而不需等到偏差出现之后。

(2) 前馈控制是属于开环控制系统。反馈控制系统是一个闭环控制系统，而前馈控制是一个开环控制系统，这也是它们两者的基本区别。前馈控制系统是一个开环系统，这一点从某种意义上来说是前馈控制的不足之处。反馈控制由于是闭环系统，控制结果能够通过反馈获得检验，而前馈控制其控制效果并不通过反馈来加以检验。因此，要想综合一个合适的前馈控制作用，必须对被控对象的特性作深入的研究和彻底的了解。

(3)前馈控制使用的是视对象特性而定的专用控制器。一般的反馈控制系统均采用通用类型的PID控制器，而前馈控制要采用专用前馈控制器(或前馈补偿装置)。对于不同的对象特性，前馈控制器的控制规律将是不同的。为了使干扰得到完全克服，干扰通过对象的干扰通道对被控变量的影响，应该与控制作用(也与干扰有关)通过控制通道对被控变量的影响大小相等、方向相反。所以，前馈控制器的控制规律取决于干扰通道的特性与控制通道的特性。对于不同的对象特性，就应该设计具有不同控制规律的控制器。

(4)一种前馈作用只能克服一种干扰。由于前馈控制作用是按干扰进行工作的，而且整个系统是开环的，因此根据一种干扰设置的前馈控制就只能克服这一干扰对被控变量的影响，而对于其他干扰，由于这个前馈控制器无法感受到，也就无能为力了。而反馈控制只用一个控制回路就可克服多个干扰，所以说这一点也是前馈控制系统的一个弱点。

☞ 81. 什么是选择性控制？

选择性控制是将工艺过程的操作条件所构成的选择性逻辑规律叠加到自动控制系统中去。它的工作过程是这样的，当过程趋近于危险极限区，但还未到达危险区(称为安全软限)时，用一个取代调节器(又称为超弛调节器)，自动取代正常情况下工作的调节器(称为正常调节器)，通过取代调节器的调节作用，使过程脱离危险区而回到安全区，这时取代调节器自动退出而变为备用等待状态，正常调节器又重新恢复工作。所以选择性控制系统也称取代控制，有人也称它为“超弛”控制系统。

这种系统在结构上的特点是使用选择器，它可以接在两个或更多个调节器的输出端，或接在几个变送器的输出端，对信号进行选择，以适应不同情况需要。

☞ 82. 什么是多冲量控制系统？

所谓多冲量控制系统，是指在控制系统中，有多个变量信号，经过一定的运算后，共同控制一台执行器，以使某个被控的工艺变量有较高的控制质量。在这里，冲量就是变量的意思。然而冲量本身的含义应为作用时间短暂的不连续的量，而且多变量信号系统也不只是这种类型。因此，多冲量控制系统的名称本身并不确切，但考虑到在锅炉液位控制中已习惯使用这一名称，所以就沿用了。

83. 什么是汽包水位的三冲量控制？

汽包水位是锅炉运行的主要指标。如果水位过低，则由于汽包内的水量较少，而负荷却很大，水的汽化速度又快，因而汽包内的水量变化速度很快，如不及时控制，就会使汽包内的水全部汽化，导致锅炉烧坏和爆炸；水位过高会影响汽包的汽水分离，产生蒸汽带液现象，会使过热器管壁结垢导致破坏，同时过热蒸汽温度也会急剧下降。为控制汽包液位，常采用汽包液位、流量、温度三冲量控制。

84. 电动仪表与气动仪表相比，有哪些优点？

电动仪表与气动仪表相比，有以下一些优点。

(1)电动仪表灵敏度高，反应迅速，滞后小，讯号传送容易。

(2) 电动仪表更换元件和部件比较容易。

(3)电动仪表同 DCS 及其他计算装置、数据处理装置等连接起来比较方便。

(4)安装比较简便，不需要压缩空气那套相当庞大的附属设备，如空压机、净化器及干燥器等。

随着我国电子工业的发展，技术水平的不断提高，电动仪表的工作可靠性和稳定性亦正在不断地提高，获得越来越广泛的应用。

85. 流化床侧压点设置反吹气系统的目的是什么？一般采用什么介质？

流化床测压点设置反吹气系统的目的是防止流化床测压点被催化剂堵塞。再生器系统的反吹气采用净化压缩空气；反应器系统的反吹气一般采用水蒸气，有条件时也可采用惰性气。

86. 催化裂化装置为什么要设置自动保护联锁系统？

在装置发生紧急事故无法维持正常生产时，为控制事故的发展和避免事故蔓延发生恶性事故，确保装置安全，并能在事故排除后及时恢复生产，在反应-再生系统、主风机系统、气压机系统、余热锅炉系统等部位都设有自动保护联锁系统。

典型单器再生装置反应-再生系统设置有进料流量低限、反应温度低限、两器差压超限、主风流量低限和增压风流量低限五套自动保护联锁系统。

在装置正常生产过程中，各自保切换开关处于自动或手动位置。自保切换开关在启用位置，即是人为启动自保，此时不论测量值是否到达自保值，该系统即处于自保状态。

☞ 87. 反应进料自保如何投用?

当反应温度、两器差压、主风流量正常，而反应进料达低限值，操作人员必须立即检查下列内容：① 新鲜进料流量、回炼油流量是否下降；② 原料预热温度是否波动；③ 提升管压降是否下降；④ 反应压力、反应温度是否波动；⑤ 再生滑阀开度关小。

如果上述参数没有变化，则反应进料流量仪表失灵。若上述参数发生变化，则说明反应进料确实下降，此时应迅速查明原因，提高进料量。

若反应进料继续下降，难以维持操作时，启用反应进料自保，并迅速检查各自保阀是否动作准确。

按紧急事故规程进行处理。

☞ 88. 反应进料自保如何复位?

事故排除后，需恢复生产，必须进行反应进料自保复位，但必须在主风低流量、再生器差压、反应温度自保已复位后才能进行。复位步骤如下：

(1) 检查进料各喷嘴手阀关闭(包括终止剂喷嘴手阀)；

(2) 将进料返回阀副线打开，预热线开 2~3 扣；

(3) 将进料自保复位，检查各自保阀是否动作准确；

(4) 按正常开工恢复进料。

☞ 89. 反应温度自保如何投用?

(1) 当反应温度达高限或低限时，应迅速检查再生滑阀开度、原料油预热温度、沉降器压力及藏量等参数，以判断反应温度是否真实超限。

（2）经处理后反应温度继续超限，此时只要反应温度达到低低限，启动反应温度自保并带动进料自保启动。自保启动后，迅速检查各自保阀动作情况。

（3）按紧急事故规程进行处理。

☞ 90. 反应温度自保如何复位？

（1）首先将反应温度自保切除；

（2）反应进料自保按规程复位；

（3）反应温度恢复正常后，将反应温度自保切换至手动或自动位置。

☞ 91. 两器差压自保如何投用？

（1）当两器差压达高限或低限时，应迅速检查沉降器及再生器压力、藏量、密相密度、再生滑阀和待生滑阀压降等情况，以判断两器差压是否真实超限。

（2）若经处理后两器差压继续超限，难以维持操作时，启用两器差压自保，两器差压自保启动并带动进料自保启动。迅速检查各自保阀动作情况。

（3）按紧急事故规程处理。

☞ 92. 两器差压自保如何复位？

（1）首先将两器差压自保切除；

（2）将再生滑阀、待生滑阀改遥控、关严；

（3）将两器差压自保复位，此时再生滑阀、待生阀由遥控控制；

（4）按开工要求恢复两器流化；

（5）反应进料自保按规程复位。

☞ 93. 主风低流量自保如何投用？

（1）应迅速检查再生器压力、藏量、密相密度、主风机出口压力等情况，以判断主风是否真实超限。

（2）当主风流量下降至低限时，应迅速检查原因相应处理；当主风下降至低低限时，主风自保启动，并带动进料自保、两器差压自保、增压风自保、主风机机组自保启动。自保动作后，应迅速检查各自保阀动作情况。

（3）按紧急事故规程处理。

☞ 94. 主风低流量自保如何复位？

当主风机组运转正常后，准备复位。

（1）首先将主风低低限自保切除。

（2）主风机出口压力正常后，将主风自保复位，阻尼单向阀开。

（3）逐渐引主风。

（4）主风流最正常后，进料自保和两器差压自保按规程复位。

（5）将主风自保切换至自动位置。

☞ 95. 增压风流量自保如何投用？

（1）当增压风流量下降至低限，应迅速检查外取热器各部分密度及产汽量，以判断增压风是否真实超限。

（2）经处理无效，难以维持操作，启用增压风自保。

（3）按紧急事故规程处理。

☞ 96. 增压风流量自保如何复位？

（1）当增压机组运转正常后，准备复位。

（2）首先将增压风自保切除。

（3）将外取热流化风、提升风调节阀改遥控关死，事故蒸汽副线阀开。

（4）将增压风自保复位。

（5）逐渐关套筒事故蒸汽，开套筒流化风调节阀。

（6）按规程投用外取热器。

☞ 97. 流量检测仪表的故障如何判断？

（1）在流量系统中，如果流量记录值达最小，则：① 首先应对照现场一次表，如一次表正常，则为二次表故障；② 如一次表也指示最小，再观察调节阀开度，如开度为零，则为仪表原因，一般为调节器到调节阀之间的故障；③ 如一次表指示最小，但调节阀开度正常，则是工艺方面原因，有系统压力不够、泵堵、无量、冬天开车管道结晶，以及操作失误等。

在仪表方面，如用孔板检测，有可能是正引压管堵，变送器正压室漏；如用转子流量计检测，有可能转子卡在下部；如用椭圆齿轮流量计检测，有可能椭圆齿轮卡、过滤网堵，若椭圆齿轮本身无指示，则应考虑发讯簧片是否失效等。

(2)如流量记录值最大，则一次表一般也会指示最大。可手动遥控调节阀，如流量能降下来，则一般为工况原因；如流量降不下来，可能为仪表原因。

(3)流量波动频繁，可先切手动，如波动仍频繁，一般为工艺原因；如波动减小，一般为仪表原因或参数整定不当。

☞ 98. 液位检测仪表故障如何判断？

(1)液面记录值跑向最大或最小，可先对照一次表。如一次表正常，则为二次表故障；如一、二次表一致，则手控调节阀检查液面有无变化。有变化一般为工艺原因，无变化一般为仪表问题。

(2)带负迁移的仪表示值跑到最大，应怀疑负压侧漏；有气相压直接引到负压侧的仪表示值跑到最小，应怀疑负压侧集液罐液体上升过高。

(3)记录针波动很快，一般可能是参数整定不当、一次仪表振荡或仪表信号管路漏等；如波动缓慢，一般为工况原因。

(4)如怀疑仪表为假液面指示，可将系统切手动，工艺、仪表人员共同用标准压力表测出气相压力进行分析。

☞ 99. 蒸汽压力检测仪表故障如何判断？

(1)蒸汽管路压力记录值突然降到零，而安全阀起跳，为仪表原因。这种现象发生在引压管到记录表之间出现故障时，调节阀开度突变，引起蒸汽压力猛增，而记录表却无反应。可先手动遥控调节阀，再处理故障。

(2)蒸汽管路压力记录值未高于设定值，安全阀即起跳，仪表人员可对照相关仪表(特别是该蒸汽系统所属温度示值)，如各点温度正常，则为安全阀未调好；如各点温度升高，则为压力记录值低于真实压力。

(3)压力波动虽大，但缓慢，一般应从工艺上查原因。

（4）压力波动虽为快速振荡状态，要多从参数整定及仪表本身查原因。

（5）如负荷、加料、回流、温度等变化以及操作不当，均会引起设备内部压力变化，要从工艺操作上找原因。

（6）对每台表的平时压力波动情况应心中有数，分清是异常情况还是正常情况，并可参照其他工艺参数做出判断。

☞ 100. 温度检测仪表故障如何判断？

对温度系统而言，应注意两个特点：一是普遍采用电动仪表，二是温度滞后较大。现以XDD、XWD型仪表为例：

（1）记录指针突然跑到最大或最小，一般为仪表原因，因为温度测量滞后较大，不可能"突变"。其中以热电阻引线断路、放大器失灵居多。

（2）记录指针快速振荡，一般为仪表原因。如PID参数整定不当等。

（3）记录指针大幅度波动，如当时工况有大变化，一般为工艺原因；如当时工况无大变化，一般为仪表原因。此时可将调节器切手动。若波动大大减小，则为调节器故障，否则为记录放大器故障。

（4）如出现仪表记录线笔直、曲线漂移等异常现象，则应怀疑是否是假指示。仪表人员可拨动测量拉线盘，看上下行是否有力矩：如有力矩，则属正常；如无力矩或力矩太小，则属仪表原因。

（5）如工艺人员怀疑温度值有误差，通知仪表人员检查时，可先将调节器切手动，对照有关示值协助判断，必要时可用标准温度计在现场同一检测位置测试核对。

（6）如温度记录值无大变化的前提下，调节器输出漂移或输出电流突然最大或最小，一般为调节放大器失灵或输出回路问题。

（7）如调节器输出电流回不到零点或有较大反偏差时输出反而增大，为调节器问题。

☞ 101. 如何提高调节阀的使用寿命？

（1）大开度工作延长寿命法。让调节阀一开始就尽量在最大开度上工作，如90%。这样，气蚀、冲蚀等破坏发生在阀芯头部上。

随着阀芯破坏，流量增加，相应阀再关点，这样不断破坏，逐步关闭，使整个阀芯全部充分利用，直到阀芯根部及密封面破坏，不能使用为止。同时，大开度工作节流间隙大，冲蚀减弱，这比一开始就让阀在中间开度和小开度上工作提高寿命 1~5 倍以上。

(2)减小 S 增大工作开度提高寿命法。减小 S，即增大系统除调节阀外的损失，使分配到阀上的压降降低，为保证流量通过调节阀，必然增大调节阀开度，同时，阀上压降减小，使气蚀、冲蚀也减弱。具体办法，有阀后设孔板节流消耗压降；关闭管路上串联的手动阀，至调节阀获得较理想的工作开度为止。当大阀门处于小开度工作时，采用此法十分简单、方便、有效。

(3)缩小口径增大工作开度提高寿命法。通过把阀的口径减小来增大工作开度，具体办法：① 换一台小一档口径的阀，如 *DN*32mm 换成 *DN*25mm；② 阀体不变更，更换小阀座直径的阀芯阀座。如某化工厂大修时将节流件 *DN*10mm 更换为 *DN*8mm，寿命提高了 1 倍。

(4)转移破坏位置提高寿命法。把破坏严重的地方转移到次要位置，以保护阀芯阀座的密封面和节流面。

(5)增长节流通道提高寿命法。增长节流通道最简单的就是加厚阀座，使阀座孔增长，形成更长的节流通道。一方面可使流闭型节流后的突然扩大延后，起转移破坏位置，使之远离密封面的作用；另一方面，又增加了节流阻力，减小了压力的恢复程度，使气蚀减弱。有的把阀座孔内设计成台阶式、波浪式，就是为了增加阻力，削弱气蚀。这种方法在引进装置中的高压阀上和将老的阀加以改进时经常使用，也十分有效。

(6)改变流向提高寿命法。流开型向着开方向流，气蚀、冲蚀主要作用在密封面上，使阀芯根部和阀芯阀座密封面很快遭受破坏；流闭型向着闭方向流，气蚀、冲蚀作用在节流之后，阀座密封面以下，保护了密封面和阀芯根部，延长了寿命。故流开型使用的阀，当延长寿命的问题较为突出时，只需改变流向即可延长寿命 1~2 倍。

(7)改用特殊材料提高寿命法。为抗气蚀(破坏形状如蜂窝状小点)和冲刷(流线型的小槽)，可改用耐气蚀和冲刷的特殊材料来制造节流件。这种特殊材料有6YC-1、A4钢、司特莱、硬质合金等。为抗腐蚀，可改用更耐腐蚀，并有一定机械性能、物理性能的材料。这种材料分为非金属材料(如橡胶、聚四氟乙烯、陶瓷等)和金属材料(如蒙乃尔、哈氏合金等)两类。

(8)改变阀结构提高寿命法。采取改变阀结构或选用具有更长寿命的阀的办法来达到提高寿命的目的，如选用多级式阀，反气蚀阀、耐腐蚀阀等。

☞ 102. 调节阀如何防堵(卡)?

(1)清洗法。管路中的焊渣、铁锈、渣子等在节流口、导向部位、下阀盖平衡孔内造成堵塞或卡住使阀芯曲面、导向面产生拉伤和划痕、密封面上产生压痕等，经常发生于新投运系统和大修后投运初期，是最常见的故障。遇此情况，必须卸开进行清洗，除掉渣物，如密封面受到损伤还应研磨；同时将底塞打开，以冲掉从平衡孔掉入下阀盖内的渣物，并对管路进行冲洗。投运前，让调节阀全开，介质流动一段时间后再纳入正常运行。

(2)外接冲刷法。对一些易沉淀、含有固体颗粒的介质采用普通阀调节时，经常在节流口、导向处堵塞，可在下阀盖底塞处外接冲刷气体或蒸汽。当阀产生堵塞或卡住时，打开外接的气体或蒸气阀门，即可在不动调节阀的情况下完成冲洗工作，使阀正常运行。

(3)安装管道过滤器法。对小口径的调节阀，尤其是特小流量调节阀，其节流间隙特小，介质中不能有一点点渣物。最好在阀前管道上安装一个过滤器，以保证介质顺利通过。带定位器使用的调节阀，定位器工作不正常，其气路节流口堵塞是最常见的故障，因此，带定位器工作时，必须处理好气源，通常采用的办法，是在定位器前气源管线上安装空气过滤减压阀。

(4)增大节流间隙法。如介质中的固体颗粒或管道中被冲刷掉的焊渣和锈物等，因过不了节流口造成堵塞、卡住等故障，可改用节流间隙大的节流件——节流面积为开窗、开口类的阀芯、套筒，因其节流面积集中而不是圆周分布的，故障就能很容易地被排除。如果是单、双座阀，就可将轴塞形阀芯改为“V”形口的阀芯，或改成套筒阀等。例如，某化工厂有一台双座阀经常卡住，推荐改用套筒阀后，问题马上得到解决。

(5)介质冲刷法。利用介质自身的冲击能量，冲刷和带走易沉淀、易堵塞的东西，从而提高阀的防堵功能。常见的方法：①改作流闭型使用；②采用流线型阀体；③将节流口置于冲刷最厉害处，采用此法要注意提高节流件材料的耐冲蚀能力。

(6)直通改为角形法。直通为倒S流动，流路复杂，上、下容腔死区多，为介质的沉淀提供了条件。角形连接，介质犹如流过90°弯头，冲刷性能好，死区小，易设计成流线形。因此，使用直通的调节阀产生轻微堵塞时可改成角形阀使用。

☞ 103. 调节阀密封性能差如何处理？

密封性能差的解决方法：

(1)研磨法。过细的研磨，消除痕迹，减小或消除密封间隙，提高密封面的光洁度，以提高密封性能。

(2)利用不平衡力增加密封比压法。执行机构对阀芯产生的密封压力一定，不平衡力对阀芯产生顶开趋势时，阀芯的密封力为两力相减；反之，对阀芯产生压闭趋势，阀芯的密封力为两力相加，这样就大大地增加了密封比压，密封效果可以比前者提高5~10倍以上。一般 $DN \geq 20$mm 的单密封类阀为前一种情况，通常为流开型，若认为密封效果不满意时，改为流闭型，密封性能将成倍增加。尤其是两位型的切断调节阀，一般均应选流闭型使用。

(3)提高执行机构密封力法。提高执行机构对阀芯的密封力，也是保证阀关闭，增加密封比压，提高密封性能的常见方法。①移动弹簧工作范围；②改用小刚度弹簧；③增加附件，如带定位器；④增加气源压力；⑤改用具有更大推力的执行机构。

(4)采用单密封、软密封法。对双密封使用的调节阀，可改用单密封，通常可提高10倍以上的密封效果；若不平衡力较大，应增加相应措施，对硬密封的阀可改用软密封，又可提高10倍以上密封效果。

(5)改用密封性能好的阀。在不得已的情况下，可考虑改用具有更好密封性能的阀。如将普通蝶阀改用椭圆蝶阀，进而还可改用切断型蝶阀、偏心旋转阀、球阀和为之专门设计的切断阀。

☞ 104. 调节阀振动如何处理？

(1)增加刚度法。对振荡和轻微振动，可增大刚度来消除或减弱，如选用大刚度的弹簧，改用活塞执行机构等办法都是可行的。

(2)增加阻尼法。增加阻尼即增加对振动的摩擦，如套筒阀的阀塞可采用“O”形圈密封，采用具有较大摩擦力的石墨填料等，这对消除或减弱轻微的振动还是有一定作用的。

(3)增大导向尺寸，减小配合间隙法。轴塞形阀一般导向尺寸都较小，所有阀配合间隙一般都较大，有0.4~1mm，这对产生机械振动是有帮助的。因此，在发生轻微的机械振动时，可通过增大导向尺寸，减小配合间隙来消弱振动。

(4)改变节流件形状，消除共振法。因调节阀的所谓振源发生在高速流动、压力急剧变化的节流口，改变节流件的形状即可改变振源频率，在共振不强烈时比较容易解决。具体办法是将在振动开度范围内阀芯曲面车削0.5~1.0mm。

(5)更换节流件消除共振法。原理同(4)，只不过是更换节流件。其方法：① 更换流量特性，对数改线性，线性改对数；② 更换阀芯形式。如将轴塞形改为V形槽阀芯，将双座阀轴塞形改成套筒型；改开窗口的套筒为打小孔的套筒等。

(6)更换调节阀类型以消除共振。不同结构形式的调节阀，其固有频率自然不同，更换调节阀类型是从根本上消除共振的最有效的方法。一台阀在使用中共振十分厉害——强烈地振动(严重时可将阀破坏)，强烈地旋转(甚至阀杆被振断、扭断)，而且产生强烈的噪声(高达100dB)的阀，只要把它更换成一台结构差异较大的阀，立刻见效，强烈共振奇迹般地消失。

(7)减小气蚀振动法。对因空气的气泡破裂而产生的气蚀振动，自然应在减小空间上想办法。① 让气泡破裂产生的冲击能量不作用在固体表面上，特别是阀芯上，而是让液体吸收。套筒阀就具有这个特点，因此可以将轴塞形阀芯改成套筒形；② 采取减小空化的一切办法，如增加节流阻力，增大缩流口压力，分级或串联减压等。

（8）避开振源波击法。外来振源波击引起阀振动，这显然是调节阀正常工作时所应避开的，如果产生这种振动，应当采取相应的措施。

☞ 105. 调节阀噪声大如何处理？

（1）消除共振噪声法。只有调节阀共振时，才有能量叠加而产生100dB的强烈噪声。有的表现为振动强烈，噪声不大，有的振动弱，而噪声却非常大；有的振动和噪声都较大。这种噪声产生一种单音调的声音，其频率一般为3000～7000Hz。显然，消除共振，噪声自然随之消失。

（2）消除气蚀噪声法。气蚀是主要的流体动力噪声源。空化时，气泡破裂产生高速冲击，使其局部产生强烈湍流，产生气蚀噪声。这种噪声具有较宽的频率范围，产生格格声，与流体中含有砂石发出的声音相似。消除和减小气蚀是消除和减小噪声的有效办法。

（3）使用厚壁管线法。采用厚壁管是声路处理办法之一，使用薄壁可使噪声增加5dB，采用厚壁管可使噪声降低0～20dB。同一管径壁越厚，同一壁厚管径越大，降低噪声效果越好。

（4）采用吸音材料法。这也是一种较常见、最有效的声路处理办法，可用吸音材料包住噪声源和阀后管线。必须指出，因噪声会经由流体流动而长距离传播，故吸音材料包到哪里，采用厚壁管至哪里，消除噪声的有效性就终止到哪里。这种办法适用于噪声不很高、管线不很长的情况，因为这是一种较费钱的办法。

（5）串联消音器法。本法适用于作为空气动力噪声的消音，它能够有效地消除流体内部的噪声和抑制传送到固体边界层的噪声级。对质量流量高或阀前后压降比高的地方，本法最有效而又经济。使用吸收型串联消音器几乎可以提供任何要求程度的噪声衰减。但是，从经济上考虑，一般限于衰减到约25dB。

（6）隔音箱法。使用隔音箱、房子和建筑物，把噪声源隔离在里面，使外部环境的噪声减小到人们可以接受的范围内。

（7）串联节流法。在调节阀的压力比高的场合，采用串联节流法，就是把总的压降分散在调节阀和阀后的固定节流元件上。

如用扩散器、多孔限流板，这是减少噪声办法中最有效的。为了得到最佳的扩散器效率，必须根据每件的安装情况来设计扩散器(实体的形状、尺寸)，使阀门产生的噪声级和扩散器产生的噪声级相同。

(8)选用低噪声阀。低噪声阀根据流体通过阀芯、阀座的曲折流路(多孔道、多槽道)的逐步减速，以避免在流路里的任意一点产生超音速。有多种形式，多种结构的低噪声阀(有为专门系统设计的)供使用时选用。当噪声不是很大时，选用低噪声套筒阀，可降低噪声 10~20dB，这是最经济的低噪声阀。

☞ 106. 调节阀稳定性较差如何解决？

(1)改变不平衡力作用方向法。在稳定性分析中，已知不平衡力作用同与阀关方向相同时，即对阀产生关闭趋势时，阀稳定性差。对阀工作在上述不平衡力条件下时，选用改变其作用方向的方法，通常是把流闭型改为流开型，一般来说都能方便地解决阀的稳定性问题。

(2)避免阀自身不稳定区工作法。有的阀，受其自身结构的限制，在某些开度上工作时稳定性较差。① 双座阀，开度在10%以内，因上球处流开，下球处流闭，带来不稳定的问题；② 不平衡力变化斜率产生交变的附近，其稳定性较差。如蝶阀，交变点在 70 度左右；双座阀在80%~90%开度上。遇此类阀时，在不稳定区工作必然稳定性差，避免不稳定区工作即可。

(3)更换稳定性好的阀。稳定性好的阀其不平衡力变化较小，导向好。常用的球型阀中，套筒阀就有这一大特点。当单、双座阀稳定性较差时，更换成套筒阀稳定性一定会得到提高。

(4)增大弹簧刚度法。执行机构抵抗负荷变化对行程影响的能力取决于弹簧刚度，刚度越大，对行程影响越小，阀稳定性越好。增大弹簧刚度是提高阀稳定性的常见的简单方法，如将 20~100kPa 弹簧范围的弹簧改成 60~180kPa 的大刚度弹簧，采用此法主要是带了定位器的阀，否则，使用的阀要另配上定位器。

(5)降低响应速度法。当系统要求调节阀响应或调节速度不应太快时，而阀的响应和调节速度却又较快，如流量需要微调，而调节阀的流量调节变化却又很大，或者系统本身已是快速响应系统而调节阀却又带定位器来加快阀的动作，这都是不利的。这将会产生超调，产生振动等。对此，应降低响应速度。办法：① 将直线特性改为对数特性；② 带定位器的可改为转换器、继动器。

☞ 107. 防止调节阀塑变故障有什么方法？

塑变使一种金属表面把另一种零件的金属表面擦伤，甚至粘在一起，造成阀门卡住，动作不灵、密封面拖伤、泄漏量增加、螺纹连接的两个件咬住旋不动(如高压阀的上、下阀体)等故障。塑变与温度、配合材料、表面粗糙度、硬度和负荷有关。高温使金属退火或软化，进一步加剧塑变趋势。解决塑变引起阀故障的方法：① 易擦伤部位采用高硬度材料，有 5-IORC 硬度差；② 两种零件改用不同材料；③ 增大间隙；④ 增加润滑剂；⑤ 修复破坏面，提高光洁度和硬度；⑥螺纹咬住旋不动时，只好一次性焊好用。

☞ 108. 什么是减小行程提高调节阀膜片寿命法？

对两位型调节阀，当动作频率十分频繁时，膜片会很快在做上下折叠中破裂，破坏位置常在托盘圆周。提离膜片寿命的最简单、最有效的办法是减小行程。减小后的行程值为 1/4 公称直径。如 *DN*125mm 的阀，其标准行程为 60mm，可减小到 30mm，缩短了 50%。此外，还可以考虑如下因素：① 在满足打开与关闭的条件下尽量减小膜室压力；② 提高托盘与膜片贴合处光洁度。

☞ 109. 什么是支路、节点和回路？

由一个或几个元件(电阻或电源)串联成的无分支电路叫做支路。在同一个支路中各元件通过的电流是相等的；由 3 条或更多数目的支路连接的地方叫做节点；由支路构成的闭合路径叫回路。一个回路可能包含几个支路，并通过若干个节点。

☞ 110. 正弦交流电的三要素是什么？

正弦交流电的三要素是交流电的周期、频率和角频率。交流电变化一周所需的时间叫频率，用 T 表示，单位为 s；单位时间内交流电变化的周数叫做频率，用 f 表示，单位为 Hz。频率和周期的关系是：$T=1/f$ 或 $f=1/T$；单位时间内所转过的角度为角频率，角频率和周期的关系是：$\omega = 2\pi/T = 2\pi f$。

☞ 111. 正弦交流电的三种表示方法是什么？

(1)交流电的瞬时值：正弦交流电在任一瞬间所具有的数值叫做瞬时值。

(2)交流电的最大值：交流电最大的瞬时值称为最大值或振幅值。

交流电中感应电动势的瞬时值 e 和最大值 E_m 的关系：

$$e = E_m \sin\alpha = E_m \sin\omega t$$

(3)用两个同样的电阻分别通过交流电和直流电，如果经过相等的时间，它们产生的热量相等，则该直流电的数值就称为这交流电的有效值。

☞ 112. 电感元件在交流电路中的作用是什么？

电感具有阻碍交流电流通过的作用，我们把电感线圈的这种阻力称为电感电抗(简称感抗)，用符号 X_L 表示。

☞ 113. 电阻元件在交流电路中的作用是什么？

电路中的电阻和电抗所决定的一个常数，称为电路的阻抗，用符号 Z 表示。

☞ 114. 电容元件在交流电路中的作用是什么？

电容器极板上的电压相当于反电势，对交流电流具有阻碍作用。电容器对交流电流的这种阻力称为电容电抗(简称容抗)，用符号 X_c 表示。

☞ 115. 三相交流电势的产生及其特点是什么？

当转子在按正弦分布的磁场中以恒定速度旋转时，就可产生 3 个独立的电势，称为对称三相电势。

三相电势具有下列特点：① 各电势的波形都按正弦规律变化；② 它们的周期和最大值都相等；③ 三个电势的相位彼此相差 120°。

☞ 116. 什么是三相交流电路的星形连接和三角形连接？

(1)星形连接就是把三相绕组的相尾 X、Y、Z 连接在一起，从 3 个相头 A、B、C 引出连接负载的导线。

(2) 三角形连接是把一相绕组的相位和相邻一相绕组的相头依次连接,形成一个闭合的三角形，再从三个相头 A、B、C 引出 3 根端线。

☞ 117. 什么是中点?

三相绕组相尾的结点称为电源的中性点，简称中点。

☞ 118. 什么叫中线、端线？什么是相电压?

从中点引出的导线称为中线(也称零线)；从相头引出的导线为端线(也称火线)；端线和中线之间的电压，称为相电压。

☞ 119. 什么是电力系统？有哪些类型?

电力系统的组成由发电、送电、变电、配电和用电组成的整体，称为电力系统。通常把发电和用电之间、属于输送和分配的中间环节称为电力网。

电力网是由各种不同电压等级的电力线路和送变电设备组成的，是电力系统的重要组成部分。电力网包括输电线路的电网称为输电网，包括配电线路的电网称为配电网。输电网是由 35kV 及以上的输电线路与其相连的变电所组成，是电力系统的主要网络(简称主网)。它的作用是将电能输送到各个地区的配电网，或直接送给大型工业企业用户。配电网是由 10kV 及以下的配电线路和配电变电所组成。它的作用是将电力分配到各类用户。

电力系统负荷分有功负荷和无功负荷两种。有功负荷是把电能转换为其他形式能量时，在用电设备中实际消耗的有功功率。电力电路内、电动机、变压器内，电、磁场间交换的那部分功率，称为无功功率。

☞ 120. 常见输电线路有哪几种?

发电厂所生产的电能，除厂用电和直配线外，大部分由升压变压器升压后，再经高压输电线路输向负荷中心。电压越高，输送的容量就越大，输送的距离也越远。

目前，我国已运行的输电线路有 110kV、220kV、500kV 及以上电压等级。电力线路的作用是输、配电能，并把发电厂、变电所和用户连接起来，是电力系统不可缺少的重要环节。电力线路按其用途分为输电线路和配电线路，按其架设方法分为架空线路和电缆线路，按其传输电流种类分为交流和直流线路。

电力线路把发电厂、变电所和用户连接起来，是电力系统不可缺少的重要环节。

☞ 121. 联合电力系统有哪些优越性？

随着用电量的不断增长，把两个或两个以上小型电力系统，用电网连接起来并联运行，组成大的电力系统，称为联合电力系统。其优越性很大，归纳起来有以下几个方面：

(1) 提高了供电的可靠性和电能质量。由于联合电力系统容量大，备用机组台数多，个别机组发生故障对系统的影响小，因此供电可靠性提高了。由于联合系统的容量较大，个别负荷波动变化不会使系统的电压和周波有明显的变化，所以能保证较好的电能质量。

(2) 可减少系统的装机容量，提高设备的利用率。在联合电力系统中，各电厂的机组可以轮流检修(水轮机组和汽轮机组也可以错开时间检修)。当某些电厂的机组故障时，可由系统其他机组支援，这样可以减少总的设备容量。

(3) 便于安装大型机组。大型机组每1kW设备的投资和生产1kW·h电能的燃料消耗及维护费用，都比装设小机组便宜。一般认为100×10^4kW以上的电力系统，单机容量不宜超过系统容量的10%，系统容量越大，按此比例可装设的机组容量也越大，收到的经济效益也越高。

(4) 合理利用资源，提高运行的经济性。用于发电的能源很多，如水力、风力、潮汐、地热、火力等，均可建成电厂。把水电站与系统并列运行，在夏季丰水期可让水电站发满电，火电厂少发电，或有些机组可以检修；在冬季则让火电厂多发电，水电厂少发电，并可以检修水轮机组。节省煤炭资源，充分利用水力资源，提高了运行的经济性。

☞ 122. 石化企业供配电方式有什么特点？

石化企业供电方式一般可分为二次降压供电方式和一次降压

供电方式两种。对用电负荷很大的石化企业，往往采用35～220kV的电源进线。将35～220kV的电源电压降至6～10kV的电压，继而降至380/220V的电压，供给低压电气设备使用。这种方式称为二次降压供电方式。对某些用电负荷较小的企业，可由35kV或10kV电力网供电，将35kV或10kV电源电压直接降压为380/220V电压，供给低压用电设备使用，这种方式称为一次降压供电方式。

☞ 123. 二次降压供电方式是如何运行的？

总降压变电所的位置一般接近石化企业的负荷中心或网络中心，是把35～220kV电压降为6～10kV电压，通过电力线路向车间变电所、杆上变电所、独立变电所、高压电动机和其他高压用电设备供电。在总降压变电所内，一般设有1～2台主降压变压器，其容量可由几千到几万千伏安。

车间变电所位于生产车间或建筑物内部的单独房间内，是将6～10kV电压降为380/220V电压，对低压用电设备供电。在一个车间内根据生产过程、用电设备的布局和用电量大小情况，可设立一个或几个车间变电所。也可以几个相邻且用电量不大的车间共用一个车间变电所。车间变电所一般设置1～2台变压器，其单台容量一般为1000kV·A以下。独立变电所设在远离车间单独的建筑物内，适用于化工厂、炼油厂等。因为变电所不能设在易于着火、爆炸或者有腐蚀性气体和液体的车间；有时也用于生产车间面积小而分散，用电设备负荷不大的中小型工厂里。

杆上变电所安装于电杆上，适用于企业中的生活区和职工住宅区，其变压器容量一般在320kV·A以下，若容量在320kV·A以上，可安装于屋外地面上，周围设围墙或围栅。

☞ 124. 石化企业的供电电压有什么特点？

在一般情况下，石化企业的供电电压有如下特点：

(1)对于小型装置，由于用电设备容量较小，供电距离较短，又无高压用电设备，可采用380/220V三相四线制供电电压。

(2)对于大型企业，用电设备容量在10MW以上，可采用

110kV 供电电压。厂区配电电压取决于厂区范围的大小、车间用电设备容量的大小以及用电设备的额定电压等因素，并应进行技术经济比较，一般可按以下原则确定：① 用于一次降压供电方式，厂区配电电压 380/220V，在潮湿的工地和车间内或高度危险的厂房内的照明负荷，宜采用 36V 或 12V 三相交流电。② 用于厂区范围大，总负荷也不大，而采用二次降压供电方式的企业，其厂区配电电压一般采用 10kV。此时 6kV 用电设备可由 10/6kV 变压器降压供给，这样可以节省有色金属，减少电能损失和电压损失，提高经济效益。但当企业 6kV 用电设备的负荷占总负荷 30% 以上时，厂区配电电压宜采用 6kV。因为 6kV 用电负荷较大，若仍采用 10kV/6kV 变压器，其容量及损耗增大，开关设备等投资增加，这样采用 10kV 配电电压反而不经济。③ 用于厂区范围大，或分区较分散，而各分区负荷又较集中的企业，可采用 35~110kV 为各分区变电所供电。各个分区变电所仍采用 10kV 或 6kV 向各车间供电。对于无 6kV 用电设备的分区，为可将 35~110kV 电压直接降为 380/220V，对低压用电设备供电。这样可以降低电能损耗，提高经济效益。

☞ 125. 催化裂化装置用电规格有哪些？

催化裂化装置用电主要分为以下类别：

(1) 大型机组用电：如主 / 备用风机机组电机，为 10kV 用电；

(2) 大型机泵：油浆泵、增压机等，为 6000kV 用电；

(3) 普通泵 / 变频机泵：为 380V 用电；

(4) 生活用电：一般为 220V 用电；

(5) 生产检修或潮湿可燃气体场所用电：一般为 12V/24V / 36V 用电。

☞ 126. 石化企业对供电电压有什么特殊的要求？

电压和频率是衡量电能质量的重要指标。电压、频率过高或过低都会影响企业的正常生产，严重时会造成人身事故和设备损坏，也影响电力系统的稳定性。

电压过高，使发电机、电动机绝缘老化，甚至击穿，使白炽灯寿命缩短（如电压升高 5%时白炽灯寿命缩短一半），用电设备也有可能损坏。对带铁芯的用电设备，电压升高，使铁芯过饱和，无功损耗增加。

电压低时，电动机运行情况变坏。因为电动机的电磁转矩正比于电压的平方，因此当电压下降时转矩严重降低。当电压降至额定电压的 30%~40%时，正在启动的电机可能启动不起来。电压下降造成电机定子电流增加，运行中温度升高，甚至将电机烧毁。

电压降低使照明设备不能正常发光，如电源电压降低 10%，则发光效率降低约 35%。

规程规定电力系统中用户电压允许波动范围为：① 35kV 及以上电网对电压质量有特殊要求的用户——±（5% ~ 10%）；② 10kV及以上电压和低压用户——±7%；③ 低压照明用户——±（5%~10%）。

☞ 127. 频率偏差对发电机和用户用电设备有什么影响？

频率也是电能的主要质量指标之一。我国电力系统的额定频率为 50Hz。根据《电力工业技术管理法规》规定，在 300×10^4kW 以上电力系统中，频率的偏差不得超过±0. 2Hz，在不足 300×10^4kW 的电力系统中频率的偏差不得超过±0. 7Hz。

频率过高使发电机转速增加，转子的转速增加，使转子机械强度受到威胁，对安全运行十分不利。

低频率运行，用户所有电动机的转速都会降低，将会影响各类生产装置的产品质量和产量。

为了防止低频率运行，常采用低频率自动减负荷装置。当电力系统的频率低至预先整定值时，将自动切除次要负荷。

☞ 128. 常用高压开关的种类和主要型号隔离开关及其操作机构是什么？

隔离开关又名隔离刀闸，没有专门的灭弧结构，不能用来切断负荷电流和短路电流。使用时必须与断路器配合，只有在断路器断开后，才能进行操作。在电力系统中，隔离开关的主要用途如下：

（1）将电气设备与带电的电网隔离，以保证能在被隔离的电气设备安全地进行作业。

(2) 改变系统的运行方式。在双母线的电路中，可利用隔离开关将设备或线路从一组母线切换到另一组母线上。

(3) 接通和断开小电流电路。

☞ 129. 什么是继电保护装置？

继电保护装置是由多个保护继电器的功能组合而成，属于电力系统的二次系统，它对电力系统安全稳定地运行起着极为重要的作用，当电气设备发生故障或异常运行时，迅速正确地切除故障，从而保证系统中非故障部分继续运行，同时也防止故障设备扩大损坏程度。

☞ 130. 保护继电器的作用是什么？

保护继电器是构成继电保护的基本元件。保护继电器的种类很多，一般都是由感受元件、比较元件和执行元件 3 个主要部分组成。感受元件是将继电器所反应的物理量(如电流、电压等)的变化情况，以某种形式送到比较元件；比较元件将所得到的量与预先给定的量(动作值)进行比较，并将比较结果作用于执行元件；执行元件受到这个作用后，便使由它控制的量发生突然改变，从而完成继电器所担负的任务。

☞ 131. 继电器有哪些种类？

按照继电器所反映的物理量的不同，继电器可分为电量和非电量两大类，属于非电量的有瓦斯继电器、转速继电器、压力继电器等。

根据反应电量继电器的不同特征，可以有很多分类方法，现将一般的分类简述如下。

(1) 按动作原理可分为电磁型、感应型、整流型、晶体管型、集成电路型、微机型。

(2) 按反应物理量的性质可分为电流继电器、电压继电器、功率继电器、周波继电器、负序继电器、阻抗继电器等。

此外，继电保护装置的逻辑部分和执行部分，还大量采用反应电量的中间继电器、时间继电器和信号继电器等。

☞ 132. 对继电器有什么要求?

为了确保继电保护工作的可靠性，继电器本身必须是高质量的，各部分机构应该完好，有密封防尘外壳，能抗电磁干扰，运行时要加强维护管理并进行定期检验。

继电器动作值(如电流、电压等)的误差应尽可能的小，以免引起误动作或降低保护的灵敏度。

继电器的接点应该可靠，并具有一定负荷能力。接点的负荷能力可用下述指标表示：① 容许的持续电流；② 容许的短时(通常为1s)闭合电流；③ 容许断开的电流和功率。接点的极限电压应予表明。

☞ 133. 什么是工作接地?

把电气设备中其一点通过接地装置与大地做可靠的连接。作用是降低人体的接触电压，能迅速切断故障设备、降低电气设备和输电线路的绝缘水平。

☞ 134. 什么是保护接地?

将电气设备正常工作情况下不带电的金属外壳、构架等通过接地装置与大地做可靠的连接。能降低电气没备因绝缘损坏漏电时其金属外壳的对地电压，避免人体触及后发生触电事故，适用于二相三线制供电和三相四线制供电低压公用电网中。

☞ 135. 什么是保护接零?

在中性点接地的三相四线制系统中，将电气设备的金属外壳、构架等与中性线可靠连接。当某相线绝缘损坏碰壳时，由于中性线电阻很小，使自动开关或熔断器等保护设备动作，避免发生触电事故，起到保护作用，适用于三相四线制中性点直接接地的低压系统中的高压用户，独立配电系统或由区域配电变压器供电的用户。

☞ 136. 什么是重复接地?

将中性线上的一点或多点通过接地装置与大地再次可靠连接。能降低漏电设备的对地电压，有减轻或消除危险的作用。

☞ 137. 什么是专用保护零线？

在中性点接地的三相四线制系统中，从电源中性点起敷设一根专用保护零线，将电气设备的金属外壳、构架与专用保护零线做可靠连接。使三相五线制中性点直接接地系统中运行的电气设备更为安全可靠。

☞ 138. 电流通过人体时会引起哪些症状？

电流通过人体会引起麻感、针刺感、压迫感、打击感，产生痉挛、疼痛乃至呼吸困难，并有血压升高、昏迷、心律不齐、心室颤动等症状。表 10-2 为人体通过电流的反应。

表 10-2 人体通过电流的反应

电流范围	电流/mA	通电时间	人的生理反应
A	0~0. 5	连续通电	没有感觉
B	0. 5~5	连续通电	开始有感觉，手指手腕等处有痛痒，没有痉挛，可以摆脱带电体
C	5~30	数分钟以内	痉挛，不能摆脱带电体，呼吸困难，血压升高，是可以忍受的极限
D	30~50	数秒到数分钟	心脏跳动不规则，昏迷，血压升高，强烈痉挛，时间过长即引起心室颤动
E	50~数百	低于心脏搏动周期	受剧烈冲击但未发生心室颤动
		超过搏动周期	昏迷，心室颤动，接触部位留有电流通过的痕迹
F	超过数百	低于心脏搏动周期	在心脏搏动特定相位触电时，发生心室颤动，昏迷，接触部位留有电流通过的痕迹
		超过心脏搏动周期	心脏停止跳动，昏迷，可能致命的点灼伤

☞ 139. 电流对人体伤害的严重程度与什么有关？

电流通过人体内部，对人体伤害的严重程度与通过人体的电流大小、电流通过人体的持续时间、电流通过人体的途径、电流的种类及人体的状况等多种因素有关，而且各因素之间，特别是与电流大小和通电时间有着十分密切的关系。

☞ 140. 不同的电流通路对人的伤害程度有什么不同？

因为电流对人体的影响可分为三类。

(1)感知电流。在一定频率下，通过人体引起人的任何感觉的最小电流(有效值)称为感知电流。感知电流与人体特性、人体与电极的接触面积等因素有关，对应于频率为50%的感知电流成年男子约为1.1mA，成年女子约为0.7mA，感知电流一般不会对人体造成伤害。

(2)摆脱电流。人触电后能自行摆脱电极的最大电流称为摆脱电流，摆脱电流的最小值称为摆脱值。摆脱电流与个人生理特性、电极形状、电极尺寸等因素有关。对应于50%的摆脱电流成年男子约为16mA，成年女子约为10.5mA。摆脱电流是人体可以忍受而一般不致造成不良后果的电流。电流超过摆脱电流以后，人体会感到极度痛苦、恐慌和难以接受；触电时间过长，则可能昏迷、窒息、甚至死亡。

(3)致命电流。在较短时间内危及生命的最小电流称为致命电流。在电流不超过数百毫安的情况下，电击致命伤的主要原因是电流引起心室颤动造成的，因此可以认为室颤电流是最小致命电流。

☞ 141. 为什么说电流通过人体的时间越长，受伤害的程度就越重？

电流持续时间越长，越容易引起心室颤动，电击危险越大。其原因如下：

(1)能量的影响。电流持续时间愈长，能量积累增加，引起心室颤动的电流减小。

(2)易损期的影响。从心电图可以看出，约0.2s的T波的时间对电流最敏感，敏感的特定时间成为易损期。若电流持续时间越长，与易损期重合的可能性越大，电击的危险性越大；当电流持续时间在0.2s以下时，与易损期重合的可能性较小，电击的危险性也较小。

（3）人体电阻的影响。电流持续时间越长，人体电阻相应降低导致通过人体的电流进一步增大，电击的危险性也相应增大。

☞ 142. 哪种电流途径对人的伤害程度最大？

电流途径的不同对人体的伤害程度也会随之有所不同。而在这些伤害中，以心脏伤害的危害性最大。因此，流过心脏电流越多、电流路线越短的途径是电击危险性越大的途径。

☞ 143. 电流对人体的伤害主要分为哪几种？

（1）电击：电击又可分为直接接触电击、间接接触电击。

（2）电伤：电伤又可分为电烧伤、电烙印、皮肤金属化、机械损伤、电光眼等。

☞ 144. 按照人类接触带电体的方式和电流通过人体的途径，触电可分为几种情况？

按照人类接触带电体的方式和电流通过人体的途径，触电可分为以下 3 种：

（1）单相触电。指人体在地面或其他接地导体上，人体某一部分触及一相带电体的触电事故，大部分触电事故都是单相触电事故。

（2）两相触电。指人体两处同时触及两相带电体的触电事故，其危险性一般比较大。

（3）跨步电压触电。当带电体接地有电流流入地下时，电流在接地点周围土壤中产生电压降，人在接地点周围两脚之间出现的电压即跨步电压，由此引起的触电事故叫作跨步电压触电。

☞ 145. 电击是如何使人受伤的？

电击是电流通过人体，机体组织受到刺激，肌肉不由自主地发生痉挛性收缩造成的伤害。严重的电击是指人的心脏、肺部、神经系统的正常工作受到破坏，乃至危及生命的伤害。

☞ 146. 电弧烧伤分为哪几类？

电弧烧伤分为直接电弧烧伤和间接电弧烧伤。前者是带电体与人体之间产生电弧，有电流通过人体的烧伤；后者是电弧产生在人体附近对人体的烧伤；而且包含被熔化金属溅落的烫伤。

☞ 147. 电气事故共有哪几类？

(1)电流伤害事故。即触电事故，就是人体触及带电体所发生的事故。

(2)电磁场伤害。人体在电磁场作用下，吸收辐射能量会受到不同程度的伤害。

(3)雷击事故。雷击是一种自然现象造成的事故。

(4)静电事故。指在生产过程中产生的有害静电酿成的事故。

(5)电路故障。本身属于设备事故。

☞ 148. 触电死亡事故发生的主要原因是什么？

(1)缺乏电气安全知识。例如，有人触电后不先停电而去拉触电者，用手摸破损的胶盖闸刀开关，架空线折断后不停电用手去捡火线等。

(2)违反操作规程。例如，湿手拧灯泡，带电拉临时线，带电修电动工具，换行灯变压器、移动用电设备、线路检修完没有全部撤离现场就送电等。

(3)设备质量差，安全性能不合格。例如，设备进线处未包扎好，裸露在外，绝缘破损；二线一地系统缺乏安全措施，临时线架设不符合要求等。

(4)维护保养不善。设备处于无人管理状态，维修只满足于坏了才修，平时不保养；引出线绝缘破损，运行中的电动机泡在水中或被雨淋等。

(5)偶然因素。气象灾害如大风刮断架空线路而落地等。

☞ 149. 触电事故有什么规律？

(1)由于夏天天气炎热，人体衣单而多汗，皮肤电阻降低，触电危险性较大；天气潮湿，多雨，降低了电气设备的绝缘特性，触电事故增加。

(2)低压触电事故多。由于低压设备远多于高压设备，低压电网多，与人接触机会多；而人们思想麻痹，管理不严，缺乏电气安全知识。

(3)携带式和移动式设备触电事故多。这些电气设备经常移动，工作条件比较差，经常与人零距离接触，容易发生触电事故。

(4)单相触电事故多。国内外统计资料表明，单相触电占触电事故的70%以上，在预防触电事故中，应着重考虑单相触电的防范。

(5)电气连接部位触电事故多。由于插销、开关、接头等连续部位机械牢固性差，带电部位容易外露，电气可靠性较低，容易发生危险。

(6)由于设备简陋，技术水平低，安全意识差。

(7)有时图省事，怕麻烦，不能严格遵守安全操作规程。

(8)误操作事故多。由于教育不够，安全措施不完备，操作者有章不循，违章操作等原因造成。

☞ 150. 什么是安全电压？

安全电压也称特低电压或安全超低电压。其工频有效值不超过50V，直流不超过120V，其安全装置及回路配置均应符合安全要求。安全电压是制定安全措施的重要依据，我们规定工频有效值42V、36V、24V、12V、6V为安全电压。

☞ 151. 人体的安全电流是多少？

一般情况下，可以把摆脱电流看作是人体允许电流。男性的最小允许电流为9mA，女性的最小允许电流为6mA。在系统和设备装有反触电的速断保护装置的情况下，人体的允许电流按30mA考虑。在空中、水面等可能因电击导致摔死、淹死的场合，人体的允许电流应按不引起强烈痉挛的5mA考虑。

☞ 152. 安全电压和人体的安全电流有什么关系？

安全电压决定于人体允许电流和人体电阻，安全电压值等于人体允许电流和人体电阻的乘积。

☞ 153. 应用安全电压在电源及回路配置方面应符合哪些要求？

(1)安全电源。一般采用安全隔离变压器。这种变压器原边、副边之间有良好的绝缘，其间还可以用接地的屏蔽隔离开来，其带电部分与金属壳体之间的绝缘电阻不应小于 7MΩ，原边和副边之间的绝缘电阻不应低于 5MΩ。

(2)回路配置。安全电压回路的带电部分必须与较高电压的回路保持电气隔离，并不得与大地、保护零(地)线或其他电气回路连接。

(3)插销座。安全电压插销座不应带有接零(地)插头或插孔，不得与其他电压的插销座插错。

(4)短路保护。为了防止短路事故，原边、副边均应装设熔断器。

☞ 154. 什么叫功能特低电压？

如果电压值与安全电压值相符，而由于功能上的原因，电源或回路配置不符合安全电压的要求，则称之为功能特低电压。

☞ 155. 绝缘损坏包括哪些方面？

(1)击穿。绝缘物在强电场等因素作用下，失去绝缘性能的现象叫做击穿。

(2)损伤。绝缘物在腐蚀性气体、蒸汽、潮气、粉尘及机械等因素作用下，会受到损伤而降低甚至失去绝缘性能。

(3)老化。绝缘物在热、电等因素作用下电气性能和机械性能将逐渐劣化。

☞ 156. 绝缘的指标是什么？

(1) 绝缘电阻。足够的绝缘电阻能把电气设备的泄漏电流限制在安全范围内。绝缘电阻用兆欧表测定，测量必须停电进行。新装和大修后的低压线路和设备，绝缘电阻不应低于 0. 5MΩ；运行中的不应低于每伏工作电压 1000 Ω；在潮湿环境运行的不应低于每伏工作电压 500 Ω；高压线路和设备的绝缘电阻应在 1000~2500MΩ 之间；高压交流电动机的定子绝缘电阻不应低于每千伏工作电压 1MΩ；转子绝缘电阻每千伏工作电压不应低于 0. 5MΩ。

(2)吸收比。吸收比是从开始测量起第 60s 的绝缘电阻与第 15s 的绝缘电阻的比值。吸收比也用兆欧表测量。

☞ **157. 耐压实验有什么作用？**

耐压实验是检验电气设备承受过电压能力的实验，其中包括工作耐压实验、支流耐压实验和冲击耐压实验。

☞ **158. 什么是泄漏电流？**

泄漏电流是设备在外高电压作用下经绝缘部分泄漏的电流。因为外加电压较高，而且电压稳定，所以，泄漏电流实验比较容易发现绝缘硬伤、脆裂等内部缺陷。

☞ **159. 什么是屏护？包括哪几类？**

屏护是借用屏障物防止触及带电体。屏护装置包括遮拦和障碍。

☞ **160. 屏护装置的安全要求是什么？**

(1)遮拦。遮拦应具有永远性特性，必须使用钥匙或工具才能移开，障碍也必须稳固，并不得被随意移开。

(2)栅栏。栅栏等屏护装置上应根据被屏护对象挂上“止步，高压危险！”、“切勿攀登，高压危险！”等警告牌。

(3)必要的信号装置和联锁装置。前者一般用灯光或仪表指示有电；后者是采用专门装置，当人体可能越过屏护装置时，被屏护装置自动断电，被屏护装置带电部分停电以后，只有屏护装置恢复时才能恢复送电。

☞ **161. 为什么带电体和地面、设备、带电体之间应保持必要的距离？**

间距是将带电体置于所及范围之外的安全措施。带电体与地面之间、带电体与其他设备和设施之间、带电体和带电体之间应保持必要的距离。间距可以用来防止人体触及或过分接近带电体和防止车辆或其他物体碰撞或过分接近带电体，间距还有利于检修安全和防止电气火灾及各种短路事故。

☞ **162. 设备漏电时会发生什么现象？用什么装置来有效地防止此类触电？**

设备漏电时会发生两种异常现象：① 不带电的金属外壳出

现对地电压；② 系统三相电流的平衡遭到破坏，出现零序电流。漏电保护装置就是通过检测获取这两种异常信号，经过中间机构转换和传递，然后促使执行机构动作，自动切换电源。

漏电保护器又称为漏电保安器或漏电开关，是一种有效的防止人身触电的保护装置。按照所取信号种类和动作特性，漏电保护装置可分为电压型、零序电流型和泄漏电流型。

☞ 163. 电气安全用具有哪些？

电气安全用具分绝缘安全用具和防护安全用具两大类。

(1)绝缘安全用具。有绝缘棒、绝缘夹钳、验电器、绝缘手套、绝缘靴、绝缘鞋、绝缘垫、绝缘站台等。

(2)防护安全用具。有携带型接地线、临时遮拦、标志牌、警告牌、安全带、防护目镜等。

☞ 164. 触电急救的要点是什么？

触电急救的要点是动作迅速，救护得法，切不可惊慌失措，束手无策。发现有人触电，首先要使触电者迅速脱离电源，然后根据触电者的具体情况进行相应的救治。人触电后会出现神经麻痹，呼吸中断，心脏停止跳动等症状；外表呈现昏迷不醒的状态。此为假死状态，应予迅速而持久的抢救。

☞ 165. 触电急救的方法是什么？

(1)触电急救，首先要使触电者迅速脱离电源，越快越好，因为电流作用的时间越长，伤害越重。

(2)脱离电源就是要把触电者接触的那一部分带电设备的开关、刀闸或其他断路设备断开，或设法将触电者与带电设备脱离。在脱离电源中，救护人员既要救人，也要保护自己。

(3)触电者未脱离电源前，救护人员不准直接用手触及伤员，因为有触电的危险。

(4)如触电者处于高处，脱离电源后会自高处坠落，因此要采取预防措施。

(5)触电者触及低压带电设备，救护人员应设法迅速切断电源，或使用绝缘工具、干燥的木棒、木板、绳索等不导电的东西解脱触电者。

(6)触电者触及高压带电设备，救护人员应迅速切断电源，或用适合该电压等级的绝缘工具解脱触电者。救护人员在抢救过程中应注意保持自身与周围带电部分必要的安全距离。

(7)触电发生在架空线杆塔上，若不能立即切断线路电源时，应迅速切断电源，或者由救护人员迅速登杆，束好自己的安全皮带后，用带绝缘胶柄的钢丝钳、干燥的不导电物体或绝缘物体将触电者脱离电源。

(8)触电者触及断落在地上的带电高压导线，且尚未确认线路无电，救护人员在未做好安全措施前，不能接近断线点 8~10m 范围内，防止跨步电压伤人。触电者脱离带电导线后亦应迅速带至 8~10m 以外后立即开始触电急救。只有确定线路已经无电，才可在触电者离开触电导线后，立即就地进行急救。

(9)救护触电伤员切除电源时，有时会同时使照明失电，因此应考虑事故照明、应急灯等临时照明。新的照明要符合使用场所防火、防爆的要求，但不能因此延误切除电源和急救。

☞ 166. 伤员脱离电源后如何处理？

(1)触电伤员如神志清醒，应使其就地躺平，严密观察，暂时不要站立或走动。

(2)触电伤员如神志不清，应就地仰面躺平，且确保气道通畅，并用 5s 时间呼叫伤员或轻拍其肩部，以判定伤员是否意识丧失。禁止摇动伤员头部呼叫伤员。

(3)需要抢救的伤员，应立即就地坚持正确抢救，并设法联系医疗部门接替救治。

(4)判定呼吸、心跳的状况，并采取针对性措施。

☞ 167. 低压电器设备的定义和作用是什么？

低压电器通常指工作在交流电压为 1200V 或直流 1500V 以下电路中的电器设备。其广泛用于发电、输电、配电等场所与电气传动和自动控制设备中。它对电能的生产、输送、分配与应用起着转换、控制、保护与调节等作用。

☞ 168. 隔爆型/增安型/本质安全型/正压型等电气设备的防爆结构有什么特点?

(1)隔爆型电气设备(d):具有隔爆外壳的电气设备,是指把能点燃爆炸性混合物的部件封闭在一个外壳内,该外壳能承受内部爆炸性混合物的爆炸压力并阻止向周围的爆炸性混合物传爆的电气设备。

(2)增安型电气设备(e):正常运行条件下,不会产生点燃爆炸性混合物的火花或危险温度,并在结构上采取措施,提高其安全程度,以避免在正常和规定过载条件下出现点燃现象的电气设备。

(3)本质安全型电气设备(i):在正常运行或在标准实验条件下,所产生的火花或热效应均不能点燃爆炸性混合物的电气设备。

(4)正压型电气设备(p):具有保护外壳,且壳内充有保护气体,其压力保持高于周围爆炸性混合物气体的压力,以避免外部爆炸性混合物进入外壳内部的电气设备。

(5)无火花型电气设备(n):在正常运行条件下不产生电弧或火花,也不产生能够点燃周围爆炸性混合物的高温表面或灼热点,且一般不会发生有点燃作用故障的电气设备。

☞ 169. 催化裂化装置对电气设备的腐蚀有哪些?

除安装和制造的原因外,催化裂化装置在生产或维修期间产生的物质都能对电气设备产生腐蚀,例如空气中的湿气(水蒸气丰富)、氨(分馏单元作缓蚀剂)、酸(烟气中携带的硫化物、硫氧化物)、碱(产品精制单元脱硫用)、高温或磨损(高温烟气、催化剂)等腐蚀性介质都能破坏电气设备的绝缘性能、腐蚀电气设备,直至引起运行故障或火灾等严重事故。

☞ 170. 催化裂化装置电气设备的选择有哪些规定?

作为存在爆炸性气体环境,根据 GB 50058—92《爆炸和危险环境电力装置设计规范》要求,催化裂化装置的电气设备的选择应符合下列规定:

(1) 根据爆炸危险区域的分区,电气设备的种类和防爆结构的要求,应选择相应的电气设备。

（2）选用的防爆电气设备的级别和组别，不应低于该爆炸性气体环境内爆炸性气体混合物的级别和组别，当存在有两种以上易燃性物质形成的爆炸性气体混合物，应按危险程度较高的级别和组别选用防爆电气设备。

（3）爆炸危险区域内电气设备，应符合周围环境内化学的、机械的、热的、霉菌以及风沙等不同环境条件对电气设备的要求。

☞ 171. 催化裂化装置火灾危险环境对电气线路的设计和安装有什么要求？

根据 GB 50058—92《爆炸和危险环境电力装置设计规范》要求，催化裂化装置作为存在火灾危险环境，其电气线路的设计和安装应符合下列要求：

（1）在火灾危险环境内，可用非铠装电缆或钢管配线明敷设，在火灾危险环境 21 区或 23 区内，可采用硬塑料管配线。在火灾危险环境 23 区内，当远离可燃物质时，可采用绝缘导线在针式或鼓式瓷绝缘子上敷设。沿未抹灰的木质吊顶和木质墙壁敷设的以及木质闷顶内的电气线路应穿钢管明设。

（2）在火灾危险环境内，电力、照明线路的绝缘导线和电缆的额定电压，不应低于线路的额定电压，且不低于 500V。

（3）在火灾危险环境内，当采用铝芯绝缘导线和电缆时，应有可靠的连接和封端。

（4）在火灾危险环境 21 区或 22 区内，电动起重机不应采用滑触线供电，在火灾危险环境 23 区内，电动起重机可采用滑触线供电，但在滑触线供电下方不应堆置可燃物质。

（5）移动式和携带式电气设备的线路，应采用移动电缆或橡胶套软线。

（6）在火灾危险环境内，当须采用裸铝、裸铜母线时，应符合下列要求：① 不需拆卸检修的母线连接处，应采用熔焊或钎焊；② 母线与电气设备的螺栓连接应可靠，并防止自动脱落；③ 在火灾危险环境 21 区和 23 区内，母线宜装设保护罩，当采用金属网保护罩时，应采用 IP2X 结构；在火灾危险环境 22 区内母线应有 IP5X 结构的外罩；④ 当露天安装时，应有防雨、雪措施。

(7) 10kV 及以下架空线路严禁跨越火灾危险区域。

☞ 172. 什么是电动机？电动机分为哪几种？

把电能转换成机械能的装置叫电动机。电动机是工业生产中使用面最广的动力驱动机械。电动机种类很多，按供电电源分为直流电动机和交流电动机。交流电动机又分为同步电动机和异步电动机，而异步电动机又分为绕线式电动机和笼形式电动机。

☞ 173. 电动机控制和保护设备有哪些要求？

(1) 电动机的控制和保护设备，一般应垂直安装，并应调整正确，动作可靠，并设置在电动机附近。

(2) 在频繁操作和要求可靠的重要场所，电动机的控制回路应采用 110V 或 220V 直流电压。

(3) 对远控及多点控制的电动机，应在各控制点设"停"、"启"信号，并在电动机附近装设紧急停机按钮和有明显断开电源的装置。

(4) 电动机、控制设备和被拖动的机械设备应对应编号，每台电动机均应安装控制设备和保护设备，在特殊情况下多台电动机可以采取统一控制，按国家标准要求应采取联锁及统一制动装置。

(5) 在启动器操作手柄处或操作按钮及转换开关等设备上，应标明"启动"、"停止"、"运行"或"正"、"反"等字样。

(6) 互为备用自启动的电动机，除装设可靠的联锁装置外，应在操作回路和主回路中装设断开装置。

(7) 引致电动机接线盒的明露导线应加强绝缘，易受机械损伤的地方，应穿保护管。

(8) 电动机应装过负荷保护、短路保护装置。采用热元件保护时，一般为电动机额定电流的 1.1~1.25 倍；采用熔丝保护时，一般为电动机额定电流的 1.5~3 倍；对短时间断续工作或过负荷可能性很小以及 4.5W 以下电动机，可以不装过负荷保护装置。

☞ 174. 电动机的运行有什么要求？

(1) 电动机在运行时，必须保持电动机各部分的温度不超过最高允许温度。

(2)电压波动不得太大。一般情况下，电压波动不得超过-5%～+10%的范围。

(3)电压不平衡不得太大，三相电压不平衡会引起电动机额外的发热，一般三相电压不平衡不得超过5%。

(4)三相电流不平衡不得太大。当各相电流均未超过额定电流时，最大不平衡电流不得超过额定电流10%。

(5)绕线式电动机的电刷与划环之间应接触良好，没有火花产生。

(6)三相电动机不得两相运行。电动机一相断电，仅剩两相运行时，容易因过热而损坏绝缘，应立即切断电源。

(7)机械部分不被卡住。

☞ 175. 电动机发生过载的一般原因是什么？

(1)电动机的功率与有关设备的负载不匹配。电动机的功率太小，势必造成电机过负荷。

(2)电动机在大的启动电流下缓慢地启动。

(3)电动机在反复短时工作制时的操作频率过高。

(4)电动机长期带负载欠电压运行。

(5)电动机经常反接制动。

(6)周围介质温度过高。

(7)冷却介质的通路受阻。

(8)三相电动机缺相运转。

☞ 176. 电动机的启动方式有哪些？

(1) 直接启动。直接启动的方法就是利用开关将电动机直接投入到额定电压的电网上。

(2) 降压启动。降压启动就是用降低电机端电压的方法来限制起动电流，待启动完毕后，再切换到额定电压下运行，由于感应电动机的启动转矩与端电压的平方成正比，因此，降压启动时启动转矩也随之减小。可见，这种启动方法只能适用于对起动转矩要求不高的场合。

(3) 变频启动。对于大功率同步电动机和大型蓄能电站发电电动机组，可以采用静止变频装置实现平滑启动。

☞ 177. 电动机直接启动有哪些危害？

电动机直接启动时，其启动电流很大，可以达到额定电流的4~7倍。对于经常启动的电动机，启动电流引起供电母线的电压下降不超过10%；而不经常起动的电动机，电压下降如不超过15%，允许采用直接启动。因为三相感应电动机的过载能力*KM*>1.6，这样，当供电电源电压下降15%时，接在同一电源上的其他感应电动机的最大转矩此时仍可达到额定转矩的115%，它仍能拖动额定负载的生产机械不致停转。

☞ 178. 变频启动的优点有哪些？

对于采用静止变频装置实现平滑启动的电动机，其特点是：①启动平稳，对电网冲击小；②由于启动电流冲击小，不必考虑被启动电动机机械构建的加强设计；③启动装置功耗较小，一般只为被启动电动机功率的5%~7%（视启动时间、飞轮力矩和静阻转矩而异）；④几台电动机可公用一套启动装置，较为经济；⑤便于维护。

☞ 179. 三相同步电动机有什么特点？

三相同步电动机与相应的异步电动机相比有以下特点：

(1)转速不随负载而变化。

(2)功率因数可以调节。过调省同步电动机的励磁电流，可以使它在超前功率因数下运行，有利于改善电网的功率因数。

(3)运行稳定性高。

(4)运行效率高。因同步电动机的功率因数比相应的异步电动机高，故其效率也高，尤其是低速同步电动机的这一优点更为突出。

化工厂中，三相同步电功机主要用于拖动不要求调速和较大功率的机械设备，如透平压缩机、往复式压缩机、鼓风机和各种泵类等。

☞ 180. 三相同步电动机的起动特性是怎样的？

同步电动机一般采用异步起动，即依靠限尼条产生的异步转矩进行起动。在电网容量满足要求时应优先考虑全压起动。此种起动方式所需设备简单，起动转矩大，但起动电流也大，所以要求电网的短路容量至少应为电动机运转容量的6~10倍，以免起动时电网压降太大。

在异步起动过程中，为了避免励磁绕组的绝缘不被该绕组开路感应电势击穿，必须将绕组短接起来。但在短接的励磁绕组中会有较大的感应电流，此电流与定子旋转磁场相互作用所产生的转矩，使得电动机的合成转矩在一半同步转速附近时变小，出现最小转矩，即所谓单轴转矩效应。为此，起动时励磁绕组回路中应串联一个起动电阻器(电阻器的阻值为励磁绕组阻值的5~10倍)，以限制起动电流、提高最小转矩及牵入转矩。对无阻尼条的实心磁极的电动机，单轴转矩效应较为严重。可将起动电阻提高到励磁绕组限值的10~20倍。但此时应核算励磁绕组的端电压是否过高。

由于电机绕组温升所限，应限制同步电动机的连续起动次数。如果两次起动之间，电动机的惯性滑行到停止不动且其初始温度为环境温度时，可连续起动两次。如果电动机的初始温度超过额定负载时的温度，只可起动一次。

☞ 181. 三相异步电动机的工作原理是什么?

三相异步电动机是感应电机，定子通入电流以后，部分磁通穿过短路环，并在其中产生感应电流。短路环中的电流阻碍磁通的变化，致使有短路环部分和没有短路环部分产生的磁通有了相位差，从而形成旋转磁场。通电启动后，转子绕组因与磁场间存在着相对运动而感生电动势和电流，即旋转磁场与转子存在相对转速，并与磁场相互作用产生电磁转矩，使转子转起来，实现能量变换。催化裂化装置常见的电机为三相交流异步电机。

☞ 182. 三相异步电机有哪些种类?

按转子结构的不同，三相异步电机可分为笼式和绕线式两种。

笼式转子的异步电动机结构简单、运行可靠、重量轻、价格便宜，得到了广泛的应用，其主要缺点是调速困难。

绕线式三相异步电机的转子和定子一样也设置了三相绕组并

通过滑环、电刷与外部变阻器连接。调节变阻器电阻可以改善电动机的起动性能和调节电动机的转速。

☞ 183. 三相异步电动机有什么特点？

优点：与单相异步电动机相比，三相异步电机结构简单，制造方便，运行性能好，并可节省各种材料，价格便宜。

缺点：功率因数滞后，轻载功率因数低，调速性能稍差。

☞ 184. 三相异步电机的使用范围有哪些？

三相异步电机功率大，主要制成大型电机。它一般用于有三相电源的大型工业设备中。首先说明一点的是，三相异步电机只用于电动机，极少用作发电机，都是同步电机用来发电。

对于1kW以下的小功率三相异步电机，不仅可以作三相运行，而且也可以作单相运行。

☞ 185. 三相异步电机有哪几种调速方式？

三相异步电动机转速公式为：$n=60f/p(1-s)$

从上式可见，改变供电频率f、电动机的极对数p及转差率s，均可达到改变转速的目的。从调速的本质来看，不同的调速方式无非是改变交流电动机的同步转速或不改变同步转速两种。

在生产机械中广泛使用不改变同步转速的调速方法有绕线式电动机的转子串电阻调速、斩波调速、串级调速以及应用电磁转差离合器、液力耦合器、油膜离合器等调速。改变同步转速的有改变定子极对数的多速电动机，改变定子电压、频率的变频调速，还有能无换向电动机调速等。

从调速时的能耗观点来看，有高效调速方法与低效调速方法两种。高效调速指时转差率不变，因此无转差损耗，如多速电动机、变频调速以及能将转差损耗回收的调速方法（如串级调速等）。有转差损耗的调速方法属低效调速，如转子串电阻调速方法，能量就损耗在转子回路中；电磁离合器的调速方法，能量损耗在离合器线圈中；液力耦合器调速，能量损耗在液力偶合器的油中。一般来说转差损耗随调速范围扩大而增加，假如调速范围不大，能量损耗是很小的。

☞ 186. 什么是变极对数调速方法？

这种调速方法是用改变定子绕组的接触方式，来改变笼型电动机定子极对数达到调速目的，特点如下：

(1) 具有较硬的机械特性，稳定性良好；

(2) 无转差损耗，效率高；

(3) 接线简单、控制方便、价格低；

(4) 有级调速，级差较大，不能获得平滑调速；

(5) 可以与调压调速、电磁转差离合器配合使用，获得较高效率的平滑调速特性。

本方法适用于不需要无级调速的生产机械，如金属切削机床、升降机、起重设备、风机、水泵等。

☞ 187. 什么是变频调速？

变频调速是改变电动机定子电源的频率，从而改变其同步转速的调速方法。变频调速系统主要设备是提供变频电源的变频器，变频器可分成交流-直流-交流变频器和交流-交流变频器两大类，目前国内大都使用交-直-交变频器。其特点：① 效率高，调速过程中没有附加损耗；② 应用范围广，可用于笼型异步电动机；③ 调速范围大，特性硬，精度高；④ 技术复杂，造价高，维护检验困难。

本方法适用于要求精度高、调速性能较好场合。

☞ 188. 什么是串级调速？

串级调速是指绕线式电动机转子回路中串进可调节的附加电势，来改变电动机的转差，达到调速的目的。大部分转差功率被串进的附加电势所吸收，再利用产生附加的装置，把吸收的转差功率返回电网或转换能量加以利用。根据转差功率吸收利用方式，串级调速可分为电机串级调速、机械串级调速及晶闸管串级调速形式。一般多采用晶闸管串级调速，其特点为：

(1) 可将调速过程中的转差损耗回馈到电网或生产机械上，效率较高；

(2) 装置容量与调速范围成正比，投资省，适用于调速范围在额定转速70%~90%的生产机械上；

(3) 调速装置故障时可以切换至全速运行，避免停产；

(4) 晶闸管串级调速功率因数偏低，谐波影响较大。

本方法适合于风机、水泵及轧钢机、矿井提升机、挤压机上使用。

☞ 189. 什么是液力耦合器调速？

液力耦合器是一种液力传动装置，一般由泵轮和涡轮组成，它们统称工作轮，放在密封壳体中。壳中充进一定量的工作液体，当泵轮在原动机带动下旋转时，处于其中的液体受叶片推动而旋转，在离心力作用下沿着泵轮外环旋进涡轮时，就在同一转向上给涡轮叶片以推力，使其带动生产机械运转。液力耦合器的动力转输能力与壳内相对充液量的大小是一致的，在工作过程中，改变充液率就可以改变耦合器的涡轮转速，作到无级调速，其特点为：

功率适应范围大，可满足从几十千瓦至数千千瓦不同功率的需要；结构简单，工作可靠，使用及维修方便，且造价低；尺寸小，能容大；控制调节方便，轻易实现自动控制。

本方法适用于风机、水泵的调速。

☞ 190. 保护电器主要起什么作用？

保护电器主要起短路保护、过载保护和失压(欠压)保护的作用。短路保护是指线路或设备发生短路时，迅速切断电源。过载保护是当线路或设备的载荷超过允许范围时，能延时切断电源的一种保护。失压(欠压)保护是当电源电压消失或低于某一数值时，能自动断开线路的一种保护装置。

☞ 191. 开关电器主要起什么作用？

开关电器主要用来启动和停止用电设备，尤其是用来启动和停止电动机。

☞ 192. 熔断器保护必须满足的运行要求是什么？

熔断器在运行中的注意事项如下：

(1) 熔断器的额定电压应与线路电压吻合，一般不宜低于线路电压。

(2)熔体的额定电流不可大于熔管的额定电流。

(3)熔断器的极限分断能力应当高于被保护线路上的最大短路电流。

(4)不准使用铜丝或铁丝代替保险丝。

(5)更换熔体或熔管，必须在不带电的情况下进行。

(6)在有爆炸和燃烧危险的环境里，严禁使用敞开式熔丝。即严禁装设电弧可能与外界接触的熔断器。

☞ 193. 熔断器保护必须满足的安全要求是什么？

(1)接触点应接触良好，消弧管应完整。

(2)熔丝的规格应符合被保护设备容量的要求。

(3)熔丝熔断器指示的装置应面向易观察的方向。

(4)当瓷插熔断器容量在15A以下，安装在金属底板上时，固定螺丝处应用绝缘物封填或衬垫。

(5)螺旋式熔断器，其电源线应接在中间触电的端子上，负荷接在螺纹的端子上。

☞ 194. 什么是热继电器？应满足什么基本要求？

热继电是利用电流的热效应制成的。它主要由热元件、双金属片和触头3部分组成。电动机过载保护装置的热继电器，应满足以下3项基本要求：

(1)能保证电动机不因超过极限容许过载能力而被烧毁。

(2)能最大限度地利用电动机的过载能力。

(3)能保证电动机的正常启动。

☞ 195. 什么是自动空气开关？它有什么用途？

自动空气开关又称自动空气断路器，当电路发生严重的过载、短路以及失压等故障时，能够自动切断故障电路，有效地保护串接在它后面的电气设备。

☞ 196. 自动开关操作结构的安装、调整应符合哪些要求？

(1)操作手柄或传动杠杆的开合位置应正确。

(2)电动操作机构的接线应正确，在合闸过程中开关不应跳跃，开关合闸后，限制电动机或磁铁时间的联锁装置应及时动作，使电磁铁或电动机通电时间不超过产品允许规定值。

(3)触头在闭合、断开过程中，可动部分与灭弧室的零件不应有卡阻现象。

(4)触头接触面应平整，合闸后接触应紧密。

(5)有半导体脱扣装置的自动开关，其接线应符合相序要求，脱扣装置动作应可靠。

☞ 197. 什么是变压器？它有什么作用？

变压器是根据电磁感应原理工作的静止电器。它具有变换电压、交流和阻抗参数的功能。在电力系统中，利用变压器可以实现经济地输送电能，方便地分配电能，安全地应用电能。

☞ 198. 变压器运行会遇到哪些异常情况？该如何处理？

变压器运行中可能发生的异常情况如下：

(1)变压器内部油温超过允许值，并不断上升。

(2)变压器油位降低到所能允许的油位以下。

(3)音响很大很不均匀或有“噼啪”爆裂声。

(4)油枕或防爆管喷油。

(5)套管闪烁放电或表面有严重裂纹。

(6)油质很坏，油色很深，油内出现炭粒等。

出现上述异常现象，应迅速将变压器停止运行，进行检查、试验和处理，查明原因，并对其故障原因作出分析，以便尽快消除故障，恢复设备的正常运行。

☞ 199. 直流设备有什么电气安全要求？

(1)由于直流的电解作用，金属部分容易遭到侵蚀。因此，直流接地装置不应利用自然接地法，也不能利用自然导体作为直流零线或接地线。直流接地装置最好与自然接地体采取隔离或绝缘措施。

(2)直流电弧比交流电弧难熄灭，危害作用较大。选用直流线路上的开关时，应考虑较大的裕量，且应加强对直流开关的维修。此外，对直流设备进行维护之前，应注意放电。除用固定装置放电外，还可以使用携带式放电装置。在接触时要先行放电。

第十一章　安全环保知识及应急处理

☞ 1. 石油化工生产的危险性如何？

(1) 石油化工生产的物料绝大多数具有潜在危险性。石油化工生产使用的原料、中间体和产品绝大多数具有易燃易爆、有毒有害、腐蚀性强等危险性。物质的这些潜在危险性决定了在生产、使用、储存、运输等过程中稍有不慎就会酿成事故。

(2) 石油化工生产工艺过程复杂、工艺条件苛刻。石油化工生产从原料到产品，一般都需要经过许多工序和复杂的加工单元，生产的工艺参数条件苛刻，常常是高温高压操作，再加上许多介质具有强烈腐蚀性，控制上稍有偏差就有发生爆炸的危险。

(3) 石油化工生产规模大型化、生产过程连续性强。现代石油化工生产装置规模越来越大，有效地提高了生产效率，但规模越大，储存的危险物料量越多，潜在的危险能量也越大，事故造成的后果往往也越严重。由于装置规模大且工艺流程长，设备的种类和数量都相当多，这些设备如维修保养不良极易引起事故的发生。

(4) 石油化工生产过程自动化程度高。现代石油化工生产过程必须采用自动化程度较高的控制系统，普遍采用了 DCS 集散型控制系统，有效地提高了控制的可靠性。但是控制系统和仪器仪表维护不好，性能下降，也可能因检测或控制失效而发生事故。

☞ 2. 催化裂化装置的危险性如何？

催化裂化装置所用的原料主要有 350 ~ 500℃ 的直馏馏分油、渣油、二次加工馏分油，如焦化蜡油、酮苯脱蜡装置的蜡油、蜡下油等，均具有易燃易爆的特性。同时催化裂化装置中的渣油、油浆自燃点低，容易引起火灾。催化裂化产品为汽油、柴油、液化气、干气等，它们的蒸发性强、闪点低、易燃易爆。其中，精制后的酸性气含有高浓度的H_2S，并且催化剂、金属钝化剂、阻垢剂、碱液等三剂化学品对人体也有较大的危害，还有装置设备、管线产生的噪声。因此，催化裂化装置在生产过程中，不仅有高温、易燃介质，还存在有毒物质，并产生对人体有害的噪声，因此必须重视员工的安全与防护工作。

☞ 3. 为什么说安全生产工作是石油化工工业首要的工作任务?

由于石油化工生产的特点，使其发生泄漏、火灾、爆炸等重大事故的可能性及其严重后果比其他行业一般来说要大。血的教训充分说明在石油化工生产中，如果没有完善的安全防护设施和严格的安全管理，即使先进的生产技术，现代化的设备，也难免发生事故。而一旦发生事故，人民的生命和财产将遭到重大损失，生产也无法进行下去，甚至整个装置会毁于一旦。因此，安全工作在石油化工生产中有着非常重要的作用，是石油化工生产的前提和关键。石油化工生产领域的企业领导、管理干部、工程技术人员和操作工人，承担着实现安全、保障生产的艰巨责任，必须努力掌握安全科学和安全技术知识，深入研究安全管理和预防事故的科学方法，牢固树立“安全第一”的观念，认真探讨和掌握伴随生产过程而可能发生的事故及预防对策，控制和消除各种危险因素，使生产中的事故和损失降到最低限度，实现系统安全。

☞ 4. 燃烧必须具备哪些条件?

燃烧不是随便就可以发生的。人们在长期的实践中发现，燃烧必须同时具备三个条件：

第一，要有可燃物质。不论固体、液体、气体，凡能与空气中的氧或其他氧化剂起剧烈反应的物质，均称为可燃物质。如汽油、酒精、液化石油气、氢、乙炔、木材等。这些物质中的碳、氢、硫等元素在高温下能与氧气发生化合反应，形成燃烧。可燃物质是进行燃烧的物质基础，移走可燃物质，燃烧就会停止。

第二，要有助燃物质。凡能帮助和支持燃烧的物质，均称为助燃物质。如空气(氧气)、氯气、氯酸钾、高锰酸钾等。可燃物质完全燃烧，必须要有足够的空气。空气中含有21%(体积)的氧气。有人通过试验证明，一般的可燃物质在空气中的氧含量低于14%时，就燃烧不起来了。

第三，要有着火源。凡是能引起可燃物质发生燃烧的热能源，均称为着火源。如明火、摩擦、撞击、高温表面、自然发热、化学能、电火花、聚集的日光或射线等。要使可燃物质燃烧，需要足够的温度和能量。各种物质燃烧所需要的温度和能量各不相同。例如，在室温20℃下，用火柴去点汽油和柴油，汽油会立刻烧起来，柴油却烧不起来。

以上三个条件必须同时具备，并且相互结合、相互作用，燃烧才能发生。缺少其中任何一个条件，燃烧就不会发生。

☞ 5. 按物质形态的不同，燃烧分哪几种类型？

燃烧按物质形态的不同可分为气体燃烧、液体燃烧和固体燃烧。

(1) 可燃性气体燃烧。可燃性气体燃烧有混合燃烧(动力燃烧)和扩散燃烧之分。可燃性气体预先与空气(或氧气)混合，而后进行的燃烧称为混合燃烧。它反应速度快，火焰传播速度也快，化学性爆炸即属于这一类型。若可燃性气体与周围空气一边混合一边燃烧，则称为扩散燃烧。如可燃性气体自管内喷出在管口发生的燃烧，即属扩散燃烧。在扩散燃烧中，由于氧进入反应带只是部分参加反应，所以常常产生不完全燃烧的黑烟。

(2) 可燃性液体燃烧。可燃性液体燃烧有蒸发燃烧和分解燃烧之分。液体蒸发产生的蒸气进行的燃烧叫做蒸发燃烧。难挥发的可燃液体的燃烧，是受热分解产生的可燃性气体在进行燃烧，故称为分解燃烧。

(3) 可燃性固体燃烧。如木材和煤的燃烧，是受热分解产生的可燃气体的燃烧，因此属于分解燃烧。象硫磺和萘这类可燃固体的燃烧，是先熔融蒸发而后进行燃烧，因此可看作蒸发燃烧。固体燃烧一般由火焰产生，又称火焰型燃烧。当可燃固体燃烧到最后，分解不出可燃气体时，只剩下炭，此时没有可见的火焰，燃烧转为表面燃烧或叫均热型燃烧。金属的燃烧也是一种表面燃烧。

☞ 6. 按起因和剧烈程度，燃烧分哪些类型？

燃烧按起因和剧烈程度可分为自燃、闪燃和着火等类型。

（1）自燃。可燃物质按受热升温而不需要明火作用就能着火的现象，称为自燃。引起自燃的最低温度称为自燃点，即引燃温度。自燃点越低，危险性越大。按可燃物质升温的热量来源不同，自燃可分为受热自燃和本身自燃。

受热自燃指的是可燃物质由于外界加热，温度升高至自燃点而发生自行燃烧的现象。引起受热自燃的主要原因：过分靠近或接触灼热物体、明火加热可燃物质、摩擦热、化学反应热、绝热压缩等。

本身自燃是由于可燃物质本身化学反应、物理或生物作用等所产生的热量，导致温度升高至自燃点而发生自行燃烧的现象。能够发生本身自燃的物质主要有油脂、煤、硫化铁等。

（2）闪燃。可燃液体的温度不高时，液面上少量的可燃蒸气与空气混合后，遇着火源而发生一闪即熄(延续时间小于5s)的燃烧现象，称为闪燃。

可燃液体蒸发出的可燃蒸气与空气形成的混合物与火源接触时，发生闪燃的最低温度即为该可燃性液体的闪点。闪点越低，火灾危险性越大。

（3）着火。着火就是可燃物质与火源接触后能燃烧，并在火源移去后仍继续保持燃烧的现象。可燃物质发生着火的最低温度称为着火点或燃点。两种燃点不同的可燃物质处在相同的条件下，当受到火源作用时，燃点低的可燃物质先着火。

☞ 7. 灭火的基本方法有哪些？

（1）冷却法。即降低燃烧物质的温度，使之降到燃点以下而停止燃烧。如用水和二氧化碳直接喷射燃烧物质；往燃烧区附近未燃烧的物质上喷洒灭火剂，防止形成新的燃烧点。

(2) 窒息法。即隔绝空气，使可燃物质无法获得氧气而停止燃烧。如用不燃或难燃的石棉布、海草席、砂土等直接覆盖在燃烧物上；往着火的空间内充灌惰性气体、蒸汽；往燃烧区喷射氮气、二氧化碳等；封闭着火的建筑物、设备的孔洞。

(3) 隔离法。使燃烧物与未燃烧物隔离，中断可燃物质的供给，使火源孤立，使之不能蔓延。如将可燃、易燃、易爆物质和助燃物质搬走；关闭可燃气体、液体管道的阀门，切断可燃物料的来源；堵截流散的燃烧液体；拆除与火源毗邻的易燃建筑和设备。

(4) 抑制法。使灭火剂参与到燃烧反应过程中去，中断燃烧的联锁反应。现代使用的灭火剂除水之外，还有泡沫、卤代烷(即烃分子中有一个或多个氢原子被氟、氯、溴、碘等卤族元素取代的衍生物)、二氧化碳、干粉等，由于它们各有不同的性能，必须正确地使用到不同的灭火场合，才能充分发挥其作用。因而，掌握各种灭火剂的物理化学性质、灭火原理、使用范围等，对防火灭火具有非常重要的意义。在灭火的过程中，往往需要同时采用几种方法，才能将火灾迅速扑灭。

☞ 8. 水的灭火作用是什么样的？用水灭火有哪些注意事项？

(1) 水的灭火作用体现在以下四个方面：① 冷却作用；② 对氧的稀释作用；③ 对水溶性可燃、易燃液体的稀释作用；④ 水力冲击作用。水在灭火时，往往同时产生几种灭火作用，多数情况下，既能起冷却作用，又有窒息和其他作用。

(2) 注意事项：① 为防止触电，不能用水来扑灭高压电气火灾；② 能与水发生化学反应、分解出可燃气体或产生大量热量的物质，如钾、钠、电石等物质发生火灾，不能用水扑救；③ 灼热金属或矿渣以及熔融盐类的火灾，不能用水扑救。因为水遇到这些高温的物质，迅速汽化而造成很大压力，使高热物质爆溅伤人。同时水因分解生成氢气和氧气，而引起爆炸。④ 对高温生产设备、精密仪器、贵重文物档案等，也不宜用水扑救，以免这些物品遭到损坏。⑤ 非水溶性可燃、易燃液体火灾，原则上不能用水扑救。如汽油、煤油，其密度比水小，一般情况下，用水扑救的效果不好，因为油能浮到水面上来继续燃烧。但原油、重油可以用雾状水扑救。⑥ 储存大量浓硫酸、浓硝酸的场所发生火灾，不能用直流水扑救，以免酸液发热飞溅。必要时，宜用雾状水扑救。

☞ 9. 泡沫灭火剂的适用范围是什么？

凡能与水混溶，并通过化学反应或机械方法产生灭火泡沫的灭火药剂，称为泡沫灭火剂。泡沫灭火剂主要用于扑救非水溶性可燃液体及一般固体火灾。特殊的泡沫灭火剂还可用于扑救水溶性可燃液体火灾。

(1) 化学泡沫灭火剂主要用于扑救油类等非水溶性可燃、易燃液体的火灾和木材、纤维、橡胶等固体的火灾。

(2) 蛋白泡沫灭火剂主要用于扑救各种不溶于水的可燃、易燃液体和一般可燃固体火灾。

(3) 水成膜泡沫灭火剂用于灭火剂应用范围与蛋白泡沫灭火剂相同。

(4) 抗溶性泡沫灭火剂主要用于扑救甲醇、乙醇、丙酮、醋酸乙酯等一般水溶性可燃、易燃掖体火灾。

(5) 高倍数泡沫灭火剂适用于火源集中，泡沫容易堆积的场合，如船舱、大型油池、地下建筑、室内仓库、矿井巷道、飞机库等。对扑救一般油类、木柴、纤维等固体物质火灾也有效。它一般不适用于扑救水溶性可燃、易燃液体火灾。

☞ 10. 干粉灭火剂的适用范围是什么？

干粉灭火剂又称粉末灭火剂，是一种干燥的、易于流动的微细固体粉末。它由能灭火的基料和防潮剂、流动促进剂、结块防止剂等组成。

干粉灭火剂主要用于扑救天然气和液化石油气等可燃气体、可燃和易燃液体以及一般带电设备发生的火灾。干粉灭火剂对燃烧物的冷却作用极其微小，扑救较大面积的火灾时，如灭火不完全或因火场中炽热物的作用，容易引起阴燃。这时，需与喷雾水配合，改善灭火效果，并可防止复燃。扑救非水溶性可燃、易燃液体的火灾时，干粉与氟蛋白泡沫或轻水泡沫联用，则可取得很好的灭火效果。干粉有利于迅速控制火势，泡沫则可有效地防止复燃。但必须注意，干粉灭火剂不能与蛋白泡沫和一般合成泡沫联用，因为一般干粉灭火剂对蛋白泡沫和一般合成泡沫有较大的破坏作用。

☞ 11. 什么是卤代烷灭火剂？

卤代烷是以卤素原子取代烷烃分子中的部分氢原子或全部氢原子后，得到的一类有机物的总称。通常作灭火剂的多为甲烷或乙烷的卤代物，分子中的卤素原子为氟、氯、溴。目前最常用的卤代烷灭火剂有四氟二溴乙烷、二氟一氯一溴甲烷、三氟一溴甲烷和二氟二溴甲烷。因这些灭火剂的化学名称书写起来很繁琐，目前国际上以代号来代表这些灭火剂，国内生产和使用较多的卤代烷灭火剂是1211(二氟一氯一溴甲烷)和1301(三氟一溴甲烷)灭火剂。

卤代烷灭火剂的灭火原理主要是通过干扰、抑制燃烧的联锁反应达到灭火的目的，并有一定的冷却、窒息效果。适用于扑救各种易燃液体火灾和电气设备火灾，有灭火后不留痕迹、腐蚀性小、毒性低、药剂本身绝缘性好等特点。卤代烷(特别是1301)的毒性较低，但是卤代烷的生产成本高、价格贵。

☞ 12. 二氧化碳为什么能灭火？二氧化碳灭火器的适用范围是什么？

二氧化碳俗称碳酸气，学名碳酐，它是一种稳定的化合物，本身不燃烧，不助燃，常温常压下，纯净的二氧化碳是一种无色无臭的气体，对空气的相对密度为1.529，易用降温加压的方法使其液化。二氧化碳灭火剂是以液态的形式加压充装在灭火器的钢瓶中。瓶阀打开后，灭火器喷射出来的是温度很低的气态和固态的二氧化碳，对燃烧物有一定的冷却作用，灭火作用主要是相对地减少空气中的氧气含量。当燃烧区域空气中氧气的含量低于12%，或者二氧化碳的浓度达到30% ~ 35%时，绝大多数的燃烧都会熄灭。

二氧化碳不导电，逸散快，灭火后不留痕迹，对设备、仪器和一般物质不污损，适用于扑救电气、精密仪器、价值高的生产设备等发生的火灾。但二氧化碳不适用于扑救某些化工产品，如金属钾、钠等的火灾，因为这类活泼金属能夺取二氧化碳中的氧起化学反应而继续燃烧。

☞ 13. 怎样使用和保养泡沫灭火器？

一般使用的泡沫灭火器，有标准型、小型、中型、大型、特型等几种，其中使用最普遍的是标准型。标准型泡沫灭火器，筒内盛装着碳酸氢钠和发泡剂的混合液。此外，还装有一瓶硫酸铝溶液，悬挂在筒身内，这两种溶液互不接触。

在使用时，只要将筒身颠倒过来，轻轻地抖动几下，两种溶液就很快地混合，发生化学反应，产生一种含有二氧化碳的泡沫，以一定的压力从喷嘴喷射出来，喷射距离达 8m 左右，喷射时间约 1min。

使用中要注意：① 提取泡沫灭火器时，筒身不可倾斜过大，防止两种溶液混合。② 在拿往火场的途中，切勿将灭火器扛在肩上。否则，两种溶液混合，泡沫提前喷出，使灭火器失去作用。③ 盖与底不可正对着人体，防止因喷嘴堵塞导致灭火器底、盖弹出伤人。④ 水与泡沫不能同时喷射在一起，否则，泡沫会被水冲散，失去灭火作用。⑤ 泡沫灭火器喷嘴要经常疏通，放置在露天的灭火器应加以保护，防止曝晒，不能靠近热源放置。在冬季要采取保温措施，防止冰冻。

☞ 14. 如何使用和保养二氧化碳灭火器？

二氧化碳灭火器按开关方式分有两种：手轮式、鸭嘴式。使用时，首先将灭火器提到起火地点，然后将喷嘴对准火源，打开开关，即可喷出二氧化碳。由于开关不同，开启的方法也不同，对于鸭嘴式开关，右手拔去保险销，紧握喇叭柄，左手将上面的鸭嘴向下压，二氧化碳就会从喷嘴喷出。对手轮式开关，一手握住喇叭柄，一手拧开梅花轮，向左旋转，即可喷出二氧化碳。应注意，在寒冷的季节使用二氧化碳灭火器时，开关不得时开时闭，以防开关冻结堵塞。

二氧化碳灭火器不怕冻，但怕高温，不要把它放在火源和热源附近，也不要把它放在阳光下曝晒。存放的温度不得超过42℃，防止灭火器失效。搬运时要轻拿轻放。使用灭火器时，不要用手摸金属导管，也不要把喷嘴对准人，以防冻伤。要定期检查二氧化碳钢瓶的存量，如质量碱少1/10，应补充灌装。

☞ 15. 如何使用和保养干粉灭火器？

干粉灭火器有手提式和推车式两种。使用手提式干粉灭火器时，先把干粉灭火器提到距离火区3 ~ 4m的地方，拔去保险销，一手紧握喷嘴对准火焰根部，另一手紧握导杆提杯将顶针压下，这时干粉灭火器内就喷出大量干粉气流。对准火焰使干粉气流由近及远、反复横扫，直到火焰完全熄灭。

使用推车式干粉灭火器时，先将灭火器推到起火地点，一手紧握喷粉胶管，对准火源，另一手逆时针旋转动力瓶手轮，待压力表指针达到工作压力时，打开灭火器开关，干粉即可喷出。将喷嘴对准火焰根部左右摇摆、快速推进喷射即可。

干粉灭火器应保持干燥、密封，以防干粉受潮结块；避免日光曝晒和接触高温，以防动力瓶中的二氧化碳因温度升高、压力增大而漏气。每半年检查一次罐内干粉是否结块。

☞ 16. 如何使用和保养1211灭火器？

1211灭火器是采用卤代烷1211作为灭火剂的灭火器。1211灭火器有手提式和推车式两种。使用手提式1211灭火器时，将灭火器提到现场，拔掉保险用的红圈，用力将手把压下，灭火剂就从喷嘴喷出，松开手把时喷射中止。灭火时应将喷嘴对准火焰根部由近及远反复横扫，直到火焰完全熄灭为止。1211灭火器应放在取用方便、干燥的地方；使用时，应注意筒盖向上，不应水平和颠倒使用。每半年要检查一次灭火器的总质量，如其减少1/10时，应灌药充气。

使用推车式1211灭火器时，将灭火器推到现场，取出喷管，按逆时针方向转动钢瓶上的手轮至开尽的位置，双手紧握喷管，人在上风向，用手压开喷射开关，将喷管对准火焰根部由近及远反复横扫，至火焰完全熄灭为止。熄火后，应将钢瓶手轮关紧，并将喷射开关压开，使胶管内余药喷净。经称重和测压后，瓶内药量用去不超过50%，气压在1.5MPa以上时，仍可继续使用，否则要重新加药、充气。每隔3个月应检查一次灭火器的质量和压力。

☞ 17. 灭火器材的使用年限有哪些规定？

从出厂日期算起，达到如下年限的必须报废：

手提式化学泡沫灭火器为5年；手提式酸碱灭火器为5年；手提式清水灭火器为6年；手提式干粉灭火器(储气瓶式)为8年；手提储压式干粉灭火器为10年；手提式的211灭火器为10年；手提式二氧化碳灭火器为12年；推车式化学泡沫灭火器为8年；推车式干粉灭火器(储气瓶式)为10年；推车储压式干粉灭火器为12年；推车式211灭火器为10年；推车式二氧化碳灭火器为12年。

☞ 18. 蒸汽灭火的原理是什么？

水蒸气是热含量较高的惰性气体，用于置换石油化工设备内的可燃气体，以及熄灭石油化工设备的火灾，均具有良好的效果。蒸汽灭火的原理：将蒸汽施放到燃烧区，使燃烧区的含氧量降低到一定限度时，燃烧就不能继续维持而熄灭。从试验得知，汽油、煤油、柴油和原油的蒸汽灭火浓度不宜小于35%(水蒸气占燃烧区体积的百分比)，即燃烧区空间每立方米体积内应不少于0.284kg的水蒸气。

蒸汽灭火除了需要一定的蒸汽量外，还应有一定的供给强度，才能达到灭火效果。实验资料和火场实践证明，汽油、煤油、柴油生产车间和储存舱室，所有门、窗、孔、洞均能封闭的，蒸汽的供给强度不应小于0.002kg/m^3·s；除窗户、照明、通风天窗外，均能封闭的房间，蒸汽的供给强度不应小于0.005 kg/m^3·s。

蒸汽灭火延续时间可采用3min。

☞ 19. 扑救火灾的一般原则是什么？

(1) 要及时准确地拨打火警电话。救火必须分秒必争，发生了火险，首先要及时扑救；与此同时，应尽快用火警报警装置或拨打 119 电话等向消防队报警，并向领导和生产管理部门汇报，使消防人员、车辆及时赶到现场，在火场指挥部的统一指挥下，缩短灭火时间，减少财产损失和人员伤亡。火险报警人员要沉着冷静、及时准确，要说清起火的单位和部位、燃烧物质、火势大小、报警电话号码、报警人姓名、并回答对方的问话。同时指派人员到路口接应，并主动及时地介绍燃烧物的性质和火场内部的情况，以便迅速组织扑救。

(2) 要不失时机地扑灭初起火险。火灾通常要经过初起阶段、发展阶段、最后到熄灭阶段的发展过程。在火灾的初起阶段，由于燃烧面积小，燃烧强度弱，放出的辐射热量少，是扑救的最有利时机。这种初起火险一经发现，只要不错过时机，就可以用很少的灭火器材把它扑灭。

(3) 要迅速查明情况，切断物料来源。在扑救可燃气体、液体火灾时，首先要迅速查明物料泄漏部位、物料走向，准确判断，切断物料来源，然后争取灭火一次成功。在可燃物料来源未切断之前，扑救应以冷却保护为主，绝不可急于求成、盲目灭火。要警惕火焰熄灭后，可燃物料继续喷射扩散，造成二次着火，或引起空间爆炸。因此应积极设法切断可燃物料来源，然后集中力量把火灾扑灭。

(4) 要积极抢救受困人员，碱少不必要的伤亡。在发生火灾时，如果人员受到火灾的威胁，人和物相比，人是主要的。应贯彻执行救人重于灭火的原则，组织人力和工具，尽早、尽快地将受困人员抢救出来，同时也要部署一定的力量扑救火灾。抢救要做到稳妥、准确、果断，以确保抢救的安全。

要根据火场的具体情况具体对待，及时有效地控制火势，正是救人的先决条件。因此必须正确处理抢救受困人员与迅速控制火势之间的关系。总之，对石油化工生产装置发生的火灾，救人和控制火势是同样重要的，既要尽早救人，又要迅速控制火势，同时还要避免增加不必要的伤亡。

(5) 警惕火场烟雾，防止中毒窒息。许多化学物品燃烧时会产生有毒烟雾，一些有毒物品燃烧时，如使用的灭火剂不当，也会产生有毒或剧毒气体，扑救人员如不注意很容易发生中毒。大量的烟雾或使用二氧化碳等窒息法灭火时，火场附近空气中氧含量降低可能引起窒息。因此在石油化工生产装置火灾扑救时，特别要注意防止中毒窒息。要正确选择灭火剂，避免产生有毒或剧毒气体。在扑救时，人应尽可能站在上风向；必要时要佩戴呼吸防护器具，以防发生中毒或窒息。

(6) 统一组织指挥，防止忙中添错。发生火灾时，一定要保持镇静，迅速组织成立火场扑救指挥部，进行统一指挥，各方人员必须听从指挥部的部署，互相配合，积极主动完成交给的任务，防止各自为政，忙中添乱、乱中添错，贻误扑救时机，造成事故扩大。

☞ 20. 火灾处理的注意事项有哪些？

(1) 首先要判明起火部位、燃烧物质，判断灭火方法；

(2) 要迅速报警；

(3) 通知应急小组成员，专人负责现场指挥，防止混乱；

(4) 注意防止发生其他的事故(如中毒、坠落等)；

(5) 灭火后要注意保护好现场。

☞ 21. 火灾逃生的“四要点”是什么？

火灾逃生的四个要点为：

防止烟熏、果断迅速逃离火场、寻找逃生之路、等待他救。

☞ 22. 如何控制和消除着火源？

石油化工企业可能遇到的火源，除了生产过程本身有的加热炉火、反应热、电火花等以外，还有维修用火、机械摩擦热、撞击火星等。这些火源是引起石化企业火灾爆炸事故的常见危险因素。控制这类火源的使用范围，严格用火管理，对于石化企业的防火防爆有着重要的意义。

对于明火的控制。石油化工生产中的明火，主要是指生产过程中的加热用火、维修用火及其他火源。

(1) 加热用火的控制：加热易燃液体时，应尽量避免采用明火，可采用蒸汽和其他热载体加热。如在高温反应或蒸馏操作中，必须使用明火或烟道气时，燃烧室应与设备分开建筑或隔离，封闭外露明火，并定期检查，防止泄漏。

装置中明火加热设备的布置，应远离可能泄漏易燃气体或蒸气的工艺设备和储罐区，并应布置在散发易燃物料的侧风向或上风向。有两个以上的明火设备，应将其集中布置在装置的边缘。

(2) 维修用火的控制：维修用火主要指焊割、喷灯和熬炼用火等，应加强管理，严格按安全用火管理制度执行，办理动火审批手续。

(3) 其他火源的控制：① 要防止易燃物料与高温设备、管道表面相接触。可燃物的排放口应远离高温表面，高温表面必须有隔热保温措施。高温表面的隔热保温层应完好无损，并防止可燃物因泄漏、溢料、泼溅而积聚在保温层内。② 油抹布、油棉纱等易自燃引起火灾，应装入带盖的金属桶内，放置在安全地点，并及时处理。③ 不准在高温管道和设备上烘烤衣服或放置可燃物品。④ 严禁吸烟。

☞ 23. 避免摩擦、撞击产生火花的措施有哪些？

机器中轴承等转动部分的摩擦、铁器的相互撞击、铁器工具敲击或锤击混凝土地面等，都可能产生火花。当设备或管道破裂、物料喷出时，也可能因摩擦而着火。一般预防摩擦、撞击产生火花的措施：

(1) 设备的轴承应保持良好的润滑，油杯保持一定的油位，润滑油必须经过三级过滤，并经常清除周围的可燃油垢。

(2) 凡是撞击的两部分，应采用两种不同的金属制成，例如钢与铜、钢与铝等，撞击的工具用铜质或镀铜的材料。不能使用特种金属制造的设备，应采用惰性气体保护或真空操作。

(3) 为防止金属零件随物料带入设备内，发生撞击起火，可在粉碎机、提升机等设备前安装磁力离析器(及磁铁分离器)，以吸离混入物料中的铁器，不宜使用磁力离析器的，如特别危险的物质(硫、电石等)的破碎，应采用惰性气体保护。

(4) 搬运盛有可燃气体或液体的铁桶、气瓶时，要轻拿轻放，严禁抛掷，防止相互碰撞。

(5) 不准穿带钉子的鞋进入易燃易爆区。

☞ 24. 吸烟是如何造成火灾危害的?

吸烟需要打火机或火柴，都是火种，另外，烟头还是一个流动的火源。烟头虽然不大，但它的表面温度可达到200 ~ 300℃，中心温度高达 700 ~ 800℃。一支香烟燃烧的时间可延续 4 ~ 15min，如果剩下的烟头为烟长的 1/4，则可延续燃烧 1 ~ 4min，由于许多物质的燃点低于烟头的表面温度，因此，能引起许多物质的燃烧。对于固体可燃物，由于烟头的热量有限，虽不能立即引起燃烧，但能在小范围内引起阴燃，通过积聚热量 → 扩大氧化面积 → 加剧氧化程度这么一个过程，使热量达到一定的程度，于是就开始出现火焰，快速燃烧。这种阴燃过程所需要的时间，长的可达数小时，在通风不良的情况下，甚至可长达十几个小时。

☞ 25. 烃类火灾扑救的一般原则是什么?

对各类油品和气体的小型火灾，只要减少蒸气 - 空气混合物中的空气量，就能很快熄灭。只有高闪点重油和几乎没有蒸气压的油品，才能够用冷却的方法使其蒸气降到 1%(可燃范围的下限)以下而灭火。对于像汽油这样的低闪点油品，即使在很低温度下，也能形成继续燃烧的蒸气 - 空气混合物，显然单纯用冷却的方法是无法灭火的。

减少空气含量的有效手段:

(1) 采用惰性气体(如 CO_2)或干粉排除助燃空气。

(2) 机械方法隔绝空气。如关门、盖住容器开口或用泡沫覆盖表面。泡沫覆盖油表面不仅使空气与油隔开，而且亦减少油蒸气的挥发而灭火。

☞ 26. 安全液封的原理?

其基本原理是液体封在进出口之间，在液封两侧的任何一侧着火，火焰都将在液封处被熄灭，从而阻止火焰蔓延。安全液封一般安装在压力低于20kPa的气体管线与生产设备之间，常用的安全液封有敞开式和封闭式两种。

☞ 27. 生产过程的火灾危险性分为哪几类？

主要是根据生产过程中所使用的原料、中间产品和成品的物理化学性质及其火灾爆炸危险性程度，反应中所用物质的数量，采取的反应温度、压力以及使用密闭的还是敞开的设备进行生产操作等条件来进行分类。

生产的火灾危险性可分为五类。

(1) 甲类——使用或产生下列物质的生产：① 闪点 < 28℃的液体；② 爆炸下限 < 10% 的气体；③ 常温下能自行分解或在空气中氧化即能导致迅速自燃或爆炸的物质；④ 常温下受到水或水蒸气的作用，能产生可燃气体并引起燃烧或爆炸的物质；⑤ 遇酸、受热、撞击、摩擦、催化以及遇有机物或硫磺等易燃的无机物，极易引起燃烧或爆炸的强氧化剂；⑥ 受撞击、摩擦或与氧化剂、有机物接触时，能引起燃烧或爆炸的物质；⑦ 在密闭设备内操作温度等于或超过物质本身自燃点的生产。

(2) 乙类——使用或产生下列物质的生产：① 闪点 ≥ 28℃，≤ 60℃ 的液体；② 爆炸下限 ≥ 10% 的气体；③ 不属于甲类的氧化剂；④ 不属于甲类的化学易燃危险固体；⑤ 助燃气体；⑥ 能与空气形成爆炸性混合物的浮游状态的粉尘、纤维、闪点 ≥ 60℃ 的液体雾滴。

(3) 丙类——使用或产生下列物质的生产：① 闪点 ≥ 60℃的液体；② 可燃固体。

(4) 丁类——其有下列情况的生产：① 对非燃烧物进行加工，并在高热或雾化状态下经常产生强辐射热、火花或火焰的生产；② 利用气体、液体、固体作为燃料或将气体、液体进行燃烧作其他用的各种生产；③ 常温下使用或加工难燃烧物质的生产。

(5) 戊类——常温下使用或加工非燃烧物质的生产。

☞ 28. 石化企业的安全用火如何分级？

根据用火部位的危险性程度，石化企业一般把用火分为3

级。一级用火指的是下列地点的动火：正在生产的工艺装置区；各类罐区、油库、有毒介质区、液化气站；有易燃可燃液体、液化气及有毒介质的泵房与机房；易燃可燃物品、液化气及有毒物质装卸区等；工业污水场、易燃易爆的循环水场、凉水塔和工业下水及下水系统的隔油池、油沟、管道(包括距上述地点15m以内的区域)；化学危险品仓库；输送易燃、可燃液体和气体的管线。二级用火指的是下列地点的动火：停工检修并经过认真吹扫处理化验分析合格的工艺生产装置；从易燃、易爆及有毒装置或系统拆除，且运到安全地点的容器、管线，经吹扫处理化验合格者；全厂系统管网区；仓库、车库及木材加工场；生产装置、罐区的非防爆场所及防火间距以外的地区。在厂区内，除一、二级用火以外的临时用火均属三级用火。此外，石化企业对节假日的动火进行升级管理，作为特殊动火来处理，并对在没有危险的区域划出的固定动火区，进行严格管理。

☞ **29. 装置用火的基本原则是什么?**

(1) 凡在生产、储存、输送可燃物料的设备、容器及管道上动火，应首先切断物料来源加好盲板，经彻底吹扫、清洗、置换后，打开人孔，通风换气，并经分析合格，方可动火。分析合格后，如超过1h才动火，必须再次进行动火分析。

(2) 正常生产的装置和罐区内，凡是可动可不动的火一律不动。凡能拆下来的一律拆下来移到安全地方动火。节假日非必须的用火，一律禁止。对节假日中必须的用火，按特殊用火处理。

(3) 用火审批人必须亲临现场检查，落实防火措施后，方可签发火票。一张火票只限一处，一级火票有效时间不超过8h，二级火票不超过3天，三级火票不超过5天。固定用火点每半年由安全监督部门组织消防等单位检查认定1次。

(4) 装置进行大、中修，因动火工作量大，对易燃、可燃和有毒物料均应彻底送至装置外罐区，并加盲板与装置隔绝。

(5) 进设备内部动火，必须遵守进入设备作业安全管理制度。

☞ 30. 装置动火过程中需要采取哪些安全措施?

(1) 将动火设备(如塔、容器、储罐、换热器、管线等) 内的可燃物料彻底清理干净，并用足够的时间对设备进行蒸汽吹扫、水洗或蒸煮，以达到动火条件。

(2) 切断与动火设备相连的所有管线，并加堵盲板。

(3) 塔、容器、储罐动火，应作可燃物含量分析，如进入设备内部动火还应作氧含量和有毒物含量分析，合格后方可动火。动火前人在外边进行设备内试验，工作时人孔外应有专人监护。

(4) 塔内动火，可用石棉布或毛毡用水浸湿，铺在相邻两层塔盘上，进行隔离。

(5) 动火点 30m 以内的易燃物料和杂物必须清理干净，周围 15m 以内的下水井、地漏、地沟、电缆沟等应清除易燃物，并予封闭。

(6) 电焊回路线应接在焊件上，不得接在与易燃易爆设备、管线有联系的金属件上，把线及二次线绝缘必须完好，不得穿过下水井或其他设备搭火。气焊时氧气瓶与乙炔瓶间距不得小于 5m，焊机与气瓶间距不得小于 10m。

(7) 高处动火(2m 以上) 必须采取防止火花飞溅措施，风力较大时应视具体情况而定，大于五级时禁止动火。

(8) 动火现场必须配备足够的、相应的消防器材，如蒸汽带、灭火器等。

(9) 距动火点 30m 以内不得对易燃物料罐进行脱水作业，上游 50m 以内不得排放可燃物料。

(10) 动火开始前，应认真检查条件是否变化。动火结束后，不得留有余火。

☞ 31. 动火分析有什么要求及合格标准?

对动火分析的要求体现在两个方面：一个是分析数据的准确性，一个是分析结果的及时性。分析数据的准确性又表现在操作正确，计算无误；取样样品其有代表性。动火分析人员必须掌握熟练的分析技能，工作责任心强，认真负责。此外，分析的原样应保留到动火作业完成，如某动火过程中发生事故，则必须重新分析，其结果要与原分析数据对比，看两者之间是否有别，以便查清事故真实原因；分析报告单要附在火票的存根上，以备存查和落实防火措施。

动火作业可燃物含量的合格标准是用一个与可燃物爆炸下限（体积百分比浓度，下同）相关联的一定数值来衡量的。在国内，经过多年实践经验的总结，逐渐形成了一个比较合理，能保证安全的标准：

(1) 爆炸下限小于或等于1%的可燃气体或蒸气，其含量小于或等于0.1%；

(2) 爆炸下限小于或等于4%的可燃气体或蒸气，其含量小于或等于0.2%；

(3) 爆炸下限大于4%的可燃气体或蒸气，其含量小于或等于0.5%；

(4) 爆炸下限大于10%的可燃气体或蒸气，其含量小于或等于1%；

(5) 混合气体或蒸气则以爆炸下限最低的为合格标准。

如果在设备内部进行检修动火作业，还必须进行氧含量分析，其合格标准是19.5% ~ 23.5%。以往，有的企业也曾按18% ~ 22%的标准执行。特别要指出的是，切忌用纯氧进行通风，它可与可燃性气体混合形成爆炸性混合物。

☞ 32. 催化裂化装置安全用火有哪些管理要求？

(1) 作业区内，凡生产建设等工作需要使用明火（包括电焊、火焊、喷灯、各种炉灶等），生产装置和罐区使用临时电源，机动车辆进入生产装置和罐区，均须采取必要的防火措施，办理用火申请手续，并经有关部门批准。严禁随意用火。

(2) 用火应严格执行用火制度，做到“三不用火”，即没有经批准的火票不用火，用火安全措施不落实不用火，用火监护人不在场不用火。

(3) 看火人应选派责任心强、熟悉生产流程和现场情况的人员担任。看火人必须时刻掌握用火现场及周围情况，检查防火措施。如发现异常情况，要及时采取措施或停止用火。必要时，看火人有权要求停止用火。

(4) 必须按指定的时间、地点、部位用火。

(5) 用火必须有妥善可靠的防火安全措施。

☞ 33. 炼油和盛装油气的设备、容器、管线用火时，有哪些规定？

(1) 正常动火时，塔类、油罐总蒸洗时间不得少于 48h。此外，还必须安排充足时间用水冲洗。蒸塔、冲洗可交叉进行，确保吹扫干净。

(2) 容器类用蒸汽吹扫 24h，并用水冲洗干净。热交换设备及炉管用蒸汽吹扫时间不得少于 12h。

(3) 管线吹扫时，在用蒸汽扫通后，轻油管线必须继续吹扫 4h 以上，重油管线必须继续吹扫 8h 以上。瓦斯、液态烃管线用蒸汽吹通后继续吹扫 8h 以上，以便将管线内的凝缩油彻底蒸吹干净。

(4) 炼油和盛装油气的设备、容器要清扫干净，并用盲板隔绝。设备内清除的硫化亚铁必须妥善处理，不得在装置内任意堆放。进行气体分析并合格，经检查后才准用火：

① 爆炸下限 $>10\%$(体积比) 的可燃气体(蒸气)，其浓度 $<1\%$(体积比) 为合格；

② 爆炸下限 $>4\%$(体积比) 的可燃气体(蒸气)，其浓度 $<0.5\%$(体积比) 为合格；

③ 爆炸下限 $<4\%$(体积比) 的可燃气体(蒸气)，其浓度 $<0.2\%$(体积比) 为合格；

④ 两种以上可燃气体混合物的爆炸下限，应以爆炸下限低者为准；

⑤ 氧气含量 19.5% ~ 23.5%(体积比) 为合格。

(5) 进入容器作业，要办理进罐、入塔作业票。对盛装含有 H_2S 介质的容器，要做 H_2S 气体分析，H_2S 含量要求 $\ngtr 10mg/m^3$。

（6）炼油生产装置检修要有盲板图（表），所装盲板要按盲板图上的标号逐一挂牌作好标记。设备吹扫时，设备及管线的盲板拆装应有原始记录备查。

（7）电焊机电源应接于指定地点开关上，电源线、把线、地线均应绝缘良好。地线必须固定于用火烧焊部位，电源线禁止从下水井口上方跨过。乙炔气瓶与氧气瓶之间距离不得小于5m，乙炔气瓶、氧气瓶距动火点不得小于10m。氧气瓶应防止曝晒，瓶嘴严禁沾油污，乙炔胶管严禁用氧气吹扫。

（8）应清除用火现场周围易燃物。附近的下水井、地沟、电缆沟等清除易燃物后要可靠封闭，并用蒸汽掩护，并备有消防器材（如蒸汽胶管、灭火器等）。

（9）高空用火，要用石棉布等挡好火星，防止向外飞溅。遇有5级以上大风，必须停止用火。

（10）高温、带压、可燃及有毒介质的容器、设备、管线一般不允许动火，但生产上确实必须用火时，在采取必要可靠的安全技术措施后，可作为特殊用火处理。

（11）用火过程中，遇有跑油、窜油和可燃气体泄漏等威胁用火安全的情况时，应立即停止用火。

（12）每次动火之前，应认真检查，注意周围条件是否有变化。下班时不得留有余火，电源开关应拉断。气焊作业完毕，必须将焊枪拿出设备、容器。

（13）禁止向地面、地沟、下水道和空气中排放油品、瓦斯、液态烃、酸性污水等可燃物。

（14）临时照明灯电压不得超过36V，行灯必须有防护罩，电线绝缘良好。在特别潮湿的场所或金属容器内行灯电压不得超过12V。装置内一切电气作业由电工负责，严禁湿手操作电器开关。

☞ 34. 从消防角度看催化裂化装置如何选择工艺条件？

（1）采用先进可靠的技术方案，提供安全生产基础。

（2）按有关规范要求，将所有放空油气通过管道密闭排往工厂火炬系统。

(3) 为防止设备超压造成事故，塔、容器、压缩机出口均设有安全阀。

(4) 在易燃、易爆危险区域，均设有可燃气体报警仪。

(5) 装置关键部位均设有事故报警或安全联锁保护系统。如反应－再生系统、主风机组、气压机组自保等。

☞ 35. 从消防角度看催化裂化装置如何平面布置？

(1) 装置设备、建筑物及构筑物按照防爆区和非防爆区分开设置，有利于设备选型和安全生产。

(2) 装置办公室、变配电室、中心控制室布置在装置的一侧，并位于非爆炸危险区。

(3) 管线器材及管线安装：凡与高温设备直接相连的管道、阀门均采用不锈钢材质。所有水及压缩空气管道上阀门均采用铸钢阀门，防止冬季冻裂。液化石油气管道法兰、管件、阀门的压力等级均不低于 *PN*2.5MPa。

☞ 36. 催化裂化装置爆炸危险场所是怎样划分的？

催化裂化装置区、气压机厂房划分为 2 区爆炸危险场所。高低压变配电间、装置办公室、主风机厂房、余热锅炉、中心控制室属非防爆场所。

☞ 37. 爆炸危险场所的电力设备如何选型？

电动机用隔爆型或增安型，照明配电选用隔爆型或增安型，控制开关选用隔爆型，灯具选用隔爆型或增安型。

☞ 38. 主风机组消防工作有哪些要点？

该区属非防爆区，机组主电机、辅助系统电机及有关电气、仪表均按非危险区选型。该区属丙类防火，按要求设置消防水和消防器材。

主风机出口设有止回阀，防止高温介质倒流发生事故。

☞ 39. 气压机组消防工作有哪些要点？

(1) 属 2 区防爆，辅助系统电机及有关电气仪表均按等于或高于 ⅡB 级 T3 组选取。

(2) 气压机由蒸汽轮机驱动，能有效防爆。

(3) 属甲 A 类防火区域。① 按要求设置蒸汽灭火设施、消防和消防器材；② 气压机出口设有止回阀；③ 气压机入口设置放火炬线；④ 安全阀放空排至火炬系统；⑤ 厂房内设置可燃气体报警器。

☞ 40. 为什么进入设备内部作业，不可以通入纯氧进行通风？

因为氧既是助燃剂，又是强氧化剂，它可与可燃性气体混合形成爆炸性混合物。当空气中的氧气增浓到 2.5% 时，已能激起活泼的燃烧；达到 7% 时，活性将发展到活泼的火焰。当衣服被氧气饱和时，遇到明火时即迅速燃烧。特别是沾染油脂的衣服遇氧可能自燃。发生的燃烧和爆炸会使作业者受到伤害。

☞ 41. 爆炸分为几种类型？

爆炸是指物质由一种状态迅速地转变为另一种状态，并在瞬间以机械功的形式，放出巨大能量同时产生巨大声响的现象。按能量来源的不同，爆炸可分为物理性爆炸和化学性爆炸。

(1) 物理性爆炸。即由物理变化引起的，物质因状态或压力发生突变而形成的爆炸。例如，容器内液体过热气化引起的爆炸，锅炉爆炸，压缩气体、液化气体超压引起的爆炸等。物理爆炸的特点：爆炸前后，爆炸物质的性质及化学成分均不发生变化，发生变化的仅仅是该物质的状态参数(如温度、压力、体积)。爆炸的破坏程度取决于蒸气或气体的压力。

(2) 化学性爆炸。是由物质发生极迅速的化学反应，产生高温、高压而引起的爆炸。例如，火药的爆炸，可燃气体、蒸气或粉尘与空气混合形成爆炸性混合物的爆炸，均属化学爆炸。化学爆炸的本质与燃烧一样，区别在于，燃烧是稳定、连续的，而爆炸则是瞬间完成的。化学爆炸的特点：爆炸发生过程中物质的化学性质发生了变化，形成爆炸的能源来自物质迅速发生化学变化时所释放的能量。

化学性爆炸按爆炸时所发生的化学变化，可分为简单分解爆炸、复杂分解爆炸和爆炸性混合物爆炸。

☞ 42. 化学性爆炸为分哪几种?

化学性爆炸根据瞬时燃烧速度的不同分为:

(1) 轻爆。物质爆炸时的燃烧速度为每秒数米。破坏力不大。

(2) 爆炸。物质爆炸时的燃烧速度为每秒 10 米至数百米,有较大的破坏力及震耳的声响。

(3) 爆轰。物质爆炸时的燃烧速度为1000 ~ 7000m/s。爆轰的特点是突然引起极高的压力,并且产生超音速冲击波。破坏力极大。

此外,爆炸还可以按爆炸反应的相分为气相爆炸、液相爆炸和固相爆炸。相是指体系中其有相同组成、相同物理性质和相同化学性质的均匀物质。

☞ 43. 什么是爆炸性混合物?

可燃气体、蒸气、薄雾、粉尘或纤维状物质,按一定比例与空气混合形成的混合物,遇着火源能发生爆炸,这样的混合物就称为爆炸性混合物。

按爆炸性物质的状态可分为气体(包括蒸气、薄雾) 混合物和粉尘(包括纤维状物质) 混合物两类。可燃性气体、蒸气、粉尘与空气的混合物是石油化工企业中最常见的爆炸性混合物。

☞ 44. 哪些情况容易产生气体爆炸性混合物?

在石油化工生产过程中,可燃气体和蒸气与空气形成爆炸性混合物的机会很多。如可燃物料从工艺装置、设备、管道中通过法兰、焊口、阀门、密封等缺陷部位泄漏到厂房空间;可燃物料与空气(或氧) 有串联的设备管道,由于控制不当或误操作,既可能导致可燃物料进入空气(或氧) 系统,也可能导致空气(或氧) 进入可燃物料系统;负压操作的可燃物料系统,设备不严密或腐蚀穿孔,空气也可以进入。以上这些情况,都可以形成爆炸性混合物,一遇到火源,便会造成爆炸事故。

☞ 45. 粉尘爆炸性混合物的危险性如何?

气体与固体物质之间的化学反应是在固体物质的表面上进行

的。空气中所悬浮的粉尘其有很大的表面，化学活性和吸附能力比固体大得多。因此，可燃物质的粉尘比原来的固体物质具有较低的自燃点，并且可在适当的条件下发生爆炸。如金属铝、镁等，在成块状时并不能燃烧，但成粉状时，却能爆炸。另外很多粉尘在研磨、混合、管道输送的过程中还会产生静电，在放电时产生的火花就成了爆炸的着火源，这就增加了粉尘混合物的爆炸危险性。

☞ 46. 什么是爆炸极限？

可燃物质(可燃气体蒸气和粉尘) 与空气(或氧气) 必须在一定的浓度范围内均匀混合，形成混合物，遇着火源才会发生爆炸，这个浓度范围称为爆炸极限(或爆炸浓度极限)。混合物发生爆炸的最低浓度称爆炸下限，最高浓度称爆炸上限。混合物浓度低于爆炸下限时，因含有过量的空气，空气的冷却作用阻止了火焰的传播；混合物浓度高于爆炸上限时，由于空气量不足，火焰也不能传播。

☞ 47. 物质的爆炸极限受什么因素影响？

各种不同的可燃气体或蒸气，由于它们的理化性质不同，其有不同的爆炸极限。同一种可燃气体或蒸气的爆炸极限也不是一个固定值，它随着多种因素的影响而变化。影响可燃物质爆炸极限的主要因素有温度、压力、氧含量、能量等。可燃粉尘的爆炸极限受分散度、温度、湿度和惰性粉尘含量等影响。可燃气体和蒸气的爆炸极限，是以在混合物中所占体积的百分比(%) 来表示。可燃粉尘的爆炸极限是以在混合物中所占体积的质量比(g/m^3) 来表示。可燃性混合物的爆炸极限范围越宽，爆炸下限越低和爆炸上限越高时，其爆炸危险性越大。

☞ 48. 爆炸的破坏作用有哪些？

爆炸的破坏作用主要表现为以下几种形式：

(1) 震荡作用。在波及破坏作用的区域内，有一个使物体受震荡而被松散的力量。

(2) 冲击波。随着爆炸的出现，冲击波最初出现正压力，然后又出现负压力。爆炸物的数量与冲击波的强度成正比，而冲击波压力与距离成反比。

(3) 碎片冲击。爆炸可使机械、设备及建筑物的碎片、碎块飞出，能在相当范围内造成危害，不但造成人员伤害，而且还可能砸坏邻近的设备等。

(4) 造成火灾。爆炸温度在200 ~ 300℃左右时，对一般物质来说，因自燃点较高，不容易造成火灾。但是当设备被破坏之后，从其内部喷射出来的可燃气体或液体蒸气，由于摩擦、撞击或遇到其他的火源、热源，就可能被点燃着火；也有的工艺装置中的可燃物料在生产中的操作温度超过物料的自燃点，设备破坏后物料漏出遇空气着火，爆炸后继而发生火灾，加重了爆炸的破坏力。爆炸伴随火灾同时发生在石油化工生产的爆炸事故中是常见的现象。

(5) 造成中毒和污染环境。石油化工生产中，许多物质不仅是可燃的，而且是有毒的，发生爆炸事故时，会有大量的有毒有害物质外溢，造成人员的伤亡和环境污染。

☞ 49. 炼油厂中典型爆炸事故一般分为哪几种？

石油化工生产，由于本身存在着固有的潜在危险因素，其安全工作的难度较其他行业要大。多年来，爆炸事故时有发生，经过综合归纳，主要有以下几种：

(1) 过氧爆炸：可燃气体中的氧含量是石油化工生产过程中必须严格控制的工艺指标。氧含量超过安全界限，则容易形成爆炸性混合物，在激发能源的作用下就能发生爆炸事故。

(2) 物料互窜引起爆炸：生产中的各种物料大多具有燃烧爆炸性质，因此，当物料互串后，如氧气串入可燃气体中，可燃气体串入空气(氧气)中，或串入检修的设备中，均能引起爆炸。

(3) 违章动火引起爆炸：生产过程中，经常有设备检修的动火作业。往往因没采取必要的安全措施，违章动火，而引起爆炸。

(4) 静电引起火灾爆炸：石油化工生产所输送的介质绝大多数是易燃易爆的气体和液体。这些物料的电阻率高，导电性能差，因此产生的静电不易散失，当静电积累达到一定值后，就会放电出现静电火花，引起火灾爆炸事故。这种静电危害，特别容易出现在石油户品的装卸、输送作业中。

(5) 积炭引起火灾爆炸：压缩机由于积炭导致爆炸，主要是因为润滑油质量不符合要求，用量过大等原因，在被压缩的空气中氧化，形成爆炸性混合物。

(6) 压力容器爆炸：压力容器由于设计、制造、使用、维护等方面存在问题，加上安全管理制度不健全，检测手段不完善，使设备超期服役或存在缺陷未及时发现，而造成火灾爆炸事故。

(7) 用汽油等易挥发液体擦洗设备引起爆炸：在检修设备时，按规定必须使用洗涤剂清污，但用汽油等易挥发液体擦洗设备的现象却时有发生，从而造成火灾爆炸事故。

(8) 安全装置失灵引起爆炸：石化企业常用的安全装置有防护、信号、保险、泄压、联锁等，这些安全装置是根据生产需要而设置的，以提高安全生产的可靠性，一旦失灵就会造成事故。

(9) 负压吸入空气引起爆炸：因生产联系不周，操作失误，设备和管道突然开裂，停车不及时，安全联锁失灵等原因，导致设备或生产系统形成负压，空气被吸入与可燃气体混合，形成爆炸性混合物，在高温、摩擦、静电等的作用下，引起火灾爆炸。

(10) 带压作业引起爆炸：由于装置老化，跑、冒、滴、漏经常发生，为了确保正常生产，采用切实可行的安全措施带压堵漏是允许的，也是安全的。但有的企业在不减压的情况下热紧螺栓、消漏换垫等也常常引起爆炸事故。

☞ 50. 如何预防爆炸事故？

(1) 预防爆炸的基本措施分为两大类：① 消除导致爆炸灾害的物质条件；② 消除导致爆炸灾害的能量条件。

要消除导致火灾爆炸灾害的物质条件就是要防止带压容器、设备或管道的泄漏，而负压设备则应防止空气渗入。这是消除火灾爆炸灾害的根本。

在正常生产中，除了要加强对生产的监控及对设备的监护，防止泄漏情况出现外，还要根据可燃气体检测报警仪，随时对可燃物的泄漏进行监控。

要消除导致爆炸灾害的能量条件关键是消除或控制点火源，这是因为厂区里面的工艺流程复杂、设备管线众多，这些都是存在可燃物质泄漏的可能；而地下纵横交错污水道则存留着大量的可燃物质。

(2) 具体方法：防止撞击、摩擦产生火花，防止高温表面成为火源，防止电气火灾爆炸，消除静电火花，防雷电火花，防止明火。

☞ 51. 限制火灾爆炸扩散蔓延有什么措施？

在石油化工生产中，对某些危险性较大的设备与装置，可采用分区隔离、露天布置和远距离操纵等措施，限制火灾爆炸的扩散蔓延。而在一些具体的过程中，往往采用安装安全阻火装置来防止火灾爆炸的扩散和蔓延。

(1) 隔离、露天布置。合理布局是限制火灾蔓延和碱少爆炸损失的重要措施。装置与装置，装置与储罐、仓库，以及生产区与生活区之间应留出一定的安全距离；为减小易燃气体积聚，宜将生产装置内的设备布置在露天、敞开式和半敞开式的建筑物和构筑物内；有火灾爆炸危险的甲、乙类生产设备、建筑物和构筑物，宜布置在装置的边缘，其中有爆炸危险的设备、厂房必须采用防爆结构；明火设备的布置，应远离可能泄漏可燃气体、蒸气的工艺设备和储罐等；在同一座厂房内有不同生产类别时，其中危险性大的部分宜用防火墙隔开。总之，要根据火灾危险性类别、生产特点和工艺流程分区布置，做到安全合理，有利于防火灭火。

(2) 阻火装置。阻火装置是防止外部火焰窜入有火灾爆炸危险的设备、容器、管道或阻止火焰在设备、管道内扩展的一种安全装置，主要有阻火器、安全液封、单向阀、阻火闸门等。

☞ 52. 中毒有哪些危害？

毒物可通过呼吸道、皮肤、消化道浸入人体，并损伤人体的神经系统、呼吸系统、血液和心血管系统、消化系统、泌尿系统、皮肤、眼睛，甚至致癌，大量泄漏，可造成人员伤亡事故。

☞ 53. 防 H_2S 中毒有哪些措施？如何处理 H_2S 泄漏？

主要防护措施有：① 在易泄露和聚集 H_2S 的地方，设置 H_2S 气体检测仪；② 在装置停工后需进入容器内检修时，要严格按照规范吹扫、检测，达到进入的条件方可在规定时间内进入；③ 操作人员进入有可能泄露 H_2S 的地方，携带便携式 H_2S 检测仪，必要时佩戴空气呼吸器进入泄露区进行救护及紧急操作；④ 在可能泄露毒物部位设置警示牌。

☞ 54. 硫化氢泄漏的处理方案是什么？

H_2S 为无色、有臭鸡蛋味的剧毒气体，当 H_2S 气体达一定浓度时气味反而减弱，此时能使人迅速窒息死亡。H_2S 泄漏时，固定 H_2S 报警器报警，少量泄漏人能闻到臭鸡蛋气味。大量泄漏，可造成人员伤亡事故。

常见 H_2S 泄漏原因大都是管线有砂眼或断裂，阀盘根或法兰漏，设备或管线排凝不严或没关严。

当发生 H_2S 泄漏时，现场首先要逆风向疏散人员。现场处理人员一定要戴好防毒面具，佩戴好空气呼吸器，便携式 H_2S 报警仪，到泄漏点将泄漏点分隔或将排凝关上。并用非净化风将 H_2S 吹散。此时室内操作人员可将含 H_2S 系统的压力、温度降低，并降低处理量，如泄漏无法控制时，须停工处理。

化学药剂中毒预防，主要是穿戴好防护镜、防护衣、防护靴，首先避免皮肤与化学药剂直接接触。再就是戴好防毒面具，防止有毒介质进入呼吸系统。

☞ 55. H_2S 中毒后如何抢救？

(1) 迅速拨打急救电话，同时组织人员对中毒者进行现场急救。

(2) 救护人员在救护之前应做好自身呼吸系统皮肤的防护；对参与 H_2S 中毒的现场抢救者应穿隔离衣、戴防毒面罩，以免自身中毒。对呼吸停止者，应及时进行人工呼吸，有条件者应及时进行气管插管、机械通气。

(3) 切断毒性危险化学品来源。

(4) 救护人员应迅速将中毒者移至空气新鲜、通风良好的地方。

(5) 迅速脱去被毒性危险化学品污染的衣服、鞋袜、手套等，并用大量清水或解毒液彻底清洗被毒性危险化学品污染的皮肤。

☞ 56. 空气呼吸器如何使用?

(1) 正压式、正常气压 30MPa 可用 30min、报警气压 4 ~ 6MPa、可用 4 ~ 6min。

(2) 打开气瓶阀，检查气瓶气压(压力应大于24MPa)，然后关闭阀门，放尽余气。

(3) 气瓶阀门和背托朝上，利用过肩式或交叉穿衣式背上呼吸器，适当调整肩带的上下位置和松紧，直到感觉舒适为止。

(4) 插入腰带插头，然后将腰带一侧的伸缩带向后拉紧扣牢。

(5) 撑开面罩头网，由上向下将面罩戴在头上，调整面罩位置。用手按住面罩进气口，通过吸气检查面罩密封是否良好，否则再收紧面罩紧固带，或重新戴面罩。

(6) 打开气瓶开关及供给阀。

(7) 将供气阀接口与面罩接口吻合，然后握住面罩吸气根部，左手把供气阀向里按，当听到“咔嚓”声即安装完毕。

(8) 应呼吸若干次检查供气阀性能。吸气和呼气都应舒畅，无不适感觉。

☞ 57. 空气呼吸器使用时的注意事项有哪些?

(1) 空气呼吸器及其零部件应避免阳光直射，以免橡胶老化。

(2) 空气呼吸器严禁接触油脂。

(3) 空气瓶不能充装氧气，以免发生爆炸。

(4) 压力表应每年进行一次校正。

(5) 空气呼吸器的压缩空气应清洁，符合以下要求：一氧化碳不超过 5.5mg/m^3，二氧化碳不超过 900mg/m^3，油不超过 0.5mg/m^3，水不超过 50mg/m^3。

(6) 使用过程中要注意报警器发出的报警信号，听到报警信号后应立即撤离现场。

(7) 正确佩戴面具，检查合格即可使用，面罩必须保证密封，面罩与皮肤之间无头发或胡须等，确保面罩密封。

(8) 供气阀要与面罩按口粘合牢固。

☞ 58. 过滤式防毒面具的使用方法是什么？

(1) 首先选择合适的的面罩。

(2) 连接面罩、导气软管、滤毒罐(也可把面罩与滤毒罐直接连接)。

(3) 打开罐底堵头，把罐装入包内套中，将背包挎好并扎好紧固带。

(4) 戴上面罩，其方法是由头顶套起，拉向下颚，使眼睛对准面罩上的镜片。

(5) 用手堵住罐底孔口，做深呼吸数次，如吸不动气，表示气密性好，即可使用。

☞ 59. 过滤式防毒面具的使用范围有哪些？

由于防护对象和作用的不同，滤毒罐可分为防粉尘滤罐、防机械颗粒物滤罐、防化学毒性物质滤罐、复合型防尘防毒滤罐、防特殊过滤物的滤罐等。

☞ 60. 滤毒罐防毒性能如何？

滤毒罐防毒性能见表 11－1(注：型号有“L”者，兼防烟雾)。

表 11－1　滤毒罐防护性能表

型号	标色	防毒类型	防护对象
1L	绿＋白道	综合防毒	氢氰酸、氯化氰、砷化氢、光气、双光气、氯化苦、苯、溴甲烷、二氯甲烷、路易氏气、芥子气等
1	绿		

续表

型号	标色	防毒类型	防护对象
2L	桔红 + 白道	综合防毒(防 CO)	一氧化碳、各种有机蒸气、氢氰酸及其衍生物等
3L	褐 + 白道	防有机气体	有机气体与蒸气如：苯、氯气、丙酮、醇类、苯胺类、二硫化碳、四氯化碳、氯仿、溴甲烷、氯甲烷、硝基烷、氯化苦、毒烟、毒雾等
3	褐		
4L	灰 + 白道	防氨、H_2S	氨、H_2S 等
4	灰		
5	白	防一氧化碳	一氧化碳
6	黑	防汞蒸气	汞蒸气
7L	黄 + 白道	防酸性气体	酸性气体和蒸气如：二氧化硫、氯气、H_2S、氮的氧化物、光气、磷和含氯有机农药等
7	黄		

☞ 61. 过滤式防毒面具的使用有哪些注意事项？

(1) 专防专用，专罐专用(每一滤毒罐只能对特定的有毒气体起防护作用)。

(2) 过滤式防毒面具只能适用于氧含量大于 18%，有毒物质浓度小于 2% 的场所使用。

(3) 使用的时间长短与毒气浓度、空气湿度有关。浓度越高、湿度越大，使用时间越短。一般滤毒罐使用时间在40 ~ 60min。

(4) 使用时如闻到不正常的气味，应立即退出毒区。

(5) 滤毒罐超过标重 50g 时不再使用。

(6) 罐体上有孔、洞，内部装药有松动现象时，不再使用。

(7) 使用前一定要拔去堵头，以免发生意外。用完及时塞上堵头。

(8) 严禁在毒区内，摘下面罩讲话、擦汗，有事应按事先约定的信号或用手势联系。

(9) 过滤式防毒面具不能用来防护各种窒息性气体，如 CO_2、N_2 等。

(10) 心脏病、高血压、高度近视、传染病及脑外伤者不能使用过滤式防毒面具。

☞ 62. 长管式防毒面具的适用范围有哪些？

适用于缺氧、有毒气体种类不明或浓度过高，以及有窒息性、刺激性气体的场所。常用于进入密闭容器、设备以及储罐内从事检查或检修作业时使用。使用方法：连接面罩和蛇形橡胶导管，把空气入口一端放置在毒区外，佩戴好面罩(其方法：由头顶套起，拉向下颚，使眼睛对准面罩上的镜片)。做几次深呼吸，无异常即可进入毒区作业。

☞ 63. 长管式防毒面具的使用有哪些注意事项？

(1) 使用前应检查面罩与蛇形橡胶导管连接是否紧密不漏，面罩的呼、吸气阀是否完好，有无粘接和破损。

(2) 蛇形导管的进气端应放置在远离毒区的上风口处，距地面垂直距离不小于 10cm，以保证吸入新鲜空气和无灰尘。

(3) 使用时不要猛拉硬拽，防止长管被扭结、踩压；长管严禁靠近高温和火源。

(4) 使用时要有专人监护，监护人和作业人之间要有约定的联系信号。

(5) 严禁在毒区内，摘下面罩讲话、擦汗，有事应按事先约定的信号或用手势联系。

☞ 64. 雷电有什么危害？

雷电是自然界大气中的一种放电现象，不仅能击毙人畜、劈断树木、破坏建筑物及各种工农业设施，还能引起火灾爆炸。雷电所产生的火花也是引起火灾和爆炸事故的祸根。雷击放电后的雷电具有电流大、时间短、频率高、电压高的特点。它是以电效应、热效应、机械效应、静电感应、电磁感应、雷电侵入波、以及防雷装置上的高电压对建筑物的反击作用等形式产生破坏作用的。此外，雷电还对人身产生伤害。

☞ 65. 防雷有哪些保护措施?

防雷包括电力系统的防雷和建筑物与构筑物的防雷。电力系统的防雷主要包括发电机的防雷、变配电装置的防雷和电力线路的防雷。建筑物与构筑物的防雷分工业和民用两大类。工业和民用又各按其危险程度、设施的重要性分别分成三个类型和两个类型。不同类型的建筑物和构筑物对防雷的要求也不尽相同。

避雷针、避雷线、避雷网、避雷带、避雷器都是通常采用的防雷装置。一个完整的防雷装置包括接闪器、引下线和接地装置。上述的针、线、网、带都是接闪器。而避雷器是一种专门的防雷设备。

避雷针 —— 装设避雷针是防止直击雷的有效办法。避雷针可以用来保护露天变配电装置和电力线路，也可以用来保护建筑物和构筑物。就其本质而害，避雷针不是避雷，而是利用其高高耸立在空中的优势，把雷电引向自身，承受雷击，把雷电流泄入大地，从而保护其他设备免遭雷击。

避雷线 —— 避雷线的功用与避雷针相似，它是沿线路架设在杆塔顶端，并有良好接地的金属导线，它主要是用来保护电力线路的，这时的避雷线也叫架空地线。避雷线也可用来保护狭长的设施。

避雷网、避雷带 —— 避雷网、避雷带主要用于工业和民用建筑物对直击雷的防护，也作为静电感应的安全措施。它是在建筑物上沿屋角、屋脊、檐角、屋檐等易受雷击部位敷设的金属网格。

避雷器 —— 避雷器有阀型避雷器、管型避雷器和保护间隙之分。主要用来保护电力设备，也用作防止雷电波侵入室内的安全措施。

☞ 66. 催化裂化装置如何选择避雷措施?

防雷装置是利用其高出被保护物的突出地位，把雷引向自身，然后通过引下线和接地装置，把雷电泄入大地，以保护人身或建筑物免受雷击。

在雷电高发区，厂内的所有设备、建(构)筑物都必须要设置防雷设施。如各塔、容器、装有阻火器的甲B乙类固定顶罐，当顶板厚度等于或大于4mm时，可不设避雷针，但要防雷接地；可燃气体、液化烃、可燃液体的钢罐必须设防雷接地，避雷针的保护范围应包括整个储罐；浮顶油罐的浮顶与罐体应用两根截面不小于$25mm^2$软铜线作电气连接；接地电阻不宜大于10Ω等。

催化裂化装置防雷设施要按第二类工业建筑物进行设计，在金属屋面上设避雷网。烟囱上设置避雷针。

☞ 67. 静电对炼化装置的危险性如何？

静电指的是相对静止的电荷，是一种常见的带电现象。在一定条件下两种不同物质(其中至少有一种是电介质)相互接触、摩擦，就可能产生静电并积聚起来，产生高电压。若静电能量以火花形式放出，则可能成为火源，引起火灾和爆炸事故。油品在管线设备内搅拌、沉降、流动、冲击、喷射等都能产生静电，这种静电对易燃、可燃液体(汽油、煤油、柴油、液化气、烯烃等)可能造成火灾和爆炸是一种潜在的危险。

☞ 68. 石化企业生产过程中防静电的措施有哪些？

根据静电的产生及静电的特点，消除静电措施大致可分为以下三类：

第一类是泄露法：采取接地、增湿、加抗静电剂等措施，让已产生的静电荷对地泄放；

第二类是中和法：采用静电中和器等方法与静电电荷极性相反的电荷，使已产生的静电电荷得到中和；

第三类是工艺控制法：这种方法是从材料选择、工艺设备设计、工艺过程等方面采取措施，控制静电的产生。

☞ 69. 催化裂化装置如何减小静电的威胁？

接地是消除静电灾害最简单、最常用的办法，目前，厂内各种设备、管线都装有搭接式接地，日常工作中应加强对这些接地的监控。一般催化裂化装置工作接地、保护接地、防雷防静电接地共用一个接地网，接地网电阻不大于4Ω。电气设备正常不带电的金属外壳，安装支架，电缆桥架工艺设备，工艺管线，钢结构如平台、梯子、框架、管架钢柱等均可靠接地，系统管线进装置处需接地，所有容器如罐、冷换设备、炉等接地点不少于两处。接地干线与地下金属管线和塔、构架、压缩机、加热炉、烟囱基础内钢筋座等电位连接。

☞ 70. 什么是危险化学品？

危险化学品指具有爆炸、易燃、毒害、腐蚀、放射性等性质，在生产、经营、储存、运输、使用和废弃物处置中，容易造成人身伤亡和财产损毁而需要特别防护的化学品；依据《常用危险化学品的分类及标志》(GB 13690—92) 和《危险货物分类和品名编号》(GB 6944—86) 两个国家标准，我国将危险化学品按其危险性划分为 8 类。包括爆炸品；压缩气体和液化气体；易燃液体；易燃固体、自燃物品和遇湿易燃物品；氧化剂和有机过氧化物；毒害品和感染性物品；放射性物品；腐蚀品。其具有燃烧性、爆炸性、毒害性、腐蚀性、放射性的危险特性。

☞ 71. 危险化学品泄漏处理的注意事项有哪些？

进入泄漏现场进行处理时，应注意以下几项：进入现场人员必须配备必要的个人防护器具；如果所泄漏的化学品是易燃易爆的，应严禁火种，并使用防爆型工器具；应急处理时严禁单独行动，要有监护人，必要时用水枪、水炮掩护。

☞ 72. 危险化学品泄漏如何处理？

泄漏控制：如果有可能的话，可通过控制化学品的溢出或泄漏来消除化学品的进一步扩散。这可以通过以下方法来实现：

(1) 在应急救援指挥部或生产调度室的统一指挥下进行，通过关闭有关阀门、停止作业或通过采取改变工艺流程、物料走副线、局部停车、打循环、减负荷运行等方法。

(2) 容器发生泄漏后，采取措施修补和堵塞裂口，制止化学品的进一步泄漏，对整个应急处理是非常关键的。能否成功地进行堵漏取决于几个因素：接近泄漏点的危险程度、泄漏孔的尺寸、泄漏点处实际的或潜在的压力、泄漏物质的特性。

☞ **73. 对危险化学品泄漏物如何处理？**

泄漏控制后，要及时将现场泄漏物进行覆盖、收容、稀释、处理，使泄漏物得到安全可靠的处置，防止二次事故的发生。泄漏物处置主要有四种方法：围堤堵截、稀释与覆盖、收集、废弃处理。

☞ **74. 对于危险化学品火灾扑救有哪些注意事项？**

（1）扑救燃料气等气体类火灾时，切忌盲目扑灭火焰。

（2）扑救石脑油等爆炸物品火灾时，切忌用沙土盖压。

（3）扑救柴油等易燃液体火灾时，可用泡沫扑救灭火。

☞ **75. 什么是安全标志？分为哪几类？**

安全标志是由安全色、几何图形和图形符号构成，用以表达特定的安全信息。安全标志分为以下 5 种。

（1）禁止标志，不准或制止人们的某些行为。

（2）警告标志，警告人们可能发生的危险。

（3）命令标志，必须遵守。

（4）指令标志，示意目标方向。

（5）补充标志，对前述四种标志的补充说明，以免误解。

☞ **76. 为什么在生产作业场所要进行个人防护？**

尽管在生产作业场所采用了各种有效的技术措施，但仍然存在一些危害因素。由于劳动条件和生产工艺的原因，无法通过技术和设备排除，或者由于经济上的原因一时难以得到解决。因而，劳动者在生产劳动过程中，常常遭受尘、毒、噪声、振动、辐射、电击、烧灼、冻伤、打击、坠落、刺割、绞碾等职业性伤害。为了预防上述伤害事故，劳动者就必须采用必要的劳动防护用品，以阻隔、封闭、吸收、缓冲、减低、屏蔽、反射、消除等手段，保护人体的局部或全身免受外来的伤害，或遭受伤害时大大减轻危害的强度。

☞ **77. 使用安全帽时，应注意哪些问题？**

（1）每次使用前，一定要检查安全帽有无损伤，帽壳与帽衬之间的间距是否符合要求。否则，就会影响其性能，起不到防护作用。

（2）使用时，安全帽的帽带一定要系牢，如不系牢，安全帽容易脱落，也就难以发挥应有的防护作用。

（3）使用时，安全帽要戴正，切不可歪戴，否则会降低防冲击的效果。

（4）使用时，不要随意摔碰或当作坐垫，否则会降低安全帽的强度。

（5）安全帽不应放置在有腐蚀性、高温、日晒的场所，不要与尖硬物放在一起。

（6）受过一次强冲击的安全帽应及时报废，不能继续使用。

☞ 78. 催化裂化装置高温、易燃介质如何防护？

催化裂化装置中催化剂、油浆都是高温介质，发生泄漏时，容易引起人员烫伤事故。高温油浆泄漏时还可自燃，容易引发火灾。因此，在采样、处理相关高温介质设备时一定要做好个人防护及防火工作。催化剂、油浆采样时，必须穿戴好长袖工作服，并配备高腰工作鞋，以防催化剂或油浆溅出烫伤。如采样口堵塞，应及时汇报，由车间技术人员商定处理方案并采取防护措施后进行处理。绝对不能私自用铁丝等物品疏通采样口，以防瞬间喷出后烫伤。在处理催化剂、油浆等高温介质的设备时，首先要对设备内介质进行降温、降压处理。如设备堵塞需拆解处理时，则须将设备自然冷却或强制冷却直到介质温度及压力安全时，方可缓慢拆解设备。

☞ 79. 人身伤害事件的应急处理方法是什么？

催化裂化装置因高温部位较多，易发生烫伤或烧伤，最常见的是火焰烧伤，热水、高压蒸汽、热油烫伤。同时有可能出现摔伤或骨折事故。现场如出现人身伤害事故，应立即拨打急救电话，使医护人员到事故现场。同时在现场实施必要的急救措施。

☞ 80. 烫伤或烧伤后如何进行现场急救？

烧伤和烫伤首先损伤皮肤，轻者皮肤肿胀，起水泡，疼痛；

重者皮肤烧焦，甚至血管、神经、肌腱等同时受损。呼吸道也可烧伤。烧伤引起的剧烈疼痛和皮肤渗出等因素能导致休克，晚期出现感染、败血症、危及生命。

现场急救方法：

(1) 立即脱离险境，但不能带火奔跑，这样不利于灭火，并加重呼吸道烧伤。

(2) 带火者迅速卧倒，就地打滚灭火，或用水灭火，也可用棉被、大衣等覆盖火。

(3) 冷却受伤部位，用冷自来水冲洗伤肢冷却烧伤处。

(4) 脱掉伤处的手表、戒指、衣物。

(5) 消毒敷料(或清洗毛巾、床单等) 覆盖伤处。

(6) 勿刺破水泡，伤处勿涂药膏，勿粘贴受伤皮肤。

(7) 口渴严重时可饮盐水，以减少皮肤渗出，有利于预防休克。

(8) 迅速转送医院。

☞ 81. 骨折后如何进行现场急救？

一般处理：闭合性骨折有穿破皮肤、损伤血管、神经的危险时，应注意保持伤员的特定体位，然后用夹板固定。

创口包扎：若骨折端已戳出创口，并已污染，但未压迫血管神经时，不应立即复位，以免将污物带进创口深处。若在包扎创口时骨折端已自行滑回创口内，须向接诊医师说明，使其注意。

妥善固定：急救固定的目的有三：① 避免骨折端在搬运时移动而更多地损伤软组织、血管、神经或内脏；② 骨折固定后减轻疼痛，有利于防止休克。

☞ 82. 如何进行人工呼吸？

最为常用而有效的人工呼吸方法是对口吹气法，具体做法：

(1) 先将伤病员口、鼻内的痰、鼻涕清除干净，取出假牙，解开衣领、乳罩、腰带等，以保持呼吸道通畅，胸廓运动无阻力，然后使伤病员仰卧，头部尽量向后仰，将下颚抬起。

(2) 救护者深吸一口气，对准伤病员的口吹入。为防漏气，可用一手捏住伤病员的鼻孔。吹气停止后，救护者的嘴应离开并立即放松捏鼻的手，如此反复进行、吹气数应与平时呼吸频率一样，每分钟15～20次。

（3）吹气后要注意观察伤病员的反应。吹气后，伤病员胸廓略有隆起为成功。如果无反应，则要检查呼吸道是否不通畅或吹气方法不当、力量不足。

（4）H_2S 中毒人员，不可采用对口吹气法。

☞ 83. 如何用心脏挤压法进行急救处理？

最为常用而简单有效的心脏挤压法是胸外心脏按压法。

其具体操作方法：病人仰卧于硬板床或地上，救护者在其左侧，以手掌根部放在胸骨处，有节奏且带冲击性地按压胸骨，使其下陷3～4cm然后放松，如此反复以60～80次/min的速度进行。要注意观察和触摸伤病员颈动脉，颈动脉如有搏动，证明有效。一般情况下，人工呼吸和心脏挤压同时进行，常常是吹两口气挤压心脏15次，如此反复进行。

☞ 84. 人体触电如何应急处理？

触电后，使触电者迅速脱离电源。脱离低压电源的主要方法：① 切断电源；② 割断电源线；③ 挑拉电源线；④ 拉开触电者；⑤ 采取相应救护措施。采取以上措施时注意必须使用符合相应电压等级的绝缘工具。之后，对触电者采取紧急救护的方法需根据触电人下列情况来决定：

（1）触电人还没有失去知觉，只是在触电过程中曾一度昏迷，或因触电时间较长而感到不适，必须使触电者在医生到来之前保持安静，观察2～3h。若不能迅速恢复知觉请医生来诊治，必须立即将触电者送往医院。

（2）触电者已失去知觉，但呼吸尚存在，应当使他舒适、平稳、安静地平卧在空气流通场所，解开衣服，用冷水向身上淋，摩擦全身，使之发热，并迅速请医生。如触电人呼吸困难，呼吸稀少，不时发生痉挛现象，则必须施行人工呼吸。

（3）如发现呼吸、脉搏及心脏跳动停止，仍然不可认为已经死亡，在这种情况下，应立即施行人工呼吸进行紧急救护。

☞ 85. 催化裂化装置的污染物有哪些特点？

催化裂化原料是重质馏分油和重油（常压渣油、减压渣油），其中含有较多的硫、氮、氧等非烃类元素，这些非烃元素和重金属元素，在生产过程中将转移到产品、催化剂、工艺废水中，有的随烟气和催化剂粉尘排放到周围环境中，造成污染。大功率运转机械及气体放空等，造成噪声污染，其特点如下：

(1) 水的污染物。主要是油、硫、酸、COD、氰。

(2) 大气的污染物。主要是再生烟气和加热炉烟气硫的化合物、氮的化合物、CO、催化剂粉尘及泄漏和无组织排放的烃类等气体。

(3) 废渣的污染物。主要是汽油、柴油、液化气精制过程中排放的碱渣；再生器卸催化剂及再生烟气三级旋风分离器捕集回收的催化剂粉尘。

(4) 噪声的污染。大功率的主风机——气压机、空冷风机、电机和气体放空等噪声源。其声级均超过100dB(A)。

☞ 86. 催化裂化装置污水的主要污染物及来源包括哪些？

催化裂化装置污水的来源包括：

(1) 含硫污水。这种污水除含有大量硫化物、氨、氮外，含酚量也较多，还有氰化物等。主要来源于分馏塔顶油气分离器切水、富气洗涤水（或富气冷凝水）、液态烃水洗水、稳定塔顶油气分离器切水等。

(2) 含碱污水。污水中主要有游离态的NaOH，还有较大量的油及少量的酚和硫。主要来源于汽油、柴油、液态烃碱洗后的水洗水。

(3) 含油污水。主要包括机泵冷却水、地面冲洗水等。

☞ 87. 含硫污水有哪些处理方法？各自的原理是什么？

含硫污水预处理方法有空气氧化法和蒸汽汽提法。空气氧化法适用于污水中H_2S含量较低的工况。蒸汽汽提法适用于污水中H_2S、氨含量变化幅度较宽的工况。目前，国内多采用蒸汽汽提法。

☞ 88. 催化裂化装置，含油污水如何处理?

催化裂化含油污水一般都送到全厂污水处理厂与其他装置的污水一起处理，处理过程大多采用隔油、浮选、生化曝气、砂滤的二级处理工艺。为了提高净化效果，有的采用活性炭吸附(或臭氧氧化）等三级深度处理工艺。

☞ 89. 催化裂化装置含碱污水如何处理?

浓度较低的含碱污水中主要含有游离状态的碱(NaOH)、油及少量酚和硫化物。其处理方法是先经中和池中和后，再汇入含油或含盐污水，经隔油、浮选、生物氧化等处理，浓度较高的含碱污水一般考虑与碱渣一起处理。

☞ 90. 催化裂化装置废气的主要污染物及来源包括哪些?

催化裂化装置废气的主要污染物及来源包括：

（1）CO、SO_x、NO_x 和催化剂粉尘。主要来源于再生器烧焦产生的烟气和加热炉燃烧产生的烟气。

（2）H_2S。主要来源于干气、液化气脱硫塔。

（3）烃类。主要来源于机泵泄漏、阀门、法兰泄漏，采样，设备检修排放，中间储罐。

重油催化裂化，由于掺炼重油，硫化物、氮化物、残炭和重金属含量均较高，再生烟气中 SO_x、NO_x 等有害气体的排放量增加，加重了对大气的污染。

☞ 91. 再生器烟气中的粉尘如何处理?

（1）采用高效三级旋风分离器。

（2）采用电除尘器。

（3）采用烟气脱硫除尘设备。

☞ 92. 催化裂化装置废渣的主要污染物及来自何处?

催化裂化装置的废渣主要是碱渣和废催化剂。

（1）碱渣。碱渣含有酚类、硫化物、游离碱，并有恶臭。主要来自汽油、柴油和液化石油气的碱洗。

(2) 废催化剂。对于重油催化裂化装置，主要由三级旋风分离器捕集回收而来，另外，再生器卸催化剂也是废催化剂重要来源之一。

☞ 93. 催化裂化装置碱渣如何处理？

目前，碱渣主要是通过综合利用的方法来处理。常用的方法包括：

(1) 从碱渣中回收硫化钠和硫氢化钠。

(2) CO_2 中和生产碳酸钠或硫酸钠和粗酚。

(3) SO2 中和法。

(4) 催化汽油碱渣在处理方法上通常也采用浓硫酸酸化，回收酚的综合利用与处理相结合的方法。

(5) “缓和湿式空气氧化脱臭、间歇式活性污泥”处理技术。

此外，国外对于难处理的高浓度废液碱渣液等采取深进注入水位以下地层的办法，我国独山子炼油厂曾应用过。

☞ 94. 催化裂化装置废催化剂如何处理？

目前，国内对废催化剂的处理问题尚未彻底解决。有代替白土精制油品使用的；有回收混进新鲜催化剂再使用的；有利用其中的 Al_2O_3 生产工业用水净化处理剂等。这些方法均不能有效地解决废催化剂所带来的污染问题。国外多采用掩埋方法，但此法也不是最理想的办法。但我们国家也正在逐步向深度掩埋的方向发展。

☞ 95. 催化裂化装置噪声的来源有哪些？

催化裂化噪声污染源主要来自再生烟气放空及机泵电动机、空冷器风机、加热炉火嘴、气体放空口、蒸汽放空口、调节阀、管道，尤其是主风机、气压机的噪声危害最大。

☞ 96. 催化裂化装置噪声如何防治？

其防治步骤是先从噪声源的控制着手，再控制噪声的传播途径，最后是给噪声接受者做个人防护。具体针对各种噪声源的防治方法如下：

(1) 加热炉。其噪声主要由燃料与空气混合高速喷射噪声和燃烧噪声组成。降低加热炉噪声的措施：① 采用低噪声喷嘴；② 采用消声罩；③ 隔声围墙。

(2) 主风机、气压机。其噪声主要是由叶片转动所产生的旋转分割声和涡流声组成，尤其是主风机的噪声。降低主风机噪声的措施：① 在风机进出口安装消声器；② 隔声；③ 隔振；④ 阻尼；⑤ 吸声。

(3) 电机。其噪声由空气动力噪声、机械噪声和电磁噪声三部分组成，其中以旋转风扇引起的空气动力噪声为主。降低电机噪声的措施：① 安装隔声罩；② 采用低噪声电机。

(4) 空气冷却器。其噪声主要是风扇造成的空气紊流和涡流噪声；空气通过翅片管的气流声以及传动系统引起的机械振动噪声。降低空气冷却器噪声的措施：① 设置隔声墙、吸声屏或隔声罩；② 采用新型低噪声风机。

(5) 调节阀与管道。降低管路系统噪声的措施：① 管线的合理设计；② 改进阀门结构；③ 阀后设置节流孔板；④ 适当分配压力降和调节辅助阀门；⑤ 在阀门下游设置消声器；⑥ 放空口；⑦ 在接受噪声源(点) 时的防护。

☞ 97. 催化裂化装置内各类地点的噪声限制有什么标准?

催化裂化装置内各类地点的噪声限制标准应符合石化企业相关标准，详细内容见表 11 - 2。

表 11 - 2　催化裂化装置内各类地点的噪声限制标准

序号	地点类别	噪声限制值/dB
1	工人连续接触噪声 8h 场所	90
2	车间值班室和车间控制室	65
3	计算机控制室	70
4	车间属办公室、化验室和会议室	70
5	厂所办公室、会议室、资料室等	60
6	电话会议室	50

☞ 98. 催化裂化开停工及正常生产过程中的环保监测和“三废”处理内容有哪些？

污水监测由企业所属化验中心或化验室承担，主要监测COD、石油类、硫化物、氨氮、pH值等。

废气、噪声监测由生产监测中心化验室承担，废气主要监测烟气量、SO_2、NO_x、烟尘；噪声主要监测高噪声源、操作(控制)室和装置边界噪声。

☞ 99. 什么是安全、健康、环境(HSE)管理体系？

安全、健康、环境(HSE)管理体系是一种事前进行风险分析，确定其自身活动可能发生的危害及后果，从而采取有效的防范措施防止事故发生，以减少可能引起的人员伤害、财产损失和环境污染的有效方法。HSE管理体系是国际石油界普遍采取的现代化管理方法，也是当前进入国际市场竞争的通行证。

安全(Safety)是指在劳动生产过程中，努力改善劳动条件、克服不安全因素，使劳动生产在保证劳动者健康、企业财产不受到损失、人们生命安全的前提下顺利进行。

环境(Environment)是指与人类密切相关的、影响人类生活和生产活动的各类活动和生产活动的各种自然力量或作用的总和。

健康(Health)是指人身体上没有疾病，在心理上(精神上)保持一种完好的状态。

☞ 100. 什么是“三同时”制度？

“三同时”制度是指一切新建、改建、扩建的基本建设项目(工程)、技术改造项目(工程)、引进的建设项目，其职业安全卫生设施必须符合国家规定的标准，必须与主体工程同时设计、同时施工、同时投入生产和使用。一般称之为“三同时”制度。职业安全卫生设施是指为了防止伤亡事故和职业病的发生，而采取的消除职业危害因素的设备、装置、防护用具及其他防范技术措施的总称，主要包括安全、卫生设施、个体防护措施和生产性辅助设施。我国《劳动法》、《矿山安全法》、《职业病防治法》和

《安全生产法》等，对“三同时”制度都作了明确规定。《安全生产法》第二十四条规定：“生产经营单位新建、改建、扩建工程项目(以下统称建设项目)的安全设施，必须与主体工程同时设计、同时施工、同时投入生产和使用。安全设施投资应当纳入建设项目概算。”

☞ 101. 企业应履行哪些消防安全职责?

(1) 制定消防安全制度、消防安全操作规程；

(2) 实行防火安全责任制确定本单位和所属各部门、岗位的消防安全责任人；

(3) 针对本单位的特点对职工进行消防宣传教育；

(4) 组织防火检查，及时消除火灾隐患；

(5) 按照国家有关规定配置消防设施和器材、设置消防安全标志，并定期组织检验、维修、确保消防设施和器材完好、有效；

(6) 保障疏散通道、安全出口畅通，并设置符合国家规定的消防安全疏散标志。

☞ 102. 催化裂化装置内安全规定有哪些?

(1) 严格执行安全生产责任制、岗位操作法、工艺技术规程、工艺卡片及安全用火等各项规章制度。

(2) 操作人员必须穿戴好劳动保护用品，做到上班前不喝酒，做到在岗三勤(勤检查、勤分析、勤联系)和三不(不打瞌睡、不看与生产无关的书报、不随便大声叫喊)。

(3) 与装置生产无关人员一律不准进入装置。一切机动车辆(消防、气防及应急救护车辆除外)，未经许可不得进入装置。

(4) 非本岗位操作人员，未经本岗位操作人员许可，不得擅自改变本岗位操作和插手操作。岗位人员暂离岗位时，应找人代理和报告班长。

(5) 对外来实习人员和新工人，必须进行三级安全教育，在未熟悉装置设备操作性能和未经师傅允许时，不得动用所属设备。新工人未取得上岗证，不得顶岗操作。

（6）高温设备和管线上严禁放衣服、抹布及其他易燃物。

（7）当班人员应负责做好所属安全设施和消防器材的使用管理工作，安全设施和消防器材不得挪作它用。

（8）要确保在岗操作人员的数量，实习生和未定级人员须在岗位师傅带领下才可作业。装置发生事故时，操作人员应坚守岗位，听从班长统一指挥，不得惊慌失措。

（9）做好声光报警、瓦斯浓度报警仪、重要阀门的开关试验或定期校验。

（10）轻油、气体及含硫污水采样要注意防止 H_2S 中毒。采样点应挂有明显的安全标志牌，采样前要认真检查采样器具是否完好，并佩戴适宜的防毒器具。采样过程中，手阀应慢慢打开，切忌一下开得太大，如阀难以打开，不能用扳手敲打阀门。

（11）对回炼油、原料油、油浆等高温油品的采样，应在装有冷却器的专门采样器处采样。严禁在泵出口排凝阀或其他地方采样。采样后，及时吹扫干净，防止采样管线堵。

（12）准备打开设备人孔时，应在确认内部压力完全放空，温度下降接近常温后，才可由上到下顺序打开设备人孔。设备检修施工完毕，应将其内部杂物清扫干净，并检查确认无问题后，方可封人孔，封人孔必须从下而上顺序进行。

（13）仪表维护人员处理自保系统的重要仪表时，须经区域班长同意方可进行。

☞ 103. 催化裂化装置检修后开车的安全规程有哪些？

（1）装置检修后，现场必须做到工完、料净、场地清，有毒有害的废金属、设备、管线要有专人负责进行安全处理，以防后患。检修过的设备管道内部必须清扫干净，经过仔细检查后方可封闭，封闭要有检查记录和检修人员签字。

（2）按开工方案由生产负责人指挥全面检查系统开车的准备工作。

（3）开车前对通风、通讯、消防、梯子、平台、栏杆、照明等一切安全设施，进行全面检查，必须处于良好状态。

（4）检修后的压力容器及储罐等设备，必须按规定进行试压、试漏和气密性试验，传动设备单体试车安全装置调试复位。未经试验的设备、管道仪表等不能投入生产。

(5) 接受易燃易爆物料的密闭设备和管道，在接受物料前必须按工艺要求进行气体置换，按抽堵盲板流程图所规定的项目逐项抽堵盲板不能遗漏。生产负责人必须进行复查确认。

(6) 接受物料时，应缓慢进行，注意排凝，防止冲击或水溅现象，接受蒸汽时要先预热、放水、逐渐升温升压。

(7) 系统开车前，必须有明确的检修与生产交接程序和手续。由工程主管部门提请生产指挥中心组织相关单、部门进行生产开工前的安全确认。

(8) 开工时，车间生产负责人按开工方案组织，由生产指挥中心统一指挥，各工序保持密切联系。

☞ 104. 催化裂化装置停车过程中要做哪些安全处理？

(1) 系统卸压要缓慢由高压降至低压，但压力不得降至零，更不能造成负压，一般要求系统内保持微正压。在未作好卸压前，不得拆动设备。

(2) 降温应按规定的降温速率进行降温，需保证达到规定要求。高温设备不能急骤降温，避免造成设备损伤。

(3) 排净生产系统(设备、管道) 内储存的气、液、固体物料。如物料确实不能完全排净，应进一步采取安全措施，不得随意放空或排入下水道，以免污染环境或发生事故。

(4) 停车过程中，装置周围应杜绝一切点火源，对发生的异常情况和处理方法，要随时作好记录。

☞ 105. 催化裂化装置停车后要做哪些安全处理？

(1) 做好隔绝工作，由于隔绝不可靠，致使有毒、易燃、易爆、腐蚀、窒息或高温介质进入检修设备而造成的重大事故时有发生，因此，检修设备必须进行可靠隔绝。视具体情况最安全可靠的隔绝办法是拆除部分管线或插入盲板。

(2) 做好置换工作。为保证检修动火和进设备内作业安全，在检修范围内的所有设备和管线中的易燃、易爆、有毒有害气体应进行置换。在置换过程中注意如下事项：① 被置换的设备、管道等必须与系统进行可靠隔绝。② 置换前应制定合理的方案，防止出现死角，保证置换彻底。③ 置换要求用水作为置换介质时，一定要保证设备内注满水，且在设备顶部最高处溢流口有水溢出，并持续一段时间，严禁注水未满。④ 用惰性气体作置换介质时，必须保证惰性气体用量(一般为被置换介质容积的3倍以上)。但是，置换是否彻底，置换作业是否已符合安全要求，应根据取样分析是否合格为准。⑤ 按置换流程图规定的取样点取样分析达到合格。

（3）做好吹扫工作，对设备和管道内没有排净的易燃、有毒液体，一般采用蒸汽或惰性气体进行吹扫。

（4）做好清洗和铲除工作。对置换和吹扫都无法清除的黏结在设备内壁的易燃、有毒物质的沉积物及结垢，采用清洗和铲除的办法进行处理。清洗一般有蒸煮和化学清洗。注意采用化学清洗后的废液应予以处理后方可排放，对铲刮下来的沉积物妥善处理。

☞ 106. 检修阶段动火作业安全要求有哪些？

（1）动火作业必须经动火分析并合格后方可进行。取样时间与动火作业的时间不得超过30min，进入设备内动火，同时还需分析测定空气中有毒有害气体和氧含量。

（2）在禁火区进行动火作业应办理“动火安全作业证”，严格履行申请、审核和批准手续。

（3）动火前动火作业人员应将动火证交现场负责人检查，确认安全措施已落实无误后，方可按规定时间、地点、内容进行动火作业。

（4）动火地点或作业内容变更时，应重新办理审证手续，否则不得动火。

（5）高处进行动火作业和设备内动火作业时，除办理“动火安全作业证”外，还必须办理“高处安全作业证”和“设备内安全作业证”。

☞ 107. 检修阶段设备内作业安全要求有哪些?

(1) 设备内作业必须办理"设备内安全作业证",并要严格履行审批手续。

(2) 设备内作业前,必须将该设备与其他设备进行安全隔离,并清洗、置换干净。

(3) 入设备前30min必须取样分析,严格控制可燃气体、有毒气体浓度及氧含量在安全指标范围内,分析合格后才允许进入设备内作业。如在设备内作业时间长,至少每隔2h分析一次,如发现超标,应立即停止作业,迅速撤出人员。

(4) 适当的通风措施,确保设备内空气良好流通。

(5) 足够的照明,设备内照明电压应不大于36V。在潮湿或狭小容器内作业应小于等于12V,所用灯具及电动工具必须符合防潮、防爆等安全要求。

(6) 在有腐蚀、窒息、易燃、易爆、有毒物料的设备内作业时,必须按规定佩戴适用的个人防护用品、器具。

(7) 设备内动火,必须按规定同时办理动火证和履行规定的手续。

(8) 设备内作业必须设专人监护,并与设备内作业人员保持有效的联系。

(9) 在检修作业条件发生变化,并有可能危及作业人员安全时,必须立即撤出;若需继续作业,必须重新办理进入设备内作业审批手续。

(10) 作业完工后,经检修人、监护人与使用部门负责人共同检查设备内部,确认设备内无人员和工具、杂物后,方可封闭设备孔。

☞ 108. 装置开工安全环保操作要求有哪些?

(1) 开工收油时,关闭各点排污阀,防止跑、冒、滴、漏。

(2) 各塔、容器收油后静止脱水时,应有专人监看护,防止跑油。

(3) 控制好含硫污水、含油污水的有序排放,不准直接排放。

(4) 开工中严格按照工艺卡片指标，防止超温、超压。

(5) 加强机泵巡检，发现泄漏及时处理。

(6) 各安全阀进行检查，发现漏后及时处理、重新定压。

☞ 109. 装置停工安全环保操作要求有哪些？

(1) 树立清洁生产观念，认真落实清洁生产措施，减轻停工吹扫过程的环境污染。

(2) 停工吹扫过程中注意设备及个人防护，防止出现 H_2S 中毒。

(3) 严格控制周边动火点，停工吹扫期间，周边区域禁止一切用火作业及车辆通行。

(4) 加强吹扫过程中环境保护，避免“三废”的无组织排放。

(5) 停工后落实好防硫化亚铁自燃措施。

(6) 停工期间装置现场配备的各类消防、气防器材确保完好，定位摆放。

☞ 110. 如何防止硫化亚铁自燃？

硫化亚铁遇到空气而发生燃烧的现象叫做硫化亚铁自燃。硫化亚铁一般在分馏塔顶部以及顶部油气冷却器位置生成，此外在顶回流管线、顶回流换热器、轻柴油管线和换热器也存在硫化亚铁。防止硫化亚铁自燃的方法是阻止空气和硫化亚铁接触，一旦发生硫化亚铁自燃，则应立即切断空气来源，吹入蒸汽并打水迅速降温。在停工过程中要始终保持反应压力大于再生压力，以防空气倒窜入分馏系统。目前，许多装置都采取化学方法从根本上解决硫化亚铁自燃问题，取得了良好的效果。分馏塔停工扫线蒸塔后，用硫化亚铁钝化剂处理易发生硫化亚铁自燃的设备管线。以分馏塔顶为例，配制好硫化亚铁钝化剂，用水泵将钝化介质送到分馏塔顶油气线或塔顶，然后对管线、换热器、空冷进行处理，检修时从容器、塔内清理出污泥和铁锈屑等杂物中含有的硫化亚铁。处理时应慎重，一般选择安全的地点埋入地下，以免暴露在空气中引起自燃。

☞ **111. 催化裂化装置工艺方面有哪些防冻凝措施?**

(1) 入冬前要对装置及系统各伴热线集中检查一次，发现问题及时处理确保伴热线畅通，利于冬季安全生产。

(2) 冷却水的调整：对装置水冷器，要在满足工艺指标的前提下对其用水量进行及时调整。确保产品安全稳定送出装置，同时最大限度降低用水以节约能耗。

(3) 除正常投用的物料线外，关系到装置安全生产的不合格汽油线、不合格柴油线、污油线等必须保证畅通，以待装置发生问题时及时投用。

(4) 对装置闲置的水线要将一次阀关闭，加盲板。低点放空，排净内存水，对正在使用的水副线，要适当将副线阀门打开过水保证不冻。

(5) 对装置的吹扫蒸汽线尽量在一次阀处加盲板，低点放空，对消防管线采取低点放空以应急备用。

(6) 风、氮气线要定期检查脱水。

☞ **112. 催化裂化装置设备方面有哪些防冻凝措施?**

(1) 加强对各回流罐脱水包脱水情况进行检查。

(2) 加强鼓风机冷却水线的检查和燃料油系统的检查。

(3) 加强压缩机冷却、伴热等的检查与维护。

(4) 冷却器冷却水保持流动，不断流。

(5) 空冷器内介质不偏流。

(6) 各机泵冷却水线保持畅通，不断流，润滑油足量，备用机泵预热正常，盘车灵活。

(7) 加强对重油泵及压缩机的运行状况的检查，发现问题及时联系，及时处理，严格坚持事不过夜的原则。

(8) 注意各设备润滑油的液位状况，及时补充或更换润滑，注意润滑油的牌号要求。

(9) 加强巡检次数，提高巡检质量，保持各玻璃板伴热。塔注水线伴热、瓦斯线伴热等各伴热正常。

(10) 对装置重污油线用轻柴油灌通到罐区，防止凝线。

（11）对各吹扫线低点排空存水，用风扫净，防止冬季冻线。

☞ 113. 消防设施如何维护保养？

本装置内的消防设施包括灭火器、消防水线、消防水炮等。每个班次必须对干粉灭火器进行检查，并且交接班，发现有破损及时汇报车间。冬季时，消防蒸汽必须保证主线畅通；塔上的消防蒸汽在塔底最低点适量放空，保持畅通。各管廊框架区的消防蒸汽线全部打通流程，在各端点适量排空；每个班次必须进行检查，并且交接班，一旦发现冻凝现象必须立即处理，直到畅通为止；各消防蒸汽胶带必须专用，任何人不得挪为它用；各消防蒸汽在使用后必须要按原排放汽量调好备用；当班出现任何消防蒸汽胶带漏、损等问题，必须当班更换处理。

第十二章　催化裂化装置事故案例分析

☞ 1. 蒸汽压力波动引起两器差压自保动作事故

（1）事故经过。某年3月5日，某催化裂化装置因为外系统切换锅炉，中压蒸汽压力波动，中压蒸汽压力低，低压蒸汽压力超高，2#主风机是背压式透平，2#主风机中压蒸汽用量由65t/h增大至86t/h，机组岗位打开2#主风机背压蒸汽放空阀放空，并打开脱水阀进行脱水，由于低压蒸汽带水量大，气压机（低压蒸汽驱动凝汽式）转速波动，沉降器压力波动，自保系统自动启动两器差压自保，带动进料自保，切断进料，分馏蜡油循环，气压机打反飞动低速运转，锅炉切出放空。

（2）事故处理。加强蒸汽脱水，2#主风机降负荷供风，（中压蒸汽补低压蒸汽）在三器流化正常后，恢复提升管喷油，装置生产正常。

（3）原因分析。① 动力系统发生故障，中压蒸汽压力波动大，操作工处理不够果断。② 操作工技术水平低，中压蒸汽压力、温度由3.3MPa、410℃跌低至2.5MPa和270℃时，原来有部分中压蒸汽补低压蒸汽，未能及时切出中压蒸汽补低压蒸汽，未能及时脱水，致使低压蒸汽大量带水，气压机转速波动，沉降器压力波动，自保系统自动启动两器差压自保，带动进料白保，切断进料。

（4）经验与教训。① 中压蒸汽压力低时，及时切出中压蒸汽补低压蒸汽，要及时脱水，加强监控。② 动力系统加强管理，保证蒸汽压力平稳，出现异常情况时要通知有关车间（脱水）。③ 加强机组和反应岗位的联系，平衡好中压蒸汽和低压蒸汽压力和温度，针对此类事故多做事故演习。

☞ 2. 待生塞阀失灵造成装置切断进料事故

（1）事故经过。某炼油厂催化裂化装置为同轴式反应－再生系统，由于待生塞阀失灵全关，两器流化中断，再生器一密相、二密相催化剂藏量逐步分别降到2t、4t，由于操作工判断不及时，引起反应温度低低自保动作(该装置设有反应温度低低自保)，造成装置切断进料。

(2) 事故处理。反应温度低温自保切断进料，待生塞阀修复后，重新组织进料，恢复生产。

(3) 原因分析。待生塞阀失灵关死，两器流化中断，反应内操判断不及时，造成反应温度低温自保动作切断进料。

(4) 经验与教训。① 加强技术培训，制定事故预案，并组织学习，提高每一位操作人员的技术素质。② 提高事故演练活动的质量，提高每一位操作人员处理突发事故的能力。

☞ **3. 烟囱爆燃事故**

(1) 事故经过。某催化装置反应-再生系统结构形式是外置提升管反应器，再生工艺采用两段串联再生技术，第一再生器和第二再生器并列，沉降器与一再同轴，一再贫氧再生，二再富氧再生。某日，三机岗位发现2#、3#主风机自保盘上“风机保护”红灯亮，3#风机自保“电机跳闸”红灯亮，“机组停机”红灯亮，但2#、3#主风机并未停机。由于“装置自保”信号灯亮，使2#、3#主风机出口放空阀打开，造成主风总流量低低限自保，带动反应进料、两器差压、增压风自保动作。在消除仪表假信号后，2#、3#主风机重新向再生器供风，在主风自保复位后，一再、二再单容器流化约12min，密度、藏量、压力正常后，向二再转剂。二再二密相藏量35t时发生第一次塌方，由于处理及时很快恢复流化，但在三器流化的过程中，二再二密相藏量38t时发生第二次塌方(二再二密相藏量正常为15~20t，二再一密相藏量正常为7~9t)，二再二密相藏量催化剂全部塌下至一密，使主风无法进入二再全部走一再。二再压力快速下降，造成提升管油气随蒸汽倒窜入二再，当二再一密催化剂被吹起来流化后，二再烟气带着油气进入烟囱后与一再的富氧烟气混合发生爆燃，装置被迫非计划停工。

(2) 事故处理。装置非计划停工，检修23天后恢复生产。

(3) 原因分析。① 仪表故障造成装置主风总流量低低限自保。② 操作工未能正确及时处理事故，安全意识不强。

（4）经验与教训。① 加强仪表管理、隐患检查和治理工作。② 加强职工技术培训，提高职工技术水平，增强安全意识，并经常组织职工进行事故演练，防止同类事故的发生。③ 整改措施：二再分布板堵孔 20%，二再二密藏量自动控制改一密藏量控制半再生滑阀。

☞ 4. 再生斜管堵塞，流化中断事故

（1）事故经过。某炼油厂 RFCC 装置某日 14 时，反应温度、反应压力大幅下降，开大再生滑阀（滑阀压降正常）情况略有好转，至 17 时左右，反应温度控制不住，被迫切断进料，停工处理。

（2）故障处理。反应温度下降后开大再生滑阀，降低进料量，启用提升管事故蒸汽，反应温度稍有回升，再生滑阀差压满量程。结合再生斜管滑阀上方出现大面积红斑，判断再生斜管上方有大面积衬里脱落。堵塞再生滑阀阀道。密切注意反应温度和压力，全开再生滑阀，至反应温度和压力有回升，再关小再生滑阀，往返操作数次。至 17 时，催化剂循环量仍然不能满足正常生产的要求，切断进料，紧急停工抢修。

（3）原因分析。停工打开再生斜管发现斜管内套筒损坏，内衬里大面积脱落，再生斜管人孔内护圈变形脱落，挡在再生滑阀上方，大块衬里堵塞整个通道，催化剂循环受堵。

（4）经验与教训。对反应-再生系统衬里进行修补，特别是斜管要采用整体的方式，并严格按升温曲线升温烘干，不能心存侥幸，抢工期，影响施工质量，给生产带来隐患。

☞ 5. 催化剂倒流事故

（1）事故经过。某日晚 10 时左右，某催化装置 1# 主风机机组振动报警出现几次，轴振动自保动作，造成 1# 主风机停。此时反应岗位主风低流量自保未投自动，声光报警屏按钮是用纸塞住的，反应岗位操作员此时又在长时间调看其他屏幕，分馏岗位操作员提醒声光报警屏上的灯都亮了。反应岗位操作员才调回总幕，紧接着调看主风机组板面后才手动启动主风机自保，但还是

造成了催化剂从 1#再生器分布环倒向主风机出口，部分进入机组的严重后果。

（2）经验与教训。① 自保投用不合理，机组振动自保投用，主风低流量自保未投。② 报警系统应处于完好状态，声光报警屏幕按钮不能塞住。③ 操作工应紧盯幕，操作台不能离人，及时分析各参数变化。④ 停机后，主风机岗位应尽快赶到现场检查出口单向阀，阻尼阀是否动作，应及时关闭出口单向阻尼阀和出口阀，防止催化剂倒流入机内。

☞ 6. 主风分布管人孔盖掀开事故

（1）事故经过。某日 3 时 45 分，某炼油厂催化裂化装置再生器过渡段密度突然下降，密相密度升高，增压风、主风出口管线振动大，三器晃动大，外取热产蒸汽量大幅度波动，当班人员请示值班干部后及时停用外取热器。

① 停用外取热后，振动稍有减小，但没有根本转变。

② 根据主风出口压力下降（由 240kPa 降至 235kPa）、主风分布管压降下降了 5.5kPa（由 11kPa 降到 4.5kPa）及再生器各温度和密度的突变，判断主风分布管严重损坏。请示厂部后，决定停工。9 时切断进料，并开始卸剂。

③ 切断进料后，振动仍然较大。13 时 30 分左右，当再生器藏量降到 45t 以下，再生器晃动才基本停止。

④ 9 月 8 日进再生器检查发现主风分布管人孔盖被吹掉，该人孔上方正对二级旋风分离器的翼阀护罩和舌板被主风吹掉。由于停工及时，未引发次生事故。

（2）事故处理。两主风分布管人孔盖改为对边缘进行切削开坡口后重新进行堆焊恢复；对外取热汽包蒸汽管焊缝进行着色探伤检查未见异常，内取热管弯管测厚并进行外表检查没发现明显的机械损伤，目测无变形。对反应–再生系统进行了全面的外部检查未发现异常。

（3）原因分析。主风分布管人孔盖原设计和施工的焊接方法为角焊。焊点承受的拉力很大。在高温和腐蚀状态下易拉裂。

（4）经验与教训。在处理突发性事故时要正确判断，快速处理，避免事态扩大。

☞ 7. 生产管理差、原料变化、造成“炭堆积”

（1）事故经过及处理。某炼油厂发生一起因“炭堆积”造成装置停工三天的事故。

某日某催化装置处理1206#罐原料油，操作一直平稳。因1206#罐油即将炼完，18时45分时炼油厂调度员通知重油催化操作工于19时带炼1208#罐原料油。在带炼1208#罐原料油之前，操作工向厂调度员要1208#罐化验单，调度说：“你们先带炼1208#罐原料，等找到1208#罐化验单送给你们”。约19时30分左右，装置原料缓冲罐液位急降，原料油进装置突然减少。报告给调度员后，再次要原料分析数据，答复是数据在中试室(其实并无分析)。约19时45分，第二再生器温度呈上升趋势，二再密相温度由18时(正常)的719.6℃上升到743.3℃，操作人员将提升管出口温度由519.5℃提高到523.3℃，提高第一再生器主风量，将原料油预热温度由213℃逐渐降到190℃，但多点温度仍继续上升。21时14分开始降原料处理量，第二再生稀密相温差减少，但仍有10℃，操作人员采再生催化剂样检查发现变黑，操作上仍继续降量，提高反应提升管出口温度到535℃。约21时30分，第二再生器密相温度超过800℃指标，处理量则降到最低，继续采回的催化剂全黑，于21时50分左右采取进料自保措施，三器单容器流化，将主风量降至最低烧焦。第2日1时烧焦完毕，至4时一、二再温度恢复正常，烧焦过程由于缺乏取热手段，两再生器最高温度曾达到1050℃。为防止设备超温损坏设备，决定停工。

（2）原因分析。原料油性质突变超重，处理不及时。

（3）经验与教训。① 缺乏处理严重“炭堆积”的经验。根据美国石伟公司的设计，装置反应-再生系统处理原料油有一定的灵活性和局限性。这次当班操作工人在没有分析报告情况下未能判断原料油性质严重变化，仍按以前换罐出现的现象处理，因而未能及时采取有效的措施，终于未能避免因“炭堆积”而造成的设备超温事故。由于这套装置开工时间不长，对其工艺特点、优化操作的认识有待进一步提高。

② 管理制度不完善，交接班制度执行不严。调度在这个过程中，一：前一日1208#罐委托分析后，没有人过问这个事情，责任心不强。二：1206#罐当日中午油品报罐尺，当班人员未及时更换罐尺，一直误认为1206#还有3200t左右原料，实际只有2000t，到当日下午才发现黑板上罐尺未改，决定重催换1208#罐。同时在这个时候出现1208#罐没有原料分析单，19时换罐后即发生“炭堆积”事故。

☞ 8. 气压机喘振，造成再生斜管下料不畅

（1）事故经过。某年2月7日9时，某催化装置气压机突然喘振，出口富气量从13.5km^3/h左右直线下降，反应压力超高，两器差压增大，造成再生斜管下料不畅，提升管出口温度从512℃开始缓慢下降，9时27分急剧下降，现场发现大烟囱冒黄烟。

（2）事故处理。反应岗位投进料自保切断进料，各岗位按紧急停工处理。

（3）原因分析。气压机喘振原因主要为因冬季气温低，气压机入口温度最低至27℃，造成富气中轻组分含量较多；另外提升管注入预提升干气1400m^3/h，干气组分较轻，C_3以下组分占80%，造成气压机喘振。① 气压机调速器有卡涩现象。② 反应岗位放火炬不及时，造成反应压力超高，再生斜管流化失常。③ 提升管出口温度滞后，热电偶位置取点不合适，造成实际反应温度过低，原料无法进行裂解，引起待生催化剂带油，导致大烟囱冒黄烟。

（4）经验与教训。① 事故处理不果断。气压机发生喘振时，气压机岗位未能及时开气压机出口放火炬。② 反应压力超高时，反应岗位未能及时开气压机入口放火炬，控制好反应压力。③ 反应温度取点不合适（于提升管出口粗旋升气孔处），变化速度太慢，处理事故时只注意此点的温度而忽略了对提升管中部温度的观察，造成实际反应温度过低（<460℃）致使切进料不及时，待生催化剂带油。

☞ 9. 待生立管烧坏事故

（1）事故经过。某催化裂化装置采用两段串联再生技术，第

一再生器和第二再生器并列，沉降器与一再同轴，一再贫氧再生，二再富氧再生。某年4月21日，在开工过程中，反应-再生系统升温严格按升温曲线进行，达到拆除大盲板条件，装置开始逐渐关闭待生塞阀和再生滑阀，创造条件给检修人员拆除大油气管线至分馏塔前大盲板。但由于清焦不彻底和操作人员对待生立管个别温度监测不力，待生立管焦炭发生自燃，未及时发现处理，造成发生待生立管烧坏。

（2）事故处理。装置停工，修复待生立管7天后恢复生产。

（3）原因分析。① 检修时待生立管清焦不彻底，由于热胀冷缩焦块脱落至待生立管（待生塞阀已关），焦块在待生立管发生自燃引起局部高温，造成待生立管烧坏。② 操作人员对待生立管温度监控不力。③ 待生立管焦炭发生自燃时，未及时发现，通蒸汽降温处理。④ 没有按时记录沉降器关键部位温度。

（4）经验与教训。① 把好检修质量关，在检修完毕后要检查反应-再生系统清焦是否彻底。② 加强职工操作技术培训，提高职工对危害的认识。

开工升温阶段，要求按时记录关键部位温度，特别是在沉降器温度急剧变化的时候。

☞ 10. 待生滑阀阀杆断裂事故

（1）事故经过。2004年某日零时30分，某炼油厂高低并列式催化裂化装置反应操作员发现沉降器料位上升，一再料位下降，待生滑阀阀位自锁报警。反应操作员将沉降器料位由自控改为手动控制，将输出信号减小，消除阀位自锁后，发现待生滑阀阀位没有变化，反应操作员立即通知外操去现场进行确认，外操到达现场后与内操联系确认发现待生滑阀阀位没有变化，立即将滑阀改为机械手轮操作，结果阀位仍未变化。班长立即将情况汇报有关人员，经过有关职能部门确认，待生滑阀阀杆断裂，决定装置停工抢修。

（2）事故处理。装置切断进料后，经检查确认，待生滑阀阀杆已经断裂。更换阀杆后，装置重新组织进料，恢复生产。

（3）原因分析。① 待生滑阀阀道吹扫蒸汽量太大，长时间冲刷易造成阀杆断裂。② 待生滑阀阀杆材质不好，质量差，使用年限长，经不起长时间蒸汽吹扫和催化剂的磨损。

(4)经验与教训。① 将待生滑阀阀道吹扫蒸汽孔板直径由15mm改为10mm，减少蒸汽量。② 阀道吹扫蒸汽为24h不间断吹扫，改为每班定时、定量吹扫。③ 待生滑阀阀道吹扫蒸汽孔板副线用盲板盲死，禁止使用副线阀吹扫阀杆和阀道。

☞ 11. 再生器脱气罐衬里脱落造成切断进料事故

(1) 事故经过。2004年某日18时，某炼油厂催化裂化装置反应内操突然发现装置再生滑阀下压降低报警，脱气罐料位大幅波动且上升，密度增大，反应温度由490℃急剧下降，沉降器料位也大幅降低。立即开大再生滑阀，调整两器差压，降低两器压力，并大幅降低处理量，经多次大幅度开关再生滑阀，没法维持生产，18时15分切断进料处理。

(2) 事故处理。切断进料后，现场反复大幅开关再生滑阀，最大达全开状态，于18时45分催化剂循环正常，19时提升管喷油，装置恢复生产。

(3) 原因分析。① 直接原因：脱气罐衬里质量差，导致大块衬里脱落，堵塞再生滑阀阀道。② 间接原因：再生斜管振动大，导致大块衬里脱落，堵塞再生滑阀阀道。

(4)经验与教训。① 检修确保施工质量。② 科学制定衬里升恒温曲线，并严格按升恒温曲线升、恒温。加强两器闭灯热检工作。③ 加强职工培训，对类似事件进行演练。

☞ 12. 开工点炉，造成闪爆事故

(1) 事故经过。某日，某催化装置开工点炉时，从下午2时开始一直到晚上7时才将炉点着。随即往再生器并主风、准备再生器升温烘衬里。因操作员往再生器并主风时一次风开得过大(15%)，将炉火嘴吹灭，当时操作员着急，只用风吹了一会就开始继续点炉。不长时间就将炉点着，但是不到5min的时间再生器、三旋、余热炉等处发生了闪爆。将烟囱顶部的消音板崩下来，同时三旋、余热锅炉内部都造成不同程度的损坏，三旋内部单管脱落，余热锅炉外壳崩开，分布板变形等。

（2）原因分析。炉火熄灭后，没有足够的吹扫时间，使存在炉膛里的瓦斯只吹到后部三旋、余热炉内，从而造成闪爆事故。

（3）经验与教训。① 往再生器并主风时不要一次开得过大。② 点炉火时一定要按点火程序点火，不能投机取巧。

☞ 13. 误操作造成停工事故

（1）故障经过。某日 9 点，反应岗位操作员在调 B102（主风机）出口放空过程中，过于性急，在计算机屏幕上将表 FIC-102B 调出（此表处于手动状态）当时状态值是 91，操作工未加分析就记为是自动状态，用数字键输入流量 91。实际是给定 91（阀位），此阀是风关阀，自动开启主风放空。致使主风低流量自保动作，造成停工，自保动作后又没有退放空信号，就急忙复位，造成主风机喘振，被迫停工。

（2）原因分析。仪表处于自动、手动都没有看清楚，误将输出当作给定。

（3）经验与教训。① 动作幅度过大，特殊关键阀门，不能用数字键只能用单、双箭头慢慢给。② 调压操作一定要心细，平时加强心理素质训练，经常想想突发事故的处理程序，做一些模拟练习。

☞ 14. 滑阀控制系统故障导致滑阀失控事故

（1）故障经过。某催化装置，两器形式为同高并列，MIP 提升管反应器。某年 8 月 22 日出现待生中间滑阀（待生中间滑阀用来控制提升管预汽提段藏量，使催化剂进到沉降器汽提段）失控的现象。检查是由于滑阀供电系统引起的，决定新上一组电源单独给滑阀供电，来解决此问题。9 月 6 日新上电源到货做实验检查。9 月 7 日准备将滑阀供电移到新电源上。在未接线前 15 时 10 分待生中间滑阀突然全关，造成提升管预汽提段藏量，迅速上涨至 100%，16 时 15 分待生滑阀又突然失控全关，造成汽提段藏量迅速上涨至 90%。

（2）故障处理。① 外操人员迅速到现场将待生中间滑阀和待生滑阀改成就地控制，用液压手动将阀打开，视氧含量向再生器转剂，操作恢复正常。② 17 时 20 分仪表将新电源的接线完成，准备和滑阀供电的端子连接。操作员配合进行电源切换，首先将待生滑阀改为就地手轮控制，电源切换后新电源上电压显示为1.4V，改中控室控制后待生滑阀正常工作。③将待生中间滑阀改为就地手轮控制，电源切换后新电源上电压显示为2.4V，改中控室控制后待生中间滑阀正常工作。④最后将再生滑阀改为就地手轮控制，电源切换后新电源上电压显示仍为2.4V，仪表人员进行调试，调试过程中待生滑阀突然全关，操作人员又快速赶到现场改就地控制，此时用就地液压手动不能打开滑阀，操作员改手轮控制。⑤仪表现场检查后发现待生滑阀电磁阀故障将其更换。将待生滑阀改投自动控制。19时50分经仪表确认后，也将再生滑阀改为中控室手动控制，操作恢复正常。

（3）原因分析。由于滑阀控制系统供电是DCS机柜电源供给的，此电源还供给催化装置的其他AI/AO点的用电，机柜的负载增大，供给滑阀的电压下降，造成电磁阀动作是以上几次滑阀失控的原因。

（4）经验与教训。①MIP工艺改造后比原来多增了待生中间滑阀，待生循环滑阀，但电源系统并没有升级，所以发生以上事故。②操作员一定要熟练各滑阀操作步骤，出现问题能快速切换到液压手动控制，或现场手轮控制，尽快恢复操作。

☞ 15. MIP工艺提升管反应器噎塞故障事故

（1）事故经过。某催化装置两器为同高并列，再生器为前置烧焦罐，MIP提升管反应器。2006年某日7时由于反应-再生系统流化出现波动，造成一反出口温度急速下降，二反藏量起初控制较高在10t左右（为了降低汽油烯烃含量），由于提升管线速变小，二反藏量迅速上升，很快达到满量程，使提升管压力降快速增加，导致提升管反应器噎塞。反应温度快速下降，引起气压机入口富气量急剧减少，造成气压机喘振。

（2）事故处理。由于提升管噎塞突然发生，等到操作员反应过来，开大外补蒸汽和预汽提蒸汽提高提升管线速阻止噎塞时，已经控制不住，只能关小再生滑阀，降低处理量，由于反应温度下降使气体量减少造成气压机喘振，反应压力只能用气压机入口放火炬控制。

（3）原因分析。① MIP 改造后，操作理念应大幅改变，增加了二反藏量控制点。在加工量较低的情况下，降量或流化异常时，气体量减少使提升管线速下降，并造成二反藏量大幅上升，如果不及时地给入外补蒸汽或提高提升管提升干气和蒸汽量提高线速，就会使提升管总压力降迅速升高，导致提升管噎塞的现象发生。② 为了降低汽油烯烃含量，二反藏量控制在较高的范围上，提升管总压力降比较高，在操作波动时增大了提升管噎塞的可能性。

（4）经验与教训。① MIP 改造后，操作员的操作意识还有待提高，新工艺操作方法有待于摸索。② 出现二反藏量大幅上升和提升管总压力降升高的现象时，应及时地给入外补蒸汽或提高预提升干气量和预提升蒸汽量来提高提升管线速，并迅速手动关小（或关闭）待生循环滑阀，保证二反藏量处于可控范围内，保持提升管的总压力降不要超高，确保流化正常。

☞ 16. 锅炉给水调节阀失控造成装置停工事故

（1）事故经过。1998 年某日，某催化装置余热锅炉给水调节阀失控，汽包液面超高，造成中压蒸汽带水，2# 主风机（背压式透平）被迫停机，3# 主风机（电机驱动）自停，装置联锁自保。该催化裂化装置采用两段串联再生技术，第一再生器和第二再生器并列，沉降器与一再同轴，一再贫氧再生，二再富氧再生。在恢复三器流化的过程中，沉降器待生立管下料不畅，流化困难，被迫非计划停工。

（2）事故处理。装置非计划停工，沉降器清焦，检修 17 天后恢复生产。

（3）原因分析。① 余热锅炉给水调节阀失控，造成中压蒸汽压力及温度低。② 中压蒸汽压力低时，未能及时降低 2# 主风机的负荷，未能及时脱水，致使中压蒸汽大量带水，2# 主风机被迫停机。③ 由于有自产中压蒸汽补低压蒸汽，低压蒸汽带水使 3# 主风机小透平油泵自停，3# 辅助油泵（电机驱动）未能及时启动，造成 3# 主风机自停，带动进料自保，切断进料。④ 沉降器焦块掉落，使待生立管堵塞，流化不畅造成装置停工。

（4）经验与教训。① 中压蒸汽压力低时，要及时脱水，并及时切出自产中压蒸汽补低压蒸汽。② 余热锅炉给水调节阀失控时要及时改手动控制，控好液面，必要时可用紧急放空阀放水，防止蒸汽带水。③ 定期开展事故演练，提高事故处理能力。

☞ 17. 锅炉给水泵故障引起进料自保事故

（1）事故经过。某催化装置锅炉给水泵 A 泵故障（电机跳闸）自停，备泵 B 泵自启动失灵，改手动也无法启动。后重新启动 A 泵时振动大，泵不上量，蒸汽系统给水中断，系统压力大幅波动，2#主风机（背压式透平）因中压蒸汽压力低喘振，防喘振阀自动打开，造成主风低流量自保，装置切断进料，气压机入口放火炬，锅炉切出系统。

（2）事故处理。装置正常 1#、2#主风机供风，开起 3#主风机（电机带动）后，装置重新进料，恢复正常生产。

（3）原因分析。① A 泵电机跳闸自停，B 泵自启动不了，手动也无法启动 B 泵，经过检查电器有故障，是造成这次事故的主要原因。② 未及时把装置的中压蒸汽切出系统，无法维持中压蒸汽压力，保证 2#主风机使用蒸汽的压力和温度。

（4）经验与教训。① 加强设备的维护，重要机泵要保证处于良好备用状态。② 要加强电器设备的管理，做好重要机泵的电器维护工作。③ 加强职工技术培训，提高职工技术水平。

☞ 18. 分馏塔底液面满导致再生器超温切断进料事故

（1）事故经过。某炼油厂 1.2Mt/a 反再高低并列式催化裂化装置由蜡油催化改为重油催化后第一次开工，装置于 14 时提升管喷油后，操作人员调整操作，生产趋向平稳。19 时操作人员发现沉降器压力上升，同时发现反应-再生器压力倒挂、再生器温度急剧上升，操作人员立即降掺渣量和处理量，但第一再、二再温度继续迅速上升，二再温度超过 800℃，一、二再生烟道管线发红，CO 锅炉炉膛超温，装置被迫切断进料。

（2）事故处理。① 切断进料后，发现许多仪表存在测量不准的现象，联系仪表工校验并进行全面清查。并更换大油气线进分馏塔前的压力表。② 停止蜡油、渣油进装置，启用两台油浆泵通过油浆紧急放空线控制分馏塔底液位。③ 至次日 8 时装置重新组织进料，恢复生产。

(3) 原因分析。① 装置改造后，仪表工没有及时校验各仪表，分馏塔底液位失灵，导致分馏塔塔底液位满，淹没了反应油气进分馏塔入口，使沉降器憋压，催化剂带油，造成再生器严重超温。② 操作人员没有及时联系仪表工校表，也没有从物料平衡上判断出生产异常。而在分馏塔底液位失灵的情况下，一直采取回炼油补塔底来控制分馏塔底液位。③ 外操没有及时对分馏塔底液位指示与现场玻璃板液位计进行核对。④ 操作人员对装置改造后的操作缺乏经验。

(4) 经验与教训。① 装置进行检修、改造后，对重要设备、仪表等关键设备要进行确认和试运行，确保开工阶段主要设备运行正常。② 操作人员对生产中出现的异常情况要进行多方面判断和确认，对新工艺、新设备要做到心中有数。③ 一旦出现异常，要及时汇报并做出正确处理。

☞ 19. 稳定汽油带液态烃事故

(1) 事故经过。某厂催化裂化装置清洗气压机复水器/西组，装置降负荷生产，当天白班原料油加工量只有 560t，负荷率为 46.67%。10 时，分馏塔二中循环抽空及稳定塔底温度调节阀调节滞后，稳定塔底热源不足，塔底温度瞬间降至 140℃，10 时 10 分，稳定汽油出装置带液化气，同时，稳定汽油泵自停，出装置汽油量特别大，引起罐区汽油罐顶冒液化气。

(2) 事故处理。① 关死稳定汽油出装置调节阀，保证稳定汽油不带液化气至罐区。② 立即开回炼油补分馏塔二中段回流，保证稳定塔底热源。③ 暂停补充吸收油量(稳定汽油)，减少吸收油在稳定系统循环换热引起的热量损失。④ 适当降低稳定塔的操作压力。⑤ 经以上调整后，稳定塔底热源恢复正常(塔底液相温度>160℃)，慢慢增大稳定汽油出装置量。

(3) 原因分析。① 装置负荷率偏低，引起分馏塔二中循环回流抽空，造成稳定塔底热源不足。② 操作人员经验不足，对装置降负荷生产时，调节不及时。③ 装置正在进行控制系统切换，操作人员对控制系统未完全适应。

（4）经验与教训。① 严格控制稳定塔底液相温度>160℃。当分馏塔二中段循环回流中断时，稳定岗位马上通知调度员，联系稳定汽油改走不合格线。② 装置在低负荷生产，分馏塔二中循环流量不足时，及时开回炼油补二中循环回流，防止二中循环回流油泵抽空。③ 反应岗位降处理量时，必须加强岗位联系，加强监控，稳定岗位要及早调节稳定塔底温度，保证稳定塔底温度操作平稳。

☞ 20. 解吸塔重沸器出口温度计腐蚀穿孔事故

（1）故障经过。某炼油厂当班班长在巡回检查时发现解吸塔重沸器（E304）出口温度计腐蚀穿孔，重沸器内高压脱乙烷汽油大量外泄，班长立即汇报值班和生产管理部门。

（2）故障处理。① 联系消防、气防，做好应急措施。消防队迅速赶到现场进行隔离保护。② 反应降处理量，反应、再生压力按 60%负荷调整，主风相应调整。③ 气压机切出系统，用气压机入口放火炬控制反应压力。④ 停吸收解吸。吸收塔、再吸收塔、解吸塔三塔泄压放火炬。⑤ 解吸塔重沸器热源 E304 切出，分馏粗汽油直接进稳定塔，保证蒸汽压合格。⑥随着解吸塔压力降低，汽油泄漏量有所缓和。现场用蒸汽掩护，做好消防工作，压力基本泄尽后更换管嘴。处理过程约 3h。

（3）原因分析。脱乙烷汽油中硫化氢导致重沸器出口温度计腐蚀穿孔。

（4）经验与教训。① 检修时未对重沸器压力附件进行仔细检查，腐蚀的管嘴没有得到及时更换。由于发现及时，处理故障，未造成恶性事故。② 加强设备管理，做好设备防腐监控台账，加强设备防腐和检修质量。③ 认真落实巡回检查制度，及时处理事故应患。

☞ 21. 回炼油泵密封泄漏起火事故

（1）事故经过。某炼油厂催化裂化装置由于回炼油泵密封漏，大量回炼油喷出自燃，引起分馏泵房着火，17 时 08 分装置切断进料，后因火势太大，装置全面紧急停工。

（2）事故处理。因火势太大，为防止事故扩大，在报警的同时装置紧急停工。

（3）原因分析。回炼油泵密封泄漏，大量回炼油喷出自燃，造成火灾。

（4）经验与教训。① 严格执行巡回检查制度，确保及时发现及解决故障。② 严格把好检修质量关。③ 加强对职工的责任心教育，深刻吸取事故教训，端正态度提高工作质量，确保装置的安全生产。

☞ 22. 分馏塔油浆系统管线堵塞事故

（1）事故经过。某催化车间，因为三机组现场配电盘失电（UPS 断电），三机组停机，装置主风自保动作，装置紧急停工。

（2）事故处理。装置开备机后，由于再生器第二密相床采用主风分布板，因此在主风中断后，大量催化剂落入烧焦罐。烧焦罐内催化剂藏量过高，主风并不进去。后卸出部分平衡剂，将主风事故蒸汽给大，松动后，主风并入系统，开始单容器流化，待生路线有下料不畅的现象，仪表指示两器藏量逐渐减少，只好启用大型加料线补充平衡剂，但是再生藏量依然不见增加，推测汽提段有焦块挡住了待生催化剂的输送路线，引起藏量和密度表正负差压测量值无法反映其实际差压，催化剂大量在沉降器中，在多次活动滑阀和汽提蒸汽后，仍不能正常流化。经研究认为汽提段确实存在问题，开始组织进行停工。在反应进行紧急停工时，分馏出现了油浆循环逐渐断流的情况，反复处理未见效果；油浆外甩也无法维持，给汽扫线也无法将外甩线扫通。后停工检查发现油浆系统由于反应带过来的催化剂过多而出现大段管线堵塞的情况，尤其是油浆外甩线，该线在停工处理过程中已被全部拆除清理。

（3）事故原因。① 由于本年度装置因停电等突发事故引起切进料次数较多，造成沉降器顶部结焦较多，这次的主风中断事故时间较长，造成沉降器内温降过大，大量焦块落入汽提段造成流化失常。② 因焦块造成反应器多块仪表失灵，并造成旋风分离器工况失常，致使大量催化剂窜至分馏塔以致油浆系统发生堵塞事故。

（4）经验与教训。① 在事故后的开工过程中极易发生藏量、密度等仪表的失灵，大量催化剂转入沉降器后不见藏量上升应怀疑仪表假象。② 在处理汽提段不下料的过程中，频繁调整汽提蒸汽的流量时，应及时分析油浆的固体含量加大油浆外甩，防止油浆系统堵塞。

☞ 23. 催化裂化装置稳定区 H_2S 中毒事故

（1）事故经过。某催化裂化装置当班操作工发现吸收稳定系统的解吸塔塔底重沸器头盖大漏。因无法带压处理，于当天傍晚18时30分将解吸塔及重沸器切出吸收稳定系统。解吸塔及重沸器切出系统后，按相关的规程进行泄压、给蒸汽吹扫处理(此后解吸塔内一直给上蒸汽，塔顶放空排大气，塔底放空阀稍开排凝)，准备好对重沸器的检修工作。4日上午检修人员进现场施工，在车间人员监护和解吸塔及重沸器给汽吹扫掩护的状态下，重沸器壳体进出口管拆法兰，装上三块盲板，将解吸塔与重沸器隔开。5日经有关部门确认后开始对重沸器头盖漏点进行检修。6日下午14时检修人员进场施工时未通知当班人员，又无车间管理人员在现场监护情况下，检修人员在施工中突然发觉作业环境有异味，感觉不适即撤离现场。

（2）事故处理。车间管理人员接到当班人员报告装置有人员中毒后，即赶赴现场。见一施工人员在离作业点5~7m处晕倒在地，车间管理人员和当班操作工迅速冲入现场将中毒者抬离毒区。在此过程中，另一施工人员在跟随车间人员再次进入现场救人时感觉不适，离开现场后也晕倒了。晕倒的施工人员经医护人员抢救后醒来，经5天治疗后康复。

（3）原因分析。由于解吸塔塔顶与含硫瓦斯线相连的切断手阀关不严，且当时塔内给汽量较少，致使解吸塔塔顶切断阀后1.0MPa相连的含硫瓦斯窜入解吸塔内，从塔底放空处排出，从而引起施工人员中毒。

（4）经验与教训。① 重新制定重沸器检修的HSE方案，增加解吸塔塔顶切断手阀盲板。② 落实好检修施工现场的专责监护人员，加强对检修施工现场环境采样分析，落实防止中毒安全措施。③ 加强岗位技术练兵，提高职工技术素质，特别要注重提高职工对突发事故的应变处理能力。④ 对检修施工人员进行相关安全教育，提高检修施工人的安全意识。

☞ 24. 液化气泵着火事故

（1）事故经过。某日 18 时 30 分，某炼油厂催化装置外操巡检至精制区液态烃脱硫塔进料泵时发现密封有泄漏，当班联系钳工到现场检查后认为问题不大，钳工建议用蒸汽吹扫端面可继续运行，23 时该泵基本正常，但 23 时 38 分，接班人员发现精制区液态烃脱硫塔进料泵附近着火，马上报火警。当班班长去现场确认时，火势已迅速扩大无法控制，于是装置按紧急停工处理。当班与接班人员迅速进行火场应急处理，在大家和消防员一起奋力扑救下，0 时30 分火势得到控制，为防止二次爆炸，保持明火到 2 时 40 分才完全扑灭。由于消防车及时对周边设备进行冷却保护，才未发生更大的事故。

（2）事故处理。① 由于设备损坏严重装置全面停工。② 装置抢修 6 天，恢复损坏的设备。

（3）原因分析。① 在发现液态烃脱硫塔进料泵端面轴封泄漏的情况下，未按制度要求及时检修，而是按照钳工建议用蒸汽吹扫端面，延误了时间，该泵带病运行 5h 后轴承损坏出现了烧轴。② 由于电机功率较大，泵轴仍在转动，该泵电机没有跳，在转动过程中摩擦产生火花引燃液化气，燃烧的高温促使泵密封和泵出口法兰密封完全失效，造成液态烃脱硫塔进料缓冲罐内 $50m^3$ 的液化气大量泄漏燃烧，高温还导致框架内的其他物料管线爆裂，引起更大的火势。

（4）经验与教训。虽然有电机功率不匹配，泵的密封形式落后等客观原因，但还是对隐患和缺陷不重视，处理不及时，方法不正确。取消了液态烃脱硫塔进料泵及进料缓冲罐，稳定液态烃直接进脱硫塔，减少了一个安全隐患。将装置内烃类回流罐、缓冲罐抽出线器壁装切断阀。

☞ 25. 检修着火事故

（1）事故经过。某厂催化裂化装置检修，18 时 48 分，施工人员在分馏框架区准备对油浆管线进行割除，当打开此处油浆系统阀门(阀后低点没有排凝)，从拆开管线与阀门接口处有油水流出，当时操作人员巡检至该处，发现现场有油迹，准备开蒸汽清理现场，此时施工人员打着焊枪进行“试火”，点燃现场存油。

(2) 事故处理。因火势较大，当班班组拨打119报警，经过现场操作人员及检修人员的奋力扑救，在消防车到达现场之前将火扑灭，扑救时间约2min，造成损失很小。

(3) 原因分析。① 管线吹扫不干净，装置油浆管线内由于介质较重，且有结焦和催化剂较难吹扫干净，班组虽然按方案进行吹扫、检查，但仍有少量存油积在管线中的低处，而且该低点无排凝口，形成“死区”。② 现场监护不力。操作人员对监护区域环境处理不及时，在发现现场不具备动火条件时，未能及时制止动火，收回火票。

(4) 经验与教训。① 通过此起检修着火事故，应清醒地认识到管线吹扫后，应注意低点排凝畅通，如低点无排凝口，则应拆开相关法兰卸净油水，处理好残留物。② 监火人员在监火过程中应注意现场是否具备施工条件，如果条件不允许，应明确制止动火收回火票，并积极创造动火条件。

☞ 26. 原料油－油浆换热器火灾事故

(1) 事故经过。某催化装置原料油-油浆换热器从当年10月25日开始就有堵塞的迹象，油浆循环量逐步下降，最低至150m^3/h。(正常约230m^3/h)，严重影响分馏塔操作的热平衡以及产品质量。从11月13日开始连续多天柴油90%馏出温度超标，因此车间决定将原料油—油浆换热器西组停下撤出系统进行处理。11月17日零点班，该班班长根据车间的部署约5时50分带领岗位人员到现场改流程。

① 首先将原料油－油浆换热器西组的油浆(管程)改走副线，再关换热器西组油浆进出口阀。② 逐步关小原料油－油浆换热器西组原料油入口阀手阀一半，见原料流量平稳，只是原料预热温度下降遂将西组原料入口阀全关，然后关原料出口阀。当基本切换完后，在6时30分发现原料油－油浆换热器东组上台换热器北头盖法兰冒烟漏油，很快就着火，同时引燃旁边竹架。

（2）事故处理。开始用消防蒸汽灭火，但火势较大，最后报火警出动消防车扑救，同时启动进料自保，停原料泵，约6时50分将火扑灭。

（3）原因分析。① 在停原料油-油浆换热器西组的油浆及原料油时由于时间间隔太短，致使在短期内温度变化大而产生泄漏。② 流程改动的时候，未对设备温差的影响引起足够的重视。

（4）经验与教训。① 流程改动前要有预案，让职工有准备。② 车间通过这次事故教训，举一反三，加强职工的技术素质培训，提高职工的业务素质。

☞ 27. 硫化氢中毒事故

（1）事故经过及处理。某催化裂化装置分馏操作工甲到氨罐收配氨水，到现场后发现脱硫区液态烃罐就地脱水的排水井有臭鸡蛋味气体冒出(半小时前该液态烃罐就地脱过水)，即叫另一操作工乙在现场监护，甲戴好过滤式防毒面具开关阀门，待工作完成后，甲已感到头晕胸闷不舒服，经医生诊断为硫化氢轻微中毒。

（2）原因分析。① 液态烃含硫较高，因此造成的该液态烃罐排出污水含硫化氢高。② 该操作工安全意识不强，在毒性浓度不清的情况下，戴过滤式防毒面具进入现场，而应戴隔离式防毒面具。③ 在有毒气体的下风向工作。

（3）经验与教训。① 车间通过这次事故教训，举一反三，加强职工防硫化氢中毒的安全意识教育。② 对该液态烃罐脱水设施改用密闭排污改造，杜绝类似事故发生。③ 对有毒有害物料全部密闭排放，不能就地排放。

☞ 28. 稳定汽油污染事故

（1）事故经过。某日18时，某厂催化裂化装置操作人员巡检时，发现稳定汽油的颜色较深，赶快报告调度；18时40分，化验室分析结果，稳定汽油干点超标，调度要求稳定汽油改不合格线。次日0时40分，采样分析合格后，稳定汽油改合格线出装置。

（2）事故处理。① 当时稳定塔底重沸器的管束有内漏现象，生产上的原因暂时不能停工消缺。在切换分馏二中循环泵时，要缓慢进行，保持泵出口压力平稳。② 用泵出口阀节流和二中段循环回流流量调节阀来控制管路压力不要太高。③ 控稳稳定塔顶压力来平衡内漏量，防止二中段循环回流油污染稳定汽油。

(3) 原因分析。① 稳定塔底重沸器(热源为分馏二中段循环回流油)的管束内漏，当压力波动时容易互串，泵出口压力稍高时，二中段循环回流油就会串入稳定汽油中，泵出口压力稍低时，稳定汽油就会串入二中段循环回流，造成泵抽空。② 白班操作人员巡检时，发现运行的分馏二中循环泵端封渗漏，联系机修工和设备员检查后，需切换至备用泵运行，在切换过程中，泵出口压力波动，造成分馏二中段循环回流油串入稳定汽油中，使稳定汽油的颜色变深和干点超标。

(4) 经验与教训。① 安排稳定塔底重沸器的检修更换，消除事故隐患。② 对稳定塔底重沸器内漏，在切换泵时，可能引起的压力波动认识不足。③ 平稳控制泵的出口流量和压力，不作大的调整。④ 加强产品的比色工作，发现问题时及时联系维修人员处理。

☞ 29. 瓦斯分液罐底管线腐蚀穿孔泄漏事故

(1) 故障经过。某炼油厂催化装置操作工巡检发现进脱硫前瓦斯分液罐底压油线大量泄漏液化气，附近 5m 全是一片白雾，马上报告班长联系人员处理。

(2) 故障处理。班长联系生产管理部门把进装置脱硫瓦斯切出，指挥当班人员戴上空气呼吸器用蒸汽驱散泄漏气体，关闭连通此罐的相关阀门，按泄漏液化气方案处理。

(3) 原因分析。① 故障的直接原因：该管线腐蚀穿孔泄漏。② 故障的间接原因：没把握好该管线腐蚀情况，没做到事前预防。

(4) 经验与教训。① 强化设备管理，做好定点测厚监测工作，及时发现隐患。② 对类似设备腐蚀情况尽快完善跟踪档案。③ 炼高含硫原油，设备防腐问题应引起足够重视。④ 加强职工教育，发生类似事故做好预防措施，防止人员中毒和伤亡事故发生。

☞ 30. 封油带水导致油浆泵抽空故障事故

(1) 故障经过。某炼油厂催化车间分馏封油泵端面大量泄漏，紧急切换到备用泵运行，封油带水造成油浆泵抽空，油浆循环量大幅度下降，油浆回炼中断。

（2）故障处理。反应降量处理，分馏首先进行换泵操作，在换泵以后，油浆循环量仍低，电流比正常下降40A，仔细检查后确认是原料油浆换热器入口堵。先用关闭换热器出口调节阀憋压处理换热器，效果不明显，后通过关闭换热器入口阀门，然后快速打开，使管程入口油浆线速大幅变化，重复动作数次后，循环量恢复正常。油浆回炼线用蒸汽吹扫通后重新投用。适当增加油浆回炼量，回收催化剂颗粒。

（3）原因分析。① 封油泵备用时间长，入口管线有2m的死区，容易造成水沉积，启动前未切水。② 由于油浆中含有催化剂、焦粉，油浆泵抽空油浆循环量波动使管壁沉积的催化剂、焦粉移动至油浆换热器入口处重新沉积，堵塞管程。

（4）经验与教训。① 过去一直用换热器出口憋压处理效果不明显，现改为入口憋压处理，油浆循环量很快恢复正常，这为处理油浆系统换热器堵塞积累经验。② 制定和完善封油泵切换操作方法，严格执行备用泵维护制度。封油泵切换时，加强封油切水，防止因封油带水引起油浆泵抽空，造成油浆泵泄漏等事故。③ 入口管线死区处增设导凝。④ 油浆管线接反冲油。

☞ 31. 油浆系统发生漏油导致多次停工事故

（1）事故经过。某炼油厂催化装置连续发生油浆泵P208C平衡线发生漏油，无法带压堵漏；油浆泵P208平衡线阀门阀体大量漏油；油浆上返塔调节阀副线阀阀体大量漏油等三起油浆泄漏事故，导致装置被迫停工。

（2）事故处理。按车间“切断进料应急预案”停工并抢修，并很快恢复进料。

（3）原因分析。① 油浆管线自2003年开工以来没有更换过，当年4月份大修原计划要更换，但由于缺少材质Cr5MO的材料，2月份上旬报的计划至大修结束材料仍没到，无法更换，只能继续使用，留下了隐患。② 两年前大修对预提升环进行了改型，为了防止催化剂对预提升环的冲蚀改用莲花头喷嘴，设计院在设计时考虑必须用大量的预提升介质才能保证预提升效果，使沉降器旋风分离器负荷增加，油浆中固体含量上升(从上周期约 4g/L 上升至 8g/L)，加速了油浆管线的冲蚀。③ 油浆系统有些地方材质选用不符合实际使用要求，根据设计规范：油浆系统低于 260℃，材质为 20 号钢；高于 260℃，材质为 Cr5MO，上返塔油浆管线在换热器后，油浆温度为 270℃，设计考虑调节阀副线阀不经常使用，故选用为 20 号钢的截止阀，正常状态应为关闭阀，但由于上返塔调节阀正处于检修状态并短时间没备件，导致副线阀长时间投用，最终导致副线阀阀体大量漏油。④ P208C 平衡线弯头发生漏油后，采取了一些措施，对平衡线弯头、三通、管线都进行了加固，也曾考虑过更换平衡阀，由于阀门规格特殊，一时找不到，再加上平衡阀只有在泵检修时才开启，正常是关闭的，所以造成疏忽，没有更换导致发生了平衡阀阀体大量漏油造成停车。

（4）经验与教训。针对油浆发生多次泄漏，装置被迫停车，进行了反思，并提出了一些整改措施：① 油浆泵 P208(A、B、C)平衡线、预热线全部更换，并改变了形式，使用时用中间阀节流，彻底消除事故隐患，停工抢修过程中实施。② 准备在下次大修中，油浆系统主要管线高温段，低温段各选择两个地方剖口检测，不符合厚度要求进行更换，对一些较细管线 *DN*40mm 以下全部更换。③ 对一些低温段重要的阀门材质升级为 Cr5MO，如上返塔调节阀副线，下返塔调节阀副线阀，对易损坏的调节阀，准备应急的手阀，在调节阀拆下后，及时装上，尽可能缩短副线阀的流通时间。④ 莲花头喷嘴已委托设计院重新设计，准备大修中更换，尽可能降低沉降器旋风分离器负荷，降低油浆中固体含量。

☞ 32. 主风机仪表故障造成紧急停机事故

（1）事故经过。某厂催化装置主风机组辅助起动油泵开关短路，主风机紧急停车，造成主风联锁动作，装置紧急停工。

（2）事故处理。反应岗位各联锁自保动作；关闭各进料喷嘴；转剂入再生器后，关闭两单动滑阀；沉降器待生 U 形管改用松动蒸汽；分馏改油浆外排；换热器发生蒸汽改放空；停送封油至蒸馏；改用罐区柴油作冲封油；分馏塔打入冷回流控好塔顶温度；维持三路循环；稳定关富气大阀；停富气注水；停液化气泵；关闭出装置压控阀上游阀；气压机转速维持在3000r/min；烟机组由电气、仪表查找原因。

（3）原因分析。主风机组辅助起动油泵开关短路，引起电磁阀动作，造成机组紧急停车。

（4）经验与教训。加强定期对电气、仪表设备的保养和维护。

☞ 33. 主风机部件损坏事故

（1）事故经过。某年2月1日5时57分，市区电网周波突然由49.76Hz下降到49.1Hz。自备电站发电机组与电网相联，电气负荷同步自动上升，致使中压蒸汽压力由4.3MPa迅速降至2.5MPa，气压机蒸汽入口压力只有2.4MPa，因而转数下降，瓦斯不能正常排出，引起前部系统憋压，生产操作开始波动。

（2）事故处理。岗位操作员在此情况下，虽采取了开启气压机入口*DN*200mm放空火炬阀门，效果不大。沉降器压力由0.21MPa升高到0.3MPa，之后又将*DN*500mm放火炬阀打开，由于沉降器压力升高破坏了再生斜管催化剂输送流化的推动力，致使催化剂停止流化。因提升管反应器失去了提供的热源，提升管温度由500℃迅速降至380℃，没进行反应的油气进入再生器，与高温的催化剂接触而燃烧，体积增大，导致再生器压力由0.22MPa上升到0.32MPa，阻碍了主风机向再生器供风。由于主风机出口憋压，使出口风量下降，达到自保给定值后，自保动作，使主风机进入“安全运行”。此时主风机静叶角度由工作角度转到安全运行的22°，出口反喘震阀门全开。但是主风机管道上的止回阀未能关闭，在主风机安全运行达到55s时，低流量信号没解除，于6时05分自动停机，使再生器内高温催化剂部分倒流入机体内。

（3）原因分析。由于电网周波下降，致使电站三号机负荷突增，背压升高，使排汽安全阀动作，大量排汽。中压蒸汽母管压力降低至2.5MPa，造成气压机转数下降，是催化装置生产波动的原因。

在生产波动的情况下，生产操作工人对其原因判断不够准确，因而处理不够果断，主风机进入“安全运行”自保系统动作后阻尼阀动作缓慢、止回阀未关，停机后催化剂倒入机体内是该事故的直接原因。

（4）经验与教训。这次事故的教训是深刻的。一是说明在管理上存在漏洞，催化装置在一年多的运行中，主风机曾发生过6次“安全运行”。机组均通过自动保护，止回阀动作准确。虽然每次都发现有催化剂穿过阻尼阀，大量催化剂被止回阀截住，因而形成对其可靠性的信赖。装置长期生产，对止回阀不能定时进行开关试验，对其失灵的可能在思想上认识不足。这次事故反映在管理上的差距，同时说明这种止回阀在再生器压力较高情况下，本体和控制程序使用上是不适应的，所以不是防止催化剂流入机体的可靠措施。二是操作人员素质同自动化装置操作的要求有差距，表现在对生产出现波动时，缺乏处理经验，判断不够准确，处理不果断促成了主风机“安全运行”。因此，对职工进行培训，提高其技术、业务素质。

☞ **34. 烟机叶片断裂事故**

（1）事故经过。某炼油厂催化裂化装置某年某日17时左右反应内操发现GHH机组控制系统报警，在检查报警信息时看到报警窗口在不断更新报警信息（报警窗口只能看到四条信息），随后发现主风自保已动作（事后从第一事故记录仪中发现第一条报警信号出现到主风自保动作时间仅为6s钟），内操马上按1#机跳机、主风自保动作处理事故。与此同时外操已在现场听到异常声音，外操及班长立即去现场检查，在检查的同时接到内操主风自保动作的指令，此时所有外操按主风自保动作处理事故。班长在处理1#主风机停机过程中发现烟机轴承箱着火，迅速组织人员进行扑救，扑救时发现着火点是烟机前轴承箱。

（2）原因分析。由于叶片断裂（该动叶为此前因叶片磨损通过激光熔敷修复的）造成机组剧烈振动，烟机前轴承油封损坏，润滑油喷到烟机壳体着火，同时烟机各振动探头及转速探头瞬间损坏。引起机组联锁动作，造成主风低流量自保。

（3）经验与教训。① 增加了振动高高停机联锁，增加了烟机入口蝶阀快关装置，达到了1s钟内全关的要求。② GHH增加报警信息和储存量，各数据增加历史记录功能。③ 在操作室安装烟气轮机功率表。④ 在联锁停机后风机的静叶保持在原先位置(目前关到 22°)，防止机组超速。⑤ 控制再生温度在 700℃左右，关闭烟道喷水，关小烟道喷汽，降低烟气湿度。⑥ 控制烟机轮盘冷却蒸汽量及蒸汽品质。

☞ 35. 压缩机氮气密封差压低，机组联锁动作事故

(1) 事故经过。某日 13 时 20 分，某炼油厂 RFCC 压缩机端面氮气密封差压逐渐降至 200kPa(报警值)，操作人员联系生产管理部门及氮气站，要求提高氮气压力，但无好转，至 13 时 50 分密封差压降至 50kPa，气压机联锁动作，停机。

(2) 事故处理。压缩机端面氮气密封差压降至 100kPa 时，操作人员采取降低气压机转速，反应降低掺渣量，降低反应温度，分馏提高塔顶冷凝冷换系统的负荷，以降低富气量维持生产并加强联系。联锁动作后，进一步降低加工量，用入口放火炬控制生产，并做好重新启用气压机的准备工作，14 时 05 分，氮气压力回升至 0.6MPa，启动气压机，恢复生产。

(3) 原因分析。炼油厂氮气供应系统容量小，氮气压力波动，如出现氮气用户用量突然增大，压力下降不可避免，已出现多次类似情况，虽未造成气压机停车，但此生产隐患未能解决。

(4) 经验与教训。必须增设应对氮气系统供应不稳定的措施。9 天后，将 4 个氮气瓶并联后通过电磁阀接入氮气密封差压控制系统，可应急维持生产 6~8h，暂时消除了生产隐患。

☞ 36. 全厂停电，造成分馏塔塔盘冲翻事故

(1) 事故经过。某炼油厂全厂停电，催化车间反应自保动作，装置紧急停工，装置内水、电、汽、风全部中断。恢复供电后，催化车间首先启用空压机，为系统提供净化风和非净化风，随后开主风机。系统恢复中压蒸汽供给后，按开工方案反应部分引蒸汽，再生部分引主风，三器流化，在流化过程中分馏塔出现一次异响。流化正常后，反应提升管进料，富气经气压机进稳定。在整个开工过程中，比较顺利，但反应进料负荷提至 60%以上，分馏塔塔内负荷不好控制，中段回流泵抽空，中段回流不

能建立；塔顶温度波动大，塔底液面波动异常；反应至分馏塔压降变小，反应提负荷 80%左右，分馏塔仍然无法正常操作。判断分馏塔塔盘冲翻，紧急停工处理。

（2）事故处理。① 按停工方案停工，反应-再生系统卸催化剂，分馏退油吹扫。② 全面检查设备，反应-再生系统内部旋风分离器正常，分馏塔下部 10 层塔盘冲翻，有部分塔盘严重变形。③ 更换部分塔盘后，按开工方案装置重新开工，恢复生产。

（3）原因分析。严重变形的塔盘经专家分析应为油气爆燃引起，其主要原因：① 沉降器仪表测点反吹风引入过早；② 立管松动风、再生滑阀阀道反吹风、再生催化剂待生催化剂采样反吹风引入过早。③ 分馏塔在停电过程中由于蒸汽冷凝分馏塔处于负压状态，反应-再生系统引入的净化风窜入分馏塔，塔内硫化亚铁自燃引起塔内油气爆炸，塔盘冲翻。

（4）经验与教训。① 在系统没有蒸汽的情况下，反应-再生系统严禁空气进入。② 系统恢复蒸汽后，反应系统首先通入蒸汽，反应压力用气压机入口放火炬控制。③ 系统仪表测点净化风可用氮气代替，或蒸汽吹扫后，反应-再生系统再引入仪表风、松动风。气压机入口必须保持正压。